铸造合金及制备技术

程巨强　编著

科 学 出 版 社

北　京

内 容 简 介

全书包括绪论、铸造合金基础、铸铁合金及其性能、铸钢合金及其性能、铸造非铁合金及其性能和铸造合金的熔炼技术六章内容。系统地阐述铸造合金及其制备技术的基本概念与原理，以及铸造合金的熔炼制备工艺，介绍不同铸铁合金、铸钢合金及铸造非铁合金的化学成分、组织、力学性能、应用及熔铸制备方法的关键技术。本书吸取了国内外先进的铸造合金及制备技术成果，融入作者的科研工作经验，内容丰富、充实、实用。

本书可作为高等院校金属材料工程专业铸造方向的教材，也可作为相关企业和科研单位从事铸造生产的工程技术人员的参考书。

图书在版编目(CIP)数据

铸造合金及制备技术 / 程巨强编著. —北京：科学出版社，2021.3

ISBN 978-7-03-064096-3

Ⅰ. ①铸… Ⅱ. ①程… Ⅲ. ①铸造合金—制备 Ⅳ. ①TG136

中国版本图书馆 CIP 数据核字（2020）第 014911 号

责任编辑：宋无汗 / 责任校对：何艳萍

责任印制：张 伟 / 封面设计：迷底书装

科 学 出 版 社 出版

北京东黄城根北街 16 号

邮政编码：100717

http://www.sciencep.com

北京厚诚则铭印刷科技有限公司 印刷

科学出版社发行 各地新华书店经销

*

2021 年 3 月第 一 版 开本：720×1000 B5

2023 年 1 月第二次印刷 印张：23 1/4

字数：469 000

定价：188.00 元

（如有印装质量问题，我社负责调换）

前　言

铸造是金属材料成形加工的重要方法之一，在现代制造业中占有重要的地位。铸造属于液态成形，具有工艺灵活性大、制造成本低、适应性广等优点，可制造出内腔、外形复杂的毛坯，铸造的铸件质量及尺寸范围大，工业上凡能熔化成液态的金属或合金均可用于铸造成形。对于塑韧性差的金属材料，铸造是生产材料毛坯或零件成形的唯一方法。铸造生产时影响铸造成形的因素较多，有时难以精确控制，会造成铸件质量不稳定。与同种材料的锻件相比，铸造成形获得的铸件组织及晶粒粗大，易产生缩孔、缩松、气孔等铸造缺陷，降低铸件的力学性能。因此，了解铸造合金的成分、组织、性能及制备技术，正确选择铸造合金，制订合理的生产工艺，细化铸态组织，获得健全的铸件，从而提高铸件的力学性能和使用寿命，具有重要的研究意义。

“铸造合金及制备技术”是铸造合金及其制备的一门技术科学，作者在长期进行铸造合金的研究、应用及教学的基础上编写了本书。本书的编写强调铸造合金的基础理论，阐明基本概念，理论联系实际，结合实际铸造生产，反映国内外铸造技术的最新研究成果，力求全面地介绍铸造合金及其制备技术。

全书共六章内容，第一章为绪论，主要介绍铸造合金的定义、分类、应用、生产与发展；第二章为铸造合金基础，主要介绍铸铁、铸钢、非铁合金的铸造原理；第三章介绍铸铁合金及其性能特点；第四章介绍铸钢合金及其性能特点；第五章介绍铸造非铁合金及其性能特点；第六章介绍铸造合金的熔炼及制备技术。本书的编写和出版得到了西安工业大学材料与化工学院领导和科学出版社的大力支持，在此表示感谢，对本书引用文献资料的作者谨致谢意。

由于作者水平所限，书中不妥之处在所难免，敬请读者批评指正。

目　　录

第一章　绪　　论

第一节　铸造的定义及分类

铸造是熔炼金属，制造铸型（芯），将一定温度的液态金属浇入铸型，使之冷却、凝固后获得一定形状、尺寸和性能的金属零件或毛坯的一种成形方法。铸造是获得机械产品毛坯或零部件的主要方法之一。采用铸造方法获得的具有一定形状、组织和性能的毛坯称为铸件或铸造合金。

铸造合金主要包括铸造钢铁合金和铸造非铁合金。按其所用金属材料的不同，铸造合金分为铸铁合金、铸钢合金、铸造铝合金、铸造铜合金、铸造镁合金、铸造锌合金、铸造钛合金等。每类铸件又可按其化学成分、组织及使用性能进一步分成不同的种类。例如，铸铁合金根据石墨形状及用途的不同，可分为灰铸铁、球墨铸铁、蠕墨铸铁、可锻铸铁、耐磨铸铁、耐热铸铁、耐腐蚀铸铁等；铸钢合金根据其合金元素含量不同，可分为碳素铸钢、铸造低合金钢、铸造中合金钢、铸造高合金钢等。根据合金的碳含量不同，铸造合金可分为低碳铸造合金、中碳铸造合金、高碳铸造合金等。铸造合金配合不同的热处理可以获得良好的强度及韧性。

铸造根据铸型材料不同，分为砂型铸造和特种铸造，砂型铸造是最基本的液态成形方法，钢、铁和大多数非铁合金可用砂型铸造方法生产，生产铸件比例较大。特种铸造主要有金属型铸造、压力铸造、离心铸造、熔模铸造、消失模铸造、陶瓷型铸造、电渣重熔铸造、双金属复合铸造等。特种铸造生产的铸件精度和表面质量高、内部质量好、原材料消耗较低、工作环境相对较好，但铸件的结构、形状、尺寸、质量、材料种类受到一定的限制，主要应用于小件和表面质量要求较高的铸件。

第二节　铸造合金及制备技术的特点和应用

制备铸造合金时，首先要熔炼合金材料，待溶液温度、成分等满足要求后，利用液态金属的流动性浇注铸型，液态金属在铸型中凝固冷却后可获得铸件，因此铸造合金及其制备技术具有如下特点。

（1）铸造合金及制备技术的灵活性大，可以铸造出内腔、外形复杂的毛坯或铸件。例如，机床的床身，发动机的缸体、缸盖，采煤机的摇臂及链轨架，输送机的刮板，颚式破碎机的颚板，圆锥破碎机的轧臼壁，破碎机锤头，球磨机衬板及磨球等均可用铸造方法生产。

（2）铸造加工方法的适应性广，铸件的质量由几克到几百吨不等，能够铸造的铸件尺寸及壁厚范围大，为0.5mm～1m。工业上凡能熔化成液态的金属或合金均可用于铸造成形获得铸件。对于塑性很差的铸铁合金，铸造成形是生产铸铁毛坯或零件的唯一方法。

（3）铸造合金生产时可直接利用废金属或切屑料作为原材料，同时铸造合金的熔炼生产设备费用相对较低，精密铸造可获得加工余量小的铸件，节约金属材料。

（4）铸造合金制备过程的影响因素较多，有些因素控制不当会造成铸件质量不稳定。与同种材料的塑性加工方法相比，铸造成形获得的铸件，其内部组织及晶粒粗大，熔炼质量及铸造工艺不当时，铸件易产生缩孔、缩松、气孔和夹杂等铸造缺陷，降低铸件的力学性能和使用寿命。

目前，铸造合金已应用于国民经济的各个部门。随着铸造技术的进步，越来越多的新型铸造合金及制备技术相继问世，以满足社会生产的需要，并且不断丰富铸造合金及其制备技术的内涵，扩大铸造合金的应用范围，各种铸造合金已广泛应用于工程机械、机床、船舶、航空、航天、汽车、机车、石化、冶金、电力、纺织和电器等行业。例如，拖拉机的零部件中，铸件质量占总质量的60%～80%；机床、内燃机的零件中，铸件质量占总质量的70%～90%；橡胶塑料机械中，铸件质量占总质量的60%～90%；煤矿机械中，铸件质量占总质量的60%～70%。铸造合金在现代社会发展中正发挥着巨大的作用，无论是航天飞行器进入太空，还是智能潜水器步入深海，无论是计算机装置的更新一日千里，还是工程科学技术的飞速发展，都离不开高品质铸造合金的使用和支持。

第三节 铸造合金的生产

铸件的使用寿命与其铸件质量密切相关，设计和制备符合铸件质量要求的铸造合金是铸件生产的重要环节。铸造合金及其制备技术的主要内容包括铸造合金材料、铸造成形方法、铸造装备与检测及环境保护与安全生产等。铸造合金生产的主要环节有铸造工艺的设计，其目的是把零件图变为铸件图，有利于铸造成形和保证铸件的质量；铸造材料及其铸造方法的选择，主要包括铸造合金材料、铸造造型材料及其铸造方法的选择；铸造设备的选择及维护，主要包括造型设备、熔化设备、清理设备及其砂处理设备的选择与维护等。

铸件生产的主要流程为零件图-铸件图-铸造方法的选择-铸造工艺-铸型及铸造原材料的准备-熔炼-浇注-清理-检验-铸件。以普通砂型为例，铸造生产的基本环节如图 1-1 所示。

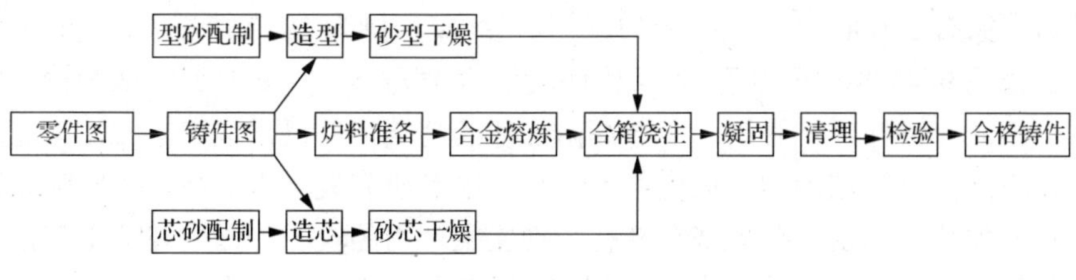

图 1-1 砂型铸造生产的基本环节

从上述铸件的生产流程和砂型铸造生产的基本环节可以看出，铸件的生产过程中，合金熔炼是铸造生产中重要的环节之一。本书主要涉及铸造合金及其性能、铸造合金的熔炼、铸造合金的热处理等内容。

第四节 铸造合金及制备技术的发展

人们最早使用的铁含有 4%～20%的镍，其余为铁的陨石，虽然古埃及在距今 5000 年前就开始制铁，但发展速度缓慢，直到 1722 年才出现冲天炉，并开始用显微镜观察铸铁的组织和断口。1734 年出现“铸铁学”，对铸铁工艺有了初步的理论认识，促进了铸铁理论的研究和制备技术的进步，后来蒸汽机的出现促进了机器制造业中铸铁件的使用。1788 年巴黎自来水厂开始用总长 60km 的输水铸铁管，从此铸铁走上工业化生产和应用的道路。

我国铸造合金及制备技术的应用历史悠久，古代铸造技术史是中华五千年文明史的重要组成部分之一。我国在新石器时代就创造了制陶技术，制陶材料、器物造型、烘烤烧制、陶窑建造、烧陶温度和气氛控制等都为后来铸冶技术的起源提供了直接的技术支持。我国古代铸造的技术发展经历了陶冶、陶铸、冶铸的独特进程，相继发明应用了石型、泥型、陶型、金属型及失蜡铸造等方法，并娴熟运用浑铸、分铸、焊铸、嵌镶铸、叠铸等铸造工艺，铸就了礼器、农具、工具、兵器等大批器物，为华夏文明的发展奠定了物质基础。出土的文物及古籍文献记载表明，我国古代铸造技术的领先地位及伟大成就，如司母戊大鼎、四羊方尊、青铜人像群、随县铜编钟、曾侯乙尊盘、透光铜镜、沧州铁狮及永乐大钟等古代铸造精品，创造了灿烂辉煌的中国铸造历史。

改革开放以来，我国铸造业进步明显，主要表现在铸件质量明显提高，企业技术水平及专业化水平有所提高，铸造原辅材料商品化程度提高，国产铸造设备和模具制造水平逐步提高，绿色铸造概念逐步形成，产业聚集速度加快。如今，我国已成为世界钢铁生产大国。据统计，2018 年全球铸件产量为 1 亿吨左右，其中我国铸件产量为 4935 万吨，铸件产量位居世界第一。我国铸件出口 178 万余吨，出口均价为1648美元/吨，铸件进口2万余吨，进口均价6912美元/吨。目前，我国铸造厂家有26000余家，但铸造厂铸件平均年产量为1900吨左右，远低于世界第一的德国9640吨。可以看出，我国铸造业虽然取得较大的成绩，成为铸件生产大国，但并非铸件生产强国，少数高附加值的高端铸件仍需进口。相比工业发达国家，我国铸造领域的学术研究并不落后，很多研究成果水平高，居国际先进水平。尽管如此，高水平研究成果转化为现实生产力的较少，国内铸造生产技术水平高的仅限于少数大型骨干企业，铸造行业整体技术水平相对落后。铸件质量低，材料及能源消耗高，经济效益差，一般铸造厂铸造生产过程的手工作业比例偏大，劳动条件较差。铸造工艺设计及生产管理水平落后，计算机技术在铸件生产中的应用不普遍，铸件尺寸精度低和表面粗糙度高，部分铸造企业环保意识差，环境污染严重。然而在工业发达国家，相对来看，铸造技术先进、产品质量好、生产效率高、能耗较少、环境污染少、原辅材料已形成商品系列化供应，铸造生产普遍实现机械化、自动化、智能化，铸铁生产实现冲天炉与电炉双联熔炼，铸造合金的熔炼广泛采用精炼技术，生产铸件内在质量高，铸件的使用寿命长。目前，我国铸造行业正通过加大技术改造投入、严格准入制度、淘汰落后产能、推进兼并重组等举措，铸造产业结构优化升级效果明显，产业集中度上升，产学研结合合作发展，涌现出一批技术、管理、质量先进的铸造企业和相关研究单位，国产铸件质量水平正不断提高。

在铸造合金及制备技术的发展方面，重点是新材料及新工艺，如开发薄壁高强度灰铸铁件制造技术、复合铸造合金材料技术、铸铁件表面或局部强化技术，研制新型耐磨、耐蚀、耐热合金等。合金的熔炼采用冲天炉与电炉双联熔炼工艺技术及装备，以及先进的铁液脱硫及过滤技术，应用全自动炉前成分分析及控制技术等，以扩大铸造合金的应用领域和提高铸件的使用寿命。开展铸造合金成分的计算机优化设计，应用铸造工艺的计算机辅助设计技术，以及铸件充型和凝固过程的计算机模拟技术，优化铸造工艺，实现铸造合金的成分、工艺、组织与性能的最佳匹配。在提高铸造合金的内在质量方面，以提高铸造合金的纯净度、铸件组织的超细化及均匀化为目标，积极推广铸造合金的先进冶炼及精炼技术，如铸造生产广泛应用LF+VD、VOD、AOD等精炼技术，提高了铸钢的纯净度和铸件的质量，采用液态金属铸造过程的过滤技术、液态模锻和半固态成形等技术细化铸态组织和提高铸件的质量及使用寿命。在合金液的处理方面，采用合金包芯线喂丝技术、铸型内球化及孕育处理工艺使球墨铸铁、蠕墨铸铁和孕育铸铁工艺稳定，合金元素收得率高，减少处理过程的污染。开发铸造合金热处理强化的新工艺，提高铸造合金力学性能，研究降低生产成本及材料再利用和减少环境污染的新技术等。

习　题

（1）试述铸造的定义及分类。

（2）试述铸造合金及制备技术的特点及应用。

（3）以砂型为例，说明铸造合金的生产过程及该技术在铸造生产中的地位。

（4）以近三年为例，查阅世界铸件的产量以及我国铸件的产量及进出口情况。

（5）试述我国铸造合金及制备技术的发展方向。

第二章 铸造合金基础

铸造合金主要分为铸钢、铸铁及铸造非铁合金三大类。铸钢分为铸造碳钢和铸造合金钢。铸造碳钢是指碳的质量分数小于2.10%（或2.14%），以碳作为主要强化元素，没有特意加入合金元素的铸造用钢。在铸造碳钢的基础上，将加入一定量的一种或几种合金元素进行合金化获得的铸钢称为铸造合金钢，当合金元素的质量分数之和不大于5%时，称为铸造低合金钢；当合金元素的质量分数之和大于5%且小于10%时，称为铸造中合金钢；当合金元素的质量分数之和大于等于10%时，称为铸造高合金钢。

铸铁是指碳的质量分数大于2.10%（或2.14%）的铁-碳铸造合金，或组织中含有共晶组织的铁-碳铸造合金。普通铸铁的基本成分主要有五大元素：C、Si、Mn、P、S，其质量分数范围：w(C)为2.4%～4.0%，w(Si)为0.6%～3.0%，w(Mn)为0.2%～1.2 %，w(P)为0.04%～1.2%，w(S)为0.04%～0.20%，为了控制铸铁的基体组织和满足某些铸件使用性能的需要，铸铁可进行合金化。例如，加入Cr、Mo、Ni、V、B、Cu、Al等元素，生产抗磨、耐热、耐腐蚀等合金铸铁。

铸造非铁合金是指以一种非铁元素为基本元素，再添加一种或几种其他元素所组成的利用铸造方法生产铸件的合金。铸造非铁合金一般加入的合金元素含量较多，室温的铸态组织由两相或两相以上的物相组成，存在许多金属间化合物或电子化合物。常用的铸造非铁合金主要有铸造铝合金、铸造铜合金、铸造镁合金、铸造锌合金、铸造轴承合金及铸造钛合金等。

第一节 铁-碳双重相图及其应用

一、铁-碳双重相图

相图是表示合金成分-温度-相的关系图，是研究合金材料的组织、力学性能及制定热加工工艺参数的基础。普通铸铁的五大元素中，Mn、P、S的含量较少，对铸铁的组织影响较小，因此，常用铸铁的相图主要有铁-碳二元相图和铁-碳-硅三元相图。

图2-1是铁-碳二元相图，当铁碳合金中碳含量超过其在铁液或固溶体中的溶解度时，多余的碳会以石墨或碳化物两种独立相的形式存在于合金中，因而会形

成 Fe-Fe_3C 和 Fe-G（石墨）相图。实际生产中，碳的质量分数大于 2.10%（或 2.14%）的铸铁合金凝固后的组织，碳可能以石墨或渗碳体的形式存在，用单独的 Fe-Fe_3C 或 Fe-G 相图不能说明实际铸件的凝固过程，因此用图 2-1 的 Fe-Fe_3C（实线部分）和 Fe-G（虚线部分）双重相图分析铸造合金凝固过程的组织转变。

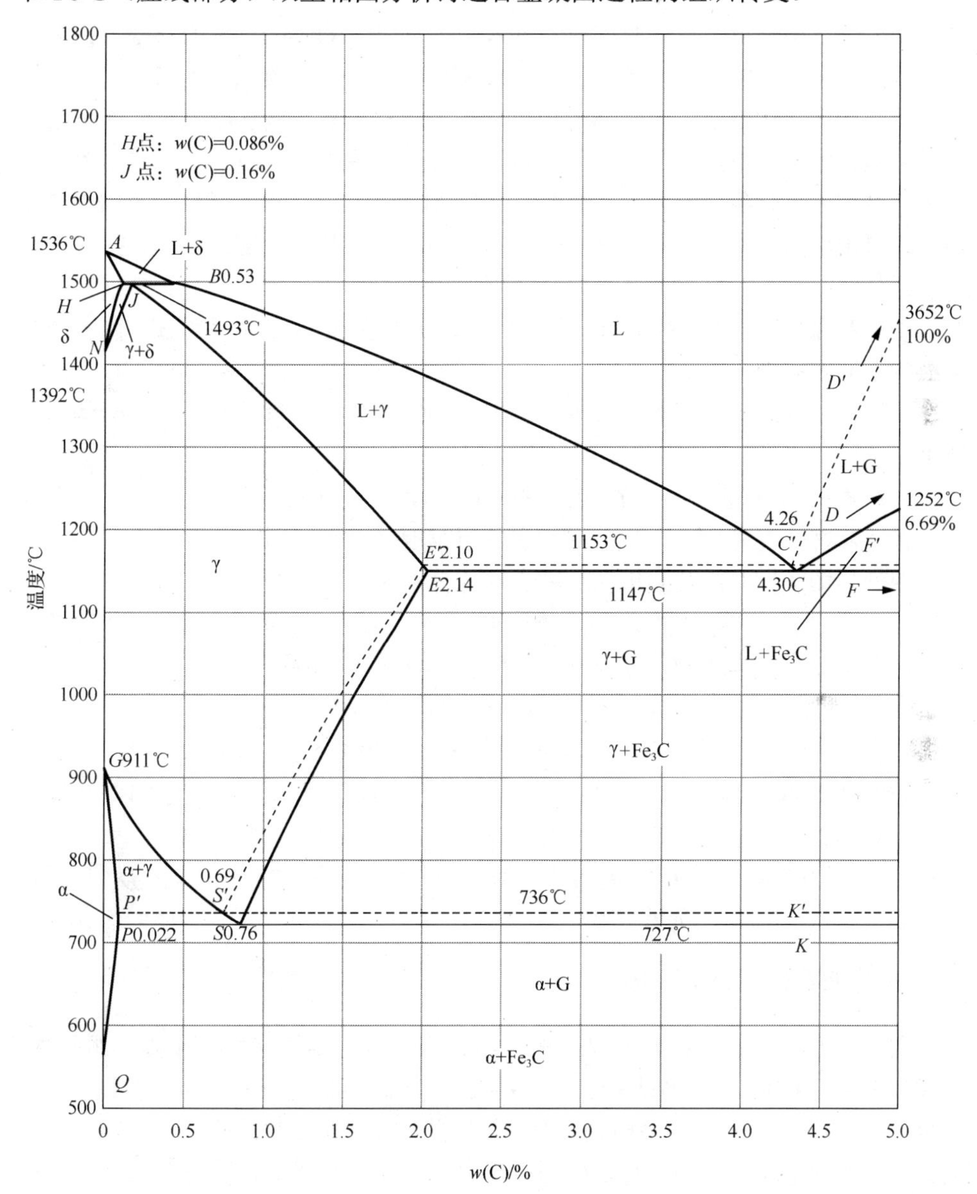

图 2-1　铁-碳二元相图

为什么会出现 Fe-Fe_3C 和 Fe-G 双重相图？从碳在铸铁中的存在形式来看，碳能以渗碳体或石墨的形式存在，因此出现双重相图具有可能性。从铸铁组织转变的热力学方面进行分析，在一定的条件下会发生 $Fe_3C \longrightarrow 3Fe + C$（石墨）的分解反应，因此，相对于 Fe_3C 而言，石墨（G）具有更低的热力学自由能，是稳定相，处于稳定的平衡状态，渗碳体是介稳定相，一定的条件下可以发生分解。从组织转变的动力学方面分析，铸铁凝固时，铁液中要析出 $w(C)$为 100%的石墨，铁液中碳原子的浓度起伏较大，石墨的形核和长大较困难，而形成 $w(C)$为 6.69%渗碳体的碳原子浓度起伏较小，渗碳体的形核和长大相对容易。铁水凝固时，当满足石墨及渗碳体各自的形成条件时，碳可以形成石墨或渗碳体，因此，形成石墨或渗碳体的过程应该有各自的相图，便出现了 Fe-G 及 Fe-Fe_3C 双重相图。一般将较低热力学自由能的石墨相组成的 Fe-G 相图称为稳定系相图，将 Fe-Fe_3C 相图称为介稳定系相图。

分析和比较图 2-1 中的 Fe-G 稳定系相图和 Fe-Fe_3C 介稳定系相图，两种相图主要的不同点如下。

（1）同一温度下，石墨在溶液、奥氏体和铁素体中的溶解度要比渗碳体的溶解度小。

（2）奥氏体-石墨共晶（C' 点）和共析（S' 点）的平衡反应温度分别要高于奥氏体-渗碳体共晶温度（C 点）6℃和共析温度（S 点）9℃。

两种相图发生共晶及共析转变的表达式分别为

$$L_{C'}[w(C)_{4.26\%}] \xrightarrow{1153℃} \gamma_{E'}[w(C)_{2.10\%}] + \text{石墨}$$

$$L_{C}[w(C)_{4.30\%}] \xrightarrow{1147℃} \gamma_{E'}[w(C)_{2.14\%}] + \text{渗碳体}$$

$$\gamma_{S'}[w(C)_{0.69\%}] \xrightarrow{736℃} \alpha_{P'} + \text{石墨}$$

$$\gamma_{S}[w(C)_{0.76\%}] \xrightarrow{727℃} \alpha_{P} + \text{渗碳体}$$

（3）奥氏体-石墨共晶点的碳含量和共析点的碳含量分别低于奥氏体-渗碳体共晶点和共析点的含碳量。例如，奥氏体-石墨共晶点（C' 点）的 $w(C)$为 4.26%，共析点（S' 点）的 $w(C)$为 0.69%，而奥氏体-渗碳体共晶点（C 点）的 $w(C)$为 4.30%，共析点（S 点）的 $w(C)$为 0.76%。

二、铁-碳双重相图的实际应用

实际铸件生产中，对于普通铸钢，$w(C) \leqslant 2.10\%$，碳除了固溶于基体组织外，主要以 Fe_3C 相存在，铸钢结晶过程主要按 Fe-Fe_3C 相图进行。但对于铸铁，碳可能以 Fe_3C 或石墨（G）两种相独立存在。因此，在实际铸件的生产中，相同成分的铁液，浇注壁厚不同的铸件，凝固组织中铸件薄壁的部位容易出现 Fe_3C，厚壁的部位容易出现石墨，或者冷却速度不同的同一铸件的不同部位，铸件组织中会出现 Fe_3C 或石墨，这种现象的出现可用铁-碳双重相图来解释。

图 2-2 是实际铸铁凝固过程示意图，对于 m 成分的亚共晶铸铁，凝固到 a 点

温度，液相中析出奥氏体（γ）。当冷却速度和过冷度较小，过冷至 b 点温度时凝固结束，凝固组织为γ+G。凝固按照稳定系相图进行，冷却到室温后铸件组织中的碳以石墨形式存在，铸件断口为灰口。当冷却速度较大或过冷度较大时，凝固到 c 点温度时液相析出γ，过冷至 d 点温度凝固结束，凝固组织为γ+Fe_3C。凝固按照介稳定系相图转变，冷却到室温后铸件组织中出现 Fe_3C，铸件断口为白口。因此，实际灰铸铁生产中，同一铸件壁厚较薄的部位冷却速度较快，过冷度较大，容易形成渗碳体，从而形成白口铸铁；壁厚较厚的部位冷却速度较慢，容易形成石墨，从而形成灰口铸铁。铸件局部组织中出现 Fe_3C，会增加铸件的脆性，使铸件变硬，其切削加工性能变差，一般出现 Fe_3C 的铸件需要通过石墨化退火，使 FeC_3 转变为石墨，可以获得灰口铸铁，降低硬度，改善铸件的加工性能和韧性。

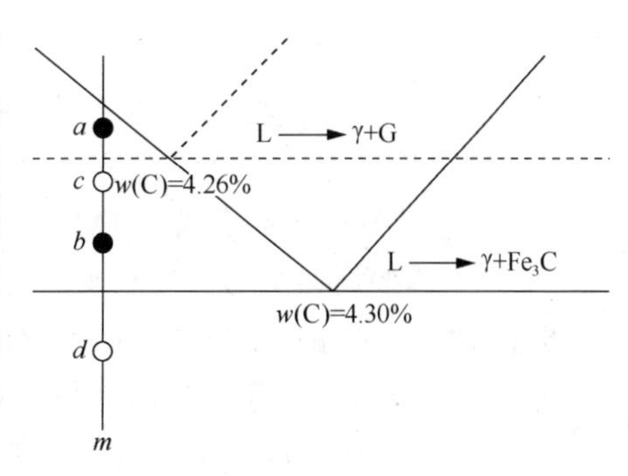

图 2-2　实际铸铁凝固过程示意图

三、铁-碳-硅三元相图

由于铸铁中的硅元素含量较高，一般 w(Si)为 0.8%～3.5%，比锰元素的含量高，因此，常将铸铁合金简化为铁-碳-硅三元合金。在三元相图中同样出现了石墨和渗碳体两种形式，相应出现 Fe-G-Si 和 Fe-Fe_3C-Si 三元相图。

图 2-3 是 Fe-G-Si 准二元相图，是将三元相图的硅组元固定，得到 w(Si)为 2.08%的 Fe-G-Si 准二元相图。硅的加入改变了 Fe-G 相图特征点的含碳量及平衡转变温度等。

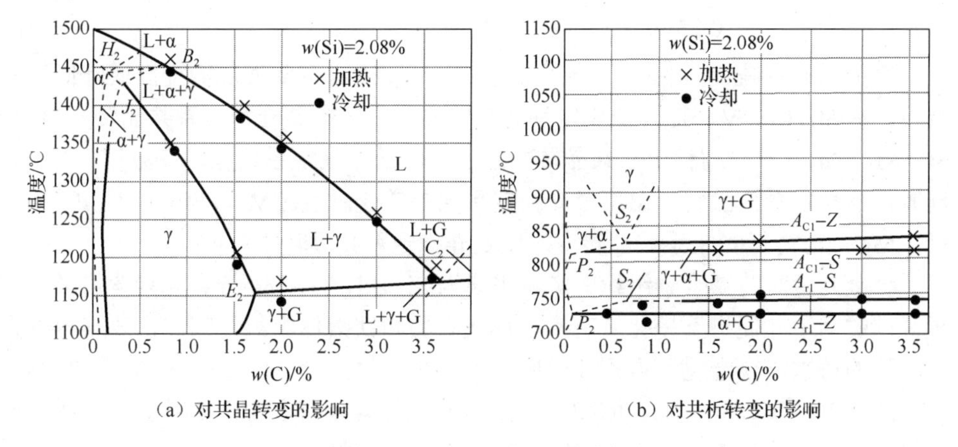

（a）对共晶转变的影响　（b）对共析转变的影响

图 2-3　Fe-G-Si 准二元相图

硅元素对 Fe-G 相图的主要影响如下。

（1）硅的加入改变了相图转变点的碳含量。硅含量增加，使相图共晶点和共析点的碳含量减少，降低了碳在共晶体和奥氏体中的溶解度。例如，不加硅时，铁-碳二元相图稳定系共晶点碳的质量分数为 4.26%，共析点碳的质量分数为 0.69%；当硅的质量分数为 2.08%时，Fe-G-Si 三元系中共晶点碳的质量分数约为 3.65%、共析点碳的质量分数约为 0.65%。

（2）硅的加入会改变铸铁共晶、共析转变温度。随硅含量的增加，提高稳定系 $L \longrightarrow \gamma+G$ 的共晶转变温度，降低介稳定系 $L \longrightarrow \gamma+Fe_3C$ 的共晶转变温度，硅使共析温度明显提高，有利于铁素体组织的形成。

（3）硅的加入使相图出现共晶、共析三相共存区。共晶、共析反应在一定的温度范围内进行，共晶区三相为液相+奥氏体+石墨，共析区三相为奥氏体+铁素体+石墨。加热时出现临界温度范围开始转变温度（A_{C1}-S）及终止转变温度（A_{C1}-Z），冷却时临界温度范围同样出现开始转变温度（A_{r1}-S）及终止转变温度（A_{r1}-Z）。

（4）硅的加入会缩小相图上的奥氏体区，增加铁素体区。硅的质量分数超过 10%时，Fe-G-Si 相图上的奥氏体区明显缩小甚至消失，形成铁素体基体的铸铁。

硅对相图的上述影响均有利于石墨的析出和 Fe-Fe_3C 介稳定系向 Fe-G 稳定系的转变。铸铁中增加硅量有利于减少白口倾向和获得铁素体基体的铸铁。

四、合金元素对铁-碳相图和组织的影响

合金元素对铁-碳相图的影响主要有共晶点的碳含量及其转变温度。合金元素对实际共晶点碳含量的影响如式（2-1）所示：

$$\begin{aligned} w(\mathrm{C})_{\text{实际}} = & w(\mathrm{C})_{\text{共晶}} - 0.36w(\mathrm{S}) - 0.31w(\mathrm{Si}) - 0.027w(\mathrm{Mn}) - 0.33w(\mathrm{P}) \\ & + 0.063w(\mathrm{Cr}) - 0.053w(\mathrm{Ni}) - 0.074w(\mathrm{Cu}) + 0.135w(\mathrm{V}) \\ & - 0.25w(\mathrm{Al}) + 0.025w(\mathrm{Mo}) \end{aligned} \tag{2-1}$$

合金元素对铁-碳相图上的转变温度会产生影响，主要表现为提高或降低转变温度。例如，Cr、V、Ti 降低稳定系共晶转变温度，提高介稳定系共晶转变温度；Si、Ni、Cu、Co 提高稳定系共晶转变温度，降低介稳定系共晶转变温度；Al、Pt 同时提高稳定系共晶转变温度及介稳定系共晶转变温度；Mn、Mo、W、P、Sn、Sb、Mg 同时降低稳定系共晶转变温度及介稳定系共晶转变温度。

合金元素对铸铁合金组织的影响规律为 Si、Al、Ti、Mo 合金元素含量增加会提高碳的活度并促进石墨化，有利于形成石墨和铁素体组织，因此，要获得铁素体基体的铸铁，合金化元素设计时应考虑添加这些元素。增加 Mn、Cu、P、S、Cr、Mg、Ni、V、Sn、Sb、RE、B、Te 合金元素含量有利于形成珠光体组织，要获得珠光体基体的铸铁，合金设计时应考虑添加这些元素。增加 Mn、Mo、Sn、

Cr、V、Mg、RE、B、S、P、Te 合金元素含量会促进渗碳体的形成，增加白口的形成倾向。增加 Si、Al、Ni、Co、Cu 合金元素含量会促进灰口铸铁的形成。

五、碳当量和共晶度

（一）碳当量

对于普通铸铁，根据各元素对共晶点实际碳含量增减的影响，将这些元素的质量分数折合成碳含量的增减，称为碳当量，以 CE 表示。数学表达式如式（2-2）所示：

$$\begin{aligned}CE = w(C)_{实际} &+ 0.36w(S) + 0.31w(Si) + 0.027w(Mn) + 0.33w(P)\\ &- 0.063w(Cr) + 0.053w(Ni) + 0.074w(Cu) - 0.135w(V)\\ &+0.25w(Al) - 0.025w(Mo)\end{aligned} \qquad (2\text{-}2)$$

为简化起见，当铸铁中元素的质量分数较低或式（2-2）中元素的当量系数较小时，一些元素的当量系数与元素质量分数之积对式（2-2）的计算结果影响不大，可以忽略不计。因此，普通铸铁中的合金元素一般只考虑 C、Si、P 元素的影响，式（2-2）可简化为

$$CE = w(C)_{实际} + \frac{1}{3}\left[w(Si) + w(P)\right] \qquad (2\text{-}3)$$

式中，$w(C)_{实际}$为铸铁中实际碳含量的质量分数，%；$w(Si)$为铸铁中硅含量的质量分数，%；$w(P)$为铸铁中磷含量的质量分数，%。

对于成分确定的铸铁，将计算的 CE 与相图上C'点(或C点)的碳含量进行比较，即可判断该铸铁的成分属性和偏离共晶点的程度，并可进行凝固过程组织分析。当 CE＜4.26%（或 4.30%）时，为亚共晶成分；当 CE＞4.26%（或 4.30%）时，为过共晶成分；当 CE=4.26%（或 4.30%）时，为共晶成分。

例如，某铸铁件的化学成分(质量分数)为 $w(C)= 3.6\%$、$w(Si) = 2.7\%$、$w(Mn) = 0.4\%$、$w(P) = 0.06\%$、$w(S) = 0.06\%$，利用碳当量的计算值，分析该铸铁的结晶过程。由式（2-3）计算得出碳当量 CE=4.52%，CE＞4.26%（或 4.30%）为过共晶成分。由铁碳相图可知，该成分的铸铁在实际生产中可能会发生如下两种凝固过程：介稳定系转变的凝固过程为 $L \longrightarrow Fe_3C$，$L \longrightarrow \gamma+Fe_3C$，$\gamma \longrightarrow \alpha\text{-}Fe+Fe_3C[P]$，室温组织为 $P+Fe_3C$，组织中碳以渗碳体形式存在，铸件的断口为银白色，称为白口铸铁；稳定系转变的凝固过程为 $L \longrightarrow G$，$L \longrightarrow \gamma+G$，$\gamma \longrightarrow \alpha\text{-}Fe+G$，室温组织为 $\alpha\text{-}Fe+G$，组织中碳以石墨的形式存在，铸件的断口为灰黑色，称为灰口铸铁。

高合金铸铁的碳当量计算使用式（2-3）并不适用。例如，对于高铬白口铸铁，碳当量可按式（2-4）计算：

$$CE = w(C) + 0.05w(Cr) + 0.33w(Si) \qquad (2\text{-}4)$$

式中，$w(C)$为高铬铸铁中碳含量的质量分数，%；$w(Cr)$为高铬铸铁中铬含量的质量分数，%；$w(Si)$为高铬铸铁中硅含量的质量分数，%。

利用式（2-4）计算的CE＞4.30%时，成分为过共晶高铬铸铁；CE=4.30%时，成分为共晶高铬铸铁；CE＜4.30%时，成分为亚共晶高铬铸铁成分，根据计算的碳当量可以通过相关相图分析铸造凝固过程组织的变化。例如，某抗磨高铬白口铸铁铸件的化学成分(质量分数)为 $w(C)=3.2\%$、$w(Si)= 1.0\%$、$w(Cr)=22\%$、$w(Mo) = 0.4\%$，由式（2-4）计算 CE=4.63%，成分为过共晶白口高铬铸铁，抗磨白口高铬铸铁凝固过程的初析相为渗碳体，铸态组织为碳化物、马氏体和残余奥氏体，具有较高的硬度。

（二）共晶度

普通铸铁偏离共晶点的程度还可以用铸铁的实际碳含量和共晶点的实际碳含量的比值来表示，这个比值称为共晶度，用 S_C 表示，如式（2-5）所示：

$$S_C = \frac{w(C)_{实际}}{w(C)'_C} = \frac{w(C)_{实际}}{4.26 - \frac{1}{3}[w(Si) + w(P)]} \tag{2-5}$$

式中，$w(C)_{实际}$为铸铁中实际碳含量的质量分数，%；$w(C)'_C$为铸铁稳定态共晶点实际碳含量的分数，%；$w(Si)$和 $w(P)$分别为铸铁中硅含量和磷含量的质量分数，%。

对于一定成分的铸铁合金，如果 $S_C > 1$，为过共晶铸铁；$S_C = 1$，为共晶铸铁；$S_C < 1$，为亚共晶铸铁。

一定化学成分的铸铁合金通过计算其 CE 或 S_C，同时根据相图可以衡量铸铁成分偏离共晶点的程度及分析铸造合金的凝固组织，还能间接地判断铸铁铸造性能的优劣和石墨化能力的大小，是铸铁合金较为重要的一个参数。

第二节　铸铁的结晶过程及组织

一、铸铁的一次结晶及组织

铸铁的一次结晶是指铸铁凝固时由液态转变成固态的过程，主要过程包括亚共晶铸铁液态中奥氏体的析出、过共晶铸铁液态中石墨或渗碳体的析出、铸铁的共晶反应等。

（一）初析奥氏体的形貌、数量及成分偏析

1. 初析奥氏体的形貌

平衡凝固时，只有亚共晶成分的铸铁从液相中析出初析奥氏体；非平衡凝固

时，共晶成分和过共晶成分也可析出初析奥氏体。观察初析奥氏体凝固过程枝晶的形貌可采用连续液淬的方法进行试样组织观察。具体的方法是对不同温度的液相分别进行淬火，观察液淬所得到的试样凝固组织中的奥氏体枝晶的形貌。

图 2-4 是连续液淬铸铁的组织。组织显示铁液温度分别为 1180℃和 1145℃液淬的初析奥氏体枝晶形貌，图中白色的组织为凝固时从铁液析出的奥氏体枝晶，经过液淬变为马氏体组织，尚未凝固的液相液淬变为灰色的莱氏体组织。当液淬温度高于铸铁的共晶转变温度时，液淬组织没有出现共晶组织，如图 2-4（a）所示。当液淬温度低于铸铁的共晶转变温度时，由于发生了 $L \longrightarrow \gamma+G$ 共晶转变，液淬组织出现了共晶转变的产物，石墨-奥氏体两相共生生长的共晶团，如图 2-4（b）所示。

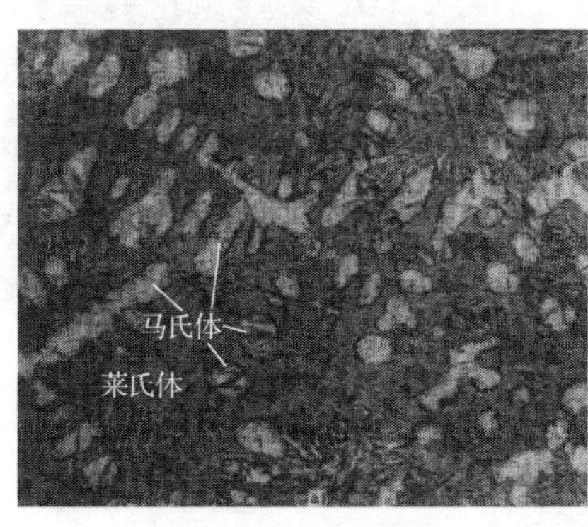

莱氏体
共晶团

（a）1180℃液淬　　　　（b）1145℃液淬

图 2-4　连续液淬铸铁的组织

奥氏体的晶体结构属于面心立方结构，原子的密排面为（111）。当奥氏体从液体中析出及生长时，只有沿着密排面生长，自由能才最低。密排面构成八面体，生长方向必然是八面体的轴线方向，即[100]方向，因此，奥氏体枝晶的形态有两种形态：树枝状枝晶形态和框架状枝晶形态。

图 2-5 是初析奥氏体枝晶的生长过程及组织形貌。图 2-5（a）是树枝状奥氏体枝晶的生长过程，奥氏体具有一次枝晶、二次枝晶、三次枝晶等，其中一次枝晶较长，枝晶内分支较多，组织形貌如图 2-5（b）所示。图 2-5（c）是框架状奥氏体枝晶示意图，一次枝晶较短，二次枝晶不明显，枝晶排列无规则。一次枝晶轴的连接存在一定的角度，骨架空间大，无方向性，枝晶的形成是由一些互相平行又互相垂直的奥氏体枝干与枝晶臂端部分交错相碰搭接而成，组织形貌如图 2-5（d）所示。奥氏体枝晶的数量会影响铸铁的性能，数量越多，二次枝晶轴间距越小，并且相互交叉形成骨架，会增加裂纹扩展的路径，阻碍裂纹的扩展，增加能量消耗，提高铸铁的强度。如果奥氏体枝晶孤立存在于铸铁中，则对铸铁抗拉强度的提高作用不大。

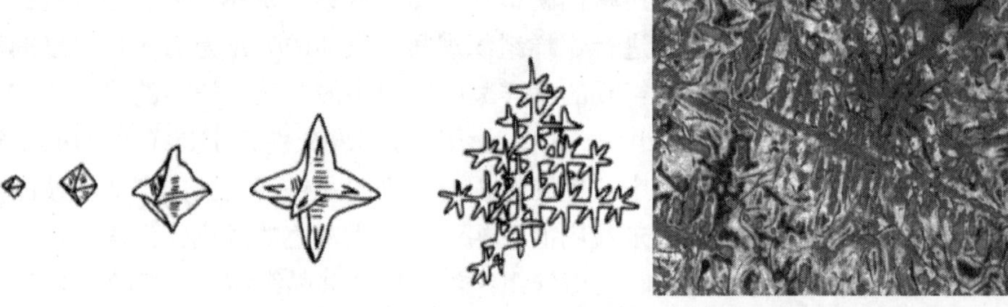

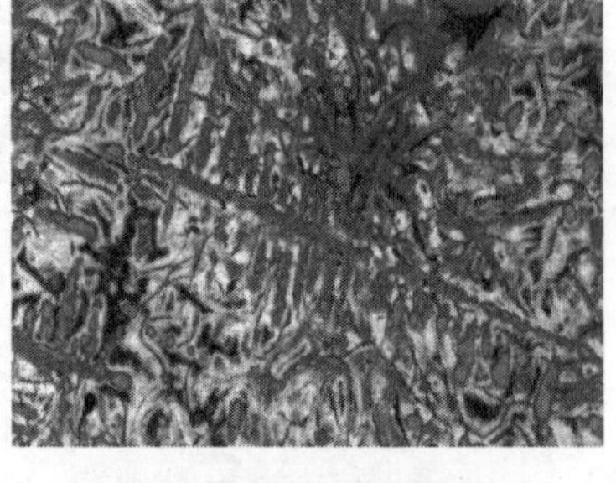

（a）树枝状奥氏体枝晶的生长过程　　（b）树枝状奥氏体组织形貌

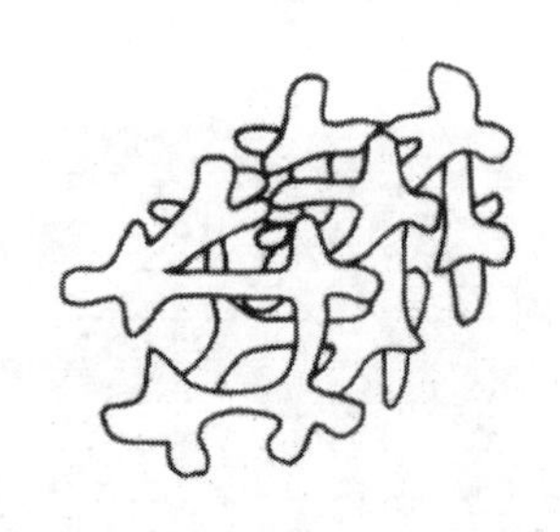

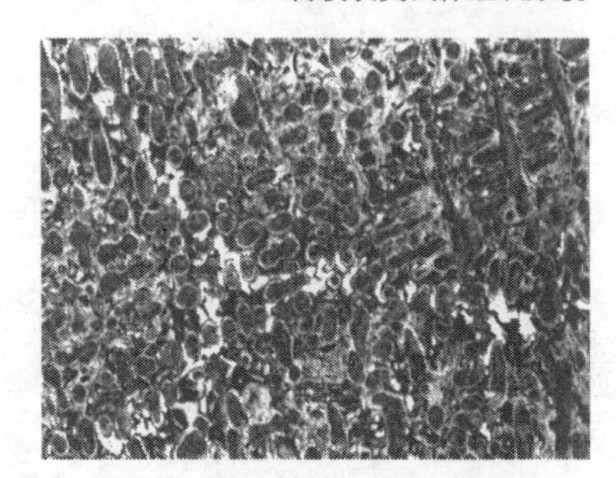

（c）框架状奥氏体枝晶示意图　　（d）框架状奥氏体组织形貌

图 2-5　初析奥氏体枝晶的生长过程及组织形貌

2．影响初析奥氏体枝晶数量的因素

（1）化学成分。化学成分中碳当量对初析奥氏体枝晶有着重要的影响，随碳当量的增加，初析奥氏体枝晶数量减小。在碳当量一定时，提高 $w(Si)/w(C)$比值，可增加奥氏体枝晶数量，随碳当量提高，这种作用更为显著。降低硫、磷含量，初析奥氏体枝晶减小，锰元素可增加奥氏体枝晶数量。合金元素中，能阻碍石墨化的元素都能不同程度地增加奥氏体枝晶数量，作用强弱与形成碳化物能力顺序一致。例如，加入 Ti、V、Cr、Mo、Zr、Al、Ce、B、Bi 等合金元素能不同程度增加奥氏体枝晶数量，合金元素增加奥氏体枝晶的机理主要是增加奥氏体核心及增加过冷，拟制共晶反应，延长奥氏体的析出时间。

（2）冷却速度。枝晶凝固阶段的冷却速度会影响奥氏体枝晶的数量及细化程度。提高冷却速度，增加凝固的过冷度，会减小溶质元素扩散时间及扩散的距离，有利于增加初析奥氏体枝晶生长速度及枝晶的分枝程度和减小枝晶间距，细化枝晶，初析奥氏体枝晶数量和分枝程度随冷却速度的增加而增多。

（3）铁液过热与孕育处理。铸铁的过热温度越高，过冷度越大，初析奥氏体枝晶数量越多。孕育处理一般会减小铸铁的过冷倾向，减小铸铁奥氏体枝晶。但孕育处理的元素如果增加奥氏体形核，则会增加奥氏体枝晶数量。

3．初析奥氏体枝晶的成分偏析

初析奥氏体枝晶存在化学成分不均匀的现象，称为成分偏析。成分偏析是在液态凝固过程中形成。从铁-碳相图可以看出，先结晶的奥氏体碳含量和后结晶的奥氏体碳含量不同，会造成碳元素的偏析，初析奥氏体枝晶的成分偏析分为反偏析和正偏析两种。

反偏析是指初析出的奥氏体枝晶内部溶质元素浓度大于枝晶间溶质元素的浓度，奥氏体枝晶内部存在溶质元素富集的偏析现象。一般与碳亲和力小、促进石墨化的元素，如 Si、Al、Ni、Cu、Co 等会形成反偏析，它们在奥氏体枝晶内部的浓度大于枝晶间的浓度。

正偏析是指初析出的奥氏体枝晶内部溶质元素浓度小于枝晶间溶质元素的浓度，枝晶间溶质元素存在富集的偏析现象。与碳亲和力较大、易形成碳化物的元素，如 Mn、Cr、W、Mo、V、S、P 等会形成正偏析，它们在奥氏体枝晶内的浓度要小于枝晶间的浓度，正偏析严重时在枝晶间会形成这些元素的化合物。奥氏体枝晶间成分分布的不均匀性通常由分配系数 K_P 表示，奥氏体枝晶内的成分偏析程度由偏析系数 K_1 表示。K_P、K_1 的表达式分别为

$$K_P = \frac{\text{元素在奥氏体中的浓度}}{\text{元素在铁液中的平均浓度}}$$

$$K_1 = \frac{\text{元素在奥氏体枝晶内部的浓度}}{\text{元素在奥氏体边缘的浓度}}$$

对于反偏析，$K_P > 1$、$K_1 > 1$，如元素 Si、Al、Ni、Cu、Co 在初析奥氏体中的偏析系数 K_1 分别为 1.15、1.10、1.15、1.10、1.14，在共晶组织中 K_1 分别为 1.6、2.5、1.50、1.80、1.40。对于正偏析，$K_P < 1$、$K_1 < 1$，如元素 Mn、Cr、W、Mo、P 在初析奥氏体中的偏析系数 K_1 分别为 0.75、0.85、0.95、0.87、0.69，在共晶组织中 K_1 分别为 0.63、0.84、0.21、0.24、0.53。无偏析组织 $K_P = 1$、$K_1 = 1$。

（二）初析石墨的结晶及其形貌

铸铁中石墨的形态主要有片状石墨、球状石墨、蠕虫状石墨、团絮状石墨，前三种形态的石墨可以从铸铁的液体中直接析出，而团絮状石墨是白口铸铁经过石墨化退火热处理获得。自然界中碳有两种形式：结晶形碳，如石墨、金刚石等；无定形碳，如焦炭、煤等。

图 2-6 是石墨的晶体结构，为六方晶体结构。石墨本身的强度很低，抗拉强度 R_m 为 5～10MPa，熔点为 3652℃，具有良好的耐高温性能，导电性、导热性良好，导热性优于钢铁材料，导热系数随温度升高而降低。石墨的晶体结构中，原子层与层间结合能较低，为 4～55kJ/mol，但原子间的结合能较高，为 400～500kJ/mol。由于原子层间结合能量较小，容易分层滑移，因此石墨可以作为固态

的润滑剂。液态过共晶灰口铸铁凝固时首先析出初生石墨，由于石墨的结构特点，石墨生长的方式是沿着其基面择优生长，最后形成片状石墨。但在实际生长条件下，石墨往往出现多种形态，这主要与石墨的晶体缺陷及结晶前沿液体的杂质含量有关。

图 2-7 是石墨的晶体缺陷示意图。其中，螺旋位错台阶[图 2-7（a）]和螺旋晶界台阶[图 2-7（b）]对石墨的生长影响很大。螺旋位错的存在，可为石墨的生长提供大量的生长台阶，石墨沿着这些台阶形成一定厚度的石墨片。石墨晶体缺陷中的旋转晶界台阶能为石墨生长提供台阶，这种台阶可促使石墨面向 a 向生长。一般认为生长速度 $v_a > v_c$ 形成片状石墨，生长速度 $v_a \leqslant v_c$ 形成球状石墨。普通铸铁中，S、O 等活性元素会吸附在石墨棱面（1010）上，使原本的光滑界面变为粗糙界面，在较小的过冷度下，使石墨沿棱面生长速度较快，最后形成片状石墨。

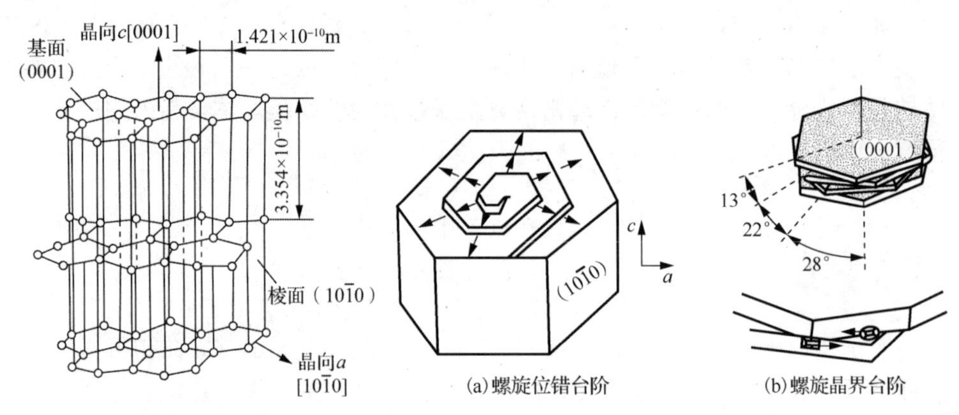

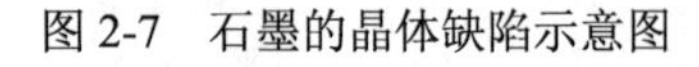

图 2-6　石墨的晶体结构　　　　图 2-7　石墨的晶体缺陷示意图

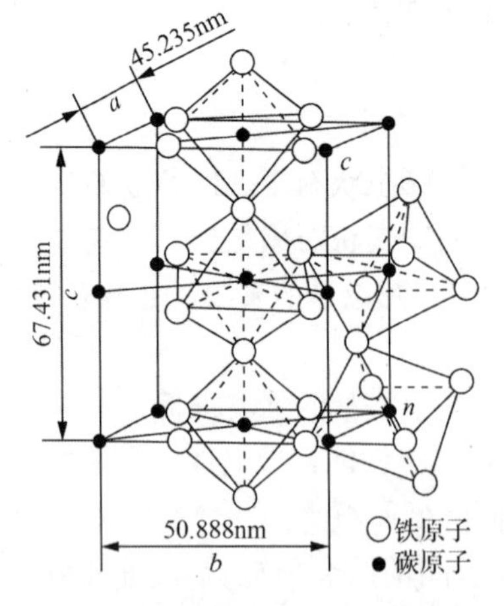

图 2-8　渗碳体的晶体结构

（三）初析渗碳体的结晶及其形貌

图 2-8 是渗碳体的晶体结构，渗碳体是具有复杂正交晶体结构的间隙化合物。渗碳体的熔点为 1252℃，强度较低，约为 35MPa，渗碳体无塑性和韧性，是脆性相，硬度较高，显微硬度 HV 为 840～1050。当渗碳体中溶入 Mn、Cr、W、Mo 等形成合金渗碳体时，硬度会更高。介稳定系过共晶成分的铸铁凝固时会析出初析渗碳体，普通白口铸铁的初生渗碳体形式为 M_3C 型（Fe_3C）。

图 2-9 是初析渗碳体的形貌，普通白口铸铁的组织中初析 Fe_3C 一般呈粗大的条状或块片

状，如图 2-9（a）所示。对于高铬白口铸铁，随合金中铬含量的增加，初析碳化物会表现出不同的形式和形貌特征，碳化物形式由$(Fe、Cr)_3C \rightarrow (Fe、Cr)_7C_3 \rightarrow (Fe、Cr)_{23}C_6$变化，即 $M_3C \rightarrow M_7C_3 \rightarrow M_{23}C_6$。初析 M_7C_3 型碳化物晶体结构为六方点阵结构，三维形貌为六方棱柱体，断面为六边形，独立存在于组织中，有些六边形内部还存在奥氏体转变产物或孔洞，如图 2.9（b）所示。M_7C_3 碳化物的显微硬度 HV 为 1300～1900，六方棱柱体基面的硬度要高于棱柱体侧面的硬度。$M_{23}C_6$ 的初析相为条状或条块状，显微硬度 HV 为 1000～1100，实际高铬铸铁的生产中常能看到 M_7C_3 碳化物和 $M_{23}C_6$ 碳化物共同存在的情况。这些渗碳体中，M_7C_3 型渗碳体的硬度最高，因此，抗磨铸铁的实际生产中，通过控制 $w(Cr)/w(C)$比［如$w(Cr)/w(C)$为 3.5～10.2］，铸铁组织会产生较多的 M_7C_3 化合物，硬度及韧性提高，能够提高抗磨铸铁件的耐磨性能及使用寿命。

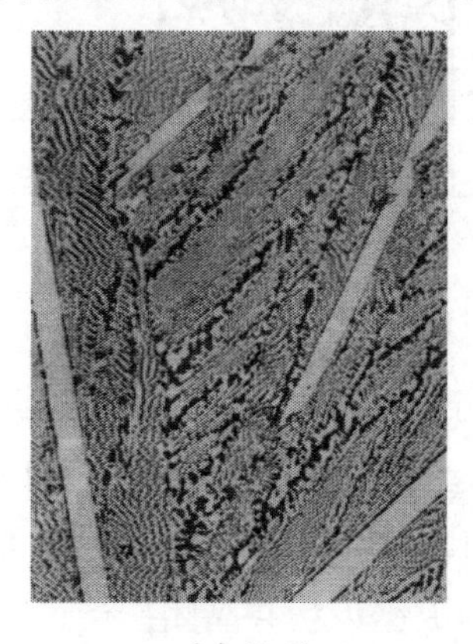
（a）Fe_3C

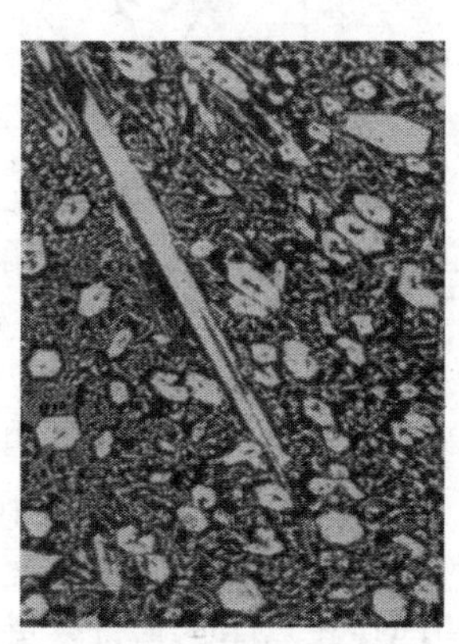
（b）M_7C_3

图 2-9　初析渗碳体的形貌

（四）共晶凝固组织形貌及共晶团

共晶型相图的铸铁合金在凝固过程中会发生共晶转变，组织中存在共晶组织。根据化学成分和凝固时的冷却条件不同，铸铁的共晶凝固过程分为稳定系共晶转变和介稳定系共晶转变。稳定系共晶转变的产物为奥氏体+石墨，碳以石墨形式存在，形成灰铸铁；介稳定系共晶转变的产物为奥氏体+渗碳体，碳以渗碳体形式存在，形成白口铸铁；或者两者转变同时存在，形成奥氏体+石墨+渗碳体组织，即麻口铸铁。

1．稳定系共晶转变及共晶团

图 2-10 是亚共晶铸铁凝固过程示意图。亚共晶铸铁凝固时首先析出奥氏体相，随着温度下降，奥氏体相长大和不断地析出。当温度降低到略低于稳定系共晶平衡温度时，即具有一定程度的过冷后，初析奥氏体枝晶间具有共晶成分的液体进

入了共晶凝固阶段，发生共晶转变，共晶转变产物分布在初析奥氏体枝晶间。共晶组织的形成是由石墨形核开始，熔体中存在的亚微观石墨团聚体或未熔的微细石墨颗粒、某些高熔点的夹杂物颗粒（如硫化物、碳化物、氧化物及氮化物）等均可以作为石墨的非均质晶核。石墨形核以后，石墨的（0001）基面可以作为奥氏体（111）面的基底，促使奥氏体形核形成石墨和奥氏体同时交叉生长的模式，将以每个石墨核心为中心所形成的石墨-奥氏体两相共生生长的共晶晶粒称为共晶团。

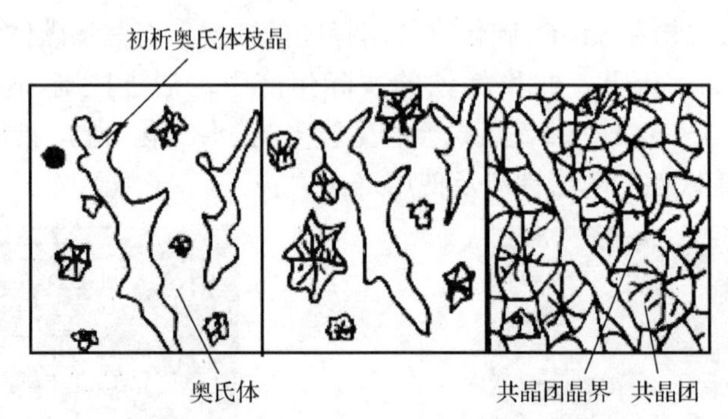

图 2-10　亚共晶铸铁凝固过程示意图

图 2-11 是亚共晶铸铁共晶团的形貌。根据共晶团的轮廓形状，其形态主要有三种类型：如图 2-11（a）所示的团球状，如图 2-11（b）所示的锯齿状，如图 2-11（c）所示的竹叶状。共晶团形态主要与凝固过程的过冷度有关，当过冷度较大时，容易形成团球状共晶团；当过冷度较小时，容易形成锯齿状共晶团；当过冷度极小时，容易形成竹叶状共晶团。

（a）团球状

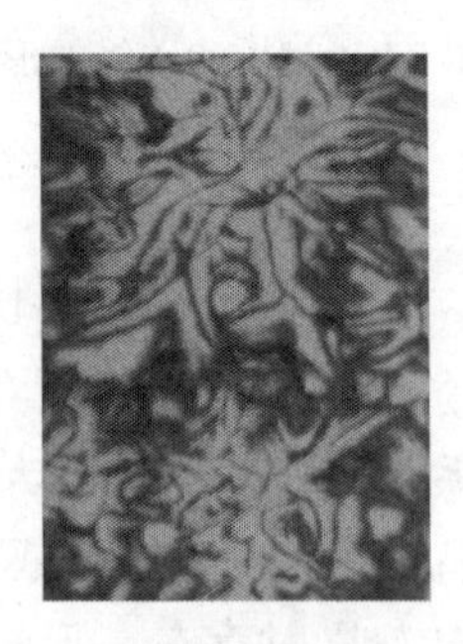
（b）锯齿状

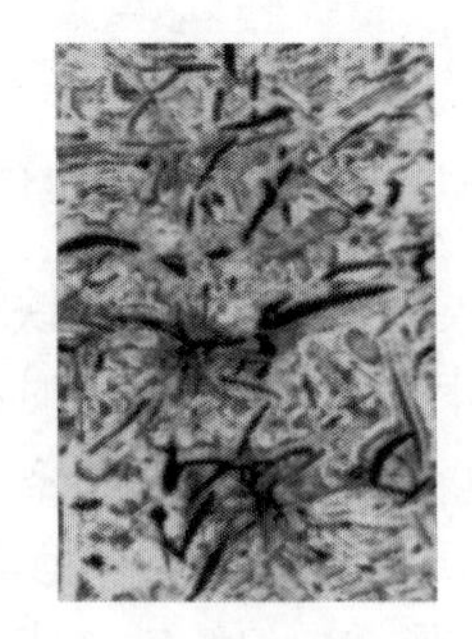
（c）竹叶状

图 2-11　亚共晶铸铁共晶团的形貌

灰铸铁的单位面积共晶团数量（个/cm^2）取决于共晶转变时的形核及长大条件，冷却速度及过冷度越大、非均质晶核越多、生长速度越慢，则形成的共晶团数量越多。随共晶团数量的增加，铸铁的白口倾向减少，力学性能提高。但由于增加了共晶凝固期间的膨胀力，会使铸件胀大的倾向增加，从而增加了铸件的缩松倾向。同时，共晶团数量越多，共晶团之间的液体凝固时，当凝固的共晶团与共晶团相互接触，在共晶团之间会形成小的“熔池”，相互接触的共晶团会封闭共晶团之间液体补缩的通道，造成“小熔池”液体凝固补缩困难，这些小“熔池”凝固后形成缩松，降低铸件的气密性。因此，对有耐压性要求的灰铸铁件生产时要控制共晶团的数量。例如，用灰铸铁铸造的汽车发动机缸体铸件，并不是共晶团数量越多越好，为保证耐压及其气密性能满足要求，单位面积内共晶团数量一般控制在 350 个/cm^2 左右即可。因为共晶团数量随生产条件不同有所差异，且不同铸件的要求也有所不同，所以各个铸造厂应有各自的控制要求，并作为控制和分析铸铁质量的一个指标。

过共晶灰铸铁的凝固过程从析出初析石墨开始，随温度降低，初析石墨片不断长大，到达共晶转变温度并有一定过冷度时，进入共晶反应阶段，此时共晶石墨一般在初析石墨的基础上析出。因此可见到共晶体与初析石墨相连的组织特征，其最后的室温组织与共晶成分、亚共晶成分的灰铸铁基本相似，所不同的是组织中存在粗大的初析片状石墨。

2．介稳定系共晶转变

图 2-12 是介稳定系铸铁共晶组织形成示意图。介稳定系铸铁发生共晶反应的产物由奥氏体和碳化物组成，称为莱氏体组织。在普通白口铸铁中，由于渗碳体与奥氏体某些晶面存在对应的位相关系，奥氏体容易紧贴在板条渗碳体的相应位置以板状枝晶方式生长，共晶转变产物莱氏体会以片状协同生长方式长大，形成片层状结构。由于奥氏体板状晶间的铁液会产生不均匀吸附、成分过冷和碳量的富集，促使 M_3C 渗碳体在奥氏体枝晶间沿 c 轴方向生长，同时奥氏体沿 a 轴与渗碳体共生方向生长。横向生长的奥氏体由于共晶前沿聚集夹杂，形成成分过冷，促进奥氏体枝晶的凸出并长大，形成棒状，横截面为蜂窝状结构。

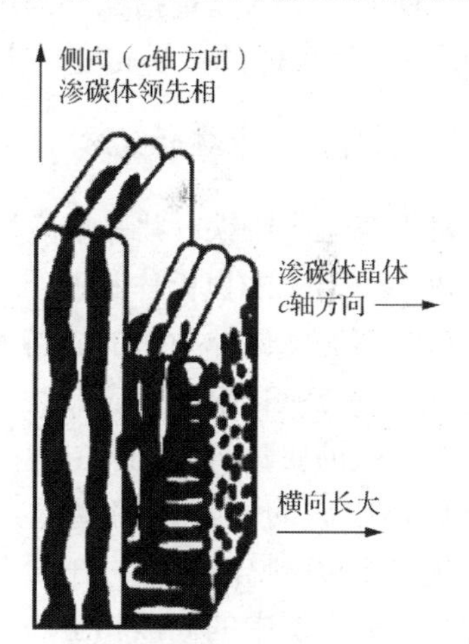

图 2-12 介稳定系铸铁共晶组织形成示意图

图 2-13 是介稳定系亚共晶铸铁共晶组织。由于铸铁中含有较高含量的硅，有促进奥氏体枝晶分叉的作用，也会促使奥氏体由片状转向棒状，形成蜂窝状的共晶组织[图 2-13（a）]。如果凝固时过冷度较大，共晶组织渗碳体可以形成板条状，共晶生长以片状渗碳体和奥氏体呈分离的形式进行，形成一种离异型共晶

组织[图 2-13（b）]。板条状渗碳体的共晶组织比蜂窝状共晶组织具有较高的韧性。含铬较高的合金铸铁形成的共晶组织中，M_7C_3 型共晶组织为板条状，多数以集束状态存在，集束状共晶碳化物的横断面呈菊花状[图 2-13（c）]。

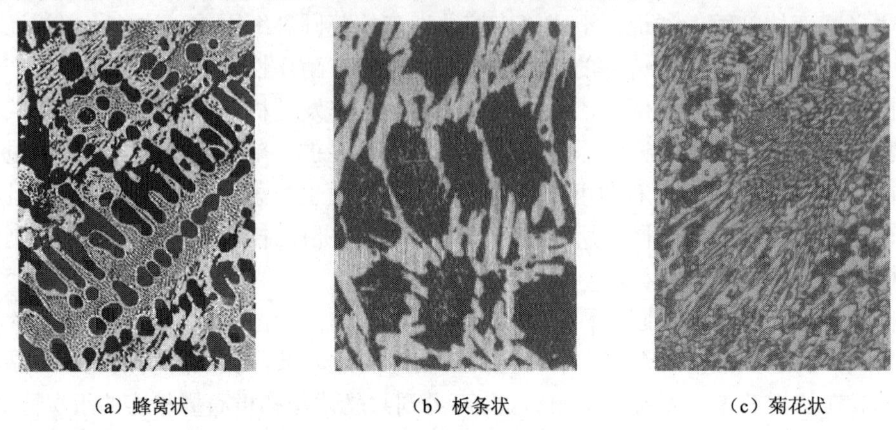

（a）蜂窝状　（b）板条状　（c）菊花状

图 2-13　介稳定系亚共晶铸铁共晶组织

二、铸铁的二次结晶及组织

铸铁的二次结晶是指在冷却过程中发生的固态转变过程，主要包括奥氏体中碳的脱溶、奥氏体的共析转变、过冷奥氏体的中温贝氏体转变和低温马氏体转变。

（一）奥氏体中碳的脱溶

对于普通灰铸铁，共晶反应按 Fe-G（石墨）系相图转变，共晶组织为碳的质量分数为 2.10%的奥氏体和石墨。继续冷却，随温度的降低，初析奥氏体和共晶转变组织中的奥氏体中碳的固溶度将降低，多余的碳以二次石墨的形式析出，即发生 $\gamma \longrightarrow \gamma' + G_{II}$ 脱溶反应。对于白口铸铁，共晶反应按 $Fe\text{-}Fe_3C$ 相图转变，共晶组织为碳的质量分数为 4.30%的奥氏体和碳化物。随着温度降低，共晶组织中的奥氏体中碳的固溶度将降低，多余的碳以二次碳化物的形式析出，即发生 $\gamma \longrightarrow \gamma' + Fe_3C_{II}$ 脱溶反应。在固态连续冷却的条件下，奥氏体析出的高碳相一般依附在共晶组织中的高碳相上。

（二）奥氏体的共析转变

当奥氏体冷却到共析温度以下，在一定的过冷度下将发生共析转变，共析转变是决定铸铁基体组织的重要环节之一。若发生 $\gamma \longrightarrow \alpha\text{-}Fe + G$ 共析反应，铸铁会形成铁素体基体组织(F)，图 2-14(a)为铁素体基体的组织。若发生 $\gamma \longrightarrow \alpha\text{-}Fe + Fe_3C$ 共析反应，铸铁会形成层片状珠光体基体组织（P），珠光体基体组织如图 2-14（b）

所示。

（三）过冷奥氏体的中温贝氏体转变和低温马氏体转变

图 2-14（c）是铸铁奥氏体中温转变形成的贝氏体基体组织照片。奥氏体的中温转变是将加热奥氏体化铸铁快冷到 250～450℃的某一温度下进行保温，发生奥氏体的等温转变，形成贝氏体和少量的残余奥氏体组织。相对于铸铁的共析转变，贝氏体转变是一种非平衡转变，形成的贝氏体组织具有较高的强度。典型的贝氏体是一种铁素体和碳化物非片状排列的组织，组织形貌一般呈羽毛状和针状。如果贝氏体组织中的碳化物分布在贝氏体铁素体板条之间，则称为上贝氏体组织（B_U）；分布在贝氏体铁素体板条之上，则称为下贝氏体组织（B_L）。一般奥氏体在 350～450℃等温转变，形成上贝氏体组织；在 250～350℃等温转变，形成下贝氏体和少量的残余奥氏体组织。

图 2-14（d）是铸铁低温转变形成马氏体基体组织照片。奥氏体的低温转变是将加热奥氏体化的铸铁，进行快速冷却（淬火），发生马氏体转变，形成马氏体组织和少量的奥氏体组织。马氏体转变是一种碳和合金元素的无扩散型相变，马氏体组织实际上是一种过饱和碳及合金元素的 α-Fe 固溶体，也是一种非平衡组织，马氏体组织的铸铁具有较高的硬度、强度，但塑韧性差。马氏体组织可以通过不同温度的回火热处理，获得回火马氏体、回火屈氏体或回火索氏体组织，得到不同性能的铸铁。

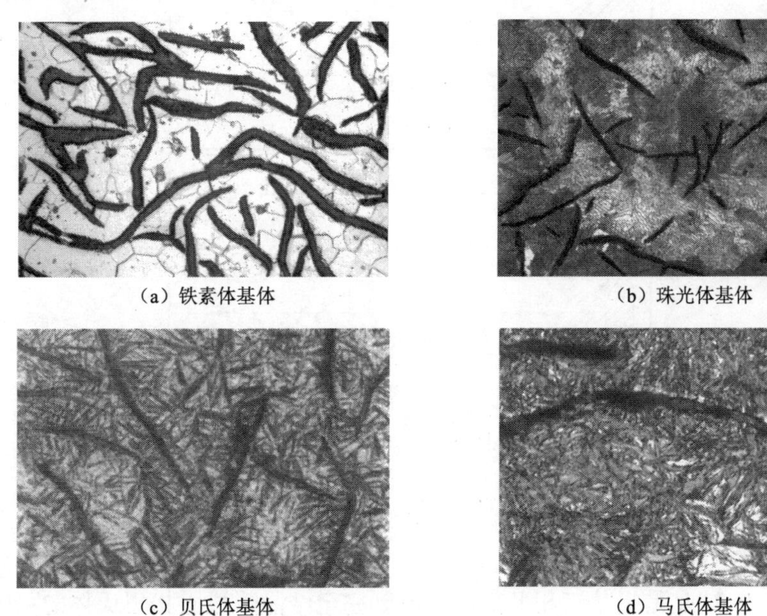

（a）铁素体基体　（b）珠光体基体

（c）贝氏体基体　（d）马氏体基体

图 2-14　铸铁的固态转变基体组织

钢铁组织中的高碳马氏体和下贝氏体都是针片状组织，较难区别。在光学显微镜下观察，高碳马氏体针叶较宽且大，两片针叶相交为 60°角；下贝氏体针叶较细而短，两片针叶相交多为 55°角。贝氏体组织比马氏体组织更容易腐蚀，金相试样轻腐蚀时，组织中出现黑色短细针的为下贝氏体组织。通过透射电镜观察，贝氏体中碳化物呈 50°～60°角排列，而回火高碳马氏体中的碳化物多以交叉或沿马氏体板条的中心线呈 30°～40°角分布。

第三节 铸钢的结晶过程及组织

图 2-15 是铸造碳钢在铁-碳相图上的成分范围，一般工程用铸钢成分范围为图 2-15 中的阴影部分。铸钢的成分属于亚共析成分，碳的质量分数在 0.20%～0.60%，以铸造碳钢为例，其结晶过程包括两个阶段，即一次结晶过程和二次结晶过程。

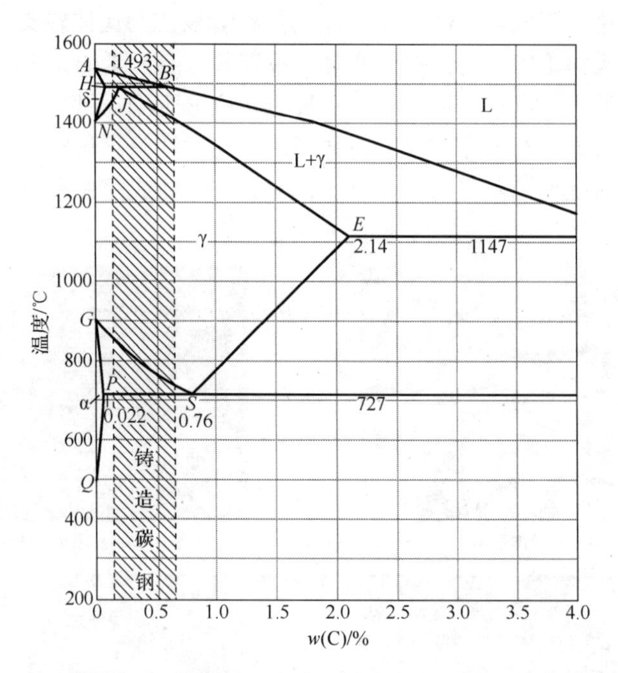

图 2-15 铸造碳钢在铁-碳相图上的成分范围

一、铸钢的一次结晶与二次结晶

铸钢的一次结晶是指从液相开始结晶起到完全结晶形成固相奥氏体的凝固过程。当钢液温度降至 *AB* 液相线温度以下，一定的过冷度下，发生 L ⟶ δ，液相中析出高温铁素体相（δ），温度降至包晶转变温度（1493℃）时，发生 L+δ ⟶ γ 包晶转变，生成奥氏体。对于包晶成分或亚包晶成分的铸钢，完成了一次结晶；对于过包晶成分的铸钢，温度继续下降，穿过两相区（L+γ），温度低于固相线（*JE*）以下某一温度，液相将全部转变为单相奥氏体，完成一次结晶。铸钢固相之间发生的结晶称为铸钢的二次结晶。当温度下降到 *GS* 线以下温度，奥氏体组织中会析出先共析铁素体 α 相，随着 α 相的析出，剩余奥氏体碳量增加，当温度达到 *PS* 共析转变温度（727℃）时，发生 γ ⟶ α+Fe_3C 共析转变，形成珠光体组织，共析转变形成的珠光体是一种层片状 α 和 Fe_3C 复相组织。对于铸造碳钢，二次结晶的室温组织为铁素体+珠光体。

二、铸钢的铸态组织

铸钢的铸态组织是指钢液浇入铸型凝固冷却到室温后得到的组织，铸造碳钢通过二次结晶过程形成的铁素体会因钢的碳含量和冷却速度的不同而出现不同的形态，主要有粒状、魏氏组织和网状组织，同时铸件内会形成内应力和成分偏析。由于铸钢本身的熔点高、浇注温度高、收缩大等特点，其铸件铸态主要有如下特征。

（一）铸态组织及晶粒粗大

铸钢浇注时若钢液热度大、浇注温度高，当铸型散热条件差或铸件壁厚较大时，铸钢凝固时冷却速度较小，会导致铸造组织及晶粒粗大。铸钢中含有促进奥氏体长大的元素，如 Mn、P 等容易得到粗大的铸态组织和晶粒。

图 2-16 是碳钢铸件断面结晶区分布及合金铸钢件铸态组织。可见，铸态碳钢铸件断面上的结晶区分布不均匀，一般会出现三个不同组织形貌的区域，如图 2-16（a）所示。靠近铸型表面Ⅰ为细等轴晶区，Ⅱ为柱状晶区，中间Ⅲ为心部粗等轴晶区。细等轴晶区是由于钢液凝固时受到铸型的激冷，产生较大的过冷，产生大量晶核而形成；柱状晶区是由于表面细等轴晶形成一定的厚度后，热流的单

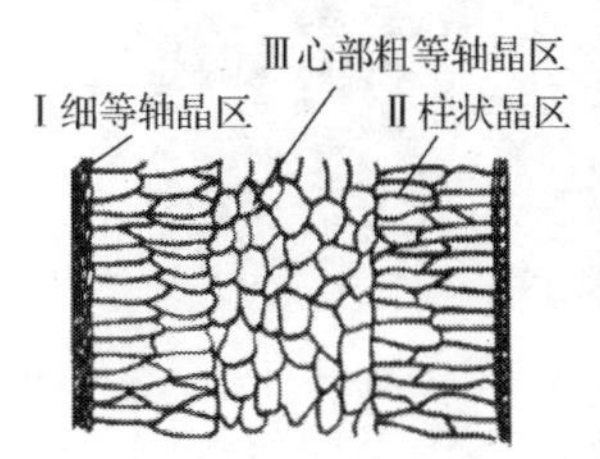

（a）碳钢铸件断面结晶区分布

（b）ZG25Si2Mn3Mo铸态组织，400×

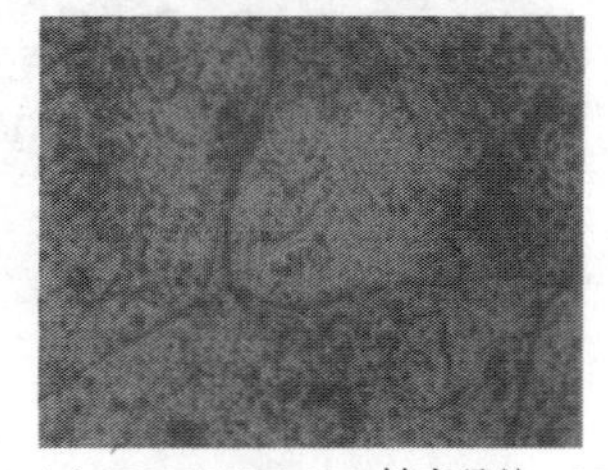
（c）ZG25Si2Mn3Mo铸态晶粒，200×

图 2-16　碳钢铸件断面结晶区分布及合金铸钢件铸态组织

向导热和顺序凝固造成；心部粗等轴晶区是由于表面细等轴晶的游离、熔断的枝晶、液面上凝壳晶体的沉积等成为等轴晶核，有利于形成等轴晶，同时心部熔体溶质原子富集造成成分过冷会发生非自发形核及长大形成粗的等轴晶。合金化程度较高的铸件铸态会出现粗大的非平衡组织贝氏体或马氏体，如图 2-16（b）所示，铸态晶粒粗大，如图 2-16（c）所示。

（二）存在粒状组织

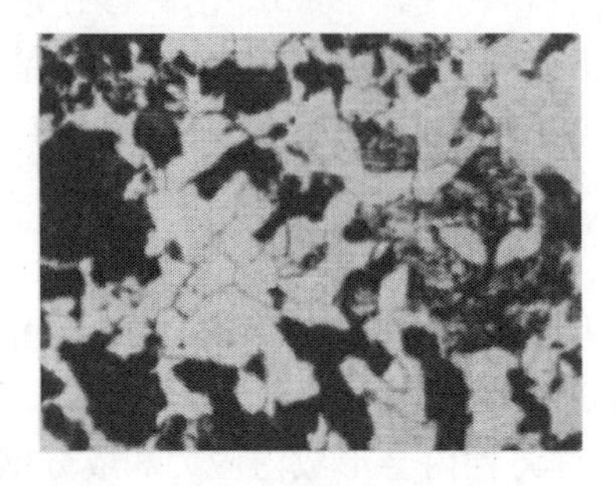

图 2-17　碳钢铸件铸态粒状组织，200×

图 2-17 是碳钢铸件铸态粒状组织。粒状组织是在低碳钢铸件，冷却速度较低时，铸钢件的铸态组织会形成粒状或块状组织。粒状组织形态具有最低的表面能，是较为稳定的组织形态，凝固过程中，奥氏体形成粒状铁素体组织，需要碳原子和铁原子进行较大规模的扩散，碳含量较低，壁厚较大的铸件冷速较慢，有利于形成粒状组织。

（三）出现魏氏组织

图 2-18 是铸造碳钢铸态魏氏体组织图，魏氏体组织的形成是铸造碳钢在铸造凝固冷却过程中，在适当的冷却条件下，二次结晶的铁素体呈片状或针状从奥氏体中析出，且常与晶粒周界形成一定的角度。把这种先共析体铁素体沿过饱和母相的特定晶面析出，并在母相中呈针片状或条状特征分布的组织称为魏氏体组织，如图 2-18（a）和（b）所示。魏氏体铁素体组织一般是沿着奥氏体晶格的原子密排面析出，因而奥氏体中析出的铁素体互相平行或成一定角度分布。

（a）ZG200-400

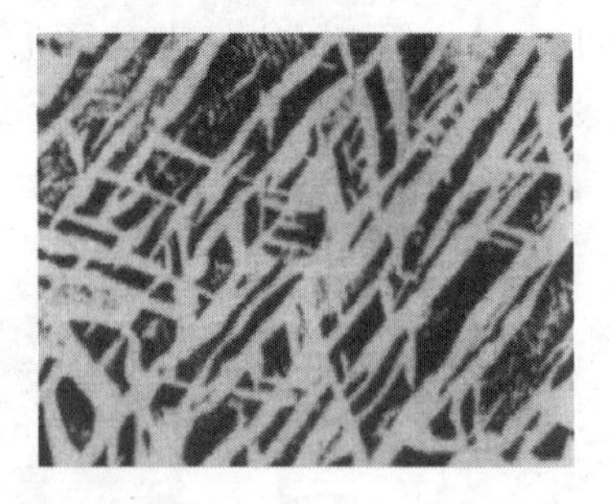

（b）ZG270-500

图 2-18　铸造碳钢铸态魏氏体组织，200×

（四）出现网状组织

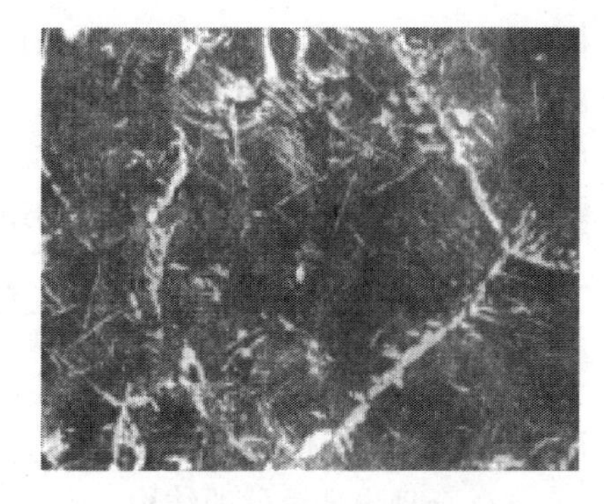

图 2-19　ZG310-570 铸态网状组织，250×

图 2-19 是 ZG310-570 铸态网状组织。网状组织的形成是指碳素铸钢在铸造后冷却过程中，冷却速度非常缓慢，或奥氏体晶粒较粗时，二次结晶的铁素体在奥氏体晶界析出并逐渐增厚形成网状分布。铸造碳钢铸态是否会形成魏氏组织及网状组织，与铸钢的化学成分、晶粒大小和冷却速度等有关。

图 2-20 是铸钢组织形态与碳含量及冷速的关系。低碳铸钢和低的冷却速度配合有利于形成粒状组织，中高碳铸钢容易形成网状组织。对于低合金和高合金铸钢，合金元素较多时会提高铸钢的淬透性，铸态会获得贝氏体、马氏体或残余奥氏体组织，组织特点也是晶粒粗大。铸钢在铸态下的力学性能较低，特别是冲击值很低。力学性能较低除了与铸造缺陷（如缩松、缩孔、气孔、裂纹及夹杂物）有关，还与铸态组织中存在组织粗大及形成魏氏组织和网状组织密切有关。

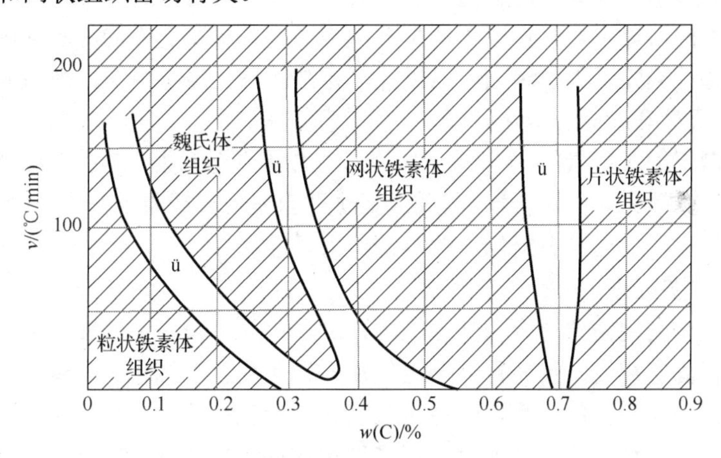

图 2-20　铸钢组织形态与碳含量及冷速的关系

ü 表示两边组织的过渡区

（五）存在应力与偏析

由于铸造碳钢线收缩较大，导热性较差，铸件凝固过程会出现温度内应力及相变内应力，对于合金钢铸钢或相邻壁厚较大的铸件产生的内应力很大，内应力会造成铸件变形甚至开裂。减轻或消除内应力的有效方法是在铸件凝固冷却时降低冷速或对冷却后的铸件及时进行去应力退火处理。对于厚大的铸钢件，凝固后横断面上会存在化学成分的不均匀性，如碳钢铸件会出现表面碳含量较低，而心部碳含量较高的情况。这种偏析通过后续的处理较难消除，但可通过提高厚大部位的凝固冷却速度（如放置冷铁等），以及铸件变质处理以细化晶粒来减轻偏析。薄壁铸件因冷却速度快出现偏析的现象较少。

三、改善铸钢铸态组织和提高力学性能的途径

为防止铸钢铸态组织和晶粒粗大，实际生产中改善铸钢铸态组织和提高力学性能的主要途径如下。

1．合理设计铸件的结构

设计铸件结构时，尽可能不出现铸件壁厚太厚或局部出现厚大的部位，避免局部出现较大的热节和过大的壁厚差，根据铸件结构合理设计浇冒口系统。

2．减少铸件中气体和夹杂物数量

铸件生产时，铸钢的冶炼尽量采用电炉熔化+炉外精炼，净化钢液，以降低铸钢中的气体及其夹杂物数量，提高铸件的力学性能。

3．控制浇注温度及铸型温度

在满足获得健全铸件的前提下，适当降低浇注温度。在保证铸件充型良好，不产生缺陷的前提下，尽量改善铸型的散热条件，提高铸件的冷却速度，细化铸态组织。铸件凝固过程中施加电磁搅拌等方法能细化铸态组织，提高力学性能。

4．变质处理或微合金化处理

在铸钢中加入微量的 Ti、V、Nb、Zr、RE 等合金元素，铸件凝固过程中可以形成细小及弥散分布的化合物，凝固时促进非自发形核或吸附在生长的组织前沿，阻碍晶粒长大，细化铸态组织，改善铸件力学性能。

5．铸件热处理

热处理是利用铸造合金在加热或冷却时，组织中发生某些元素溶解度的显著变化或进行固态相变，使铸件合金组织形态发生变化，细化铸件组织，提高力学性能。对于组织粗大的碳素铸钢件可采用退火或正火热处理，奥氏体化时会形成较小的奥氏体晶粒，冷却转变时会形成细小的铁素体或珠光体，消除魏氏组织及网状组织。对于合金钢铸件，在最终热处理前进行淬火、高温回火预热处理，利用淬火过程形成的应力，在高温回火过程发生马氏体形变再结晶来细化铸件的组织；或采用超高温正火，利用奥氏体形成过程产生的相变应力，发生奥氏体高温形变再结晶来细化铸件的组织。

第四节　铸造非铁合金的结晶过程及组织

研究铸造非铁合金凝固过程的思路与铸造钢铁合金类似，是以非铁合金的相图为基础，结合不同的铸造方法和变质处理分析非铁合金的结晶过程及其组织。

图 2-21～图 2-26 是几种典型非铁合金的二元相图。与铸造钢铁材料相比，非铁合金中除了铸造铝硅合金相图比较简单外，许多铸造非铁合金相图及凝固过程组织转变复杂，结晶时组织中存在各种平衡反应的产物相和金属间化合物等。对于铸造非铁合金，相图在铸造合金的成分设计及判断铸造性能的优劣等方面具有重要的作用。同铸造钢铁合金的铸态组织一样，铸态非铁合金的铸态组织和晶粒比较粗大，甚至出现粗大的针片状及块状组织，降低铸件的力学性能。因此，铸造大多数非铁合金时，需要进行变质处理或后续铸件的热处理，以细化组织和改善铸件的力学性能。

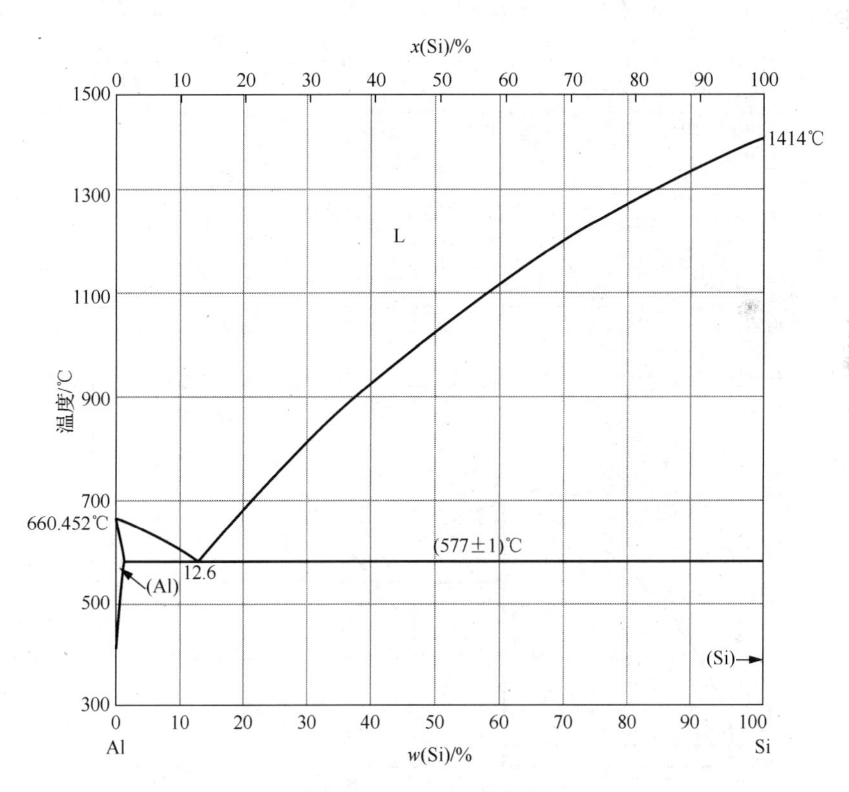

图 2-21　Al-Si 二元相图

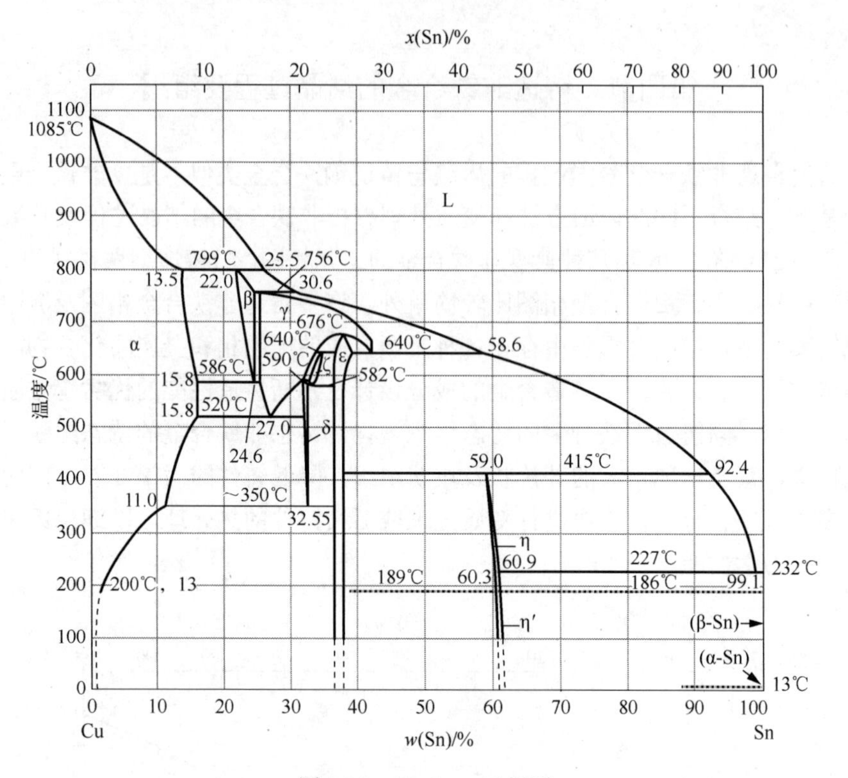

图 2-22　Cu-Sn 二元相图

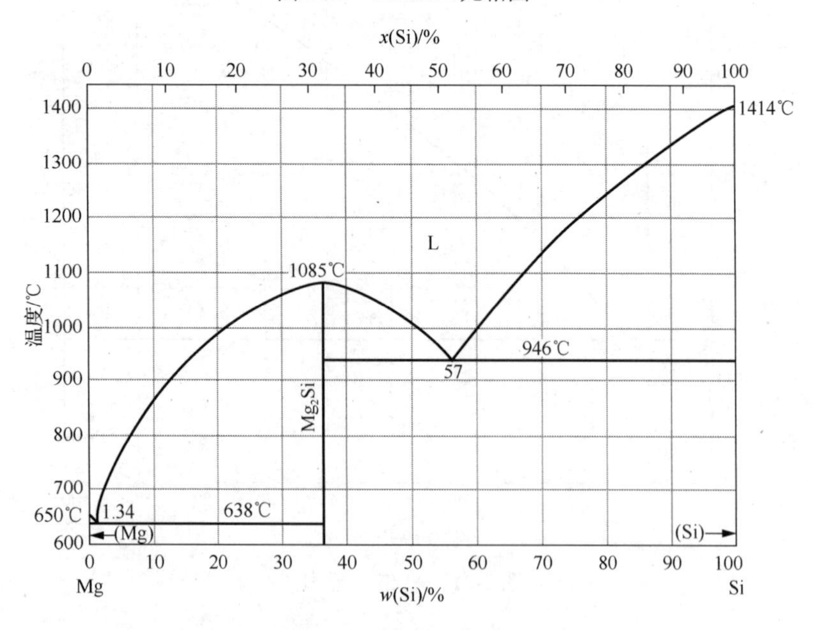

图 2-23　Mg-Si 二元相图

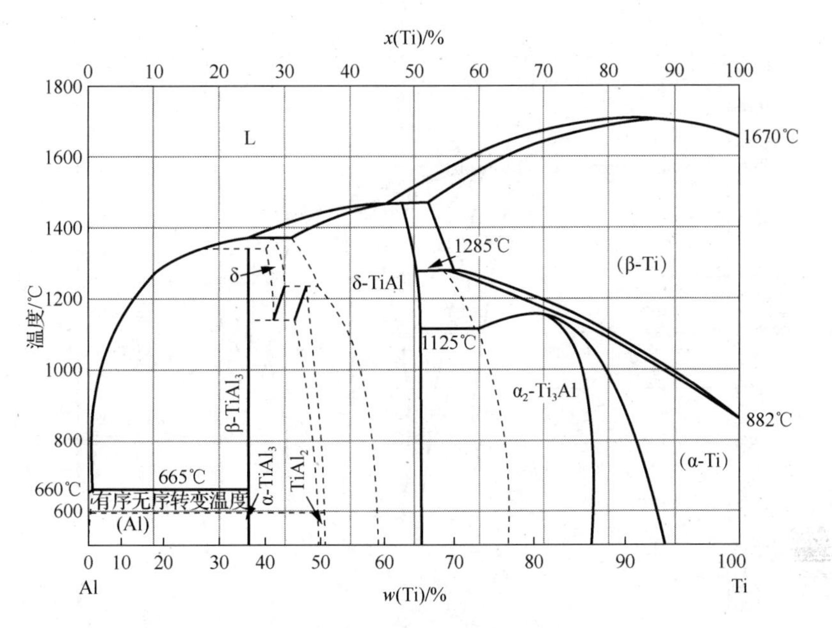

图 2-24　Al-Ti 二元相图

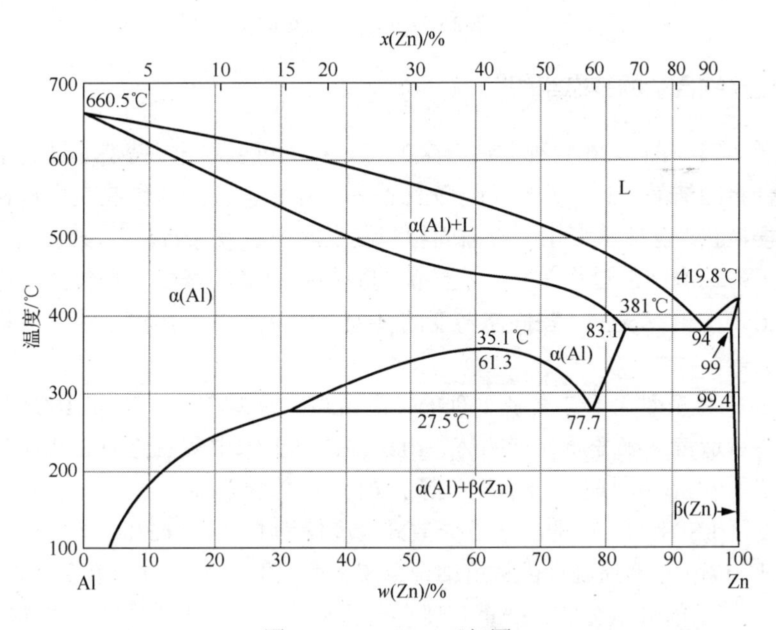

图 2-25　Al-Zn 二元相图

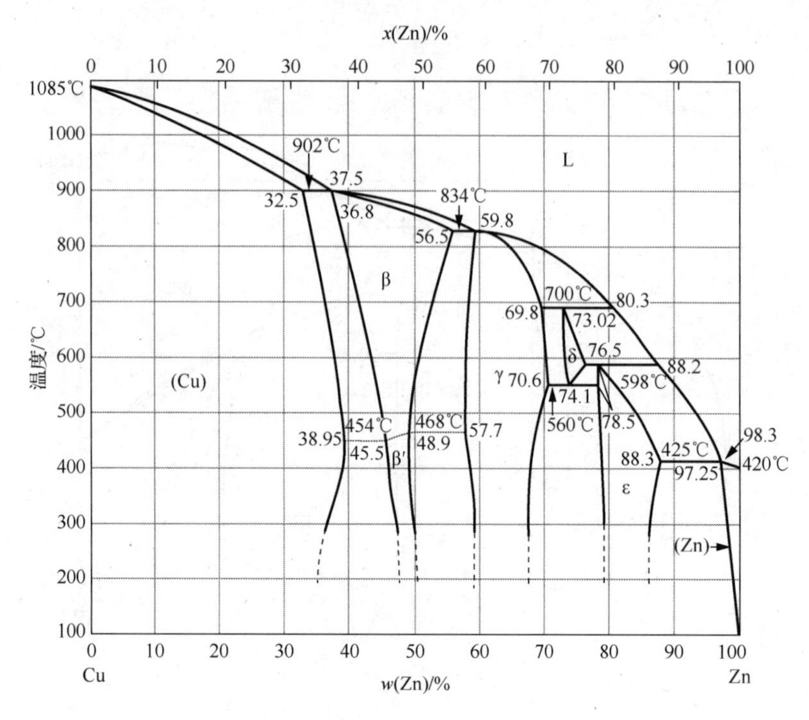

图 2-26　Cu-Zn 二元相图

一、铸造非铁合金的铸态组织

从图 2-21～图 2-26 几种非铁合金的二元相图可以看出，铸造非铁合金的结晶和钢铁合金的结晶一样，也分为一次结晶和二次结晶。一次结晶是由液相变为固相的过程，主要包括从液相中析出固相和发生的一些液-固转变，如共晶转变和包晶转变等；二次结晶过程是指一次结晶的固相随温度的降低，基体的过饱和度降低而析出二次相或发生一些固态转变的过程，如 α 相的析出第二相、共析转变或包析转变等。

图 2-27 是非铁合金未变质处理的铸态组织。图 2-27（a）是 ZL102 铝-硅二元合金砂型铸造铸态未变质处理的铸态组织，铸态组织由灰白色的 α 相和灰黑色针状和块状的 β(Si)相组成。α 相是 Si 溶于 Al 形成的固溶体，性能与纯 Al 相似，在共晶温度，β(Si)相中 Al 的原子百分数固溶度仅为 0.2%～0.5%，溶解度很小，可看成是纯 Si 相。不变质处理的铸造铝合金铸态组织中初析 Si 相呈粗大的块状分布，共晶 Si 呈较长的针状分布，严重割裂合金的基体，在针状共晶硅的尖端容易引起应力集中，合金容易沿晶粒边界或 Si 相本体开裂，使合金变脆，降低铸件的力学性能，特别是塑性显著降低，切削性能变差。图 2-27（b）是 ZCuZn40Pb 金属型未变质处理的铸态组织。铸态组织由白色的 α 相、黑色的 β 相和 α 相上的黑色小

质点 Pb 相组成，未变质处理的铸态组织由粗大的 α 相和 β 相组成，力学性能较低。

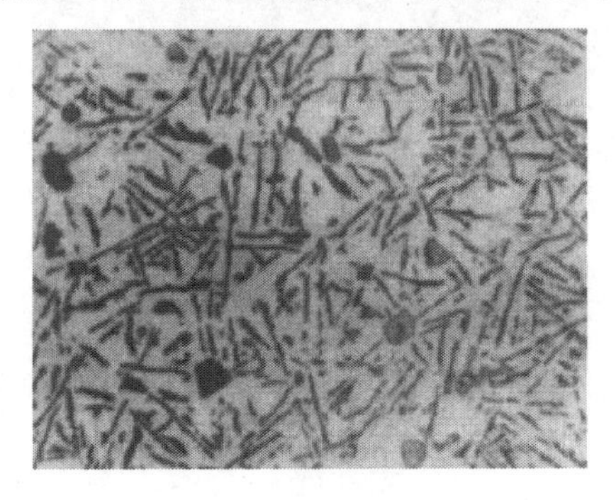

（a）ZL102

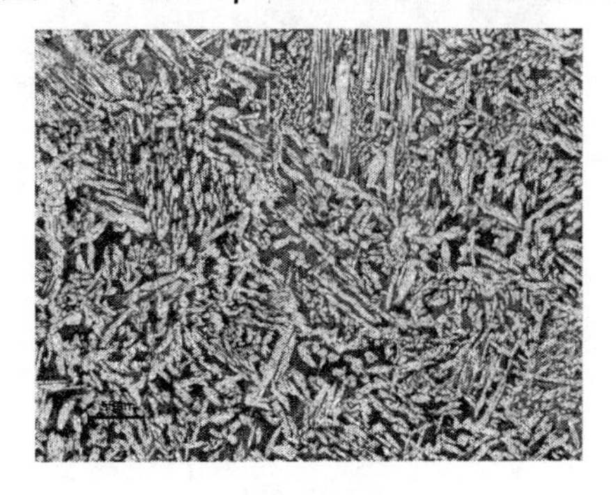

（b）ZCuZn40Pb

图 2-27　非铁合金未变质处理的铸态组织

二、铸造非铁合金铸态组织的细化

铸造非铁合金的力学性能由合金的铸态组织决定，组织主要由合金的化学成分、铸造方法、冷却速度、凝固过程外加力场（如电磁搅拌等）决定。通过对上述各个因素的控制，可以获得满足技术要求的铸造合金组织。

变质处理是铸造合金常用的细化铸造组织的主要方法之一。变质处理的术语称呼尚不统一，在不同的合金中表达方式不同，在铸铁中多称为孕育处理，在铸钢和铸造非铁合金中则称为变质处理。一般认为，孕育处理和变质处理从本质上是有区别的，孕育处理主要影响凝固时晶体的形核过程，是向金属液体中加入一些细小的形核剂（孕育剂），使它在金属液中形成大量分散的非自发晶核，促进新相形核，细化组织及晶粒；变质处理主要影响凝固时晶体的生长过程，是向液态金属中添加少量其他物质（变质剂），吸附在枝晶生长的前沿，阻止枝晶的生长，细化枝晶及组织。孕育处理与变质处理的目的都是细化铸态组织和提高铸件的力学性能。

图 2-28 为非铁合金变质处理的铸态组织。图 2-28（a）是 ZL102 铝–硅二元合金砂型铸造加入质量分数为 2%钠盐三元变质剂变质处理后的铸态组织。变质处理的 ZL102 铸态组织由枝晶状的灰白色 α 相和枝晶间灰黑色细小点状的 Si 相组成，与图 2-27（a）组织相比，变质处理使 ZL102 合金粗大的块状初晶硅消失，粗大的针片状共晶硅变为细小的点状，组织显著细化，大幅度提高了合金的力学性能。因此，铝硅合金中硅含量超过 6%时，一般需要变质处理。图 2-28（b）是加入 $w(B)=0.01\%$变质处理的 ZCuZn40Pb 金属型铸态组织，与图 2-27（b）的金属型铸造铸态组织比较，组织中粗大的板条状 α 相和 β 相变为细小的粒状组织，铸态组织显著细化。

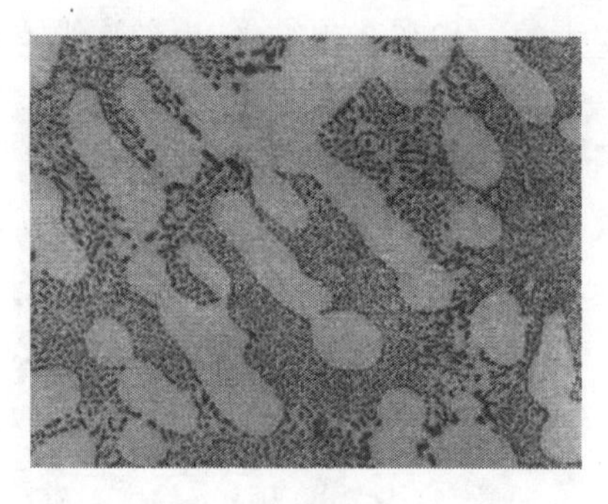

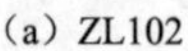

（a）ZL102

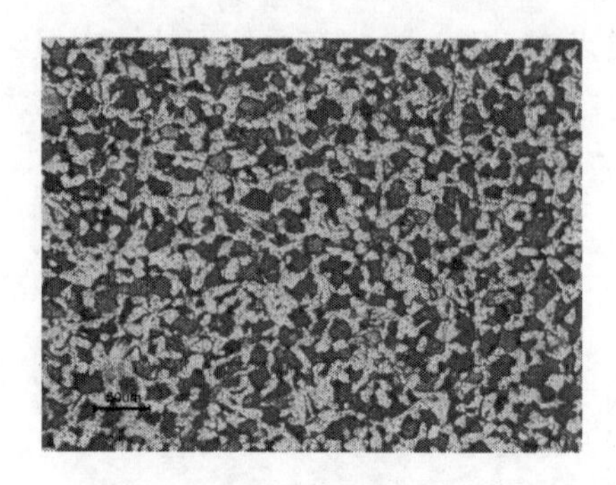

（b）ZCuZn40Pb

图 2-28　非铁合金变质处理的铸态组织

目前，铸造非铁合金铸态组织细化技术主要有两大类：一类是加入细化剂或变质剂进行细化处理，如铝合金中加入 Al-Ti、Al-B、Al-Ti-B、Al-Ti-C 等中间合金或加入含有这些元素的盐类，如 K_2TiF_6、KBF_4、NaCl、NaF、Na_2AlF_6 等；Mg-Zn 合金中加入 Zr；Mg-Al 合金中加入碳质孕育剂，如 CO_2、CH_4、C_2Cl_6、$MgCO_3$、$CaCO_3$ 或石墨粉末等。另一类是熔体处理的方法，如熔体的超声波处理、电场或磁场的作用、机械振动或搅拌处理、压力作用下的半固态铸造、镁合金的熔体过热法等来细化铸态组织。实际生产中往往两类方法结合使用来细化铸态组织。

铸造非铁合金变质处理时，根据细化的对象不同，变质处理方法和加入变质剂的种类有所差别。例如，细化 α 相可加入 Ti、Zr、B、C、V 和 RE 等，元素可以单独加入或复合加入；铸造铝硅合金共晶组织的细化可采用 Na 或含 Na 的盐变质细化，过共晶组织的初析硅的细化可采用 P 或含 P 的盐变质处理；对于铸造铝合金，为减小变质衰退，可采用长效变质剂，如加入 w(Sr)为 0.02%～0.06%、w(Sb)为 0.2%～0.5%、w(Te)为 0.05%～0.1%等进行变质处理；镁合金可采用过热变质法，冶金变质处理效果差时，可采用物理变质处理的方法，如电磁法、超声波法、感应法等。

以铸造铝硅合金为例说明其变质或细化处理方法和种类。铸造铝硅合金组织细化的类型很有代表性，主要有三种类型：α 固溶体的细化、初晶硅的细化和共晶硅的细化。需要注意的是实际生产中如果变质剂选择不当，会出现细化效果差或细化剂“中毒”及细化“衰退”现象。

（一）α 固溶体的细化处理

α 固溶体的细化处理一般需加入 Ti、Zr、B、C 和 RE 等元素，这些元素可以盐类和中间合金的形式加入溶液。当采用盐类加入时，细化剂主要是含有 Ti、B、Zr 等的盐，如 KBF_4（熔点为 530℃、密度为 $2.56g/cm^3$、硼含量为 9.0%）、K_2TiF_6

（熔点为909℃、密度为2.99g/cm^3、钛含量为19.9%）、K_2ZrF_6（熔点为890℃、密度为3.58g/cm^3、锆含量为32.2%）等。熔体中加入这些细化剂会在铝液或含有铝元素的其他铸造非铁合金溶液中发生如下反应：

$$3K_2TiF_6 + 4Al \longrightarrow 3Ti + 4AlF_3 + 6KF$$

$$Ti + 3Al \longrightarrow Al_3Ti$$

$$2KBF_4 + 3Al \longrightarrow AlB_2 + 2AlF_3 + 2KF$$

$$3K_2TiF_6 + 6KBF_4 + 10Al \longrightarrow 3TiB_2 + 10AlF_3 + 12KF$$

$$3K_2TiF_6 + 4Al + 3C \longrightarrow 3TiC + 4AlF_3 + 6KF$$

$$4KBF_4 + 4Al + C \longrightarrow B_4C + 4AlF_3 + 4KF$$

$$2KBF_4 + 5Al + 2Ti \longrightarrow TiB_2 + Al_3Ti + 2AlF_3 + 2KF$$

$$3K_2ZrF_6 + 4Al \longrightarrow 3Zr + 4AlF_3 + 6KF$$

$$Zr + 3Al \longrightarrow Al_3Zr$$

上述反应的产物中，Al_3Ti、AlB_2、TiB_2、TiC、B_4C、Al_3Zr 等化合物熔点高，而且晶格常数与铝晶体结构中某些晶面的晶格常数接近，可作为自发形核的核心，起到细化晶粒的作用，使 α 固溶体细化。加入盐类细化剂，由于反应生成的Al_3Ti、TiB_2 等尺寸小，弥散分布，在化合物界面的钛、硼富集区会形成大量 α 相的异质形核，提高细化效果。细化剂的加入量是中间合金细化剂加入量的五分之一，由于细小的异质形核心能长期悬浮在溶液中，因此具有较强的抗细化衰退能力。盐类细化剂和中间合金细化剂相比，主要的不足是细化效果均匀性不高、元素吸收率不稳定。

各种非铁合金进行细化处理的细化效果与合金种类、成分、细化剂成分及加入方法、处理温度、浇注时间等有关。一般细化的处理温度过高，细化效果衰退快，细化温度过低，变质反应慢，细化元素吸收率低，细化处理效果差。浇注时间越长，增加变质后熔体的保温时间，会降低细化效果，甚至出现细化衰退。

加入盐类细化剂的主要方法有钟罩法、搅拌法、切盐法等。钟罩法是用铝箔或铝壳将盐类细化剂包好，放入钟罩内把变质剂压入要处理的液体中进行搅拌并保温。搅拌法是直接将盐类细化剂倒入要处理的液体中，边搅拌边添加并保温。切盐法是直接将细化剂倒入要处理的液体表面，当细化剂在熔液表层烧结结壳后，再把烧结块压入处理液中进行搅拌并保温。三种处理方法中，钟罩法处理细化效果较好且稳定性较高。对于中间合金细化剂可直接压入精炼后的熔体中，进行变质处理。细化剂采用中间合金，细化剂的主要种类有 Al-Ti 合金[w(Ti)为 3%～5%]、Al-B 合金[w(B)为 0.5%～1.0%]、Al-Zr[w(Zr)为 5%]、Al-Ti-B[w(Ti)为 3%～5%-w(B)为 0.5%～1.0%]、Al-Ti-B-Re[w(Ti)为 4.5%～6.5%-w(B)为 0.7%～1.3%-w(Re)为

0.6%～1.4%]、Al-Ti-C合金[w(Ti)为5%～12%-w(C)为0.1%～2.5%]等。对于ZL102合金，以中间合金Al-Ti、Al-B形式进行变质处理，其最佳加入量（质量分数）是w(Ti)为0.1%～0.3%，w(B)为0.02%～0.04%。

（二）初晶硅的细化处理

过共晶铝硅合金铸态凝固组织中存在大块状多边形或粗片状的初晶Si，影响铸件的力学性能，含硅量越高，初晶硅越多，因此必须对初晶硅进行细化处理。目前，铝硅合金初晶硅细化的主要方法有电磁搅拌法、超声波振动法、半固态铸造法、激冷法、添加变质剂法等。其中，添加变质剂法的研究较多，一般加入P、P-Cu合金或含磷化合物（如$PNCl_2$、PCl_3、PCl_5、$NaPO_3$等）的变质剂来细化初晶Si。加磷会在铝液形成磷化铝，增加初晶Si相的形核核心，细化初晶Si，提高合金的力学性能。共晶铝硅合金一般加入赤磷的质量分数为0.02%～0.03%，过共晶铝硅合金加入赤磷的质量分数为0.2%～0.5%，加入时用铝箔包好，以钟罩法压入铝液。除了赤磷外，还可以用含磷复合物作为变质剂，如用w(P)为10%-w(C_2Cl_6)为90%，加入量为处理熔体总质量的0.25%，用w(P)为20%-w(KCl)为70%-w(K_2TiF_6)为10%或w(P)为15%-w(C_2Cl_6)为40%-w(KCl)为38%-w(K_2TiF_6)为7%，加入质量分数为0.5%～0.8%，对过共晶铝硅合金具有良好的变质效果，其中K_2TiF_6还有细化α-Al相的作用。加入PCl_3（熔点为-112℃，沸点为76℃）时，加入的质量分数为0.06%～0.2%，可通过石墨管或石英管借助于Cl_2和N_2吹入铝液。加入$PNCl_2$（氯化磷腈，熔点为114℃，沸点为256℃）时，加入的质量分数为0.25%。加入$NaPO_3$时，和锶盐配合细化效果较好，变质剂配方的质量分数为w($NaPO_3$)为2%～2.5%、w($SrCl_2$)为1.4%～1.6%。

（三）共晶硅的细化处理

共晶硅的细化处理一般加入Na、含Na的盐或K盐混合物进行变质处理，变质剂与铝反应置换出来的钠吸附在硅晶胚表面，阻止硅生长，使粗大的针状共晶体细化，变为细小的点状分布[如图2-28（a）]，细化共晶硅。由于钠盐NaF变质剂熔点高（熔点为993℃），与铝界面间还会形成熔点更高的冰晶石（Na_3AlF_6，熔点为1009℃），阻碍变质剂的反应，因此NaF变质剂中常加入NaCl、KCl等助熔剂，以降低熔点。常用的二元变质剂的质量分数为w(NaF)为67%+w(NaCl)为33%，三元变质剂质量分数为w(NaF)为45%～47%+w(NaCl)为40%+w(KCl)为15%～13%和w(NaF)为25%+w(NaCl)为62%+w(KCl)为13%，通用变质剂的质量分数为w(NaF)为30%～60%+w(NaCl)为25%～50%+w(Na_3AlF_6)为10%～15%等。三元变质剂在变质处理温度下呈熔融状态，有利于变质反应的进行，并覆盖在铝液表面能减少铝液氧化及吸气。变质处理时，变质剂加入量占铝液质量的1%～3%，冷却速度快时（如金属型铸造）取下限，冷却速度慢时（如砂型铸造）取上限。除了 Na 之外，加入 Sr、Sb、Ba、Te、Bi 等元素对铝硅合金的共晶硅都有细化作用，这些变质剂被称为长效变质剂。

变质处理效果可以用断口检验和热分析检验。断口检验是用砂型或金属型浇注直径为 20mm 圆棒，凝固冷却后敲断，观察其断口，如果断口呈银白色，晶粒细小，呈丝绒状，无硅相的小亮点，说明变质处理效果良好；如果断口呈暗灰色，晶粒粗大，有明显硅相亮点，说明变质不良，需要再次进行变质处理。过共晶铝硅合金初析硅相细化良好时，断口小亮点细小，均匀分布，组织致密，颜色较浅，如果变质效果不良，能看到粗大的初生硅相亮点，断口发蓝。热分析检验需要专门的检验仪器，通过绘制热分析曲线，用计算机进行数据处理，给出变质处理的效果。

（四）细化处理机理

关于非铁合金变质或细化铸态组织的机理主要如下。

1．变质剂的过冷理论

合金液中加入变质剂，会增大合金液结晶的过冷度，在大的过冷度下，形核率会急剧升高，增加晶粒核心，细化铸态组织。

2．变质剂的偏析和吸附理论

合金液加入变质剂后，在凝固过程中，变质剂偏析或吸附在晶体生长的前沿，抑制晶体生长、促进晶体的游离和晶核增殖，界面的偏析或吸附可以降低界面能，促进形核。例如，铸造铝合金加入稀土或钠等吸附在正在长大硅晶体的表面，阻碍硅的扩散及硅晶体的长大，细化硅而成为细小的点状形态。

3．包晶细化理论

加入某些变质剂后，如 Ti，由于 Ti 的偏析系数较大，易偏析。当 Ti 的质量百分比达到 0.15%时，冷却过程析出 Al_3Ti，在 665℃会发生包晶反应 $L+Al_3Ti \longrightarrow \alpha\text{-}Al$，熔体中的 α-Al 以 Al_3Ti 为核心，形成大量细小的 α-Al 固溶体，细化了铸态组织。

4．变质剂的化合物形核理论

合金液中加入变质剂后，会形成碳化物、硼化物、铝化物（如 TiC、TiB_2、AlB_2、Al_3Ti、B_4C、Al_3Zr），这些物质熔点高，在金属液内均匀分布，晶格常数和 α-Al 晶格常数接近，具有良好的共格关系，可作为铝的非自发形核核心。例如，Al_3Tl 非自发形核时，和 α-Al 的晶体学取向关系有 $(111)_{\alpha\text{-}Al} // (112)_{Al_3Ti}$、$[110]_{\alpha\text{-}Al} // [110]_{Al_3Ti}$；$TiB_2$ 为密排六方结构，TiB_2 的（0001）面和 α-Al 的（111）面错配度小于 15%，从晶格匹配角度来看，TiB_2 是 α-Al 潜在的形核基底，非自发形核时与 α-Al 的位相关系有 $(111)_{\alpha\text{-}Al} // (0001)_{TiB_2}$、$[110]_{\alpha\text{-}Al} // [1120]_{TiB_2}$；TiC（晶格常数 a=0.432nm）和 α-Al（晶格常数 a=0.404 nm）具有相同的立方晶系晶格结构和相接近的晶格常

数，晶格常数错配度为6.9%，当（001）$_{\alpha\text{-Al}}$//（011）$_{TiC}$、[001]$_{\alpha\text{-Al}}$//[001]$_{TiC}$时，TiC和α-Al具有良好的共格关系，TiC是α-Al 良好的形核核心，起到非自发形核的作用，细化晶粒和组织。

（五）细化剂“中毒”及细化“衰退”

加Ti、B的铝熔体中，如含有或加入Zr、Cr、Mn等元素，会减弱细化效果或出现细化失效，有时称之为细化剂“中毒”。细化剂“中毒”一般认为是Ti的化合物被元素Zr或Cr等取代，生成化合物的点阵常数和α-Al无共格关系，失去非自发形核的作用，或在熔体中形成复合的集聚体，如$(Zr,Ti)Al_3$使$TiAl_3$不能在熔体中均匀分布，抑制了Al_3Ti异质形核及细化晶粒的作用。在含B的铝溶液中存在Zr，会使TiB_2颗粒表面覆盖了一层ZrB_2，导致TiB_2粒子不能起到细化晶粒核心的作用，从而削弱了细化剂的细化作用，或者形成ZrB_2和$(Ti,Zr)B_2$影响其晶格常数，损害了晶粒细化剂的形核作用，出现细化剂的“Zr中毒”。铝液中Mn的存在会夺取TiC细化剂中的Ti，形成Mn_3C，与α-Al点阵常数差别大，不能起到非自发形核的作用，无细化效果。

在实际生产中，添加了细化剂的合金液在浇注铸型之前如果保温时间或静置时间过长，细化剂的细化作用会消退，出现组织细化性能“衰退”的现象，这种随保温时间的延长出现细化效果变差的现象称为细化“衰退”。细化“衰退”的原因主要有随熔体保温时间的延长，细化剂形成的非自发形核质点发生粗化、积聚长大，失去非自发形核作用；随保温时间延长，细化剂形成的非自发形核质点发生溶解或沉淀，失去非自发形核作用。Ti细化处理时，如果细化剂加入量过大，或熔炼保温时间过长，形成的Al_3Ti（熔点为1412℃，密度为$3.3g/cm^3$）会逐渐聚集长大，由于密度比铝液大而下沉，聚集在熔池底部，丧失细化能力，产生细化“衰退”。

三、提高铸造非铁合金力学性能的途径

（一）增加冷却速度

铸造时采用金属铸型、水冷铸型或降低浇注温度，以增加冷却速度及提高金属液的过冷度，细化铸件的铸态组织。

（二）加强金属液的流动

铸造过程加强金属液的流动能够使溶液更好与型壁接触，充分发挥铸型壁的激冷效果，增加游离晶核数量，细化铸件铸态组织。浇注后的凝固过程采用机械、超声波或电磁搅拌促使金属液的流动等可以细化铸态组织。

（三）变质处理

非铁合金的变质处理会促进金属液形核或改变晶体生长过程、拟制晶粒长大，达到细化晶粒、改善组织形态及提高力学性能的目的。变质处理差热分析结论认为，非铁合金的变质处理不属于热力学范围内的问题（熔化热、熔点不变，熵不变），而属于动力学范围内的问题，表现为晶粒的形核速度、晶粒数量的变化。

（四）热处理

热处理是改善铸造非铁合金组织和提高力学性能的途径之一。铸造非铁合金热处理的种类较多，其工艺的特点是加热时的温度精度控制范围小，加热保温时间较长。

习　题

（1）名词解释：铸铁、铸钢、铁-碳双重相图、碳当量、共晶度、共晶团、反偏析、正偏析、变质处理。

（2）铁-碳相图为什么会出现铁-碳、铁-石墨双重相图？双重相图对铸铁件的实际生产有何意义？

（3）试述硅元素对铁-碳相图的影响。

（4）某铸铁的化学成分为 $w(C)$为 3.8%、$w(Si)$为 2.3%、$w(Mn)$为 0.5%、$w(P)$为 0.04%、$w(S)$为 0.04%，判断该铸铁的初析相及其结晶过程。

（5）什么是铸铁的一次结晶和二次结晶？论述铸铁的一次结晶和二次结晶内容及组织特点。

（6）试述成分偏析的种类及常用合金元素成分偏析的特点。

（7）试述铸钢的结晶过程及其铸态组织特点。

（8）试述改善铸钢铸态组织和性能的途径。

（9）试述铸钢与铸铁合金组织和性能的异同点。

（10）试述铸铁共析转变产物和对铸铁性能的影响。

（11）试述铸铁过冷奥氏体中温及低温转变产物组织类型。

（12）试述铸造非铁合金晶粒细化技术主要有哪些。

（13）什么是非铁合金的变质处理，铸造铝硅合金和铸造黄铜变质处理前后组织发生什么样变化？

（14）简述铸造铝合金变质和细化处理的类型和机理。

（15）什么是细化剂“中毒”及细化“衰退”现象？

（16）试述提高非铁合金力学性能的途径。

第三章 铸铁合金及其性能

铸铁合金主要包括灰铸铁、球墨铸铁、蠕墨铸铁、可锻铸铁、减磨铸铁、抗磨铸铁、耐热铸铁和耐蚀铸铁等，其中将球墨铸铁、蠕墨铸铁、可锻铸铁称为强韧铸铁。强韧铸铁与灰铸铁相比，主要的差别在于组织中石墨与灰铸铁石墨形态不同。

第一节 灰 铸 铁

灰铸铁是指铸铁件断面呈灰色，组织中的碳主要以片状石墨形式存在的铸铁。

一、灰铸铁的金相组织特点

灰铸铁的金相组织主要由片状石墨、金属基体组织及少量的晶界化合物组成。石墨以不同的形状、数量、大小分布于基体中。基体组织主要有铁素体、珠光体、贝氏体、马氏体或者两者的混合基体。灰铸铁力学性能的高低主要由基体组织决定。

（一）灰铸铁中的石墨

国家标准《灰铸铁金相检验》（GB/T 7216—2009）将灰铸铁中的石墨形状分为A型（片状）、B型（菊花状）、C型（块片状）、D型（枝晶点状）、E型（枝晶片状）和F型（星状）六种。

图3-1是片状石墨（A型）形貌。A型石墨的分布特征是石墨成片状，尺寸和分布比较均匀。A型石墨的形成条件为铸铁的碳当量为共晶成分或接近共晶成分，在共晶温度范围内，石墨和奥氏体从铁液中同时析出，冷却速度较慢，共晶转变在小的过冷度下进行，形核条件较好，晶核数量多，石墨分叉不频繁，形成均匀细小的石墨。光学显微镜下观察时，石墨呈弯曲的片状均匀分布，其长度因铸铁的生核条件和冷却速率不同而不同，扫描电子显微镜（scanning electron microscope，SEM）观察石墨片呈立体多支分布[图3-1（b）]。A型石墨铸铁的力学性能较好，广泛应用于机床、发动机缸体、缸盖等铸件。例如，大多数汽车发动机缸体的材质牌号为HT250或HT300，缸体本体组织中的石墨主要为A型石墨，最大长度在250μm以下，基体组织中珠光体数量大于95%。

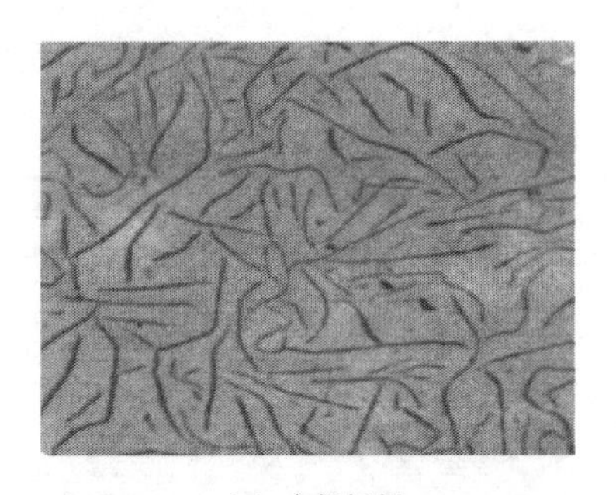

（a）金相组织

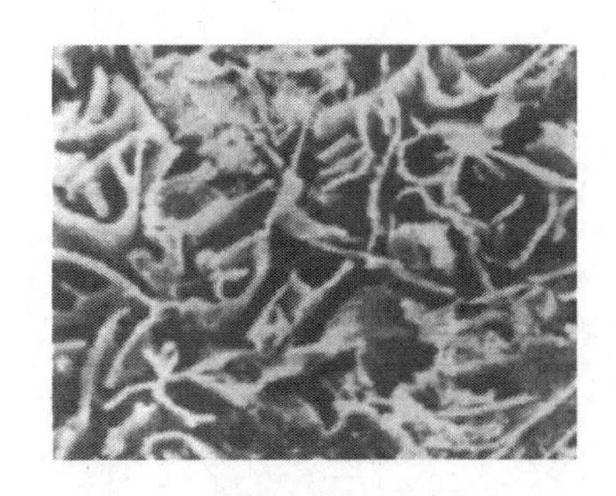

（b）SEM 形貌

图 3-1　片状石墨（A 型）形貌

图 3-2 是菊花状石墨（B 型）形貌。B 型石墨的分布特征是点状石墨被卷曲状的片状石墨所包围，呈菊花状分布。B 型石墨的形成条件为铸铁成分为亚共晶成分，且 C、Si 含量高，碳当量较高，结晶初期冷却速度较快，过冷度较大。首先从液相中析出细小奥氏体枝晶，然后在枝晶间形成奥氏体和石墨共晶，由于石墨片分枝多而密，形成菊花状中心的点状石墨，初晶产物放出的结晶潜热减缓了外围铁液的冷却速度，使外围石墨片生长为粗大的片状。由于结晶过程核心较少，形核条件较差，菊花状共晶团生长较为粗大，SEM 照片可以观察到菊花状心部和外围石墨片形貌。B 型石墨由于呈集聚状分布，铸铁的强度有所降低。实际应用中，内燃机高磷铸铁气缸套金相组织中的石墨形状应为片状和菊花状。

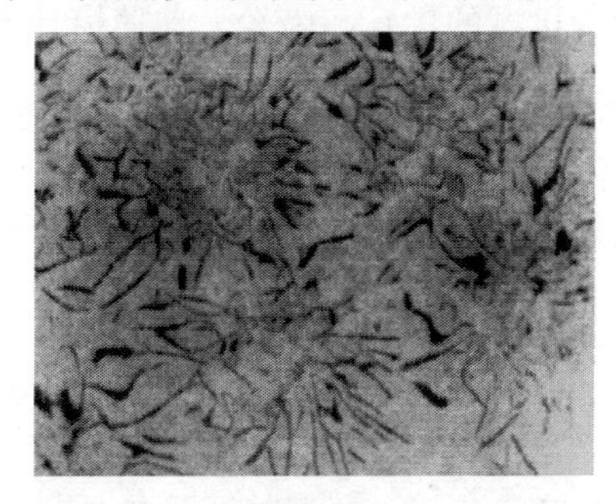

（a）金相组织

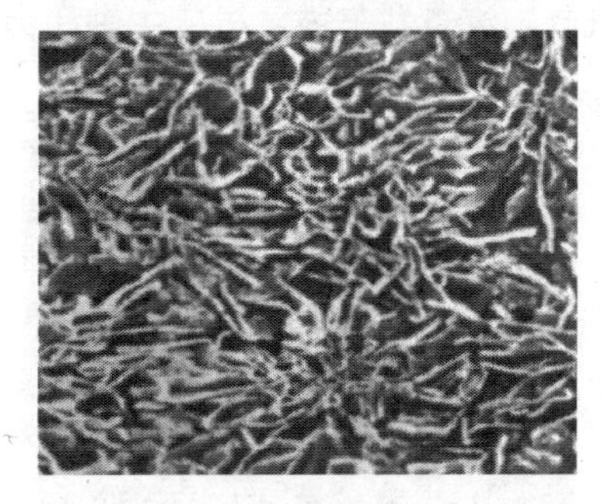

（b）SEM 形貌

图 3-2　菊花状石墨（B 型）形貌

图 3-3 是块片状石墨（C 型）形貌。C 型石墨的分布特征是粗大的初析石墨呈块片状分布，之间分布小片状共晶石墨，石墨片大小相差较大，但分布比较均匀，无方向性。C 型石墨的形成条件为铸铁化学成分是过共晶成分，冷却速度较慢，过冷度较小，初析石墨在铁液中充分长大。随着初晶石墨的析出，铁液碳量降低，在共晶温度发生共晶转变而析出细小的共晶石墨，SEM 照片可以看出块片状初析石墨和细小共晶石墨混合分布的立体形貌。由于 C 型石墨有粗大的初析石

墨片，可提高铸铁热导率，降低弹性模量，铸件强度有所降低。钢锭模铸铁件中常出现 C 型石墨。

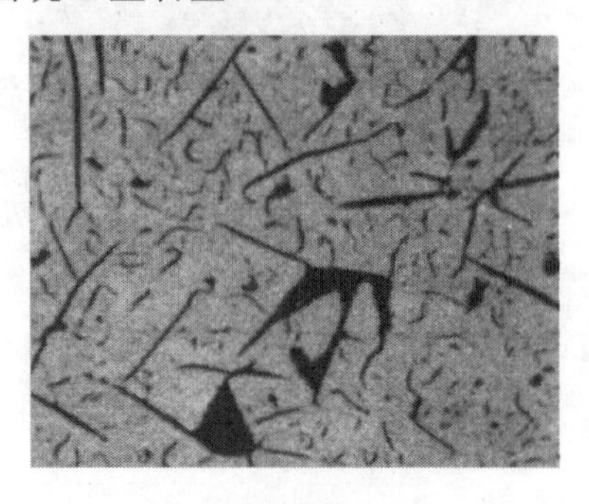

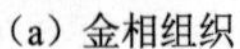

（a）金相组织

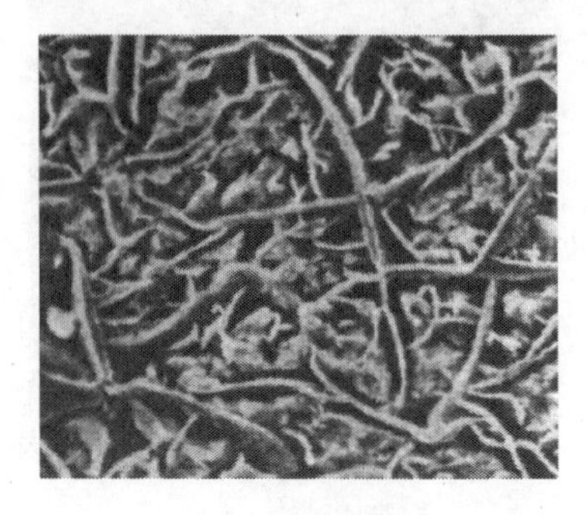

（b）SEM 形貌

图 3-3　块片状石墨（C 型）形貌

图 3-4 是枝晶点状石墨（D 型）形貌。D 型石墨的分布特征是细小卷曲状片状石墨在枝晶间呈无方向分布。D 型石墨的形成条件为铸铁化学成分为亚共晶成分，C、Si 含量较低，冷却速度较快，铁液的过冷度较大，先析出树枝状奥氏体初晶，剩余的液相在奥氏体枝晶间发生共晶转变而生成。金属型铸造形成的 D 型石墨，存在奥氏体枝晶及细小的石墨片，SEM 照片显示枝晶间的短片状石墨分枝多而密。与同硬度的 A 型石墨铸件相比，D 型石墨灰铸铁铸件的强度更高。压缩机气缸，汽车刹车鼓，机床主轴和齿轮，运输机械的轴瓦、带轮、玻璃模具等可用 D 型石墨的铸铁。

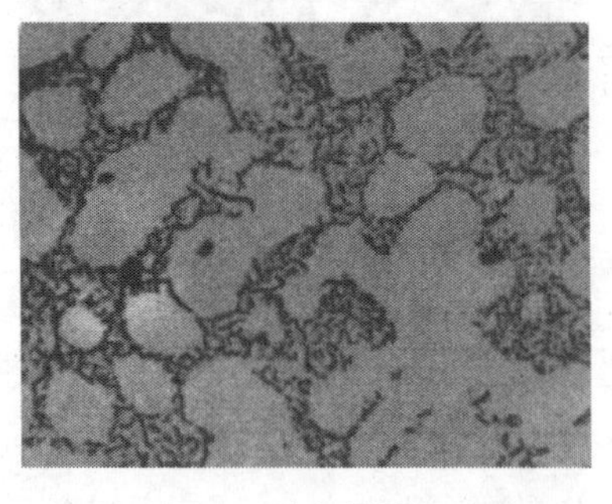

（a）金相组织

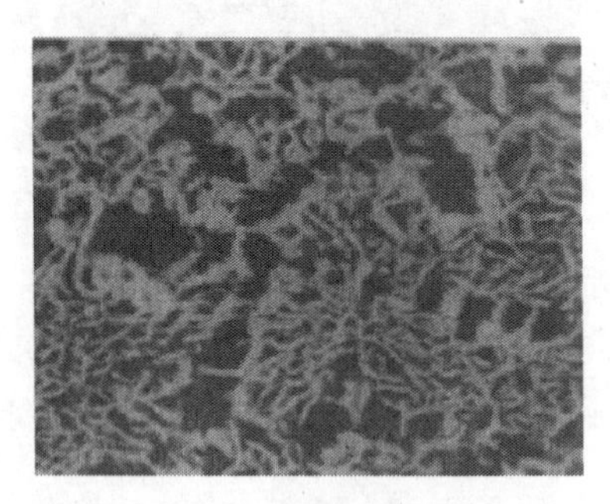

（b）SEM 形貌

图 3-4　枝晶点状石墨（D 型）形貌

图 3-5 是枝晶片状石墨（E 型）形貌。E 型石墨的分布特征是片状石墨在枝晶间呈方向型分布。E 型石墨的形成条件为铸铁化学成分是远离共晶成分的亚共晶成分，碳量较低，冷却速度较慢，过冷度较小形成，铁液凝固时先析出奥氏体初晶，剩余铁液在奥氏体枝晶间发生共晶反应，石墨片呈方向性分布。与 D 型石墨

相比，亚共晶成分的E型石墨是在比形成D型石墨更小的过冷度下形成的，因此石墨片较D型石墨要长，它常同D型石墨、A型石墨共生，如D型石墨铸件，在铸件冷却速度较慢的部位易出现E型石墨。SEM照片可显示石墨在奥氏体转变产物枝晶间的分布状态。

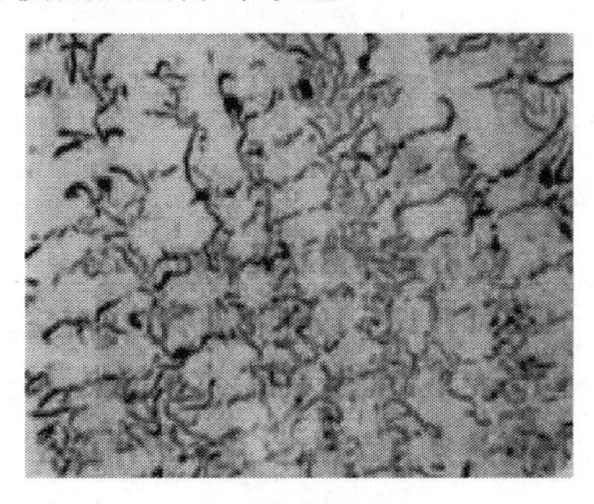
（a）金相组织

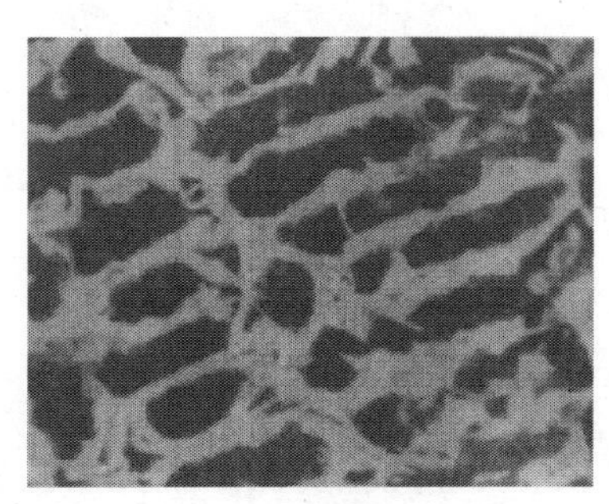
（b）SEM形貌

图3-5　枝晶片状石墨（E型）形貌

图3-6是星状石墨（F型）形貌。F型石墨的分布特征是初析的星状石墨与短片状石墨混合均匀分布。F型石墨的形成条件为铸铁的碳当量较高，化学成分为过共晶成分，冷却速度较快，过冷度较大，快冷形成。由于是过共晶成分，铁液冷却时析出初生石墨，冷却太快，初生石墨不易长大，而是分叉生长成星状，然后剩余液相发生共晶转变，生成A型石墨。SEM照片可以看出，A型石墨片较小且分支频繁。F型石墨常出现在高碳薄壁的铸件中，如活塞环铸件、添加硼元素的铸件中常出现F型石墨。

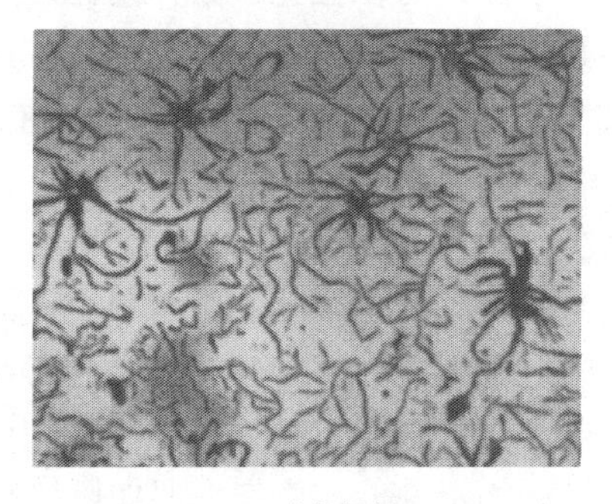
（a）金相组织

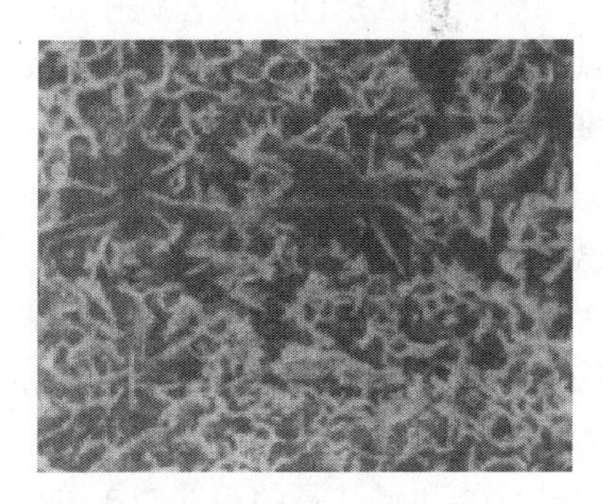
（b）SEM形貌

图3-6　星状石墨（F型）形貌

表3-1是《灰铸铁金相检验》（GB/T 7216—2009）石墨长度分级，石墨按长度大小分为8级，1级石墨长度最长，8级石墨长度最短。

表 3-1 《灰铸铁金相检验》（GB/T 7216—2009）石墨长度分级

级别	100 倍观察石墨长度/mm	实际石墨长度/mm	级别	100 倍观察石墨长度/mm	实际石墨长度/mm
1	≥100	≥1	5	＞6～12	＞0.06～0.12
2	＞50～100	＞0.5～1.0	6	＞3～6	＞0.03～0.06
3	＞25～50	＞0.25～0.5	7	＞1.5～3	＞0.015～0.03
4	＞12～25	＞0.12～0.25	8	≤1.5	≤0.015

（二）灰铸铁的基体组织

铸态或热处理后灰铸铁的基体组织主要有铁素体、珠光体、贝氏体、马氏体等，或者上述几种的混合组织。除此之外，灰铸铁的组织中还有少量的碳化物，如硫化物、磷化物等。

基体组织是灰铸铁具有一系列力学性能的基础，灰铸铁的硬度主要取决于基体组织。在基体组织中，铁素体基体的强度、硬度较低，室温和低温韧性较高。珠光体基体的强度、硬度较高，韧性较铁素体基体低，随基体中珠光体量的增加，灰铸铁的强度提高。灰铸铁中贝氏体基体可以通过等温淬火热处理或灰铸铁的合金化铸态或正火热处理获得，贝氏体基体具有较高强度和良好的耐磨性。马氏体基体一般通过热处理淬火、回火获得，回火马氏体基体硬度较高，可以提高灰铸铁的耐磨性能。

铸钢合金中也存在与铸铁组织中相同的基体组织，如铁素体等，但与铸铁的基体组织是有区别的。灰铸铁中的硅、锰含量较高，可以强化铁素体基体，因此铸铁的基体组织的强度要比铸钢基体组织的强度高。例如，铸造碳钢中的铁素体强度为 300MPa，HBW 为 80；铸铁中的铁素体强度为 400MPa，HBW 为 100。

《灰铸铁金相检验》（GB/T 7216—2009）规定基体组织珠光体数量分为 1～8 级别，如表 3-2 所示，1 级珠光体数量百分比最高，不小于 98%，8 级含量最低，小于 45%。表 3-3 是碳化物数量分级，分为 1～6 级，1 级碳化物数量最少，百分比约为 1%，6 级碳化物数量最多，百分比约为 20%。表 3-4 是磷共晶数量分级，分为 1～6 级，1 级磷共晶数量最少，约为 1%，6 级磷共晶数量最多，约为 10%。过多碳化物和磷共晶的存在会影响灰铸铁的机械加工性能，生产上要加以控制。

表 3-2 《灰铸铁金相检验》（GB/T 7216—2009）珠光体数量分级

级别	名称	珠光体数量/%	级别	名称	珠光体数量/%
1	珠 98	≥98	5	珠 70	＜75～65
2	珠 95	＜98～95	6	珠 60	＜65～55

续表

级别	名称	珠光体数量/%	级别	名称	珠光体数量/%
3	珠 90	＜95～85	7	珠 50	＜55～45
4	珠 80	＜85～75	8	珠 40	＜45

表 3-3　《灰铸铁金相检验》（GB/T 7216—2009）碳化物数量分级

级别	名称	碳化物数量/%	级别	名称	碳化物数量/%
1	碳 1	≈1	4	碳 10	≈10
2	碳 3	≈3	5	碳 15	≈15
3	碳 5	≈5	6	碳 20	≈20

表 3-4　《灰铸铁金相检验》（GB/T 7216—2009）磷共晶数量分级

级别	名称	磷共晶数量/%	级别	名称	磷共晶数量/%
1	磷 1	≈1	4	磷 6	≈6
2	磷 2	≈2	5	磷 8	≈8
3	磷 4	≈4	6	磷 10	≈10

二、灰铸铁的性能特点

决定灰铸铁性能的主要因素为石墨形状及基体组织的类型。由于组织中存在石墨，灰铸铁的力学性能主要有以下特点。

1．灰铸铁的力学性能不高

灰铸铁中的石墨强度低，在基体中相当于孔洞或裂口，片状石墨破坏了灰铸铁基体组织的连续性，减小基体的有效荷载面积，承受负荷时容易产生应力集中，因此灰铸铁的力学性能较低。一般铸造碳钢的强度 R_m=400～650MPa，延伸率 A=10%～25%，缺口冲击值 a_{KU}=20～60J/cm^2；灰铸铁的强度 R_m=100～400MPa，A=0.5%，无缺口冲击值 a_{KN}=30J/cm^2。灰铸铁的强度与硬度之比较分散（R_m/HBW=0.8～1.4），而钢的强度与硬度比值较为恒定，约为 3.3。例如，铸钢的硬度 HBW 为 400，强度约为 1320MPa。铸铁虽然强度较低，但具有较高的抗压强度，约为拉伸强度的 3～4 倍。

2．灰铸铁具有良好的减磨性能

灰铸铁组织中的石墨容易被磨损或在磨损过程发生剥落，磨损或剥落后形成的显微凹坑能够储存润滑剂，有利于磨损过程油膜的连续性，起到润滑作用。石墨本身具有良好的润滑作用，因此灰铸铁具有良好的减磨性能，灰铸铁组织中的石墨越细、越均匀分布，减磨性越好。

3．灰铸铁的缺口敏感性低

灰铸铁组织对缺口不敏感，这是由于组织中的石墨片本身就相当于许多缺口，减少了外来缺口对灰铸铁力学性能影响的敏感性。灰铸铁无缺口试样和缺口试样的疲劳强度之比为 1.05～1.26，而钢无缺口试样和缺口试样的疲劳强度的比值约为 1.5。

4．灰铸铁具有良好的减震性

减震性是指吸收振动的能力。灰铸铁组织中的石墨片对基体具有割裂作用，会破坏基体的连续性，阻止振动的传播，将振动能转化为热量而发散，因此灰铸铁具有良好的减震性。灰铸铁中石墨片越粗，减震性越好。灰铸铁常用于承受压力和振动的机床底座和发动机缸体等零件。

5．灰铸铁弹性模量变化范围较宽

灰铸铁中石墨形状、数量和分布对弹性模量影响较大，灰铸铁的弹性模量范围为$(7\sim16)\times10^4$MPa，变化范围较宽，与钢不同，钢的成分和组织对弹性模量影响较小。

6．灰铸铁具有良好的铸造性能和加工性能

灰铸铁的熔点较低，成分一般接近共晶成分，流动性好，收缩率小，成分偏析少，具有良好的铸造工艺性能。灰铸铁在切削过程中容易断屑和排屑，石墨对刀具具有一定的润滑作用，刀具磨损减少，切削加工性能良好。

三、影响灰铸铁铸态组织和性能的因素

对于灰铸铁的组织控制来说，共晶凝固时的石墨化及共析珠光体转变是两个重要环节。影响灰铸铁组织和性能的主要因素如下。

1．冷却速度

灰铸铁的成分一定时，冷却速度对组织影响很大。改变铸铁共晶阶段的冷却速度，可在很大的范围内改变铸铁的铸态组织，较慢的冷却速度容易获得灰口铸铁组织，石墨片较粗；较快的冷却速度可以获得白口铸铁的组织。冷却速度影响共析转变的产物，根据冷却速度不同，可获得细片状珠光体、粗片状珠光体、珠光体加铁素体或全部铁素体组织。

图 3-7 是冷却速度对铸铁凝固组织的影响图。图中 T_{EG} 表示稳定系形成共晶石墨的平衡共晶温度，T_{EC} 表示形成共晶莱氏体的介稳定系共晶温度。随着冷却速度的增加，铁液的过冷度增大，铸铁白口倾向增大。冷却速度减小时，按稳定系相图发生转变，组织的碳以石墨形式存在，铸件断口为灰口；冷却速度增大时，凝固可能按介稳定系相图转变，组织中析出渗碳体，铸件获得麻口或全白口断口。

在铸铁的实际生产中，冷却速度对铸铁组织的影响常常通过铸件壁厚、铸型条件和浇注温度等因素体现。当其他条件相同时，铸件壁厚越厚，冷却速度越慢，壁厚处越容易出现粗大石墨，共析转变时则有转变成铁素体组织的倾向。铸件厚度逐渐变小，冷却速度相应加大，可以形成较细的石墨片，共析转变的珠光体细

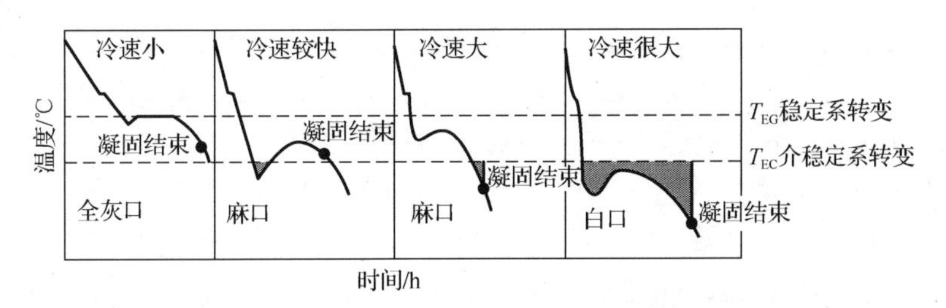

图 3-7　冷却速度对铸铁凝固组织的影响图

化。壁薄到一定程度时，冷却速度过大，则会按介稳定系相图凝固而出现共晶渗碳体，因此灰铸铁的力学性能随铸件的壁厚而变化。在铸件工艺设计中提出了“铸件模数 *M*”的概念，定义 $M=V/S$（*V*：铸件体积，*S*：铸件表面积），*M* 值表示单位面积占有的体积量，*M* 值的大小在一定程度上体现了铸件的散热能力，*M* 值越大，冷却速度越慢；反之，冷却速度越快。

铸型条件也对铸件的冷却速度产生影响，不同的铸型材料具有不同的导热能力，导致不同的冷却速度。干砂型导热较慢，湿砂型导热较快，金属型更快，石墨型最快。对于铸铁来说，和金属型接触的表面往往由于激冷而形成白口。因此，在设计铸铁成分时必须考虑所用的铸型材料，也可以利用各种导热能力不同的造型材料来调整铸件各处的冷却速度，如用冷铁加快局部厚壁部分的冷却速度，用热导率低的造型材料减缓某些薄壁部分的冷却速度以获得所需要的组织。

浇注温度对铸件的冷却速度也会产生影响。提高浇注温度，会将铸型加热到较高的温度，降低了在凝固及共析阶段铸铁通过铸型型壁向外散热的能力，延缓了铸件在共晶凝固及共析转变时的冷却速度，既可促进共晶阶段的石墨化，又可促进共析阶段的石墨化。实际生产中，浇注温度可供调节的幅度不大，很少通过控制浇注温度来调控铸铁的组织。

2．化学成分

普通铸铁中主要有 C、Si、Mn、P、S 五大元素，其中 C、Si 是最基本的成分，Mn 含量一般较低，对组织的影响不大，P、S 常被看作是杂质，可加以限制，但在减磨铸铁中，为提高耐磨性，有时会加入一定量的 P。为了控制基体组织及改善铸铁的某些使用性能，普通铸铁中常加入一些合金元素形成合金铸铁，如加入一定量的 Si、Mn、P、Cu、Cr、W、Mo、Ni、V、Ti、B、Al、Sn、Sb 等元素。因此，工业上的铸铁实际上是一种以 Fe、C、Si 为基础的多元合金，其中每个元素对铸铁的凝固结晶、组织和性能均有一定程度的影响。

铸铁中合金元素存在的形式主要有①固溶于基体，如 Si 固溶于铁素体中，Si、Mn、Ni、Co 固溶于奥氏体中；②形成碳化物，如 V、Zr、Nb、Ti 是强碳化物形成元素，Cr、Mo、W 是中强碳化物形成元素，Mn 是弱碳化物形成元素；③形成夹杂物，如 S 可形成 FeS、MnS、MgS 等化合物及 FeS-MnS、FeS-Fe 等二元共晶，P 可形成 Fe_3P，V、Ti、Ca、Mg 可形成各自的硫化物、氧化物、氮化物等；④纯金属相，如 Cu、Pb 等超过溶解度时以纯金属相形式存在。

化学元素对石墨片的粗细和形状会产生影响。例如，提高 Si、C 量，促使石墨片粗化；降低 Si、C 量，促使石墨细化；Si、C 量过低，促使 D 型石墨片形成；Cu、Ni、Mo、Mn、Cr、Sn 促进石墨片细化；O、S 含量高时，石墨具有片状化趋势；Mg、RE 有促进石墨球状化趋势。

化学元素对铸铁基体组织会产生影响。例如，C、Si、Al、Ti 含量增加，组织中铁素体量增加；元素 Mn、Cr、Cu、Ni、Sn、Sb 含量增加，促进并细化珠光体组织；Mo 虽促进了铁素体的形成，但可以细化珠光体组织；提高 Cu、Ni、Mo 的含量，有利于获得贝氏体组织；提高 Mn 含量，当 $w(\mathrm{Mn})>5\%$时，可促进马氏体组织形成；过高的增加 Ni、Mn 含量，铸态可获得奥氏体组织。

3．铁液的过热和高温静置

铁液温度会影响铸件的组织和力学性能。铸铁铁液存在一个临界温度，在临界温度以下，提高铁液的过热温度，延长高温静置的时间，会细化铸铁的石墨及基体组织，提高铸铁的力学性能。铸铁的临界温度在 1500～1550℃，临界温度改善力学性能的原因可以从铁液的形核能力方面进行解释，过热会溶解铁液中原有的石墨结晶的核心，C 和 MnO 及 SiO_2 反应，使 Mn 和 Si 被还原，降低铁液氧含量，提高了铁液的纯净度，增加了铁液的过冷度，在铁液冷却过程中，较大的过冷度能促使铁液生成大量的石墨核心，减少或消除炉料的遗传性，改善了铸铁的组织和性能。超过临界温度后进一步提高铁液的温度，铁液中的碳含量烧损量加大，石墨晶核显著变少，形核能力下降，导致石墨形态变差。由于过冷度过大，碳含量降低，铁液白口化倾向加大，基体中游离碳化物数量增加，力学性能下降。国内学者推荐的孕育铸铁 HT250 出铁温度为 1480～1500℃，HT300 出铁温度为 1490～1510℃，HT350 出铁温度为 1490～1520℃。过热时间应控制在 1h 之内，超过 1h 需补加生铁或增碳剂来补充碳含量，以降低白口倾向。

4．孕育处理

铁液浇注前，在一定的条件下（如一定的过热温度、一定的化学成分、合适的加入方法等）向铁液中加入一定量的物质以改变铁液的凝固过程、改善铸态组织和提高力学性能为目的的处理方法，称为孕育处理。孕育处理在高牌号灰铸铁、球墨铸铁、蠕墨铸铁、可锻铸铁的生产中得到了广泛的应用。在生产高强度灰铸铁时，往往要求铁液过热并适当降低碳硅含量，但伴随而来的是形核能力的降低，因此往往会在铸态组织中出现过冷石墨和形成较多的铁素体，甚至还会出现一定量的自由渗碳体。孕育处理能降低铁液的过冷倾向，消除白口，促使铁液按稳定系相图凝固，细化石墨片及基体组织，提高组织和性能的均匀性，降低对冷却速度的敏感性，使铸铁的力学性能得到改善。目前在实际生产中，HT250 牌号以上的灰铸铁或薄壁铸件都需要孕育处理。灰铸铁孕育处理的效果与铸铁的成分有关，碳当量低的铁液孕育效果好，强度提高较多；反之，碳当量高的铁液，孕育效果很差，强度提高较少。

5．气体含量

铸铁中主要有氢、氮、氧三种气体。它们以三种形态存在于铸铁中：①溶解于液态或固态铸铁中；②与铸铁中其他元素形成化合物；③从铁液中析出而以气相形式存在，形成单质气体，即气泡，气泡在铁液凝固后，如果滞留铸件内部便会成为气孔缺陷。铸件中的气体来源途径主要有熔炼过程炉料、炉衬、熔剂等所含的水分，以及浇注过程中高温铁液与铸型水分之间的化学反应。氧一般在铸铁中以和其他元素形成的气体或氧化物形式存在。

铸铁中固溶的氢能使石墨形状变粗，同时具有强烈稳定渗碳体和阻碍石墨析出的能力，以及形成反白口的倾向，氢含量增加，会使铸铁组织和铸造性能恶化；铸铁中固溶的氮具有阻碍石墨化，稳定渗碳体，促进 D 型石墨及蠕虫状石墨的形成。氮在铸铁中有稳定珠光体，提高铸件的强度作用，过量的氮会造成气孔缺陷；铸铁中的氧阻碍石墨化，增加白口倾向，增加铸件的断面敏感性及气孔倾向，铁液中氧含量较多时会增加孕育剂等消耗量。

6．炉料

炉料通过遗传性来影响铸铁的组织和性能。在铸造生产实践中，往往会碰到更换炉料后，虽然铁液的化学成分不变，但铸铁石墨化程度、白口倾向以及石墨形态、基体组织及其铸造缺陷等都会发生变化，炉料与铸铁之间出现的这种变化关系，通常称为铸铁的遗传性。铸铁的遗传性主要表现在结构信息遗传、成分遗传效应、物质特性遗传等方面。炉料中的组织、微量元素及缺陷都会产生遗传。例如，炉料原生铁组织中石墨片粗大，则形成的铸件组织中石墨片也粗大；冒口等回炉料含气量及夹杂含量较多，则铸铁中含气量和夹杂增加。因此，铸造生产时，当炉料全部用回炉料会产生较为严重的缺陷遗传，降低铸件的力学性能，特别是降低冲击性能，这一点要引起足够的重视。消除炉料遗传性方法主要有铁液的高温静置，使铸铁中残留石墨继续溶解而消失；配料时适当加大废钢的使用量；进行熔体的电磁搅拌等。

四、灰铸铁件的生产

（一）灰铸铁的牌号及其性能要求

国家标准《灰铸铁件》（GB/T 9439—2010）中规定，灰铸铁的牌号是按 ϕ30mm 单铸试棒加工的标准试样所测得的最小抗拉强度，将灰铸铁分为八个牌号，表 3-5

是灰铸铁的牌号和铸件壁厚与力学性能要求。牌号中的“HT”表示灰口铸铁，后面的数字表示铸铁的最小抗拉强度。同一牌号灰铸铁件壁厚增加，铸件本体要求的强度指标会有所降低。铸造生产中，如果需方要求将硬度作为验收指标时，可选铸件本体的硬度值，应符合表 3-6 的规定，也可选用由单铸试棒加工的试样测定材料硬度，应符合表 3-7 的规定。表 3-8 是灰铸铁 ϕ30mm 单铸试样和 ϕ30mm 附铸试样的力学性能。灰铸铁由于冷却条件不同，铸件本体的性能与单铸试棒的性能差别较大，一般铸件本体取样所测得的强度要比单铸试棒所测得的强度低 20～150MPa，硬度低 40～80HBW。

表 3-5　灰铸铁的牌号和铸件壁厚与力学性能要求

牌号	铸件壁厚/mm		抗拉强度 R_m/ MPa ≥		铸件本体抗拉强度 R_m/MPa
	>	≤	单铸试棒	附铸试棒或试块	≥
HT100	5	40	100	—	—
HT150	5	10	150	—	155
	10	20		—	130
	20	40		120	110
	40	80		110	95
	80	150		100	80
	150	300		90	—
HT200	5	10	200	—	205
	10	20		—	180
	20	40		170	155
	40	80		150	130
	80	150		140	115
	150	300		130	—
HT225	5	10	225	—	230
	10	20		—	200
	20	40		190	170
	40	80		170	150
	80	150		155	135
	150	300		145	—
HT250	5	10	250	—	250
	10	20		—	225
	20	40		210	195
	40	80		190	170
	80	150		170	155
	150	300		160	—

续表

牌号	铸件壁厚/mm		抗拉强度 R_m/ MPa ≥		铸件本体抗拉强度 R_m/MPa
	>	≤	单铸试棒	附铸试棒或试块	≥
HT275	10	20	275	—	250
	20	40		230	220
	40	80		205	190
	80	150		190	175
	150	300		175	—
HT300	10	20	300	—	275
	20	40		250	240
	40	80		220	210
	80	150		210	195
	150	300		190	—
HT350	10	20	350	—	315
	20	40		290	280
	40	80		260	250
	80	150		230	225
	150	300		210	—

表 3-6 灰铸铁硬度等级和铸件硬度

硬度等级	铸件主要壁厚/mm		铸件上硬度范围（HBW）	
	>	≤	min	max
H155	5	10	—	185
	10	20	—	170
	20	40	—	160
	40	80	—	155
H175	5	10	140	225
	10	20	125	205
	20	40	110	185
	40	80	100	175
H195	4	5	190	275
	5	10	170	260
	10	20	150	230
	20	40	125	210
	40	80	120	195
H215	5	10	200	275
	10	20	180	255
	20	40	160	235
	40	80	145	215

续表

硬度等级	铸件主要壁厚/mm		铸件上硬度范围（HBW）	
	＞	≤	min	max
H235	10	20	200	275
	20	40	180	255
	40	80	135	235
H255	20	40	200	275
	40	80	185	255

表 3-7　单铸试棒的抗拉强度和硬度值

牌号	R_m/MPa≥	HBW	牌号	R_m/MPa≥	HBW
HT100	100	≤170	HT250	250	180～250
HT150	150	125～205	HT275	275	190～260
HT200	200	150～230	HT300	300	200～275
HT225	225	170～240	HT350	350	220～290

表 3-8　灰铸铁 ϕ30mm 单铸试样和 ϕ30mm 附铸试样的力学性能

力学性能	HT150	HT200	HT225	HT250	HT275	HT300	HT350
	铁素体+珠光体	珠光体					
抗拉强度 R_m/MPa	150～250	200～300	225～325	250～350	275～375	300～400	350～450
屈服强度 $R_{p0.1}$/MPa	98～165	130～195	150～210	165～228	180～245	195～260	228～285
伸长率 A/%	0.3～0.8	0.3～0.8	0.3～0.8	0.3～0.8	0.3～0.8	0.3～0.8	0.3～0.8
抗压强度 R_{db}/MPa	600	720	780	840	900	960	1080
抗压屈服强度 $\sigma_{d0.1}$ /MPa	185	260	290	325	360	390	455
抗弯强度 σ_{dB} /MPa	250	290	315	340	365	390	490
抗剪强度 $\sigma_{\tau B}$ /MPa	170	230	260	290	320	345	400
扭转强度 τ_{tB} /MPa	170	230	260	290	320	345	400
弹性模量 E/MPa	78～103	88～113	95～115	103～118	105～128	108～137	123～143
泊松比 v	0.26	0.26	0.26	0.26	0.26	0.26	0.26
弯曲疲劳强度 σ_{bw} /MPa	70	90	105	120	130	140	145
断裂韧性 K_{IC}/MPm$^{-1/2}$	320	400	440	480	520	560	650

（二）灰铸铁的应用

表 3-9 是灰铸铁的应用。由于灰铸铁具有良好的铸造性能，减震、减磨性能好，切削加工性能优良，生产方法简单等特点，广泛应用于各个行业。

表 3-9　灰铸铁的应用

牌号	组织	用途举例
HT100	F+$G_{\text{片}}$	盖、外罩、油盘、手轮、支架、导轨的机床底座等对强度无要求的零件
HT150	F+P+$G_{\text{片}}$	一般机械制造中的铸件，如底座、齿轮箱、支柱、刀架、轴承座、工作台、泵壳、法兰盘，工作压力不太大的管子配件
HT200 HT225 HT250	F+P+$G_{\text{片}}$ P+$G_{\text{片}}$	一般机械制造中较为重要的铸件，如气缸、齿轮、链轮、衬套、机床的长身、飞轮、汽车发动机缸体、缸盖、活塞、刹车鼓、联轴器盘、离合器外壳、分离器本体、左右半轴壳等，承受中等压力的油缸、泵体、阀体泵壳、容器等，汽油机和柴油机活塞环等要求高的强度和一定耐蚀能力的铸件
HT275 HT300 HT350	$P_{\text{细}}$+$G_{\text{细片}}$ $P_{\text{细}}$+$G_{\text{细片}}$	机械制造中重要的铸件，如剪床、压力机、车床等其他重型机床的床身、机座、机架、主轴箱、卡盘等，大型发动机的缸体、缸套、气缸盖，高压气（液）压气缸、水缸、泵体、阀体，冷镦模、冷冲模等

（三）灰铸铁的生产工艺

灰铸铁件的生产工艺流程为牌号及化学成分的确定→炉料准备、配料→熔炼合格铁液→炉前检验→牌号HT250及以上进行孕育处理→炉前检验→浇注铸件→检验及清理→热处理（根据需要）→铸铁件。

灰铸铁件铸造生产中关键的技术环节主要如下。

1．灰铸铁化学成分的确定

灰铸铁生产时，首先要确定灰铸铁的化学成分，才能进行配料和熔化。铸铁化学成分的确定是一项实践性很强的工作，需要先了解铸件性能要求和铸件结构特点，在生产条件的基础上，参考相关的实际生产经验数据进行确定。对于确定的化学成分，必须结合生产进行验证和调整，以满足铸铁组织和使用性能要求。

灰铸铁化学成分确定的前提是根据铸件的组织和性能要求来选择主要元素，如 C、Si、Mn 等，确定 CE、$w(\text{Si})/w(\text{C})$比、$w(\text{Mn})$。一般 CE<4.0%，随 $w(\text{Si})/w(\text{C})$比的提高，强度提高，白口深度减少，$w(\text{Si})/w(\text{C})$=0.70～0.80 时，强度出现峰值，再提高 $w(\text{Si})/w(\text{C})$比值，强度下降。增加 Mn 含量，提高硬度、强度及耐磨性。为了保证良好的石墨形态，$w(\text{S})$应小于 0.06%，P 根据铸件的性能来定，需要耐磨性则加入 P 的质量分数在 0.4%～1.0%（如机床、缸套等），一般铸件 P 的质量分数应小于 0.06%。铸件在铸型中的冷却速度会影响铸件的组织和力学性能，选择化学成分时还需要考虑铸件的大小、壁厚、浇注温度及铸型材料等。

表 3-10 是几种典型牌号灰铸铁不同壁厚的化学成分。由表中看出，同一牌号铸铁，不同壁厚时铸铁的化学成分有所不同，化学成分变化的趋势是同一牌号的铸铁，随壁厚的增加，$w(\text{C})$、$w(\text{Si})$减少，$w(\text{Mn})$增加。不同牌号的铸铁，随强度的提高，铸铁中的 $w(\text{C})$和 $w(\text{Si})$降低，$w(\text{Mn})$提高。牌号 HT250 及以上的高强度

铸铁件在实际生产中需要进行孕育处理。

表 3-10　几种典型牌号灰铸铁不同壁厚的化学成分

牌号	铸件主要壁厚/mm	化学成分（质量分数）/%					
		w(C)	w(Si)	w(Mn)	w(P)	w(S)	w(Fe)
HT100	所有尺寸	3.2～3.8	2.1～2.7	0.5～0.8	≤0.2	≤0.15	余量
HT150	＜15	3.3～3.7	2.0～2.4	0.5～0.8	≤0.2	≤0.15	余量
	15～30	3.2～3.6	2.0～2.3				
	30～50	3.1～3.5	1.9～2.2				
	＞50	3.0～3.4	1.8～2.1				
HT200	＜15	3.2～3.6	1.9～2.2	0.5～0.9	≤0.15	≤0.12	余量
	15～30	3.1～3.5	1.8～2.1	0.7～0.9			
	30～50	3.0～3.4	1.5～1.8	0.8～1.0			
	＞50	3.0～3.2	1.4～1.7	0.8～1.0			
HT250 需要孕育处理	＜15	3.2～3.5	1.8～2.1	0.7～0.9	≤0.15	≤0.12	余量
	15～30	3.1～3.4	1.5～1.9	0.8～1.0			
	30～50	3.0～3.3	1.5～1.8	0.8～1.0			
	＞50	2.9～3.2	1.4～1.7	0.9～1.1			
HT300 需要孕育处理	＜15	3.1～3.4	1.5～1.8	0.8～1.0	≤0.15	≤0.12	余量
	15～30	3.0～3.3	1.4～1.7	0.8～1.0			
	30～50	2.9～3.2	1.4～1.7	0.9～1.1			
	＞50	2.8～3.1	1.3～1.6	1.0～1.2			
HT350 需要孕育处理	＜15	2.9～3.2	1.4～1.7	0.9～1.2	≤0.15	≤0.12	余量
	15～30	2.8～3.1	1.3～1.6	1.1～1.3			
	30～50	2.8～3.1	1.2～1.5	1.0～1.3			
	＞50	2.7～3.0	1.1～1.4	1.1～1.4			

2．铸铁的孕育处理

灰铸铁铸件生产时，牌号在HT200以下的铸铁件不需要孕育处理，牌号在HT250及以上的铸铁件需要孕育处理。灰铸铁孕育处理的作用是①促进石墨化并细化，降低白口倾向；②增加铸铁断面组织和性能的均匀性，减低其断面敏感性；③控制石墨形态，消除过冷石墨；④增加并细化共晶团，促进细片状珠光体的形成；⑤改善铸件力学性能及其他使用性能。

（1）孕育处理条件。为了提高孕育处理的细化效果，一般孕育前的铁液要有一定的过冷倾向，经过孕育处理后白口倾向降低。孕育处理前铁液要有一定的过热度，过热铁液是为了提高铁液的纯净度，提高过冷倾向，孕育剂加入后，有利于孕育剂的溶解并促使非自发形核，保证铸件浇注温度的需要。灰铸铁孕育处理前要求HT250铁液温度大于1420℃，HT350铁液温度不低于1450℃。

（2）孕育剂加入量。孕育剂的加入量一般为处理铁液质量的 0.25%～0.70%，具体加入量要根据铸铁的牌号、铁液温度、氧化程度、冷却速度、铸件壁厚等确定。孕育剂的粒度一般在 2～10mm，要孕育处理铁液的质量越大，孕育剂的粒度越大。处理铁液质量小于 500kg，孕育剂粒度为 2～5mm；铁液质量为 500～1500kg，孕育剂粒度为 5～10mm。

（3）孕育剂加入方法。孕育剂常用的加入方法如下。

① 冲入法。将充分预热的孕育剂放入浇包内，冲入铁液后进行孕育处理。

② 浇口杯孕育处理法。图 3-8 是浇口杯孕育处理示意图，进行充分孕育后浇注到铸型中，可减小铸铁的孕育衰退现象的发生。

③ 出铁槽加入法。将充分预热的孕育剂均匀地撒在出铁槽中的铸铁流中，利用铁液流将孕育剂带入浇包中进行孕育处理。

④ 浇包外孕育法。图 3-9 是浇包外孕育处理示意图。通过漏斗将孕育剂直接加入浇注的铁液流中进行孕育处理。

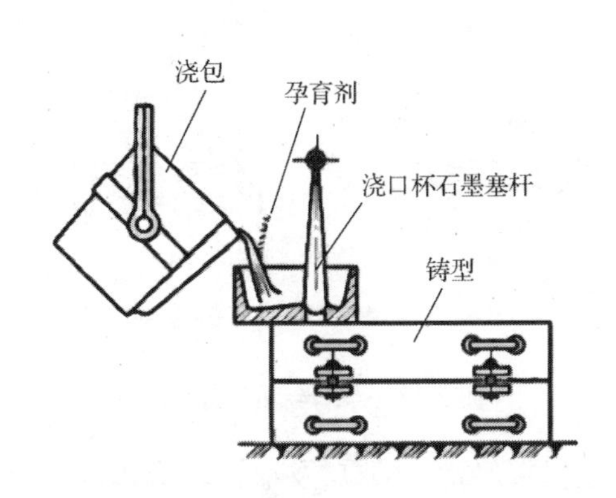

图 3-8　浇口杯孕育处理示意图

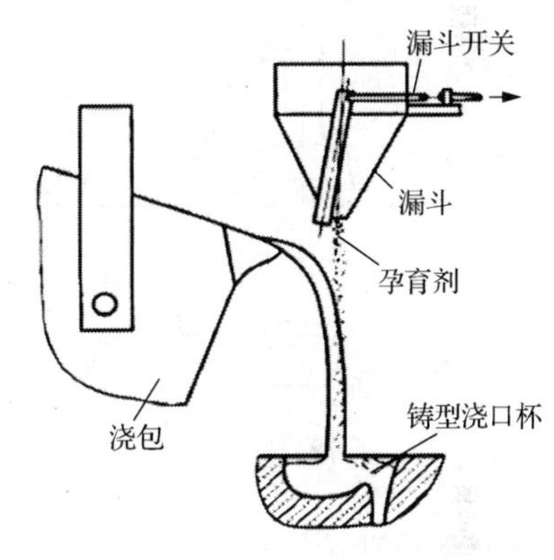

图 3-9　浇包外孕育处理示意图

⑤ 硅铁棒插入铁液孕育处理法。图 3-10 是硅铁棒孕育处理示意图。浇注过程中，在浇包口处的铁液中插入硅铁棒进行孕育处理。

⑥ 浇包液面浮硅孕育处理法。图 3-11 是浮硅孕育处理示意图。该方法是将大块孕育剂放在浇包的液面上，边浇注边进行孕育处理。

⑦ 铸型内孕育法。图 3-12 是铸型内孕育处理示意图。该方法是将孕育剂放在铸型内浇注系统上的孕育室内，铁液流过时进行孕育处理。

⑧ 孕育丝孕育处理法。图 3-13 是孕育丝处理示意图。该方法是将孕育丝插入浇包口处的铁液或在浇注过程的铁液流中进行孕育处理。

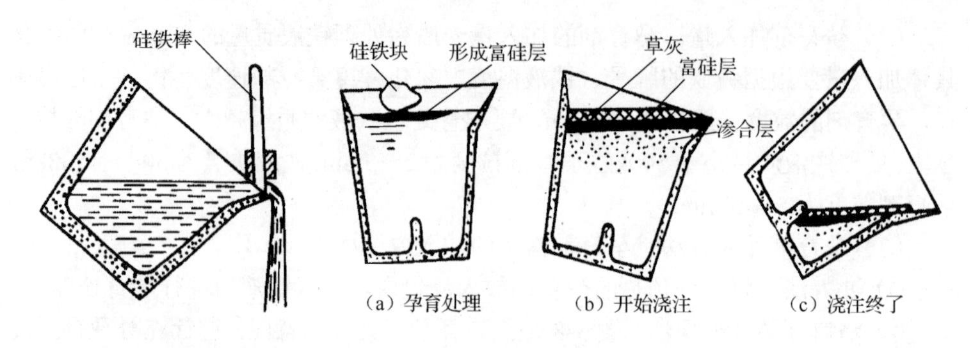

图 3-10　硅铁棒孕育处理示意图

（a）孕育处理　（b）开始浇注　（c）浇注终了

图 3-11　浮硅孕育处理示意图

图 3-12　铸型内孕育处理示意图

（a）孕育丝插入浇包内　（b）孕育丝插入铁液流

图 3-13　孕育丝处理示意图

（4）孕育理论。关于孕育处理的理论主要有两种：非自发形核理论和自发形核理论。

非自发形核理论认为孕育剂中 Si、Ca、Ti、Al 等在铸铁液体中形成的氧化物（如 SiO_2）、硫化物（如 CaS、SrS）、氮化物（如 TiN、AlN）、碳化物（如 CaC_2、SiC）可作为石墨析出的核心，起到非自发形核。自发形核理论的一种理论认为孕育剂加入铁液中会造成局部元素富集（如 Si、C），变为过饱和溶液，使碳的活度增加，原子处于过饱和状态，促进石墨自发形核析出；另一种理论认为孕育剂加入铁液中能直接或间接促进石墨的析出，原因是孕育剂的主要组元具有阻碍渗碳体形成、直接石墨化的作用，加入铁液中的孕育剂具有良好的脱氧、脱硫、脱氮作用，形成的硫化物、氮化物、氧化物上浮被去除，从而削弱氧、硫、氮稳定渗碳体，阻碍石墨化的作用。

（5）孕育效果的评估。孕育处理效果的主要评估方法有三种：一是根据白口倾向的大小进行评定，孕育处理前后三角试块白口差别越大，孕育效果越好，如

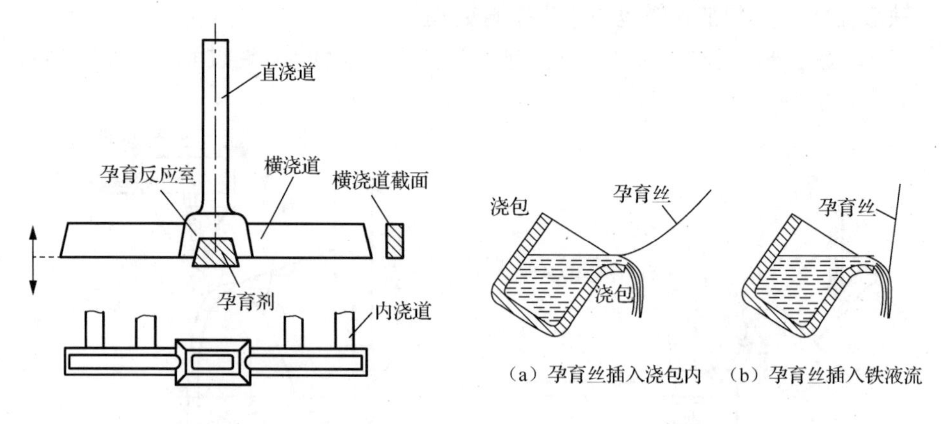

HT250孕育处理前三角试块白口深度为6～12mm，孕育处理后为3～7mm；二是根据共晶团数进行评定，孕育前后共晶团数量变化越大，孕育效果越好；三是根据共晶过冷度的大小评定，孕育处理前后共晶过冷度比值越大，孕育效果越好。

3．合金化

合金元素在铸铁中的作用主要有①固溶强化，提高铸件的强度；②细化石墨，控制基体组织的类型，如获得主要为铁素体或珠光体等基体的铸件；③提高铸铁的淬透性；④改善铸铁的低温或高温性能。因此，铸铁可通过合金化或微合金化控制基体组织及性能。灰铸铁中主要的合金元素及加入量范围为$w(\mathrm{Ni})\leqslant 3.0\%$、$w(\mathrm{Cr})\leqslant 0.5\%$、$w(\mathrm{Cu})\leqslant 1.5\%$、$w(\mathrm{Mo})\leqslant 1.0\%$、$w(\mathrm{Mn})\leqslant 1.5\%$、$w(\mathrm{V})\leqslant 0.35\%$。灰铸铁中加入过多的合金元素会增加铸件的收缩及应力和缩孔倾向，碳化物形成元素会增加组织中的碳化物数量及白口倾向。通常铸铁的合金化可用形成碳化物元素与不形成碳化物元素适当的配合，来控制铸铁组织的中的碳化物量，提高铸铁的性能。

（四）衡量灰铸铁冶金质量的指标

灰铸铁的实际生产经验表明，同样化学成分的灰铸铁，经过不同的处理，可以获得不同性能。因此，在灰铸铁的生产时必须对灰铸铁的冶金过程进行周密的考虑和采用必要的措施，使铸件既能得到所需的强度指标，又能保证铸铁具有良好的工艺性能，尤其是切削加工性能。为此，铸造工作者提出了衡量灰铸铁的冶金质量及生产厂家水平的一些综合性指标，并已逐渐被铸铁结构件的生产控制所接受，但对高硬度等特殊性能的铸铁不适用。这些指标主要如下。

1．成熟度及相对强度

成熟度（RG）是指灰铸铁Φ30mm试棒上测得的抗拉强度同由铸铁的共晶度(S_C)计算的抗拉强度比值。计算式如式（3-1）所示：

$$\mathrm{RG}=\frac{R_{\mathrm{m测量}}}{R_{\mathrm{m计算}}}=\frac{R_{\mathrm{m测量}}}{1000-800S_{\mathrm{C}}} \tag{3-1}$$

对于灰铸铁，RG在0.5～1.5波动，当RG＜1.0，表明孕育效果不良，生产水平较低，未能发挥材料的潜力，因此希望RG在1.15～1.30。适当过热和孕育处理可提高RG值。

相对强度（RZ）是指灰铸铁Φ30mm试棒上测得的抗拉强度与Φ30mm试棒上测出的硬度值（HBW）计算的强度之比。计算式如式（3-2）所示：

$$\mathrm{RZ}=\frac{R_{\mathrm{m测量}}}{R_{\mathrm{m计算}}}=\frac{R_{\mathrm{m测量}}}{2.27\mathrm{HBW}-227}\times 100\% \tag{3-2}$$

2．硬化度和相对硬度

硬化度（HG）是指灰铸铁Φ30mm试棒上测得的硬度与共晶度及凝固区间（液

相线温度T_L与固相线T_S之差）计算的硬度之比。计算式如式（3-3）所示：

$$HG = \frac{HBW_{测量}}{530 - 344S_C} = \frac{HBW_{测量}}{170.5 + 0.793(T_L - T_S)} \tag{3-3}$$

相对硬度（RH）是指灰铸铁Φ30mm试棒上测得的硬度与由铸铁的抗拉强度计算的硬度之比。计算式如式（3-4）所示：

$$RH = \frac{HBW_{测量}}{从R_m计算出的硬度值} = \frac{HBW_{测量}}{100 + 0.44R_{m测量}} \tag{3-4}$$

RH值为0.6～1.2，以0.8～10为好。RH值低表示强度高，硬化度低，具有良好的切削性能，良好的孕育处理能降低RH值。

3．品质系数

成熟度与硬化度之比称为品质系数（Q_i）。表达式如式（3-5）所示：

$$Q_i = \frac{RG}{HG} \tag{3-5}$$

Q_i值在 0.7～1.5，希望$Q_i \geqslant 1$。用Q_i值衡量各种工艺措施提高灰铸铁质量的程度，如良好的孕育处理可提高品质系数15%～20%。

五、提高灰铸铁性能的途径

提高灰铸铁性能的途径主要有两个方面：一是改变组织中石墨的数量、分布、大小与形状；二是在改善石墨形态基础上控制铸铁的基体组织，充分发挥金属基体的作用。这两个途径均可通过合理设计铸铁的化学成分，铸铁微合金化或合金化，改变炉料组成，铁液过热处理，进行孕育处理和热处理等来实现。

在控制石墨数量、大小及分布状态方面，主要方法有适当提高铸铁的熔炼温度，减少生铁中粗大石墨遗传性，提高石墨尺寸的均匀性；增加炉料的废钢加入量，采用铁液增碳技术生产铸铁；提高铁液的纯净度及冶金质量；提高孕育处理效果，细化石墨片及提高石墨均匀分布程度；适当合金化，如加入Ni、Cu、Cr、Sn等元素可以细化石墨和共晶团。

在控制基体组织方面，主要是提高组织中珠光体的含量。多年来，灰铸铁的发展先是以获得100%的珠光体基体组织为目标，与具有珠光体+铁素体混合基体组织的铸铁相比，体积分数为100%的珠光体铸铁具有较高的强度和耐磨性。这种铸铁中往往伴随着A型石墨，并且有较为细小的共晶团，因此断面敏感性得到改善。控制基体组织可以通过选择合理的合金元素来实现。在前述灰铸铁成分选择中，根据铸件的要求，合理确定化学成分，如确定 CE、w(Si)/w(C)、w(Mn)，是否加入合金元素，通过控制 w(Si)/w(C)比来提高强度、减少白口深度等。为了提高铸铁的强度，可适当地提高w(Si)/w(C)比值，由0.4～0.5提高到0.7～0.8。适当提高铸铁铁液的温度，使铁液出炉温度达到1450℃以上，可以提高铸件断面性能的均匀性和改善铸造性能。

铸铁采取合金化或微合金化可以控制基体组织、提高淬透性和改善使用性能。在低合金高强度灰铸铁中，主要的合金元素有 Ni、Cr、Cu、Mo 等。用 Ni、Cr 合金化时，镍铬质量比分数在 w(Ni)∶w(Cr)=3∶1 时，可提高珠光体的分散度，形成索氏体型的珠光体组织，抗拉强度可达 400～450MPa；加入 w(Mo)为 0.6%～1.0%、w(Ni)为 1.5%～3.5%时，可以得到片状铁素体组织，具有这种组织的灰铸铁，抗拉强度可达 450～600MPa。降低铸铁成本时，可用元素 Cu 或 Mn 取代 Ni。铸铁微合金化元素主要有 Nb、B、N、RE、V、Ti 等，这些微合金化元素加入铸铁后，材料组织中会析出大量弥散分布的高硬度、高熔点的硬质相，提高了铸铁的耐磨、耐热和耐蚀性能。

改变炉料的组成会影响灰铸铁的性能。灰铸铁的炉料一般由新生铁、废钢、回炉料和铁合金等组成，在提高灰铸铁性能和发展高强度灰铸铁的过程中，可以加大废钢的使用量，使其提高到 50%以上。采用废钢的炉料中，碳、硅含量及夹杂物含量较低，可通过增碳的方法来调节碳含量及调整合金元素含量，在同样的化学成分下，铸件可以获得更高的力学性能，提高铸件的使用寿命。

灰铸铁孕育处理可有效地改善铸铁的基体组织和提高铸件力学性能和使用性能，如细化石墨和提高石墨分布的均匀性，改善铸件的致密性及切削性能，提高铸件的强度及耐磨性。

六、灰铸铁的热处理

（一）灰铸铁热处理的特点

由于灰铸铁组织的特点，灰铸铁在热处理加热和冷却过程中各有特点，主要表现如下。

（1）共析转变在一定温度范围内进行。

（2）石墨的存在使加热形成的奥氏体碳含量随加热温度和保温时间的变化而改变，易使渗碳体分解和珠光体发生铁素体转变。

（3）热处理不能改变石墨的形状和分布，仅能改变基体组织。

（4）热处理对改善灰铸铁性能的效果不显著。

（二）灰铸铁热处理工艺

灰铸铁常用的热处理工艺主要有退火、正火及回火、淬火及回火、表面及化学热处理等。图 3-14 是灰铸铁的热处理工艺曲线。

1. 退火热处理

退火热处理分为去应力热处理和石墨化退火热处理。去应力热处理主要用于

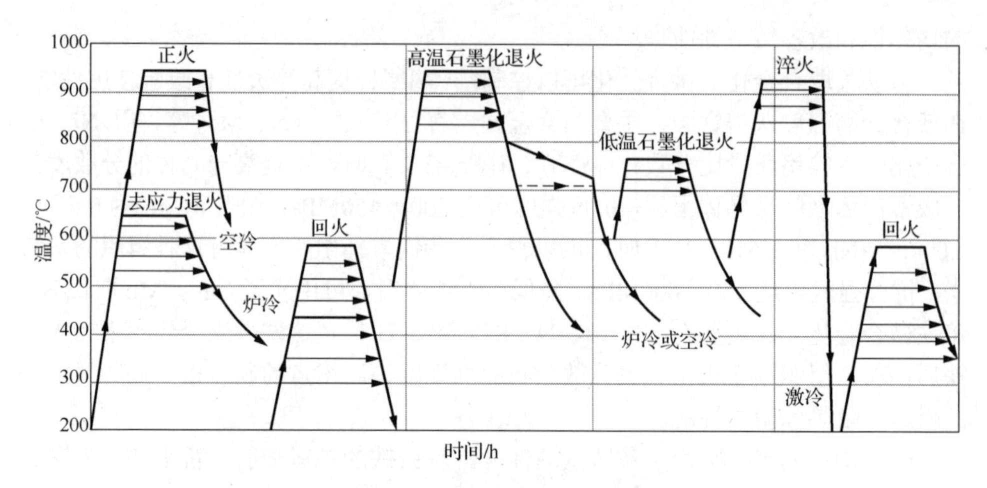

图 3-14　灰铸铁的热处理工艺曲线

降低铸造、焊接、机械加工等形成的残余应力，保证铸件尺寸稳定。其工艺是将铸件加热到 520～560℃，普通铸铁温度取下限，低合金铸铁温度取上限，加热速度一般取 20～100℃/h，复杂件取下限，保温一定时间后炉冷，去除铸件中残留应力。去应力热处理加热温度可按 T(℃)=480+0.4R_m 确定，保温时间按铸件壁厚、复杂程度和装炉量确定。200kg 以下的铸件保温时间为 4～6h，2500kg 以上的铸件保温时间为 8h，或者按照每小时热透铸件 25mm 厚计算保温时间。

石墨化退火分为高温石墨化退火和低温石墨化退火（图 3-14）。高温石墨化退火主要用于基体组织中含有较多的自由或共晶渗碳体的铸件，以降低硬度，改善切削加工性能。高温石墨化退火加热温度为铁素体完全转变成奥氏体温度为 $A_{C_1}^{z}$ +(50～100)℃，保温时间按 2h+铸件最大壁厚/25mm(h)确定，炉冷到 600～620℃空冷，消除了铸铁基体组织的自由渗碳体。低温石墨化退火用于铸件硬度过高，基体组织中没有共晶渗碳体，使共析渗碳体发生分解，形成铁素体和石墨，提高铸件的塑性和韧性，改善铸件的加工性能。低温石墨化退火加热温度在铁素体开始形成奥氏体温度 $A_{C_1}^{s}$ +(30～50)℃，保温时间 2～4h，出炉温度不大于 300℃。

2．正火及回火热处理

正火及回火热处理分为完全奥氏体化正火及回火和部分奥氏体化正火及回火。完全奥氏体化正火及回火用于铁素体含量过多，硬度较低的灰铸铁件，提高铸件的强度。正火加热温度为 $A_{C_1}^{z}$ + (50～60)℃，保温一定时间后空冷，580～600℃回火，组织为珠光体+少量铁素体和石墨。部分奥氏体化正火及回火用于基体组织相对均匀，具有一定强度和韧性的铸件，其正火加热温度范围在 $A_{C_1}^{s}$ ～ $A_{C_1}^{z}$ ，保温时间按铸件最大壁厚 1h/25mm 计算，空冷之后进行 540～600℃回火，回火保温时间按 1h+铸件最大壁厚 1h/25mm 确定，回火后铸件获得珠光体+铁素体+石墨组织。

正火热处理时一般随正火加热温度的提高，组织中珠光体含量增加。

3．淬火及回火热处理

形状简单、不易开裂的铸件根据需要可进行淬火及回火热处理。淬火加热温度范围为 $A_{C_1}^{Z}+(30\sim50)$℃，保温一定时间后快冷（油冷、水冷或盐浴冷却等），然后进行回火，回火分为高温回火，温度范围为500～600℃，回火后基体组织为索氏体组织；中温回火，温度范围为350～500℃，回火后基体组织为屈氏体组织；低温回火，温度范围为140～250℃，回火后基体组织为回火马氏体组织。淬火、低温回火热处理的目的是提高铸铁的硬度和耐磨性。

为了获得贝氏体基体的灰铸铁，灰铸铁可以进行等温淬火热处理，等温淬火热处理的工艺为铸铁在 $A_{C_1}^{Z}+(30\sim50)$℃加热保温一定的时间，然后放入280～320℃盐浴中进行等温处理，等温后空冷不必回火处理。等温淬火热处理可获得贝氏体组织，能够提高铸件的强度、硬度和耐磨性。

4．表面及化学热处理

需要耐磨的铸件，如缸套、机床导轨等常采用表面淬火获得马氏体组织以提高表面硬度。珠光体灰铸铁经表面淬火后硬度达到HRC=50左右。淬火形式主要有火焰淬火（如导轨，淬硬层深度为2～8mm）、中频淬火（淬硬层深度为3～4mm）、高频淬火（如齿轮、缸套、链轮等，淬硬层深度为1mm左右）。

铸铁的化学热处理主要有渗氮、碳氮共渗、渗硫等，通过化学热处理可提高铸铁表面的耐磨性、耐蚀性和疲劳强度。

第二节　球墨铸铁

球墨铸铁是指铸铁中的石墨以球状形式存在的铸铁。Morrogh在1947年首先发现铸态组织下存在球状石墨铸铁，从此以后铸铁的性能产生了质的飞跃。我国从1950年开始生产和使用球墨铸铁，已应用在汽车、农机、船舶、冶金、化工等领域。

一、球墨铸铁的金相组织特点

球墨铸铁的组织主要由球状石墨和金属基体组成。球墨铸铁与灰铸铁的显著区别在于石墨的形状呈球状分布，球状石墨对基体的割裂作用降低，提高铸铁的强度及韧性。

（一）球状石墨

1．球状石墨形态及结构

在低倍显微镜下观察，球状石墨接近球形，在高倍显微镜下观察，则呈多边形轮廓，内部呈放射状，在偏振光照射下尤为明显，如图 3-15 所示。扫描电镜下观察，石墨球表面存在许多胞状物，如图 3-16 所示。石墨球内部复型电镜照片显示其具有年轮状特点，如图 3-17 所示，球内部一定直径范围内年轮较乱，球中心有白色小点，可认为是球状石墨形成非自发形核的核心。电子显微镜下观察，在每一个石墨球中心均存在晶核区，晶核区是由呈星状的星体组成，星体部分由内核和外核两部分组成，晶核内存在外来质点相，内核区主要是 Mg、Ca 的硫化物，外核区存在具有尖晶石型的 Mg、Al、Si、Ti 的氧化物，石墨球在外来质点上呈多相形核。因此，球状石墨具有多晶体结构，从核心向外生长，石墨球由 20～30 个椎形体的石墨单晶组成，球的外表面都是由许多石墨基面（0001）切面排列而成，如图 3-18 所示，每个角锥体基面都垂直于石墨球的直径。

图 3-15　球状石墨偏振光照片

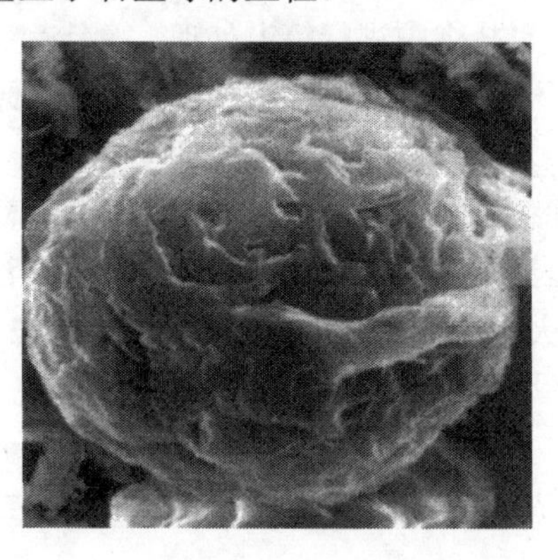

图 3-16　球状石墨表面胞状形貌

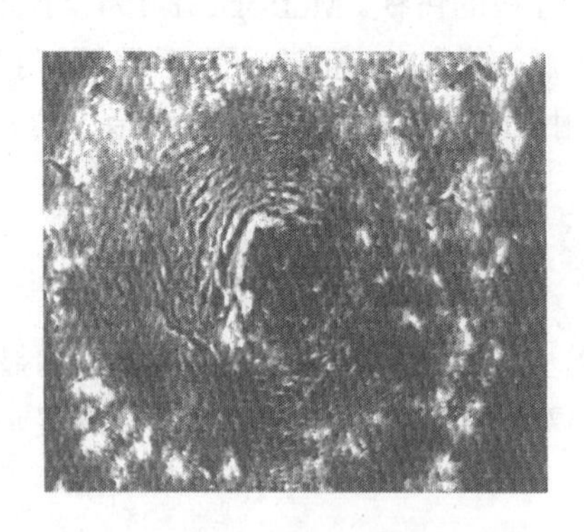

图 3-17　球状石墨内部年轮状结构

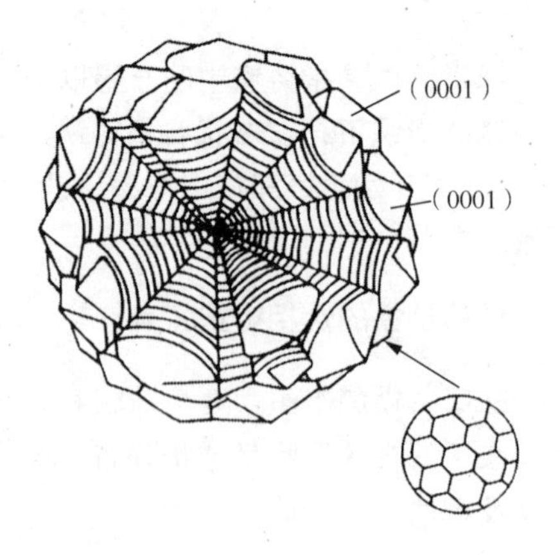

图 3-18　球状石墨结构示意图

2. 球状石墨的形成条件及其形成机理

球状石墨形成的两个必要条件：一是凝固时铁液必须有较大的过冷度；二是

铁液和石墨之间必须有较大的表面张力。现已证实，加入球化剂，如 Mg、Ce、Y、La 等都会增加铁液的过冷度，另外采用高纯度铁碳合金或对铁液合金进行真空处理，也会增加铁液的过冷度，从而获得球状石墨。铁液中不加球化剂时，由于 S、O 等表面活性物质在石墨的 $(10\bar{1}0)$ 面富集，使 $\left[\sigma_{S(0001)-L}\right]>\left[\sigma_{S(\bar{1}010)-L}\right]$，有利于形成片状石墨。球化剂加入后，在铁液中会与 S、O 等表面活性物质反应，形成化合物而排出，降低铁液中氧含量和硫含量，使形成球状石墨的界面张力满足 $\left[\sigma_{S(0001)-L}\right]<\left[\sigma_{S(\bar{1}010)-L}\right]$，石墨会沿（0001）生长，有利于球状石墨形成。因此，铁液中加入球化剂可以提高铁液的表面张力和增加铁液与石墨之间的界面张力，从而形成球状石墨。

关于球状石墨的形成机理，众说纷纭，迄今为止还没有形成统一的理论，归纳球形石墨形成的理论主要如下。

（1）异质核心理论。该理论的依据是在石墨球核心发现有异质核心，使石墨各向等速生长，形成球状，但这种理论无法解释冷速提高有利于球墨析出和球墨衰退的现象。

（2）过冷理论。该理论的依据是球墨析出时，其共晶转变要求的过冷度较大，过冷使铁液中碳的过饱和度提高，结晶速度增加，石墨沿 a 轴方向和 c 轴方向生长速度差变小，形成球状石墨。

（3）表面能理论。该理论的依据是铁液经过球化处理后，其表面张力有很大变化，铁液与石墨基面的界面能小于铁液与石墨棱面的界面能，促使石墨沿 c 轴方向生长，形成球状石墨，但该理论无法解释一定冷速下得到球墨和球墨衰退的现象。

（4）吸附理论。该理论认为，石墨晶体的 $(10\bar{1}0)$ 面吸附有 S、O 等表面活性元素时，石墨呈片状生长，形成片状石墨，球化处理时往铸铁铁液中加入 Mg、Ce 等球化元素，会吸附在石墨晶体的 $(10\bar{1}0)$ 面，则石墨沿 c 轴方向优先生长，形成球状石墨。

（5）位错理论。该理论认为螺旋位错产生的分枝使石墨形成球状，球化元素进入正在生长的石墨中，会妨碍螺旋位错的发展，促使螺旋位错向其他新的方向分枝，称为新的螺旋位错，这样反复进行，形成球状石墨。

（6）气泡理论。该理论认为铁液球化处理后，铁液中会形成许多微小的气泡，在凝固过程，石墨在这些气泡中结晶而形成球状石墨。由于气泡与铁液界面是石墨容易形核的地方，多处会形成石墨微晶。形成的石墨微晶向气泡内侧生长，当各处石墨微晶填满气泡球时，就形成外部呈球形、内部结构呈放射状的石墨球。如果铁液中仍有过剩的碳，石墨将向气泡外侧生长，甚至形成不圆整的石墨球。

球墨铸铁中石墨的形态对其力学性能影响较大，在球墨铸铁中经常出现的石墨形态有球状石墨、团球状石墨、蠕虫状石墨等。我国《球墨铸铁金相检验》(GB/T 9441—2009)国家标准按照石墨的形状将球化率分为六个等级:1 级球化率≥95%、2 级球化率为 90%、3 级球化率为 80%、4 级球化率为 70%、5 级球化率为 60%、6 级球化率为 50%。

3．石墨球大小

表 3-11 是石墨球大小分级。球墨铸铁中石墨球大小的检验是在金相显微镜下测得。国家标准《球墨铸铁金相检验》(GB/T 9441—2009)按照石墨球大小将石墨大小分为六个等级。实际生产中有时通过石墨球数可以控制薄壁件白口化倾向，如在砂型铸造条件下，消除厚度为 3mm 薄壁球墨铸铁白口的临界石墨球数为 550 个/mm^2，消除厚度为 6mm、9mm 球墨铸铁白口的临界石墨球数分别为 350 个/mm^2 和 200 个/mm^2。

表 3-11　石墨球大小分级

级别	100 倍观察石墨球直径/mm	实际石墨球直径/mm	级别	100 倍观察石墨球直径/mm	实际石墨球直径/mm
3	＞25～50	＞0.25～0.5	6	＞3～6	＞0.03～0.06
4	＞12～25	＞0.12～0.25	7	＞1.5～3	＞0.015～0.03
5	＞6～12	＞0.06～0.12	8	≤1.5	≤0.015

（二）球墨铸铁的基体组织及其影响因素

球墨铸铁的基体组织主要有铁素体、珠光体、贝氏体、马氏体，另外，组织中还存在一定量的渗碳体和磷共晶等。基体组织的种类主要取决于球墨铸铁的化学成分、结晶过程和后续的热处理工艺。

1．铁素体基体

铁素体基体球墨铸铁的组织主要为铁素体+球状石墨。铁素体基体球墨铸铁可通过铸态或石墨化退火获得。铸态获得铁素体基体需要加强石墨化孕育处理，细化石墨球，化学成分中要限制促进珠光体化的元素，如控制锰含量，一般质量分数小于 0.5%，提高硅含量等。铁素体基体球墨铸铁的性能特点是强度较低，具有良好的塑性和韧性。影响铁素体基体球墨铸铁性能的主要因素有化学成分、石墨的形状和大小、残留渗碳体数量及其夹杂物的形状和分布。铁素体球墨铸铁已经应用于车辆底盘、农用车辆的后桥外壳、输送自来水管道、天然气管道等。

2．珠光体基体

珠光体基体球墨铸铁的组织主要为珠光体+球状石墨。铸态获得珠光体基体，需降低有利于铁素体形成元素硅的含量，加入适量的 Cu、Sn 等促进珠光体基体形成的元素。国家标准《球墨铸铁金相检验》(GB/T 9441—2009)将珠光体数量分为12级，分别为珠95，如图3-19（a）所示，珠85、珠75、珠65、珠55，如图3-19（b）所示，珠45、珠35、珠25、珠20、珠15、珠10、珠5，如图3-19（c）所示。

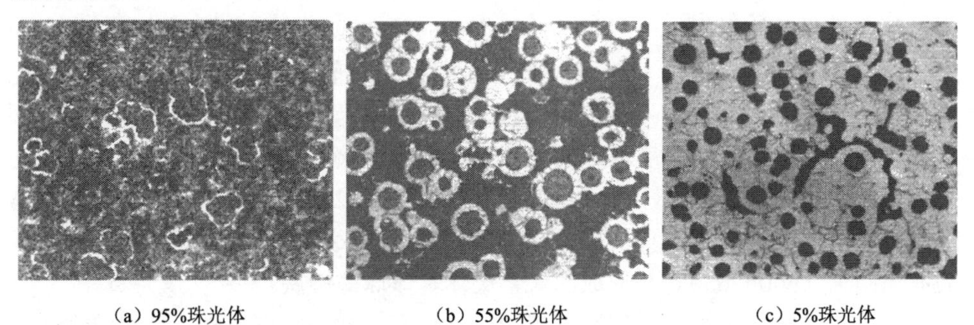

（a）95%珠光体　（b）55%珠光体　（c）5%珠光体

图3-19　几种球墨铸铁珠光体的分级及金相组织

球墨铸铁铸态组织中易出现牛眼状的金属基体组织，如图3-19（b）所示，即在金相显微镜下，石墨球周围为白色的铁素体，铁素体外围为黑色的珠光体。形成牛眼状基体组织的原因为在一定的冷却条件下，奥氏体转变时，石墨附近的奥氏体中的碳向原有的石墨球上扩散并沉积，造成石墨球附近奥氏体组织贫碳，促使铁素体在石墨球周围形成。如果共析转变始终按析出铁素体和石墨的方式进行，则铁素体环不断增厚，并连成片，直到全部奥氏体转变为铁素体，形成铁素体基体。但当冷却速度不是很慢，且一次结晶组织中 Si、Mn 等元素的偏析，在未及时转变为铁素体的离石墨球较远的奥氏体发生珠光体转变，形成珠光体，以及牛眼状的基体组织。

珠光体组织可通过铸态或正火热处理获得。铸态获得珠光体组织，球墨铸铁合金化时需要加入稳定珠光体化的元素，如Cu、Cr、Mn等。珠光体基体球墨铸铁具有较高的强度和硬度，以及一定的韧性。与锻造45钢相比，球墨铸铁的强度和屈服强度高，延伸率较低，具有较高的屈强比，缺口敏感性较低。影响珠光体球墨铸铁性能的因素主要有珠光体的数量及层片间距、石墨形状、大小及夹杂物含量和分布等。珠光体片间距越小，珠光体越细，强度和硬度越高，粒状珠光体具有更高的塑性。珠光体球墨铸铁已应用于车辆曲轴、齿轮、车床主轴、轧机轧辊等部件。

3．贝氏体基体

获得贝氏体基体球墨铸铁的方法主要有普通铸铁的等温淬火热处理和合金化铸铁连续冷却获得贝氏体基体。等温淬火热处理获得贝氏体基体球墨铸铁的工艺是将奥氏体化加热的铸铁快速冷却到贝氏体转变温度范围进行等温处理，发生贝氏体转变，等温淬火时，等温温度在350～450℃可获得上贝氏体基体组织；等温温度在250～350℃可获得下贝氏体基体组织。合金化铸铁连续冷却获得贝氏体基体球墨铸铁的工艺是利用合金化元素能改变奥氏体转变曲线，使铁素体及珠光体转变开始线显著右移，增加贝氏体组织的淬透性，热处理连续冷却过程或铸态凝固过程获得贝氏体组织。一般贝氏体组织形成时会残留一定量的奥氏体，可称为奥氏体-贝氏体球墨铸铁，具有很高的强度和良好的塑性、韧性配合。

4．马氏体基体

马氏体基体强度和硬度高、耐磨性好，根据淬火后不同温度回火可获得不同基体组织和强韧性。例如，淬火后低温回火（150～250℃）形成回火马氏体基体球墨铸铁；淬火后中温回火（350～500℃）形成回火屈氏体基体球墨铸铁；淬火后高温回火（500～650℃）形成回火索氏体基体球墨铸铁。

球墨铸铁中除了基体组织和石墨球外，还有磷共晶和碳化物，球墨铸铁的抛光试样经2%～5%（体积分数）硝酸酒精溶液侵蚀后，检验磷共晶和碳化物数量。国标中，磷共晶分为磷0.5、磷1、磷1.5、磷2、磷3五个级别；碳化物分为碳1、碳2、碳3、碳5、碳10五个级别。

二、球墨铸铁的牌号及力学性能

国家标准《球墨铸铁件》（GB/T 1348—2009）和《低温铁素体球墨铸铁件》（GB/T 32247—2015）中规定，球墨铸铁件牌号可按单铸试块、附铸试块、本体铸件加工的试样测定铸铁的力学性能。单铸试块的形式主要有Y型试块、U型试块等，不同形式的试块具体尺寸可查上述标准的规定。

表3-12是球墨铸铁牌号及单铸试样的力学性能和基体组织。球墨铸铁牌号中的“QT”表示球墨铸铁，后面的数字分别表示球墨铸铁的强度和延伸率的最小值。如果要求冲击性能时，可以做冲击试验，表3-13是单铸试样V型缺口冲击性能要求，主要包括室温冲击和低温冲击性能。表3-14是球墨铸铁牌号及附铸试样的力学性能和基体组织，表3-15是球墨铸铁附铸试样冲击性能要求。需要注意的是，铸件复杂程度及其铸件壁厚的变化，铸件本体力学性能无法统一，因而铸件本体力学性能指导值可能等于或低于表3-12单铸试样和表3-14附铸试样力学性能的给定值。

表3-12　球墨铸铁牌号及单铸试样的力学性能和基体组织

材料牌号	抗拉强度 R_m/MPa ≥	屈服强度 $R_{p0.2}$/MPa ≥	伸长率 A/%≥	布氏硬度 HBW	基体主要组织
QT350-22L	350	220	22	≤160	铁素体
QT350-22R	350	220	22	≤160	铁素体
QT350-22	350	220	22	≤160	铁素体

续表

材料牌号	抗拉强度 R_m/MPa ≥	屈服强度 $R_{p0.2}$/MPa ≥	伸长率 A/%≥	布氏硬度 HBW	基体主要组织
QT400-18L	400	240	18	120～175	铁素体
QT400-18R	400	250	18	120～175	铁素体
QT400-18	400	250	18	120～175	铁素体
QT400-15	400	250	15	120～180	铁素体
QT450-10	450	310	10	160～210	铁素体
QT500-7	500	320	7	170～230	铁素体+珠光体
QT550-5	550	350	5	180～250	铁素体+珠光体
QT600-3	600	370	3	190～270	铁素体+珠光体
QT700-2	700	420	2	225～305	珠光体
QT800-2	800	480	2	245～335	珠光体或索光体
QT900-2	900	600	2	280～360	回火马氏体或屈氏体+索氏体

注：L 表示该牌号有低温（−20℃或−40℃）下冲击性能要求；R 表示该牌号有室温（23℃）下冲击性能要求。伸长率是在 $L=5d$ 上测得，d 是试样上原始标距处直径。

表 3-13　单铸试样 V 型缺口冲击性能要求

牌号	冲击功/J≥					
	室温（23±5）℃		低温（−20±2）℃		低温（−40±2）℃	
	三个试样平均值	个别值	三个试样平均值	个别值	三个试样平均值	个别值
QT350-22L	—	—	—	—	12	9
QT350-22R	17	14	—	—	—	—
QT400-18L	—	—	12	9	—	—
QT400-22R	14	11	—	—	—	—

表 3-14　球墨铸铁牌号及附铸试样的力学性能和基体组织

材料牌号	铸件壁厚 t /mm	R_m/MPa≥	$R_{p0.2}$/MPa≥	A/%	HBW	基体主要组织
QT350-22AL QT350-22A	t≤30	350	220	22	≤160	铁素体
	30< t ≤60	330	210	18		
	60< t ≤200	320	200	15		
QT350-22AR	t≤30	350	220	22	≤160	铁素体
	30< t ≤60	330	220	18		
	60< t ≤200	320	210	15		

续表

材料牌号	铸件壁厚 t /mm	R_m/MPa≥	$R_{p0.2}$/MPa≥	A/%	HBW	基体主要组织
QT400-18AL	t≤30	380	240	18	120～175	铁素体
	30< t ≤60	370	230	15		
	60< t ≤200	360	220	12		
QT400-18AR QT400-18A	t≤30	400	250	18	120～175	铁素体
	30< t ≤60	390	250	15		
	60< t ≤200	370	240	12		
QT400-15A	t≤30	400	250	15	120～180	铁素体
	30< t ≤60	390	250	14		
	60< t ≤200	370	240	11		
QT450-10A	t≤30	450	310	10	160～210	铁素体
	30< t ≤60	420	280	9		
	60< t ≤200	390	260	8		
QT500-7A	t≤30	500	320	7	170～230	铁素体+珠光体
	30< t ≤60	450	300	7		
	60< t ≤200	420	290	5		
QT550-5A	t≤30	550	350	5	180～250	铁素体+珠光体
	30< t ≤60	520	330	4		
	60< t ≤200	500	320	3		
QT600-3A	t≤30	600	370	3	190～270	铁素体+珠光体
	30< t ≤60	600	360	2		
	60< t ≤200	550	340	1		
QT700-2A	t≤30	700	420	2	225～305	珠光体
	30< t ≤60	700	400	1		
	60< t ≤200	650	380	1		
QT800-2A	t≤30	800	480	2	245～335	珠光体或索光体
	30< t ≤60	由供需双方商定				
	60< t ≤200					
QT900-2A	t≤30	900	600	2	280～360	回火马氏体或屈氏体+索氏体
	30< t ≤60	由供需双方商定				
	60< t ≤200					

注：附铸试样测得的力学性能并不能准确反映铸件本体的力学性能，但与单铸试棒上测得的值相比更接近于铸件的实际性能值。

表 3-15　球墨铸铁附铸试样冲击性能要求

牌号	铸件壁厚 t /mm	冲击吸收能量（A_{KV}）/J≥					
		室温（23±5）℃		低温（−20±2）℃		低温（−40、−50、−60±2）℃	
		试样平均值	个别值	试样平均值	个别值	试样平均值	个别值
QT350-22AR	t≤60	17	14	—	—	—	—
	60＜t≤200	15	12	—	—	—	—
QT350-22AL	t≤60	—	—	—	—	12	9
	60＜t≤200	—	—	—	—	10（−40℃）	7（−40℃）
QT400-18AR	t≤60	14	11	—	—	—	—
	60＜t≤200	12	9	—	—	—	—
QT400-18AL	t≤60	—	—	12	9	12	9
	60＜t≤200	—	—	10	7	—	—

三、球墨铸铁的生产

球墨铸铁的生产工艺流程为牌号及化学成分的确定→炉料准备、配料→熔炼合格铁液→炉前检验→球化处理→孕育处理→炉前检验→浇注铸件→清理及检验→热处理（根据需要）→球墨铸铁铸件。球墨铸铁铸造生产中主要的关键技术如下。

（一）球墨铸铁化学成分的确定

1．碳

碳是球墨铸铁生产时要确定的主要元素之一。碳是促进石墨化元素，因此高碳有利于石墨的析出，增加石墨球数，可以减小缩孔和缩松倾向，增加铸件致密度，提高铸铁的减磨性、导热性和减震性。从改善球墨铸铁铸造性能的角度，共晶点附近的铁液流动性最好、形成集中缩孔倾向大、铸件致密，选择合理的碳当量应在共晶点附近。碳当量过低，铸件容易产生缩松和裂纹；碳当量过高，铸件容易出现石墨漂浮现象。因此，一般控制碳的质量分数在3.6%～4.0%。碳含量的高低会影响球化效果，碳含量越高保证球化的残留镁量越高。图3-20是碳含量对球墨铸铁石墨形状及其力学性能的影响。可以看出，碳的质量分数由3.0%提高到4.0%时，可保证球化的残留镁质量分数从0.028%增加到0.044%，如图3-20（a）所示。随碳含量的增加，铸态及退火态球铁的力学性能的变化如图3-20（b）所示。

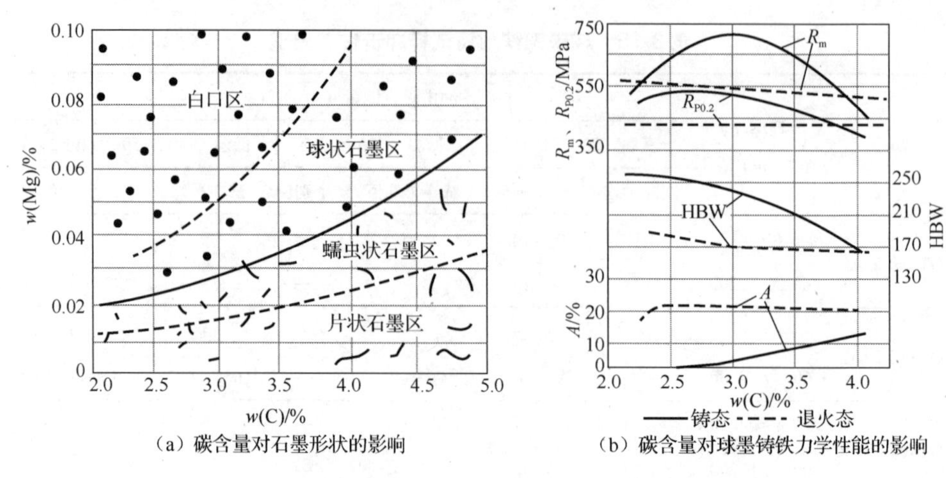

（a）碳含量对石墨形状的影响　　（b）碳含量对球墨铸铁力学性能的影响

图 3-20　碳含量对球墨铸铁石墨形状及其力学性能的影响

2．硅

硅在铁碳合金中是减小奥氏体区的元素，降低碳在奥氏体中的溶解度，促进石墨化，硅不形成碳化物。球化元素的加入使铁液有较大的结晶过冷和形成白口倾向，加入硅可以减少白口化倾向。硅含量在一定范围时，提高硅含量可以提高球墨圆整度，细化石墨球，并使石墨分布更加均匀。硅含量高有利于获得铁素体基体，但硅含量过高时会提高铸铁的韧-脆转变温度，降低球墨铸铁韧性，特别是低温冲击韧性，对于要求低温韧性的球铁要限制硅的加入量，在满足力学性能的前提下，尽量降低硅含量。生产球墨铸铁时，原铁液硅量要根据终硅量减去铁合金和孕育剂中硅的带入量，一般原铁液的硅量较低，对于珠光体基体，原铁液硅的质量分数一般在 1.1%～1.4%；对于铁素体基体，原铁液硅的质量分数一般在 1.5%～1.9%，要求低温韧性时铁素体基体原铁液硅的质量分数小于 1.1%。结合碳含量考虑，球墨铸铁一般将碳含量控制在 4.5%～4.7%，对于薄壁球铁件，碳含量可选高一些，对于厚大铸件，碳含量应选择低一些。碳含量选上限以不出现石墨漂浮为原则，选下限以不出现碳化物保证球化为原则，以获得缩松少而致密的铸件。考虑不同基体组织时，对于铁素体球墨铸铁，碳的质量分数控制在 3.6%～4.0%，终硅的质量分数一般为 2.4%～2.8%。对于珠光体球墨铸铁，碳的质量分数控制在 3.4%～3.8%，终硅的质量分数控制在 2.0%～2.6%。

3．锰

锰在球墨铸铁中能稳定珠光体组织，但阻碍石墨化，可促进碳化物的形成，增加铸件的白口倾向。在铸铁中，锰有严重的正偏析倾向，往往富集在共晶团晶界处，严重时会形成晶间碳化物，降低韧性。因此，珠光体基体球墨铸铁，锰的质量分数一般控制在 0.4%～0.8%；铁素体基体球墨铸铁，锰的质量分数一般控制在 0.3%～0.4%。

4．磷和硫

磷和硫在球墨铸铁中是有害的元素，磷随炉料中的生铁、回炉料、铁合金等进入球墨铸铁中，虽不影响球化，但在铸铁中易形成偏析，在晶界处形成磷共晶，降低铸件的韧性。磷的质量分数一般要求在 0.06%以下。硫随金属炉料、燃料等进入球墨铸铁中，是反球化元素，硫含量对球化效果影响很大，铁液中硫含量高时，保证球化的球化剂加入量要增加。硫在铸铁中形成硫化物，增加夹杂物数量，为保证球化效果和生产的稳定，球铁中硫的质量分数一般要求在 0.02%以下。因此，对于球墨铸铁，化学成分设计时要遵循“高碳、低硅、低磷硫、强化孕育”的经验原则。

5．稀土和镁

稀土和镁都是促进石墨球化的元素，同时具有脱硫、脱氧、净化铁水的作用。球墨铸铁的生产经验表明，球墨铸铁中的稀土和镁含量都有一定的限制，含量过高，组织中会出现较多的渗碳体，铸件收缩增加，夹杂、缩松等缺陷增加；含量过低，石墨球化不良，易产生球化衰退。因此，对于稀土和镁，球墨铸铁保证球化的残留镁的质量分数在 0.04%～0.06%，残留稀土的质量分数在 0.02%～0.04%。

6．合金元素

球墨铸铁中常加入的合金元素主要有 Cu、Mo、Ni、Cr、Sb 等。Cu 在球墨铸铁中的主要作用是共晶转变时促进石墨化，减小或消除游离渗碳体，共析转变时促进珠光体形成，还可以起到强化基体，提高淬透性，改善铸件断面组织和性能均匀性的作用，Cu 在球墨铸铁中的质量分数为 0.5%～2.0%。Mo 在球墨铸铁中的主要作用是细化珠光体，利用 Mo 提高铸铁淬透性的作用，可获得贝氏体或马氏体基体组织，一般加入 w(Mo)为 0.2%～0.6%，球墨铸铁中加入 w(Cu)为 0.6%～0.8%与 w(Mo)为 0.2%～0.4%配合可获得贝氏体基体组织。球墨铸铁中 Ni 主要是强化基体，细化并增加珠光体数量，提高铸件的韧性，降低韧-脆性转变温度，对有低温冲击韧性要求的球墨铸铁进行 Ni 合金化可改善低温冲击性能，Ni 与 Mo 配合可以获得贝氏体基体球墨铸铁或马氏体基体球墨铸铁，铸铁中镍含量一般为 1.3%～1.8%。球墨铸铁中加入 Cr 主要是稳定珠光体和提高力学性能，加入 Cr 的质量分数一般为 0.2%～0.3%，过高会形成 Cr 的碳化物，含 Cr 碳化物十分稳定，退火分解需要更长的保温时间。球墨铸铁中加入锑（Sb）可稳定珠光体，提高球墨铸铁石墨圆整度，增加球墨数量，尤其对于厚大断面球墨铸铁，效果显著，一般加入 Sb 的质量分数为 0.006%～0.01%，可提高珠光体组织的含量，当质量分数较高时[w(Sb)＞0.01%]，会恶化石墨形状。

7．微量元素

球墨铸铁的化学成分中存在非合金化，但残存含量较低的元素，如 Ti、As、Al、Pb、Sn 等，这些元素含量较高时会消耗球化剂使用量并会在晶界形成偏析，干扰石墨化或析出脆性相，影响球墨铸铁的组织和性能。Te、Se、S 等元素含量的增加，促使形成蠕虫状石墨、过冷石墨或出现片状石墨。Sb、Sn、As、Ti 等元素含量增加，则容易形成畸变石墨。Pb、Bi 等元素含量较少时会形成畸变石墨，含量增加时容易形成片状石墨。加入质量分数为 0.01%的稀土可减轻或拟制这些微量元素的反球化作用，放宽在球墨铸铁中的最大允许含量。

表 3-16 是不同组织状态球墨铸铁的化学成分，贝氏体组织的球墨铸铁需要通过等温淬火热处理获得，如果要在铸态获得贝氏体组织，表 3-16 球墨铸铁的合金元素中，Mo、Ni 合金元素的含量要取上限。表 3-17 是球墨铸铁的应用，可供参考。

表 3-16　不同组织状态球墨铸铁的化学成分（质量分数）　（单位：%）

基体组织	*w*(C)	*w*(Si)	*w*(Mn)	*w*(P)≤	*w*(S)≤	*w*(Mg)	*w*(RE)	*w*(Cu)	*w*(Mo)	*w*(Fe)
铸态铁素体	3.5～3.9	2.5～3.0	≤0.3	0.07	0.02	0.03～0.06	0.02～0.04	—	—	余量
退火铁素体	3.5～3.9	2.0～2.7	≤0.6	0.07	0.02	0.03～0.06	0.02～0.04	—	—	余量
低温用铁素体	3.5～3.9	1.4～2.0	≤0.2	0.04	0.01	0.03～0.06	—	—	—	余量
铸态珠光体	3.6～3.8	2.1～2.5	0.3～0.5	0.07	0.02	0.03～0.06	0.02～0.04	0.5～1.0	0～0.2	余量
热处理珠光体	3.5～3.7	2.0～2.4	0.4～0.8	0.07	0.02	0.04～0.06	—	0～1.0	0～0.2	余量
铸态或热处理贝氏体	3.5～3.9	2.4～2.8	0.2～0.5	0.07	0.02	—	—	0.5～1.2	0.20～0.35 *w*(Ni)为0.5～1.7	余量

表 3-17　球墨铸铁的应用

牌号	基体组织	应用举例
QT350-22 QT400-15 QT400-18 QT450-10	铁素体	低温轴承座、汽车、拖拉机的轮毂、驱动桥壳体、拨叉、阀体、阀盖、泵体、气缸、齿轮箱、飞轮壳、差速器壳、箱体、高炉冷却壁等
QT500-07	铁素体-珠光体	内燃机油泵齿轮、机车轴瓦、机械座架、飞轮、电动机架、打桩机活塞、阀体、轧辊、钢锭模、渣罐等
QT600-03	珠光体	柴油机、汽油机曲轴、凸轮轴、气缸套、连杆、进排气阀座、箱体、齿轮、轴类等

续表

牌号	基体组织	应用举例
QT700-02 QT800-02	珠光体	曲轴、凸轮轴、缸体、缸套、轻负荷齿轮，部分磨床、铣床、车床的主轴、齿轮、壳体等
QT900-02	贝氏体或回火马氏体	犁铧、汽车转向节、传动轴、拖拉机减速齿轮、内燃机曲轴、凸轮轴等

铸态获得铁素体基体、珠光体基体及要求低温冲击性能的球铁，生产时应注意以下几点：

（1）生产铸态球墨铸铁使用的生铁要纯净。要求生铁中磷的质量分数不大于0.06%，球化干扰元素Pb、Sb、Bi、As等总量小于0.01%，钛的质量分数小于0.6%，强烈形成铁素体元素V、Cr、B等总量小于0.1%。对于要求铁素体基体的球墨铸铁，低锰生铁中锰的质量分数不超过0.2%。

（2）对于铸态铁素体基体，铸件不要求低温冲击性能时，碳的质量分数控制在3.6%～3.9%，终硅的质量分数控制在2.6%～2.9%，锰的质量分数不大于0.2%。铁素体基体球墨铸铁生产时要强化孕育处理，增加球墨数量，对于壁厚为25mm的铸件，石墨球数不少于300个/mm^2。铸造时铁素体基体的球墨铸铁在线检验组织中不得有游离渗碳体，珠光体体积分数小于20%。

（3）铸态珠光体球墨铸铁的生产，控制珠光体数量的有效措施是添加Cu元素，Cu在球墨铸铁中不形成化合物，但Cu的加入量超过2%时，组织中会析出富铜相，影响力学性能。铸态珠光体球墨铸铁生产时可根据不同壁厚加入w(Cu)为0.5%～1.5%，铸件壁越厚，Cu的加入量越高。壁厚为25mm的铸件，石墨球数为200～300个/mm^2，基体中铁素体含量应小于10%。球墨铸铁铸造生产实践表明，铸态很容易生产具有铁素体-珠光体组织的球墨铸铁，铸态获得100%珠光体基体和100%铁素体基体的球墨铸铁比较困难，会导致生产成本增加。

（4）对于要求低温冲击性能的球墨铸铁，基体应为铁素体组织。成分选择应遵循高碳、低硅、低锰、低硫、低磷的原则，一般w(C)为3.3%～3.7%，Si含量要低，w(Si)为1.5%～2.0%，w(Mn)≤0.2%，w(S)≤0.03%，w(P)≤0.04%，并配合两阶段退火热处理，基体的铁素体可达到100%。要使低温铁素体球墨铸铁的冲击吸收功在-60～-40℃下稳定地达到12J以上，基体要求铁素体达100%，球化率为90%～95%，石墨大小为6～7级，石墨球数为90～200个/mm^2，组织中无磷共晶和碳化物，即使1%～2%的珠光体都会导致低温冲击值的降低。同样是铁素体球墨铸铁，低磷、低硅退火态的全铁素体球墨铸铁的低温冲击值最佳。

（二）对铁液熔炼的要求

为了保证球化处理的稳定性和铸件浇注工艺的要求，铁液出炉温度要高一些，一般控制在1470～1500℃。对熔炼的铁液要求为高温，低硫、磷含量，低夹杂物含量。高温是指球墨铸铁生产时由于球化处理铁液降温较多，一般达50～150℃，为保证球铁铸件的浇注温度，球化处理前铁液必须要有较高的温度。实际生产中采用冲天炉和电炉双联熔炼可以达到温度要求。低硫、磷及氧化物含量有利于保证石墨球化和降低球化剂的消耗。

（三）球化剂的选择

1. 球化剂的种类及常用球化剂

铸铁铁液中加入能使石墨在结晶生长时长成球状的元素称为球化元素。最早发现的球化剂为铈，之后又发现镁、钙、锂、钡、钇等元素，在工业生产条件下使用的球化剂种类主要有镁及含镁的合金。工业中使用的球化剂具有的共同特性主要为与氧、硫有很高的亲和力，反应生成稳定的生成物，溶于铁液中反球化元素的含量少；在铁液中溶解度很低，与碳有一定的亲和力；在石墨晶格中溶解度低；在凝固过程有明显的偏析倾向。经过大量的生产实践和理论研究，到目前为止，认为镁是球化剂中最主要的元素。镁与铁液中的硫、氧结合，生成其硫化物和氧化物，可以作为石墨结晶的核心。表3-18是常用球化剂种类、球化处理方法及其适用范围。表3-19是《球墨铸铁用球化剂》（GB/T 28702—2012）规定的球化剂牌号及化学成分。

表3-18 常用球化剂种类、球化处理方法及其适用范围

球化剂名称	主要成分（质量分数）/%	密度/（g/cm^3）	熔点/℃	沸点/℃	球化处理方法	球化剂适用范围
纯镁	w(Mg)≥99.85	1.74	651	1105	压力加镁法 转包法 钟罩压入法 镁丝、镁蒸汽法	用于干扰元素含量较少的炉料生产大型厚壁铸件、离心铸管、高韧性铁素体基体的铸件
稀土镁硅铁合金	w(Mg)为5～12，w(RE)为0.5～0.20，w(Ca)＜5，w(Mn)＜4，w(Ti)、w(Al)＜0.5，w(Si)为35～45，w(Fe)余量	4.5～4.6	≈1100	—	冲入法 型内球化法 盖包法、复包法	用于含有干扰元素的炉料，生产各种铸件，有良好的抗干扰脱硫，减少黑渣、缩松的作用
钇基重稀土硅铁合金	w(RE)为16～28，w(Si)为40～45，w(Ca)为5～8	4.4～5.1	—	—	冲入法	大断面重型铸件，抗球化衰退能力强
铜镁合金	w(Cu)为80，w(Mg)为20	7.5	800	—	冲入法	大型珠光体基体铸件
镁镍合金	w(Ni)为80，w(Mg)为20 w(Ni)为85，w(Mg)为15	—	—	—	冲入法	珠光体基体铸件、奥氏体基体铸件、贝氏体基体铸件

续表

球化剂名称	主要成分（质量分数）/%	密度/（g/cm^3）	熔点/℃	沸点/℃	球化处理方法	球化剂适用范围
稀土硅铁合金	*w*(RE)为17～37，*w*(Si)为35～46，*w*(Mg)、*w*(Ca)为5～8，*w*(Ti)≤6，*w*(Fe)余量	4.57～4.8	1082～1089	—	—	与纯镁联合使用，以抵消干扰元素的作用
钡稀土硅铁镁合金	*w*(Mg)为6～9，*w*(Ba)、*w*(RE)为1～3，*w*(Ca)为2.5～4，*w*(Ti)＜0.5，*w*(Al)＜1，*w*(Si)为40～45	—	—	—	冲入法	铸态铁素体球墨铸铁，电炉用时Mg、RE较低，Ba较高；冲天炉用时Mg、RE较高，Ba较低
镁硅铁合金	*w*(Mg)为5～20，*w*(Si)为45～50，*w*(Ca)为0.5，*w*(RE)为0～0.6	—	—	—	冲入法	干扰元素含量少的炉料

表3-19 《球墨铸铁用球化剂》（GB/T 28702—2012）规定的球化剂牌号及化学成分

牌号	化学成分（质量分数）/%					
	w(Mg)	*w*(RE)	*w*(Si)	*w*(Al)	*w*(Ti)	*w*(Fe)
Mg4RE	3.5～4.5	0～1.5	≤48	≤1.0	≤0.5	余量
Mg4RE2	3.5～4.5	1.5～2.5	≤48	≤1.0	≤0.5	余量
Mg5RE	4.5～5.5	0～1.5	≤48	≤1.0	≤0.5	余量
Mg5RE2	4.5～5.5	1.5～2.5	≤48	≤1.0	≤0.5	余量
Mg6RE	5.5～6.5	0～1.5	≤48	≤1.0	≤0.5	余量
Mg6RE2	5.5～6.5	1.5～2.5	≤48	≤1.0	≤0.5	余量
Mg6RE3	5.5～6.5	2.5～3.5	≤48	≤1.0	≤0.5	余量
Mg7RE	6.5～7.5	0～1.5	≤48	≤1.0	≤0.5	余量
Mg7RE2	6.5～7.5	1.5～2.5	≤48	≤1.0	≤0.5	余量
Mg8RE3	7.5～8.5	2.5～3.5	≤48	≤1.0	≤0.5	余量
Mg8RE5	7.5～8.5	4.5～5.5	≤48	≤1.0	≤0.5	余量
Mg8RE7	7.5～8.5	6.5～7.5	≤48	≤1.0	≤0.5	余量

2．球化剂在铁液中的作用

镁、稀土和钙等作为球化剂，在铁液中具有强烈的脱氧、脱硫作用。铁液中经球化剂处理的氧、硫降到一定值后，石墨以球状形式生长。

镁的球化作用是其加入铁液后先脱硫生成硫化镁，脱氧形成氧化镁，形成的产物因密度小上浮而被除去，加入镁后其脱硫率为80%～90%，脱氧率为40%～50%，减少了铁液中硫、氧的含量，使铁液满足球墨形成的条件。镁球化剂进行球化处理时因其沸点低（熔点为648℃，沸点为1107℃），加入铁液后会迅速蒸发，引起铁液剧烈的翻腾，铁液中的气体、夹杂物便向镁蒸汽泡内扩散和吸附，起到净化铁液和搅拌的作用。镁是强烈的稳定碳化物元素，残留的镁在铁液凝固时有很大的白口倾向，镁球化处理后需要孕育处理，以减少白口倾向。

稀土球化处理时，因稀土中的铈熔点较低、沸点高（熔点为795℃，沸点为3257℃），球化处理反应平稳，不受其他反球化元素的影响，用铈球化处理的石墨圆整度比镁球化处理的差，其使用范围受到限制。稀土中的钇（熔点为1522℃，沸点为3338℃）主要适用于厚大断面球墨铸铁件，以防止球化衰退。用稀土镁进行球化处理包括了稀土与镁球化处理的优点，应用较多。钙球化剂的沸点为1484℃，作用平稳，球化能力弱，需要加入的量较大，且金属钙容易氧化，一般不单独用作球化剂。

3．球化处理工艺

球墨铸铁生产中常用的球化处理的方法主要如下。

（1）冲入法。图3-21是冲入法球化处理示意图。球化处理时要注意铁液不能直接冲击球化剂，一般将球化剂放在靠近出铁槽的一侧，当铁液到一定高度后发生球化反应。球化处理的浇包一般为专用的浇包，有堤坝式、凹坑式、复包式等多种形式。球化剂的加入量与铁液中的硫含量有关，硫含量较低时，球化剂加入量可减少。一般实际生产中，冲入法稀土镁球化剂的加入质量分数为1.0%～1.5%，一次可处理铁液0.3～5t，铁液温度在1400～1430℃时，球化剂粒度为10～30mm。冲入法球化处理镁的吸收率在25%～40%。

（2）转包法。图3-22是转包法球化处理过程示意图。球化处理时分为接受铁液，如图3-22（a）所示；球化处理，如图3-22（b）所示。转包法能有效控制球化剂沸腾反应，有利于脱硫、脱氧，镁的吸收率较高，可达60%～70%，镁球化处理时，其加入质量分数为0.14%～0.20%。

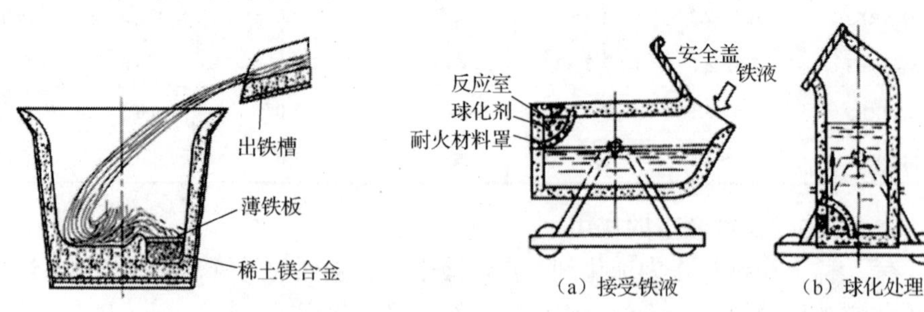

图3-21　冲入法球化处理示意图　　　　图3-22　转包法球化处理过程示意图

（3）压力加镁法。图3-23是压力加镁球化处理铁液包的装置示意图。在密封的条件下，根据物质的沸腾气化温度随环境压力升高而升高的原理，将装有镁的钟罩压入铁液中，镁在铁液中进行有控制的沸腾，提高了镁的回收率（为 50%～80%）。再加入 1～2 倍的铁液进行稀释，可有效提高浇注温度，加入 $w(\mathrm{Mg})$为 0.10%～0.15%。压力加镁球化处理操作比较麻烦，不太安全。

（4）铸型内球化。图 3-24 是铸型内球化及孕育处理示意图。在铸型内设置球化室，铁液流过球化室时进行球化处理。该方法在国外生产线用得较多，国内应用不广泛。铸型内球化处理的优点为球化剂烧损少，可以减少球化剂的加入量，球化剂加入量为铁液质量 0.5%～0.9%，而冲入法一般为 1.0%～1.5%。铸型内球化能使球化剂的球化性能及孕育剂的孕育性能得以充分发挥，防止球化及孕育衰退。铸型内球化时，孕育剂一并填入在球化反应室，球化处理后进行孕育处理，孕育剂加入量较少，一般加入硅铁的质量分数为 0.3%。

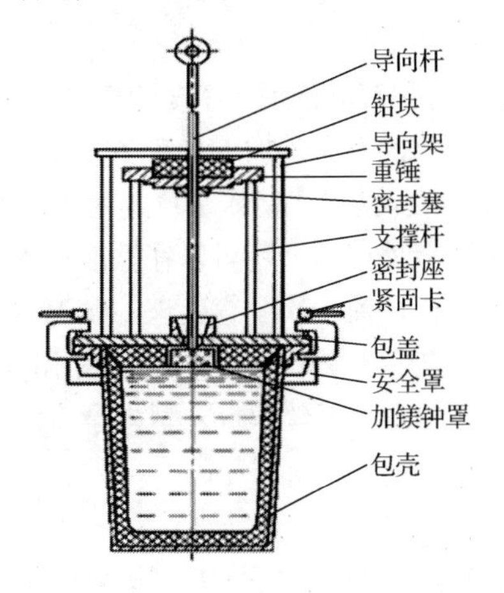

图 3-23　压力加镁球化处理铁液包的装置示意图

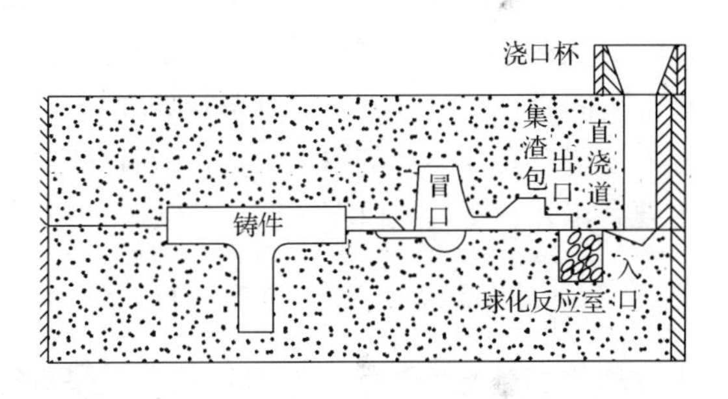

图 3-24　铸型内球化及孕育处理示意图

（四）孕育处理及孕育处理工艺

1．孕育处理目的

孕育处理是球铁生产中关键的技术环节之一。球墨铸铁孕育处理的目的是①减轻结晶过冷倾向，消除白口；②促进石墨化，孕育处理增加石墨核心，细化球状石墨及提高其圆整度；③减小晶间偏析，细化石墨，增加共晶团数量，晶界增多，减轻 P、Mn 元素的偏析。

2．孕育剂种类

表 3-20 是球墨铸铁常用孕育剂及其化学成分。球墨铸铁的孕育剂种类主要有硅铁、钡硅铁、锶硅铁、硅钙铁和铋等，目前已商品化。

表 3-20　球墨铸铁常用孕育剂及其化学成分

种类	化学成分（质量分数）/%								用途、特点
	w(Si)	w(Ca)	w(Al)	w(Ba)	w(Mg)	w(Sr)	w(Bi)	w(Fe)	
硅铁	74～79	0.5～1.0	0.8～1.6	—	—	—	—		常规
硅铁	74～79	<0.5	0.8～1.6	—	—	—	—		
钡硅铁	60～65	0.8～2.2	1.0～2.0	4～6	8～10	—	—		长效、大件、熔点低
钡硅铁	63～68	0.8～2.2	1.0～2.0	4～6	—	—	—	其余	长效、大件
锶硅铁	63～68	≤0.1	≤0.5	—	—	0.6～1.2	—		薄壁件、高镍耐蚀球铁
硅钙铁	72～78	25～30	—	—	—	—	—		高温铁液
铋	—	—	—	—	—	—	≥99.5		与硅铁复合、薄壁件

3．孕育处理工艺

球墨铸铁生产时，孕育处理的方法主要有炉前孕育和瞬时孕育。炉前孕育可分为一次孕育和多次孕育，和灰铸铁的孕育方法相似，不同是加入量较多。球墨铸铁孕育剂的加入量为要处理的铁液质量的0.5%～1.4%，铁素体基体孕育剂为0.8%～1.4%。为改善孕育处理效果，除在炉前进行一次孕育处理外，还可以在铁液浇入铸型前瞬间进行瞬时孕育。瞬时孕育处理的孕育效果比炉前一次孕育处理的孕育效果好，还可以减少孕育剂的加入量；瞬时孕育处理工艺和灰铸铁孕育处理方法相同，主要有包外孕育、浇口杯孕育、硅铁棒孕育、浮硅孕育、插丝孕育、型内孕育等。

（五）球墨铸铁炉前检验及控制

球化和孕育处理后应及时对处理效果进行判断，铁液合格后方可进行浇注。球化处理质量好坏的检验方法主要有球化处理时的火苗判断法、炉前三角试块法、炉前快速金相法、热分析法、超声波法、音频法及共振频率振动法等。常用的方法为炉前三角试块法和炉前快速金相法。

1．火苗判断法

用镁和含镁球化剂球化处理效果良好时，球化处理完毕的铁液中，当镁的质量分数超过 0.06%～0.07%时，镁蒸气会从铁液中逸出，在铁液表面燃烧，出现黄白色火苗，在相同温度下，镁逸出量越大，火苗越强劲。因而，在扒渣时根据火苗情况可以判断铁液残留镁量和球化效果，出现较强劲的火苗，球化良好，无火苗时说明残留镁含量较低，球化不良。

2．炉前三角试块法

炉前三角试块法用三角试块检验，三角试块应在干型中浇注，当空冷到 700℃左右时水冷，冷却到室温敲断。球化良好的三角试块断口呈银灰色，组织较细，中心有缩松，顶部和两侧有凹缩，三角棱为大圆角，敲击时有钢的声音，淬水后砸开有电石气味；球化不良时，三角试块断口呈银灰色，中心有分散黑点，应补加球化剂。不球化时，三角试块断口呈暗灰色断面，应再补加球化剂；有球化而孕育不足时，三角试块断口呈麻口或白口，晶粒呈放射状，可补加孕育剂。

3．炉前快速金相法

炉前金相试样尺寸需根据零件壁厚而定，一般取ϕ10～30mm的试棒，直径过大不易磨平。检查时先浇注ϕ20mm×20mm的试棒，完全凝固后以一定的温度淬水冷却，然后快速磨试样，需细磨和抛光，用金相显微镜观察试样球化情况，2～3min可报告球化情况。由于试样的冷却速度远比铸件冷却速度大，因此炉前检验金相试样的球化情况要比铸件好，不可以把炉前金相的实验结果作为铸件金相检验结果。

4．热分析法

将球化处理铁液浇入一定尺寸的砂型试样。通过镍铬-镍硅热电偶测定试样的温度-时间冷却曲线，利用热分析法测试的冷却曲线，对比球墨铸铁的曲线，判断球化良好与否，图3-25是球墨铸铁热分析法记录冷却曲线。温度-时间冷却曲线上的共晶回升温度是判断球化情况的主要依据，球化情况与ΔT的对应关系为$\Delta T \leqslant 4$℃，球化良好，1～2级；$\Delta T = 5$～12℃，球化中等，3～4级；$\Delta T > 12$℃，球化不良，5～6级，甚至完全蠕墨化。

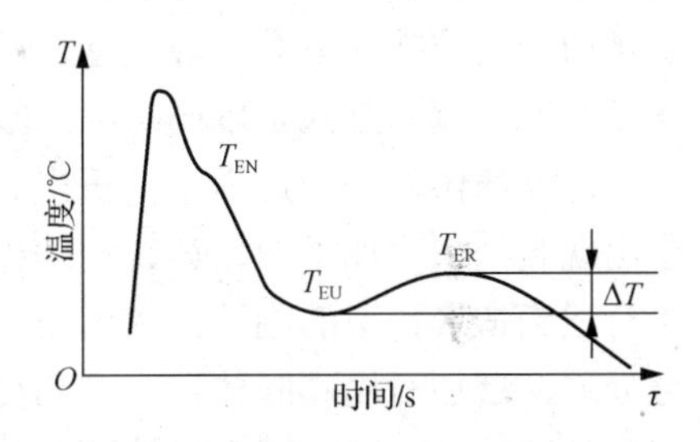

图3-25　球墨铸铁热分析法记录冷却曲线

5．超声波法、音频法及共振频率振动法

超声波在铸铁中的传播速度与球化等级有一定关系。在其他条件相对稳定时，如基体组织相近，铸态或同一热处理状态，超声波传播速度越快，球化等级越高。由此可通过测定超声波的声速，测定球化等级。音频法测定球化等级时，根据铸件球化等级越高，被敲击后发出的声音频率越高的原理，用音频仪测出音频，数字显示，对于某一固定形状、尺寸和组织的铸件，会有一个固有的球化合格率频率，测出的音频高于此合格音频，球化合格。共振频率振动法原理是基于凡是球化率改变的因素，都会不同程度地使球墨铸铁件的共振频率发生变化，由此可通过测定共振频率来评定球化率。

（六）球墨铸铁的铸造性能及常见缺陷

1．球墨铸铁的凝固特点

（1）具有较宽的共晶凝固温度范围，比灰铸铁的凝固范围宽一倍以上。这主要是由于球墨铸铁共晶凝固时，石墨-奥氏体两相离异生长，球墨铸铁的共晶团生长到一定程度后，其生产速度放缓，或基本不再生长，此时共晶凝固要借助温度进一步降低来获得动力，产生新的晶核，因此共晶转变需要一个较大的温度范围。

（2）具有体积凝固特性。由于球墨铸铁的共晶凝固范围较宽，液-固两相区宽度比灰铸铁大，这种大的液-固两相区范围，会使球墨铸铁表现出体积凝固特征。

（3）具有较大的共晶膨胀。铸铁中的碳以石墨结晶析出时，体积比原来增加2倍，造成石墨化膨胀，容易导致铸型胀大，增加铸型的刚度可减少胀型。

球墨铸铁的铸造性能：在同样的浇注温度下，流动性比灰铸铁好，收缩小，收缩前的膨胀比灰铸铁大，内应力比灰铸铁大，弹性模量比灰铸铁高。

2．球墨铸铁生产中常见的铸造缺陷

（1）缩孔和缩松。球墨铸铁缩孔和缩松的形成主要是由于铸件凝固过程中收缩无法得到补缩而形成。球墨铸铁和灰铸铁相比，形成缩孔和缩松的倾向较大，这是由于灰铸铁的凝固一般以逐层凝固的方式进行，利用冒口可以进行补缩，而球墨铸铁的凝固方式是以同时凝固或体积凝固方式进行，冒口的补缩效果较差。同时，球墨铸铁凝固过程中会析出石墨，形成石墨化膨胀，如果铸型刚性较差，会出现胀型，增加了球墨铸铁的缩松和缩孔程度。预防球墨铸铁缩松和缩孔的措施有适当增加铸型的刚性，利用石墨化膨胀，减轻缩松倾向；增加碳量及强化孕育处理，增加石墨膨胀体积；适当提高浇注温度，有利于补缩；铸件厚大部位工艺上加冒口及冷铁，减少热节圆处的缩松和缩孔。

（2）夹杂。球墨铸铁的夹杂有一次夹杂和二次夹杂。一次夹杂是球化处理时产生的氧化物及脱硫产物，浇注前未完全排除；二次夹杂是在浇注过程产生的夹杂物。预防球墨铸铁夹杂的主要措施有浇注前尽量扒干净浇包铁液表面的熔杂，加入$w(Na_3AlF_6)$为0.1%～0.3%覆盖铁液表面，起到收集夹杂并防止铁液氧化，降低铁液氧含量的作用；在球化的前提下，尽量减少球化剂的加入量；提高浇注温度（大于1350℃），有利于夹杂物上浮。

（3）皮下气孔。球墨铸铁铸件最常见的铸造缺陷之一是皮下气孔。皮下气孔往往出现在铸件表面以下0.5～1mm处，孔径多为0.5～2mm的针孔，内壁光滑。在湿型铸造，特别是比表面积较大的小型铸件最易出现皮下气孔。皮下气孔的形成与铸件凝固过程产生的气体（如H_2、CO、H_2S等）有关。预防皮下气孔的措施有采用湿型铸造时，必须严格控制铸型中的水分；严格控制铸铁中的残留镁含量；提高型砂的透气性并增加型砂中还原性的碳质添加物；避免铁液中含有铝，减少与水反应产生的气体。

（4）石墨漂浮。石墨漂浮是指在铸件的上表面，有大量的石墨球聚集，石墨球由原来致密的球形变为开花状石墨，恶化了铸件的力学性能和表面质量。石墨漂浮的形成与铁液的碳含量、铸件的几何形状、冷却速度及浇注温度等有关。预防石墨漂浮的措施主要有严格控制碳含量，一般铸件的碳含量在4.3%～4.7%，对于厚大铸件适当降低碳含量，碳含量可取下限；增加铸件的冷却速度，如采取金属型铸造，热节部位采用冷铁增加冷速等；降低石墨化元素硅的含量，采用低硅原铁液和较低稀土含量的球化剂，进行瞬时孕育以强化孕育效果；在保证获得健全铸件的条件下，适当降低浇注温度，以减少石墨漂浮倾向。

（5）球化不良及球化衰退。石墨形状为团絮状或厚片状时称为球化不良，球化衰退是指经过球化处理后的铁液随铁液停留时间的延长，出现球化不良的现象。造成球化不良的主要原因有球化剂加入量不足，球化元素含量低，球化不充分，铁液停留时间过长，球化元素氧化消耗；铁液中硫含量较高，会影响球化，一般铁液中硫的质量分数要小于 0.06%；铁液氧化会消耗球化元素，影响球化效果；炉料的影响，炉料中反球化元素含量增加，会影响球化效果；孕育处理效果差或孕育处理效果衰退，会影响石墨球圆整度。预防球化不良和球化衰退的措施：保持铁液中有足够的球化元素含量，防止铁液氧化，加入覆盖剂减少氧化及防止球化元素的逃逸；降低铁液中的硫含量；球化及其孕育处理后尽快浇注，缩短球化后的停留时间等。

四、球墨铸铁的热处理

球墨铸铁中球型石墨对基体的割裂作用减小，球墨铸铁的力学性能主要取决于基体组织，因此通过热处理可显著改善球墨铸铁的力学性能。球墨铸铁常用的热处理工艺主要如下。

1．退火热处理

当铸态球墨铸铁组织中碳化物体积分数≥3%或组织中出现三元复合磷共晶时，需要退火热处理，退火热处理的目的是获得高韧性的铁素体基体组织。球墨铸铁退火热处理工艺如图 3-26 所示。退火工艺主要有高低温石墨化两段退火［图 3-26（a）］、高温石墨化退火［图 3-26（b）］和低温石墨化退火［图 3-26（c）］。高低温石墨化两段退火的目的是利用高温加热保温消除渗碳体、三元或复合磷共晶；低温石墨化退火发生奥氏体向铁素体转变，可获得以铁素体为主的基体组织；高温石墨化退火组织为铁素体+珠光体组织。当球磨铸铁铸态组织中只有铁素体、珠光体、无自由渗碳体时，可采用低温石墨化退火，使珠光体发生分解，获得铁素体基体，提高球墨铸铁的塑性和韧性。

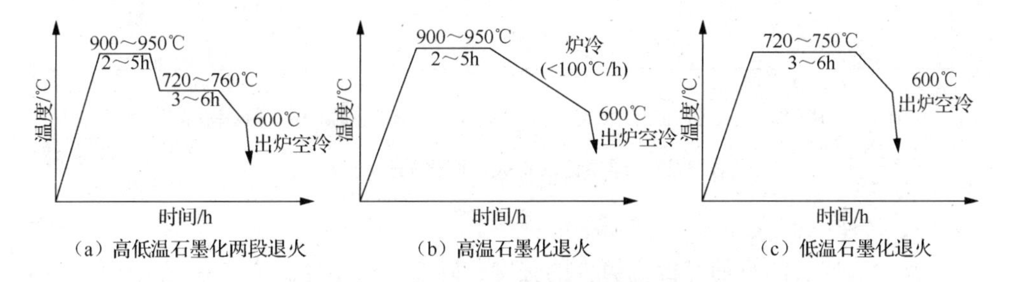

图 3-26　球墨铸铁退火热处理工艺

2．正火、回火热处理

图 3-27 是球墨铸铁正火、回火的热处理工艺曲线。球墨铸铁正火、回火热处理的目的主要是获得珠光体或索氏体基体组织。当铸态球墨铸铁组织中游离碳化物的体积分数≥3%或组织中出现三元复合磷共晶时，先加热到较高温度分解游离渗碳体，再炉冷至较低温度进行正火、回火热处理，如图 3-27（a）所示；当铸态球墨铸铁组织中无自由碳化物体和三元复合磷共晶时，可采用图 3-27（b）所示正火热处理工艺；有渗碳体时的部分奥氏体化正火、回火可采图 3-27（c）的工艺；无渗碳体时采用图 3-27（d）的工艺，部分奥氏体化正火热处理的目的与普通正火目的一致，也是为获得珠光体组织。不同点在于可通过控制铁素体量来控制铸铁的韧性，加热温度在共析转变温度范围之内，该温度加热铸铁组织仅发生部分奥氏体化，此时沿晶界会形成铁素体，其数量取决于奥氏体化温度和保温时间，奥氏体化温度越靠近奥氏体转变温度上限，则晶界铁素体越少，铸铁的强度偏高，韧性降低。

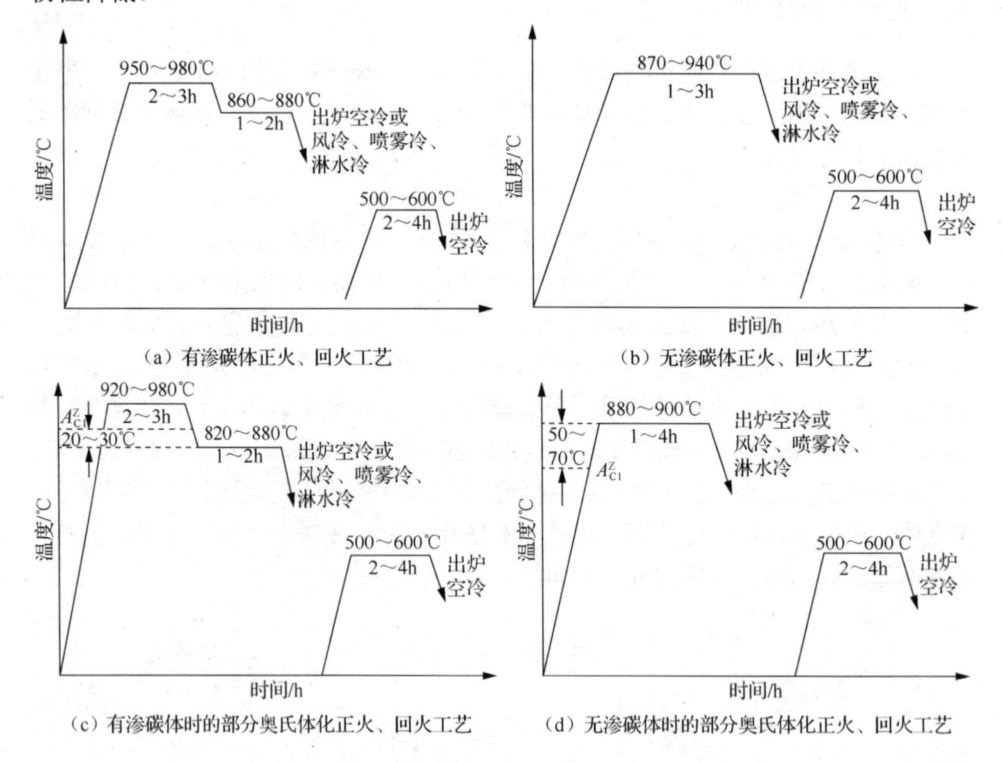

（a）有渗碳体正火、回火工艺　（b）无渗碳体正火、回火工艺

（c）有渗碳体时的部分奥氏体化正火、回火工艺　（d）无渗碳体时的部分奥氏体化正火、回火工艺

图 3-27　球墨铸铁正火、回火的热处理工艺

3．淬火、回火

淬火、回火的目的是提高铸件的强度、硬度及耐磨性。为了获得贝氏体基体

的球墨铸铁，热处理时可采用等温淬火。

球墨铸铁淬火奥氏体化加热温度一般为860～880℃、保温时间按1h/25mm，之后进行淬火，基体获得马氏体组织。淬火后根据不同的回火温度可获得不同性能的组织，140～250℃保温 2～4h，可以消除淬火应力，减少脆性，获得回火马氏体和残余奥氏体组织，洛氏硬度HRC为46～50，具有较高的强度和耐磨性。淬火后进行350～450℃保温2～4h的低温回火，获得回火屈氏体和残余奥氏体组织，硬度HRC为42～46，具有高的强度和韧度配合。淬火后进行550～600℃保温2～4h回火，获得回火索氏体组织，硬度HBW为250～330，具有良好强韧性配合。要注意淬火后避免在250～300℃低温回火脆性区和450～510℃高温回火脆性区的停留或保温，高温回火后的冷却可采用空冷或油冷、水冷等强制冷却。

等温热处理工艺是将奥氏体化后的铸铁快冷到贝氏体转变温度范围进行保温，以获得贝氏体组织。图3-28（a）是上贝氏体组织等温淬火工艺，可以获得上贝氏体和25%～40%的富碳奥氏体组织，组织形貌如图3-28（c）所示，获得球墨铸铁的力学性能为R_m≥1000MPa，A≥10%，a_{KN}≥80J/cm^2，HRC≥30。图3-28（b）是下贝氏体组织等温淬火工艺，可以获得针片状贝氏体和少量的富碳奥氏体组织，组织形貌如图3-28（d）所示，获得球墨铸铁的力学性能为R_m≥1200MPa，A≥2%，a_{KN}≥60J/cm^2，HRC≥38，具有良好耐磨性和较高的疲劳强度。国家标准《等温

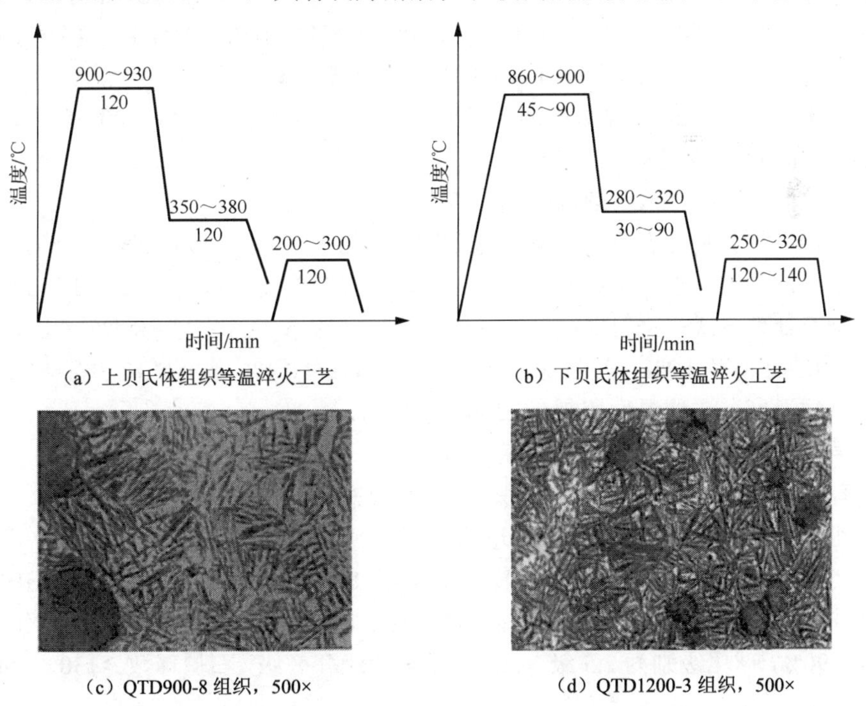

（a）上贝氏体组织等温淬火工艺

（b）下贝氏体组织等温淬火工艺

（c）QTD900-8组织，500×

（d）QTD1200-3组织，500×

图3-28　球墨铸铁等温淬火工艺及组织

淬火球墨铸铁件》（GB/T 24733—2009）的牌号主要有 QTD800-10、QTD900-8、QTD1050-6、QTD1200-3、QTD1400-1 等牌号。

4．表面强化热处理

球墨铸铁表面及其化学处理的方法主要有表面淬火及其化学热处理等。

表面淬火的目的是在铸件的表面得到马氏体组织，提高铸件表面的耐磨性，心部仍保持良好的韧性和塑性。表面淬火的方法主要有感应加热表面淬火、火焰加热表面淬火、激光加热表面淬火等。表面淬火方法的参数可通过查阅相关资料确定。

为提高球墨铸铁最终机械加工零件的表面硬度，改善耐磨性和抗擦伤能力、耐蚀性及提高疲劳寿命，对球墨铸铁零件可进行各种化学热处理。化学热处理主要的方法有气体渗碳、碳氮共渗、离子渗氮、渗硫、渗铬、渗硼、刷镀等，具体方法及工艺参数可参考相关手册和资料。

五、球墨铸铁铸件生产举例

铸件：镗铣床中的主要支承横梁，质量为 130t，尺寸为 14900mm×2110mm×2145mm。

球墨铸铁牌号及成分：QT600-3[化学成分是 w(C)为 3.5%～3.7%，w(Si)为 1.9%～2.2%，w(Mn)为 0.4%～0.6%，w(Cu)为 0.6%～0.8%，w(P)＜0.04%，w(S)＜0.02，w(Mg)为 0.045%～0.06%，w(RE)为 0.01%～0.015%]。

熔炼方式：15t/h 两排大间距冷风冲天炉+45t 感应电炉 2 台、20t 感应电炉 1 台，60t 和 20t 球化处理包各 2 个。

出铁液温度：铁液过热温度为 1470～1500℃。

球化剂种类及加入量：钇基重稀土复合球化剂，加入量为 1.5%～1.6%。

孕育剂种类及加入量：FeSi75+Ca-Ba，孕育剂总加入量为 1.1%～1.2%。

孕育处理方式：浇包底孕育[w(Ca-Ba)为 0.5%+w(FeSi75)为 0.4%]+出铁随流孕育[w(Ca-Ba)为 0.2%]+浇注随流孕育[w(Ca-Ba)为 0.1%]进行随流孕育。

浇注温度：浇注温度控制在 1330～1350℃。

铸造工艺：树脂砂造型、制芯。

球化等级：2～3 级，单位面积球墨数为 130 个/mm^2。

组织要求：珠光体大于 70%+球状石墨。

力学性能：铸造楔形试块力学性能，R_m=800MPa，试块硬度为 277HBW，A=4.88%。本体检验力学性能，R_m=674MPa，硬度为 189～201HBW。球化率为 80%～90%，球化级别为 2.5 级，石墨大小为 7 级和 8 级，石墨球数≥130 个/mm^2。

第三节 蠕墨铸铁

蠕墨铸铁是指铸铁中石墨以蠕虫状形态存在的铸铁。Morrogh 在 1947 年用铈处理球墨铸铁的过程中，发现了石墨有蠕化现象，当时认为蠕虫状石墨是处理球铁失败的产物，因此没有引起人们的注意。1955 年 Estes 和 Schneidenwind 首次提议制作和应用蠕墨铸铁，1976 年美国 Foote 矿业公司生产了商品化的蠕化剂，由此蠕墨铸铁在工业上有了较多的应用。我国从 1965 年开始，将蠕虫状石墨作为新型铸铁材料来研究和应用，蠕墨铸铁件已经应用于冶金、机床、船舶、汽车等领域。

一、蠕墨铸铁的金相组织特点

蠕墨铸铁的金相组织主要由蠕虫状石墨和金属基体组织组成。蠕墨铸铁与球墨铸铁和灰铸铁的区别在于石墨形状不同，蠕墨铸铁中的石墨是介于片状和球状石墨之间的中间态石墨形态。蠕虫状石墨和片状石墨相比，石墨对基体的割裂作用有所降低，铸铁的强度、韧性有所提高。

（一）石墨形态及其形成过程

1．石墨结构及形态

图 3-29（a）是光学显微镜观察蠕虫状石墨的形貌，成簇状分布且与球状石墨共存，两者比例和蠕化处理与其凝固条件有关。蠕虫状石墨的长和宽比值较片状石墨小，一般为 2～10，端部圆钝，互不连接，偏振光条件下观察，蠕虫状石墨的端部和转折处显示出其具有球墨的辐射状结构，枝干上有些部位呈现亮暗相间，有类似球状石墨的偏光效应。图 3-29（b）是扫描电子显微镜下观察蠕虫状石墨的形貌，在每个共晶团内蠕虫状石墨连接在一起，且有许多分枝，分枝端部圆钝，如图 3-29（c）所示，石墨分枝侧面呈叠状结构，如图 3-29（d）所示，类似于片状石墨，有些呈球状结构，有明显的螺旋位错生长特征。

2．蠕虫状石墨的形成过程

形成蠕墨铸铁的工艺条件是对铁液进行蠕化处理，蠕化处理分为亚球化处理和反球化处理两大类。亚球化处理是指向溶液中加入低于球墨铸铁所要求的球化元素（如镁、铈等）的含量，处理后达不到完全球化程度，可获得中间态的石墨。反球化处理是指利用反球化元素（如 Ti、Al 等）对球化的干扰作用，使球状石墨向蠕虫状石墨转化。因此，蠕化处理后球化元素和反球化元素在石墨形成及长大过程的石墨晶体棱面和基面的不均匀吸附是促进石墨发生形态转变的主要原因。

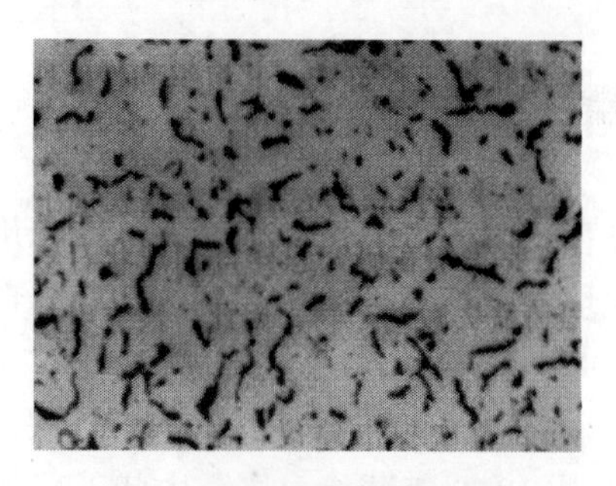
(a) 光学显微镜观察

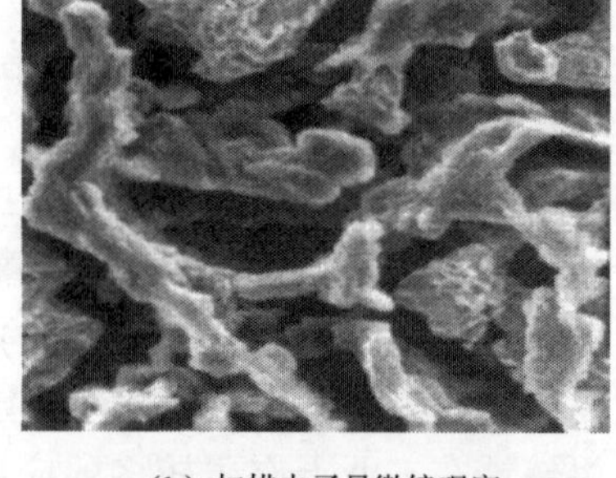
(b) 扫描电子显微镜观察

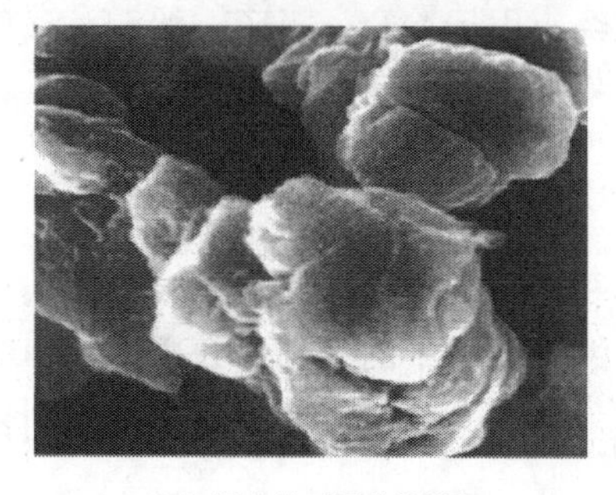
(c) 蠕虫状石墨分枝端部

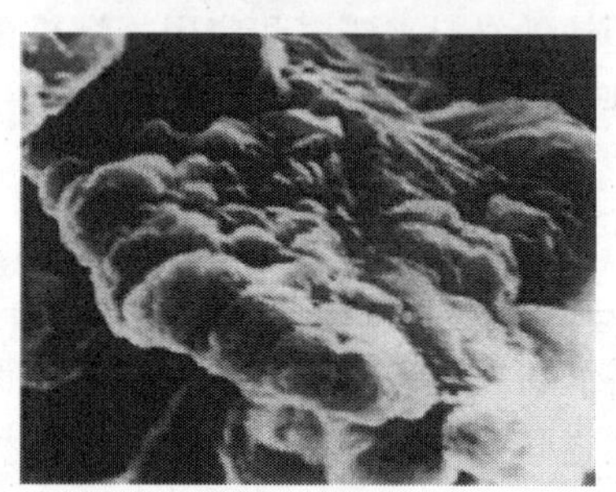
(d) 蠕虫状石墨分枝侧面

图 3-29 蠕墨铸铁石墨组织形态

用液淬法对蠕墨铸铁的凝固过程进行研究后发现，蠕虫状石墨主要是在共晶凝固过程中从蠕化处理过后的铁液中直接析出，最初形态呈小球状或小片状，生长过程经过畸变，形成蠕虫状石墨。蠕墨铸铁组织微区的分析表明，稀土元素和镁通过富集于蠕虫状石墨的生长端部而起蠕化作用，它们在蠕墨生长端的富集程度，随蠕墨生长过程推移而发生变化，因而改变石墨沿 a 向和 c 向的生长速度，形成蠕虫状石墨。因此，总结蠕虫状石墨的形成模式为当蠕化元素多时，先析出小球状石墨→畸变石墨→蠕虫状石墨；当蠕化元素少时，先析出小片状石墨→蠕虫状演变→蠕虫状石墨。

3．石墨形态的评定

由于蠕虫状石墨形状的多样性和复杂性，蠕虫状石墨的评定方法有多种，其中简单实用的方法有形状系数法和轴比法。形状系数 K 定义如式（3-6）所示：

$$K = \frac{4\pi S}{L^2} \tag{3-6}$$

式中，L 为单个石墨周长，mm；S 为单个石墨实际面积，mm^2。当 $K = 0.2 \sim 0.8$ 时，为蠕虫状石墨；当 $K > 0.8$ 时，为球状石墨；当 $K < 0.2$ 时，为片状石墨。轴比率 R 的表达式如式（3-7）所示：

$$R = \frac{l}{d} \tag{3-7}$$

式中，l 为石墨最大长度，mm；d 为石墨的厚度，mm；当 $R = 2\sim10$ 为蠕虫状石墨。

4．蠕化率

蠕化率是指铸铁中蠕虫状石墨数占总石墨数的比例。蠕化率是评定蠕墨铸铁石墨蠕化的一个指标，实际生产中采用对比法在一般光学显微镜下对未腐蚀的试样放大100倍进行观察，按照《蠕墨铸铁金相检验》(GB/T 26656—2011）中所列的标准蠕化率进行比较，确定蠕化率，其共八级。图3-30是蠕墨铸铁几种典型蠕化率的金相组织。蠕墨铸铁蠕化率级别分别为蠕40、蠕50[图3-30（c）]、蠕60、蠕70[图3-30（b）]、蠕80、蠕85、蠕90、蠕95[图3.30（a）]，后面的数字表示蠕虫状石墨数的百分比。蠕墨铸铁件的蠕化率应不小于50%。

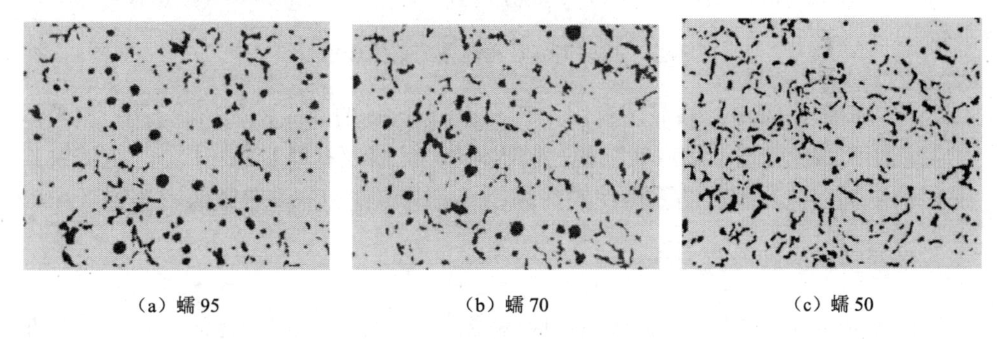

（a）蠕95　　（b）蠕70　　（c）蠕50

图3-30　蠕墨铸铁几种典型蠕化率的金相组织，100×

（二）基体组织

蠕墨铸铁的铸态或热处理态的基体组织主要有铁素体、珠光体、贝氏体、马氏体等，或者这几种组织的混合组织。除此以外，蠕墨铸铁的组织中还有少量的碳化物，如硫化物、磷共晶等。由于蠕墨铸铁的碳含量较高，蠕墨的大量分支有利于碳的扩散。碳容易扩散到石墨上，导致铸态蠕墨铸铁基体组织有形成铁素体的倾向，要获得珠光体或其他基体的组织，就必须采取合金化和铸件的热处理，基体控制合金化的原理和灰铸铁及其球墨铸铁的一样。例如，要获得贝氏体组织，可采用合金化铸态、热处理空冷或进行等温淬火处理；要获得马氏体组织需要进行淬火热处理。

国家标准《蠕墨铸铁金相检验》(GB/T 26656—2011）规定基体中珠光体数量分为10个级别，图3-31为蠕墨铸铁几种典型的基体金相组织。基体金相组织珠光体的数量级别分别为珠95[图3-31（a）]、珠85、珠75、珠65[图3-31（b）]、珠55、珠45[图3-31（c）]、珠35、珠25、珠15、珠5，后面的数字表示公称的珠光体的体积分数。碳化物分为 6 级：碳 1、碳 2、碳 3、碳 5、碳 7、碳 10。磷共晶分为 5 级：磷 0.5、磷 1、磷 2、磷 3、磷 5，后面数字表示碳化物和磷共晶的数量，碳化物和磷共晶的存在会影响蠕墨铸铁件的机械加工性能。

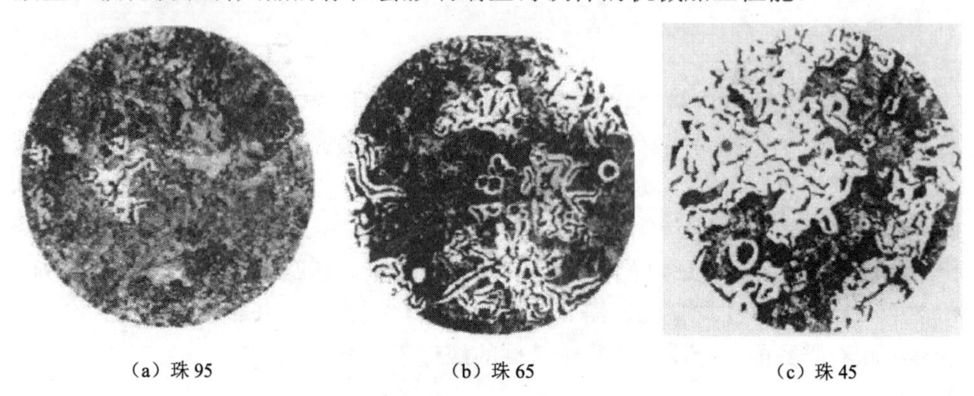

（a）珠 95　（b）珠 65　（c）珠 45

图 3-31　蠕墨铸铁几种典型的基体金相组织

蠕墨铸铁组织中的共晶团有蠕虫状石墨-奥氏体的共晶团和球状石墨-奥氏体的共晶团两部分，每个蠕虫状石墨-奥氏体的共晶团内石墨互相连接，与灰铸铁共晶团的结构相似，因此蠕墨铸铁的共晶团兼有灰铸铁和球墨铸铁两者的特点。

二、蠕墨铸铁的牌号及力学性能

蠕墨铸铁组织和力学性能介于球墨铸铁和灰铸铁之间，具有良好的综合性能。国家标准《蠕墨铸铁件》（GB/T 26655—2011）规定的牌号是按单铸试块、附铸试块、本体铸件加工的试样测定铸铁的力学性能来确定。单铸试样的形式主要有 Y 型、I 型、U 型等试块，不同形式试样的具体尺寸和使用条件见上述标准。表 3-21 是蠕墨铸铁牌号及单铸试样的力学性能。蠕墨铸铁的材料牌号中，"RuT"表示蠕墨铸铁，字母后面的数字表示蠕墨铸铁抗拉强度的最小值。表 3-22 是蠕墨铸铁牌号、铸件壁厚及附铸试样的力学性能。同样的，蠕墨铸铁的牌号和壁厚不同时，对附铸试样力学性能的要求有所差异。表 3-23 是蠕墨铸铁不同温度的力学和物理性能。表 3-24 为蠕墨铸铁的应用。

表 3-21　蠕墨铸铁牌号及单铸试样的力学性能

材料牌号	R_m/MPa ≥	$R_{p0.2}$/MPa ≥	A/% ≥	HBW	基体主要组织
RuT300	300	210	2.0	140～210	铁素体
RuT350	350	245	1.5	160～220	铁素体+珠光体
RuT400	400	280	1.0	180～240	铁素体+珠光体

续表

材料牌号	R_m/MPa ≥	$R_{p0.2}$/MPa ≥	A/% ≥	HBW	基体主要组织
RuT450	450	315	1.0	200～250	珠光体
RuT500	500	350	0.5	220～260	珠光体

表 3-22　蠕墨铸铁牌号、铸件壁厚及附铸试样的力学性能

材料牌号	铸件壁厚 t /mm	R_m/MPa≥	$R_{p0.2}$/MPa≥	A/%≥	HBW	基体主要组织
RuT300A	t ≤12.5	300	210	2.0	140～210	铁素体
	12.5< t ≤30	300	210	2.0	140～210	
	30< t ≤60	275	195	2.0	140～210	
	60< t ≤120	250	175	2.0	140～210	
RuT350A	t ≤12.5	350	245	1.5	160～220	铁素体+珠光体
	12.5< t ≤30	350	245	1.5	160～220	
	30< t ≤60	325	230	1.5	160～220	
	60< t ≤120	300	210	1.5	160～220	
RuT400A	t ≤12.5	400	280	1.0	180～240	铁素体+珠光体
	12.5< t ≤30	400	280	1.0	180～240	
	30< t ≤60	375	260	1.0	180～240	
	60< t ≤120	325	230	1.0	180～240	
RuT450A	t ≤12.5	450	315	1.0	200～250	珠光体
	12.5< t ≤30	450	315	1.0	200～250	
	30< t ≤60	400	280	1.0	200～250	
	60< t ≤120	375	260	1.0	200～250	
RuT500A	t ≤12.5	500	350	0.5	220～260	珠光体
	12.5< t ≤30	500	350	0.5	220～260	
	30< t ≤60	450	310	0.5	220～260	
	60< t ≤120	400	280	0.5	220～260	

注：①采用附铸试样时，牌号后面加 A。②从附铸测得的力学性能并不能准确反映铸件本体的力学性能，但与单铸试样上测得的值相比，更接近铸件的实际性能值。③力学性能随断面厚度的增加而降低。

表 3-23　蠕墨铸铁不同温度的力学和物理性能

力学性能	温度/℃	材料牌号				
		RuT300	RuT350	RuT400	RuT450	RuT500
抗拉强度 R_m/MPa	23	300～375	350～425	400～475	450～525	500～570
	100	275～350	325～400	375～450	425～500	475～550
	400	225～300	275～350	300～375	350～425	400～475

续表

力学性能	温度/℃	材料牌号				
		RuT300	RuT350	RuT400	RuT450	RuT500
屈服强度 $R_{p0.2}$/MPa	23	210～260	245～295	280～330	315～365	350～400
	100	190～240	220～270	255～305	290～340	325～375
	400	170～220	195～245	230～280	265～315	300～350
伸长率 A/%	23	2.0～5.0	1.5～4.0	1.0～3.5	1.0～2.5	0.5～2.0
	100	1.5～4.5	1.5～3.5	1.0～3.0	1.0～2.0	0.5～1.5
	400	1.0～4.0	1.0～3.0	1.0～2.5	0.5～1.5	0.5～1.5
弹性模量 E/GPa	23	130～145	135～150	140～150	145～155	145～160
	100	125～140	130～145	135～145	140～150	140～155
	400	120～135	125～140	130～140	135～145	135～150
疲劳系数（螺旋-弯曲、拉-压、三点弯曲）/MPa	23	0.50～0.55	0.47～0.52	0.45～0.50	0.45～0.50	0.43～0.48
	23	0.30～0.40	0.27～0.37	0.25～0.35	0.25～0.35	0.20～0.30
	23	0.65～0.75	0.62～0.72	0.60～0.70	0.60～0.70	0.55～0.65
泊松比 ν	—	0.26	0.26	0.26	0.26	0.26
密度/（g/cm^3）	—	7.0	7.0	7.0～7.1	7.0～7.2	7.0～7.2
热导率/[W/（m·K）]	23	47	53	39	38	36
	100	45	42	39	37	35
	400	42	40	38	36	34
基体组织		铁素体	铁素体+珠光体	珠光体+铁素体	珠光体	珠光体

表 3-24　蠕墨铸铁的应用

材料牌号	性能特点	应用举例
RuT300	强度低、塑性高；高导热率、低弹性模量；热应力积聚小；基体主要为铁素体，长时间在高温环境中引起的生长小	汽车的排气管；大功率船用、机车、汽车和固定式内燃机缸盖；增压器壳体；纺织、农用等零件
RuT350	与合金灰铸铁相比，具有较高强度和一定的塑性；与球墨铸铁相比，具有较好的铸造、机械加工性能和较高工艺出品率	机床基座；托架和联轴器；大功率船用、机车、汽车等发动机缸盖；钢锭模、铝锭模；变速箱体；液压件；焦化炉炉门、门框、保护板、桥管阀体等
RuT400	具有综合的强度、刚性和热导率性能；较好的耐磨性	内燃机缸体和缸盖；机床底座；联轴器；重载卡车制动鼓、机车车辆制动盘；泵壳和液压件；钢锭模、铝锭模、玻璃模具等
RuT450	具有更高的强度、刚性和耐磨性，切削性能下降	汽车内燃机缸体和缸盖、气缸套、活塞环；重载卡车制动盘；泵的壳体；玻璃模具等
RuT500	高强度、低塑性和耐磨性好，切削性能差	高负荷内燃机缸体；气缸套等

三、蠕墨铸铁的生产

蠕墨铸铁的生产工艺流程为牌号及化学成分的确定→炉料准备、配料→熔炼合格铁液→炉前检验→蠕化处理→孕育处理→炉前检验→浇注铸件→清理及检验→热处理（根据需要）→蠕墨铸铁铸件。蠕墨铸铁铸造生产中主要的关键技术如下。

（一）蠕墨铸铁化学成分的确定

化学成分对蠕墨铸铁的蠕虫状石墨、基体组织及铸造性能会产生影响，最终影响铸件的力学性能。蠕墨铸铁的化学成分基本上与球墨铸铁相似，要求有高的碳含量，低的磷、硫含量，一定的锰含量。蠕墨铸铁合金元素的设计要点如下。

1．C与Si

球墨铸铁要以高C、低Si为原则，但在蠕墨铸铁中，由于高的C含量容易促使球状石墨的形成，因而蠕墨铸铁中 C 含量要比球墨铸铁碳量低，一般 $w(C)$为3.4%～3.8%，薄壁件取上限值。Si对蠕墨铸铁基体的影响十分显著，在蠕墨铸铁中有强化铁素体、增加石墨数量、防止白口、控制基体的作用，随Si量的增加，组织中铁素体量增加。对于铸态铁素体蠕墨铸铁，$w(Si)$为2.5%～3.2%，对于退火铁素体蠕铁，$w(Si)$为2.4%～2.7%。珠光体基体蠕墨铸铁硅量控制在$w(Si)$为2.0%～2.8%，为获得珠光体组织，仅靠降低Si量不足以防止在蠕墨周围形成铁素体，Si量过低易产生白口，因此除了控制硅含量外，还可采用合金化或热处理方法。蠕墨铸铁时适当提高Si含量，可以提高蠕墨铸铁的高温力学性能、抗氧化和热疲劳性能。从碳当量方面考虑，蠕墨铸铁碳当量应控制在共晶点或微过共晶成分，一般碳当量在4.3%～4.6%，薄壁件取高限，后壁铸件取低限。

2．Mn

Mn在蠕墨铸铁中能稳定珠光体组织，但由于蠕墨分支繁多，减弱了Mn对促进珠光体化的作用，阻碍石墨化，对石墨的蠕化没有影响。蠕墨铸铁中适当提高Mn含量，可以增加蠕墨铸铁的强度和硬度，但会降低塑性和韧性，Mn的厚大铸件容易在晶界产生偏析，形成珠光体和碳化物，严重时会形成网状渗碳体。因此，应对 Mn 含量进行必要的限制，根据基体组织的要求来确定 Mn 含量，铁素体基体中Mn的质量分数一般小于0.4%。珠光体基体中Mn的质量分数一般在0.4%～1.0%，要求提高耐磨性的蠕墨铸铁，Mn含量可适当再提高。

3．P和S

P 和 S 在铸铁中是有害元素，P 虽然不影响石墨蠕化，但含量过高会在蠕墨铸铁的晶界形成 P 共晶，降低塑性和韧性，提高韧-脆化转化温度，一般要求$w(P)<$0.08%，在低温环境工作的铸件P含量应更低。S含量对蠕化效果影响很大，低硫时[$w(S)<0.002\%$]快速凝固可以获得蠕虫状石墨，当铁液中 S 含量高时，S 会与蠕化剂反应，消耗蠕化剂，导致蠕化衰退。原铁液中S含量会对蠕化处理、蠕化剂消耗量和蠕化率产生影响，因此要保证蠕化效果和生产的稳定，要求铁液中 S

含量低[$w(S)<0.02\%$]且稳定，或者蠕化处理前能迅速准确地测出铁液中的 S 含量，以保证稳定获得蠕墨铸铁。

4．合金元素

合金元素在蠕墨铸铁中的作用主要是控制基体和影响石墨的形态。生产珠光体蠕墨铸铁时，可适当加入稳定珠光体化的合金元素。例如，加入 w(Sb)为 0.008%～0.01%，可明显增加珠光体量；加入 w(Cu)为 0.5%～1.5%，也对获得珠光体基体非常有效。为了提高蠕墨铸铁的热疲劳性能，可加入 w(Mo)为 0.4%～0.6%和 w(Cr)为 0.15%～0.3%。Ti 是蠕墨铸铁中的球化干扰元素，能够抑制镁的球化作用，有助于稳定地获得蠕虫状石墨组织，同时可提高蠕墨铸铁的耐磨性，加入 Ti 的质量分数为 0.1%～0.2%。Al 也是蠕墨铸铁中的球化干扰元素，其作用与 Ti 相近。当 w(Al)为 0.3%时，即使残留 w(Mg)为 0.05%，仍可得到蠕墨铸铁。w(Ti)在 0.06%～0.15%和一定的残留镁的情况下，w(Al)在 0.025%～0.09%的范围，可稳定地获得蠕墨铸铁。Ni 可以改善蠕墨铸铁的铸态组织，细化和稳定珠光体，减小白口倾向，提高蠕墨铸铁铸态组织的均匀性，Ni 的加入量在 1.0%～1.5%。Sn 可以增加并稳定珠光体，Sn 的加入量为 0.03%～0.05%时，即可改善蠕墨铸铁的综合性能。Sn 含量过高，会导致冲击韧性恶化。

5．RE 和 Mg

RE 和 Mg 加入铁液中可起到脱硫、脱氧、净化铁液的作用。净化铁液后，剩余的 RE 和 Mg 才起到控制石墨形态的作用。要使石墨变为蠕虫状石墨，单独加 RE 时，铸铁中残留稀土的质量分数在 0.0045%～0.075%，此值根据铸件的壁厚不同而有所变化。铸铁中残留 RE 量低于下限，石墨不蠕化为片状；高于上限，石墨球化，降低蠕化率。

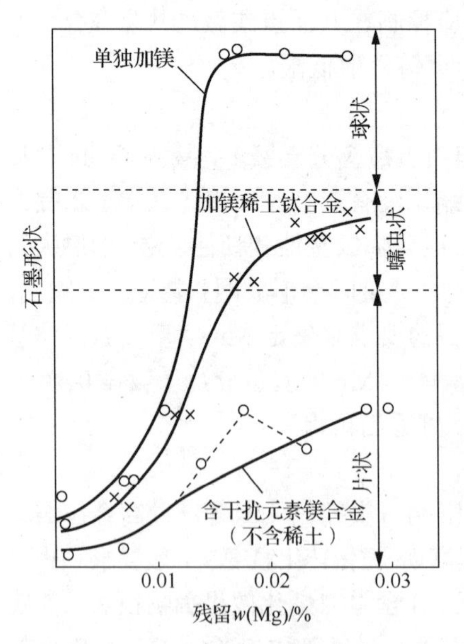

图 3-32　单独加镁及加含干扰元素镁合金和镁稀土钛合金对石墨形状的影响

图 3-32 是单独加镁及加含干扰元素镁合金和镁稀土钛合金对石墨形状的影响。采用纯镁蠕化处理时，需保证蠕化残留镁的范围很窄，约在 0.005%以下，因此单独以镁作为蠕化剂生产蠕铁，实际生产中很难控制及保证石墨蠕化的残余镁量。若采用镁稀土钛合金进行蠕化处理，需保证蠕化的残留镁的范围较宽，可达到 0.015%，实际生产能很好地控制并得到广泛应用。用含干扰元素的镁合金进行蠕化处理，并不能蠕化，说明其不能作为蠕化剂。因此，蠕化剂可用稀土

和镁并加入一定量的干扰元素制作，能够获得良好的蠕化效果。

图 3-33 是石墨形态与残留镁、稀土含量的关系。图中 *A*、*B* 线为蠕墨铸铁上下临界线，其间石墨多数为蠕虫状，黑框内是蠕虫状石墨的稳定区。从图中可以看出，蠕墨铸铁残留镁含量和球墨铸铁相比要低，稳定蠕墨区，保证铸铁蠕化处理的残留镁和稀土含量分别为

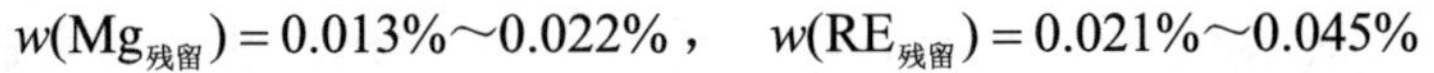

$$w(\text{Mg}_{残留})=0.013\%\sim0.022\%\text{，}\quad w(\text{RE}_{残留})=0.021\%\sim0.045\%$$

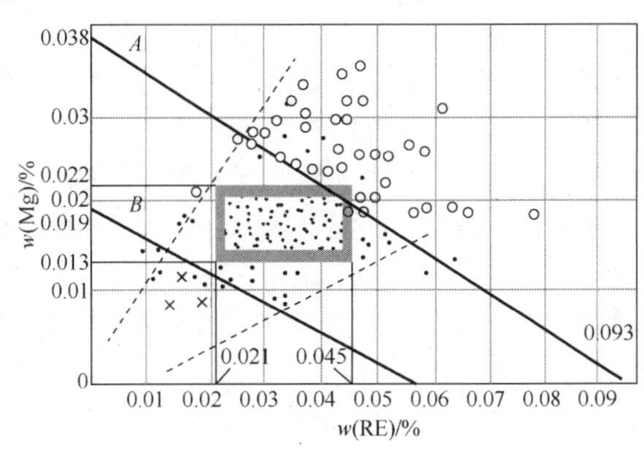

· 蠕虫状石墨>50%，其余为团球状

○ 团球状石墨>50%，其余为蠕虫状

× 片状石墨

图 3-33　石墨形态与残留镁、稀土含量的关系

（二）蠕化剂及其蠕化处理工艺

蠕化剂的种类及其蠕化处理的方法很多，生产中为获得满足技术要求的蠕墨铸铁件，应根据生产条件，如熔化设备、铁液成分与温度、铸件的批量和铸件大小及形状来选择蠕化剂种类、加入量及蠕化处理方法。

1．蠕化剂的种类

蠕化剂是为了在铸铁凝固过程中使石墨以蠕虫状生长所加入的变质剂。蠕化剂主要分为两大类：一类以镁为主，辅以适量的反球化元素；另一类以稀土为主。常用蠕化剂的种类及特点主要如下。

（1）镁系蠕化剂。一般不单独用镁作为蠕化剂，需要在镁系蠕化剂中加入钛和稀土，增加形成蠕墨铸铁残留镁的范围，如图 3-32 所示，有利于实际生产。镁系蠕化剂成分中的镁和稀土为蠕化元素，钛为干扰元素，有利于放宽石墨蠕化的残余镁量的范围。含镁的蠕化剂在蠕化处理时，铁液会出现自沸腾现象，起到搅拌铁液的作用，无需再进行搅拌，操作简便。镁系蠕化剂的主要种类有镁钛合金、镁钛稀土合金和镁钛铝合金。镁钛合金的典型成分是 $w(\text{Mg})$为 4.5%～5.5%、$w(\text{Ti})$

为 8.5%～10.5%、w(Ce)为 0.25%～0.35%、w(Ca)为 4.0%～4.5%、w(Al)为 1.0%～1.5%、w(Si)为 48%～52%、余量为 Fe。镁钛合金蠕化剂的熔点约 1100℃，密度为 3.5g/cm^3，合金沸腾适中，白口倾向小，渣量少，加入镁钛合金的质量分数为 0.7%～1.3%，但其回炉料内的残存钛，会引起钛的积累和污染问题。镁钛稀土合金的化学成分是 w(Mg)为 4%～6%、w(Ti)为 3%～5%、w(Ce)为 1.0%～3.0%、w(Ca)为 3%～5%、w(Al)为 1%～2%、w(Si)为 45%～50%、余量为 Fe。该合金的特点与镁钛合金相同，与镁钛合金相比，稀土含量提高，有利于改善石墨形貌及提高耐热疲劳性能，延缓蠕化衰退，扩大蠕化范围。如果生铁本身含钛，应酌量减少蠕化剂中的钛含量，以减少外界带入钛的累积和污染。

（2）稀土系蠕化剂。以稀土为主的蠕化剂大致可分为四类：稀土硅铁合金、稀土钙硅铁合金、稀土镁硅铁合金和混合稀土合金，它们都有较强的蠕化能力。稀土硅铁合金的化学成分是 w(RE)为 20%～32%、w(Mn)＜1%、w(Ca)＜5%、w(Si)＜45%、余量为 Fe。稀土硅铁合金蠕化剂的特点是反应平稳，铁液无沸腾，稀土元素自扩散能力弱，需搅拌，回炉料无钛的污染，但白口倾向大，蠕化剂的加入量取决于铁液的 S 含量。铁液中 w(S)为 0.03%～0.07%，稀土硅铁蠕化剂加入量为 0.8%～1.5%，使蠕墨铸铁中残余的 w(RE)在 0.045%～0.075%。稀土钙硅铁合金的化学成分是 w(RE)为 12%～15%、w(Ca)为 12%～15%、w(Mg)＜2%、w(Si)为 40%～50%、余量为 Fe。稀土钙硅铁合金蠕化剂的特点是克服了稀土硅铁合金白口倾向大的缺点，但蠕化处理时合金表面易形成 CaO 薄膜，阻碍合金的充分反应，处理时需要加入氟石助熔剂并进行搅拌。含 Mg 蠕化处理时具有自搅拌作用，若蠕化处理不当，会使铁液中残留的镁和稀土超标，影响蠕化效果。

2．蠕化处理工艺

蠕墨铸铁生产工艺与球墨铸铁相似，但工艺控制要求更为严格。若“过蠕化处理”，即蠕化剂加入量过多，则易产生过多的球状石墨；若“处理不足”，即蠕化剂加入量过少，则易产生片状石墨。为了确保蠕墨铸铁生产工艺的稳定，实际生产中应合理地选择蠕化剂种类及其处理工艺，尽量保持蠕化处理中各项工艺因素的稳定，如稳定原铁液的硫含量、蠕化剂的加入量和处理铁液的质量等。实际铸造生产中，蠕墨铸铁常用的蠕化处理方法如下。

（1）包底冲入法。图 3-34（a）是包底冲入法蠕化处理示意图，可以看出蠕化处理的操作方法与球墨铸铁相同。为了充分熔化蠕化剂及保证蠕化，包底冲入法的铁液温度应在 1450℃左右。该方法操作简单，但有烟气，为减少烟尘，提高吸收率，可采用加盖处理包法进行蠕化处理[图 3-34（b）]。包底冲入法适合于含镁有自沸腾的蠕化剂，无自沸腾蠕化剂采用此方法时需要加入少量的 Fe-Mg-Si 合金起引爆作用，利用镁和锌的气化沸腾搅拌铁液。

（2）炉内加入法。当用电炉铁液生产蠕墨铸铁时，可将蠕化剂在出铁前直接加入炉内进行蠕化处理，既可使蠕化剂迅速熔化，又可在出铁时利用铁液在包内的翻动得到充分的搅拌。该方法简便、稳定，但只适用于电炉熔化的生产条件，一炉只处理一包铁液。

（3）出铁槽随流加入法。当用冲天炉熔炼铁液时，可以将无自沸腾能力的合金破碎成一定粒度的颗粒，在出铁过程中将随流加到出铁槽中。该方法操作简便，吸收率高，适于冲天炉熔炼的生产条件，图 3-34（c）是出铁槽随流加入法蠕化处理示意图。

（4）中间包处理法。对于无自沸腾能力的合金，将铁液流入包内前先与蠕化剂在中间包内混合，以加强铁液与蠕化剂的搅拌，促使蠕化剂迅速而均匀地被铁液吸收。图 3-34（d）是蠕化处理的中间包处理法示意图。

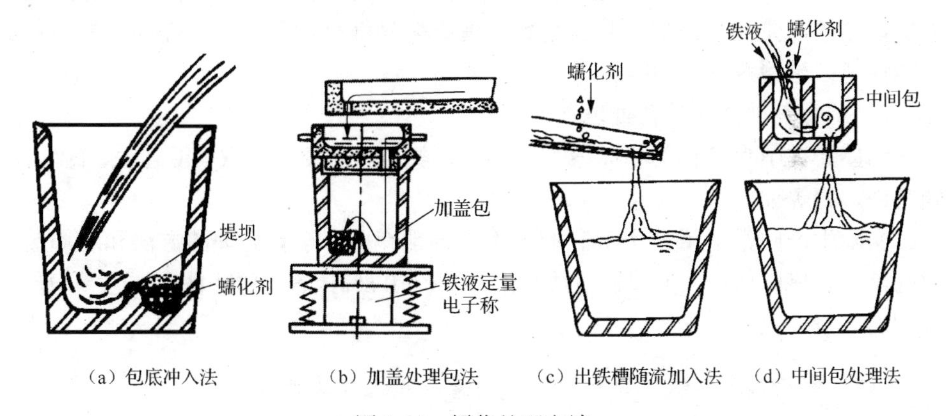

（a）包底冲入法　（b）加盖处理包法　（c）出铁槽随流加入法　（d）中间包处理法

图 3-34　蠕化处理方法

3．影响蠕化效果的主要因素

影响蠕化效果的主要因素有以下几个方面：原铁液硫含量、铁液处理温度、蠕化剂的选择和加入量、蠕化处理操作等。

原铁液硫含量是影响蠕化效果的主要因素。硫、镁和稀土有很强的亲和力，当蠕化剂加入铁液中时，它先与铁液中的硫发生化学反应，形成硫化物，只有硫化反应后有剩余蠕化剂存在时，才会对铁液起蠕化作用。因此，铁液中硫含量越高，要求加入的蠕化剂就越多，为了降低蠕化剂的加入量，需要熔炼硫含量较低的原铁液。在生产中，应尽量选择硫含量较低的生铁和焦炭。当原铁液中硫含量较高时，可以采取预脱硫后再进行蠕化处理。

铁液处理温度对蠕化剂的吸收率有着重要影响。铁液温度越高，蠕化剂的烧损越大，尤其是采用镁系蠕化剂时，铁液蠕化处理温度越高，镁的沸腾越强烈。因此，在保证处理后铁液充型能力的前提下，蠕化处理温度应尽可能低。

蠕化剂的选择和加入量不仅影响蠕化效果，而且影响蠕墨铸铁的铸态组织和力学性能。蠕化剂的选择和加入量既要考虑原铁液中硫等干扰元素的含量，又要考虑对蠕墨铸铁铸态组织和力学性能的要求。

蠕化处理操作对蠕化处理效果有直接影响。蠕化剂成分的均匀性、块度、覆盖情况、铁液的定量与扒渣等都影响蠕化处理效果。因此，蠕墨铸铁在生产操作上要求较为严格，没有严格的管理体制和操作监督制度无法稳定地生产蠕墨铸铁件。

（三）孕育处理及孕育处理工艺

由于蠕化处理后铁液中残留镁及稀土，会使铁液具有结晶过冷和组织中出现游离渗碳体的倾向，因此孕育处理也是蠕墨铸铁生产中的一个重要环节。

1．孕育处理目的

蠕墨铸铁孕育处理的目的是消除结晶过冷倾向，减小自由渗碳体，消除白口；提供足够的石墨晶核，增加共晶团数，使石墨呈细小均匀分布，提高蠕墨铸铁的力学性能；延缓蠕化衰退。

2．孕育剂种类和孕育处理工艺

蠕墨铸铁孕育剂种类和球墨铸铁孕育剂类似，主要有硅铁、钡硅铁、锶硅铁、硅钙铁、铋等。

实际生产中常采用含 75%硅的硅铁作为孕育剂。孕育处理的方法和球墨铸铁相同。一般孕育剂加入量按铁液质量的 0.5%～0.8%计算，薄壁件应加强孕育，孕育剂加入量取上限。

（四）影响蠕墨铸铁组织和性能的因素及蠕化效果的检验

影响蠕墨铸铁组织和性能的因素主要有蠕墨铸铁的化学成分、蠕化率、基体组织及其铸件的冷却速度等。在蠕墨铸铁化学成分中，碳含量在共晶成分附近有利于改善铸造性能，随碳含量增加，蠕墨铸铁的强度下降；随硅含量增加，珠光体量减少；随铁素体量增加，铸铁的高温力学性能（抗氧化、热疲劳）有所改善。影响蠕墨铸铁力学性能的因素主要为蠕化率，随球化率提高，蠕化率下降，强度和伸长率随之提高。合金元素主要影响基体组织，珠光体基体的抗拉强度和硬度均大于混合基体的抗拉强度，铁素体基体蠕墨铸铁的延伸率最大。在同样成分下，冷却速度减小，蠕化率增加，壁厚部位容易获得蠕虫状石墨，壁薄部位珠光体量增加，蠕化率降低，强度、硬度提高。实际生产中，蠕墨铸铁蠕化效果的检测方法主要如下。

（1）三角试块法。蠕化良好时，断口呈银白色，有均匀分布的小黑点，两侧凹陷轻微，悬空敲击试块，声音清脆；过蠕化处理时，球墨过多，断口呈银白色，两侧凹陷严重，悬空敲击试块，声音清脆；蠕化处理不足时，石墨呈片状，断口呈银灰色，两侧无凹陷，悬空敲击试块，声音闷哑。

（2）快速金相法。用显微镜观察试样的金相组织，可对照蠕墨铸铁金相标准判定蠕化等级。由于试样和铸件大小差异较大，试样观察蠕化率与铸件会有差异，应根据经验找出二者的对应关系。

（3）热分析法。根据温度-时间冷却曲线（图 3-25），利用计算机数据处理进行判断。根据发生共晶反应时的最高温度和最低温度之差造成的温度回升速率来判断。蠕化率在 50%～70%时，$\Delta T = 4～10℃$；蠕化率＞70%时，$\Delta T = 10～35℃$，蠕化率越高，上升温差越大。

（五）蠕墨铸铁生产易出现的质量问题及质量控制措施

1．蠕墨铸铁生产易出现的质量问题及预防措施

实际蠕墨铸铁生产易出现的质量问题主要有蠕化不良、蠕化衰退、蠕化率低。产生蠕化不良的原因主要有原铁液硫含量高，铁液氧化严重，炉前处理操作不当造成铁液过多，或蠕化剂加入量不足，铁液温度过高，蠕化剂烧损大，干扰元素过多等。防止出现蠕化不良、蠕化衰退的补救措施有严格控制原铁液的含硫量，特别是用冲天炉熔炼时，对焦炭的选择尤为重要；严格遵守炉前工艺操作，铁液和蠕化剂、孕育剂定量要准确；出铁液温度不宜过高；蠕化剂放入浇包底部要压实，覆盖好；出铁液时铁液流不能直接冲向蠕化剂；蠕化处理后，要搅拌扒渣，加入保温覆盖剂；严防不必要的干扰反蠕化元素摄入。若炉前检验发现蠕化不良时，应立即扒掉保温覆盖剂，补加蠕化剂，采取搅拌或者通过倒包补加蠕化剂，电炉熔炼时，蠕化剂的补加量为铁液量的 0.2%～0.3%，冲天炉熔炼为 0.5%～0.8%，再取样判断蠕化情况，确认蠕化良好后方可浇注，要防止铁液因降温而导致铸件出现浇不足或冷隔情况。

蠕墨铸铁生产时出现蠕化率低、球化率高的情况，主要原因是蠕化剂加入量过多或处理的铁液量过少所造成的。防止及补救措施有严格执行操作规程，蠕化剂及铁水定量要准确；掌握和控制铁液中硫含量，不要有大的波动；合理选择和使用蠕化剂，对已熟练掌握并已被生产证明可以稳定蠕化效果的蠕化剂不要轻易变更。若出现蠕化率低而球化率高的情况时，可以通过补加铁液，降低铁液中残余镁含量，提高蠕化率。

2．控制蠕墨铸铁生产质量的措施

（1）选择硫、磷含量低的原材料，特别是硫含量低且稳定。

（2）选择适当的碳硅含量，保证所需的碳当量，并根据基体组织的需要控制珠光体形成元素的加入量。

（3）蠕化处理的铁液质量和铁液中，硫含量要准确，准确确定蠕化剂的加入量，以保证蠕化元素在合适的范围之内。

（4）采用合适的孕育处理方法，保证孕育处理效果。

（5）控制铁液的处理温度，使用高强度铸型及优质芯型。

（6）严控炉料管理。

四、蠕墨铸铁的热处理

蠕墨铸铁常用热处理工艺如下。

1．退火热处理工艺

图 3-35 是蠕墨铸铁的退火热处理工艺曲线。退火的目的是获得体积分数为85%以上的铁素体组织或消除薄壁处的自由渗碳体。铁素体化退火热处理工艺曲线如图 3-35（a）所示。消除渗碳体的退火工艺曲线如图 3-35（b）和（c）所示。

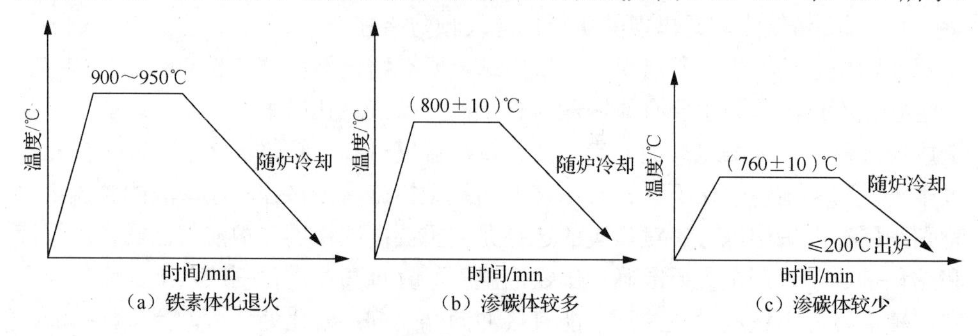

图 3-35　蠕墨铸铁的退火热处理工艺曲线

2．正火回火热处理工艺

图 3-36 是蠕墨铸铁正火回火热处理工艺曲线。铸态蠕墨铸铁基体组织存在大量的铁素体，通过正火回火热处理可以增加珠光体量，提高蠕墨铸铁强度和耐磨性。常用正火回火热处理工艺包括完全奥氏体化正火回火热处理工艺和两阶段奥氏体化正火回火热处理工艺，两阶段奥氏体化正火回火后，强度、塑性要比奥氏体化正火回火热处理工艺的高。

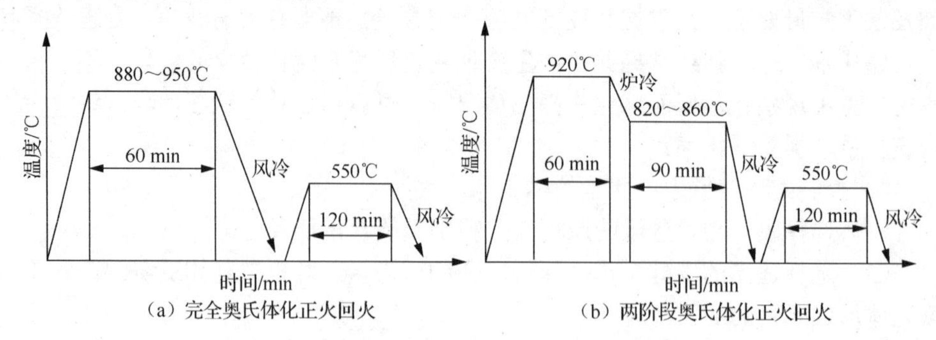

图 3-36　蠕墨铸铁正火回火热处理工艺曲线

3．淬火回火热处理

为了提高蠕墨铸铁件的耐磨性和使用寿命，对于一些蠕墨铸铁件可采用淬火回火热处理，其分为整体淬火回火热处理和表面感应加热淬火回火热处理。整体淬火回火热处理又分为淬火回火热处理和等温淬火回火热处理。

图 3-37 为蠕墨铸铁淬火回火热处理工艺。淬火后根据铸件性能的要求进行不同温度回火。等温淬火获得奥氏体-贝氏体蠕墨铸铁，与铸态蠕墨铸铁相比，机械性能提高了一倍。表面感应淬火可以提高表面硬度，HRC 为 52 以上，心部 HBW 为 200 左右。

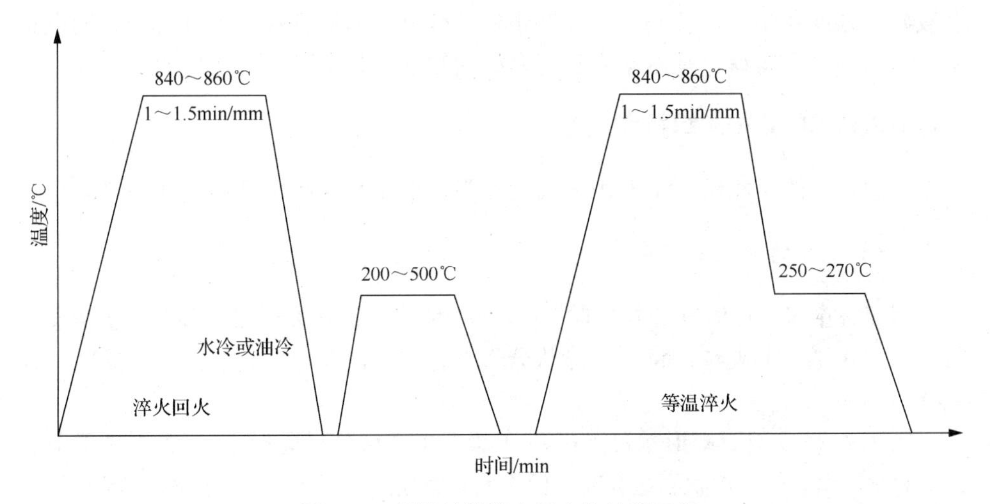

图 3-37　蠕墨铸铁淬火回火热处理工艺

五、蠕墨铸铁铸件生产举例

铸件：蠕墨铸铁柴油机缸盖。

蠕墨铸铁牌号：RuT350。化学成分：w(C)为 3.6%～3.8%，w(Si)为 1.9%～2.2%，w(Mn)为 0.5%～0.8%，w(Cu)≤0.6%，w(P)≤0.07%，w(S)≤0.06%。

熔炼设备：冲天炉（5t/h 酸性炉衬）。

蠕化处理温度：1420～1460℃；蠕化剂采用稀土硅，加入的质量分数为 1.4%～1.6%。

蠕化处理方式：出铁槽随流加入，每包处理 0.8～1t。孕育剂为 FeSi75，加入的质量分数为 0.8%～1.6%。

孕育处理方式：出铁槽随流加入，液面浮硅加入的质量分数为 0.3%。

铸造工艺：湿砂型，半封闭浇注系统，直浇道下设集渣包。

蠕化率要求：不小于 50%。

组织要求：铁素体+珠光体+蠕虫状石墨。

力学性能：R_m≥350MPa，$R_{p0.2}$≥245MPa，A≥1.5%。

第四节　可 锻 铸 铁

白口铸铁毛坯经退火热处理，使白口铸铁中的渗碳体分解为团絮状石墨，得到团絮状石墨和不同基体组织的铸铁称为可锻铸铁。可锻铸铁具有较高的强度、塑性和冲击韧度，又称为玛钢、马铁或韧性铸铁。与灰口铸铁相比，可锻铸铁具有较好的强度和塑性，特别是低温冲击性能较好，耐磨性和减振性优于普通碳素钢。命名为可锻铸铁，是由于它具有良好的塑性，其实是不可锻造的。

一、可锻铸铁的金相组织特点

可锻铸铁的金相组织主要由团絮状石墨、金属基体和少量的化合物组成。

（一）石墨的形状及其分布

国家标准《可锻铸铁金相检验》（GB/T 25746—2010）规定：石墨形状是在未腐蚀的金相试样上观察，将石墨形状分为五种类型，即球状、团絮状、絮状、聚虫状、枝晶状。

图 3-38 是典型石墨形状及分级图。1 级石墨大部分呈球形，允许有不大于 15%的团絮状、絮状、聚虫状石墨存在，但不允许有枝晶状石墨存在，如图 3-38（a）所示；2 级石墨大部分成球状、团絮状，允许有不大于 15%的絮状存在，如图 3-38（b）所示；4 级石墨聚虫状石墨大于 15%，枝晶状石墨小于试样截面积的 1%，如图 3-38（c）所示；5 级枝晶状石墨大于试样截面积的 1%，如图 3-38（d）所示。

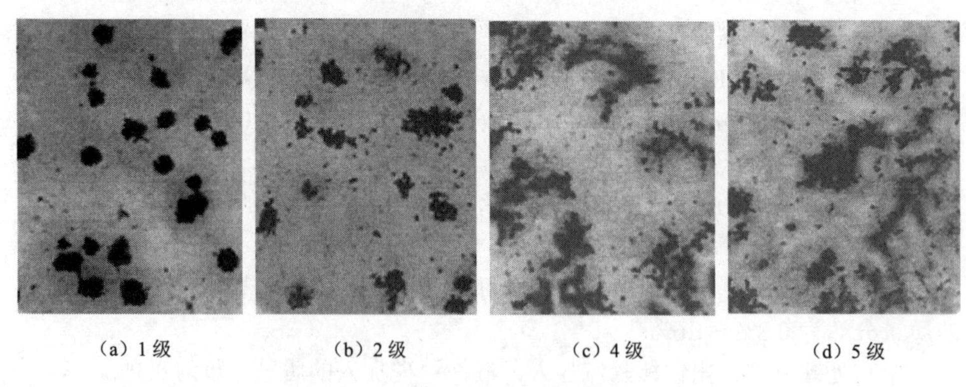

（a）1 级　（b）2 级　（c）4 级　（d）5 级

图 3-38　典型石墨形状及分级图，100×

石墨的分布分为 3 级，1 级石墨均匀分布；2 级石墨分布不均匀，但无方向性；3 级石墨呈方向性分布。石墨颗数分为 5 级，1 级石墨颗数＞150 颗/mm^2；2 级石墨颗数为 110～150 颗/mm^2；3 级石墨颗数为 70～110 颗/mm^2；4 级石墨颗数为 30～

70 颗/mm^2；5 级石墨颗数＜30 颗/mm^2。

（二）基体组织

白口铸坯经过退火后获得可锻铸铁的基体组织主要有铁素体、珠光体和其混合组织，油冷或等温淬火获得马氏体基体和贝氏体基体的可锻铸铁很少。

图 3-39 是可锻铸铁的基体组织。铁素体基体可锻铸铁具有较低的强度和较高的韧性，珠光体基体可锻铸铁具有较高的强度，其组织形态主要有层片状和粒状两种。

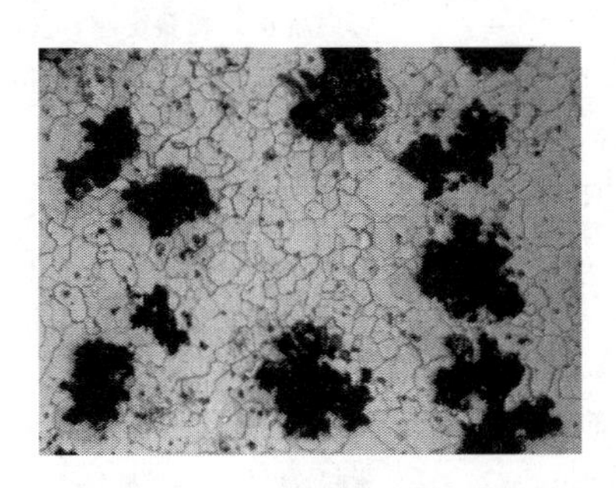

（a）铁素体基体

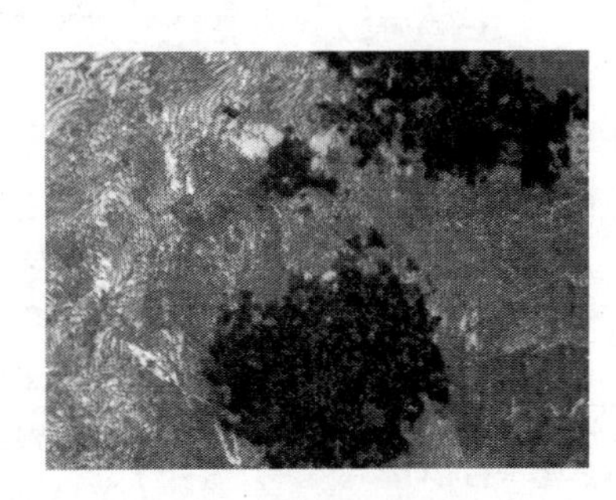

（b）珠光体基体

图 3-39　可锻铸铁的基体组织

国家标准《可锻铸铁金相检验》（GB/T 25746—2010）中规定铁素体基体可锻铸铁的珠光体残余量分为 5 级：1 级珠光体残余量＜10%；2 级珠光体残余量为 10%～20%；3 级珠光体残余量为 20%～30%；4 级珠光体残余量为 30%～40%；5 级珠光体残余量＞40%。可锻铸铁组织中除基体组织和团絮状石墨外，还有残余渗碳体。国标中渗碳体残余量有 2 个级别：1 级渗碳体残余量≤2%；2 级渗碳体残余量＞2%。可锻铸铁退火过程中，表面因退火过程发生脱碳而形成不均匀的表面层组织，国标中表面层可根据其厚度不同分为 4 级：1 级表面层厚度≤1.0mm；2 级表面层厚度＞1.0～1.5mm；3 级表面层厚度＞1.5～2.0mm；4 级表面层厚度≥2.0mm。表面层的外缘一般是铁素体，从外到里，碳含量逐渐增加，团絮状石墨从无到有，逐渐增加到正常数量。

二、可锻铸铁的分类、牌号、性能及用途

（一）可锻铸铁的分类、特点及应用

表 3-25 是可锻铸铁的分类、特点及应用。可锻铸铁主要分为黑心（铁素体）可锻铸铁、珠光体可锻铸铁和白心可锻铸铁等。黑心可锻铸铁是将白口铸件毛坯在非氧化介质条件下进行退火热处理，共晶渗碳体在高温下分解成为团絮状石墨。

随后通过不同的热处理工艺可使基体组织转变为铁素体或珠光体组织，得到的铁素体基体组织中有石墨存在，因而断面呈暗灰色，而在表层经常有薄的脱碳层呈亮白色，故称为黑心可锻铸铁。

表 3-25　可锻铸铁的分类、特点及应用

分类		特点	应用
石墨化退火可锻铸铁	黑心（铁素体）可锻铸铁	非氧化性介质中进行石墨化退火，渗碳体、珠光体都分解，发生的分解反应为 $Fe_3C \longrightarrow 3(\alpha\text{-Fe})(或\gamma\text{-Fe}) + G$， $P(Fe_3C+\alpha\text{-Fe}) \longrightarrow \alpha\text{-Fe}+G$ 组织：铁素体+团絮状石墨，韧性高	制造受冲击、震动及扭转负荷的零件，如汽车拖拉机后桥、转向机构；板簧支座，脚手架扣件；各种低压阀门、管件和纺织机零件等
	珠光体可锻铸铁	非氧化性介质中进行石墨化退火，只有莱氏体分解，发生的分解反应为 $Fe_3C \longrightarrow 3(\alpha\text{-Fe})(或\gamma\text{-Fe}) + G$ 组织：珠光体+团絮状石墨，强度高	制造耐磨件，如曲轴、连杆、凸轮等
脱碳退火可锻铸铁	白心可锻铸铁	氧化性介质中进行脱碳退火，发生的反应为 $CO_2 + C \longrightarrow 2CO\uparrow$ 组织：外缘铁素体，中心少量珠光体+团絮状石墨	水暖管件等，焊接性好

白心可锻铸铁是将白口铸件毛坯在氧化性气氛中退火，铸件断面从外层到心部发生强烈的氧化和脱碳，在完全脱碳层中无石墨存在，基体组织为铁素体。可锻铸铁的金相组织主要取决于断面尺寸，断面尺寸小的情况下，铸铁的基体组织基本上为单一铁素体。断面尺寸较大的铸件，退火组织表层为铁素体，中间层及心部均存在珠光体，表现为力学性能中的强度升高而延伸率降低。这种铸铁断面心部区域有发亮的光泽，故称为白心可锻铸铁，其可以进行焊接。

（二）可锻铸铁的牌号及性能

表 3-26 是黑心可锻铸铁和珠光体可锻铸铁的牌号及其力学性能要求。可锻铸铁的牌号中，“KTH”表示黑心可锻铸铁，“KTZ”表示珠光体可锻铸铁，“KTB”表示白心可锻铸铁，字母后面的数字分别表示可锻铸铁最小的抗拉强度和最小的延伸率。表 3-27 是白心可锻铸铁的牌号及不同试样直径的力学性能要求。表 3-28 是可锻铸铁冲击性能要求。

表 3-26　黑心可锻铸铁和珠光体可锻铸铁的牌号及其力学性能要求

材料牌号	试样直径 d/mm	R_m/MPa≥	$R_{p0.2}$/MPa≥	A/% (L_0=3d)≥	HBW
KTH275-05	12 或 15	275	—	5	≤150
KTH300-06	12 或 15	300	—	6	
KTH330-08	12 或 15	330	—	8	
KTH350-10	12 或 15	350	350	10	
KTH370-12	12 或 15	370	—	12	
KTZ450-06	12 或 15	450	270	6	150～200
KTZ500-05	12 或 15	500	300	5	165～215
KTZ550-04	12 或 15	550	340	4	180～230
KTZ600-03	12 或 15	600	390	3	195～245
KTZ650-02	12 或 15	650	430	2	210～260
KTZ700-02	12 或 15	700	530	2	240～290
KTZ800-01	12 或 15	800	600	1	270～320

表 3-27　白心可锻铸铁的牌号及不同试样直径的力学性能要求

材料牌号	试样直径 d/mm	R_m/MPa≥	$R_{p0.2}$/MPa≥	A/%(L_0=3d)≥	HBW≤
KTB350-04	6	270	—	80	230
	9	310	—	5	
	12	350	—	4	
	15	360	—	3	
KTB360-12	6	280	—	16	200
	9	320	170	15	
	12	360	190	12	
	15	370	200	7	
KTB400-05	6	300	—	12	220
	9	360	200	8	
	12	400	220	5	
	15	420	230	4	
KTB450-07	6	330	—	12	220
	9	400	230	10	
	12	450	260	7	
	15	480	280	4	
KTB550-04	6	—	—	—	250
	9	490	310	5	
	12	550	340	4	
	15	570	350	3	

表 3-28　可锻铸铁冲击性能要求

材料牌号	无缺口试样 （单铸 10mm×10mm×55mm 试样）A_{KW}/J	缺口试样 A_{KV}/J，≥
KTH350-10	90～130	14
KTZ450-06	80～120（油淬处理）	10
KTZ550-04	70～110	—
KTZ650-02	60～100（油淬处理）	—
KTZ700-02	50～90（油淬处理）	—
KTZ800-01	30～40（油淬处理）	—
KTB350-04	30～80	—
KTB360-12	130～180	14
KTB400-05	40～90	—
KTB450-07	80～130	10
KTB550-04	30～80	—

三、可锻铸铁的生产

可锻铸铁件的生产工艺流程为牌号及化学成分的确定→炉料准备、配料→熔炼合格铁液→炉前检验→孕育处理→炉前检验→浇注铸件→清理及检验→退火热处理→可锻铸铁件。实际可锻铸铁铸造生产中的关键技术为选用正确的化学成分以获得全白口铸坯，以及制订合理的石墨化退火规范。

（一）可锻铸铁化学成分的确定

可锻铸铁化学成分确定的原则：①化学成分的选择应保证铸件铸态宏观断口为全白口，不得有麻点及灰点，否则片状石墨的存在会恶化退火态石墨的形态；②有利于缩短石墨化退火时间及其生产周期；③化学成分的选择有利于提高力学性能，满足基体组织的要求；④具有良好的铸造性能，保证获得优质铸件。

1．碳

碳可促进铸铁凝固时石墨化，碳含量降低有利于获得白口铸件，碳含量增加会增加退火时石墨核心，加快石墨化速度，同时碳含量较高时需要分解的渗碳体数量增加。碳含量增加对第一阶段石墨化影响不大，但会缩短第二阶段石墨化时间，加速第二阶段石墨化速度。碳含量增加使可锻铸铁的强度及塑性下降，因此碳含量不宜过高。但碳含量过低会恶化铸造性能，铸铁的流动性下降，铸件形成缩孔和缩松的倾向增加，过低的碳含量会造成冲天炉冶炼的困难。因此，可锻铸铁碳的质量分数控制在 2.3%～3.1%，白心可锻铸铁碳的质量分数控制在 2.8%～3.4%。

2．硅

硅比碳更有利于缩短石墨化退火时间，硅含量增加会加速第一阶段和第二阶段石墨化，因此，在保证得到白口组织的前提下，应适当提高硅含量。但过高的硅含量将使可锻铸铁的塑性和韧性降低，特别是降低低温韧性。在不加入铋、锑、碲等微量反石墨化元素的普通可锻铸铁中，硅的质量分数一般控制在 1.2%～1.8%，白心可锻铸铁中硅的质量分数控制在 0.4%～1.1%。碳硅总量应根据铸件壁厚来确定，一般薄壁件（10mm 以下）$w(C)+w(Si)$=4.0%～4.6%、中等壁厚件（10～20mm）$w(C)+w(Si)$=3.8%～4.2%、厚壁件（壁厚大于 20mm）$w(C)+w(Si)$=3.6%～4.0%。成分确定中希望碳含量较低，硅含量可适当放宽限量。在炉前可加锑、铋等反石墨化微量元素，或在硫含量较高的情况下，硅含量可适当提高。

3．锰

锰元素在可锻铸铁中具有脱硫的作用，可降低硫的反石墨化作用，锰具有稳定和细化珠光体组织，因而阻碍第二阶段石墨化。锰是铁素体可锻铸铁需要限制的元素，铁素体基体 $w(Mn)$为 0.4%～0.8%、珠光体基体 $w(Mn)$为 0.8%～1.4%、白心可锻铸铁 $w(Mn)$为 0.4%～0.7%。可锻铸铁石墨形态与铸铁中的锰硫比有关，当 $w(Mn)/w(S)$=4～5 时，团絮状石墨比较粗松，强度性能较低；当 $w(Mn)/w(S)$=2～3 时，团絮状石墨渐趋紧密，力学性能相应提高。一般 $w(Mn)/w(S)$比值控制在 2.5 左右为宜。

4．硫和磷

硫元素强烈阻碍第一阶段和第二阶段石墨化，硫含量过高会降低铸铁的流动性和提高铸铁的热裂倾向，硫含量应越低越好，一般硫的质量分数小于 0.15%。磷对可锻铸铁石墨化的影响不大，磷含量过高会促使石墨分枝增加，提高韧脆转变温度，降低可锻铸铁的低温冲击韧性。尤其是在硅含量较高的情况下，高磷含量更易引起脆性断裂。随着硅、磷含量的提高，脆性断裂倾向增加。为保证可锻铸铁的冲击韧性，磷含量应尽可能低。国内的汽车制造厂为确保汽车可锻铸件在−40℃安全行驶，规定 $w(Si)+6w(P)\leqslant$1.9%，硅含量提高，必须控制磷含量。

5．合金元素

加入合金元素主要会影响可锻铸铁的基体组织。生产珠光体可锻铸铁时，可在炉前加入 $w(Cu)$为 0.3%～0.8%、$w(Sn)$为 0.03%～0.1%、$w(Sb)$为 0.03%～0.08%等稳定珠光体的元素。在可锻铸铁的生产中，应控制铬、钛、钨等强碳化物形成元素的含量，即使有极少量的这类元素混入铁液，也会形成含有铬、钛、钨等元素的合金碳化物。该类化合物或渗碳体稳定性很强，石墨化退火时较难分解，会增加退火时间，因此可锻铸铁中铬含量应小于 0.06%。表 3-29 是不同基体的可锻铸铁化学成分，仅供参考。

表 3-29　不同基体的可锻铸铁化学成分

名称	化学成分（质量分数）/%					
	w(C)	w(Si)	w(Mn)	w(P)	w(S)	w(Fe)
铁素体可锻铸铁	2.4～2.8	1.2～1.8	0.3～0.6	＜0.1	＜0.2	余量
珠光体可锻铸铁	2.3～2.8	1.3～2.0	0.4～0.6	＜0.1	＜0.2	余量
白心可锻铸铁	2.3～2.8	0.7～1.1	0.4～0.7	＜0.2	＜0.2	余量

（二）熔炼及其铸造工艺特点

可锻铸铁的化学成分特点是碳含量较低，冲天炉熔炼时要防止铁液增碳，由于低碳铁液熔点较高，流动性和充型能力较差，加之可锻铸铁大多数为薄壁件，要求铁液出炉温度高，实际生产可采用冲天炉与电炉双联熔炼效果较好。可锻铸铁凝固时没有石墨化，铸件的收缩大，要求铸型的退让性要好。可锻铸铁的浇注系统要采用集渣设计，由直浇道、横浇道、暗冒口等组成浇注系统。可锻铸铁件铸造时要求铸型的透气性好，铸型含水量低，否则易出现皮下气孔。

（三）孕育处理

可锻铸铁孕育处理的目的：①铁液在一次结晶时阻碍石墨化，促进形成渗碳体，获得全白口铸件。②石墨化退火时有利于石墨形核，加速石墨化过程，缩短退火时间。③改善退火石墨的形状，使大部分石墨团球化。可锻铸铁孕育处理的目的和孕育铸铁、球墨铸铁及蠕墨铸铁孕育处理的目的有所不同，因此孕育剂的选择与灰铸铁、球墨铸铁和蠕墨铸铁的孕育剂的选择完全不一样。

可锻铸铁常用的孕育处理元素主要有 Bi、Al、B、Si、RE、Ba 等。Bi、Al 一般以纯金属形式加入，B、Si、RE 常以铁合金形式加入。加入 Al 孕育处理的铸件，在退火热处理时需先在 300～500℃保温 4～5h，然后再升温进行第一、第二阶段石墨化，会明显增加石墨核心，缩短石墨化退火时间。Bi 在铸态时具有强烈阻止石墨化的能力，在生产厚壁的可锻铸铁时，加入 Bi 孕育处理可得到白口组织，铋元素易挥发，孕育处理后应在 6～8min 以内浇注完毕。B 和 Al 作用相似，可以加速第一、第二阶段石墨化。加入 RE 孕育处理时会形成一些化合物，在铸铁固态石墨化退火过程可以析出石墨的核心，加速石墨化退火过程。

可锻铸铁的孕育剂有单一元素孕育剂和复合元素孕育剂两种。单一元素孕育剂，如铝孕育剂，加入 w(Al)为 0.01%～0.015%；铋孕育剂，加入 w(Bi)为 0.006%～0.015%。复合元素孕育剂，如铋-铝孕育剂，加入 w(Bi)为 0.006%～0.015%、w(Al)为 0.01%～0.015%；硼-铋孕育剂，加入 w(B)为 0.0015%～0.003%、w(Bi)为 0.006%～0.02%；硼-铋-铝孕育剂，加入 w(B)为 0.001%～0.0025%、w(Al)为 0.008%～0.012%、w(Bi)为 0.006%～0.02%；硅铁-铝-铋孕育剂，加入 w(SiFe)为 0.1%～0.3%、w(Al)

为 0.008%～0.012%、w(Bi)为 0.01%～0.02%；稀土硅铁-铝-铋孕育剂，加入 w(SiFe)为 0.2%～0.4%、w(Al)为 0.008%～0.012%、w(Bi)为 0.006%～0.01%等。孕育处理的方法有包内孕育处理、铁流孕育处理、型内孕育处理等。

四、可锻铸铁的热处理及基体控制技术

可锻铸铁铸态毛坯为白口铸铁，需要进行热处理获得可锻铸铁。形成可锻铸铁热处理的目的主要有使白口毛坯中的渗碳体完全分解，得到铁素体为基体的组织；使初析渗碳体及共晶组织中渗碳体和二次渗碳体分解，保留珠光体中渗碳体，得到以珠光体为基体的可锻铸铁；使白口铸铁毛坯脱碳，获得珠光体基体及少量团絮状石墨，获得白心可锻铸铁。

（一）可锻铸铁的石墨化退火及基体组织的获得

1．可锻铸铁的石墨化退火工艺

图 3-40 是可锻铸铁的退火曲线及组织转变示意图。可锻铸铁退火工艺过程可分为五个阶段，分别为升温阶段（0～1）、第一阶段石墨化（1～2）、中间阶段冷却（2～3）、第二阶段石墨化（3～4）和出炉冷却阶段（4 点以后）。

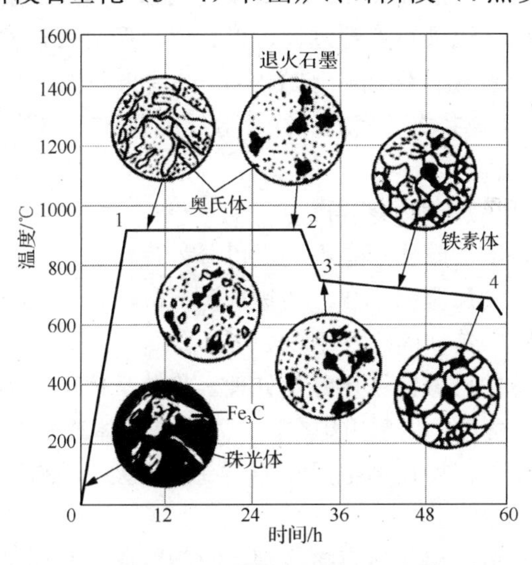

图 3-40　可锻铸铁的退火曲线及组织转变示意图

（1）升温阶段（0～1）。升温阶段是 1 点温度之前的加热过程，1 点的温度一般为 920～980℃。白口铸坯组织中的珠光体在加热过程温度超过共析转变温度时会发生奥氏体转变，实现奥氏体化，到 1 点的组织为奥氏体+共晶渗碳体。

（2）第一阶段石墨化（1～2）。到 1 点后，随保温时间的延长，共晶渗碳体会

不断地溶入奥氏体而逐渐消失，团絮状石墨逐渐形成，到 2 点的组织为奥氏体+团絮状石墨。

（3）中间阶段冷却（2～3）。从高温较快冷却到稍低于共析温度（710～730℃）的阶段，随着温度的降低，奥氏体中碳的溶解度下降，过饱和碳从奥氏体脱溶，附着在已生成的团絮状石墨上，使石墨长大，温度低于共析温度时，奥氏体会形成珠光体组织，到 3 点的组织为珠光体+团絮状石墨。

（4）第二阶段石墨化（3～4）。在稍低于共析温度（710～730℃）保温，使珠光体分解为铁素体+石墨，石墨继续向已有的团絮状石墨附着生长，到 4 点的组织为铁素体+团絮状石墨。该阶段也可以从 780℃左右开始，缓慢冷却通过共析温度区域，使奥氏体按稳定系方式转变，形成铁素体和石墨。

（5）出炉冷却阶段（4 点以后）。第二阶段石墨化后组织不发生转变，铸件炉冷到 650℃（4 点）以后出炉，为防止冷却过程在 400～550℃缓慢冷却产生回火脆性，出炉后可以以较快速度冷却，如空冷或风冷等。

2. 铁素体基体可锻铸铁的获得

白口铸坯的铸态室温组织为珠光体+莱氏体+二次渗碳体。获得铁素体可锻铸铁是将共晶渗碳体、二次渗碳体和共析渗碳体全部分解为铁素体和石墨，得到铁素体基体。从可锻铸铁退火热处理过程可以看出，形成铁素体可锻铸铁热处理工艺是将可锻铸铁毛坯奥氏体化加热形成奥氏体+退火石墨，然后稍低于共析温度（710～730℃）保温，使共析转变的珠光体分解为铁素体+石墨，形成铁素体基体可锻铸铁。

3. 珠光体基体可锻铸铁的获得

珠光体可锻铸铁因渗碳体形态不同，可分为片状珠光体基体和粒状珠光体基体两种。粒状珠光体的屈服强度和冲击韧性高，故与片状珠光体的退火工艺略有差别。获得珠光体可锻铸铁的途径主要如下。

（1）铁素体基体的可锻铸铁坯件热处理。将铁素体可锻铸铁重新加热至临界温度以上保温，进行奥氏体化后出炉空冷，发生珠光体转变，再回火消除内应力，可获得片状珠光体组织；奥氏体化后油冷、高温回火可获得回火索氏体组织或粒状珠光体组织。

（2）完成第一阶段石墨化后直接冷却。对于普通珠光体可锻铸铁坯件，利用锰的稳定珠光体作用，在第一阶段石墨化完成后，从图 3-40 中的 2 点迅速出炉空冷或风冷，能获得细片状珠光体组织。在第一阶段石墨化后，空冷，之后 600～700℃回火，使珠光体粒状化，可获得粒状珠光体组织。对于加入 Cu、Mo、Sn、Ni 等合金珠光体的可锻铸铁坯件，第一阶段石墨化完成后空冷，再进行回火消除内应力，得到细片状珠光体组织；第一阶段石墨化完成后，油淬 590～630℃高温回火，获得回火索氏体组织。

（二）可锻铸铁石墨化原理及其影响因素

1．石墨核心的形成及长大

石墨化能否进行，主要取决于渗碳体的分解及石墨形核、成长的热力学和动力学条件。从热力学方面考虑，渗碳体是介稳定的，在一定的条件下可转化为稳定态的石墨，渗碳体分解过程能否顺利进行和石墨化过程能否最终完成，主要取决于渗碳体分解后碳原子扩散能力的大小、旧相消失、新相形成的各种阻力等动力学的条件。从形核动力学方面考虑，石墨的形核要克服石墨形核的能垒，因此石墨的形核一般以渗碳体和周围基体组织的晶界，以及各种化合物（硫化物、氧化物）和未溶的石墨微粒为“基底”进行形核并长大。

图 3-41 是局部铁–碳相图。石墨长大时，在渗碳体和石墨之间的奥氏体中碳会形成平衡浓度差。例如，在温度为 t 时，渗碳体处于平衡的介稳定系奥氏体中的碳含量为 a 点，对于与石墨处于平衡的稳定系奥氏体碳含量 b 点来说，碳含量过饱和。浓度差的存在使得碳原子从渗碳体–奥氏体界面向奥氏体–石墨界面扩散。图 3-42 是石墨化过程碳在奥氏体扩散示意图。扩散的结果使渗碳体–奥氏体界面上的碳浓度降低，渗碳体不断地溶解进入奥氏体，造成奥氏体内的碳的浓度差，形成碳原子从奥氏体向石墨核心析出的条件。只要在高温下保持足够的时间，渗碳体就会通过奥氏体不断地溶解，奥氏体中的碳不断地向石墨处扩散并析出在石墨上，石墨不断地长大，实现第一阶段石墨化。完成第一阶段石墨化后，如果缓慢冷却到第二阶段石墨化温度，奥氏体中的碳含量过饱和，于是继续析出石墨，奥氏体中的碳浓度沿 $E'S'$ 变化，析出的碳结晶到已有的石墨上，使团絮状石墨长大。由于相图的二重性，第二阶段石墨化便有两种方式，即奥氏体直接分解为铁素体和石墨、珠光体分解为铁素体和石墨。

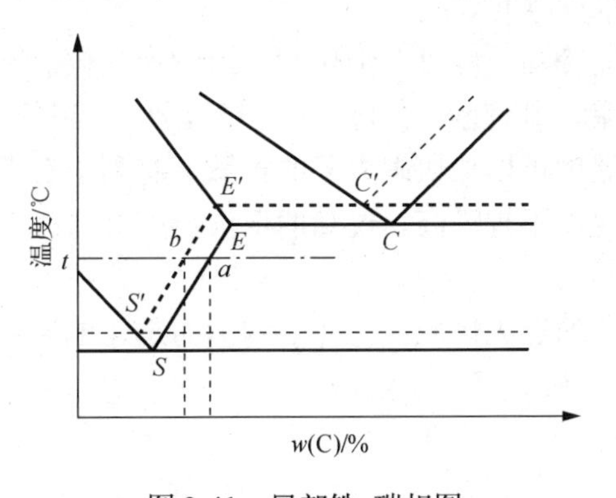

图 3-41　局部铁–碳相图

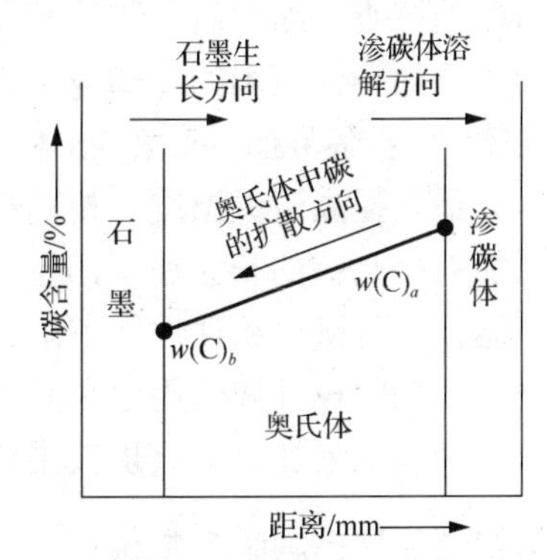

图 3-42　石墨化过程碳在奥氏体扩散示意图

2．石墨析出形状

在可锻铸铁的扩散退火中，石墨四周均与奥氏体相接触而长大，碳原子从各个方向向石墨各个面扩散，且速度接近，在石墨的各个结晶面上堆积，使石墨在各个结晶面上能均匀的生长，析出的石墨呈团絮状。扩散速度是石墨生长过程的限制环节。在可锻铸铁的实际生产中，如果退火温度过高，在一些方向由于低熔点夹杂的溶解或者某些方向扩散加剧，会造成某一方向容易生长，使退火石墨的紧密程度降低，石墨分枝程度加大，甚至形成鸡爪状石墨。

3. 影响石墨化过程的主要因素

从上述石墨化退火过程可以看出，固态石墨化主要由以下四个过程组成：石墨在奥氏体晶界形核；碳原子由渗碳体-奥氏体高碳界面向石墨-奥氏体低碳界面扩散；渗碳体向奥氏体溶解；碳原子向石墨核心沉积及石墨长大。上述过程中，起主导作用的是石墨形核和碳原子扩散，因此，影响石墨化过程的主要因素为石墨形核和碳原子的扩散速度。实际生产中，如果采取细化铸造组织及晶粒，增加奥氏体和渗碳体相界面的面积就可以增加石墨形核，石墨形核越多，石墨化时间越短，石墨化退火的时间越短。碳原子的扩散速度主要受温度和化学成分的影响，温度越高，碳原子的扩散速度越快，温度过高，会恶化石墨形态，在化学成分中，促进石墨化元素有利于加速石墨化过程。

（三）加速可锻铸铁石墨化退火的措施

从可锻铸铁的生产经验来看，加速可锻铸铁石墨化及缩短退火时间的措施主要如下。

（1）合理的选用铁液成分。在保证铸态全白口的前提下，碳、硅含量不宜过低，特别是硅含量在满足铸件铸态是白口的前提下要尽量高。

（2）孕育处理。可锻铸铁的孕育处理可以获得全白口，细化组织，退火时能增加石墨的核心，缩短白口铸铁石墨化退火时间。

（3）增加铸件凝固的冷却速度。提高冷却速度可以细化初晶组织和晶粒，增加奥氏体和渗碳体界面、石墨的形核位置和冷却速度，有利于铸件获得全白口组织。

（4）适当提高退火温度。提高退火温度可以加快碳原子的扩散，有利于石墨化，增加石墨晶核的长大速度，但退火温度不宜过高。过高的退火温度会造成石墨形状恶化，可锻铸铁件性能下降。

（5）正确的设计和选用退火炉。选择的退火炉应使铸件能均匀而迅速地加热及冷却，一般电阻加热退火炉效果较好。

五、可锻铸铁铸造缺陷及其预防

1. 可锻铸铁的铸造缺陷

可锻铸铁铸造过程中，毛坯出现的缺陷主要如下。

（1）灰点。铸态组织出现少量石墨，颜色呈灰色，称为灰点。有灰点的毛坯经退火后，石墨形状会恶化，强度和韧性降低。形成灰点的原因主要有铁液碳含量和硅含量偏高，不足以完全白口化；孕育处理不当，加入的孕育剂中促进石墨化的元素过多，与之配合的反石墨化元素过少，铸态易出现灰点。预防铸件出现灰点的措施：根据铸件壁厚对碳含量、硅含量进行调整；合理选择孕育剂，减少铁液处理后的时间，减少反石墨化元素的烧损等。

（2）缩松。可锻铸铁凝固时收缩较大，加之碳含量、硅含量低，凝固温度范围宽，初生树枝状奥氏体枝晶发达，容易造成铁液的补缩通道曲折及堵塞，不易补缩而造成缩松。一些缩松由铸件表面向中心延伸，形成的原因可能与气体（如氢等）阻碍了铁液向树枝间隙中的小孔补缩有关。防止铸件缩松的措施有合理布置浇冒口和冷铁；改进铸件结构；控制好铁液的化学成分等。

（3）裂纹。可锻铸铁铸态毛坯全为白口，脆性大、收缩大、应力大、形成裂纹的倾向大。当铁液的碳、硅含量过低，磷、硫含量过高时，更易产生裂纹。防止铸件出现裂纹的措施有严格控制铁液成分，降低磷、硫含量；改进铸造工艺及浇注系统；增加铸型的退让性等。

2．可锻铸铁热处理的缺陷

可锻铸铁热处理过程出现的缺陷主要如下。

（1）铸件表面氧化脱碳。正常退火时，铸件表面有氧化的颜色，但无氧化皮生成，铸件表面的脱碳层很薄，一般仅有数十微米。当发现铸件表面有氧化起皮现象，而且断面上有较厚的脱碳层，造成铸件外观质量和性能下降时，应控制退火气氛，这是由于退火炉中过强的氧化性气氛造成。

（2）石墨分叉、松散。退火的可锻铸铁组织中，出现粗大而松散或分叉的石墨，会明显导致铸铁性能下降，该现象是由于退火温度过高，或是铸铁的硅含量过高所引起。

（3）组织过烧。可锻铸铁毛坯经过退火后，组织中出现晶粒粗大，晶粒界面出现凝固组织或氧化层，石墨松散或分叉，使可锻铸铁力学性能下降的现象被称为过烧。过烧的产生是由于退火温度过高（如加热温度超过 1050℃），使晶粒周界的化合物发生熔解，晶粒的合并长大及晶界氧化。

（4）片状石墨。片状石墨的出现是由于铸坯中存在灰口组织，其原因是铸铁的碳硅含量过高，或是铸件的厚壁或热节处冷却缓慢所造成。

（5）回火脆性。可锻铸铁在 400～500℃内停留或缓慢冷却，会产生回火脆性。回火脆性分为退火后慢冷回火脆性和镀锌（温度＜590℃）回火脆性两种。预防回火脆性的措施有石墨化结束后应在 600～650℃出炉空冷；控制镀锌温度在 610～650℃，镀锌后快冷；限制磷含量，$w(P)<0.1\%$，并控制硅含量；如果出现回火脆性，将可锻铸铁件重新加热到 650～700℃，保温后出炉快冷即可消除。

六、可锻铸铁铸件生产举例

零件：管路连接铸件（平均壁厚小于10mm）。

可锻铸铁牌号：KTH300-06，为黑心可锻铸铁。其化学成分范围是$w(C)$为2.6%～2.9%，$w(Si)$为1.4%～1.9%，$w(Mn)=1.7w(S)+0.2$，$w(P)<0.10\%$，$w(S)<0.2\%$，$w(Cr)<0.06\%$。

铸铁的熔炼：冲天炉，出铁温度为1420～1450℃。

铸铁孕育剂种类及加入量：铋-铝孕育剂，加入量 $w(Bi)$为0.01%～0.015%+$w(Al)$为0.006%～0.015%。

孕育剂加入方式：铁水包内加入。

浇注：孕育处理后6～8min浇注完毕，浇注温度不低于1380℃。

退火工艺：隧道式煤粉炉（40m），升温19.5h，第一阶段石墨化温度为（950～970）℃×10.5h，中间冷却5.3h，第二阶段石墨化温度为（750～700）℃×17.7h，退火周期为53h。

金相组织：铁素体基体+团絮状石墨；力学性能，达到KTH330-08性能80%以上，达到KTH300-06性能少于20%。

第五节　特种用途铸铁

特种用途铸铁是指使用过程中为满足某些特殊使用用途的铸铁，其主要种类有减磨铸铁、抗磨铸铁、冷硬铸铁、耐热铸铁和耐蚀铸铁等。特种用途铸铁是在普通铸铁的基础上加入某些合金元素，使之合金化从而获得。

一、减磨铸铁及其生产

减磨铸铁是用于润滑条件下工作的耐磨件，如各种滑动轴承，机床导轨和滑块、滑板，发动机缸套和活塞环等。这些零部件一般要求摩擦系数小、耐磨损和抗咬合性能好等。铸铁良好的减磨性能除了与铸铁本身的化学成分和组织有关之外，还与其润滑条件、载荷大小、工作速度、表面粗糙度等工作条件有关。

（一）铸铁的组织对减磨性能的影响

1．石墨对铸铁减磨性的影响

石墨的结构为六方晶格结构，在外力作用下，石墨片层之间很容易沿基面滑移，基面发生转动而与滑动界面平行，因此石墨是一个很好的固体润滑剂，可降低滑动界面的摩擦和磨损。石墨润滑能力的大小与石墨本身的形状有关，一般片状石墨容易在滑移面上形成较厚的石墨膜，球墨铸铁的石墨膜较薄，且不充分，抗咬合能力差，蠕墨铸铁介于两者之间，具有良好的减磨性能。在摩擦磨损过程中，铸铁组织中的石墨在润滑条件下，还能吸附和保存润滑油，保持油膜连续性，石墨一旦脱落，基体中会留下空穴，还可以储存润滑油，促进润滑油膜的形成。但片状石墨对基体的割裂作用大，尖端处容易形成裂纹源，会增加磨削的形成。因此选用蠕墨铸铁或球墨铸铁替代片状石墨铸铁，在不降低石墨润滑能力或降低较小的前提下，可以改善铸铁的摩擦磨损性能。

2．基体组织对铸铁减磨性能的影响

铸铁的基体组织主要有铁素体、珠光体、贝氏体和马氏体等。理论上铸铁的基体组织硬度越高，减磨性能越好，但高硬度的基体不利于石墨成膜，综合考虑基体的硬度和石墨成膜性对耐磨性的影响，珠光体基体减磨性能最好，珠光体基体数量越多，片间距越小，摩擦磨损性能越好。在基体硬度不变时，轻微磨损情况下，贝氏体基体磨损率最低，马氏体基体次之，珠光体基体最差；严重磨损阶段，上述基体组织的磨损率差别很小。铸铁基体组织中如果有形成硬质相，对耐磨性有较大的影响。磨损过程中，硬质相在基体中起支撑和骨架作用，对保持润滑剂、减少磨损有利，但如果硬质点容易脱落，则作为磨料参与磨损时，反而起到相反的作用。

（二）常见的减磨铸铁及其应用

1．含磷铸铁

含磷铸铁一般是指铸铁中磷的质量分数高于0.3%的灰铸铁。磷元素在铸铁中的固溶度很低，含量超过0.15%时，在最后凝固的晶界处会形成二元磷共晶（α-Fe+Fe_3P）或三元磷共晶（α-Fe+Fe_3C+Fe_3P）。二元磷共晶和三元磷共晶组织可用碱性高铁氰化钾热腐蚀鉴别，用金相显微镜观察 Fe_3P 为黑色，Fe_3C 为白色，如果磷共晶中存在 Fe_3C，则为三元磷共晶。用硝酸酒精溶液腐蚀，金相显微镜观察 Fe_3C 和 Fe_3P 均为白色，很难鉴别。同样用碱性苦味酸钠热腐蚀，Fe_3P 不着色，而 Fe_3C 变黑，也可以进行鉴别。

磷共晶硬度高，二元磷共晶的显微硬度 HV 为 750～800，三元磷共晶的显微硬度 HV 为 900～950，磷共晶断续状分布在金属基体中不易脱落，对提高铸铁的耐磨性有利。随着磷含量的提高，会使铸铁的磨损量减少，但磷共晶会降低铸铁的强度和韧性，使铸铁的应用受到限制。一般铸铁中的 w(P)为 0.4%～0.7%。加入磷会降低铸铁的液相线和共晶温度，提高铸铁的流动性，流动性比一般孕育铸铁提高 30%～50%；降低铸铁的导热性，铸造时因磷共晶与基体膨胀系数不同，铸造应力较大。含磷铸铁主要的应用领域如下。

（1）机床导轨。导轨铸件的化学成分：w(C)为 2.9%～3.5%，w(Si)为 1.4%～1.9%，w(Mn)为 0.5%～1.0%，w(P)为 0.4%～0.65%，w(S)≤0.12%，余量为 Fe。

铸铁的力学性能是 R_m 为 200～300MPa，HBW 为 170～250。铸铁的金相组织为 A 型石墨（长度为 10～25μm），珠光体含量大于 95%，磷共晶为 4%～5%，呈断续分布，自由渗碳体数量小于 1%。含磷铸铁中加入 w(Cu)为 0.6%～0.8%、w(Ti)为 0.10%～0.15%，稳定并细化珠光体和石墨组织，已广泛应用于精密车床导轨。

（2）拖拉机、柴油机汽缸缸套。缸套铸件的成分范围：w(C)为 2.9%～3.4%，w(Si)为 2.2%～2.6%，w(Mn)为 0.8%～1.2%，w(P)为 0.60%～0.80%，w(S)≤0.10%，余量为 Fe。缸套的力学性能为强度 R_m≥190MPa，抗弯强度 R_{dB}≥392MPa，HBW≥220，硬度差小于 30HBW。

（3）铁道车辆的刹车闸瓦。含磷铸铁闸瓦是利用刹车时产生的摩擦热，熔化低熔点的磷共晶，均匀地涂挂在摩擦面上，以增大摩擦减少磨损。早期刹车闸瓦 w(P)为 0.2%，但温度提高时耐磨性差，后用 w(P)为 0.7%～1.0%得以改善，但制动时容易起火花，引起火灾，改进后用高磷闸瓦，化学成分是 w(C)为 2.6%～3.1%，w(Si)为 2.2%～3.0%，w(Mn)为 0.8%～1.2%，w(P)为 2.0%～2.5%，w(S)≤0.15%，余量为 Fe。刹车闸瓦的力学性能为强度 R_m≥150MPa，抗弯强度 R_{dB}≥280MPa，HBW 为 187～260，组织主要为珠光体基体，铁素体含量不大于 12%，石墨主要为 A 型石墨、B 型石墨和 AB 型石墨。高磷灰铸铁闸瓦产生的火花少，但脆性大，容易断裂，实际应用时为防止闸瓦的断裂，浇注时需加装钢板冲压而成的瓦背，形成复合结构的闸瓦。当前我国铁路客货车辆上使用的闸瓦大部分是高磷铸铁闸瓦。

2．钒钛铸铁

钒钛铸铁中 w(V)为 0.3%～0.5%，w(Ti)为 0.15%～0.35%，钒、钛加入铸铁中会形成高硬度的碳化物和氮化物，硬度 HV 在 960～1840，弥散分布在基体中，可提高铸铁的耐磨性。和普通的灰铸铁相比，加钒、钛的铸铁组织更细，石墨为细小的 A 型石墨，基体为珠光体组织。钒钛铸铁主要应用领域如下。

（1）机床导轨。导轨的铸件成分范围：w(C)为 2.9%～3.7%，w(Si)为 1.4%～2.2%，w(Mn)为 0.6%～1.2%，w(V)为 0.15%～0.45%，w(Ti)为 0.06%～0.15%，w(P)≤0.40%，w(S)≤0.12%，余量为 Fe。导轨铸件的力学性能：抗拉强度 R_m=200～300MPa，HBW 为 160～241。导轨铸件的金相组织：主要是 A 型石墨（长度 10～25μm），或含少量的 D 型石墨、E 型石墨，珠光体数量大于 90%，磷共晶数量小于 4%，呈断续状分布，自由渗碳体小于 1%，碳化物弥散分布。

（2）汽车或拖拉机的活塞环、缸套。生产活塞环的铜钒钛成分范围：w(C)为 3.6%～3.9%，w(Si)为 2.5%～2.7%，w(Mn)为 0.6%～0.9%，w(V)为 0.15%～0.25%，w(Ti)为 0.1%～0.2%，w(P)为 0.40%～0.6%，w(Cu)为 0.4%～06%，w(S)≤0.10%，余量为 Fe。活塞环的力学性能：抗弯强度 R_{dB}=539MPa，HBW 为 103～107，弹性模量 E=94300MPa。生产缸套的硼钛钒铸铁的化学成分范围：w(C)为 3.0%～3.6%，w(Si)为 1.8%～2.5%，w(Mn)为 0.7%～1.2%，w(V)为 0.15%～0.25%，w(Ti)

为 0.07%～0.15%，w(P)为 0.2%～0.40%，w(S)≤0.10%，w(B)为 0.04%～0.06%，余量为 Fe。缸套的力学性能：抗拉强度 R_m≥210MPa，HBW≥210。

3．硼铸铁

表 3-30 是硼铸铁汽缸套及活塞环的化学成分。硼铸铁中 w(B)为 0.03%～0.10%，由于硼的加入量较小，微量的硼对石墨和珠光体形态与数量影响不大。铸铁凝固时，硼在奥氏体中的最大溶解度只有 0.018%，奥氏体晶界熔体中会富集硼，当硼的质量分数超过 0.5%后，会析出硼化物（硬度 HV 为 1100）或含硼复合物的磷共晶（硬度 HV 为 900～1300）。硼铸铁中存在的含硼化合物，是提高硼铸铁耐磨性的主要因素，耐磨性比灰铸铁提高 2～3 倍。硼铸铁主要应用于汽缸套、活塞环等。铸铁中硅会阻碍硼化物的析出，随硅含量的提高，形成硼化物需要增加硼量，因此设计硼铸铁时，应考虑硅和硼的关系，一般 w(Si)/w(B)＜80 时，铸铁中析出硼化物；w(Si)/w(B)＞130 时，铸铁中不析出硼化物。硼铸铁生产时，可以使用硼铁合金、硼砂（$Na_2B_4O_7$）或硼矿石（$2MgO \cdot B_2O_3$）加硼，直接用硼矿石加硼，经济效益较好。

表 3-30　硼铸铁汽缸套及活塞环的化学成分

材质	化学成分（质量分数）/%							应用
	w(C)	w(Si)	w(Mn)	w(P)	w(S)	w(B)	其他	
硼铸铁	2.9～3.2	1.8～1.4	0.7～1.2	0.2～0.4	≤0.10	0.04～0.06	w(Cr)为 0.2～0.5，w(Sn)为 0.07～0.15，w(Sb)为 0.05～0.10，w(Fe)为余量	汽缸套
	3.5～3.7	2.4～2.6	0.8～1.0	0.2～0.3	≤0.06	0.03～0.05	w(Fe)为余量	活塞环
高硼铸铁	2.9～3.5	1.8～1.4	0.7～1.2	0.2～0.4	≤0.10	0.06～0.10	w(Cr)为 0.2～0.5，w(Sn)为 0.07～0.15，w(Fe)为余量	汽缸套
硼钒钛铸铁	3.0～3.6	1.8～2.5	0.7～1.2	0.2～0.4	≤0.10	0.04～0.06	w(V)为 0.1～0.25，w(Ti)为 0.07～0.15，w(Fe)为余量	
	3.6～3.9	2.6～2.8	0.7～1.0	0.2～0.3	≤0.06	0.03～0.05	w(V)为 0.1～0.25，w(Ti)为 0.05～0.15，w(Fe)为余量	活塞环
硼钨铬铸铁	3.6～3.9	2.6～2.8	0.7～1.0	0.2～0.3	≤0.06	0.03～0.05	w(W)为 0.3～0.6，w(Cr)为 0.2～0.4，w(Fe)为余量	
硼铬钼铜铸铁	2.9～3.3	1.8～2.2	0.9～1.2	0.2～0.3	≤0.06	0.03～0.045	w(Cr)为 0.2～0.3，w(Mo)为 0.3～0.4，w(Cu)为 0.8～1.2，w(Fe)为余量	

（三）减磨铸铁的生产工艺流程

减磨铸铁的生产工艺流程为牌号及化学成分的确定→炉料准备、配料→熔炼合格铁液→炉前检验→孕育处理→炉前检验→浇注铸件→清理及检验→热处理→铸铁铸件。

根据减磨铸铁铸件的性能要求选择合适的减磨铸铁的牌号及化学成分，减磨铸铁在熔炼时由于合金元素较低，一般可用冲天炉或电炉熔炼。

二、抗磨铸铁及其生产

抗磨铸铁主要用于抵抗磨料磨损的铸铁，可制造非润滑条件下的耐磨料磨损铸件，如球磨机的磨球和衬板、破碎机的板锤和锤头、犁耙等。抗磨铸铁已广泛应用于矿山、冶金、建材、电力、船舶、煤炭、化工和工程机械等领域中需要抗磨的零部件，目前消耗量很大。

（一）金属抗磨材料硬度的设计

在实际磨损过程中，应用较多的是耐磨性和相对耐磨性。耐磨性表示在某磨损过程中材料抵抗磨损的能力，它是材料磨损量的倒数，磨损量或磨损失重越大，金属的耐磨性能就越低。耐磨性还可以用相对耐磨性表示，相对耐磨性为对比材料试样的磨损量与试验材料试样的磨损量之比。相对耐磨性越高，说明试验材料试样的磨损量越小，耐磨性越好。研究表明，金属磨料磨损量与外加载荷成正比，与金属表面硬度成反比，与磨粒的几何角度等因素有关，实际中并没有万能的耐磨材料。因此，耐磨材料的设计要考虑设备的外加载荷、磨料的性质及其几何形状、使用环境的介质性质等。苏联学者赫鲁晓夫通过大量的磨料磨损试验，建立了金属的相对耐磨性 ε、磨料硬度 Ha 与金属硬度 Hm 之间的关系。图 3-43 是磨料硬度及金属硬度之比与相对耐磨性关系图。

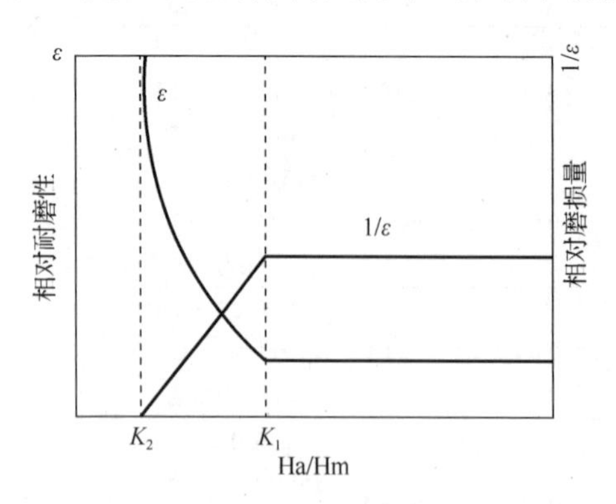

图 3-43　磨料硬度及金属硬度之比与相对耐磨性关系

K_1=1.3～1.7；K_2=0.7～1.1

从图 3-43 可以看出，当 Ha/Hm＜0.7～1.1（K_2）时，工件有极高的耐磨性；当 Ha/Hm＞0.7～1.1（K_2）时，工件开始磨损；当 Ha/Hm＞1.3～1.7（K_1）时，工件的磨损量增至最大，相对耐磨性最小。在 Ha/Hm＜0.7～1.1（K_2）和 Ha/Hm＞1.3～1.7（K_1）的范围内，增加金属的硬度对提高金属的耐磨性没有任何意义。只有当Ha/Hm在K_1和K_2的范围内，增加金属的硬度，才能提高金属的耐磨性。例如，磨料的Hm为490，带入K_2＜Ha/Hm＜K_1，计算所设计的金属耐磨材料硬度Ha：288～377＜Ha＜445～700，如果金属耐磨材料的硬度Hm＞700，硬度虽高，但耐磨性不变，过高的硬度反而会增加抗磨材料的脆性以及断裂的危险；如果设计的金属耐磨材料硬度Hm＜377，磨损量会增加，相对耐磨性很低，不耐磨。只有硬度在377～700，增加金属耐磨材料的硬度，耐磨性才会增加。

（二）常用的抗磨铸铁

1．普通白口铸铁

表3-31是普通白口铸铁的化学成分、组织及其应用。普通白口铸铁的成分特点为高碳、低硅，不加特殊合金元素，成本较低，其组织为珠光体+渗碳体。图3-44是抗磨铸铁共晶组织形貌。当普通白口铸铁成分为共晶成分或接近共晶成分时，莱氏体中的渗碳体和奥氏体协同共生生长，形成不规则片状或蜂窝状结构[图3-44（a）]。当普通白口铸铁成分为亚共晶成分时，树枝晶间形成的共晶奥氏体会在初生奥氏体表面生长，而共晶渗碳体只能在奥氏体枝晶间结晶，形成的共晶渗碳体呈板条状分布[图3-44（b）]。共晶渗碳体在奥氏体枝晶间连续分布，会造成普通白口铸铁韧性差、脆性大。

表3-31　普通白口铸铁的化学成分、组织及其应用

<table>
<tr><th rowspan="2">序号</th><th colspan="6">化学成分（质量分数）/%</th><th rowspan="2">金相组织</th><th rowspan="2">热处理</th><th rowspan="2">HRC</th><th rowspan="2">应用</th></tr>
<tr><th>w(C)</th><th>w(Si)</th><th>w(Mn)</th><th>w(P)</th><th>w(S)</th><th>w(Fe)</th></tr>
<tr><td>1</td><td>3.5～3.8</td><td>≤0.6</td><td>0.15～0.2</td><td>＜0.3</td><td>0.2～0.4</td><td>余量</td><td>渗碳体+珠光体</td><td>铸态</td><td>—</td><td>磨粉机磨片、导板</td></tr>
<tr><td>2</td><td>2.6～2.8</td><td>0.7～0.9</td><td>0.6～0.8</td><td>＜0.3</td><td>＜0.10</td><td>余量</td><td>渗碳体+珠光体</td><td>铸态</td><td>—</td><td>犁铧</td></tr>
<tr><td>3</td><td>4.0～4.5</td><td>0.4～1.2</td><td>0.6～1.0</td><td>＜0.4</td><td>＜0.10</td><td>余量</td><td>莱氏体或莱氏+渗碳体</td><td>铸态</td><td>50～55</td><td rowspan="2">犁铧</td></tr>
<tr><td>4</td><td>2.2～2.5</td><td>＜1.0</td><td>0.5～1.0</td><td>＜0.1</td><td>＜0.10</td><td>余量</td><td>贝氏体+少量屈氏体+渗碳体</td><td>900℃加热230℃～300℃盐浴空冷</td><td>55～59</td></tr>
</table>

从组织的硬度来看，普通白口铸铁中的珠光体的显微硬度HV为250～320，合金化珠光体的显微硬度HV为300～460，未合金化渗碳体的显微硬度HV为900～1000，合金化渗碳体的显微硬度HV为1000～1200，石英的显微硬度HV为1200左右，与合金渗碳体相当，故相对于石英磨料，普通铸铁的耐磨性较差。但普通白口铸铁因价格低廉，生产工艺简单，可作为一般的抗磨件，已广泛应用在面粉机的磨辊、球磨机磨段、磨球、抛丸机铁丸、犁铧等耐磨件。

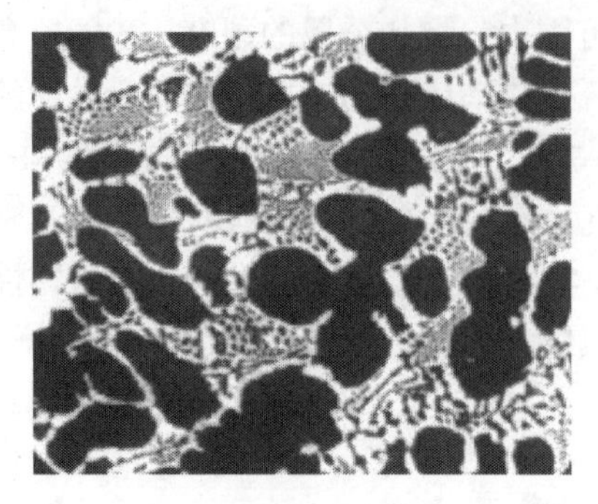

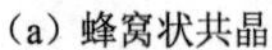

（a）蜂窝状共晶

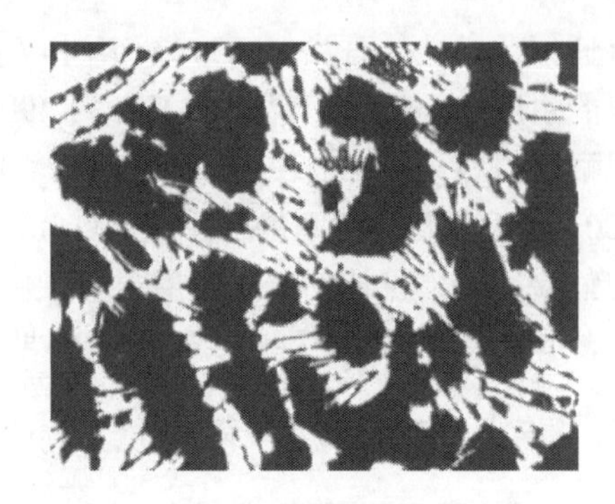

（b）板条状共晶

图 3-44　抗磨铸铁共晶组织形貌

2．合金抗磨铸铁

表 3-32 是《抗磨白口铸铁件》（GB/T 8263—2010）规定的抗磨白口铸铁件的牌号及化学成分。合金抗磨白口铸铁的种类主要有镍硬白口铸铁和铬系白口铸铁两大类。

表 3-32　抗磨白口铸铁件的牌号及化学成分

牌号	化学成分（质量分数）/%									
	w(C)	*w*(Si)	*w*(Mn)	*w*(Cr)	*w*(Mo)	*w*(Ni)	*w*(Cu)	*w*(P)	*w*(S)	*w*(Fe)
BTMNi4Cr2-DT	2.4～3.0	≤0.8	≤2.0	1.5～3.0	<1.0	3.3～5.0	—	≤0.1	≤0.1	余量
BTMNi4Cr2-GT	3.0～3.6	≤0.8	≤2.0	1.5～3.0	<1.0	3.3～5.0	—	≤0.1	≤0.1	余量
BTMCr9Ni5	2.5～3.6	1.5～2.2	≤2.0	8.0～10.0	<1.0	4.5～7.0	—	≤0.06	≤0.06	余量
BTMCr2	2.1～3.6	≤1.5	≤2.0	1.0～3.0	—	—	—	≤0.1	≤0.1	余量
BTMCr8	2.1～3.6	1.5～2.2	≤2.0	7.0～10.0	<3.0	<1.0	≤1.2	≤0.06	≤0.06	余量
BTMCr12-DT	1.1～2.0	≤1.5	≤2.0	11.0～14.0	<3.0	<2.5	≤1.2	≤0.06	≤0.06	余量
BTMCr12-GT	2.0～3.6	≤1.5	≤2.0	11.0～14.0	<3.0	<2.5	≤1.2	≤0.06	≤0.06	余量
BTMCr15	2.0～3.6	≤1.2	≤2.0	14.0～18.0	<3.0	<2.5	≤1.2	≤0.06	≤0.06	余量
BTMCr20	2.0～3.3	≤1.2	≤2.0	18.0～23.0	<3.0	<2.5	≤1.2	≤0.06	≤0.06	余量
BTMCr26	2.0～3.3	≤1.2	≤2.0	23.0～30.0	<3.0	<2.5	≤1.2	≤0.06	≤0.06	余量

注：①牌号中“DT”和“GT”分别为“低碳”和“高碳”，表示该牌号碳含量高低。②允许加入 V、Ti、Nb、B 和 RE 等元素。

（1）镍硬白口铸铁。镍硬白口铸铁的化学成分特点是含有较高镍和铬含量的白口铸铁，国际上称之为 Ni-Hard 铸铁。镍硬白口铸铁的化学成分中，镍元素的质量分数为 3.3%～7.0%，常用的有三个牌号（BTMNi4Cr2-DT、BTMNi4Cr2-GT 和 BTMCr9Ni5），公称铬含量分别是 *w*(Cr)为 2%和 *w*(Cr)为 9%。镍硬白口铸铁属于中合金白口铸铁，加入较高含量的镍是为了提高铸铁的淬透性，获得以马氏体为主的基体组织，由于镍含量较高，铸态中会存在较多的残余奥氏体。镍是一种稀缺且昂贵的元素，加入量较高会导致耐磨材料的价格较高，应用受到限制。图 3-45 是镍硬白口铸铁的金相组织。镍硬白口铸铁的铸态组织主要由马氏体+贝氏体+残余奥氏体+碳化物组成[图 3-45（a）]，w(Cr)为 2%的碳化物是(Fe，Cr)$_3$C，硬度 HV 为 1100～1150，高于普通碳化物，w(Cr)为 9%的碳化物是(Fe，Cr)$_7$C$_3$[图 3-45（b）]，硬度更高。

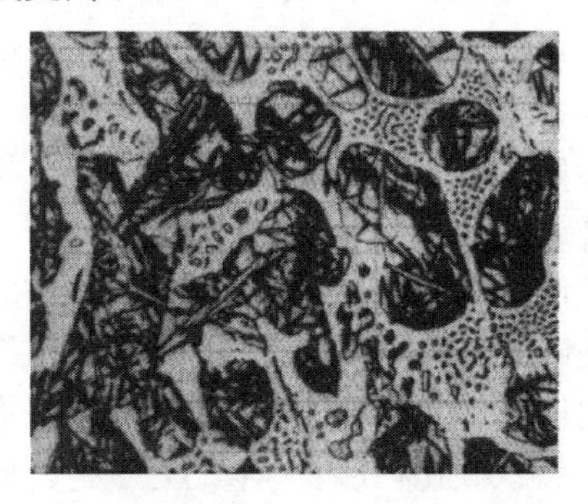

（a）BTMNi4Cr2-GT 铸态组织，200×

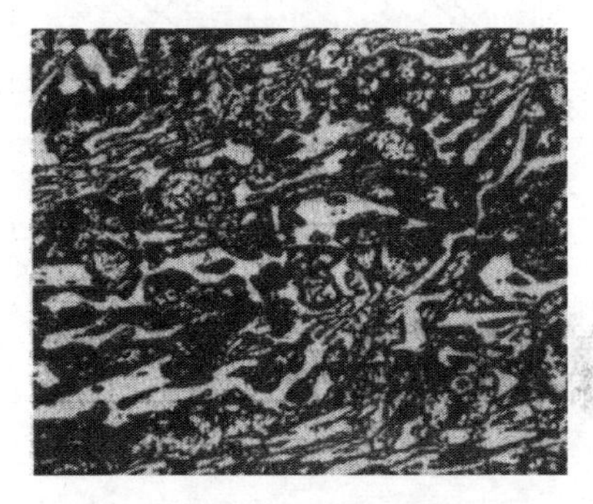

（b）BTMCr9Ni5 经 750℃空冷，300×

图 3-45　镍硬白口铸铁的金相组织

镍硬白口铸铁 BTMNi4Cr2-DT 和 BTMNi4Cr2-GT 的热处理工艺有两种：一种是进行 275℃×（12～24）h 空冷，使铸态组织中的马氏体回火，残余奥氏体转化为贝氏体组织，提高铸件的硬度和冲击疲劳寿命；另一种是进行（430～470）℃×4h 空冷或炉冷到室温，或冷至 275℃×（4～16）h 空冷，使残余奥氏体转变为马氏体，马氏体产生回火，奥氏体转变为贝氏体组织。

镍硬白口铸铁 BTMCr9Ni5 的两种热处理工艺为一种是进行（750～800）℃×（4～8）h 空冷或炉冷，铸件组织为合金碳化物+马氏体+残余奥氏体，提高其硬度和冲击疲劳寿命，金相组织如图 3-45（b）所示；另一种为 550℃×4h 炉冷，再进行 450℃×16h 空冷。镍硬白口铸铁主要应用于冶金轧辊、球磨机衬板、磨球、平盘磨辊套、E 型磨磨环、杂质泵过流件和灰渣输送管道，耐磨性比普通白口铸铁及低合金铸铁好。

（2）铬系白口铸铁。由于镍硬白口铸铁中镍含量较高，铸件的价格高，限制了高镍铸铁耐磨件的应用，而利用铬合金化替代镍系开发的铬系白口铸铁，能够降低铸件的成本。我国铬系白口铸铁的研究和应用取得了较大的进展和成果。铬系白口铸铁的主加合金元素为铬，其化学成分如表 3-32 所示，共有 7 个牌号，铬系白口铸铁根据铬含量不同分为低铬白口铸铁（BTMCr2）、中铬白口铸铁（BTMCr8）、高铬白口铸铁（BTMCr12～26）。

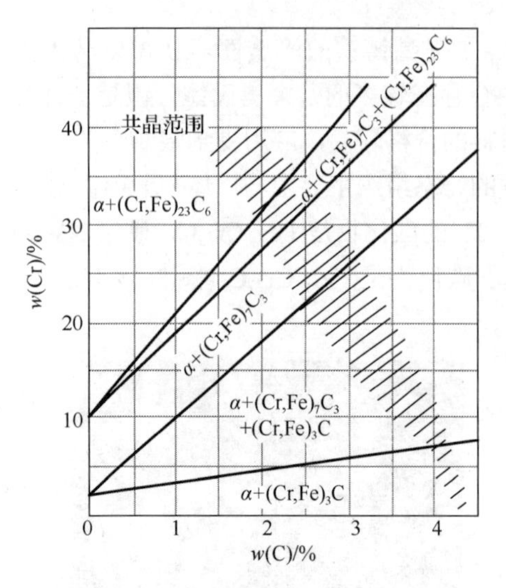

图 3-46　铬系白口铸铁碳、铬含量与碳化物类型图

图 3-46 是铬系白口铸铁碳、铬含量与碳化物类型图。铬系白口铸铁中碳化物形式主要有三种类型：M_3C 型[(Fe，Cr)$_3$C]、M_7C_3 型[(Fe，Cr)$_7C_3$]、$M_{23}C_6$ 型[(Fe，Cr)$_{23}C_6$]。碳化物类型主要与碳和铬含量有关，碳含量一定时，增加铬含量能改变组织中碳化物的类型，碳化物的变化类型由 $M_3C \rightarrow M_7C_3 \rightarrow M_{23}C_6$ 依次变化，增加铬含量，获得 M_7C_3 型碳化物，可增加铸铁的硬度，提高铸铁件的韧性及耐磨性。

低铬白口铸铁是在普通白口铸铁成分的基础上加入 w(Cr)为 1%～5%，其组织为珠光体+M_3C 型碳化物，图 3-47 是低铬系 M_3C 铸铁碳化物形貌[w(Cr)为 2%]。低铬抗磨过共晶铸铁的初生(Fe，Cr)$_3$C 碳化物在铸铁组织中呈板条状分布，共晶碳化物分布和普通铸铁碳化物分布一样，呈蜂窝状或网状分布，如图 3-47（a）所示，铸铁的韧性较低，但碳化物的稳定性和硬度要高于 Fe_3C 碳化物。亚共晶成分的铸铁初析奥氏体相及共晶反应中的奥氏体组织在室温下可转变为珠光体，扫描电子显微镜下呈珠光体形貌特征，如图 3-47（b）所示。低铬白口铸铁经热处理强化后强韧性和抗磨性要高于普通抗磨白口铸铁，主要应用于球磨机磨球等。关于铸造磨球的种类及化学成分，可参考国家标准《铸造磨球》（GB/T 17445—2009）规定。

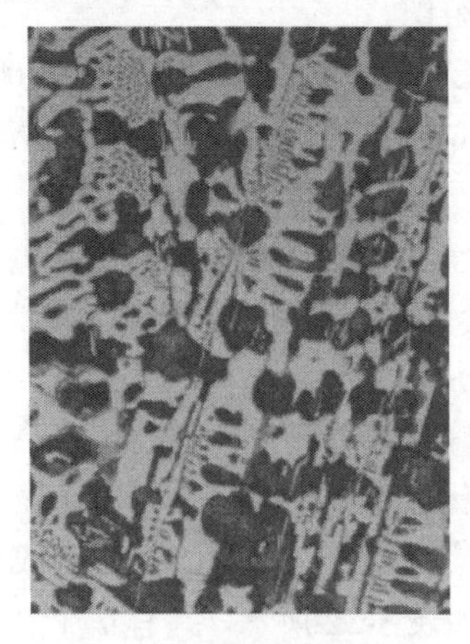

（a）光学显微镜组织

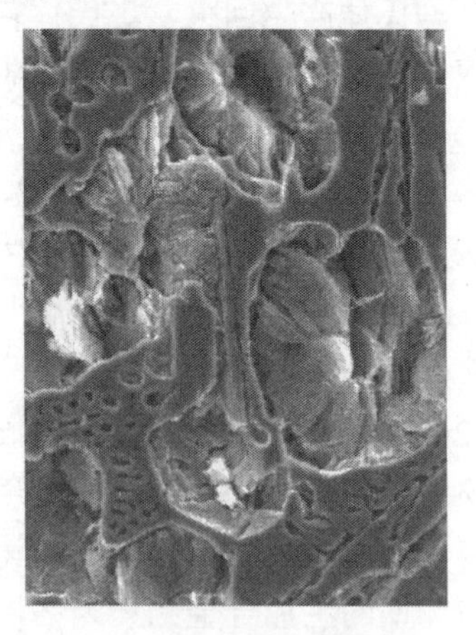

（b）扫描电子显微镜组织

图 3-47　低铬系 M_3C 铸铁碳化物形貌[w(Cr)为 2%]

中铬白口铸铁含 $w(Cr)$为 7%～11%，图 3-48 是中铬白口铸铁的金相组织。其组织为珠光体+$(FeCr)_3C$+少量的$(FeCr)_7C_3$ 碳化物，加入 $w(Mo)$为 0～2%和 $w(Cu)$为 0～2%，合金化可获得马氏体+M_3C+M_7C_3 碳化物。一般中铬白口铸铁在热处理后使用，可应用于磨球、衬板等耐磨件。

含 $w(Cr)$≥12%的铬系白口铸铁一般被称为高铬白口铸铁。由于铸铁中的铬含量高，其组织中的碳化物类型主要是$(FeCr)_7C_3$ 碳化物。图 3-49 是 $w(Cr)$为 22%高铬白口铸铁组织中 M_7C_3 碳化物形貌，过共晶铸铁初生的 M_7C_3 型碳化物在基体组织中呈孤立分布的长杆状[图 3-49（a）]；横截面为六边形，六边形中间有时存在孔洞或奥氏体的转变产物[图 3-49（b）]；共晶碳化物呈集束状细板条分布，如图 3-49（a）所示；横截面为菊花状，如图 3-49（b）所示。高铬白口铸铁中$(Fe，Cr)_7C_3$ 碳化物的铸铁硬度较高，具有良好的韧性，作为耐磨件组织可以提高铸件使用寿命。

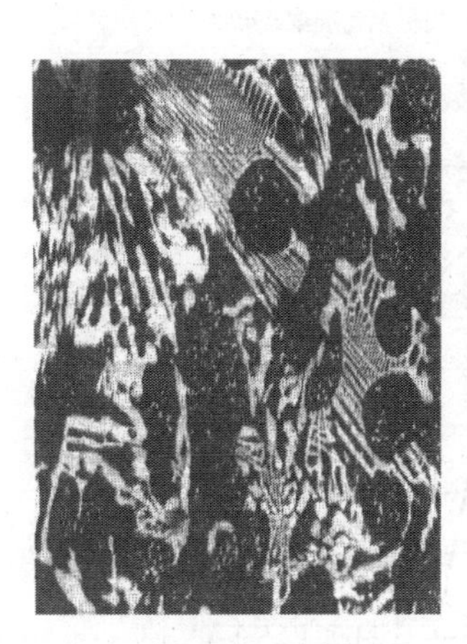

图 3-48　中铬白口铸铁的金相组织

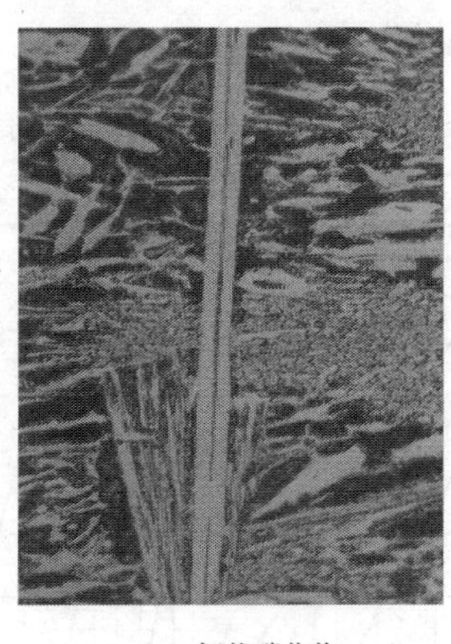

（a）杆状碳化物

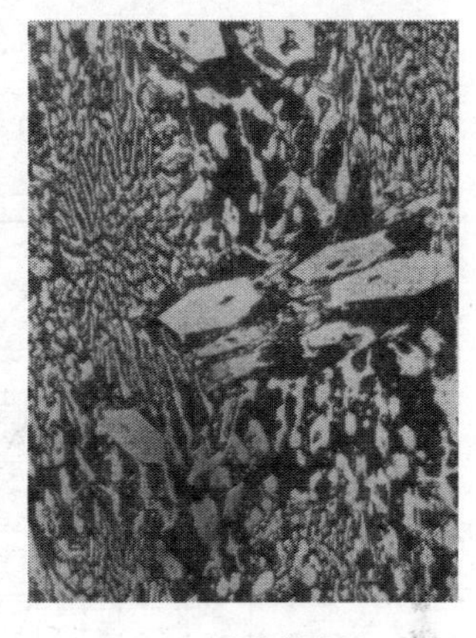

（b）碳化物横截面

图 3-49　$w(Cr)$为 22%高铬白口铸铁组织中 M_7C_3 碳化物形貌

实际高铬白口铸件的生产中，通过定向凝固可获得一定方向分布的 M_7C_3 型碳化物，图 3-50 是 $w(Cr)$为 22%高铬白口铸铁 M_7C_3 定向凝固碳化物形貌。M_7C_3 定向分布可以提高耐磨件的硬度、耐磨性和使用寿命。在扫描电镜下观察定向凝固的高铬白口铸铁的碳化物，呈六边形杆状的初析 M_7C_3 和菊花状的共晶碳化物都沿一定方向分布，一些 M_7C_3 型碳化物横截面有孔[图 3-50（b）]。继续提高铬含量，铸铁组织会出现 $M_{23}C_6$ 型碳化物，$(Fe，Cr)_{23}C_6$ 一般呈条状或块条状分布，铸铁的硬度降低。

图 3-51 是 $w(Cr)$为 15%-$w(Mo)$为 2%-$w(Cu)$为 1%铸铁的连续冷却曲线。高铬白口铸铁加入铜、钼等元素合金化，可以使铸铁的连续冷却曲线的高温铁素体和珠光体转变曲线显著右移，提高了高铬白口铸铁马氏体组织的淬透性。在铸态或

热处理空冷后可获得 M_7C_3 型碳化物和马氏体及奥氏体组织，提高铸件的硬度，正火热处理后洛氏硬度 HRC≥60，组织主要为 M_7C_3 型碳化物+马氏体和少量奥氏体组织，耐磨性和韧性优于低铬和中铬合金铸铁。

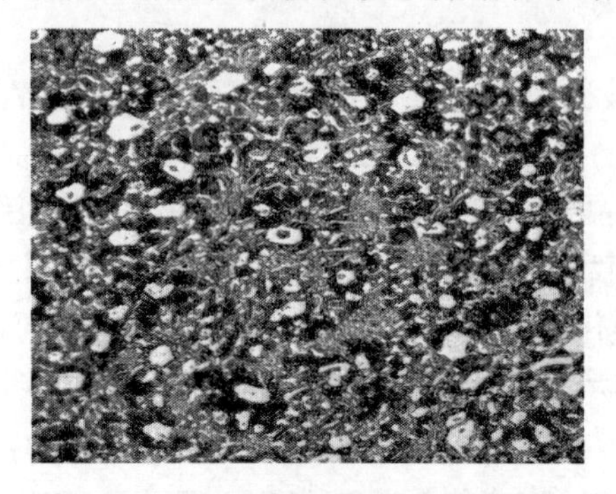

（a）定向分布 M_7C_3，100×　　（b）扫描电镜观察，4000×

图 3-50　w(Cr)为 22%高铬白口铸铁 M_7C_3 定向凝固碳化物形貌

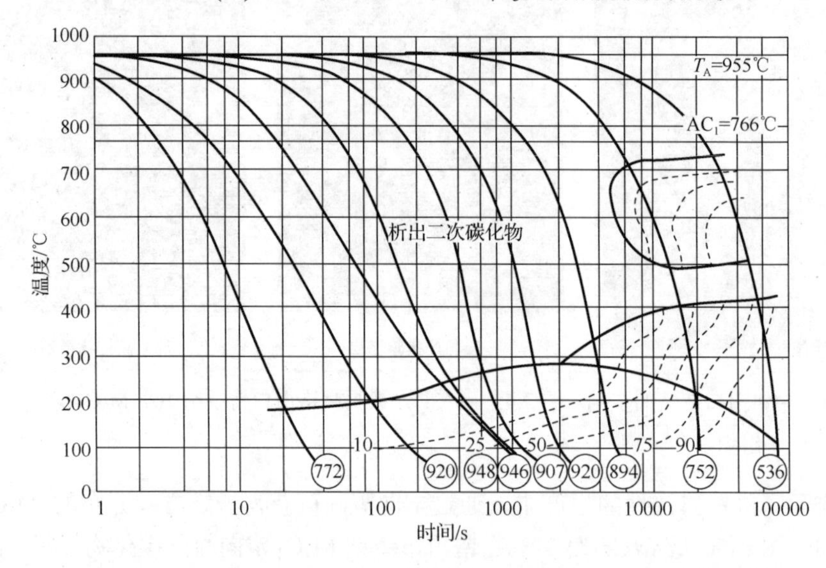

图 3-51　w(Cr)为 15%-w(Mo)为 2%-w(Cu)为 1%铸铁连续冷却曲线（○中数字为显微硬度 HV 值）

高铬白口铸铁可广泛应用于破碎机衬板、板锤，球磨机衬板、磨球，磨煤机辊套、衬板和烧结机篦条等耐磨件。铬系白口铸铁的碳化物中，M_7C_3 型硬度最高，增加铸铁组织中 M_7C_3 数量，对提高耐磨性有利。因此，控制碳化物类型及其分布可以提高铬系白口铸铁铸件的硬度和耐磨性。

铬系白口铸铁的碳化物数量与碳含量和铬含量有关，一般随碳和铬的质量分数增加而增加。碳化物体积分数 K%可按式（3-8）计算：

$$K\% = 12.33w(\mathrm{C}) + 0.55w(\mathrm{Cr}) - 15.20 \tag{3-8}$$

图3-52是高铬白口铸铁铸件空冷淬透直径与w(Cr)/w(C)和w(Mo)的关系。高铬白口铸铁铸件空淬能淬透的最大直径与w(Cr)/w(C)和w(Mo)量有关，随w(Cr)/w(C)的提高和w(Mo)的增加，空冷淬透直径尺寸增加。因此，高铬白口铸铁热处理时，应根据铸件淬透直径尺寸的要求，确定w(Cr)/w(C)和w(Mo)加入量，这对实际高铬白口铸铁耐磨件的成分设计具有重要的参考价值。

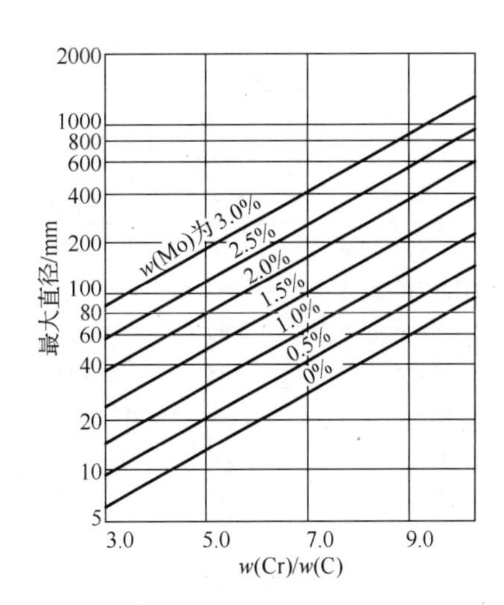

图3-52 高铬白口铸铁铸件空冷淬透直径与w(Cr)/w(C)和w(Mo)的关系

高铬白口铸铁的热处理主要有软化退火和硬化热处理两种方式。软化退火的目的是降低硬度，提高机械加工性能，铬及其合金元素含量较高的高铬白口铸铁，软化热处理后硬度偏高，软化比较困难。铸件上需要钻削加工安装孔的部位铸造时可考虑镶铸碳钢，以改善切削加工性能。

高铬白口铸铁硬化热处理的目的是提高铸件的硬度和耐磨性。硬化热处理的工艺参数包括奥氏体化加热温度、保温时间和冷却方式等。奥氏体化加热温度可根据铸件化学成分来确定，在850～1060℃选择，奥氏体加热保温时间一般按2h+0.5h/(1cm 模数)计算。为了减小硬化热处理后铸件的内应力和稳定铸件的组织，硬化热处理后，铸件要及时进行回火热处理。

为防止因受热不均匀而发生铸件的开裂，高铬铸铁热处理时要控制加热速度，低温阶段升温速率小于200℃/h为宜，温度为600℃以后，可适当加快加热速度。奥氏体化加热温度要根据铸件w(Cr)/w(C)来确定，随w(Cr)/w(C)的提高，奥氏体化温度提高，以满足组织的均匀化要求和起到调节奥氏体碳含量的作用，具体材料的最佳热处理工艺可由试验确定。

由于高铬铸铁合金化程度较高，铸件的淬透性较大，硬化热处理的冷却方式可根据铸件性能来选择，小的铸件硬化热处理可采用空冷方式，获得马氏体组织，较大的铸件根据硬度要求可采用空冷或介质强制冷却。有些高铬白口铸件热处理时，过分的提高铸件热处理的冷速，并不能获得高硬度，这是由于较快冷却时铸件组织中会残留一定数量的奥氏体，降低铸件的硬度，如图3-51所示。

表3-33是抗磨白口铸铁件的硬度，表3-34是标准规定的抗磨白口铸铁热处理规范，表3-35是抗磨白口铸铁件的金相组织。

表 3-33　抗磨白口铸铁件的硬度

牌号	表面硬度					
	铸态或铸态+回火		硬化热处理+回火处理		软化退火处理	
	HRC	HBW	HRC	HBW	HRC	HBW
BTMNi4Cr2-DT	≥53	≥550	≥56	≥600	—	—
BTMNi4Cr2-GT	≥53	≥550	≥56	≥600	—	—
BTMCr9Ni5	≥50	≥500	≥56	≥600	—	—
BTMCr2	≥45	≥435	—	—	—	—
BTMCr8	≥46	≥450	≥56	≥600	≤41	≤400
BTMCr12-DT	—	—	≥50	≥500	≤41	≤400
BTMCr12-GT	≥46	≥450	≥58	≥650	≤41	≤400
BTMCr15	≥46	≥450	≥58	≥650	≤41	≤400
BTMCr20	≥46	≥450	≥58	≥650	≤41	≤400
BTMCr26	≥46	≥450	≥58	≥650	≤41	≤400

表 3-34　抗磨白口铸铁热处理规范

牌号	软化退火处理	硬化热处理	回火处理
BTMNi4Cr2-DT	—	（430～470）℃×（4～6）h，出炉空冷或炉冷	（250～300）℃×（8～16）h，出炉空冷或炉冷
BTMNi4Cr2-GT	—		
BTMCr9Ni5	—	（800～850）℃×（6～16）h，出炉空冷或炉冷	
BTMCr8	920～960℃保温，缓冷至 700～750℃保温，缓冷至 600℃以下出炉空冷或炉冷	940～980℃保温，出炉后以合适方式快速冷却	250～550℃保温，出炉空冷或炉冷
BTMCr12-DT		900～980℃保温，出炉后以合适方式快速冷却	
BTMCr12-GT		900～980℃保温，出炉后以合适方式快速冷却	
BTMCr15		920～1000℃保温，出炉后以合适方式快速冷却	
BTMCr20	960～1060℃保温，缓冷至 700～750℃保温，缓冷至 600℃以下出炉空冷或炉冷	950～1050℃保温，出炉后以合适方式快速冷却	
BTMCr26		960～1060℃保温，出炉后以合适方式快速冷却	

表 3-35　抗磨白口铸铁件的金相组织

牌号	金相组织	
	铸态或铸态+回火	硬化热处理+回火处理
BTMNi4Cr2-DT BTMNi4Cr2-GT	共晶碳化物 M_3C+马氏体+贝氏体+奥氏体	共晶碳化物 M_3C+马氏体+贝氏体+残余奥氏体
BTMCr9Ni5	共晶碳化物（M_3C+少量 M_7C_3）+马氏体+奥氏体	共晶碳化物（M_3C+少量 M_7C_3）+二次碳化物+马氏体+残余奥氏体
BTMCr2	共晶碳化物 M_3C+珠光体	—
BTMCr8	共晶碳化物（M_3C+少量 M_7C_3）+细珠光体	共晶碳化物（M_3C+少量 M_7C_3）+二次碳化物+马氏体+残余奥氏体

续表

牌号	金相组织	
	铸态或铸态+回火	硬化热处理+回火处理
BTMCr12-DT BTMCr12-GT BTMCr15 BTMCr20 BTMCr26	碳化物+奥氏体转变产物	碳化物+马氏体+残余奥氏体

（三）抗磨铸铁的生产工艺

抗磨铸铁的生产工艺主要有单一铸造抗磨材料的生产和铸造复合抗磨材料的生产。

1．单一铸造抗磨材料的生产

单一铸造抗磨材料的生产流程为牌号及化学成分的确定→炉料准备、配料→熔炼合格铁液→炉前检验→孕育处理→炉前检验→浇注铸件→清理及检验→热处理→抗磨铸件。

抗磨铸铁需根据抗磨件的性能要求来选择牌号及化学成分，抗磨铸铁熔炼时由于合金元素较高，一般采用电炉熔炼。抗磨铸铁导热性低、收缩大、铸造过程应力大、铸件塑性差，因此铸造工艺要考虑补缩充分，避免铸件收缩受阻。在保证铸件质量的前提下，浇注温度要低（1350～1420℃），工艺出品率一般控制在55%～75%。

2．铸造复合抗磨材料的生产

铸造复合抗磨材料的生产是将磨损部位和非磨损部位分别用不同的材料进行复合铸造，磨损部位的材料可采用高硬度耐磨材料，如镶嵌硬质合金或高铬铸铁；而非磨损部位可选择中碳钢、低碳钢或低合金钢材料铸造，充分发挥各材料的优良性能、节约成本和提高耐磨性。目前常用的双金属铸造复合抗磨材料的生产方法有液-液复合法、固-液复合法、铸渗法等。

图 3-53 是锤头耐磨件复合铸造示意图。锤头耐磨件复合铸造法分为液-液复合法和固-液复合法两种。液-液复合法铸造复合材料时需要两台熔炼炉同时工作，同步冶炼两种金属材料，将熔化好的两种金属液先后浇入铸型就可获得复合抗磨材料。以耐磨材料锤头为例，锤头柄部可采用 ZG270-500、ZG310-570 或合金钢，锤头的工作部分采用高铬白口铸铁。生产时先熔化钢液，浇注锤头柄部，如图 3-53（a）所示，等待一定时间后再用高铬铸铁铁液浇满锤头的头部及其冒口。需要注意的是，液-液复合铸造法为了获得健全铸件，必须严格控制浇注温度和钢液浇注后再浇注铸铁液的等待时间，即在浇注完锤头柄部后，待锤头柄部浇

注的钢液表层产生一定厚度的凝固层后，再浇铁液，保证不冲混浇注的钢液，使钢液与铁液凝固后复合面良好。高铬白口铸铁与钢复合铸造时，一般应先浇注锤头柄部的钢液，如果先浇注铁液，则钢水和铁水较难获得良好的复合面，在两种材料的结合区极易产生夹渣、气孔等缺陷。

固-液复合法生产耐磨铸件时，耐磨部位采用高铬白口铸铁，非磨损部位采用碳素铸钢或低合金钢。以锤头为例，铸造时可用铸钢或合金钢先铸造锤头柄部，然后对锤头柄部的复合部位进行加工或去氧化皮处理，保持复合面干净无氧化皮。需复合的锤头柄部可铸造或加工成变截面或异型截面，提高复合面结合强度，防止复合高铬白口铸铁锤头在工作时脱落。铸造时先将加工或处理好的锤柄放入砂型中，合箱浇注锤头部分的高铬白口铸铁，如图 3-53（b）所示。为了保证固-液复合面结合良好，锤头柄部在浇注前要进行预热。另一种固-液复合铸造法可在需要耐磨部位镶铸硬质合金或高铬铸铁条块，以铸造高锰钢锤头为例，造型时在型腔的锤头部分放入硬质合金或高铬铸铁条，然后浇注高锰钢，获得固-液复合锤头。

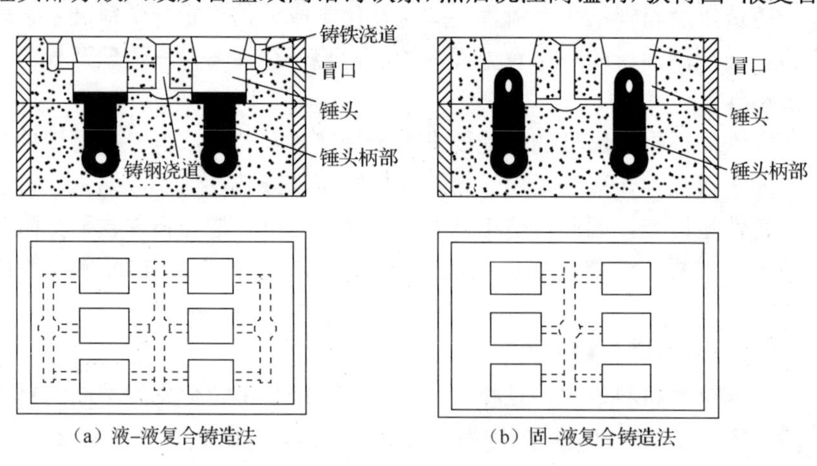

（a）液-液复合铸造法　（b）固-液复合铸造法

图 3-53　锤头耐磨件复合铸造示意图

图 3-54 为液-液复合锤头铸件复合面组织及 C 和 Cr 合金元素在界面附近的分布图。碳钢和高铬白口铸铁复合面上有一层黑色没有碳化物和铁素体的渗层，高铬铸铁浇注到刚凝固的铸钢表面时，铸铁中的碳和铬会向铸钢扩散，如图 3-54（b）和（c）所示，形成渗碳及渗铬层，发生 C 和 Cr 等元素的扩散。

铸渗法是在铸造时将含有高碳、高铬、钒铁、钛铁等合金的粉末涂刷在铸型的表面上，然后浇注熔化的钢液，铸件凝固过程是利用其热量使表面合金粉末熔化，而与母材金属结合，并在铸件表面形成一定厚度的合金化合物层，提高材料的硬度，进而改善材料的耐磨性能。生产复合耐磨材料也可利用自蔓燃合成的方法，在铸型中放置粉末压成的成形体，经高温液体浇注后发生燃烧合成，形成硬度较高的化合物，从而提高自蔓燃部位铸件的耐磨性。

（a）液-液复合锤头铸件复合面组织

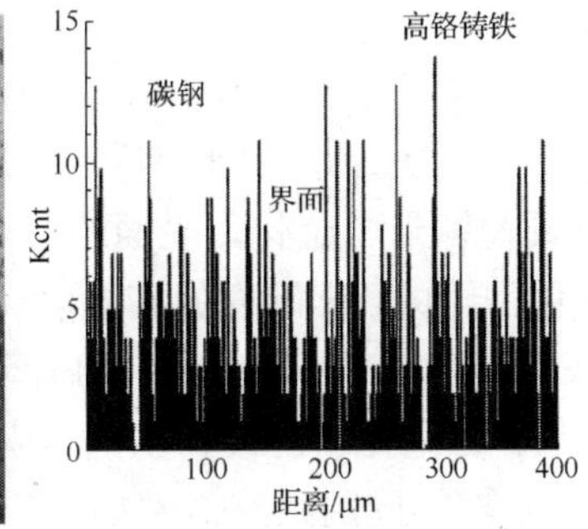

（b）液-液复合面C元素分布

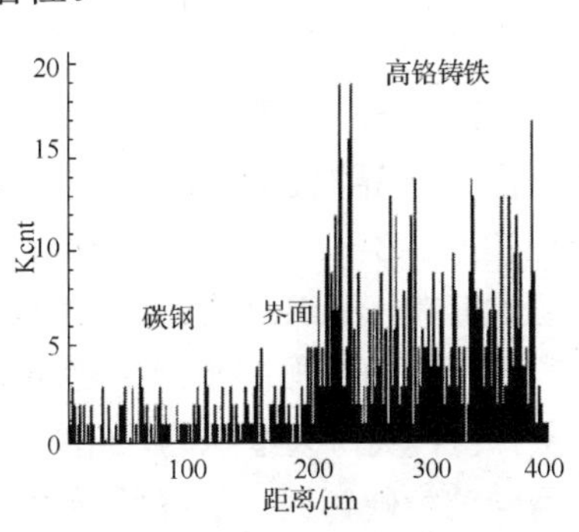

（c）液-液复合面Cr元素分布

图3-54　液-液复合锤头铸件复合面组织及元素分布

表3-36是国家标准《耐磨损复合材料铸件》（GB/T 26652—2011）中列出的耐磨损复合铸件的牌号及复合材料的组成，其硬度如表3-37所示。

表3-36　耐磨损复合铸件的牌号及复合材料的组成

名称	牌号	复合材料组成	铸件耐磨损增强体材料
镶铸合金复合耐磨材料Ⅰ铸件	ZF-1	硬质合金块/铸钢或铸铁	硬质合金
镶铸合金复合耐磨材料Ⅱ铸件	ZF-2	抗磨白口铸铁块/铸钢或铸铁	抗磨白口铁
双液铸造双金属复合材料铸件	ZF-3	抗磨白口铸铁块/铸钢或铸铁层	抗磨白口铁
铸渗合金复合材料铸件	ZF-4	硬质相颗粒/铸钢或铸铁	硬质合金、抗磨白口铁、WC或Ti等金属陶瓷

表3-37　耐磨损复合铸件的硬度

名称	牌号	铸件耐磨损增强体硬度/HRC	铸件耐磨损增强体硬度/HRA
镶铸合金复合耐磨材料Ⅰ铸件	ZF-1	≥56（硬质合金）	≥79（硬质合金）
镶铸合金复合耐磨材料Ⅱ铸件	ZF-2	≥56（抗磨白口铸铁）	—
双液铸造双金属复合材料铸件	ZF-3	≥56（抗磨白口铸铁）	—
铸渗合金复合材料铸件	ZF-4	≥62（硬质合金）	≥82（硬质合金）
		≥56（抗磨白口铸铁）	—
		≥56（WC或Ti等金属陶瓷）	≥82（WC或Ti等金属陶瓷）

三、冷硬铸铁及其生产

冷硬铸铁也称为激冷铸铁，是利用铁液自身过冷和模具表面激冷的办法，使铸铁表面激冷层组织形成白口或麻口，内部仍为灰口组织的铸铁。冷硬铸铁具有“内韧外硬”的特点，可广泛应用于轧辊、凸轮轴、耐磨衬板等方面。

（一）冷硬铸铁的组织特点

图 3-55 是不同类型冷硬铸铁断口示意图。普通白口冷硬铸铁有明显的白口冷硬层界面，断口最外层为白口区、次外层为麻口区、内层为灰口区的三区结构[图 3-5（a）]。由于普通冷硬铸铁未合金化，表面的白口区碳化物以 Fe_3C 形式存在，组织由珠光体+共晶碳化物组成，其硬度的高低取决于碳含量。随着与表面距离的增加，组织中石墨析出量增多，断口形貌由白口区向麻口区过渡直到灰口区，灰口区组织为珠光体+石墨。合金化对冷硬铸铁的组织影响较大，合金化不同的冷硬铸铁，会导致激冷层及心部不同的组织。例如，低合金冷硬铸铁的白口区组织为细珠光体、贝氏体+渗碳体；高合金冷硬铸铁的白口区组织为贝氏体、少量的马氏体+合金渗碳体。低合金冷硬铸铁的心部组织为贝氏体+碳化物+石墨；高合金冷硬铸铁心部组织为贝氏体+马氏体+合金碳化物+石墨。

冷硬铸铁的三区结构中，如果铸件的宏观断口组织由外向里的白口区、麻口区无明显的区分界限，则称为无限冷硬铸铁[图 3-55（b）]。如果铸件的断口组织呈全麻口，既无明显的白口区，又无明显的灰口区和各区界限，这种冷硬铸铁称为半冷硬铸铁[图 3-55（c）]。

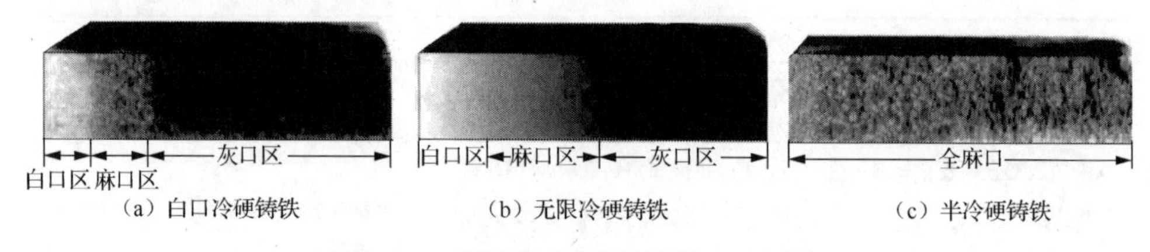

（a）白口冷硬铸铁　　（b）无限冷硬铸铁　　（c）半冷硬铸铁

图 3-55　不同类型冷硬铸铁断口示意图

（二）化学成分对冷硬铸铁组织和性能的影响

1. 合金元素对白口倾向和石墨化的影响

铸铁中将增大白口倾向，减小石墨化能力的元素称为反石墨化元素，反之称为石墨化元素。各元素的白口倾向和石墨化能力强弱排列如下所示：

Al、C、Si、Ti 、Ni、Cu、P、Co、Zr、Nb、W、Mn、Mo、S、Cr、V、Mg、Ce、B、Te

强 ← 提高石墨化能力 — 弱　　　中性　　　弱 — 增加白口化倾向 → 强

其中 Al、C、Si 元素从液态-凝固态-固态全部促进石墨化；Mn、Mo、S、Cr、V、Te 元素从铸铁的液态-凝固态-固态全部反石墨化；P、Ni、Cu、Co 元素在共析转变前有较弱的石墨化作用，但在共析转变时可促进碳化物的形成，有增加基体中珠光体体积的作用；Mg、Ce 元素具有促进铸铁液态石墨化的作用，而反共晶转变石墨化，对共晶转变石墨化无影响；B、Ti 元素在较少或微量时有利于石墨化，加入量较多时反石墨化。因此，在进行合金化设计时，可根据各元素的不同特点，有目的地调整各元素比例，从而控制白口倾向和石墨数量。

2．合金元素对白口层深度和硬度的影响

在相同的冷却速度条件下，化学成分中各元素由于石墨化能力及白口倾向差异，对冷硬铸铁白口层深度的影响不同。常见合金元素对铸铁白口层和麻口层深度及白口层硬度的影响规律如下：

依次增加白口层深度的合金元素顺序为W—Mn—Mo—Cr—Sn—V—S—B—Te。

依次减小白口层深度的合金元素顺序为C—Si—Ti—Ni—Cu—Co—P。

依次减少麻口层深度的合金元素顺序为Te—C—S—P。

依次增加麻口层深度的合金元素顺序为Cr—Al—Mn—Mo—V。

依次降低白口层硬度的合金元素顺序为 C—Nb—P—Mn—Cr—Mo—V—Si — Al— Cu—Ti—S。

上述元素对白口层和麻口层深度及白口层硬度的影响中，增加白口层深度的元素不一定能提高表面硬度，反之亦然。

对冷硬铸铁化学成分的设计，一方面可以获得合适的冷硬层深度；另一方面还可以控制最佳的冷硬层微观组织，这对不同使用工况的冷硬铸铁非常重要。图 3-56 是合金元素对冷硬铸铁白口层深度的影响，图 3-57 是合金元素对冷硬铸铁硬度的影响。在对冷硬铸铁进行合金化设计时，可以根据各种元素对白口层深度及硬度的影响，合理地选择合金元素。

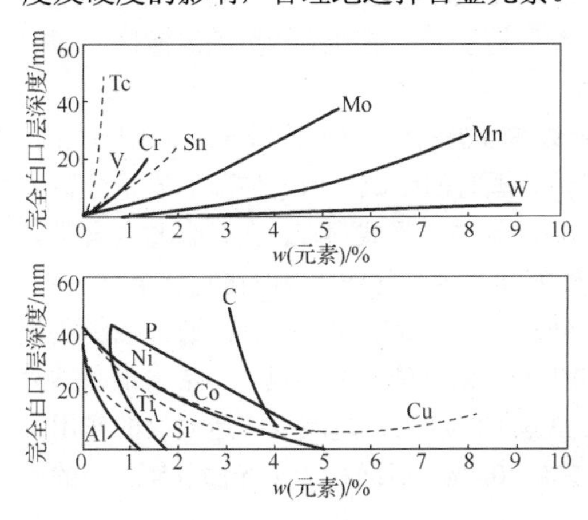

图 3-56　合金元素对冷硬铸铁白口层深度的影响

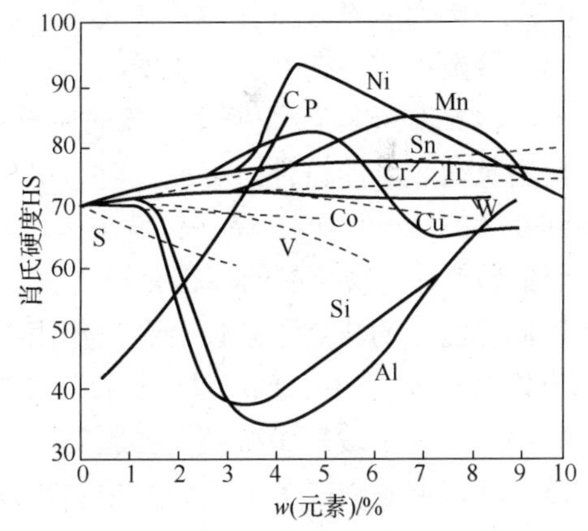

图 3-57　合金元素对冷硬铸铁硬度的影响

（三）冷硬铸铁的生产工艺

冷硬铸铁的生产工艺主要有两种：一种是金属型铸造法，在需要激冷的部位放置蓄热系数大的金属型；另一种是复合铸造法，先浇注一种金属液，再浇注另一种金属液，两种金属液冶金结合成一个整体，在工作面部分形成冷硬铸铁。冷硬铸铁生产工艺要点如下。

1. 冷硬铸铁的化学成分

（1）碳。冷硬铸铁冷硬层中，碳主要以碳化物形式存在，因此冷硬层硬度与材质自身碳含量成正比。用 Cr、Mo 合金化的低合金冷硬铸铁，主要化学成分是 w(C)为 3.2%～3.4%、w(Si)为 0.4%～0.6%，采用金属型，碳化物的数量为 30%～40%，肖氏硬度 HS 为 55～70。用 Cr、Mo 合金化的低合金半冷硬球墨铸铁，主要化学成分是 w(C)为 3.2%～3.4%、w(Si)为 1.0%～1.3%，采用金属挂砂型的半金属型铸造，碳化物数量为 10%～20%，肖氏硬度 HS 为 40～50。在麻口区，随着碳含量的提高，石墨化能力提高，硬度下降。

（2）硅。硅有促进石墨化的作用，在冷硬铸铁中有调整白口深度和硬度的作用。在金属型激冷作用下，硅的质量分数为 0.1%～0.2%时，可获得无石墨化的纯白口冷硬层。但在实际生产中，控制如此低的硅含量比较困难。硅含量稍高，铸件中析出质量分数为 0.5%～1.5%的少量石墨不会产生较大的负面作用，有时反而会提高导热能力和抗裂纹扩展能力，故生产上一般控制硅的质量分数为 0.25%～0.75%。

（3）锰。锰在冷硬铸铁中的质量分数为 0.20%～1.6%，锰对冷硬铸铁过渡区（麻口区）有较大的影响。过渡区随锰含量的提高而增加，特别是当激冷条件较弱时更加明显。通常在生产较短过渡区的冷硬铸铁时，锰的质量分数较低，一般为 0.2%～0.4%；在生产无限冷硬铸铁、半冷硬铸铁时，需制造较宽的过渡区，锰的质量分数可控制在 0.6%～1.2%。

（4）硫、磷。冷硬铸铁中硫的质量分数在 0.05%～0.09%，对质量要求较高的、使用负荷较大的铸件，可通过对石墨球化处理时的脱硫作用，使硫的质量分数降到 0.0025%～0.04%。磷在铸铁中多以脆性的磷共晶形式存在，在合金元素含量较低的铸铁中，磷共晶的存在有提高铸铁硬度和耐磨性的作用。但在高合金材料中，其低温脆性的缺点不能使合金的作用充分发挥，因此应加以控制，通常控制质量分数为 0.10%～0.15%。对于复合轧辊的生产，由于磷共晶熔点低，常出现在结晶后期，有利于缓解中心石墨膨胀对外表面施加的应力，起减少铸造裂纹的作用，该类轧辊通常将磷的质量分数控制在 0.2%～0.4%。对面粉加工光面轧辊，磷的质量分数可控制在 0.5%～0.6%。

（5）镍、铬、钼。镍是强化基体组织和提高综合力学性能的元素，其质量分数在 0.5%～4.5%。当镍的质量分数不大于 0.5%时，对基体影响不大，主要以固溶强化为主，兼有一定促进石墨化的作用。当镍的质量分数在 1.5%～2.0%时，细化奥氏体共析分解产物，可得到细珠光体组织。当镍的质量分数在 3.0%～4.5%时，随着镍加入量的提高，分解产物由细珠光体+贝氏体过渡到贝氏体+马氏体+残余奥氏体组织，为减少冷硬铸铁组织中残余奥氏体量，通常镍的质量分数控制在

4.5%以下。在冷硬铸铁中，铬的质量分数控制在0.2%～1.8%，在高铬白口铸铁中铬的质量分数为12%～34%。铬含量较低时[$w(Cr)\leqslant 0.5\%$]，有显著强化基体、提高强度和硬度、减少铸件的硬度梯度、增加白口深度和大幅度增加过渡区宽度的作用。铬的质量分数在0.5%～1.0%时，会形成$(Fe, Cr)_3C$合金渗碳体，随铬含量的进一步增加，铸铁中碳化物种类发生变化，出现$(Fe, Cr)_7C$碳化物，高铬时出现$(Fe, Cr)_{23}C_6$碳化物。根据铸铁件不同的用途，钼的质量分数为0.2%～1.5%。加入少量钼可以使石墨细化，改善高温使用性能，提高白口层抗磨损与抗破断的性能，冷硬铸铁中一般加入钼的质量分数为0.2%～0.5%。当钼的质量分数在0.6%以上时，可使奥氏体的转变产物中出现贝氏体、针状马氏体组织，从而提高铸件的耐磨性能。当钼的质量分数为1.0%～1.5%时，组织中会形成稳定的钼合金碳化物，从而提高钼合金铸铁的耐蚀性和抗氧化物腐蚀能力。

（6）碲、硼、钒、钛。碲是非常强烈的阻碍石墨化的元素，具有极强的白口化倾向，但由于碲熔点低、易气化（熔点为452℃、沸点为1390℃），对白口深度的影响会因时间的延长而减弱。铸铁轧辊中，一般碲的质量分数为0.0002%～0.0006%。硼在铸铁轧辊中能改善轧辊硬面的质量，具有很强的脱氧能力，借助于硼可调节轧辊白口深度、工作层硬度，铸铁轧辊中一般加入硼的质量分数为0.003%～0.006%。钒可以极大改善轧辊硬面质量，当加入质量分数为0.05%的钒可清除白口层中的细小灰口组织，同时使灰口区石墨细化，一般加入钒的质量分数为0.05%～0.1%。加入钛的质量分数为0.03%～0.30%，可使硬面轧辊灰口区与白口区的使用性能得到很大改善。

2．影响冷硬铸铁组织和性能的因素

形成冷硬铸铁的必要条件是铁液在冷凝过程中有足够的冷却强度，冷却强度的大小取决于铸件截面、铸型冷却能力、铁液过热温度等。在化学成分、冷却条件一定的情况下，冷硬铸铁的性能取决于炉料的配比、熔炼温度、孕育处理和浇注温度等铸造工艺参数。

冷硬铸铁生产时，铸件中需要激冷的部位要提高冷却强度，在该部位放置蓄热系数大的铸型，如采用金属型或石墨型。放置冷铁时，冷铁厚度与铸型厚度的比例为1∶2～4，铸型壁薄时取下限。炉料中白口铸铁的比例增加，白口深度也会增加。熔炼工艺方面，增加铸铁的过热度或延长铁液高温停留时间，会降低铸铁的形核能力，有利于增加白口深度。

在铸型条件一定的前提下，随浇注温度的提高，铸件白口深度减少。这是由于为提高浇注温度，铸型预热充分，会使铸件冷却速度低于形成白口的临界冷速，从而减少了白口的形成。浇注后凝固速度越快，析出的石墨数量越少，铸铁凝固组织白口化倾向增加。

孕育处理会显著改变白口层深度，孕育剂中含有促进石墨化的元素和稳定碳化物的元素，前者会减小白口深度，而后者会增加白口深度。

3．冷硬铸铁的应用

冷硬铸铁大部分用来制造轧辊，如轧制各种板材、线材、棒材和管材所用的轧辊；麻口冷硬铸铁多用来制造型孔的轧辊，如角钢、槽钢、梁钢和钢轨及其热轧带钢的工作轧辊和高速线材轧机轧辊；白口冷硬铸铁主要用来制造非冶金用轧辊，如造纸、橡胶、制粉、制糖、棉纺、毛纺等行业使用的轧辊。

以轧辊为例，冶金轧辊按工作性质分为硬面（白口冷硬铸铁轧辊）、半硬面（麻口冷硬铸铁轧辊）和无限冷硬铸轧辊（轧辊心部存在一定数量的共晶渗碳体的轧辊）。常用的铸铁轧辊分为冷硬铸铁轧辊、无限冷硬铸铁轧辊、球墨铸铁轧辊和高铬铸铁轧辊四大类，轧辊的化学成分种类比较多，达三十二种之多，具体化学成分可参考国家标准《铸铁轧辊》《GB /T 1504—1991》的规定。

轧辊常用的铸造方法有一体铸造法、溢流铸造法、离心铸造法等。

图 3-58 是一体铸造法铸造轧辊铸型装配示意图。一体铸造轧辊的铸型分为三部分：冒口、轧辊颈和工作面。轧辊铸造时砂箱一般用圆形砂箱，冒口及轧辊颈采用干砂型制造，轧辊工作面是需要激冷的部位，使用金属型制造且表面刷涂料，铸件采用底注式浇注。随着高速重载轧机的发展，要求轧辊具有更高耐磨性的同时，还需进一步提高心部的韧性，而采用一体铸造法获得的单一成分轧辊难以满足此要求。为此，可采用轧辊心部和表面化学成分不一样的复合材料轧辊，轧辊铸造时，需要分别熔炼轧辊工作表面、轧辊心部和辊颈用金属液，并采用溢流铸造法或离心铸造法生产复合铸造轧辊。

图 3-59 为溢流铸造法铸造轧辊铸型装配示意图。浇注工艺为首先浇注轧辊工作部分的金属液，当铸型中轧辊工作部分浇满后，等待一定时间，再浇注轧辊心部金属液，顶出先浇入的轧辊中心部分未凝固的金属液，通过溢流槽排出，最后堵上溢流口，至整个铸型充满为止。根据轧辊的工作条件和使用要求，溢流铸造法生产轧辊心部的材质一般为灰铸铁或球墨铸铁。对于灰铸铁，要求抗弯强度在 300MPa 以上；对于球墨铸铁，要求抗拉强度在 300MPa 以上。

图 3-60 是离心铸造法铸造轧辊铸型装配示意图。离心铸造时，可采用立式或卧式浇注。该方法生产的轧辊与一体铸造法、溢流铸造法相比，具有如下优点：①金属液收得率高；②节约大量合金材料；③轧辊表面质量得到改善；④轧辊强度显著提高；⑤轧辊使用效率明显提高。

离心铸造法生产轧辊还具有生产效率高、操作简便和易于控制等特点。因此，离心铸造复合轧辊引起了国内外的重视，目前我国绝大多数轧辊厂均采用离心铸造法生产轧辊。除了轧辊外，许多管件也广泛应用离心铸造法，该方法还可以生产双金属复合材料铸管[图 3-60（b）]，能够充分发挥不同材料的性能潜力，提高铸件的使用寿命。

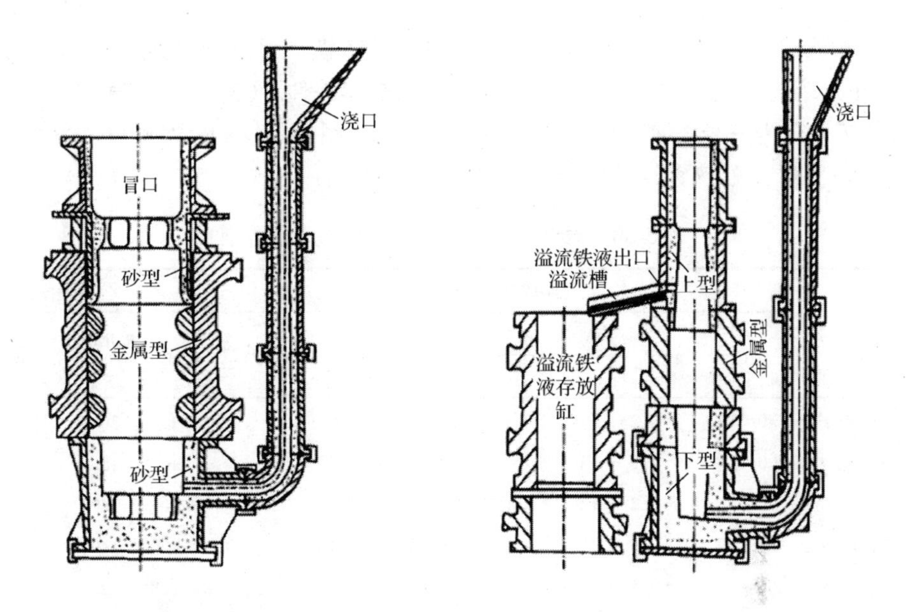

图 3-58　一体铸造法铸造轧辊铸型装配示意图　图 3-59　溢流铸造法铸造轧辊铸型装配示意图

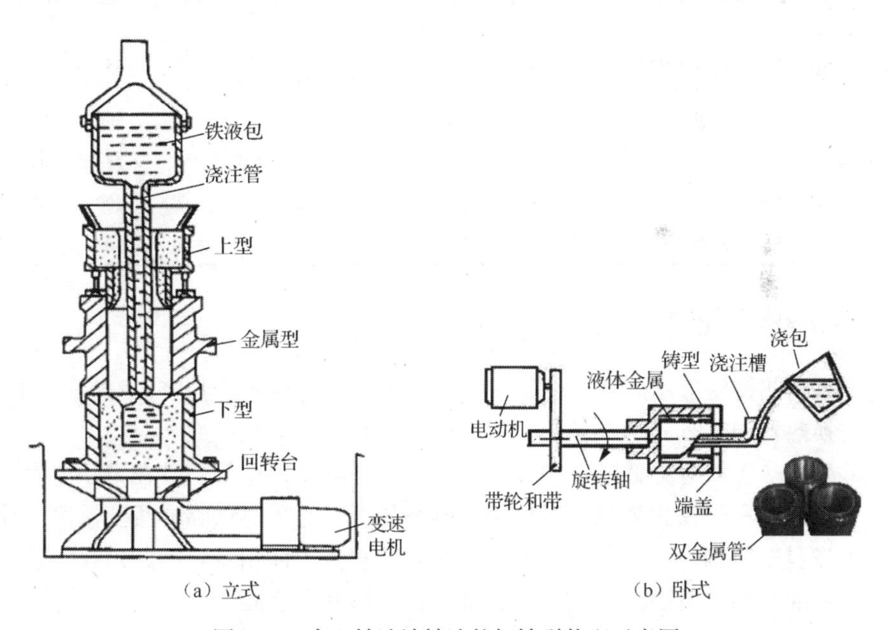

（a）立式　（b）卧式

图 3-60　离心铸造法铸造轧辊铸型装配示意图

四、耐热铸铁及其力学性能

耐热铸铁是指在高温条件下使用的铸铁。耐热铸铁在高温环境下应具有良好的抗氧化性能和抗生长性能，并能符合使用要求，承受一定载荷。评定耐热铸铁的耐热温度，是指在耐热温度下保温 150h，铸铁的平均氧化增重不大于 0.5g/（m^2·h），生长率不大于 0.2%。国家标准《耐热铸铁件》（GB/T 9437—2009）中将耐热铸铁分为三个系列，即硅系耐热铸铁、铝系耐热铸铁和铬系耐热铸铁。

表 3-38 是耐热铸铁的牌号及化学成分和力学性能。

表 3-38　耐热铸铁的牌号及化学成分和力学性能

牌号	化学成分（质量分数）/%								室温力学性能	
	w(C)	w(Si)	w(Mn) ≤	w(P) ≤	w(S) ≤	w(Cr)	w(Al)	w(Fe)	R_m/MPa ≥	HBW
HTRCr	3.0～3.8	1.5～2.2	1.0	0.1	0.08	0.5～1.0	—	余量	200	189～288
HTRCr2	3.0～3.8	2.0～3.0	1.0	0.1	0.08	1.0～2.0	—	余量	150	207～288
HTRCr16	1.6～2.4	1.5～2.2	1.0	0.1	0.05	15～18	—	余量	340	400～450
HTRSi5	2.4～3.2	4.5～5.5	0.8	0.1	0.08	0.5～1.0	—	余量	140	160～270
QTRSi4	2.4～3.2	3.5～4.5	0.7	0.7	0.015	—	—	余量	420	143～187
TRSi4Mo	2.7～3.5	3.5～4.5	0.5	0.7	0.015	w(Mo)为 0.5～0.9	—	余量	520	188～241
QTRSi4Mo1	2.7～3.5	4.0～4.5	0.3	0.5	0.015	w(Mo)为 1.0～1.5	w(Mg)为 0.01～0.05	余量	550	200～240
QTRSi5	2.4～3.2	4.5～5.5	0.7	0.7	0.015	—	—	余量	370	228～302
QTRAl4Si4	2.5～3.0	3.5～4.5	0.5	0.7	0.015	—	4.0～5.0	余量	250	285～341
QTRAl5Si5	2.3～2.8	4.5～5.2	0.5	0.7	0.015	—	5.0～5.8	余量	200	302～363
QTRAl22	1.6～2.2	1.0～2.0	0.7	0.7	0.015	—	20.0～24.0	余量	300	241～364

（一）硅系耐热铸铁

硅系耐热铸铁应用广泛，主要用于不受冲击并且温度低于 950℃的锅炉炉栅、横梁、换热器和节气阀等零件上。

硅系耐热铸铁分为低硅、中硅灰铸铁和中硅球墨铸铁等。硅在铸铁中有强烈促进石墨化和利于铁素体形成的作用，硅系显著提高了铸铁临界相变温度，使铸铁在工作温度范围内组织稳定，不产生铁素体和奥氏体相变。因此，在铸铁中随着硅含量的增加，铸铁的抗氧化性和抗生长性都有显著提高。

中硅灰铸铁和中硅球墨铸铁的硅的质量分数为 4%～6%，碳的质量分数为 2.2%～2.6%。硅含量提高使共晶点左移，因此不宜选择较高的碳含量，以防止产生过多的初生石墨，进而避免降低铸件的力学性能和抗氧化性能。中硅铸铁的显微组织为石墨+铁素体，生产中一般要求基体中珠光体含量不大于 20%。中硅铸铁的铸造工艺有如下特点：

（1）流动性好。中硅铸铁在1260～1320℃仍有良好的充型性，可以用来浇注薄壁复杂铸件。

（2）线收缩较大。中硅铸铁的线收缩在1.0%～1.4%，易产生较大的铸造应力和冷裂，故应选用退让性好的造型材料；合适的浇注温度（1260～1320℃）；开箱时间不能过早，必要时开箱后放入炉中慢冷，铸件的设计应力求壁厚均匀以减少铸造内应力，铸件应进行消除内应力的退火处理。

（3）铁液易氧化。中硅铸铁浇注系统的设计要求为浇注过程铁流平稳，快速充填，一般采用半封闭式浇注系统，浇注时注意撇渣和防止飞溅，并设置排渣冒口，以消除氧化夹杂。

（4）铁液易产生石墨漂浮。中硅铸铁成分设计时要控制碳含量，使碳当量不超过共晶点碳含量。

（二）铝系耐热铸铁

铸铁中的铝在高温下可形成Al_2O_3氧化膜，比SiO_2氧化膜致密，具有更高的抗氧化性。铝系耐热铸铁主要有低铝耐热铸铁（如牌号RQTAl4Si4、RQTAl5Si5）和高铝耐热铸铁（如牌号RQTAl22），工业上使用最多的是w(Al)为20%～24%的高铝耐热铸铁，其组织主要为含铝的铁素体和少量的石墨及铁酸铝化合物（ε相）。高铝耐热铸铁具有良好的切削加工性和耐热性。铸铁中添加过多的铝，铁液极易与大气中的水蒸气反应，生成Al_2O_3氧化膜，导致流动性降低，并且浇注过程中Al_2O_3易进入铸件内部，形成夹杂。为解决这一问题，可添加硅或铬替代一部分铝。

在铸造工艺方面，高铝耐热铸铁熔制比较困难，因铝密度小（$2.7g/cm^3$），在铸铁中容易出现偏析，并且易氧化、烧损大（10%～30%）、氧化夹杂严重。在牌号成分范围内，铝强烈促进石墨化，铁液中将有大量石墨析出，因此加入铝后要充分搅拌并停留一段时间，让夹杂及石墨充分上浮。加铝后铁液温度会上升100℃左右，高铝耐热铸铁的流动性好，浇注温度低，以免产生粗大的柱状晶。

铝系耐热铸铁主要用来铸造加热炉的炉底板、炉条、滚子框架等零件。对于耐热性和力学性能更高的零件，如炉管、换热器和粉末冶金用坩埚炉，常用高铝[w(Al)为19%～25%]球墨铸铁来制造。

（三）铬系耐热铸铁

铬在铸铁表面会形成良好的Cr_2O_3氧化保护膜，它可以抗氧化和抗高温生长。铬系耐热铸铁可分为低铬耐热铸铁（如牌号RTCr、RTCr2）和高铬耐热铸铁（如牌号RTCr16）。低铬耐热铸铁组织同普通灰铸铁一样为片状石墨+珠光体组织；高铬耐热铸铁组织为M_7C_3型碳化物+奥氏体的转变组织，其中不存在石墨，因此抗氧化性能高于低铬耐热铸铁。牌号为RTCr16的高铬耐热铸铁可在900℃以下使用，其高温强度和高温硬度都较高，在大气中，特别在含有 SO_2 的氧化气氛中，抗氧化性能良好，在高温下高铬耐热铸铁还有良好的抗磨性能。

五、耐蚀铸铁及其力学性能

能够防止或延缓某种腐蚀介质腐蚀的铸铁称为耐蚀铸铁。在铸铁组织中，石墨的电极电位高于渗碳体的电极电位，而渗碳体的电极电位又高于铁素体的电极电位。因此，当铸铁处于电解液中时，会形成原电池而发生电化学腐蚀，使电位低的相受到腐蚀。铸铁或钢中加入适当的合金元素，如铬、硅或镍等，可同时提高其耐化学腐蚀和耐电化学腐蚀的性能。这些合金元素能在铸铁的表面形成一层以 SiO_2、Cr_2O_3 或富镍为主要成分的钝化膜，保护工件不被腐蚀性介质侵入其内部。并且这些合金元素是电极电位比铁高的金属，当溶于铸铁中时，能够提高铁素体的电极电位，从而减轻相间的电化学腐蚀过程。耐蚀铸铁的主要种类有高硅耐蚀铸铁、含铝耐蚀铸铁、高铬耐蚀铸铁、高镍耐蚀铸铁等。

（一）高硅耐蚀铸铁

耐蚀铸铁中硅的质量分数为 10%～15%的铸造合金称为高硅耐蚀铸铁。高硅耐蚀铸铁硬而脆，力学性能较低，但耐蚀性良好，在强酸等许多高腐蚀性介质中，其表面会形成一层致密的 SiO_2 保护膜，使金属基体不受腐蚀。在高硅耐蚀铸铁中加入质量分数为 0.05%～0.20%的稀土硅铁或稀土镁硅合金，可以消除硅带来的气孔、缩松缺陷，从而获得致密的铸件，并能细化晶粒，提高力学性能，改善切削加工性能。

高硅耐蚀铸铁主要应用于各种温度和质量分数的硝酸、硫酸、磷酸、醋酸、蚁酸、脂肪酸、乳酸和各种盐溶液及湿气介质中的耐蚀件，如牌号 HTSSi11Cu2CrRE 高硅耐蚀铸铁适用于浓度大于 10%的硫酸、浓度小于 46%的硝酸、浓度大于 70%的硫酸加氯、苯、苯磺酸等介质中；牌号 HTSSi15RE 高硅耐蚀铸铁适用于各种温度的氧化性酸介质中；牌号 HTSSi15Cr4MoRE 高硅耐蚀铸铁适用于强氯化物介质中。高硅耐蚀铸铁不能经受碱性溶液、氢氟酸及高温盐酸的侵蚀，原因是这些介质会破坏金属表面的 SiO_2 保护膜，即 $SiO_2+4HF \longrightarrow SiF_4+2H_2O$、$SiO_2+2NaOH \longrightarrow Na_2SiO_3+H_2O$。表 3-39 是高硅耐蚀铸铁的牌号、化学成分及力学性能。国家标准《高硅耐蚀铸铁件》（GB/T 8491—2009）规定高硅耐蚀铸铁的力学性能参数主要为抗弯强度（R_{dB}）及挠度（f），但力学性能一般不作为验收依据。

表 3-39　高硅耐蚀铸铁的牌号、化学成分及力学性能

牌号	化学成分（质量分数）/%									力学性能	
	w(C)	w(Si)	w(Mn) ≤	w(P) ≤	w(S) ≤	w(Cr)	w(Mo)	w(Cu)	w(Fe)	R_{dB}/MPa ≥	f/mm ≥
HTSSi11Cu2CrR	≤1.20	10.00～12.00	0.5	0.1	0.1	0.60～0.80	—	1.80～2.2	余量	190	0.86
HTSSi15R	0.65～1.10	14.20～14.75	1.5	0.1	0.1	≤0.50	≤0.50	≤0.50	余量	118	0.66
HTSSi15Cr4MoR	0.75～1.15	14.20～14.75	1.5	0.1	0.1	3.25～5.0	0.40～0.60	≤0.50	余量	118	0.66
HTSSi15Cr4R	0.70～1.10	14.20～14.75	1.5	0.1	0.1	3.25～5.0	≤0.20	≤0.50	余量	118	0.66

注：R 残留量≤0.10%。

（二）含铝耐蚀铸铁

含铝耐热铸铁除了用于耐热材料外，近年来也用于化工设备，用来制造碳酸氢钠、氯化铵、碳酸氢铵等设备相关的耐蚀铸件。含铝耐蚀铸铁中铝的质量分数控制在 4%～6%，碳的质量分数为 2.7%～3.0%，锰的质量分数为 0.6%～0.8%，硅的质量分数为 1.5%～1.8%。含铝耐蚀铸铁的金相组织为珠光体+铁素体+石墨，有时含有少量的 Fe_3Al，将其用于氨碱液介质中具有良好的耐蚀性。为了进一步增强含铝铸铁的耐蚀性和耐磨性，可适当增加硅含量和铬含量，w(Si)增加到 3.5%～6.5%，w(Cr)增加到 0.5%～1.0%。

（三）高铬耐蚀铸铁

w(Cr)为 24%～35%的白口铸铁称为高铬耐蚀铸铁。在氧化性腐蚀介质中，其表面生成一层致密的 Cr_2O_3 氧化膜，提高了耐蚀性能。高铬铸铁组织中碳化物的电极电位高于基体，碳化物的耐蚀性也高于基体，因此提高高铬铸铁耐蚀性的关键是提高基体的耐蚀性。然而基体的耐蚀性主要由固溶于铁素体中的铬含量决定，基体中的铬含量提高，则高铬铸铁的耐蚀性提高。因此当高铬铸铁中的碳含量较高时，必须加入足够量的铬，形成所有碳化物后，铁素体中固溶较高的铬，以提高基体的耐蚀性。为保证高铬耐蚀铸铁具有高的耐蚀性，其铬含量应满足以下条件：

$$w(\mathrm{Cr}) \geqslant 10 \times w(\mathrm{C}) + 12.5\%$$

与高硅耐蚀铸铁相比，高铬耐蚀铸铁的力学性能更好。高铬耐蚀铸铁的硬度高、耐蚀性好，具有优异的抗固液两相冲蚀性能及耐热性。高铬耐蚀铸铁的显微

组织为奥氏体或铁素体+碳化物。当铸铁中碳的质量分数较低[w(C)≤1.3%]，且稳定奥氏体合金元素 Ni、Cu、N 含量较少时，可获得铁素体基体高铬耐蚀铸铁；当碳的质量分数较高[w(C)≥2.2%]，含有一定量的稳定奥氏体元素时，可获得奥氏体基体高铬耐蚀铸铁。高铬耐蚀铸铁在氧化性腐蚀介质中显示出较好的耐蚀性，同时在含有固体颗粒的腐蚀介质中显示出优异的耐蚀性和抗冲刷性。

表 3-40 是高铬耐蚀铸铁的化学成分及力学性能。高铬耐蚀铸铁可用于大气、海水、矿水、硝酸、磷酸、硫酸铵、尿素、碳酸氢铵、温度不高的氢氧化钠和氢氧化钾等介质中的耐蚀件，如泵体铸件、阀体等。高铬耐蚀铸铁件不能用于盐酸、氢氟酸、稀硫酸等还原性介质中。

表 3-40　高铬耐蚀铸铁的化学成分及力学性能

化学成分（质量分数）/%									力学性能		
w(C)	w(Si)	w(Mn) ≤	w(P) ≤	w(S) ≤	w(Cr)	w(Mo)	其他	w(Fe)	R_{dB}/MPa ≥	f/mm ≥	HBW
0.50～1.20	0.50～1.30	0.50～0.80	0.1	0.1	28～30	—	—	余量	550	6	220～270
1.50～2.20	1.30～1.70	0.50～0.80	0.1	0.1	32～36	≤0.5	—	余量	500	5	250～320
0.75～1.15	0.50～4.50	0.50～1.00	0.1	0.1	20～35	0.4～0.6	w(Ni)为 2.00～10.0 w(Cu)为 0～6.0	余量	a_K为 13～20J/cm^2	—	250～350

（四）高镍耐蚀铸铁

表 3-41 是高镍耐蚀铸铁的化学成分及力学性能。高镍耐蚀铸铁中镍的质量分数为 13.5%～36%，其组织为奥氏体基体加石墨，高镍耐蚀铸铁也称奥氏体铸铁，铸铁的强度、韧性和塑性都得到了提高，特别是在碱性溶液中，耐蚀性得到显著提高。镍在铸铁中既不形成碳化物，也不固溶于渗碳体，而是全部固溶于基体中，镍和硅都是促进石墨化的元素。依照石墨存在的形态，高镍耐蚀铸铁分为高镍奥氏体灰铸铁和高镍奥氏体球墨铸铁两类，两者耐蚀性基本相同，但高镍奥氏体球墨铸铁的强度和塑性要高于高镍奥氏体灰铸铁。高镍耐蚀铸铁在海水、盐卤、海洋大气、碱溶液、石油、硫及硫化物、常温还原性稀酸、许多有机酸及高温氧化等腐蚀条件下具有很好的耐蚀性，在海水淡化、发电、化工、食品、造纸、污水处理、汽车、船舶等许多领域有广泛的应用。

选择耐蚀铸铁，必须对铸件所使用的工矿条件了解清楚，才能合理地选择和确定耐蚀铸铁。

表 3-41　高镍耐蚀铸铁的化学成分及力学性能

化学成分（质量分数）/%								力学性能	
w(C)	w(Si)	w(Mn)	w(Ni)	w(S、P)≤	w(Cr)	w(Cu)	w(Fe)	R_m/MPa	HBW
<3.0	1.0～2.5	1.0～1.5	13.5～17.5	0.1	1.75～2.5	5.5～7.5	余量	170～210	130～160
<3.0	1.0～2.5	0.8～1.5	18～22	0.1	1.75～2.5	≤0.5	余量	170～210	130～160
<2.75	1.0～2.0	0.4～0.8	28～32	0.1	2.5～3.5	≤0.5	余量	170～240	120～150
<2.6	5.0～6.0	0.4～0.8	29～32	0.1	4.5～5.5	≤0.5	余量	170～240	150～180
<2.4	1.0～2.0	0.4～0.8	34～36	0.1	<0.1	≤0.5	余量	170～240	100～125

习　题

（1）名词解释：灰铸铁、球墨铸铁、蠕墨铸铁、可锻铸铁、强韧铸铁、成熟度、相对强度、硬化度、相对硬度、A 型石墨、B 型石墨、C 型石墨、D 型石墨、E 型石墨、F 型石墨、HT200、HT250、QT400-15、QT700-02、RuT380、KTZ450-06、KTB350-04、KTH330-08、BzTMCr20、HTRCr16。

（2）试述灰铸铁金相组织和性能特点。灰铸铁中的石墨会对铸铁带来什么影响？

（3）试述灰铸铁中石墨形状的分类及其形成条件。

（4）试述决定灰铸铁性能的主要因素是什么？

（5）试述影响铸铁铸态组织的因素。

（6）试述高强度孕育灰铸铁的生产流程及其生产过程中的关键技术。

（7）试述灰铸铁化学设计中，同一牌号的铸铁，不同壁厚时铸铁化学成分的设计规律。试设计壁厚为 25mm 的 HT200、HT250 的化学成分，对金相组织的要求及生产工艺。

（8）试述灰铸铁热处理的主要特点，为什么热处理不能从根本上改善灰铸铁的性能？

（9）试述提高灰铸铁性能的途径。

（10）试述球墨铸铁的金相组织特点及影响其基体的主要因素。

（11）试述球墨铸铁的生产流程及其生产过程关键环节。

（12）试述常用球化剂特点及处理方法。

（13）试述球墨铸铁孕育处理的目的及孕育处理的方法。

（14）试述球墨铸铁炉前检验及控制方法。

（15）试述球墨铸铁热处理的主要特点。

（16）试述蠕墨铸铁的生产流程及其生产过程中的关键环节。

（17）试述片状石墨、球状石墨、蠕虫状石墨的长大过程及形成条件。

（18）试述可锻铸铁的生产流程及其生产过程中的关键环节。

（19）试述可锻铸铁的分类及可锻铸铁的成分选择的原则。

（20）试述图 3-40 可锻铸铁石墨化形成过程 1、2、3、4 点的组织特征。

（21）试述加速可锻铸铁退火的主要措施。

（22）试述灰铸铁、球墨铸铁、蠕墨铸铁和可锻铸铁化学成分的特点。

（23）试述金属抗磨材料的种类及其组织特点。

（24）高铬抗磨铸铁组织中，碳化物的种类主要有几种类型？各自的形貌特征及其硬度如何？从提高耐磨性方面考虑如何控制高铬抗磨铸铁的碳化物类型？

（25）以铸造锤头为例，说明铸造复合抗磨材料锤头的生产过程。

（26）试述冷硬铸铁的组织与性能特点，以轧辊为例，说明冷硬铸铁轧辊的铸造方法。

（27）试述耐热铸铁的种类及其应用特点。

（28）试述耐蚀铸铁的种类及其应用特点。

第四章　铸钢合金及其性能

铸钢合金主要包括铸造碳钢、铸造低合金钢和铸造高合金钢等。虽然铸钢的减震性、耐磨性、流动性和铸造性比铸铁差，但铸钢具有高强度和良好的韧性及其某些使用性能，可用于制造承受重载荷及冲击的零件和需要耐腐蚀、耐热、耐磨的部件。因此，重要的压力容器铸件，承受低温、高温或腐蚀的铸件，一般用铸钢来制造。铸钢具有焊接性，可以补焊和进行构件间的焊接。铸钢与铸铁相比，熔炼成本较高，铸造性能要差，主要表现为钢液的流动性差，容易造成缩孔、气孔、热裂、冷裂等缺陷，铸钢件的工艺出品率较低。

第一节　铸 造 碳 钢

铸造碳钢是不含有特意加入合金元素的铸造用碳素钢，是铸钢材料应用中量大面广的钢种，许多重型和承受较大载荷的机械零件用碳钢铸造。碳钢铸件的质量范围较宽，小件有几克的熔模精密铸件，大件有重达400t的轧钢机立柱铸件等。碳钢铸件产量约占全部铸件的70%以上，广泛应用于矿山、工程机械、冶金机械、汽车零件等领域。

一、铸造碳钢的化学成分、力学性能及应用

铸造碳钢中常有的元素为碳、硅、锰、磷、硫。其中，碳、硅、锰对铸钢有强化作用，磷、硫能降低钢的韧性，是有害的元素。碳素铸钢的化学成分中本来不含有合金元素，但在炼钢过程中，加入的炉料中带有一些合金元素，因此铸造碳钢中会残留一定量的合金元素。为了控制碳钢的性能，要求控制碳钢中合金元素的含量。国家标准《一般工程用铸造碳钢件》（GB/T 11352—2009）规定铸造碳钢的化学成分如表4-1所示。

表4-1中的碳、硅和锰的质量分数只给出上限值而未给出下限值，目的是在生产中有较大的化学成分调整范围。在保证铸件力学性能的前提下，生产厂家可根据生产经验确定所生产的铸钢件化学成分的上、下限值。

表4-2是一般工程铸造碳钢件的力学性能。铸造碳钢的牌号用字母+数字的方式表示，铸钢用字母“ZG”表示，前一组数字表示铸钢的最小屈服强度，后一组数字表示铸钢的最小抗拉强度。例如，ZG230-450表示该牌号铸钢的屈服强度不小于230MPa，抗拉强度不小于450MPa。力学性能试验所用的试样毛坯应在浇注

时单独铸出，也允许在铸件上取样。取样部位及性能要求由供需双方协商确定。表 4-3 是铸造碳钢的应用范围。

表 4-1　铸造碳钢的化学成分（质量分数）　　　　（单位：%）

牌号	w(C) ≤	w(Si) ≤	w(Mn) ≤	w(Fe)	w(S)、w(P) ≤	残留元素≤					
						w(Ni)	w(Cr)	w(Cu)	w(Mo)	w(V)	残留元素总量
ZG200-400	0.20		0.80	余量							
ZG230-450	0.30			余量							
ZG270-500	0.40	0.60	0.90	余量	0.035	0.40	0.35	0.40	0.20	0.05	1.00
ZG310-570	0.50			余量							
ZG340-640	0.60			余量							

注：对上限减小 0.01%碳，允许增加 0.04%锰，对 ZG200-400 的锰最高至 1.00%，其余四个牌号的锰最高至 1.20%；除另有规定外，残留元素不作为验收根据。

表 4-2　一般工程铸造碳钢件的力学性能

牌号	$R_{eH}(R_{p0.2})$/MPa	R_m/MPa	A/%	根据合同选择		
				Z/%	A_{KV}/J	A_{KU}/J
	≥					
ZG200-400	200	400	25	40	30	47
ZG230-450	230	450	22	32	25	35
ZG270-500	270	500	18	25	22	27
ZG310-570	310	570	15	21	15	24
ZG340-640	340	640	10	18	10	16

注：表中的各牌号性能适应于厚度为 100mm 以下的铸件，当铸件厚度超过 100mm 时，表中规定的 $R_{eH}(R_{p0.2})$ 屈服强度仅供设计使用；冲击试样缺口深度为 2mm。

表 4-3　铸造碳钢的应用范围

牌号	性能特点	应用
ZG200-400	低碳铸钢，强度、硬度较低，塑性和韧性好，低温冲击韧性高，脆性转变温度低，焊接性能良好，铸造性能较差	用于受力不大，韧性要求高的零件，如机座、变速箱体、连杆支座等
ZG230-450		用于受力不大，韧性要求较高的零件，如砧座、轴承盖、犁柱、阀体、配重块等
ZG270-500	中碳铸钢，强度、硬度较高，有一定的塑性和韧性，切削性能良好，焊接性能尚可，铸造性能比低碳钢好	用于承受一定载荷，具有一定耐磨性要求的零件，如飞轮、轧钢机机架、轴承座、连杆、箱体、曲拐、水压机工作缸体等
ZG310-570		用于载荷要求较高的耐磨零件，如缸体、制动轮、支承座、摇臂、轴、大齿轮等

续表

牌号	性能特点	应用
ZG340-640	高碳铸钢，强度、硬度高，耐磨性好，塑性和韧性低，铸造性能差，裂纹敏感性大	用于载荷高的耐磨零件，如轧辊、齿轮、车轮、棘轮、叉头等

二、影响铸造碳钢组织和力学性能的因素

影响铸造碳钢组织和力学性能的因素主要有铸钢的化学成分、气体和夹杂物、铸件壁厚等。

（一）化学成分

铸造碳钢中的化学成分是决定铸钢力学性能最主要的因素之一，改变化学成分可有效改变铸钢的组织和力学性能。碳素铸钢中常存的元素有碳、硅、锰、硫和磷等。

1．碳

碳是铸钢中主要的强化元素，碳含量对钢的力学性能起决定性的作用。图 4-1 是碳含量对退火态碳素铸钢力学性能的影响。随碳含量的提高，铸钢的强度有增加的趋势，塑韧性指标则下降，硬度提高。因此，从铸钢的塑韧性和加工性能考虑，一般碳素铸钢中碳的质量分数不超过 0.6%，对于调质处理碳素铸钢，碳的质量分数不超过 0.45%。

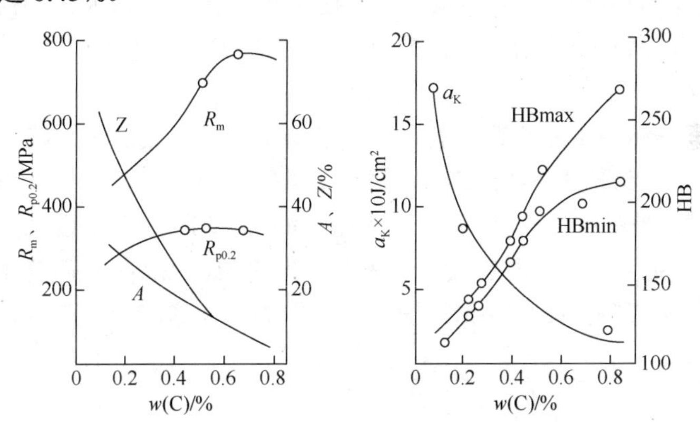

图 4-1　碳含量对退火态碳素铸钢力学性能的影响

2．硅

硅在铸钢中有脱氧、固溶强化的作用，是铸钢中的有益元素。硅含量过低的铸钢浇注后易产生气孔和针孔缺陷，铸造碳素铸钢硅的质量分数在 0.20%～0.60%。图 4-2 是硅含量对碳钢力学性能的影响。碳素铸钢中硅的质量分数小于 0.60%时，对钢的力学性能影响不大。

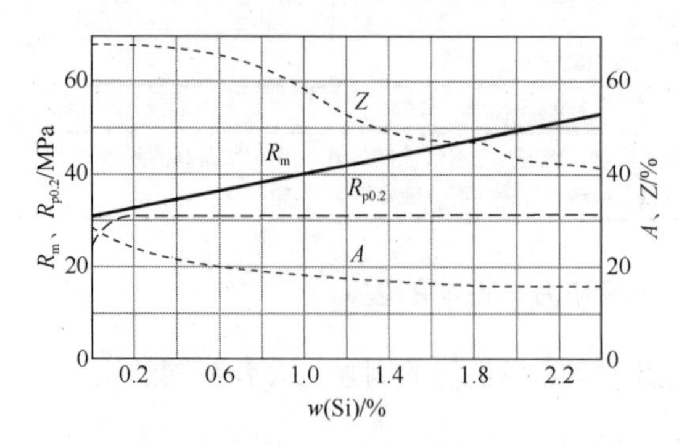

图 4-2　硅含量对碳钢力学性能的影响

3．锰

锰在碳素铸钢中的主要作用有固溶强化、脱氧和减轻钢中硫的有害影响，防止铸件产生热裂等缺陷，锰是碳素铸钢中有益的元素之一。锰与钢中的 FeS 反应生成 MnS，MnS 容易形成 $m(MnS)\cdot n(FeS)$复合硫化物，该复合硫化物密度较小，容易上浮到炉渣中而被去除，MnS 的熔点为 1610℃，较高，即使残留在钢液中，在铸钢凝固后会以颗粒状分布在晶界或晶内，对钢的危害较小。少量的锰能固溶于铁素体中，起到固溶强化的作用，提高铸钢的强度，一般不会降低钢的韧性和塑性。在碳素铸钢中，碳和锰可以在一定范围内起到互补作用，碳含量较低时，可通过提高锰含量以达到力学性能的要求。因此，国家铸造碳钢件标准中指出，在强度指标较高的铸钢中，锰含量最高可达 1.2%。为了使锰能去除钢中硫的有害作用，硫含量较高时，应增加锰含量，一般要求 $w(Mn)/w(S)>1.71$。

4．硫

硫在碳素铸钢中是有害的元素之一。当钢中锰含量较低时，硫以 FeS 形态存在，FeS 与 Fe 会形成 FeS-Fe 二元共晶，熔点低（985℃），分布在钢的晶界上，降低钢的韧性。当脱氧不良时，FeS 与钢中 FeO 形成 Fe-FeS-FeO 三元低熔点共晶（940℃），危害更大，严重时在凝固过程会产生热裂。图 4-3 是硫含量对不同碳含量铸钢延伸率的影响，随硫含量的增加，铸钢的延伸率降低。碳素铸钢中一般要求 $w(S)\leqslant 0.04\%$。

5．磷

磷是钢中有害的杂质元素之一。当钢中 $w(P)<0.05\%$时，磷处于固溶状态，可起到固溶强化的作用，提高钢的强度和硬度；当磷含量超过 0.05%时，会析出 Fe_3P，与 Fe 形成 Fe-Fe_3P 二元共晶体（熔点为 1050℃）和 Fe-Fe_3P-Fe_3C 三元共晶体（熔点为 950℃），沿晶界分布，降低钢的塑性和韧性，特别在低温时表现更为显著，严重时会引起铸钢件的脆断。图 4-4 是磷含量对不同碳含量铸钢延伸率的影响，磷含量增加，铸钢的延伸率降低。碳素铸钢中一般要求 $w(P)\leqslant 0.04\%$。

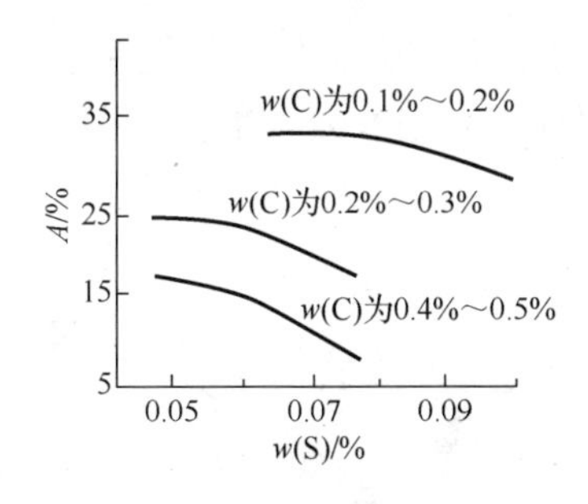

图 4-3　硫含量对不同碳含量铸钢延伸率的影响

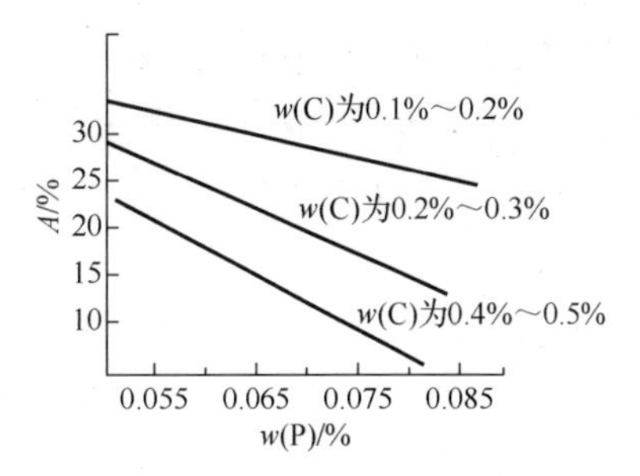

图 4-4　磷含量对不同碳含量铸钢延伸率的影响

（二）气体和夹杂物

碳素铸钢中的气体和夹杂物都是有害的，危害程度与它们在钢中存在的形态和含量有关，铸钢中的气体主要为氢、氮和氧，夹杂物主要有氧化物、硅酸盐及硫化物等。

1. 氢

氢能使钢的强度极限、断面收缩率、延伸率和冲击韧性下降，导致钢的力学性能降低。大气中氢的分压约为 0.053Pa，钢中的氢主要由炉气中的水蒸气的分压来决定。在炼钢过程中，空气中的水蒸气在电弧作用下离解，氢以原子态溶入钢液中，通过废钢表面的铁锈、铁合金中的氢气、炼钢原材料中的水分、未烤干的浇包、大气中的水分与钢液或炉渣作用而进入钢中。

图 4-5 给出氢在钢中溶解度随温度变化的曲线。钢处于液态时，能溶解大量的氢，在金属凝固过程中，随温度的下降，氢的溶解度减小，氢因过饱和而析出，形成气孔，积聚在晶界，氢气泡压力达到一定值时，铸件会突然发生断裂，出现“氢脆”或“延迟破坏”。

为预防氢的危害，炼钢前要做好原材料的干燥工作，炼钢过程尽量避免钢液吸气和氧化，电弧炉熔炼时要保证足够的脱碳量，脱碳产生的气体上浮，有利于吸附去除氢和夹杂物。铸造熔炼时进行炉外精炼或真空除气，能够减小钢液中氢含量，使铸件的氢含量在 3×10^{-6} 以下，防止氢脆的发生。

2. 氮

大气中氮的分压约为 7.8×10^{4}Pa，钢中的氮主要是钢液裸露过程中吸气及溶解获得。电炉炼钢及二次精炼的电弧加热，会加速气体的离解，铁合金、废钢铁和渣料中的氮也会随炉料带入钢液，故一般钢液中氮含量较高。图 4-5 给出氮在钢中溶解度随温度变化的曲线。图 4-6 是氮含量对钢力学性能的影响。氮溶解度随温度升高有较大的变化，温度降低时会析出氮气。氮还能与钢中的硅、铝、锆等形成氮合物（Si_3N_4、AlN、ZrN 等），少量的氮化物可以在钢液凝固过程中起到非自发形核的作用，细化凝固组织，增加钢的强度，但会降低钢的韧性和塑性。为了避免氮对铸钢性能的不利影响，钢中氮含量应控制在0.02%以下。采用炉外精炼，如LF+VD后铸钢氮含量在0.004%以下。

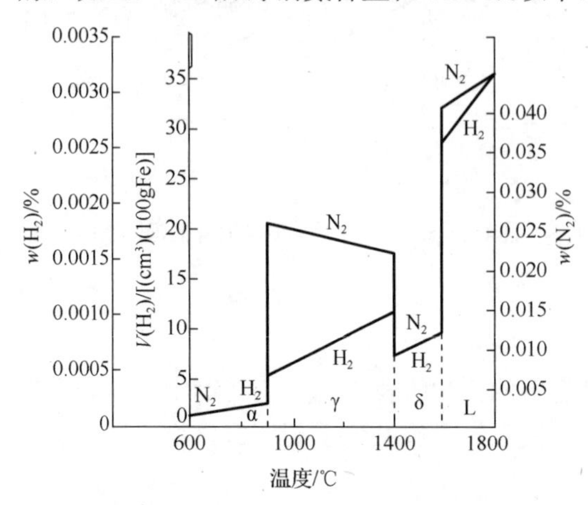

图4-5　氢、氮在钢中溶解度随温度变化的曲线

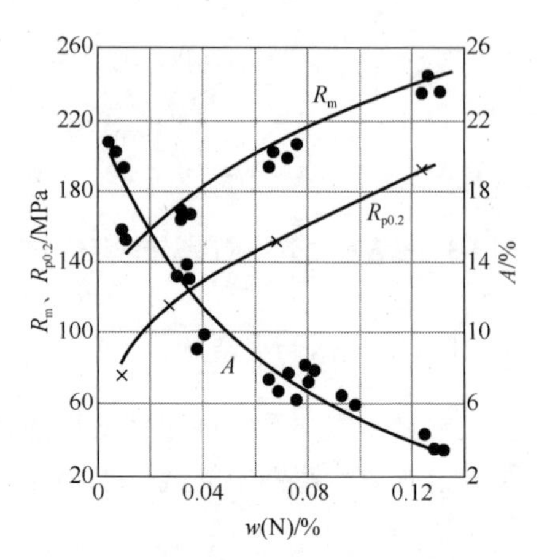

图4-6　氮含量对钢力学性能的影响

3．氧

大气中氧的分压较高，约为2.1×10^4Pa，因此钢中的氧主要是钢液在大气中裸露，吸入并溶解氧在钢液中。电弧炉炼钢过程中钢液的脱[P]、脱[S]、脱[Si]、脱[C]操作，都需要向钢液供氧，因此，在各种炼钢炉冶炼结束时，都有一定数量的氧存在于钢液中。氧在钢液中主要以FeO形式存在，钢中存在过多的FeO，会在凝固时与C发生化学反应形成一氧化碳，产生气孔。防止产生气孔的方法是减少FeO量，对钢液进行彻底的脱氧。

4．非金属夹杂物

钢中非金属夹杂物主要在炼钢过程和浇注过程的二次氧化时产生。钢液凝固后，非金属夹杂物存在于钢中，起到割裂金属基体的作用，降低铸钢的力学性能，特别是降低钢的韧性。非金属夹杂物对钢的危害程度由其数量、形态、分布状态所决定。国家标准《钢中非金属夹杂物含量的测定标准评级图显微检验法》（GB/T 10561—2005）中，将夹杂物按其组成和形态分为五类：A类为硫化物类，呈条状沿晶界分布；B类为氧化铝类，呈链状沿晶界分布；C类为硅酸盐类，呈多角形以孤立状分布；D类为球状氧化物类，呈孤立球状分布；DS类为单颗粒球状类，直径大于等于13μm。

图4-7是典型夹杂物的形态图。从形态和分布来看，沿晶界分布的夹杂物比孤立状存在的夹杂物对钢的割裂作用更大，对钢性能危害最小的夹杂物为孤立球状夹杂物。

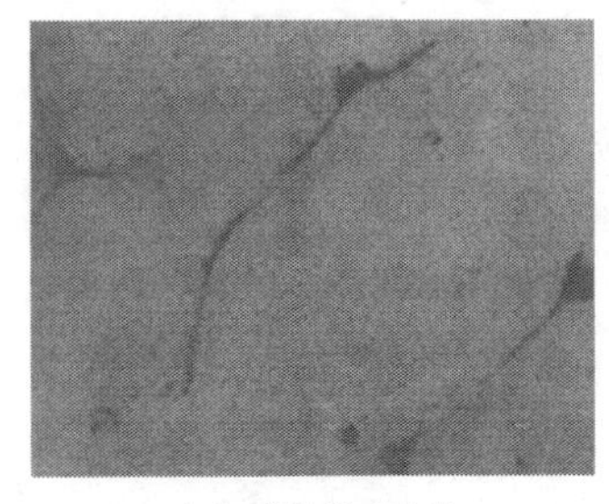

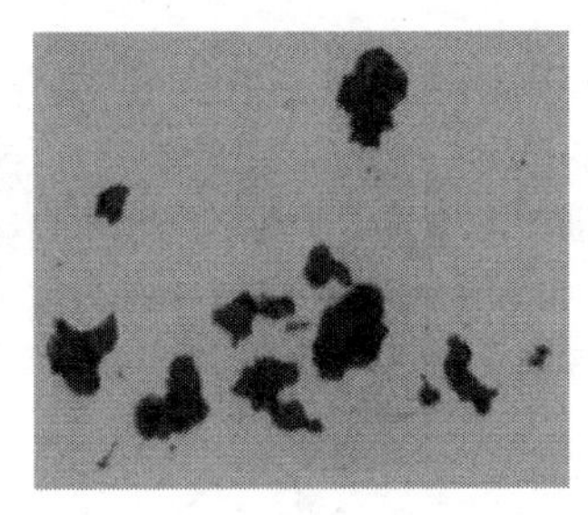

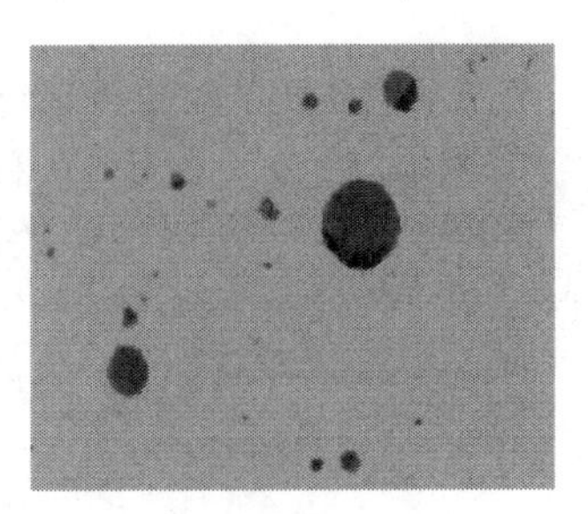

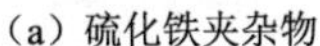

（a）硫化铁夹杂物　　（b）硅酸盐夹杂物　　（c）氧化铁夹杂物

图 4-7　典型夹杂物的形态图

铸钢中气体和夹杂物数量多时，会显著降低铸件的韧性，影响其使用寿命，因此炼钢过程中应尽量提高钢液的纯净度，去除气体和夹杂物。

（三）铸件壁厚

铸钢件壁厚对其力学性能有显著的影响。同一化学成分和热处理条件下，不同壁厚铸件的力学性能有明显的差别，一般随着铸件壁厚的增大，铸件的强度、塑性指标下降，这种现象称为壁厚效应。铸钢件标准给出的力学性能指标只是标准试块的性能，一般铸件的性能要低于标准试块的性能，而厚壁铸件的性能比标准试块性能低得多。壁厚对力学性能的影响与铸件的晶粒度等级、偏析程度、枝晶间距大小和致密度等有关。厚壁铸件凝固时冷速较慢，铸件形成的组织晶粒粗大，力学性能降低，铸件偏析程度加大，组织及力学性能的均匀性差，厚壁铸件缩松严重，铸件致密度低，密度减小，组织连续性差，严重时缩松缺陷会导致铸件的渗漏。厚壁铸件可采用顺序凝固、定向凝固、加强补缩、变质处理等方法改善厚壁铸件组织及其力学性能。

三、铸造碳钢的热处理

如第二章第三节所述，碳素铸钢的铸态组织晶粒粗大，容易出现魏氏组织及网状组织，影响铸钢的力学性能。因此，碳钢铸件热处理的目的是细化晶粒，消除魏氏组织和铸造应力。

（一）热处理工艺

铸造碳钢热处理的工艺主要有退火、正火、正火回火、淬火回火等。

铸造碳钢的退火工艺分为完全退火工艺和不完全退火工艺两种。完全退火工艺是将铸钢件加热到 A_{C3}+（30～50）℃，保温后炉冷至 300℃左右出炉空冷的热处理工艺，其工艺曲线如图 4-8 所示。完全退火热处理可以使铸钢件的晶粒细化，消除魏氏组织和内应力，改善铸件的力学性能，是碳钢和合金钢铸件常用的退火工艺。

不完全退火工艺是将铸钢件加热到 A_{C1}+（30～50）℃（A_{C1}～A_{C3} 之间），保温一定的时间，炉冷至 500℃左右出炉空冷的热处理工艺。不完全退火的目的是降低铸件的硬度，消除铸造应力，改善切削加工性能，一般高碳铸钢进行不完全退火热处理。

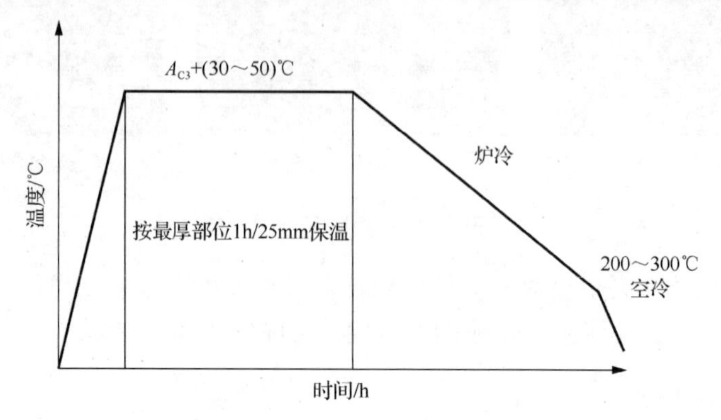

图 4-8　铸造碳钢完全退火热处理工艺曲线

铸造碳钢正火热处理工艺曲线如图 4-9 所示，铸造碳钢正火、回火热处理工艺曲线如图 4-10 所示。正火可以细化晶粒，消除魏氏组织，得到比退火工艺更细的组织，从而进一步提高铸钢件的力学性能，正火后进行回火可以消除铸造应力并增加铸件的韧性。铸件正火热处理时，加热温度一般为 A_{C3}+（30～50）℃，如果加热温度过低，则会造成未全部奥氏体化，晶粒细化效果差，不能消除魏氏组织；如果加热温度过高，保温时间过长，铸钢晶粒会粗化，达不到细化的目的。但对于一些碳钢铸件，提高加热温度可以改善其力学性能，如 ZG310-570 铸钢，利用 1000℃超高温加热正火时的奥氏体再结晶原理，铸件能获得高强度和高冲击值。铸钢件热处理加热保温时间由铸件壁厚确定，壁厚在 200mm 以内的铸件，一般可按铸件最厚尺寸 1h/25mm 计算保温时间；厚度大于 200mm 时，保温时间按上述比例计算的时间可适当减小。用铸件堆放高度计算时，碳钢铸件的保温时间可按 4h/m 计算。

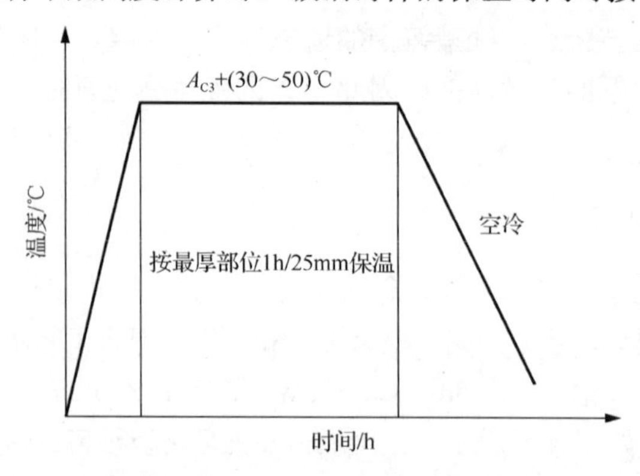

图 4-9　铸造碳钢正火热处理工艺曲线

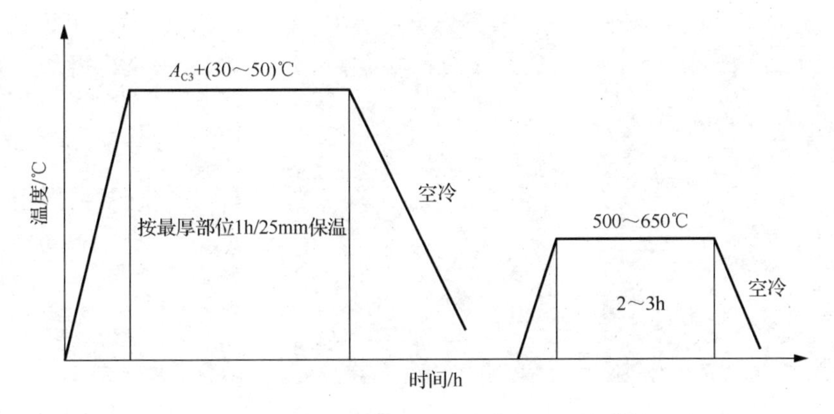

图 4-10　铸造碳钢正火、回火热处理工艺曲线

铸造碳钢热处理时，对于形状复杂的铸件，加热时炉温在 650～800℃内应缓慢升温，或在此温度范围内进行保温，从而减轻产生的组织应力和温度应力，防止铸件变形或开裂。

铸造碳钢由于淬透性较差，淬火时铸件壁厚上不易获得均匀的组织，厚壁铸件一般不进行淬火处理。对于碳含量在 0.35%以下的小铸件（<5kg）可以进行淬火和回火处理，较大或形状复杂的铸件可在正火后进行淬火和回火处理。淬火、回火热处理工艺和图 4-10 热处理工艺一样，冷却介质为水、油等淬火液。

（二）热处理的组织和力学性能

图 4-11 是 ZG230-540 铸钢不同状态下的金相组织。图 4-11（a）为铸态组织，白色的基体为铁素体组织，黑色的块状组织为珠光体，铸态组织中铁素体呈小块状、针状分布，部分铁素体呈块状沿晶界分布，铁素体基体上分布有细小的硫化物或氧化物夹杂物，有些沿晶界断续分布；图 4-11（b）为退火组织，经过退火处理的组织明显细化，组织中铁素体呈细小等轴状分布，黑色的块状珠光体沿铁素体枝晶间分布；图 4-11（c）是正火组织，组织由白色细小又均匀分布的铁素体和黑色小块状的珠光体组成。碳钢铸件通过退火或正火处理可以细化铸态组织，提高铸钢的力学性能。

图 4-12 是碳含量对不同状态碳钢铸件力学性能的影响。从图中可看出，随铸钢碳含量的提高，不同热处理状态碳钢铸件的强度有上升的趋势，延伸率、断面收缩率和冲击值下降。

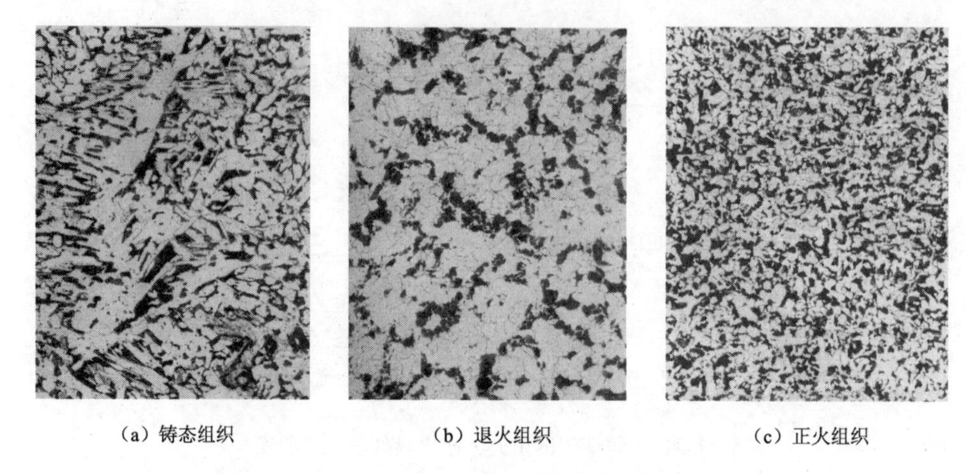

（a）铸态组织　　（b）退火组织　　（c）正火组织

图 4-11　ZG230-540 铸钢不同状态下的金相组织，100×

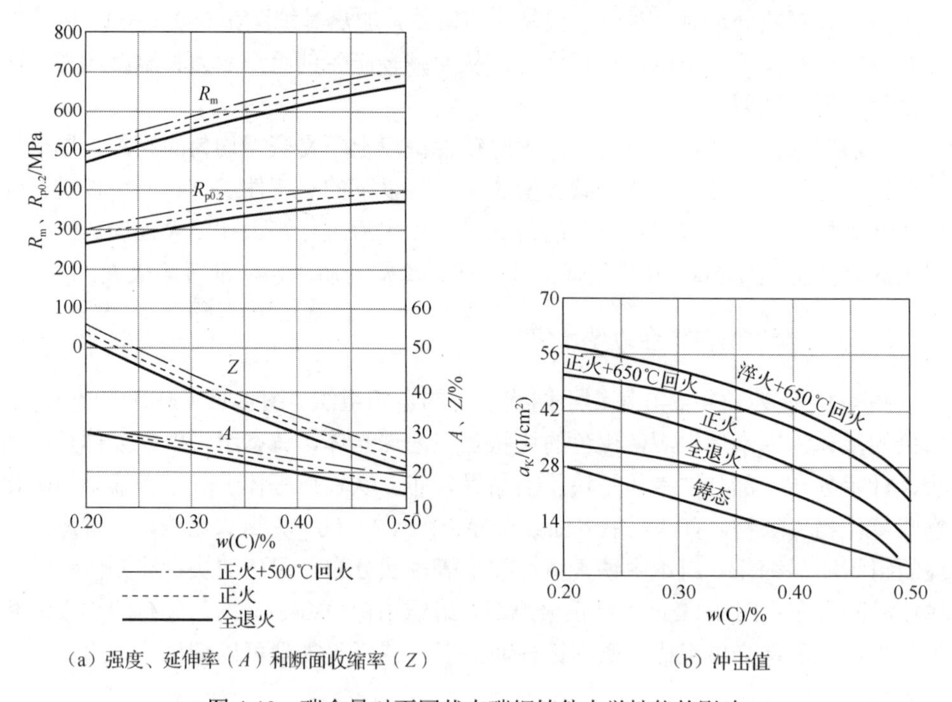

（a）强度、延伸率（*A*）和断面收缩率（*Z*）　　（b）冲击值

图 4-12　碳含量对不同状态碳钢铸件力学性能的影响

四、铸造碳钢的铸造性能

由于铸钢的熔点高、结晶温度范围较宽、收缩量较大、钢液流动性较低，产生缩孔、缩松的倾向性较大，铸件容易形成热裂及冷裂。与铸铁相比，铸钢的铸造性能较差。

（一）流动性与收缩性能

铸造碳钢的流动性主要与铸钢的浇注温度、钢液碳含量和钢液纯净化程度有关。对于一定化学成分的铸钢，液相线温度一定，浇注温度越高，过热度增加，会提高钢液流动性。但实际铸造生产中，过高的浇注温度会造成收缩增加，铸件的铸态组织粗大，因此，铸造时要选择合适的浇注温度。不同碳含量的铸造碳钢，其结晶温度间隔大小及其树枝晶的发达程度不同，会影响铸造碳钢的流动性。一般在相同的浇注温度下，铸造碳钢的流动性随碳含量的增加而提高。钢液中气体和夹杂物会增加钢液的流动阻力，降低钢液的流动性，电弧炉炼钢时氧化脱碳产生的上浮气体会吸附其他气体和夹杂物，有利于气体和夹杂物上浮而去除，对提高流动性有利。目前，对于质量要求较高的铸造碳钢件，冶炼时采用电弧炉冶炼+炉外精炼的方法能净化钢液，从而提高钢液的流动性。

铸造碳钢的缩孔率与铸钢的碳含量和浇注温度有关。铸钢的碳含量增加，钢的体积收缩率升高，如碳含量分别为 0.1%、0.4%、0.7%的三种钢的体积收缩率分别为 10.5%、11.3%、12.1%。提高浇注温度，铸件的缩孔率升高，如碳含量为 0.25%的碳钢在 1500℃、1550℃、1650℃、1750℃浇注温度条件下的缩孔率分别为 6.3%、7.4%、9.5%、11.6%。铸钢件的缩孔包括集中缩孔和分散缩孔（缩松），形成缩孔和缩松的倾向与碳含量有关，碳钢成分在包晶成分附近时，形成缩孔比例较大，远离包晶成分时，形成缩松比例较大。

（二）热裂与冷裂

铸钢件的热裂一般发生在钢的固相线温度附近，热裂纹内的金属在高温下会被空气中的氧所氧化而变成黑褐色，由于热裂纹总是沿着晶界开裂，裂纹外观呈现出弯弯曲曲的形状。影响铸钢热裂纹的因素主要有碳含量、硫含量、锰含量、氧含量等。碳含量很低的钢或高碳钢都容易产生热裂纹，碳含量在包晶点附近，铸钢不易形成热裂纹；硫含量会促使热裂纹的形成，这是由于硫含量增加，会形成较多的低熔点硫化物，在凝固结束时，富集在铸钢凝固的晶粒周界，显著降低钢的高温强度，使得遇到收缩产生热裂；铸钢中的锰在一定程度可以抵消硫的有害作用，有助于防止热裂的发生；铸钢熔炼时如果脱氧不良，钢液中会存在较多的 FeO，凝固时 FeO 会在晶界析出，降低钢的高温强度，促使热裂。如果钢液中存在过多 FeO，则在凝固过程中会与 C 发生化学反应，形成 CO，增加铸件的气孔。

冷裂是在铸件完全凝固后，冷却至塑性-弹性转变温度（700℃）以下时形成的，当铸件中的内应力超过铸件的强度时，即会形成冷裂纹。冷裂纹的内部表面无氧化的颜色，比较光亮，裂纹扩展形貌笔直而光滑。影响冷裂纹的主要因素有碳含量、硫含量、磷含量、氧含量等。低碳钢的塑性较好，不易形成冷裂纹；硫含量、磷含量和氧含量较高时，钢中会形成各自的化合物，使钢的强度和塑性降低，增加形成冷裂纹的倾向。

五、铸造碳钢的焊接性能

焊接性能是铸钢材料的一项重要性能指标，关系到铸造生产中铸件缺陷的修补和铸件在实际应用过程中焊接时的质量，铸造碳钢属于亚共析钢，一般具有良好的焊接性能。但不同碳含量的铸造碳钢，焊接性能相差较大，这是由于碳会提高钢的淬透性，促使热影响区奥氏体发生马氏体相变，一旦焊接接头组织中出现马氏体，会产生较大的组织应力，容易导致铸件的开裂。因此，碳含量越高，铸件的焊接性能越差。

表 4-4 是国家标准《焊接结构用铸钢件》（GB/T 7659—2010）中规定的焊接结构用铸件化学成分，表 4-5 是焊接结构用铸钢件力学性能。

表 4-4　焊接结构用铸钢件化学成分（质量分数）　　（单位：%）

<table>
<tr><th rowspan="2">牌号</th><th rowspan="2">w(C)</th><th rowspan="2">w(Si)</th><th rowspan="2">w(Mn)</th><th rowspan="2">w(S)、w(P)</th><th rowspan="2">w(Fe)</th><th colspan="6">残留元素 ≤</th></tr>
<tr><th>w(Ni)</th><th>w(Cr)</th><th>w(Cu)</th><th>w(Mo)</th><th>w(V)</th><th>总量</th></tr>
<tr><td>ZG200-400H</td><td>≤0.20</td><td rowspan="4">≤0.60</td><td>≤0.80</td><td rowspan="5">≤0.025</td><td>余量</td><td rowspan="5">0.40</td><td rowspan="5">0.35</td><td rowspan="5">0.40</td><td rowspan="5">0.15</td><td rowspan="5">0.05</td><td rowspan="5">1.00</td></tr>
<tr><td>ZG230-450H</td><td>≤0.30</td><td>≤1.20</td><td>余量</td></tr>
<tr><td>ZG270-480H</td><td>0.17～0.25</td><td>0.80～1.60</td><td>余量</td></tr>
<tr><td>ZG300-500H</td><td>0.17～0.25</td><td rowspan="2">1.00～1.60</td><td>余量</td></tr>
<tr><td>ZG340-550H</td><td>0.17～0.25</td><td>≤0.80</td><td>余量</td></tr>
</table>

注：实际碳含量比表中碳含量上限减小 0.01%，允许实际锰含量超出表中锰含量上限 0.04%，但总超出量不得大于 0.2%。残余元素一般不做分析，如需方有要求，可做残留元素的分析。

表 4-5　焊接结构用铸钢件力学性能

<table>
<tr><th rowspan="2">牌号</th><th rowspan="2">$R_{eH}(R_{p0.2})$ /MPa</th><th rowspan="2">R_m /MPa</th><th rowspan="2">A/%</th><th colspan="2">根据合同选择</th></tr>
<tr><th>Z /%</th><th>A_{KV2}/J</th></tr>
<tr><th></th><th colspan="5">≥</th></tr>
<tr><td>ZG200-400H</td><td>200</td><td>400</td><td>25</td><td>40</td><td>45</td></tr>
<tr><td>ZG230-450H</td><td>230</td><td>450</td><td>22</td><td>35</td><td>45</td></tr>
<tr><td>ZG270-480H</td><td>270</td><td>480</td><td>20</td><td>35</td><td>40</td></tr>
<tr><td>ZG300-500H</td><td>300</td><td>500</td><td>20</td><td>21</td><td>40</td></tr>
<tr><td>ZG340-550H</td><td>340</td><td>550</td><td>15</td><td>21</td><td>35</td></tr>
</table>

碳素铸钢焊接时，根据焊接碳含量可以判断铸钢焊接性能的优劣，国际焊接协会推荐的焊接碳当量（CE）表达式如式（4-1）所示：

$$CE = w(C) + \frac{w(Mn)}{6} + \frac{w(Cr) + w(Mo) + w(V)}{5} + \frac{w(Ni) + w(Cu)}{15} \tag{4-1}$$

美国焊接学会推荐的焊接碳当量表达式如式（4-2）所示：

$$CE = w(C) + \frac{w(Mn)}{8} + \frac{w(Si)}{24} + \frac{w(Ni)}{40} + \frac{w(Mo)}{4} + \frac{w(V)}{14} \tag{4-2}$$

式（4-1）和式（4-2）中元素单位均为质量分数。各牌号碳当量要求如表 4-6 所示。按碳当量计算式（4-1）和式（4-2）计算的 CE≤0.44%时，焊接性良好。

表 4-6　各牌号碳当量要求

牌号	CE/%≤
ZG200-400H	0.38
ZG230-450H	0.42
ZG270-480H	0.46
ZG300-500H	0.46
ZG340-550H	0.48

第二节　铸造低合金钢

铸造碳钢由于淬透性较差，断面尺寸较大的铸件采用淬火、回火处理后组织和性能不均匀，碳钢铸件的使用温度范围在-40～400℃，抗磨及耐蚀性能差，不能满足现代工业对铸钢的要求。因此，为改善碳钢的性能，发展了铸造低合金钢。铸造低合金钢是指在铸造碳钢的基础上，加入一种或几种合金元素所构成的钢种，合金元素的总量不大于 5%。低合金钢牌号的表示方法是以碳含量和合金元素含量作为钢号的标识。用“ZG+碳含量元素+数字”表示，碳含量用万分之一表示，元素平均质量分数＜1.5%时，元素符号后面不标数字或标注“1”，1.5%～2.49%标注“2”，2.5%～3.49%标注“3”，以此类推。

一、合金元素在铸造低合金钢中的作用

铸造低合金钢中的合金元素主要有 Mn、Si、Ni、Cr、Mo 等。这些合金元素在钢中的存在形式主要有形成固溶体、化合物或以单质形式存在。合金元素在铸造低合金钢中的主要作用有固溶强化、提高铸钢淬透性、细化铸造组织、提高某些使用性能等。铸造低合金钢中，合金元素的具体作用如下。

Mn 在铸钢中既能形成固溶体，又能形成渗碳体，具有较强的固溶强化作用，能够提高钢的强度、硬度和耐磨性。Mn 是扩大奥氏体相区的元素，在相同碳含量和冷却速度下，随 Mn 含量增加，钢中珠光体量增加并细化。Mn 能够降低奥氏体向铁素体转变的温度和过冷奥氏体的分解速度，使钢的连续冷却曲线右移，提高钢的淬透性。含 Mn 钢淬火后的显微组织中会残留一定量的奥氏体，能够提高钢的韧性。Mn 可降低钢的韧脆性转变温度，是低温用铸钢的主要合金化元素之一。Mn 钢具有回火脆性，由于 Mn 的正偏析特性，在铸造凝固过程中，有在钢的晶界处析出碳化物的倾向，使铸件产生脆性。单元 Mn 合金化的铸钢过热敏感性大，热处理加热温度过高会导致组织粗大。因此，铸造低合金钢中 Mn 的质量分数≤2.0%。

Si 在钢中只形成固溶体，不形成碳化物，固溶强化效果仅次于碳，能够提高钢的强度和硬度。钢中少量 Si 可细化珠光体组织，Si 含量较高时会粗化珠光体组织。含 Si 的钢回火时，能阻碍碳化物析出，提高钢的回火抗力，Si 易产生回火脆性，使钢的第一类回火脆性区向更高的温度区间推移。Si 在钢中可以提高其耐热性和耐蚀性。在低合金铸钢中，$w(\mathrm{Si})\leqslant 1.5\%$，否则会降低铸钢的韧性。

Ni 在钢中只形成固溶体，不形成碳化物。Ni 可扩大奥氏体区，增加过冷奥氏体稳定性，使连续冷却曲线右移，提高钢的淬透性。Ni 能提高热处理后铸钢的强度、硬度，同时保持较高的塑性和韧性。Ni 降低了钢的韧脆性转变温度，是低温用铸钢的主要合金元素之一。Ni 能显著提高铸钢的耐蚀性能。

Cr 在铸钢中既能固溶于铁素体使之强化，又能形成合金渗碳体。Cr 固溶于奥氏体时，能显著提高铸钢的淬透性。Cr 单一合金化时，具有回火脆性。铬合金化能提高铸钢的耐蚀性能。低合金铸钢中，Cr 的质量分数在 1%左右。

Mo 在铸钢中能形成固溶体和碳化物。Mo 固溶在钢中能显著提高其再结晶温度和高温强度，是热强钢的主要元素。Mo 能显著提高淬透性，使钢在连续冷却过程中获得贝氏体组织，是贝氏体铸钢常用的合金元素。Mo 单一合金化时，可以增强回火脆性，和 Mn、Cr 等合金化时，则能拟制回火脆性。低合金铸钢中，Mo 的质量分数≤0.6%。

除了上述主要合金元素外，铸造低合金钢中还会加入 Cu、Al、Ti、B、V、Nb、RE 等元素。Cu 在钢中具有沉淀硬化的作用，提高钢件截面性能的均匀性，多用于大截面铸钢件；Al 一般作为脱氧剂加入钢中，有脱氧和细化晶粒的作用；Ti 作为微合金化元素加入，能起细化晶粒的作用；加入微量的硼[$w(\mathrm{B})$为 0.001%～0.005%]，可显著提高钢的淬透性，能替代 Mo 等贵重元素，含量较高或形成化合物时会降低钢的韧性；V、Nb 在钢中能形成高熔点的碳化物或氮化物，起到非自发形核作用，细化铸态组织和提高钢的耐热性能；RE 加入钢中具有脱氧、脱硫、细化铸态组织、改善铸造性能等作用。

图 4-13 是合金元素对铁素体组织抗拉强度的影响。图 4-14 是合金元素对铁素体组织屈服强度的影响。图 4-15 是合金元素对铁素体组织冲击值的影响。钢中加入合金元素，可不同程度地增加铁素体组织的强度，而对冲击值的影响较为复杂。图 4-16 是合金元素对钢淬透性的影响。合金元素加入铸钢中，能提高钢的淬透性，当各元素含量相同时，Mn 对提高淬透性的作用较大。

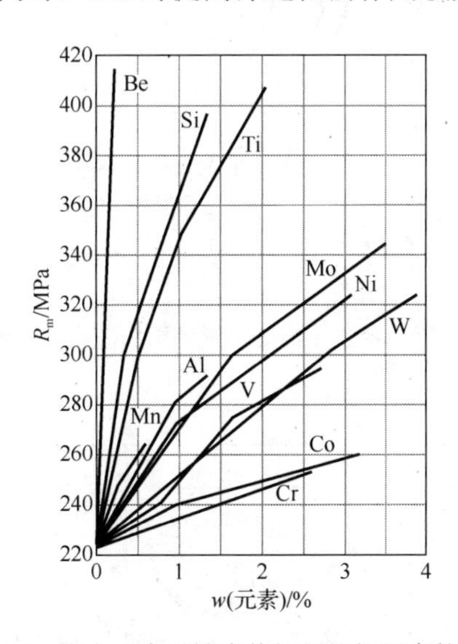

图 4-13　合金元素对铁素体组织抗拉强度的影响

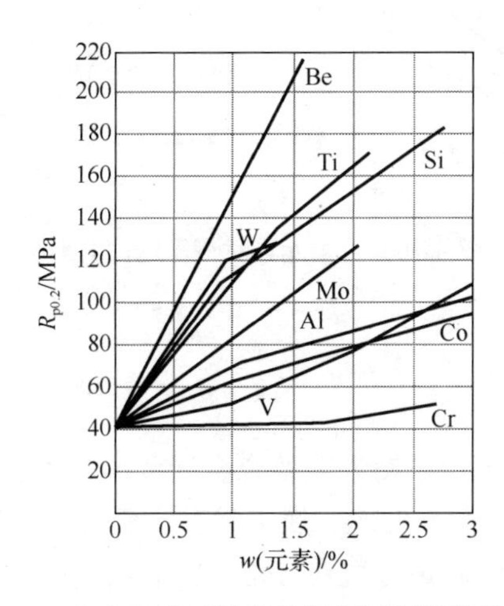

图 4-14　合金元素对铁素体组织屈服强度的影响

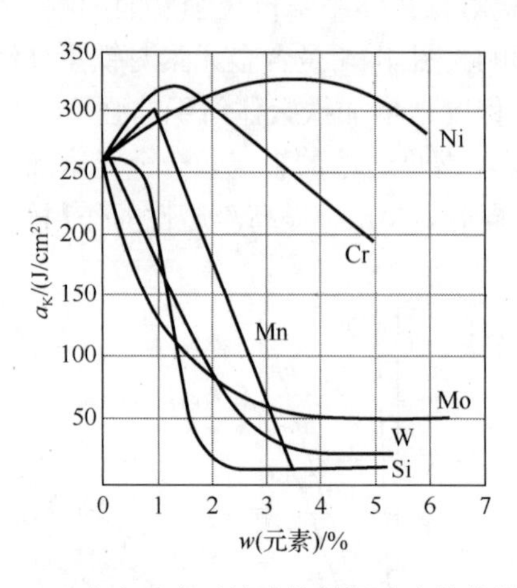

图 4-15　合金元素对铁素体组织冲击值的影响

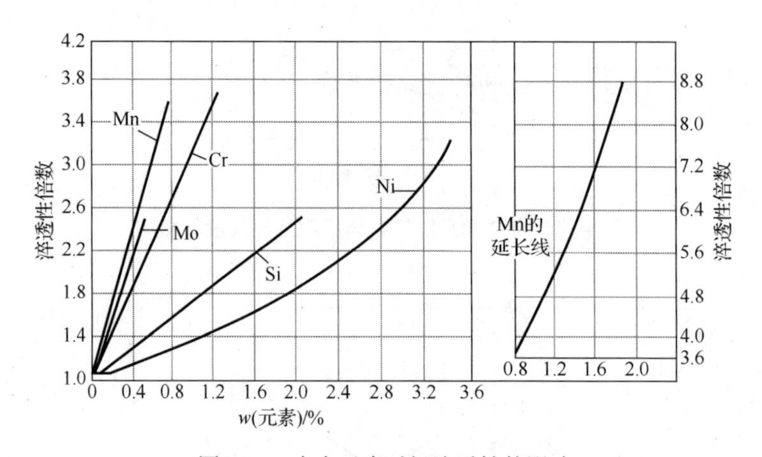

图 4-16　合金元素对钢淬透性的影响

二、锰系铸造低合金钢

锰系铸造低合金钢是指以锰为主要合金元素的铸钢。铸造碳钢中由于脱氧和脱硫的需要，锰的质量分数≤0.8%，属于常存元素，超过该范围便称为合金元素。锰系铸造低合金钢中锰的质量分数在 1%～2%，有时加入 Si、Cr、Mo 等元素，构成锰硅铸钢、锰铬铸钢和锰钼铸钢等。锰系铸造低合金钢的化学成分及其力学性能如表 4-7 所示。

表 4-7　锰系铸造低合金钢的化学成分及其力学性能

牌号	化学成分（质量分数）/%				热处理	力学性能（≥）					
	w(C)	w(Si)	w(Mn)	w(Cr)		R_m/MPa	$R_{p0.2}$/MPa	A/%	Z/%	a_{KU}/(J·cm^{-2})	HBW
ZG20Mn	0.16～0.22	0.60～0.80	1.10～1.30	—	正火+回火	495	285	18	30	49	145
					调质	500～650	300	24	—	A_{KV}45J	
ZG25Mn	0.20～0.30	0.30～0.45	1.10～1.30	—	退火或正火	490～540	290～340	30～35	45～55	49～98	155～170
ZG25Mn2	0.20～0.30	0.30～0.45	1.70～1.90	—	退火或正火	590～685	340～440	20～30	45～55	78～147	200～250
ZG30Mn	0.25～0.35	0.30～0.50	1.05～1.35	—	860～880℃正火 580～620℃回火	558	300	18	30	69～88	160～170
ZG35Mn	0.30～0.40	0.60～0.80	1.20～1.40	—	850～860℃正火 560～600℃回火	570	340	14	30	30	—
					850～860℃淬火 560～600℃回火	640	415	12	25	34	
ZG40Mn	0.35～0.45	0.30～0.45	1.20～1.50	—	850～860℃正火 400～450℃回火	640	295	12	30	—	163
ZG40Mn2	0.35～0.45	0.20～0.40	1.60～1.80	—	870～870℃正火 600～650℃回火	590	395	20	40	38	179
					835～850℃淬火 590～650℃回火	834	687	13	45	44	269～302
ZG50Mn2	0.45～0.55	0.20～0.40	1.50～1.80	—	820～840℃正火 590～650℃回火	785	445	15	37	—	—
ZG20MnSi	0.16～0.22	0.60～0.80	1.00～1.30	—	900～920℃正火 510～600℃回火	510	290	14	30	49	156
ZG30MnSi	0.25～0.35	0.60～0.80	1.10～1.40	—	870～890℃正火 570～600℃回火	590	340	14	25	30	—
					870～890℃淬火 570～600℃回火	640	390	14	30	49	
ZG35MnSi	0.30～0.40	0.60～0.80	1.10～1.40	—	860～880℃正火 600～620℃回火	569	343	12	20	30	—
					870～880℃淬火 580～600℃回火	637	412	12	25	34	207～241
ZG42MnSi	0.38～0.45	0.60～0.80	1.10～1.40	—	860～880℃正火 550～600℃回火	588	373	12	20	29	229
					850～870℃淬火 550～600℃回火	637	441	12	25	34	223～321
ZG50MnSi	0.46～0.54	0.80～1.10	0.80～1.10	—	850～870℃正火 580～600℃回火	687	441	14	25	—	217～225
ZG30MnSiCr	0.28～0.38	0.50～0.70	0.90～1.20	0.50～0.80	880～900℃正火 400～450℃回火	685	345	14	30	—	202
ZG35MnSiCr	0.30～0.40	0.50～0.75	0.90～1.20	0.50～0.80	880～900℃正火 400～450℃回火	690	345	14	30	40	217
ZG50MnMo	0.47～0.55	0.20～0.40	0.90～1.10	w(Mo)为0.15～0.3	850～870℃正火 580～600℃回火	687	343	10	19	24.5	329

三、铬系铸造低合金钢

表 4-8 是铬系铸造低合金钢的化学成分及其力学性能。铬系铸造低合金钢中铬的质量分数在 0.8%～1.6%。在单元铬合金化的铸钢中，加入 Mo、Ni、Mn 等元素合金化，可构成镍铬、镍锰钼等铸钢。

表 4-8　铬系铸造低合金钢的化学成分及其力学性能

牌号	化学成分（质量分数）/%						热处理	力学性能（≥）				
	w(C)	w(Si)	w(Mn)	w(Cr)	w(Mo)	w(Ni)		R_m/MPa	$R_{p0.2}$/MPa	A/%	Z/%	a_{KU}/(J/cm^2)
ZG40Cr	0.35～0.45	0.20～0.40	0.50～0.80	0.80～1.10	—	—	850℃正火 600℃回火	687	471	15	20	98
ZG35CrMo	0.30～0.37	0.15～0.40	0.50～0.80	0.90～1.20	0.15～0.35	—	850℃淬火 580℃回火	1050	850	6	20	—
ZG16Cr2MnTi	0.13～0.18	0.17～0.37	1.00～1.30	1.50～1.80	—	w(Ti)为 0.06～0.12	900℃淬火 160℃回火	885	590	7	20	—
ZG22CrMnMo	0.19～0.24	0.17～0.45	0.70～1.00	1.00～1.30	0.50～0.70	—	900℃淬火 540℃回火	1080	835	10	35	39
							900℃淬火 240℃回火	1470	1080	5	18	16
ZG35CrMnSi	0.32～0.40	0.60～0.90	0.90～1.20	0.70～1.00	—	—	890℃淬火 600℃回火	985	835	8	20	20
ZG25CrMnSiMo	0.22～0.27	0.50～0.80	0.90～1.20	1.00～1.30	0.50～0.70	—	900℃淬火 520℃回火	1175	830	9	30	39
ZG27CrMnSiNi	0.24～0.30	0.50～0.80	0.90～1.20	0.70～1.00	—	1.40～1.80	890℃淬火 220℃回火	1470	1175	5	18	—
ZG28CrMnSiNi2	0.26～0.30	0.40～0.80	0.70～1.00	1.00～1.30	—	2.00～2.40	900℃淬火 200℃回火	1570	1175	9	30	39
ZG30CrNiMo	0.25～0.35	0.20～0.40	0.40～0.90	1.30～1.60	0.20～0.30	1.30～1.60	850℃淬火 625℃回火	800	650	10	20	—
ZG40CrNiMo	0.37～0.44	0.17～0.37	0.50～0.80	0.6～0.90	0.15～0.25	1.25～1.75	850℃淬火 600℃回火	1000	850	12	55	—
ZG20CrNiMo	0.17～0.22	0.17～0.37	0.60～0.95	0.40～0.70	0.20～0.30	0.35～0.75	850℃淬火 220℃回火	1000	800	8	40	—
ZG40CrMn	0.37～0.45	0.17～0.37	0.90～1.20	0.90～1.20	—	—	840℃淬火 550℃回火	1000	850	8	45	—

单元铬合金化的低合金铸钢，其典型钢种为 ZG40Cr，调质处理后具有较高强度和良好塑性，广泛用于重要齿轮和曲柄等铸钢件。

低铬铸钢中的碳含量对铸钢的性能影响很大，碳含量增加，铸钢的强度增加，塑性降低。因此，要求塑韧性较高的铸件，碳的质量分数要低于 0.3%；要求耐磨性较高，具有一定塑韧性的铸件，碳的质量分数在 0.3%～0.4%。含铬的碳化物在回火过程中析出速度缓慢，因此铬钢具有较高的回火抗力。单元铬合金化铸钢具有回火脆性倾向，回火后要在 400～650℃快冷，为克服回火脆性，可添加 Mo、V、W 合金元素。在单元铬合金化铸钢中加入镍，形成的铬镍低合金铸钢可获得强度、塑性和韧性的良好配合。当铬镍低合金铸钢的碳的质量分数不大于 0.25%时，$w(Ni)/w(Cr)=2～2.5$，强度和塑形可获得最好的配合，为节约金属镍，也可采用 $w(Ni)/w(Cr)\approx1$。为降低铬镍低合金铸钢的回火脆性倾向，可在铬镍基础上加入一定量的 Mo，形成铬镍钼铸钢，铬镍钼铸钢经调质处理后具有良好的综合性能，低温冲击韧性得到改善，一般认为无回火脆性，可用来铸造受力较大，形状复杂，有较大截面的铸件。对于铸造低合金钢，同时获得高强度和高韧性的途径主要如下。

（一）降低碳含量

铸钢中的碳含量增加，会提高铸钢强度，但同时会降低钢的塑性和韧性，因此，铸造低合金钢在满足强度要求的前提下，要尽可能地降低碳含量，以提高铸钢的韧性和改善其焊接性能。

（二）合金化或微合金化

采用多种元素合金化可以提高钢的淬透性，细化铸态组织，改善钢的强韧性。微合金化是指铸钢中加入某些元素含量比较低，一般质量分数小于 0.15%。低合金铸钢微合金化可采用单元微合金化或多元复合微合金化。目前，研究和应用最多的微合金化元素主要有钒、铌、钛、硼和稀土等，一般加入 $w(V)$为 0.05%～0.12%、$w(Nb)$为 0.015%～0.06%、$w(Ti)$为 0.05%～0.15%、$w(B)$为 0.001%～0.005%、$w(RE)$为 0.05%～0.20%。它们在钢中会形成大量的碳、氮化合物，此化合物作为铸钢结晶时的非自发核心，能细化铸钢的铸态晶粒，由于微合金化时加入的合金元素含量较少，在不显著增加铸钢成本的前提下，会改善铸钢的强韧性。

（三）热处理

热处理能够充分发挥合金元素提高铸钢的淬透性，并有细化铸态组织和提高力学性能的作用。热处理可采用预热处理和最终热处理。预热处理是指最终热处理前的预先热处理，利用热处理过程组织发生相变，细化组织，或者对于存在内应力的铸件，在热处理过程中，组织在应力作用下发生回复和再结晶而细化铸钢组织，提高最终热处理进一步细化组织和改善力学性能的效果。

（四）钢液纯净化

钢液纯净化可有效地降低铸钢中的气体和夹杂的含量，使铸钢在保持高强度的同时具有高的韧性。对于重要的铸件，冶炼时采用炉外精炼可以提高钢液的纯净度及铸件的韧性。

四、特殊用途铸造低合金钢

（一）低温用低合金铸钢

在-10℃以下低温环境中使用的铸钢称为低温用钢，低温用低合金铸钢最重要的性能是其具有良好的低温韧性和抵抗低温脆性破坏的能力，低温用低合金铸钢最重要的指标是低温冲击值和韧-脆转变温度。低温环境下，低合金铸钢冲击值越高，低温韧性越好，铸件不易发生低温脆性断裂。低合金铸钢韧-脆性转变温度越低，铸钢发生低温脆性的温度越低，铸钢的低温性能越好。低温用低合金铸钢的化学成分主要有低碳锰钢、低合金钢和中、高合金钢。按晶体结构可分为体心立方的铁素体低温钢和面心立方的奥氏体低温钢。

影响低合金铸钢低温性能的因素主要有钢的化学成分和组织结构及状态。合金元素锰、镍是低温用铸钢的主要元素。镍对钢的固溶强化作用是通过提高碳的活度，增加碳原子在位错附近的偏聚，阻碍位错移动而强化。这种强化机制在强化的同时，能使铁素体的塑性和韧性上升，即对铁素体有韧化作用，降低钢韧-脆转变温度。锰固溶于钢的基体会产生固溶强化，提高钢的强度，一定量的锰在钢中能细化钢的晶粒，降低钢的韧-脆转变温度。

钢的组织结构影响低温韧性，铁素体-珠光体组织低温用钢一般存在明显的脆性转变温度，当温度降低至某个临界值或区间时，会出现韧性的突然下降，以及低温脆性，这类钢不宜在发生脆性转变的温度下使用，以免发生脆断。提高低合金铸钢的低温韧性，降低钢的韧-脆转变温度，可以通过加入锰、镍等合金元素，熔炼过程净化钢液，变质处理等细化铸造组织及晶粒来实现。奥氏体组织的低温用钢具有较高的低温韧性，一般没有脆性转变温度，但奥氏体低温用钢的合金化需要加入较多的锰、镍等元素，成本较高。

铸件的组织细化程度及其晶粒大小对低温韧性会产生重要的影响，细的晶粒和高的晶粒度等级能够同时提高铸钢的强度及韧性，晶粒细化能消耗裂纹的扩展能量及阻止裂纹的扩展，细化的晶粒使晶界上的夹杂物及其脆性相更加分散，降低夹杂物对韧性降低作用，提高铸钢的低温韧性。为细化合金铸钢的铸态组织和晶粒，提高铸钢的低温韧性，铸钢合金化可加入适量的铌、钒、钛等微合金化。

表 4-9 是常用的低温用低合金铸钢的化学成分及其力学性能。一般低温用钢的使用温度范围在-40～-110℃。表 4-10 是国家标准《低温承压通用铸钢件》（GB/T

32238—2015）规定的低温承压通用铸钢件的牌号及其化学成分。表 4-11 是标准规定的低温承压通用铸钢件的热处理及其力学性能。低温承压通用铸钢使用温度范围在-40～-196℃，要求的低温冲击值 A_{KV} 不小于 27J。

表 4-9 常用的低温用低合金铸钢的化学成分（质量分数）及其力学性能

牌号	w(C)/%	w(Si)/%	w(Mn)/%	w(Nb)/%	w(V)/%	其他	热处理	A_{KV}/J≥	使用温度/℃
ZG16Mn	0.12～0.2	0.2～0.5	1.2～1.6	—	—	w(Fe)余量 —	900℃正火 600℃回火	-40℃，12	-40
ZG09Mn2V	≤0.12	0.2～0.5	1.4～1.8	—	0.02～0.08	w(Fe)余量 —	930℃淬火 670℃回火	-70℃，24	-70
ZG06MnNb	≤0.07	0.17～0.37	1.6～1.8	0.03～0.04	—	w(Fe)余量 —	900℃正火	-70℃，18	-90
ZG06MnAlNbCuN	≤0.08	≤0.35	0.8～1.2	0.04～0.08	—	w(Al)为 0.04～0.15，w(N)为 0.01～0.015 w(Fe)余量	900℃正火	-80℃，40	-120
ZG12MnNi3	≤0.15	0.6	0.5～0.8	—	—	w(Ni)为 3.00～4.00 w(Fe)余量	淬火、回火	-100℃，20	-110

表 4-10 低温承压通用铸钢件的牌号及其化学成分

牌号	化学成分（质量分数）/%									
	w(C)	w(Si)≤	w(Mn)	w(P)≤	w(S)≤	w(Cr)	w(Mo)	w(Ni)	w(V)≤	w(Fe)
ZG240-450	0.15～0.20	0.6	1.0～1.6	0.030	0.025	≤0.30	≤0.12	≤0.40	0.03	余量
ZG300-500	0.17～0.23	0.6	1.0～1.6	0.030	0.025	≤0.30	≤0.12	≤0.40	0.03	余量
ZG18Mo	0.15～0.20	0.6	0.6～1.0	0.030	0.025	≤0.30	0.45～0.65	≤0.40	0.05	余量
ZG17Ni3Cr2Mo	0.15～0.19	0.5	0.55～0.80	0.030	0.025	1.3～1.8	0.45～0.60	3.0～3.5	0.05	余量
ZG09Ni3	0.06～0.12	0.6	0.50～0.80	0.030	0.025	≤0.30	≤0.20	2.0～3.0	0.05	余量
ZG09Ni4	0.06～0.12	0.6	0.50～0.80	0.030	0.025	≤0.30	≤0.20	3.5～5.0	0.08	余量
ZG09Ni5	0.06～0.12	0.6	0.50～0.80	0.030	0.025	≤0.30	≤0.20	4.0～5.0	0.05	余量
ZG07Ni9	0.03～0.11	0.6	0.50～0.80	0.030	0.025	≤0.30	≤0.20	8.5～10.0	0.05	余量
ZG05Cr13Ni4Mo	≤0.05	1.0	≤1.0	0.035	0.025	12.0～13.5	≤0.70	3.5～5.0	0.08	余量

表 4-11 低温承压通用铸钢件的热处理及其力学性能

牌号	热处理		厚度/mm	$R_{p0.2}$/MPa	R_m/MPa	A/%	冲击试验	
	正火或淬火温度/℃	回火温度/℃	≤	≥	≥	≥	使用温度/℃	A_{KV}/J ≥
ZG240-450	890～980	600～700	50	240	450～600	24	-40	27
ZG300-500	900～980	—	30	300	480～620	20	-40	27
	900～940	610～660	100	300	500～650	22	-30	27
ZG18Mo	920～980	650～730	200	240	440～790	23	-45	27

续表

牌号	热处理		厚度/mm ≤	$R_{p0.2}$/MPa ≥	R_m/MPa ≥	A/% ≥	冲击试验	
	正火或淬火温度/℃	回火温度/℃					使用温度/℃	A_{KV}/J ≥
ZG17Ni3Cr18Mo	890～930	600～640	35	600	750～900	15	−80	27
ZG09Ni3	830～890	600～650	35	280	480～630	24	−70	27
ZG09Ni4	820～900	590～640	35	360	500～650	20	−90	27
ZG09Ni5	800～880	580～660	35	390	510～710	24	−110	27
ZG07Ni9	770～850	540～620	35	510	690～840	20	−196	27
ZG05Cr13Ni4Mo	1000～1050	670～690 +590～620	300	500	700～900	15	−120	27

（二）耐热用低合金铸钢

耐热铸钢是指在高温下工作的铸钢件。铸造碳钢使用环境温度在 400℃以上时，强度会显著降低，为了满足一定温度下使用铸钢的要求，出现了铸造耐热钢。耐热用低合金铸钢主要有铬钼钢和铬钼钒钢，属于珠光体耐热钢，其主要用于600℃以下温度使用的耐热零件，如汽轮机转子、内燃机排气系统和过热蒸汽中长期使用的铸件。耐热温度若超过 650℃，则需要选用高合金铸造耐热钢。

表 4-12 是耐热用铸造低合金钢化学成分及力学性能。表中 ZG20CrMo 可用于工作温度在 400～500℃中、高、压机组气缸、蒸汽室、喷嘴室部件；ZG20CrMoV 可用于温度 500℃以下汽轮机气缸、蒸汽室及锅炉阀壳等，现已用于 20 万千瓦机组前汽缸、蒸汽室、喷嘴室部件；ZG15Cr1Mo1V 可用于温度 570℃以下汽轮机气缸、蒸汽室、喷嘴室及锅炉阀门等。

表 4-12　耐热用铸造低合金钢化学成分及力学性能

牌号	化学成分（质量分数）/%							蠕变强度/MPa≥		使用温度/℃
	w(C)	w(Si)	w(Mn)	w(Cr)	w(Mo)	w(V)	w(Fe)	538℃ 10^5h	593℃ 10^5h	
ZG20CrMo	0.15～0.25	0.24～0.45	0.50～0.8	0.40～0.70	0.40～0.70	—	余量	70	—	400～500
ZG20CrMoV	0.18～0.25	0.20～0.40	0.40～0.70	0.90～1.20	0.50～0.70	0.20～0.30	余量	90	10	<500
ZG15Cr1Mo1V	0.14～0.20	0.17～0.37	0.40～0.70	1.20～1.70	1.00～1.20	0.20～0.30	余量	—	570℃ 90	<570

（三）耐磨用低合金铸钢

耐磨用低合金铸钢中的碳含量一般为中碳和高碳，加入适量的合金元素，通过正火、淬火及低温回火热处理，获得的组织有回火马氏体、回火马氏体-贝氏体或贝氏体-奥氏体的复相组织。贝氏体-奥氏体组织又称无碳化物贝氏体耐磨钢，通过一定温度的回火可以提高耐磨钢组织中奥氏体的稳定性和冲击韧性。铸钢中的残余奥氏体能够提高耐磨用低合金铸钢的韧性和耐磨性能。耐磨用低合金铸钢具有较高的初始硬度和一定的韧性，能够抵抗磨料磨损，主要用于冶金、建材、电力、建筑、铁路、船舶、煤炭、化工和机械等行业的耐磨铸钢件。

表 4-13 是国家标准《耐磨钢铸件》（GB/T 26651—2011）要求的耐磨用低合金铸钢牌号、化学成分及力学性能。铸造低合金耐磨铸钢的合金化元素主要有 Mn、Si、Cr、Mo、Ni 等，合金化的目的主要有强化固溶、提高淬透性、提高耐磨钢的回火抗力。为了细化铸态组织，可加入 V、Ti、Nb、B 和 RE 等微合金化处理。耐磨钢标准中的耐磨钢可按热处理淬火、回火态交货，如果需检验其表面硬度，应在铸件表面下方不小于 2mm 处测定，以消除铸件热处理过程表面脱碳对铸件硬度的影响。

表 4-13　耐磨用低合金铸钢牌号、化学成分及力学性能

牌号	化学成分（质量分数）/%							HRC	A_{KV2}/J	A_{KN}/J
	w(C)	w(Si)	w(Mn)	w(Cr)	w(Mo)	w(Ni)	w(Fe)	≥	≥	≥
ZG30Mn2Si	0.25～0.35	0.50～1.20	1.20～2.20	—	—	—	余量	45	12	—
ZG30Mn2SiCr	0.25～0.35	0.50～1.20	1.20～2.20	0.50～1.20	—	—	余量	45	12	—
ZG30CrMnSiMo	0.25～0.35	0.50～1.80	0.60～1.6	0.50～1.80	0.20～0.80	—	余量	45	12	—
ZG30CrNiMo	0.25～0.35	0.40～0.80	0.40～1.00	0.50～2.00	0.20～0.80	0.30～2.00	余量	45	12	—
ZG40CrNiMo	0.35～0.45	0.40～0.80	0.40～1.00	0.50～2.00	0.20～0.80	0.30～2.00	余量	50	—	25
ZG42Cr2Si2MnMo	0.38～0.48	1.50～1.80	0.80～1.20	1.80～2.20	0.20～0.80	—	余量	50	—	25
ZG45Cr2Mo	0.40～0.48	0.80～1.20	0.40～1.00	1.70～2.00	0.80～1.20	≤0.50	余量	50	—	25
ZG30Cr5Mo	0.25～0.35	0.40～1.00	0.50～1.20	4.00～6.00	0.20～0.80	≤0.50	余量	42	12	—
ZG40Cr5Mo	0.35～0.45	0.40～1.00	0.50～1.20	4.00～6.00	0.20～0.80	≤0.50	余量	44	—	25
ZG50Cr5Mo	0.45～0.55	0.40～1.00	0.50～1.20	4.00～6.00	0.20～0.80	≤0.50	余量	46	—	15
ZG60Cr5Mo	0.55～0.65	0.40～1.00	0.50～1.20	4.00～6.00	0.20～0.80	≤0.50	余量	48	—	10

注：允许加入微量 V、Ti、Nb、B 和稀土等元素；A_{KV2}：V 型缺口冲击功，缺口深度为 2mm；A_{KN}：无缺口冲击功。

（四）铸造低合金钢的热处理

铸造低合金钢铸件热处理的目的主要有消除铸造应力、细化铸态晶粒、提高力学性能及发挥合金元素提高淬透性的作用。铸钢件的热处理工艺主要有退火、淬火、回火及正火、回火等。对于要求良好强韧性配合的铸钢件，可采用淬火或正火后高温回火（调质处理）；对于要求高硬度和耐磨性的铸钢件，可采用淬火或正火后低温回火。铸造低合金钢中，多数合金元素会形成渗碳体或化合物，且在奥氏体中的扩散速度比铁和碳慢得多，当加热到奥氏体区时，渗碳体的溶解及奥氏体成分均匀化过程比碳钢慢，因此低合金铸钢的加热温度要比铸造碳钢高，一般为 A_{C3}+（50～100）℃。铸造低合金钢加热保温时间与碳钢相同，一般由铸件厚度决定，每 25mm 增加保温时间 1h。表 4-14 是一些低合金铸钢加热温度范围。

表 4-14　一些低合金铸钢加热温度范围

钢种	预先退火温度/℃	淬火或正火温度/℃	回火温度/℃	
			结构钢	耐磨钢
Mn	850～950	870～930	600～680	200～350
Mn-Si	850～1000	850～900	600～680	
Cr	850～1000	850～900	600～680	
Cr-Mo	870～1000	870～930	650～750	

（五）低合金钢铸件的铸造及焊接性能

低合金铸钢中加入熔点较高的元素（如 Mo、Cr 等），能提高铸钢的液相线温度，降低流动性；加入降低钢液导热率的元素（如 Mn、Ni 等），可以延长钢液的流动时间，提高流动性；加入在钢液表面易形成氧化膜的元素（如 Cr、Mo 等），可以降低流动性；加入容易形成氧化物夹杂的合金元素（如 Cr、Mo 等），可以增加铸件的热裂倾向；加入细化晶粒的元素（如 Ti、Zr、V、Re 等），能提高热裂抗力。铸造低合金钢中，合金化元素的增加会增加铸件的收率及冷裂倾向，降低铸造性能。

低合金铸钢焊接性能的好坏主要取决于合金的碳含量，也受合金元素的影响。一般焊接性能随钢中碳含量的增加而降低，除 Nb、Ti 等少数合金元素能改善钢的焊接性能外，大多数合金元素均会降低焊接性能。铸钢中的大多数合金元素会提高淬透性，增加热影响区奥氏体形成马氏体的能力，易产生较大的相变应力，增加形成裂纹的倾向。合金元素的质量分数对焊接性能的影响可用碳当量来表示，焊接碳当量计算公式如式（4-2）所示。

计算低合金铸钢的 CE 值越大，焊接性能越差，一般 CE≤0.44%时，焊接性能较好，CE>0.44%为改善焊接性能，焊接时焊接部位需要进行预热。

第三节　铸造高合金钢

铸造高合金钢是指钢中加入的合金元素质量分数总和超过 10%的铸钢。由于铸造高合金钢中合金元素含量高，使钢具有了某些特殊性能。铸造高合金钢按其用途可分为铸造奥氏体锰钢、铸造耐蚀钢、铸造耐热钢、铸造耐磨耐蚀钢等。

一、铸造奥氏体锰钢

铸造奥氏体锰钢又称为铸造高锰钢，最初的铸造高锰钢由 Hadfield 于 1882 年发明，至今还广泛应用，普通铸造高锰钢中 w(Mn)为 13%，经过水韧处理后获得单相奥氏体组织，韧性极高。铸造高锰钢铸件在受到较大冲击载荷或较高应力时，其表面奥氏体组织会产生较强的加工硬化，从而提高铸件表面的硬度和耐磨性。铸造高锰钢主要用于制造球磨机衬板、颚式破碎机的齿板、圆锥破碎机的破碎壁、较大质量的锤式破碎机锤头、大型挖掘机的斗齿、拖拉机履带板等铸件。

（一）铸造奥氏体锰钢的化学成分及其性能

表 4-15 是国家标准《奥氏体锰钢铸件》（GB/T 5680—2010）的牌号、化学成分及力学性能。奥氏体锰钢主要合金元素的成分范围是 w(C)为 0.70%～1.35%、w(Si)为 0.3%～0.9%、w(Mn)为 11%～19%，铸造奥氏体锰钢的化学成分中 w(P)≤0.06%、w(S)≤0.04%，杂质磷会降低钢的韧性，使铸件容易开裂，应尽量降低磷含量。由于奥氏体锰钢生产时所用的锰铁中磷含量较高，成分中允许磷含量的最大限量要高一些。奥氏体锰钢中含有较高的锰，锰在钢中具有脱硫的作用，因此一般奥氏体锰钢铸件中的硫含量较低。化学成分会影响奥氏体锰钢的性能，其碳含量和锰含量应有合适的配合，碳含量过低，产生加工硬化效果低；碳含量过高，易形成碳化物，该碳化物较为粗化，水韧处理后组织中会残留未溶的碳化物，降低力学性能，特别是冲击韧性。锰含量一定时，增加碳含量，可提高钢的耐磨性。锰含量增加，有利于获得单一奥氏体组织，但过高的锰含量不利于钢的加工硬化，一般选择 w(Mn)/w(C)为 8～10，铸件壁厚较厚时，为避免铸件厚壁部分析出碳化物，应取较高的 w(Mn)/w(C)。奥氏体锰钢中的硅会降低碳在奥氏体中的溶解度，促使碳化物的析出，降低韧性，一般硅的质量分数不超过 0.9%。为了提高奥氏体锰钢的屈服强度，可进行合金化，一般加入 Cr、Mo、Ni、W 等合金元素。

表 4-15　奥氏体锰钢铸件的牌号、化学成分及力学性能

牌号	化学成分（质量分数）/%						R_{eL}/MPa	R_m/MPa	A/%	K_{U2}/J
	w(C)	w(Si)	w(Mn)	w(Cr)	w(Mo)	其他	≥	≥	≥	≥
ZG120Mn7Mo1	1.05～1.35	0.3～0.9	6～8	—	0.9～1.2	—	—	—	—	—
ZG110Mn13Mo1	0.75～1.35	0.3～0.9	11.0～14.0	—	0.9～1.2	—	—	—	—	—
ZG100Mn13	0.90～1.05	0.3～0.9	11.0～14.0	—	—	—	—	685	25	118
ZG120Mn13	1.05～1.35	0.3～0.9	11.0～14.0	—	—	—	390	735	20	—

续表

牌号	化学成分（质量分数）/%						R_{eL}/MPa	R_m/MPa	A/%	K_{U2}/J
	w(C)	w(Si)	w(Mn)	w(Cr)	w(Mo)	其他	≥	≥	≥	≥
ZG120Mn13Cr2	1.05～1.35	0.3～0.9	11.0～14.0	1.5～2.5	—	—	—	—	—	—
ZG120Mn13W1	1.05～1.35	0.3～0.9	11.0～14.0	—	—	w(W)为 0.9～1.2	—	—	—	—
ZG120Mn13Ni3	1.05～1.35	0.3～0.9	11.0～14.0	—	—	w(Ni)为 3.0～4.0	—	—	—	—
ZG90Mn14Mo1	0.70～1.00	0.3～0.9	13.0～15.0	—	1.0～1.8	—	—	—	—	—
ZG120Mn17	1.05～1.35	0.3～0.9	16.0～19.0	—	—	—	—	—	—	—
ZG120Mn17Cr2	1.05～1.35	0.3～0.9	16.0～19.0	1.5～2.5	—	—	—	—	—	—

注：允许加入微量 V、Ti、Nb、B 和稀土等元素；K_{U2} 为 U 型缺口冲击值，缺口深度为 2mm；化学成分中 w(P)≤0.06%、w(S)≤0.04%。

（二）奥氏体锰钢的热处理

图 4-17 是铸造奥氏体锰钢锰含量、碳含量和组织关系图。为了热处理后获得单一奥氏体组织，锰含量和碳含量要有一定的匹配关系，单一奥氏体组织具有极高的韧性，没有磁性，因此铸件是非磁性的。实际生产中发生过奥氏体锰钢铸件断裂，检测出断裂的铸件有磁性，这与热处理状态组织中存在碳化物或马氏体有关。

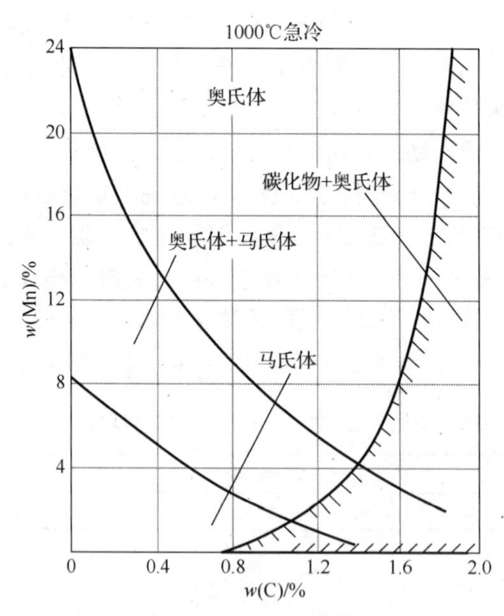

图 4-17　铸造奥氏体锰钢锰含量、碳含量和组织关系图

图 4-18 是 Fe-Mn-C 三元相图中 w(Mn)为 13%的截面图。Mn 的加入使奥氏体相区扩大，共析点左移，共析点的碳含量由 Fe-C 相图的 0.76%降为 0.3%，相图

中出现三个三相区。常温下 w(Mn)为 13%钢的平衡组织为 α+ε+(Fe，Mn)$_3$C。但在实际铸造冷却条件下，铸件会发生非平衡凝固，铸态组织主要由奥氏体和碳化物组成。

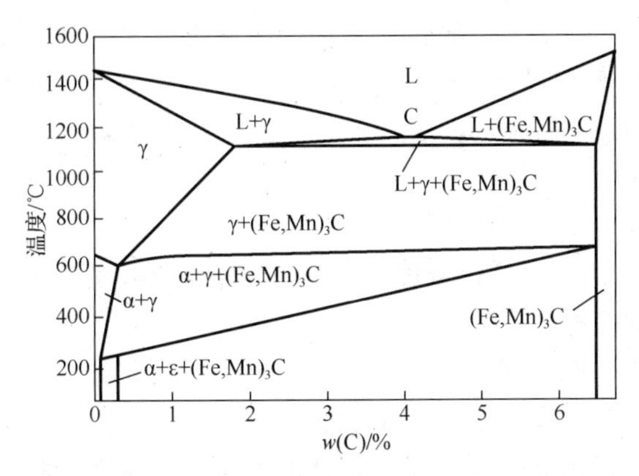

图 4-18 Fe-Mn-C 三元相图中 w(Mn)为 13%的截面图

图 4-19 是 ZG120Mn13 的铸态和热处理态金相组织。铸态组织中碳化物沿奥氏体晶界析出，如图 4-19（a）所示，晶界碳化物的存在会降低铸钢的韧性，使铸件变脆，容易断裂。为消除碳化物，提高铸造奥氏体锰钢的韧性，一般将奥氏体锰钢铸件加热到 1050～1100℃奥氏体化。加入其他合金元素的铸造奥氏体锰钢奥氏体化时，温度取高限，奥氏体化保温时间一般按 1h/25mm 来计算，使铸态组织中的碳化物固溶于奥氏体，然后水冷，碳化物来不及析出，便可得到单一奥氏体组织，如图 4-19（b）所示。这种将铸造奥氏体锰钢奥氏体化后，水冷获得单相奥氏体组织和极高韧性的热处理方法称为水韧处理。单相奥氏体组织的锰钢铸件具有很高的冲击值。

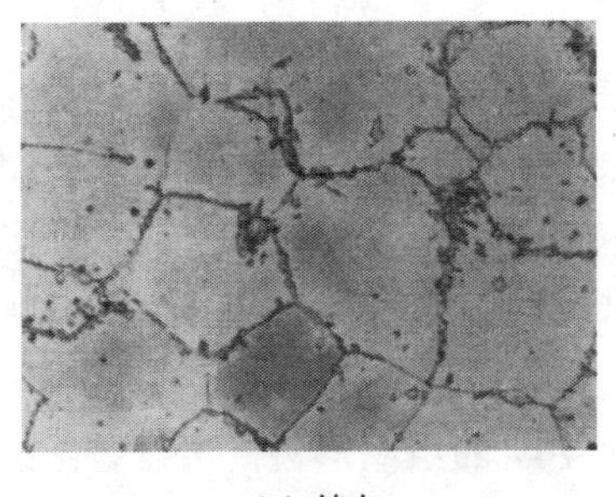

（a）铸态

（b）水韧处理

图 4-19 ZG120Mn13 的铸态和热处理态金相组织，100×

铸造奥氏体锰钢在水韧处理时，需注意铸件的装炉温度和加热速度。由于奥氏体锰钢的导热率较低，加热过程铸件会产生较大的温度应力，且铸态组织中存在碳化物，脆性大，容易引起铸件的开裂。因此，低温加热时要控制加热速度，一般件的加热速度在 80～100℃/h，厚壁大件的加热速度在 35～50℃/h。升温到 650～670℃保温 1～3h，以消除部分应力，670℃以上可以加速加热。铸件固溶后入水温度应不低于 960℃，水冷的水量应为铸件质量的 8 倍以上，水韧处理后的水温不超过 60℃。我国铸造奥氏体锰钢的生产厂家对高锰钢水韧处理后性能的统计结果为 R_m 为 637～980MPa，A 为 21%～55%，K_{U2} 为 118～235J。

（三）奥氏体锰钢加工硬化机理

关于奥氏体锰钢加工硬化机理，不同的实验条件和工况下，有不同的理论，目前比较统一的加工硬化机制主要有以下两种。

1．位错机制

位错机制认为奥氏体锰钢在受到强力挤压或冲击载荷时，晶粒内部产生最大切应力的许多互相平行的平面之间产生相对滑移，结果在滑移界面两边形成了高密度位错。高密度位错会阻碍位错运动而产生强化效应，从而增加了奥氏体锰钢抵抗塑性变形的能力，提高了钢的硬度，导致奥氏体锰钢产生加工硬化。

图 4-20（a）是铸造奥氏体锰钢加工硬化的晶粒内部滑移线的形貌。加工硬化的高锰钢表面形变后，表面产生大量位错滑移的痕迹，这种形变产生的组织被加热到 500℃以上时，形成的滑移线消失，即大量位错消失，钢的硬度又恢复到原来的水平。实际生产中，对铸造奥氏体锰钢破碎机颚板铸件使用前后的硬度进行检测，使用前水韧处理态铸件表面的硬度 HBW 为 220，使用后铸件表面的硬度 HBW 为 550，硬度提高幅度很大，显示出很强的加工硬化能力。使用前后对铸件表面取样做 X-射线衍射物相分析，衍射图谱中只有奥氏体衍射峰，说明组织为单相奥氏体组织，铸件表面硬度提高，其加工硬化机理应是位错机制。

2．形变诱发相变机制

形变诱发相变机制认为奥氏体锰钢的奥氏体组织在经受强力挤压或冲击载荷时，发生塑性变形，由于应变的作用，诱发奥氏体向马氏体转变，在钢的表面会产生高碳马氏体，因而具有较高的硬度。应变诱发马氏体相变机制的直接证据是形变后铸件表面 X-射线衍射物相分析中出现铁素体衍射峰，组织中出现马氏体组织。

图 4-20（b）是铸造奥氏体锰钢压缩变形 10%的组织形貌，可以看出组织中出现高碳马氏体组织。压缩变形形成的高碳马氏体使奥氏体锰钢表面的硬度由水韧处理后的 HRC18 增加到塑性变形后的 HRC50，产生极强的加工硬化效果。奥氏体锰钢在机械加工时会产生很大的加工硬化，造成机械加工困难。对于奥氏体锰钢铸件需要加工的一些小孔等部位，必要时可在铸型中预埋碳钢或低合金钢料，镶嵌在需要加工的部位以便机械加工。

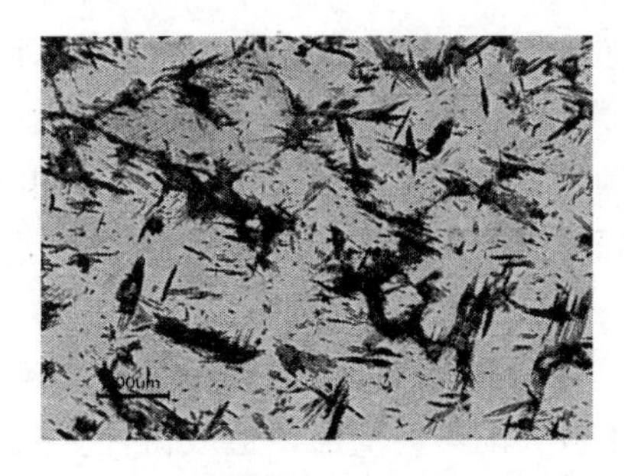

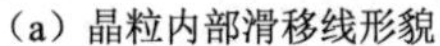

（a）晶粒内部滑移线形貌　　（b）压缩变形 10%的组织形貌

图 4-20 铸造奥氏体锰钢加工硬化的组织

（四）提高铸造奥氏体锰钢性能的途径

铸造奥氏体锰钢导热性差，浇注铸件后凝固过程冷速较慢，铸件容易形成粗大的组织，降低了奥氏体锰钢的力学性能，特别是会大幅度降低铸件的冲击韧性。实际生产中提高铸造奥氏体锰钢性能的途径主要有以下几个方面。

1．细化铸造组织

在铸造奥氏体锰钢中加入 Ti、Zr、V 和 B 等元素，形成碳化物和氮化物，在奥氏体锰钢的结晶过程中，这些化合物起到非自发晶核的作用，细化铸造组织。微合金元素单独加入时，*w*(Ti)为 0.10%～0.15%、*w*(Zr)为 0.10%～0.20%、*w*(V)为 0.25%～0.4%、*w*(B)为 0.005%～0.008%；复合加入 V、Ti 时，*w*(Ti)为 0.06%～0.12%、*w*(V)为 0.20%～0.35%。

在浇注奥氏体锰钢铸件时，将钨粉或锰铁碎屑（粒度为 1～2mm）撒在钢液表面，以实现悬浮浇注，能有效地细化晶粒。钢液中均匀分布的结晶核心能细化钢的组织，为了得到良好的效果，尽量将这些颗粒在钢液中均匀分布，避免聚集在铸型内的某些局部。浇注时要控制钢液温度，以免温度过低不能很好地熔合，但温度过高，会将悬浮颗粒整体熔化或溶解，起不到细化组织的作用。

用稀土变质处理（加入 *w*(RE)为 0.1%～0.2%），能有效地细化组织，减少夹杂物含量，稀土能够净化钢液，改善碳化物形态，减弱树状晶的生长，缩小柱状晶区的比例，从而提高铸钢的韧性。

2．时效强化

为了进一步提高奥氏体锰钢的硬度，可采用时效强化的途径。其强化机理为往钢中加入碳化物形成元素，如 V、Ti 和 Mo。在钢的时效热处理过程中，这些元素以碳化物形式弥散析出，实现强化。元素 V 或 Mo 可单独或复合加入，当复合加入时，加入 *w*(V)为 0.2%～0.3%、*w*(Mo)为 0.7%～0.8%，加入 *w*(Ti)为 0.1%～0.2%作为辅助合金元素，进一步增强强化效果。时效强化的具体热处理方法是将钢加热到 1080℃，保温一定时间后水冷，获得单一奥氏体组织，然后在 350℃进行 8～12h 的人工时效，便会在奥氏体中析出弥散分布的 Mo、V、Ti 的微细碳化物颗粒，从而提高奥氏体锰钢的硬度和抗磨性。为了增强时效强化效果，可适当提高铸钢的碳含量和降低锰含量，使析出相能更充分地产生强化效果。

3．合金化

铸造奥氏体锰钢的屈服强度比较低，较低的屈服强度会使铸件在使用过程时发生较大的塑性变形，造成铸件更换时拆卸困难。为了提高奥氏体锰钢的屈服强度和减小铸件使用过程中的变形，可加入其他元素合金化，如表 4-15 中加入 Cr、Mo、W、Ni 等合金元素。需要注意的是，Cr 合金化会增加钢组织中碳化物的数量，容易在晶界形成网状碳化物，按一般的水韧处理规范进行处理时，含 Cr 的碳化物较难溶解，必须提高固溶处理温度 30～50℃。Cr 加入后，铸钢的屈服强度提高，延伸率有所下降，冲击韧性降低。Ni 加入的质量分数大于 3%时，铸态下能获得单相奥氏体组织，铸件可在铸态使用，需要热处理时，热处理空冷即可。Mo 加入奥氏体锰钢中能阻止奥氏体晶粒长大，细化组织，提高耐磨性和强度，但不降低塑性。

（五）奥氏体锰钢的铸造及焊接性能

铸造奥氏体锰钢导热性差，钢液凝固速度慢，流动性好，适用于薄壁件和形状较为复杂的铸件。奥氏体锰钢的自由线收缩为 2.5%～3.0%，线收缩系数较大，故铸件中产生的热应力比碳钢大，容易导致铸件开裂。铸态奥氏体锰钢组织中存在碳化物，如图 4-19（a）所示，会降低铸件的韧性，脆性大，易开裂，因此铸件的浇冒口最好采用敲的方法去除。需要冒口切割时，应避免在铸态切割，否则极易产生裂纹，应在水韧处理后进行切割，切割完后应立即浇水，以免组织中析出碳化物。奥氏体锰钢的钢液中含有较多的氧化锰，采用硅砂作造型材料时，容易产生化学黏砂，为了避免黏砂，宜采用碱性的或中性的耐火材料作铸型和型芯的表面涂料，如镁砂粉或铬矿粉涂料等。

奥氏体锰钢的热导率仅为碳钢的三分之一，焊接过程中容易产生较大应力而开裂，并且奥氏体锰钢易形成大量的氧化锰夹杂物，降低焊缝的力学性能，因此奥氏体锰钢的焊接性能很差。

二、铸造耐蚀钢

（一）铸造耐蚀钢及其耐蚀机理

铸造耐蚀钢也称铸造不锈钢，是指在特定的腐蚀性介质中能抵抗腐蚀的铸钢，主要用于制造化工、石油工业、化纤工业、食品医药工业设备中需经受液体或气体腐蚀的铸件用钢。

铸造耐蚀钢的耐蚀性机理主要有①铸件表面可形成与金属表面层结合良好、钝化并致密的氧化膜，氧化膜在腐蚀介质中有较高的化学稳定性。例如，钢中Cr的质量分数大于12%时，会在钢的表面形成致密的含Cr_2O_3的氧化膜，进一步提高铬量，形成的氧化膜更厚实，从而可以抵抗氧化性介质的腐蚀。②耐蚀钢中加入的合金元素可提高基体组织的电极电位，缩小电极电位差，减小电化学腐蚀。例如，耐蚀钢中加入Cr会固溶在铁素体中，提高铁素体的电极电位，减轻电化学腐蚀。铬镍耐蚀钢中的Ni、Mo和Cu也可形成钝化的氧化膜，提高铁素体的电极电位，从而提高耐蚀性。

（二）铸造耐蚀钢化学成分及其性能

表4-16是国家标准《通用耐蚀钢铸件》（GB/T 2100—2017）规定通用耐蚀钢铸件的牌号及其化学成分。铸造耐蚀钢按其加入的主要合金元素可分为铬耐蚀钢和铬镍耐蚀钢两大类；按其组织分类可分为马氏体耐蚀钢、奥氏体耐蚀钢、奥氏体-铁素体双相耐蚀钢。

表4-16　通用耐蚀钢铸件的牌号及其化学成分

牌号	化学成分（质量分数）/%									
	w(C)	*w*(Si)	*w*(Mn)	*w*(P)≤	*w*(S)≤	*w*(Cr)	*w*(Mo)	*w*(Ni)	其他	*w*(Fe)
ZG15Cr13	≤0.15	≤0.8	≤0.8	0.035	0.025	11.5～13.5	≤0.5	≤1.0	—	余量
ZG20Cr13	0.16～0.24	≤1.0	≤0.6	0.035	0.025	11.5～14	—	—	—	余量
ZG10Cr13Ni2Mo	≤0.10	≤1.0	≤1.0	0.035	0.025	12～13.5	0.2～0.5	1.0～2.0	—	余量
ZG06Cr13Ni4Mo	≤0.06	≤1.0	≤1.0	0.035	0.025	12～13.5	≤0.7	3.5～5.0	*w*(Cu)为0.5，*w*(V)为0.05，*w*(W)为0.10	余量
ZG06Cr13Ni4	≤0.06	≤1.0	≤1.0	0.035	0.025	12～13	≤0.7	3.5～5.0	—	余量
ZG06Cr16Ni5Mo	≤0.03	≤0.8	≤1.0	0.035	0.025	15～17	0.7～1.5	4～6	—	余量
ZG10Cr12Ni1	≤0.10	≤0.4	0.5～0.8	0.030	0.020	11.5～12.5	≤0.5	0.8～1.5	*w*(Cu)为0.5，*w*(V)为0.3	余量
ZG03Cr19Ni11	≤0.03	≤1.5	≤2.0	0.035	0.025	18～20	—	9.0～12.0	*w*(N)为0.2	余量
ZG03Cr19Ni11N	≤0.03	≤1.5	≤2.0	0.035	0.030	18～20	—	9.0～12.0	*w*(N)为0.12～0.2	余量
ZG07Cr19Ni10	≤0.07	≤1.5	≤1.5	0.040	0.030	18～20	—	8.0～11.0	—	余量
ZG07Cr19Ni11Nb	≤0.07	≤1.5	≤1.5	0.040	0.030	18～20	—	9.0～12.0	*w*(Nb)=8*w*(C)～1.0	余量
ZG03Cr19Ni11Mo2	≤0.03	≤1.5	≤2.0	0.035	0.025	18～20	2.0～2.5	9.0～12.0	*w*(N)为0.2	余量
ZG03Cr19Ni11Mo2N	≤0.03	≤1.5	≤2.0	0.035	0.030	18～20	2.0～2.5	9.0～12.0	*w*(N)为0.12～0.2	余量
ZG05Cr26Ni6Mo2N	≤0.05	≤1.0	≤2.0	0.035	0.025	25～27	1.3～2.0	4.5～6.5	*w*(N)为0.12～0.2	余量
ZG07Cr19Ni11Mo2	≤0.07	≤1.5	≤1.5	0.040	0.030	18～20	2.0～2.5	9.0～12.0	—	余量
ZG07Cr19Ni11Mo2Nb	≤0.07	≤1.5	≤1.5	0.040	0.030	18～20	2.0～2.5	9.0～12.0	*w*(Nb)=8*w*(C)～1.0	余量

续表

牌号	化学成分（质量分数）/%								
	w(C)	w(Si)	w(Mn)	w(P)≤	w(S)≤	w(Cr)	w(Mo)	w(Ni)	其他	w(Fe)
ZG03Cr19Ni11Mo3	≤0.03	≤1.5	≤1.5	0.040	0.030	18～20	3～3.5	9～12	—	余量
ZG03Cr19Ni11Mo3N	≤0.03	≤1.5	≤1.5	0.035	0.030	18～20	3～3.5	9～12	w(N)为 0.1～0.2	余量
ZG03Cr22Ni6Mo3N	≤0.03	≤1.0	≤2.0	0.030	0.025	21～23	2.5～3.5	4.5～6.5	w(N)为 0.12～0.2	余量
ZG03Cr25Ni7Mo4WCuN	≤0.03	≤1.0	≤1.5	0.035	0.020	24～26	3～4.0	6.5～8.5	w(Cu)为 1.0，w(W)为 1.0 w(N)为 0.15～0.25	余量
ZG03Cr26Ni7Mo4CuN	≤0.03	≤1.0	≤1.0	0.040	0.025	25～27	3～5.0	6～8	w(Cu)为 1.3，w(N)为 0.15～0.25	余量
ZG07Cr19Ni12Mo3	≤0.07	≤1.5	≤1.5	0.040	0.030	18～20	3～3.5	10～13	—	余量
ZG025Cr20Ni25Mo7Cu1N	≤0.025	≤1.0	≤2.0	0.035	0.030	19～21	6～7	24～26	w(Cu)为 0.5～1.5 w(N)为 0.15～0.25	余量
ZG025Cr20Ni19Mo7CuN	≤0.025	≤1.0	≤1.2	0.030	0.020	19.5～20.5	6～7	17.5～19.5	w(N)为 0.12～0.24 w(Cu)为 0.5～1.0	余量
ZG03Cr26Ni6Mo3Cu3N	≤0.03	≤1.0	≤1.5	0.035	0.010	24.5～26.5	2.5～3.5	5～7	w(N)为 0.12～0.25 w(Cu)为 2.75～3.5	余量
ZG03Cr26Ni6Mo3Cu1N	≤0.03	≤1.0	≤2.0	0.030	0.025	24.5～26.5	2.5～3.5	5.5～7	w(N)为 0.12～0.25 w(Cu)为 0.8～1.3	余量
ZG03Cr26Ni6Mo3N	≤0.03	≤1.0	≤2.0	0.035	0.020	24.5～26.5	2.5～3.5	5.5～7	w(N)为 0.12～0.25	余量

表 4-17 是一般用途耐蚀钢铸件热处理及力学性能。耐蚀钢的合金元素含量较高，热处理加热温度也较高，w(Cr)为 12%～16%的耐蚀铸钢采用空冷方式，其余采用水冷方式。

表 4-17　一般用途耐蚀钢铸件热处理及力学性能

牌号	热处理	$R_{p0.2}$/MPa ≥	R_m/MPa ≥	A/% ≥	A_{KV2}/J ≥	厚度/mm ≤
ZG15Cr13	950～1050℃保温，空冷，650～750℃回火，空冷	450	620	15	20	150
ZG20Cr13	950～1050℃保温，空冷或油冷，680～740℃回火，空冷	390	590	15	20	150
ZG10Cr13Ni2Mo	1000～1050℃保温，空冷，570～620℃回火，空冷或炉冷	440	590	15	27	300
ZG06Cr13Ni4Mo	1000～1050℃保温，空冷，570～620℃回火，空冷或炉冷	550	760	15	50	300
ZG06Cr13Ni4	1000～1100℃保温，空冷，500～530℃回火，空冷或炉冷	550	750	15	50	300
ZG06Cr16Ni5Mo	1020～1070℃保温，空冷，580～630℃回火，空冷或炉冷	540	760	15	60	300

续表

牌号	热处理	$R_{p0.2}$/MPa ≥	R_m/MPa ≥	A/% ≥	A_{KV2}/J ≥	厚度/mm ≤
ZG10Cr12Ni1	1020～1060℃保温，空冷，680～730℃回火，空冷或炉冷	355	540	18	45	150
ZG03Cr19Ni11	1050～1150℃固溶处理，水冷或其他快冷方式	185	440	30	80	150
ZG03Cr19Ni11N	1050～1150℃固溶处理，水冷或其他快冷方式	230	510	30	80	150
ZG07Cr19Ni10	1050～1150℃固溶处理，水冷或其他快冷方式	175	440	30	60	150
ZG07Cr19Ni11Nb	1050～1150℃固溶处理，水冷或其他快冷方式	175	440	25	40	150
ZG03Cr19Ni11Mo2	1080～1150℃固溶处理，水冷或其他快冷方式	195	440	30	80	150
ZG03Cr19Ni11Mo2N	1080～1150℃固溶处理，水冷或其他快冷方式	230	510	30	80	150
ZG05Cr26Ni6Mo2N	1120～1150℃固溶处理，水冷或其他快冷方式	420	600	20	30	150
ZG07Cr19Ni11Mo2	1080～1150℃固溶处理，水冷或其他快冷方式	185	440	30	60	150
ZG07Cr19Ni11Mo2Nb	1080～1150℃固溶处理，水冷或其他快冷方式	185	440	25	40	150
ZG03Cr19Ni11Mo3	≥1120℃固溶处理，水冷或其他快冷方式	180	440	30	80	150
ZG03Cr19Ni11Mo3N	≥1120℃固溶处理，水冷或其他快冷方式	230	510	30	80	150
ZG03Cr22Ni6Mo3N	1120～1150℃固溶处理，水冷或其他快冷方式	420	600	20	30	150
ZG03Cr25Ni7Mo4WCuN	1120～1150℃固溶处理，水冷或其他快冷方式	480	650	22	50	150
ZG03Cr26Ni7Mo4CuN	1120～1150℃固溶处理，水冷或其他快冷方式	480	650	22	50	150
ZG07Cr19Ni12Mo3	1120～1180℃固溶处理，水冷或其他快冷方式	205	440	30	60	150
ZG025Cr20Ni25Mo7Cu1N	1200～1240℃固溶处理，水冷或其他快冷方式	210	480	30	60	50
ZG025Cr20Ni19Mo7CuN	1080～1150℃固溶处理，水冷或其他快冷方式	260	500	35	50	50
ZG03Cr26Ni6Mo3Cu3N	1120～1150℃固溶处理，水冷或其他快冷方式	480	650	22	50	150
ZG03Cr26Ni6Mo3Cu1N	1120～1150℃固溶处理，水冷或其他快冷方式	480	650	22	60	200
ZG03Cr26Ni6Mo3N	1120～1150℃固溶处理，水冷或其他快冷方式	480	650	22	50	150

铸造马氏体耐蚀钢是指铸件在使用状态下以马氏体组织为主的耐蚀钢。典型的有 ZG15Cr13、ZG20Cr13、ZG10Cr13NiMo、ZG06Cr13Ni4Mo 和 ZG06Cr16Ni5Mo 等。ZG15Cr13 和 ZG20Cr13 马氏体耐蚀钢具有良好的抗氧化性介质腐蚀及在高温下耐空气氧化能力，但焊接性能差。铸造马氏体耐蚀钢常用于大气、水和盐水、稀硝酸和某些浓度不高的有机酸弱腐蚀介质中及温度要求不高、硬度要求较高的铸件，如热油油泵和阀门等。ZG10Cr13NiMo、ZG06Cr13Ni4Mo 和 ZG06Cr16Ni5Mo 耐蚀钢除了具有良好的抗氧化性介质腐蚀及在高温下耐空气氧化能力外，还具有更高的冲击韧性和综合力学性能，常用于在大气、水和弱腐蚀介质中承受冲击负荷，要求较高韧性的铸件，如泵壳、阀门、叶轮、转轮等铸件。图 4-21 是 ZG06Cr13Ni4Mo 耐蚀钢两种热处理的组织，热处理后主要组织均为低碳板条回火马氏体和奥氏体组织。1010℃正火、605℃回火的力学性能为 $R_{p0.2}$=588MPa、R_m=811MPa、A=22%、Z=71%、$A_{KV2(0℃)}$=151J、HBW=250；1010℃正火、605℃回火+580℃回火的力学性能为 $R_{p0.2}$=687MPa、R_m=851MPa、A=23%、Z=71%、$A_{KV2(0℃)}$=171J、HBW=268，满足铸造水轮机叶片的力学性能要求（$R_{p0.2}$≥550MPa、R_m≥750MPa、A≥15%、Z≥35%、$A_{KV2(0℃)}$≥50J，HBW≥221）。

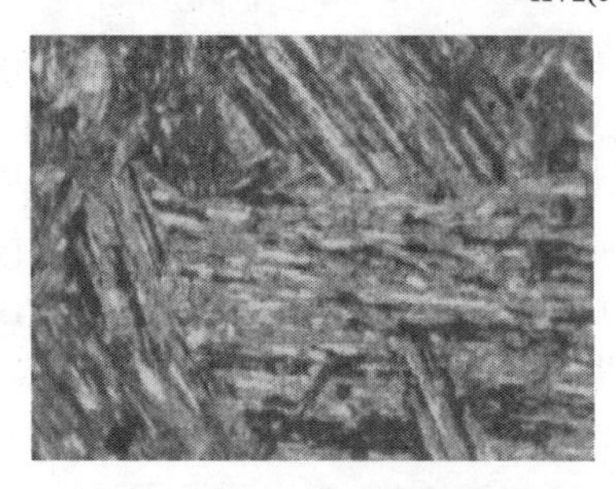

（a）1010℃正火、605℃回火

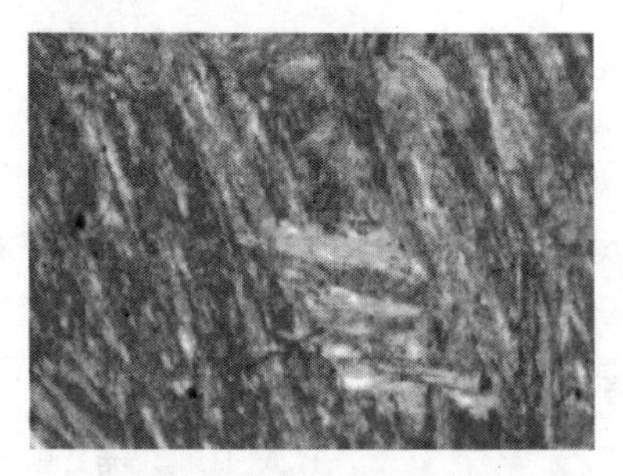

（b）1010℃正火、605℃回火+580℃回火

图 4-21　ZG06Cr13Ni4Mo 耐蚀钢两种热处理的组织，400×

铸造奥氏体耐蚀钢是指常温下具有奥氏体组织的耐蚀钢。奥氏体铬镍耐蚀钢包括著名的 19Cr-11Ni 钢，以及在其基础上增加 Cr、Ni 含量并加入 Mo、Cu、Si、Nb、Ti 等元素发展起来的高 Cr-Ni 系列钢。奥氏体耐蚀钢无磁性，具有高韧性和高塑性，但强度较低，不能通过相变使之强化，仅能通过冷加工进行强化。ZG03Cr19Ni11、ZG03Cr19Ni11N 主要用于化学、化肥、化纤及国防工业上的重要耐蚀铸件；ZG07Cr19Ni10、ZG07Cr19Ni10Nb 主要用于硝酸、有机酸、化工、石油、原子能等工业部门的泵体、阀门等。ZG03Cr19Ni11Mo2、ZG03Cr19Ni11Mo2N、ZG07Cr19Ni11Mo2、ZG07、ZG03Cr19Ni11Mo3 等为常用于硫酸、较低浓度沸腾磷酸、蚁酸、醋酸介质中的铸件。奥氏体耐蚀钢除了耐氧化性酸介质腐蚀外，如果加入 Mo、Cu 等元素还能耐硫酸、磷酸，以及甲酸、醋酸、尿素等介质的腐蚀。

奥氏体耐蚀钢碳的质量分数低于0.03%或含Ti、Ni元素可显著提高其耐晶间腐蚀性能。高硅的奥氏体耐蚀钢在浓硝酸中具有良好的耐蚀性。由于奥氏体耐蚀钢具有良好的综合性能，在各行各业中获得了广泛的应用。

铸造奥氏体-铁素体双相耐蚀钢是指在使用状态下，组织中奥氏体和铁素体各占约一半的耐蚀钢。铸造双相耐蚀钢的碳含量较低，*w*(Cr)为18%～28%、*w*(Ni)为3%～10%，有些铸钢还含有Mo、Cu、Si、Nb、Ti、N等合金元素。例如，ZG03Cr26Ni6Cu3Mo3N、ZG03Cr26Ni6Mo3N等，该类铸钢兼有奥氏体耐蚀钢和铁素体耐蚀钢的特点，与铁素体耐蚀钢相比，塑性、韧性更高，无室温脆性，耐晶间腐蚀性能和焊接性能均显著提高，同时还保持有铁素体耐蚀钢的475℃脆性以及导热系数高，具有超塑性等特点。与奥氏体耐蚀钢相比，强度高且耐晶间腐蚀和耐氯化物应力腐蚀性能有明显提高。铸造双相耐蚀钢具有优良的耐孔蚀性能，是一种节镍型耐蚀钢，可广泛应用在石油、化学、天然气、造纸、化肥、制盐、能源环保、食品、海水环境等领域。

图4-22是ZG03Cr25Ni7Mo4WCuN耐蚀钢不同加工状态的金相组织。铸造+1050℃水冷的组织由铁素体和奥氏体二相组成，二相比例约为50%，称为双相耐蚀钢。组织中黑色的为铁素体组织，白色的为奥氏体组织，同样的材料，铸造组织与轧制管材的组织分布[图4-22（b）]明显不同。

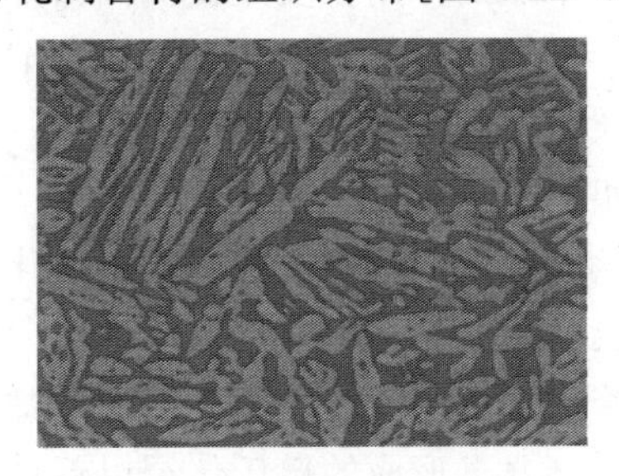

（a）铸造+1050℃水冷的组织

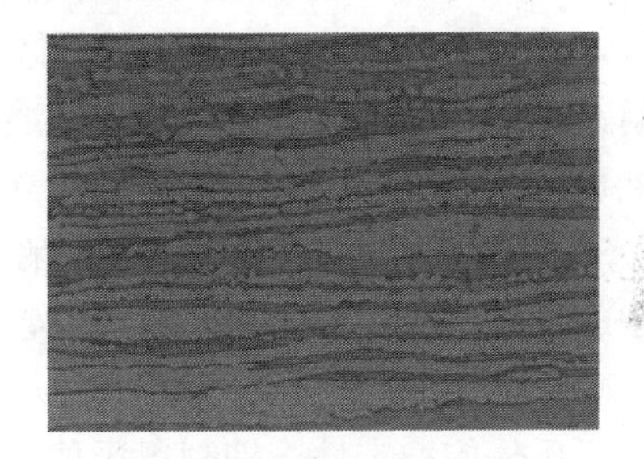

（b）轧制管材组织

图4-22　ZG03Cr25Ni7Mo4WCuN耐蚀钢不同加工状态的金相组织，200×

（三）合金元素对耐蚀钢组织的影响

从表4-16可以看出，耐蚀钢合金元素除了Cr之外，主要元素还有C、Ni、Si、Mn、Mo、Cu、N等。

C是对耐蚀钢组织和性能影响最大的元素之一。C在耐蚀钢中可以稳定奥氏体，其作用约为Ni的30倍，C与Cr的亲和力较大，在钢中会形成一系列复杂碳化物。在耐蚀钢中，常见的碳化物形式主要为$(CrFe)_7C_3(M_7C_3)$型和$(CrFe)_{23}C_6(M_{23}C_6)$型，因此耐蚀钢中的碳含量越高，形成的碳化物越多，固溶于基体中的Cr越少。如果在晶界析出铬的碳化物，会造成钢的晶粒附近产生贫铬现象，不能形成钢的钝化膜，降低钢的耐蚀性，致使腐蚀过程沿着晶粒界面向深处进行，促使晶间腐蚀的产生，这种腐蚀的危害性比均匀腐蚀更严重。因此为避免碳化物析出，一方面耐蚀钢要严格控制碳含量，尽可能降低碳含量，厚壁铸件碳含量要取下限；另一方面加入碳化物形成元素 Ti、Nb，钢中的碳除了溶解于奥氏体外，其余的可形成碳化钛或碳化铌，避免形成铬的碳化物，让铬全部固溶于奥氏体中，可防止晶间腐蚀的产生。从强度和耐蚀性两方面看，碳在耐蚀钢中的作用是相互矛盾的，因此要根据不同的使用性能要求，选择不同碳含量的耐蚀钢。

Cr 是耐蚀钢中最重要、起决定性作用的合金元素之一。Cr 在耐蚀钢表面会形成致密、稳定的 Cr_2O_3 薄膜，阻止腐蚀介质对金属基体的继续渗入腐蚀。经过多年的研究和实践，人们依据腐蚀的电化学理论计算，将 Cr 加入铁基固溶体中，只有当 w(Cr)＞11.7%时，钢的耐腐蚀性能才会明显提高，如在氧化性较强的介质中，w(Cr)＞16%时，钢才会有明显的钝化能力。因此，工业中应用的耐蚀钢的 w(Cr)一般在 12%～30%。高铬耐蚀钢固溶处理后的组织有时会在晶界出现铬的碳合物，造成耐蚀钢的耐蚀性下降，并出现晶间腐蚀而降低耐蚀性。对于耐蚀铸件的焊接件，焊接工艺不当时，焊缝中会出现富铬的金属间化合物 σ 相，其周围基体中的 Cr 和 Mo 等合金元素会贫化，降低钢的耐蚀性能。

Ni 是耐蚀钢中重要的元素之一，Ni 在耐蚀钢中的作用主要是提高固溶体电极电位，减轻化学腐蚀，扩大奥氏体区，有利于形成奥氏体。例如，w(Cr)为 18%低碳耐蚀钢原为铁素体基体钢，不能通过热处理强化，但加入 w(Ni)为 10%，经过热处理可获得全部奥氏体基体，提高了强度和耐蚀性。

Si 是铁素体形成元素，在一般耐蚀钢中为常存杂质元素，能提高在氧化性介质中的耐蚀性能。硅的加入还可改善钢的铸造性能。

Mn 对奥氏体的影响与 Ni 相似，Mn 能降低钢的临界淬火速度，在冷却时可增加奥氏体的稳定性，抑制奥氏体的分解，使高温下形成的奥氏体得以保持到常温。Mn 在耐蚀钢组织中会形成 MnS，抑制钢中 S 的有害作用，还可提高奥氏体耐蚀钢焊缝的抗热裂纹敏感性。但在提高钢的耐蚀性能方面，锰的作用不大。

Mo 在耐蚀钢中除了强化基体外，还可以提高钝化膜的稳定性，增强耐蚀性，特别在氯化物溶液中，能改善耐蚀性能，并有效地抑制缝隙腐蚀。同时，Mo 是碳化物形成元素，所形成的碳化物极为稳定，能阻止奥氏体加热时的晶粒长大，减小钢的过热敏感性。另外 Mo 能使钝化膜更加致密牢固，从而有效地提高耐蚀钢耐氯离子的腐蚀性能。

Cu 在耐蚀钢中可以提高其在抗硫酸、盐酸、磷酸等介质中的耐蚀性及对应力腐蚀的稳定性，加入适量的 Cu 可以提高耐蚀钢的塑性、降低其加工硬化率。在抗菌耐蚀钢中，加入 Cu 后通过特殊处理，析出相可以起到较好的杀菌作用，在沉淀硬化型耐蚀钢中，Cu 起到析出强化的作用。

N 在耐蚀钢中可以扩大奥氏体相区并稳定奥氏体，使其在耐蚀钢中可以代替部分 Ni，N 的加入使耐蚀钢的强度比不含 N 的耐蚀钢的强度提高 2～3 倍，并且不会降低材料的塑韧性。N 在耐蚀钢中能提高钢的抗蠕变、疲劳、磨损能力及钢的耐点蚀、耐缝隙腐蚀的能力。

耐蚀钢中的合金元素对组织形成影响分为两类：以铬为主的铁素体形成元素和以镍为主的奥氏体形成元素。将这些元素对组织形成所起的作用折合成铬的质量分数或镍的质量分数，称为铬当量和镍当量。耐蚀钢的铬当量和镍当量计算如式（4-3）和式（4-4）所示：

$$\text{Cr 当量} = w(\text{Cr})+w(\text{Mo})+1.5w(\text{Si})+0.5w(\text{Nb}) \tag{4-3}$$

$$\text{Ni 当量} = w(\text{Ni})+30w(\text{C})+0.5w(\text{Mn}) \tag{4-4}$$

根据耐蚀钢的化学成分计算 Ni 当量和 Cr 当量，再由图 4-23 可以判定耐蚀钢的组织状态。例如，对于化学成分是 w(C)为 0.03%、w(Si)为 1.0%、w(Mn)为 1.0%、w(Cr)为 19%、w(Ni)为 11%的 ZG03Cr19Ni11 合金，计算 Cr 当量为 20.5%，Ni 当量为 12.4%，根据图 4-23，组织中主要为奥氏体和少量的铁素体组织。

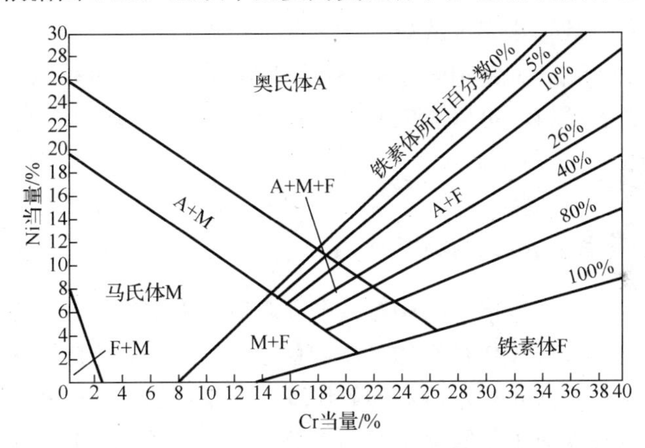

图 4-23　耐蚀钢的组织状态图

（四）提高铸造耐蚀钢性能的途径

铸造耐蚀钢的主要性能是耐蚀性，提高耐蚀性的途径主要有以下两种。

（1）降低碳含量。碳在铸造耐蚀钢中对其耐蚀性不利，虽然采取加 Ti 或 Nb 元素并进行固溶处理，也不能完全避免 Cr 的碳化物析出。因此，降低碳含量才能从根本上提高耐蚀钢的耐蚀性能，但在一般电弧炉或感应电炉炼钢条件下，熔炼较低碳含量或超低碳含量的耐蚀钢存在困难。近年来，铸造生产采用炉外精炼的脱碳技术，能够熔炼超低碳钢，可将耐蚀钢中碳的质量分数降到 0.03%以下，从而提高钢的耐蚀性能。

（2）钢液纯净化。耐蚀钢组织中的夹杂物破坏了钢表面氧化膜的连续性，促进了钢的局部腐蚀。因此，采取炉外精炼技术，可以极大地降低钢中的夹杂物含量，可有利于形成连续的氧化膜，减轻钢的腐蚀。

（五）耐蚀钢的铸造性能

（1）流动性差，容易产生冷隔等缺陷。由于耐蚀钢合金元素较高，如铬含量较高的钢液在铸件的浇注过程中容易形成铬的氧化夹杂物，会降低钢液流动，氧化膜还能使铸件容易产生冷隔和表面皱皮等缺陷。铸造时钢液温度过低，浇注时间越长，氧化越严重，因此，应适当提高浇注温度并尽可能减少浇注时间。铬镍铸造耐蚀钢的浇注温度一般不应低于 1530℃。

（2）收缩率大，易产生缩孔、缩松及热裂。耐蚀铸钢合金元素较高，凝固时收缩率较大，容易产生缩孔和缩松，铸件工艺设计中应加大冒口尺寸，同时凝固过程尽可能实现顺序凝固，有利于实现补缩、减少铸件的缩孔和缩松。在线收缩率较大、高温强度较低时，铸件易发生受阻收缩而产生应力导致热裂，因此增加铸型退让性有利于减轻热裂等缺陷。

（3）易产生热黏砂。铸造耐蚀钢浇注温度较高容易产生热黏砂，铸造时铸型采用耐火度较高的涂料，可以避免产生热黏砂。

三、铸造耐热钢

（一）钢在高温下氧化和抗氧化性

高合金铸造耐热钢是指在 650℃以上高温环境中工作，具有较好抗氧化性的铸钢。钢在高温下，与氧化性气体（O_2、H_2O、CO_2 等）接触，表面会被氧化。铸钢中的主要元素为铁元素，故钢的氧化基本上是铁的氧化过程，氧化过程中氧化膜内部存在着的铁原子与氧原子双向扩散。环境中的氧吸附在钢的表面，以扩散形式通过氧化层进入钢的内部使铁氧化，铁原子以扩散形式朝氧扩散相反的方向扩散到氧化膜内，铁被氧化成 FeO，FeO 逐渐被氧化成 Fe_3O_4，Fe_3O_4 逐渐被氧化成 Fe_2O_3。因此，铸钢件氧化膜的结构从表面到心部依次为 Fe_2O_3、Fe_3O_4、FeO。氧化的最终结果是各层氧化膜不断增厚，甚至最终被全部氧化。氧化过程中 Fe_2O_3 氧化膜的比容小于相邻的 Fe_3O_4 比容，因此氧化膜外层疏松而有裂缝，致使氧化膜外层常发生剥落，导致钢件不断被氧化。

提高钢抗氧化性能的根本途径是在钢的表面形成化学稳定性较强、组织致密的氧化膜，这与耐蚀钢相似，实际上耐热钢本身也是耐蚀钢。为了形成抗氧化性的氧化膜，需要向钢中加入含量较高的合金元素，如铬、铝、硅和镍等，以形成含 Cr_2O_3、Al_2O_3、SiO_2 和 NiO 的氧化膜。这些元素的氧化膜都具有高的热稳定性和化学稳定性，且氧化膜的覆盖系数都大于 1，形成的氧化膜致密均匀，能够阻止介质中的氧进入钢的内部，以达到抗氧化的目的。

（二）铸造耐热钢的化学成分

表 4-18 是国家标准《一般用途耐热钢和合金铸件》（GB/T 8492—2014）规定的一般用途耐热钢和合金铸件的化学成分。铸造耐热钢的成分与耐蚀钢相近，但耐热钢的碳含量较高，高温下具有较高的强度。耐热钢中的合金化元素主要有 C、Si、Cr、Ni 等，属于高合金铸钢，按合金的成分特征主要分为四类：高铬耐热铸钢、高铬镍耐热铸钢、高镍铬耐热铸钢和高钴镍耐热铸钢。

表 4-18　一般用途耐热钢和合金铸件的化学成分

牌号	化学成分（质量分数）/%								
	w(C)	w(Si)	w(Mn)	w(P) ≤	w(S) ≤	w(Cr)	w(Mo)	w(Ni)	其他
ZG30Cr7Si2	0.20～0.35	1.0～2.5	0.50～1.0	0.04	0.04	6～8	≤0.5	≤0.5	—
ZG40Cr13Si2	0.30～0.50	1.0～2.5	0.50～1.0	0.04	0.03	12～14	≤0.5	≤1.0	—
ZG40Cr17Si2	0.30～0.50	1.0～2.5	0.50～1.0	0.04	0.03	16～19	≤0.5	≤1.0	—
ZG40Cr24Si2	0.30～0.50	1.0～2.5	0.50～1.0	0.04	0.03	23～26	≤0.5	≤1.0	—
ZG40Cr28Si2	0.30～0.50	1.0～2.5	0.50～1.0	0.04	0.03	27～30	≤0.5	≤1.0	—
ZGCr29Si2	1.20～1.40	1.0～2.5	0.50～1.0	0.04	0.03	27～30	≤0.5	≤1.0	—
ZG25Cr18Ni9Si2	0.15～0.35	1.0～2.5	≤2.0	0.04	0.03	17～19	≤0.5	8～10	—
ZG25Cr20Ni14Si2	0.15～0.35	1.0～2.5	≤2.0	0.04	0.03	19～21	≤0.5	13～15	—
ZG40Cr22Ni10Si2	0.30～0.50	1.0～2.5	≤2.0	0.04	0.03	21～23	≤0.5	9～11	—
ZG40Cr24Ni24Si2Nb	0.25～0.50	1.0～2.5	≤2.0	0.04	0.03	23～25	≤0.5	23～25	w(Nb)为1.2～1.8
ZG40Cr25Ni12Si2	0.30～0.50	1.0～2.5	≤2.0	0.04	0.03	24～27	≤0.5	11～14	—
ZG40Cr25Ni20Si2	0.30～0.50	1.0～2.5	≤2.0	0.04	0.03	24～27	≤0.5	19～22	—
ZG40Cr27Ni4Si2	0.30～0.50	1.0～2.5	≤1.5	0.04	0.03	25～28	≤0.5	3～6	—
ZG45Cr20Co20Ni20Mo3W3	0.35～0.60	≤1.0	≤2.0	0.04	0.03	19～22	2.5～3.5	18～22	w(Co)为18～22，w(W)为2～3
ZG10Ni31Cr20Nb1	0.05～0.12	≤1.2	≤1.2	0.04	0.035	19～23	≤0.5	30～34	w(Nb)为0.8～1.5
ZG40Ni35Cr17Si2	0.30～0.50	1.0～2.5	≤2.0	0.04	0.03	16～18	≤0.5	34～36	—
ZG40Ni35Cr26Si2	0.30～0.50	1.0～2.5	≤2.0	0.04	0.03	24～27	≤0.5	33～36	—
ZG40Ni31Cr26Si2Nb1	0.30～0.50	1.0～2.5	≤2.0	0.04	0.03	24～27	≤0.5	33～36	w(Nb)为0.8～1.8
ZG40Ni38Cr19Si2	0.30～0.50	1.0～2.5	≤2.0	0.04	0.03	18～21	≤0.5	36～39	—

续表

牌号	化学成分（质量分数）/%								
	w(C)	w(Si)	w(Mn)	w(P) ≤	w(S) ≤	w(Cr)	w(Mo)	w(Ni)	其他
ZG40Ni39Cr19Si2Nb1	0.30～0.50	1.0～2.5	≤2.0	0.04	0.03	18～21	≤0.5	36～39	w(Nb)为1.2～1.8
ZNiCr28Fe17W5Si2C0.4	0.35～0.55	1.0～2.5	≤1.5	0.04	0.03	27～30	—	47～50	w(W)为4～6
ZNiCr50Nb1C0.1	≤0.1	≤0.5	≤0.5	0.02	0.02	47～52	≤0.5	余量	w(Nb)为1.4～1.7，w(N)为0.2
ZNiCr19Fe18Si1C0.5	0.40～0.60	0.50～2.0	≤1.5	0.04	0.03	16～21	≤0.5	50～55	—
ZNiFe18Cr15Si1C0.5	0.35～0.65	≤2	≤1.3	0.02	0.02	13～19	—	64～69	—
ZNiCr25Fe20Co15W5Si1C0.46	0.44～0.48	1.0～2.0	≤2.0	0.04	0.03	24～26	—	33～37	w(W)为4～6，w(Co)为14～16
ZCoCr28Fe18C0.3	≤0.5	≤1.0	≤1.0	0.04	0.03	25～30	≤0.5	≤1.0	w(Co)为48～52，w(Fe)≤20

高铬耐热铸钢中 w(Cr)为 6%～30%，不含镍或含少量镍，基体组织主要为铁素体，在室温下塑性较差，高温下强度性能较低，主要用于抗燃气腐蚀的工作零件，如坩埚、炉门和炉底板等。

高铬镍耐热铸钢中 w(Cr)大于 18%、w(Ni)大于 8%，基体组织主要为奥氏体，有少量的铁素体。高温强度和塑性均高于高铬耐热铸钢，高温下耐热腐蚀的能力强，可用于温度高达 1100℃环境中工作的零件，如矿石烧结炉和热处理炉构件等。

高镍铬耐热铸钢中 w(Ni)大于 23%、w(Cr)大于 10%，基体组织为单一奥氏体组织，具有良好的抗热冲击和抗热疲劳性能，可用于温度高达 1100℃环境中工作的承载零件。

高钴镍耐热铸钢中 w(Co)为 48%～52%、w(Ni)为 25%～30%，并含有一定量的铁等元素，高温下具有很高的强度，主要用于温度高达 1200℃环境中工作的零件，如冶金炉和热处理设备的耐热件。

表 4-19 是国家标准《一般用途耐热钢和合金铸件》（GB/T 8492—2014）规定的一般用途耐热钢和合金铸件室温力学性能及最高耐热温度。一般用途耐热铸钢件的耐热性能包括抗氧化性能和高温力学性能。高温力学性能包括高温瞬时力学性能和持久力学性能，持久力学性能又包括蠕变极限和持久极限。抗氧化性能可用增重法或减重法评定，蠕变试验是指在长时间的恒定载荷和恒定温度下来测定试样的微小变形。在给定温度下，10 万小时发生一定伸长率（如 0.2%、0.5%、1%、5%）的屈服强度数值称为该温度下条件蠕变极限。在恒定的温度下和规定的持续时间下，引起断裂的应力称为持久极限。表 4-19 中牌号为 ZG30Cr7Si2、ZG40Cr13Si2、ZG40Cr17Si2、ZG40Cr24Si2、ZG40Cr28Si2、ZGCr29Si2 可以在

800～850℃进行退火处理供货，ZG30Cr7Si2 可以在铸态下供货，其余牌号的耐热钢和合金铸件不需要热处理。若需要热处理，可由供需双方商定热处理工艺。

表 4-19 一般用途耐热钢和合金铸件室温力学性能及最高耐热温度

牌号	$R_{p0.2}$/MPa≥	R_m/MPa≥	A/%≥	退火态 HBW≤	最高使用温度/℃
ZG30Cr7Si2	—	—	—	—	750
ZG40Cr13Si2	—	—	—	300	850
ZG40Cr17Si2	—	—	—	300	900
ZG40Cr24Si2	—	—	—	300	1050
ZG40Cr28Si2	—	—	—	320	1100
ZGCr29Si2	—	—	—	400	1100
ZG25Cr18Ni9Si2	230	450	15	—	900
ZG25Cr20Ni14Si2	230	450	10	—	900
ZG40Cr22Ni10Si2	230	450	8	—	950
ZG40Cr24Ni24Si2Nb	220	400	4	—	1050
ZG40Cr25Ni12Si2	220	450	6	—	1050
ZG40Cr25Ni20Si2	220	450	6	—	1100
ZG40Cr27Ni4Si2	250	400	3	400	1100
ZG45Cr20Co20Ni20Mo3W3	320	400	6	—	1050
ZG10Ni31Cr20Nb1	220	440	20	—	1000
ZG40Ni35Cr17Si2	220	420	6	—	980
ZG40Ni35Cr26Si2	220	440	6	—	1050
ZG40Ni31Cr26Si2Nb1	220	440	4	—	1050
ZG40Ni38Cr19Si2	220	420	6	—	1050
ZG40Ni39Cr19Si2Nb1	220	420	4	—	1100
ZNiCr28Fe17W5Si2C0.4	220	400	3	—	1200
ZNiCr50Nb1C0.1	230	540	8	—	1050
ZNiCr19Fe18Si1C0.5	220	440	5	—	1100
ZNiFe18Cr15Si1C0.5	200	400	3	—	1100
ZNiCr25Fe20Co15W5Si1C0.46	270	480	5	—	1200
ZCoCr28Fe18C0.3	—	—	—	—	1200

（三）耐热钢的铸造性能

铸造耐热钢属于高合金钢，因此铸造性能特点与耐蚀钢类似，主要的铸造性能特点如下。

（1）钢液流动性差，容易产生冷隔及皱皮。耐热钢在浇注过程容易产生铬的氧化物，降低了钢液流动性，容易使铸件产生冷隔及表面产生皱皮。为避免这种缺陷，应适当提高耐热钢的浇注温度，浇注系统要保证钢液迅速平稳地充填铸型，并尽量缩短钢液流动距离。浇注温度较低时，采用底注式浇注系统，并多开内浇口，适当扩大内浇注截面积，多开出气冒口，以减少铸件浇注过程中铸型内气体压力。

（2）易产生缩孔及裂纹缺陷。高合金耐热钢的体积收缩较大，钢液中容易存在氧化物夹杂，增加液体流动阻力，使钢液黏度增加，影响冒口的补缩效果，容易产生缩孔，在热节处容易产生缩松，铸造生产中要在热节处设置冷铁。钢的收缩较大，夹杂物较多，降低钢的强度，容易产生裂纹，实际铸造生产中要提高铸型和型芯的退让性，减少铸造收缩过程的阻力。

（3）易产生黏砂。铸造耐热钢的钢液温度较高，易产生热黏砂，避免铸型和型芯表面产生黏砂可用耐火度较高的涂料，如采用铬矿粉涂料、镁砂粉涂料等。

四、铸造耐磨耐蚀钢

对于冶金、建材、电力、建筑、化工和机械行业中承受湿式磨料磨损的铸件，要求其具有良好的耐蚀性和耐磨性，于是便出现了铸造耐磨耐蚀钢。

表 4-20 是国家标准《耐磨耐蚀钢铸件》（GB/T 31205—2014）列出的耐磨耐蚀钢化学成分。耐磨耐蚀钢铸件的合金化元素主要有 Si、Mn、Cr、Ni、Mo 等。与耐蚀钢相比，除了少数几个牌号外，大部分铸钢牌号中的 Cr 合金化程度低于耐蚀钢，但碳含量增加。碳含量增加主要是为了提高强度和耐磨性，高锰合金化主要是为了获得单一奥氏体组织耐磨钢，提高铸钢的耐蚀性和抗磨性能。

表 4-21 是国家标准列出的耐磨耐蚀钢的力学性能，主要有硬度和冲击值。对于高锰耐磨耐蚀钢，标准中只列出两个牌号 ZGMS120Mn13 和 ZGMS120Mn13Cr2 的力学性能的要求，与相同成分的铸造奥氏体锰钢要求的性能一致（如表 4-15 所示）。

值得注意的是耐磨耐蚀钢硬度检验应在铸件表面下方大于 2mm 处测定，也可在铸件本体附铸试块上检验，硬度检验可随机抽取三件进行检验，若第一次检验两件硬度不合格，视为该批铸件不合格。冲击试验的试样取自于单独铸出的试块，单铸试块形式主要有 Y 型试块、梅花试块和基尔试块，也可以在铸件及铸件上的附铸试块上切取。冲击试验要求三个试样冲击值的平均值满足表 4-21 中冲击值的要求，三个试样的冲击值中允许一个冲击值低于表 4-21 中的规定，但不能低于要求冲击值的 70%。若不合格，允许在同一批中取三个备用的冲击试样进行试验，所有冲击值重新计算平均值，若平均值不满足标准值要求或复验值中有低于标准要求下限值的 70%，则该批铸件为不合格。力学性能不合格时，允许对铸件进行重新热处理后再检验力学性能，除回火外，不允许对铸件进行多于两次的重新热处理。

表 4-20 耐磨耐蚀钢化学成分

牌号	化学成分（质量分数）/%								
	w(C)	w(Si)	w(Mn)	w(Cr)	w(Mo)	w(Ni)	w(P)≤	w(S)≤	其他
ZGMS30Mn2SiCr	0.22～0.35	0.5～1.2	1.2～2.2	0.5～1.2	—	—	0.04	0.04	w(Fe)余量
ZGMS30CrMnSiMo	0.22～0.35	0.5～1.8	0.6～1.6	0.50～1.8	0.2～0.8	—	0.04	0.04	w(Fe)余量
ZGMS30CrNiMo	0.22～0.35	0.4～0.8	0.40～1.0	0.50～2.5	0.2～0.8	0.3～2.5	0.04	0.04	w(Fe)余量
ZGMS40CrNiMo	0.35～0.45	0.4～0.8	0.40～1.0	0.50～2.5	0.2～0.8	0.3～2.5	0.04	0.04	w(Fe)余量
ZGMS30Cr5Mo	0.25～0.35	0.4～1.0	0.50～1.0	4～6	0.2～0.8	≤0.5	0.04	0.04	w(Fe)余量
ZGMS50Cr5Mo	0.45～0.55	0.4～1.0	0.50～1.0	4～6	0.2～0.8	≤0.5	0.04	0.04	w(Fe)余量
ZGMS60Cr2MnMo	0.45～0.70	0.4～1.0	0.50～1.0	1.5～2.5	0.2～0.8	≤1.0	0.04	0.04	w(Fe)余量
ZGMS85Cr2MnMo	0.70～0.95	0.4～1.0	0.50～1.0	1.5～2.5	0.2～0.8	≤1.0	0.04	0.04	w(Fe)余量
ZGMS25Cr10MnSiMoNi	0.15～0.35	0.5～2.0	0.50～1.0	7～13	0.2～0.8	0.3～2.0	0.04	0.04	w(Cu)≤1.0
ZGMS110Mn13Mo1	0.75～1.35	0.3～0.9	11～14	—	0.9～1.2	—	0.04	0.06	w(Fe)余量
ZGMS120Mn13	1.05～1.35	0.3～0.9	11～14	—	—	—	0.04	0.06	w(Fe)余量
ZGMS120Mn13Cr2	1.05～1.35	0.3～0.9	11～14	1.5～2.5	—	—	0.04	0.06	w(Fe)余量
ZGMS120Mn13Ni3	1.05～1.35	0.3～0.9	11～14	—	—	3.0～4.0	0.04	0.06	w(Fe)余量
ZGMS120Mn18	1.05～1.35	0.3～0.9	16～19	—	—	—	0.04	0.06	w(Fe)余量
ZGMS120Mn18Cr2	1.05～1.35	0.3～0.9	16～19	1.5～2.5	—	—	0.04	0.06	w(Fe)余量

注：允许加入 W、V、Nb、Ti、B 和稀土元素。

表 4-21 耐磨耐蚀钢的力学性能

牌号	HRC≥	HBW≤	A_{KV2}/J≥	A_{KU2}/J≥	A_{KN}/J≥
ZGMS30Mn2SiCr	45	—	12	—	—
ZGMS30CrMnSiMo	45	—	12	—	—
ZGMS30CrNiMo	45	—	12	—	—
ZGMS40CrNiMo	50	—	—	—	25
ZGMS30Cr5Mo	42	—	12	—	—
ZGMS50Cr5Mo	46	—	—	—	15
ZGMS60Cr2MnMo	30	—	—	—	25
ZGMS85Cr2MnMo	32	—	—	—	15
ZGMS25Cr10MnSiMoNi	40	—	—	—	50
ZGMS110Mn13Mo1	—	300	—	118	—
ZGMS120Mn13	—	300	—	118	—
ZGMS120Mn13Cr2	—	300	—	90	—
ZGMS120Mn13Ni3	—	300	—	118	—
ZGMS120Mn18	—	300	—	118	—
ZGMS120Mn18Cr2	—	300	—	90	—

注：V、U、N 分别代表冲击试样缺口为 V 型缺口、U 型缺口和无缺口。

习　题

（1）名词解释：铸造碳钢、铸造低合金钢、铸造高合金钢、ZG270-500、水韧处理、Cr 当量、Ni 当量。

（2）试述影响碳钢组织和力学性能的因素。

（3）试述合金元素在铸钢中的主要作用及主要低合金铸钢的分类。

（4）试述铸造低合金钢热处理的目的和种类。

（5）试述同时获得高强度和韧性的途径。

（6）试述铸造奥氏体锰钢铸态组织和性能特点，改善其组织和性能的热处理工艺名称及工艺参数，与低合金钢淬火回火热处理工艺的主要区别是什么？

（7）试述铸造奥氏体锰钢加工硬化的机理。

（8）铸造耐蚀钢耐蚀性的机理主要有哪些？

（9）试根据耐蚀钢的组织状态图（图 4-23）分析下列钢种的组织状态：ZG15Cr13、ZG10Cr12NiMo、ZG06Cr16Ni5Mo、ZG03Cr18Ni10N、ZG03Cr26Ni5Cu3Mo3N。

（10）提高铸造耐蚀钢性能的途径主要有哪些？

（11）提高铸造耐热钢抗氧化性能的途径主要有哪些？

第五章　铸造非铁合金及其性能

与钢铁材料相比，非铁合金具有某些特殊的性能，已成为现代工业不可缺少的材料之一。非铁合金种类较多，应用较广的是铝、铜、钛、镁、锌及其合金等。根据加工方式不同，非铁合金分为铸造非铁合金和塑性变形非铁合金。铸造非铁合金主要包括铸造铝合金、铸造铜合金、铸造镁合金、铸造锌合金、铸造钛合金等。

第一节　铸造铝合金

铸造铝合金是指用铸造成形工艺获得的铝合金铸件，根据铝基体中加入合金元素的不同，分为铸造铝硅合金、铸造铝铜合金、铸造铝镁合金、铸造铝锌合金等系列。铸造铝合金比强度和耐蚀性高，具有良好的力学性能、工艺性能，生产工艺简便，成本相对较低，广泛应用于航空航天、汽车、仪表、化工电器、光学仪器及建筑材料等方面。

一、铸造铝硅合金

（一）铸造铝硅合金的化学成分及牌号

铸造铝硅合金是以硅为主加元素的铸造合金，一般硅的质量分数为 4%～13%，为改善铝硅合金的某些使用性能，还加入 Cu、Mg、Mn 等元素来提高合金的力学性能和某些使用性能。铝硅合金具有优良的铸造性能，经过变质处理和热处理后，能获得良好的力学性能、物理性能、耐蚀性能和中等的切削性能。铸造铝硅合金是铸造铝合金中材质牌号最多，用途最广的铸造合金之一。

表 5-1 是国家标准《铸造铝合金》（GB/T 1173—2013）规定的铸造铝硅合金的牌号及化学成分，铸造铝硅合金代号共有 16 个。铸造铝合金代号用汉语拼音开头字母“ZL”符号+数字表示；铸造铝硅合金用“ZL1××”表示；铸造铝铜合金用“ZL2××”表示；铸造铝镁合金用“ZL3××”表示；铸造铝锌合金用“ZL4××”，牌号及代号后缀“A”表示优质合金，对杂质元素含量要求低。表 5-2 是铸造铝硅合金的力学性能。

表 5-1　铸造铝硅合金的牌号及化学成分

合金牌号	合金代号	化学成分（质量分数）/%					
		w(Si)	w(Cu)	w(Mg)	w(Mn)	其他	w(Al)
ZAlSi7Mg	ZL101	6.5～7.5	≤0.2	0.25～0.45	≤0.35	—	余量
ZAlSi7MgA	ZL101A	6.5～7.5	≤0.1	0.25～0.45	≤0.1	w(Ti)为 0.08～0.20	余量
ZAlSi12	ZL102	10.0～13.0	≤0.3	≤0.1	≤0.5	—	余量
ZAlSi9Mg	ZL104	8.0～10.5	≤0.1	0.17～0.35	0.2～0.5	—	余量
ZAlSi5Cu1Mg	ZL105	4.5～5.5	1.0～1.5	0.4～0.6	≤0.5	—	余量
ZAlSi5Cu1MgA	ZL105A	4.5～5.5	1.0～1.5	0.4～0.55	≤0.1	—	余量
ZAlSi8Cu1Mg	ZL106	7.5～8.5	1.0～1.5	0.3～0.5	0.3～0.5	w(Ti)为 0.1～0.25	余量
ZAlSi7Cu4	ZL107	6.5～7.5	3.5～4.5	≤0.1	≤0.5	—	余量
ZAlSi12Cu1Mg1	ZL108	11.0～13.0	1.0～2.0	0.4～1.0	0.3～0.9	—	余量
ZAlSi12Cu1Mg1Ni1	ZL109	11.0～13.0	0.5～1.5	0.8～1.3	≤0.2	w(Ni)为 0.8～1.5	余量
ZAlSi5Cu6Mg	ZL110	4.0～6.0	5.0～8.0	0.2～0.5	≤0.5	—	余量
ZAlSi9Cu2Mg	ZL111	8.0～10.0	1.3～1.8	0.4～0.6	0.1～0.35	w(Ti)为 0.1～0.35	余量
ZAlSi7Mg1A	ZL114A	6.5～7.5	≤0.2	0.45～0.75	≤0.1	w(Ti)为 0.1～0.2，w(Be)为 0～0.07	余量
ZAlSi5Zn1Mg	ZL115	4.8～6.2	≤0.1	0.4～0.65	≤0.1	w(Zn)为 1.2～1.8，w(Sb)为 0.1～0.25	余量
ZAlSi8MgBe	ZL116	6.5～8.5	≤0.3	0.35～0.55	≤0.1	w(Ti)为 0.1～0.3，w(Be)为 0.15～0.4	余量
ZAlSi7Cu2Mg	ZL118	6.0～8.0	1.3～1.8	0.2～0.5	0.1～0.3	w(Ti)为 0.1～0.25	余量

表 5-2　铸造铝硅合金的力学性能

合金牌号	合金代号	铸造方法[①]	合金状态[②]	力学性能		
				R_m/MPa≥	A/%≥	HBW≥
ZAlSi7Mg	ZL101	S、R、J、K	F	155	2	50
		S、R、J、K	T2	135	2	45
		JB	T4	185	4	50
		S、R、K	T4	175	4	50
		J、JB	T5	205	2	60
		S、R、K	T5	195	2	60
		SB、RB、KB	T5	195	2	60
		SB、RB、KB	T6	225	1	70
		SB、RB、KB	T7	195	2	60
		SB、RB、KB	T8	155	3	55

续表

合金牌号	合金代号	铸造方法[①]	合金状态[②]	力学性能		
				R_m/MPa≥	A/%≥	HBW≥
ZAlSi7MgA	ZL101A	S、R、K	T4	195	5	60
		J、JB	T4	225	5	60
		S、R、K	T5	235	4	70
		SB、RB、KB	T5	235	4	70
		JB、J	T5	265	4	70
		SB、RB、KB	T6	275	2	80
		JB、J	T6	295	3	80
ZAlSi12	ZL102	SB、JB、RB、KB	F	145	4	50
		J	F	155	2	50
		SB、JB、RB、KB	T2	135	4	50
		J	T2	145	3	50
ZAlSi9Mg	ZL104	S、J、R、K	F	150	2	50
		J	T1	200	1.5	65
		SB、RB、KB	T6	230	2	70
		J、JB	T6	240	2	70
ZAlSi5Cu1Mg	ZL105	S、J、R、K	T1	155	0.5	65
		S、R、K	T5	215	1	70
		J	T5	235	0.5	70
		S、R、K	T6	225	0.5	70
		S、J、R、K	T7	175	1	65
ZAlSi5Cu1MgA	ZL105A	SB、R、K	T5	275	1	80
		J、JB	T5	295	2	80
ZAlSi8Cu1Mg	ZL106	SB	F	175	1	70
		JB	T1	195	1.5	70
		SB	T5	235	2	60
		JB	T5	255	2	70
		SB	T6	245	1	80
		JB	T6	265	2	70
		SB	T7	225	2	60
		JB	T7	245	2	60
ZAlSi7Cu4	ZL107	SB	F	165	2	65
		SB	T6	245	2	90
		J	F	195	2	70
		J	T6	275	2.5	100
ZAlSi12Cu1Mg1	ZL108	J	T1	195	—	85
		J	T6	255	—	90

续表

合金牌号	合金代号	铸造方法①	合金状态②	力学性能		
				R_m/MPa≥	A/%≥	HBW≥
ZAlSi12Cu1Mg1Ni1	ZL109	J	T1	195	0.5	90
		J	T6	245	—	100
ZAlSi5Cu6Mg	ZL110	S	F	125	—	80
		J	F	155	—	80
		S	T1	145	—	80
		J	T1	165	—	90
ZAlSi9Cu2Mg	ZL111	J	F	205	1.5	80
		SB	T6	255	1.5	90
		J、JB	T6	315	2	100
ZAlSi7Mg1A	ZL114 A	SB	T5	290	2	85
		J、JB	T5	310	3	90
ZAlSi5Zn1Mg	ZL115	S	T4	225	4	70
		J	T4	275	6	80
		S	T5	275	3.5	90
		J	T5	315	5	100
ZAlSi8MgBe	ZL116	S	T4	255	4	70
		J	T4	275	6	80
		S	T5	295	2	85
		J	T5	335	4	90
ZAlSi7Cu2Mg	ZL118	SB、RB	T6	290	1	90
		JB	T6	305	2.5	105

注：①铸造方法：S-砂型铸造；J-金属型铸造；R-熔模铸造；K-壳型铸造；B-变质处理。②合金状态：F-铸态；T1-人工时效；T2-退火；T4-固溶处理+自然时效；T5-固溶处理+不完全人工时效；T6-固溶处理+不完全人工时效；T7-固溶处理+稳定化处理；T8-固溶处理+软化处理。

（二）硅对铸造铝硅合金组织和性能的影响

铝硅合金相图如图 2-21 所示，属于共晶型相图，其共晶成分点硅的质量分数为 12.6%，共晶温度为 577℃，共晶反应为 $L \longrightarrow \alpha(Al)+\beta(Si)$。亚共晶铝硅合金的铸态组织由 α(Al)+[α(Al)+β(Si)]共晶组织组成，过共晶组织由 β(Si)+[α(Al)+β(Si)]共晶组织组成。

工业上应用的铝硅合金，硅的质量分数为 5%～25%。纯铝的显微硬度 HV 为

60～100，纯硅的显微硬度 HV 为 1000～1300，硅相具有较高的显微硬度，因此硅相析出的铝硅合金是理想的耐磨材料，随硅含量增加，铝硅合金耐磨性增加。硅的结晶潜热和比容较大，凝固收缩率较小，仅为铝的 1/4～1/3，因此铝硅合金能用于制造活塞，而且不宜出现活塞胀缸或拉缸的现象。

图 5-1 是硅含量对铸造铝硅合金力学性能的影响。随硅含量的增加，铸造铝硅合金铸态和热处理的强度增加、延伸率降低，强度在共晶点附近最高。力学性能出现这种变化的原因与铸造铝硅合金硅含量较低时，组织中 α(Al)数量较多，硬度较高的 β(Si)数量较少有关。亚共晶铸造铝硅合金保持了 α(Al)的高塑性、低强度的特点，随硅含量增加，凝固组织中 β(Si)数量增加，分布在 α(Al)基体上提高强度。但是对于未经变质处理的铸造铝硅合金，由于共晶硅呈片状或针状分布，割裂基体，损害了铸造铝硅合金的力学性能。当硅含量[w(Si)＞13%]较高时，凝固组织中析出大量块状初生硅，降低铸造铝硅合金的塑性和强度，强度较低（R_m＜100MPa），无实用价值。从图 5-1 可以看出，铸造铝硅合金的力学性能不高，常用于压铸、挤压铸造等冷速较高的铸造方法生产铸件，对于砂型铸造等冷速较慢的铸造方法，铸造时必须进行变质处理，以细化铸造组织，提高铸造铝硅合金的力学性能。

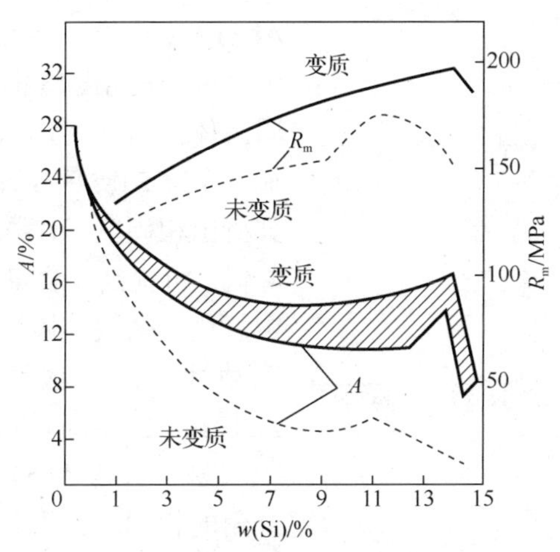

图 5-1　硅含量对铸造铝硅合金力学性能的影响

图 5-2 是硅含量对铝硅合金铸造性能的影响。随硅含量的增加，铸造铝硅合金结晶温度间隔变小，流动性增加，一般铸造合金的流动性最好的成分点在共晶合金成分点附近，因为铝硅合金结晶时，过共晶成分的硅在凝固结晶时可释放出较多的结晶潜热，所以铝硅合金最佳的流动性值在 w(Si)为 18%左右。在亚共晶成分范围内，随硅含量增加，合金的线收缩率、体收缩率和热裂倾向均减小，在所有铸造铝合金中，铸造铝硅合金具有优良的铸造性能，铸件较为致密。

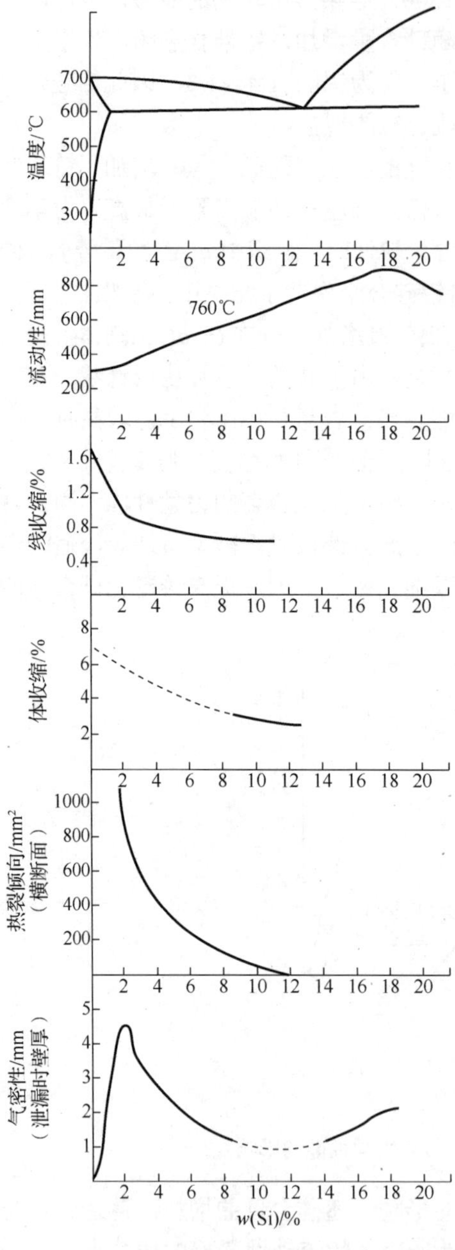

图 5-2　硅含量对铝硅合金铸造性能的影响

（三）铸造铝硅合金的合金化

在一定温度下，由于硅在α(Al)相中扩散系数较大，甚至在淬火条件下也不能拟制硅相在过饱和 α(Al)相中的析出和长大，没有固溶强化效果。因此，提高铝硅合金的力学性能和使用性能，除了利用变质处理改善硅的形态和分布外，在铝硅合金基础上加入镁、铜、锰等元素进行合金化，形成多元铸造铝硅合金，并配合适当的热处理，使这些合金元素不同程度地固溶在α(Al)相中，时效过程析出的 Mg_2Si、Al_2Cu、$S(Al_2CuMg)$、$W(Al_xMg_5Cu_4Si_4)$ 等化合物相弥散强化，能有效提高铸造铝硅合金的力学性能。

铝硅合金中加入一定的 Mg，形成 Al-Si-Mg 合金，加镁的铸造铝硅合金组织中可以形成 Mg_2Si 相，时效处理时从α(Al)固溶体析出，弥散分布，起到强化的作用。加入 Mg 的质量分数在 0.2%～0.5%时，其析出相硬度高，强度提高，但塑性有所降低。再提高镁含量，容易氧化，金属液中氧化夹杂数量增加，会降低铸造合金的流动性。属于这类合金的代号主要有 ZL101、ZL101A、ZL104、ZL116 等。

图 5-3 是 Al-Si-Mg 合金三元靠铝成分角的相图。靠铝成分角有两个二元共晶反应（*A*、*B* 点），一个伪二元共晶反应（*C* 点）和两个三元共晶反应（*D*、*E* 点）。各点发生的反应分别为 *A* 点：$L \longrightarrow \alpha(Al)+Si$；*B* 点：$L \longrightarrow \alpha(Al)+Mg_2Al_3$；*C* 点：$L \longrightarrow \alpha(Al)+Mg_2Si$；*D* 点：$L \longrightarrow \alpha(Al)+Mg_2Si+Si$；*E* 点：$L \longrightarrow \alpha(Al)+Mg_2Si+Mg_2Al_3$。靠铝成分角固态相分布如图 5-3（b）所示。

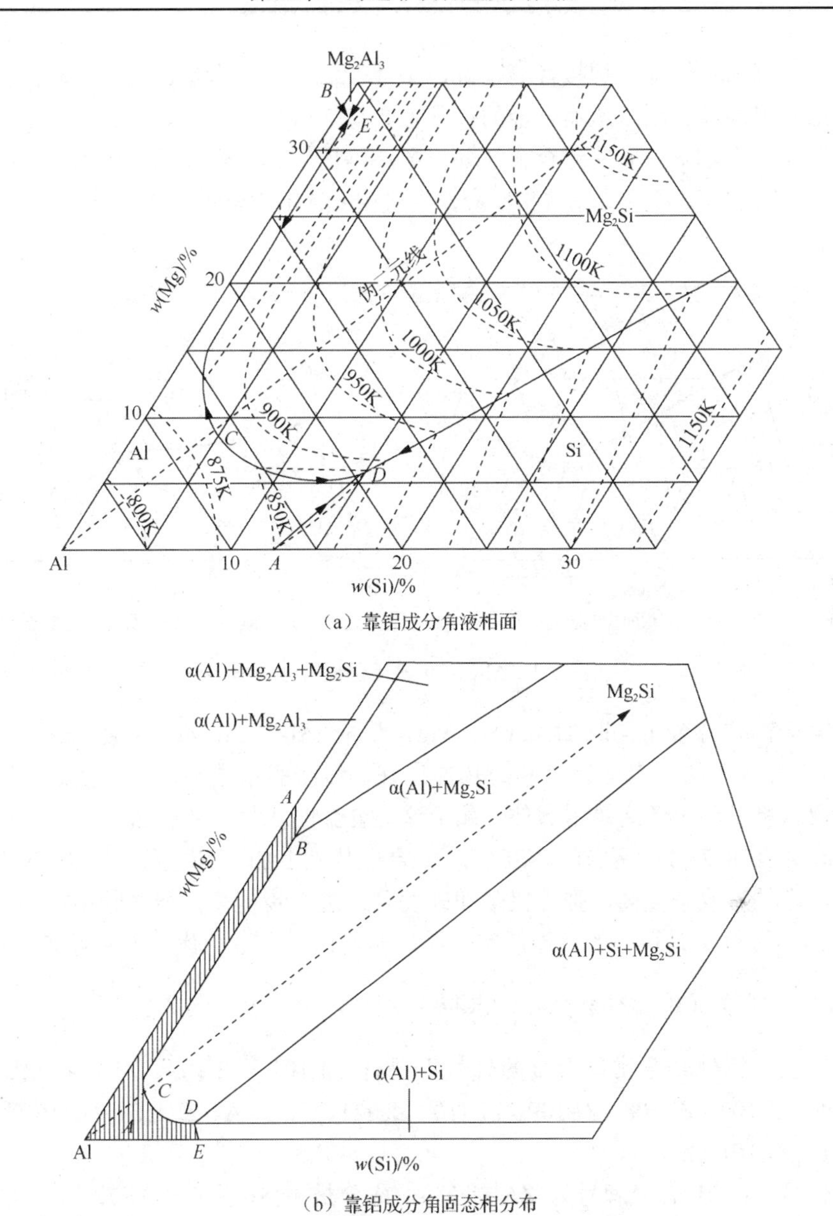

（a）靠铝成分角液相面

（b）靠铝成分角固态相分布

图 5-3　Al-Si-Mg 合金三元靠铝成分角的相图

在 Al-Si-Mg 合金基础上加入 Zn 可形成 Al-Si-Mg-Zn 合金，通过加 Zn 可进一步提高铝硅合金的强度，属于该类合金的代号有 ZL115。

铸造铝硅合金中加入一定的 Cu，形成 Al-Si-Cu 合金，铜在铸造铝硅合金中固溶度比镁大，加铜的合金可通过固溶强化和热处理时效时析出强化相 Al_2Cu 来提高合金的强度。这类铸造合金中，当硅含量比铜含量高时，铸造性能良好，力学性能、切削加工性能、焊接性能较好，塑性较低；当铜含量比硅量高时，会降低铸造铝硅耐蚀性。属于这类合金的代号主要有 ZL107。

图 5-4 是 Al-Si-Cu 三元合金部分相图。铜加入铝硅合金后会形成 θ（Al_2Cu）化合物，在 525℃发生三元共晶反应，生成由 α(Al)+β(Si)+θ（Al_2Cu）三相组成的组织。

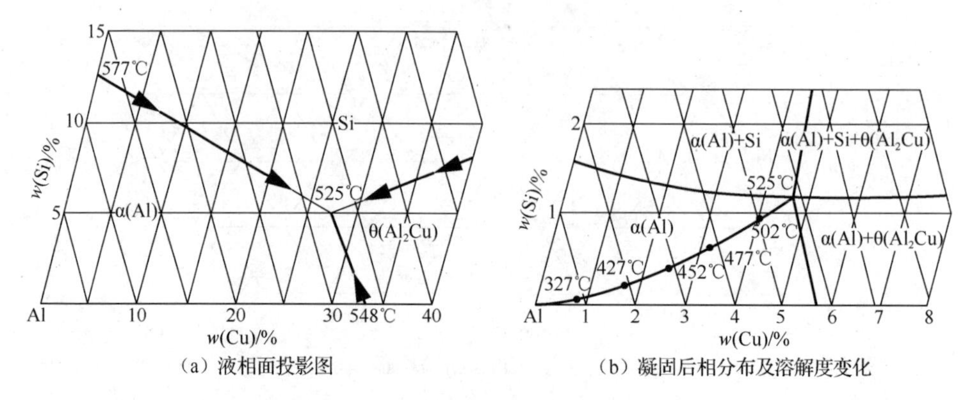

图 5-4　Al-Si-Cu 三元合金部分相图

铸造铝硅合金中同时加入 Cu、Mg，形成 Al-Si-Cu-Mg 合金，由于铜含量（1.0%～2.0%）少，其耐蚀性和耐热性良好，线膨胀系数小，耐磨性好，广泛使用于内燃机发动机活塞等耐磨件。属于这类合金的代号主要有 ZL105、ZL105A、ZL106、ZL108、ZL111 等。在 Al-Si-Cu-Mg 合金基础上加入 Ni，形成 Al-Si-Cu-Mg-Ni 合金，它的高温强度高，弹性极限和硬度获得进一步提高，线膨胀系数小，耐磨性比 ZL108 好，是更好的铸造活塞合金。属于这类合金的代号主要有 ZL109。

（四）典型铸造铝硅合金的组织和铸造性能

工业上铝硅合金常用合金的代号主要有 ZL101、ZL102、ZL104、ZL105、ZL106、ZL107、ZL108、ZL109、ZL110、ZL111、ZL114A、ZL115、ZL116 等合金。

1．ZL101 合金

代号 ZL101 合金牌号为 ZAlSi7Mg，成分是 *w*(Si)为 6.5%～7.5%，*w*(Mg)为 0.25%～0.45%，余量为 Al。根据图 5-3（a）的三元相图，ZL101 合金平衡结晶过程为先结晶 α(Al)相，然后进行 L ⟶ α(Al) ＋ Si 共晶转变，凝固组织为 α(Al)+β(Si)。不平衡结晶时，Mg 不能完全进入 α(Al)中，液相中的镁含量不断增高，会发生 L ⟶ α(Al)+β(Si)+Mg_2Si 共晶反应，出现 Mg_2Si 相。图 5-5 是 ZL101 合金砂型铸造组织。铸态未变质组织由 α(Al)、β(Si)及晶界上少量分布的黑色 Mg_2Si 所组成，如图 5-5（a）所示，变质处理后针状共晶硅变为点状，如图 5-5（b）所示。ZL101 合金铸态变质处理后进行固溶处理，Mg_2Si 固溶于 α(Al)，时效后沉淀析出，从而提高了 ZL101 合金的力学性能。

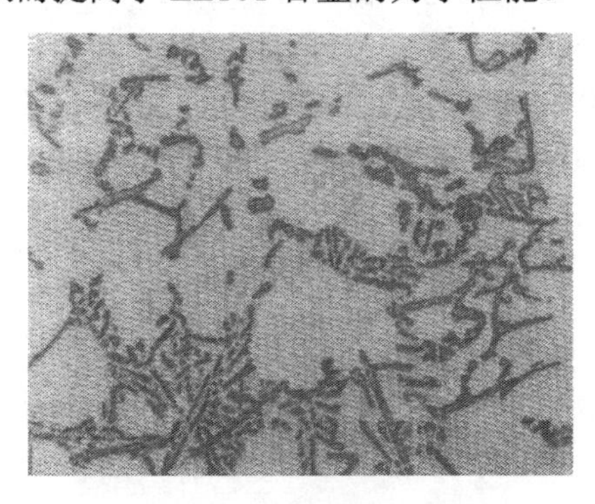

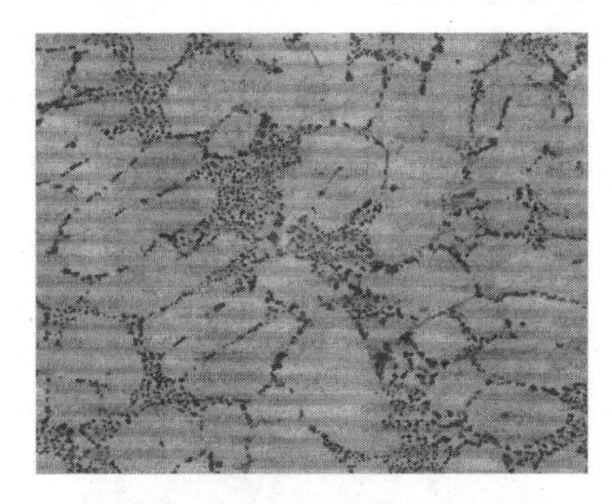

（a）未变质　　　　　　　　（b）变质处理

图 5-5　ZL101 合金砂型铸造铸态组织，200×

ZL101 合金铸造性能良好，气密性好，焊接和切割加工性能良好，但力学性能不高，适用于铸造薄壁、形状复杂、强度要求不高的零件，如各种泵的壳体、齿轮箱、仪器仪表、抽水机壳体及工作温度不超过 180℃的气化器。ZL101A 合金可用于形状复杂、强度和韧性要求高、组织致密的零件，如飞机结构件、汽车、摩托车轮毂等。ZL101 合金可采用砂型和金属型铸造。

2．ZL102 合金

代号 ZL102 合金牌号为 ZAlSi12，成分是 w(Si)为 10%～13%，余量为 Al。铸态组织由 α(Al)固溶体、二元共晶体 α(Al)+β(Si)及少量的初晶硅组成。铸造组织形貌和 ZA101 类似，变质处理后针状共晶硅变为点状，如图 2-27（a）和图 2-28（a）所示。由于 ZL102 合金硅含量接近于共晶成分，铸造性能优良，且组织中存在一定含量初生硅，耐磨性好。α(Al)和 β(Si)电极电位相差不大，表面生成了一层致密的 Al_2O_3 氧化膜，因此耐蚀性好。ZL102 合金在温度升高时无强化相溶解或偏聚，因此耐热性好。ZL102 合金由于固溶后时效过程中硅相的沉淀及积聚速度快，析出的硅质点相不形成共格或半共格的过渡相，因此热处理强化效果小，力学性能不高。ZL102 合金铸造时，流动性好，气密性优于 ZL101 合金，可用于铸造各种形状复杂、承载较小的薄壁零件或要求耐蚀、气密性高的零件，如仪表壳体等。ZL102 合金可采用砂型和金属型铸造。

3．ZL104 合金

代号 ZL104 合金牌号为 ZAlSi9Mg，成分是 w(Si)为 8.0%～10.5%，w(Mg)为 0.17%～0.35%，w(Mn)为 0.2%～0.5%，余量为 Al。图 5-6 是 ZL104 合金砂型铸造铸态组织。未变质组织由 α(Al)固溶体、α(Al)+β(Si)共晶组织、少量分布于晶界的黑色 Mg_2Si 相和黑色骨架状 AlFeMnSi 相组成，如图 5-6（a）所示。图 5-6（b）

是变质处理的金相组织，变质处理后针状共晶硅变为点状。由于ZL104合金硅含量较高并加入了锰，合金的力学性能得到了提高。锰除了固溶强化外，对于铁含量较高的合金，还能改变针状富铁相的形状，形成骨架状的AlFeMnSi相，改善塑性，减轻Fe的有害作用。

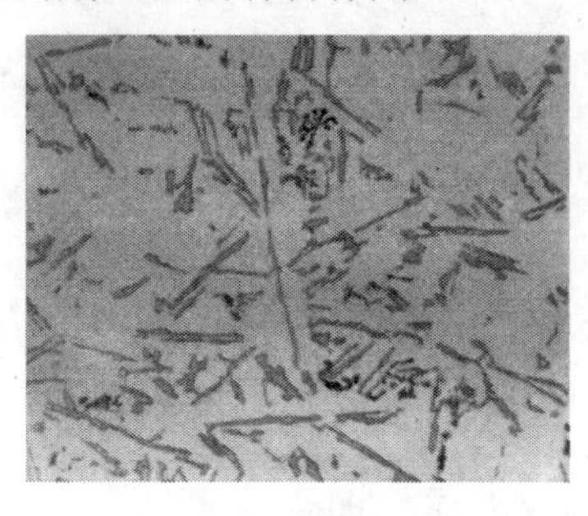

（a）未变质

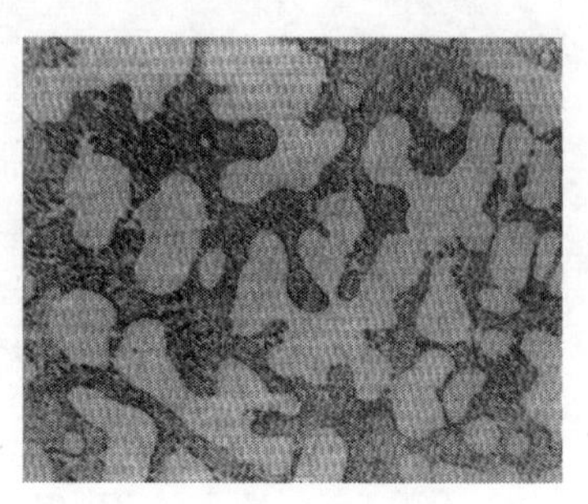

（b）变质处理

图5-6　ZL104合金砂型铸造铸态组织，200×

ZL104合金具有较好的铸造性能和良好的气密性、耐蚀性，焊接和切削加工性能较好，主要用于形状复杂、薄壁、耐蚀及承受高静载荷或冲击载荷的零件，如发动机机匣、气缸体、曲柄箱体等。ZL104合金可在180℃以下工作，可以采用压铸、砂型和金属型铸造。

4．ZL105合金

代号ZL105合金牌号为ZAlSi5Cu1Mg，成分是w(Si)为4.5%～5.5%，w(Cu)为1.0%～1.5%，w(Mg)为0.4%～0.6%，余量为Al。图5-7是ZL105合金砂型铸造组织。铸态组织由白色的α(Al)固溶体、α(Al)+β(Si)共晶组织、少量黑色的粒状Mg_2Si和$CuAl_2$组成，如图5-7（a）所示。T5处理后，$CuAl_2$、Mg_2Si溶入基体，共晶硅分布在晶界并变钝，如图5-7（b）所示，时效时析出$CuAl_2$、Mg_2Si相，起强化作用。

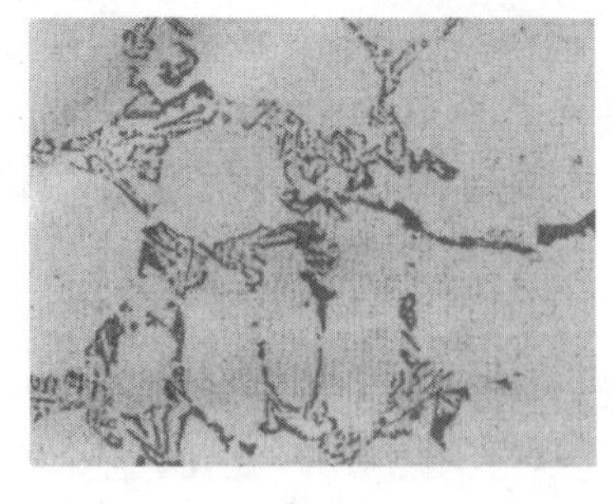

（a）铸态

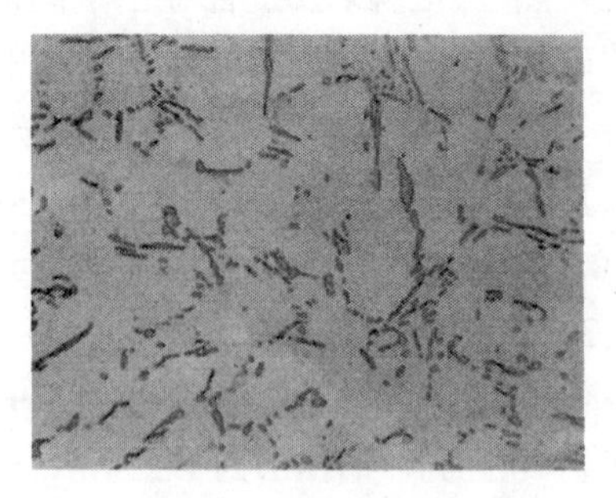

（b）T5处理

图5-7　ZL105合金砂型铸造组织，200×

ZL105 合金硅含量不高，不需要变质处理，且熔铸工艺简单，主要用于形状复杂，承受高静载荷或在较高温度下工作（250℃以下），要求焊补性能良好、气密性高的零件，如风冷发动机气缸头、油泵壳体、增压器外壳、导气弯管等。ZL105 合金可采用砂型、金属型、熔模铸造。

5．ZL106 合金

代号 ZL106 合金牌号为 ZAlSi8Cu1Mg，成分是 *w*(Si)为 7.5%～8.5%，*w*(Cu)为 1.0%～1.5%，*w*(Mg)为 0.3%～0.5%，*w*(Mn)为 0.3%～0.5%，*w*(Ti)为 0.1%～0.25%，余量为 Al。图 5-8 是 ZL106 合金砂型铸造组织。铸态组织由 α(Al)固溶体、α(Al)+β(Si)共晶和少量的灰色汉字状 $W(Al_xMg_5Cu_4Si_4)$相所组成，如图 5-8（a）所示。变质处理后，二元共晶 Si 相呈点状分布，如图 5-8（b）所示。ZA106 合金由于提高了硅含量，又加入微量的 Ti、Mn，提高了高温性能，耐蚀性较好，主要用于一般负荷的结构件及要求气密性较好和在较高温度下工作的零件，如各种泵体、水冷气缸头等。ZL106 合金主要采用砂型和金属型铸造。

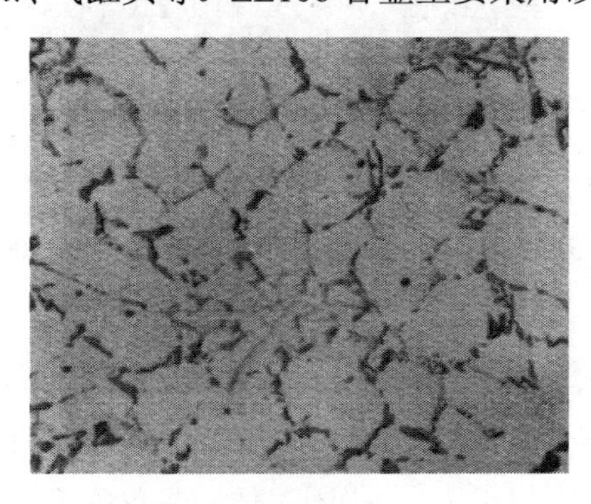
（a）铸态

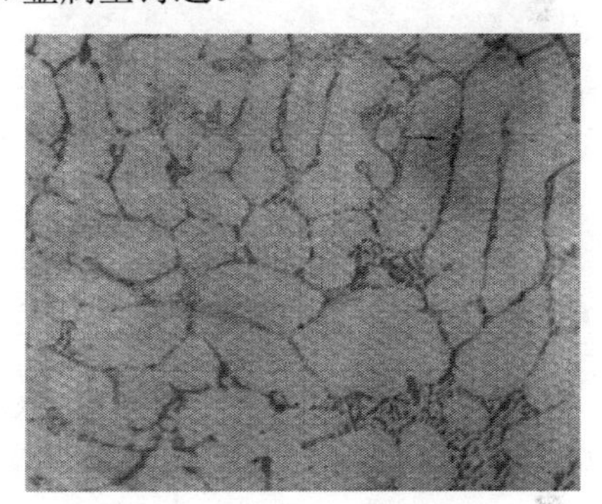
（b）铸态，变质处理

图 5-8　ZL106 合金砂型铸造组织，100×

6．ZL107 合金

代号 ZL107 合金牌号为 ZAlSi7Cu4，成分是 *w*(Si)为 6.5%～7.5%，*w*(Cu)为 3.5%～4.5%，余量为 Al。从图 5-4 可以看出，平衡结晶时首先析出 α(Al)相，然后发生 $L \longrightarrow \alpha(Al)+\beta(Si)$二元共晶反应，最后发生 $L \longrightarrow \alpha(Al)+\beta(Si)+CuAl_2$ 三元共晶反应。砂型铸造铸态组织由 α(Al)固溶体、α(Al)+β(Si)二元共晶、$\alpha(Al)+\beta(Si)+CuAl_2$ 三元共晶所组成，如图 5-9 所示。ZL107 合金由于提高了 Cu 含量，从而提高了合金的高温性能，但耐蚀性下降，主要用于一般负荷的结构件及要求气密性较好和在工作温度为 250℃以下的零件，以及形状复杂，壁厚不匀的受力件，如气化器、电气设备外壳、机架等。ZL107 合金主要采用压铸和砂型铸造。

7．ZL108 合金

代号 ZL108 合金牌号为 ZAlSi12Cu2Mg1，成分是 *w*(Si)为 11.0%～13.0%，*w*(Cu)为 1.0%～2.0%，*w*(Mg)为 0.4%～1.0%，*w*(Mn)为 0.3%～0.9%，余量为 Al。金属型铸造铸态组织为 α(Al)+[α(Al)+β(Si)]共晶+少量黑色的 $CuAl_2$、Mg_2Si，如图 5-10 所示，热处理后 $CuAl_2$、Mg_2Si 析出强化。ZL108 合金由于提高了 Si 含量，又加入了 Cu、Mn、Mg，使合金的铸造性能优良，并且具有线膨胀系数小、耐磨性好、强度高和较好的耐热性能，但抗蚀性略低，适合制造内燃机发动机活塞及要求热胀系数小、强度高、耐磨性好的零件。ZL108 合金主要采用压铸和金属型铸造，也可采用砂型铸造。

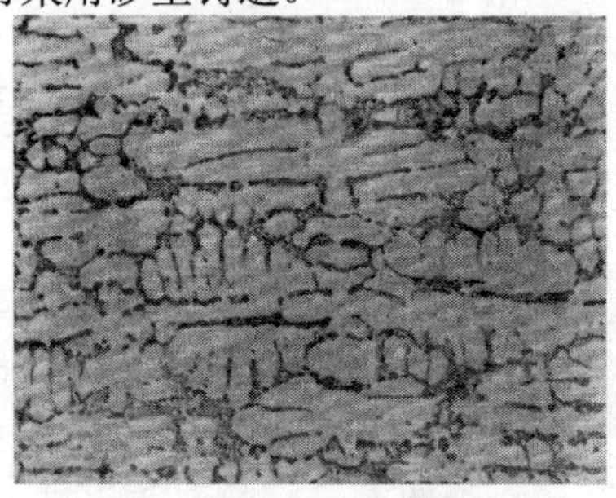

图 5-9　ZL107 合金砂型铸造铸态组织，200×

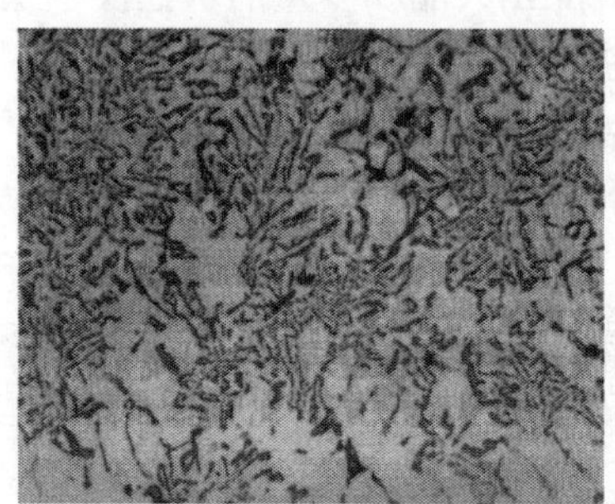

图 5-10　ZL108 合金金属型铸造铸态组织，200×

8．ZL109 合金

代号 ZL109 合金牌号为 ZAlSi12Cu1Mg1Ni1，成分是 *w*(Si)为 11.0%～13.0%，*w*(Cu)为 0.5%～1.5%，*w*(Mg)为 0.8%～1.3%，*w*(Ni)为 0.8%～1.5%，余量为 Al。图 5-11 是 ZL109 合金金属型铸造组织。铸态组织为 α(Al)固溶体、深灰色的针片状 α(Al)+β(Si)共晶和少量的黑色骨骼状 Mg_2Si、黑色块状 $NiAl_3$ 及浅灰色骨骼状 AlFeMgSiNi，如图 5-11（a）所示。T6 处理后使共晶 Si 成为短片状，其他相变小变钝，如图 5-11（b）所示。ZL109 合金由于 Si 含量较高，还加入了 Cu、Mg、

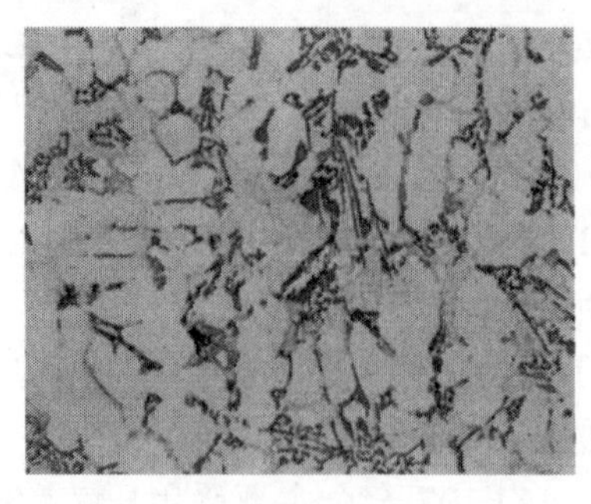

（a）铸态

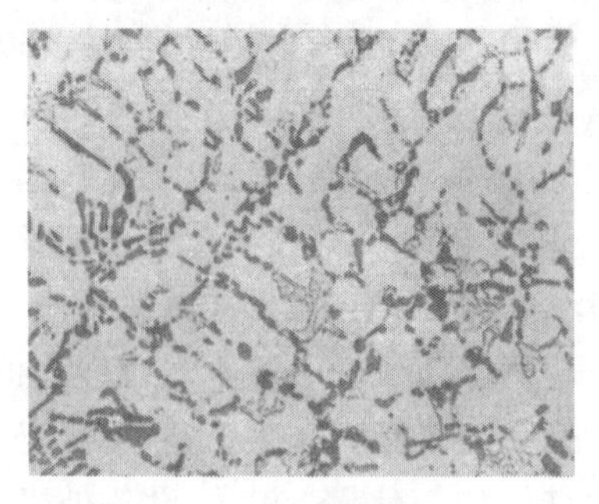

（b）T6 处理

图 5-11　ZL109 合金金属型铸造组织，200×

Ni，使合金的高温强度更好，用途与 ZL108 合金一样，但价格提高，只用于重要的内燃机活塞。ZL109 合金主要采用金属型和砂型铸造。

9．ZL110 合金

代号 ZL110 合金牌号为 ZAlSi5Cu6Mg，成分是 w(Si)为 4.0%～6.0%，w(Cu)为 5.0%～8.0%，w(Mg)为 0.2%～0.5%，余量为 Al。图 5-12 是 ZL110 铸造合金的组织。砂型铸造铸态组织为 α(Al)固溶体及固溶体枝晶间的二元共晶 α(Al)、灰色片状 β(Si)和浅灰色花纹状 Al_2Cu 相、黑色针状的 $Al_9Fe_2Si_2$ 相，如图 5-12（a）所示。金属型铸造铸态组织主要由 α(Al)、[α(Al)+β(Si)]和浅灰色 $CuAl_2$ 组成，如图 5-12（b）所示。固溶淬火后 $CuAl_2$ 和 $Al_5Cu_2Mg_2Si$ 相可完全固溶于 α(Al)中，时效时弥散析出，提高合金的强度和硬度。ZL110 合金的流动性和气密性良好，熔炼工艺简单，不需要变质处理。与 ZL108 合金、ZL109 合金相比，其线膨胀系数高、密度大、耐磨性低，但切削性能良好。由于合金 Cu 含量较高，ZL110 合金具有较高的高温强度，但铸造过程易产生缩松，有产生热裂的倾向，可用来制造内燃机发动机活塞和其他高温下工作的零件。ZL110 合金主要采用金属型铸造和砂型铸造。

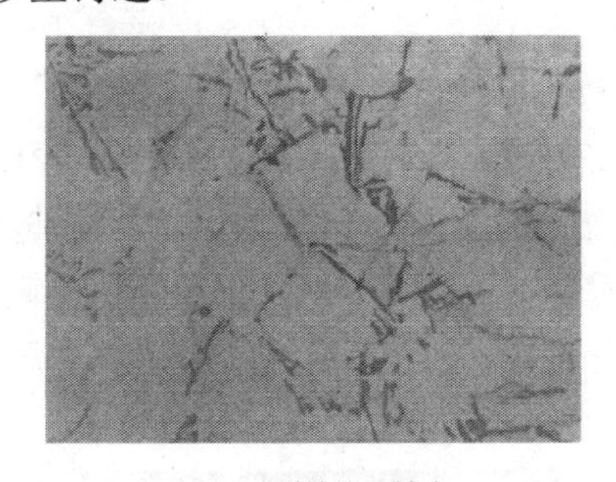

（a）砂型铸造，铸态

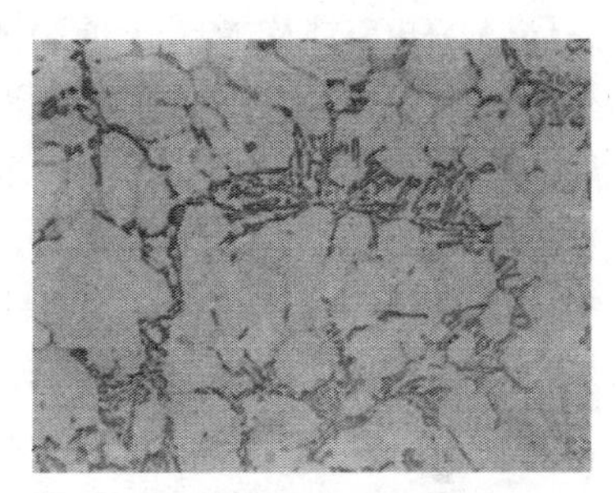

（b）金属型铸造，铸态

图 5-12　ZL110 铸造合金的组织，200×

10．ZL111 合金

代号 ZL111 合金牌号为 ZAlSi9Cu2Mg，成分是 w(Si)为 8.0%～10.0%，w(Cu)为 1.3%～1.8%，w(Mg)为 0.4%～0.6%，w(Mn)为 0.1%～0.35%，w(Ti)为 0.1%～0.35%，余量为 Al。图 5-13 是 ZL111 合金砂型铸造组织。铸态组织由 α(Al)固溶体、深灰色的共晶硅 β(Si)、黑色的 Mg_2Si、浅灰色骨骼状的 $Al_8FeMg_3Si_4$ 相组成，如图 5-13（a）所示。由于共晶组织比例大，呈针状，需要变质处理，变质处理及 T6 处理后析出深黑色的 Mg_2Si 可起到析出强化的作用，如图 5-13（b）所示。ZL111 合金由于 Si 含量较高，又加入 Cu、Mg，合金的铸造性能优良，高温性能较好，适合制造形状复杂、承受高载荷的零件及在高压气体或液体下长期工作的大型铸件，如转子发动机缸体、水泵叶轮、大型壳体等。ZL111 合金主要采用金属型和砂型铸造。

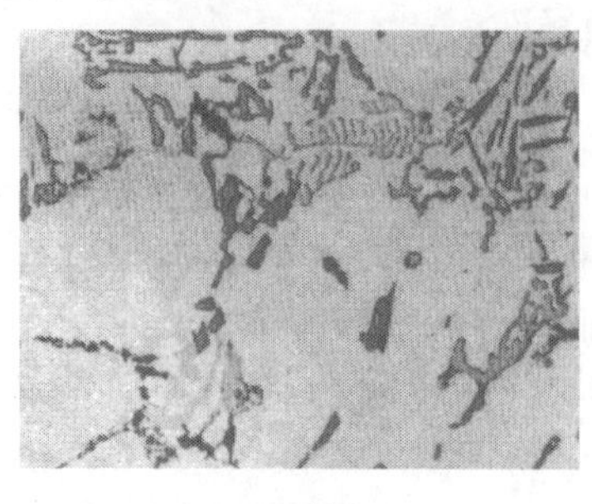

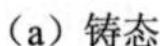

（a）铸态

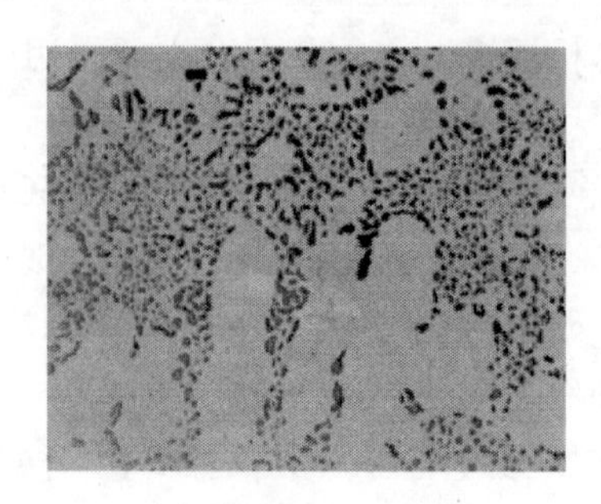

（b）变质处理，T6 处理

图 5-13　ZL111 合金砂型铸造组织，200×

11．ZL114A 合金

代号 ZL114A 合金牌号为 ZAlSi7Mg1A，成分是 w(Si)为 6.5%～7.5%，w(Mg)为 0.45%～0.75%，w(Ti)为 0.1%～0.2%，w(Be)为 0～0.07%，余量为 Al。图 5-14 是 ZL114A 铸造合金的组织。砂型铸造未变质处理的铸态组织由 α(Al)固溶体、二元共晶[α(Al)+β(Si)]及 Mg_2Si 所组成，共晶 β(Si)呈针状，如图 5-14（a）所示。金属型铸造未变质及 T5 处理后组织为 α(Al)固溶体、呈粒状和针片状分布 Si 相与部分深黑色的 Mg_2Si 析出相，如图 5-14（b）所示。由于 ZL114A 合金是在 ZL114 合金基础上，降低了合金中的杂质含量，并加入 Ti、Be，细化了组织，使其具有较高的铸造性能和力学性能，气密性较好，适合制造高强度形状复杂的优质铸件，多用于航空航天工业的飞机结构件及导弹零部件。ZL114A 合金主要采用金属型、砂型、低压和石膏型铸造。

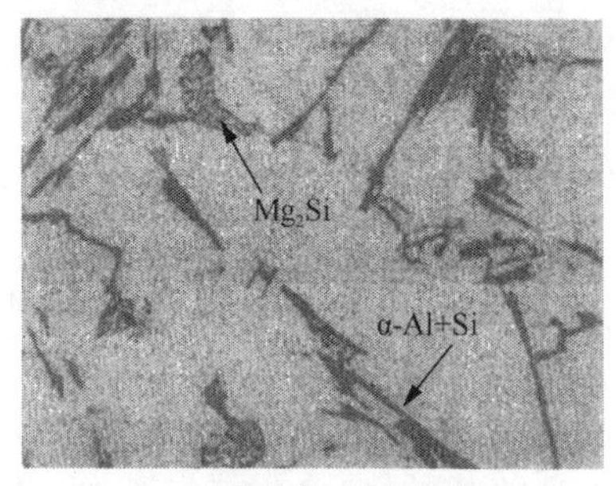

（a）砂型铸造、铸态未变质

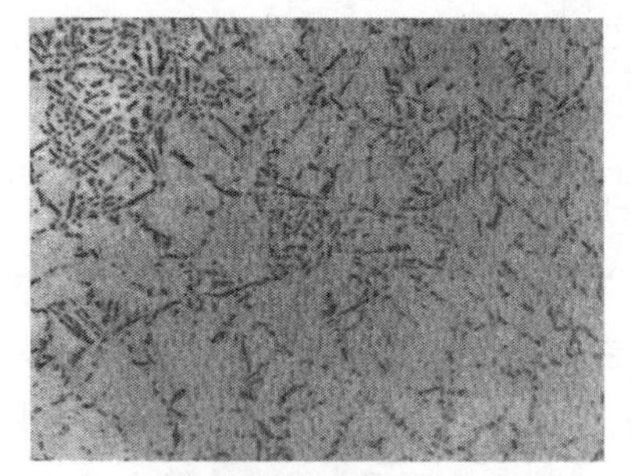

（b）金属型铸造未变质，T5处理

图 5-14　ZL114A 铸造合金的组织，200×

12．ZL115 合金

代号 ZL115 合金牌号为 ZAlSi5Zn1Mg，成分是 w(Si)为 4.8%～6.2%，w(Mg)为 0.40%～0.65%，w(Zn)为 1.2%～1.8%，w(Sb)为 0.10%～0.25%，余量为 Al。铸

态组织由 α(Al)固溶体、[α(Al)+β(Si)]共晶和 Mg_2Si 组成，热处理状态组织由 α(Al)+β(Si)+Mg_2Si 组成。由于 ZL115 合金加入了 Sb，细化了铸态组织，具有较高的铸造性能和力学性能，适合制造强度较高的耐海水腐蚀的零件，如潜水泵壳体、叶轮等。ZL115 合金主要采用金属型和砂型铸造。

13．ZL116 合金

代号 ZL116 合金牌号为 ZAlSi8MgBe，成分是 w(Si)为 6.5%～8.5%，w(Mg)为 0.35%～0.55%，w(Ti)为 0.1%～0.3%，w(Be)为 0.15%～0.40%，余量为 Al。图 5-15 是 ZL116 合金砂型铸造组织。T5 处理后的组织由 α(Al)固溶体、二元共晶 α(Al)+β(Si)及 Mg_2Si、Al_3Ti 组成，如图 5-15（a）所示。Sr 变质处理及 T5 处理后的组织由 α(Al)、点状共晶硅 β(Si)及未溶的黑色 BeFe 组成，如图 5-15（b）所示。由于加入 Be 可在合金液表面形成致密的氧化物，减少了合金液中 Mg 的烧损。为减小 Be 含量过高时，合金有晶粒长大的倾向，可加入 Ti，细化合金的铸态组织，使其具有较高的铸造性能和力学性能。适合制造承受较大载荷的动力构件，如波导管、高压阀门、飞机挂架和高速转子、叶片等零件。ZL116 合金主要采用金属型和砂型铸造。

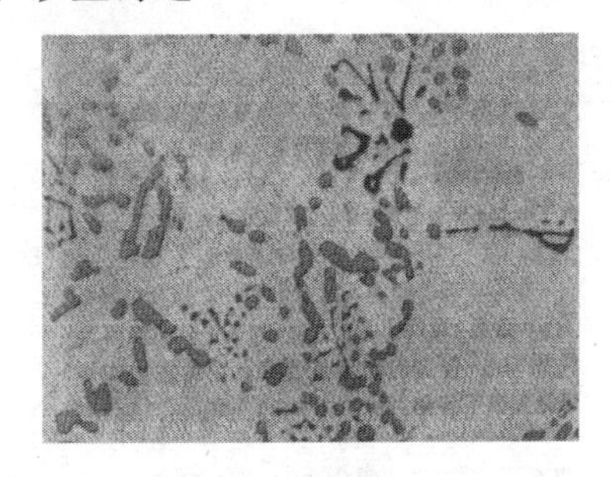

（a）T5 处理

（b）Sr 变质，T5 处理

图 5-15 ZL116 合金砂型铸造组织，200×

二、铸造铝铜合金

（一）铸造铝铜合金的化学成分及牌号

铸造铝铜合金中铜的质量分数为 3%～11%，根据铸造铝铜合金力学性能和使用性能的需要，可加入其他合金元素。和铸造铝硅类合金相比，铸造铝铜类合金的优点是室温和高温力学性能较高，切削加工性能好，熔铸工艺简单等；缺点是铸造性能较差，富铜相和 α(Al)电极电位相差大，因此耐蚀性能差，密度较大。铸造铝铜合金主要用于承受载荷较大的结构件和耐热件。表 5-3 是国家标准《铸造铝合金》（GB/T 1173—2013）规定的铸造铝铜合金的牌号及化学成分。表 5-4 是标准规定的铸造铝铜合金的力学性能。

表 5-3　铸造铝铜合金的牌号及化学成分

合金牌号	合金代号	化学成分（质量分数）/%						
		w(Si)	w(Cu)	w(Mg)	w(RE)	w(Mn)	其他	w(Al)
ZAlCu5Mn	ZL201	≤0.3	4.5～5.3	≤0.05	—	0.6～1.0	w(Ti)为 0.15～0.35	余量
ZAlCu5MnA	ZL201A	≤0.1	4.5～5.3	≤0.05	—	0.6～1.0	w(Ti)为 0.15～0.35	余量
ZAlCu10	ZL202	≤1.2	9.0～11.0	≤0.3	—	—	—	余量
ZAlCu4	ZL203	≤1.2	4.0～5.0	≤0.05	—	—	—	余量
ZAlCu5MnCdA	ZL204A	≤0.06	4.6～5.3	≤0.05	—	0.6～0.9	w(Ti)为 0.15～0.35，w(Cd)为 0.15～0.25	余量
ZAlCu5MnCdVA	ZL205A	≤0.06	4.6～5.3	≤0.05	—	0.3～0.5	w(Ti)为 0.15～0.35，w(Cd)为 0.15～0.25，w(V)为 0.05～0.30，w(Zr)为 0.05～0.20，w(B)为 0.005～0.06	余量
ZAlRE5Cu3Si2	ZL207	1.6～2.0	3.0～3.4	0.15～0.25	4.4～5.0	0.9～1.2	w(Ni)为 0.2～0.3，w(Zr)为 0.15～0.20	余量

表 5-4　铸造铝铜合金的力学性能

合金牌号	合金代号	铸造方法	合金状态	R_m/MPa≥	A/%≥	HBW≥
ZAlCu5Mn	ZL201	S、R、J、K	T4	295	8	70
		S、R、J、K	T5	335	4	80
		S	T7	315	2	80
ZAlCu5MnA	ZL201A	S、R、J、K	T5	390	8	100
ZAlCu10	ZL202	S、J	F	104	—	50
		S、J	T6	163	—	100
ZAlCu4	ZL203A	S、R、K	T4	195	6	60
		J	T4	205	6	60
		S、R、K	T5	215	3	70
		J	T5	225	3	70
ZAlCu5MnCdA	ZL204A	S	T5	440	4	100
ZAlCu5MnCdVA	ZL205A	S	T5	440	7	100
		S	T6	470	3	120
		S	T7	460	2	110
ZAlRE5Cu3Si2	ZL207	S	T1	165	—	75
		J	T1	175	—	75

（二）铜对铸造铝铜合金组织和性能的影响

图 5-16 是铝铜二元相图。铜在 α(Al)中固溶度随温度的下降而降低，在共晶

温度为 548℃时，固溶量最大约为 5.7%，到室温时降至 0.05%。室温组织为 α(Al)+θ(Al_2Cu)相。由于铜在铝中扩散系数较小，铸件快冷时会形成 α(Al)过饱和固溶体，时效处理时组织会析出存在强化相 θ(Al_2Cu)，可热处理强化。

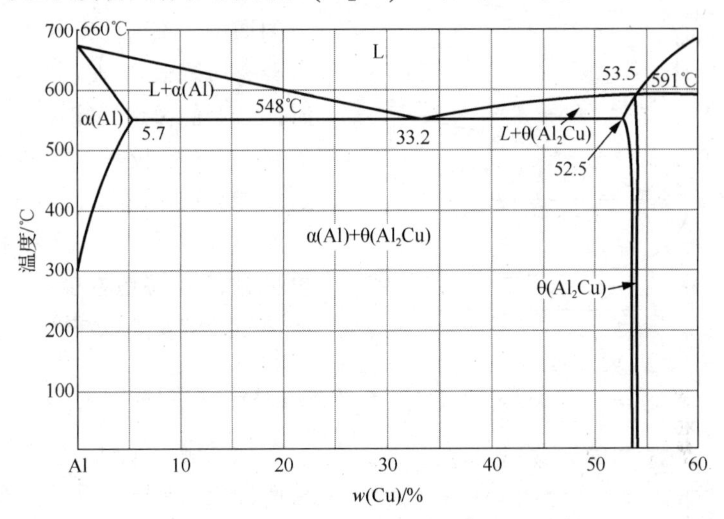

图 5-16　铝铜二元相图

图 5-17 是 Cu 含量对铝铜二元合金力学性能的影响。铝铜合金强度随铜含量的增加而增加，但塑性降低，Cu 含量为 5%～6%时，强度最高，最高强度与相图最大的固溶度对应。T6 状态与 T4 状态相比，强度提高，说明铸造铝铜合金具有时效热处理强化作用，当铜含量过高时。由于组织中存在较多的 θ($CuAl_2$)相，热处理后的合金组织中会存在粗大的 θ($CuAl_2$)相，造成力学性能降低。

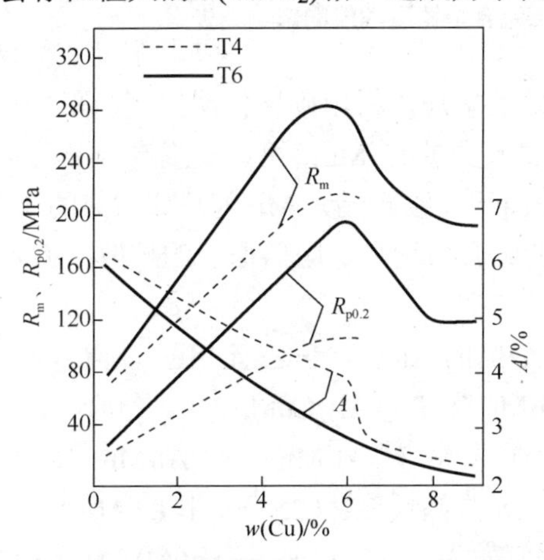

图 5-17　Cu 含量对铝铜二元合金力学性能的影响

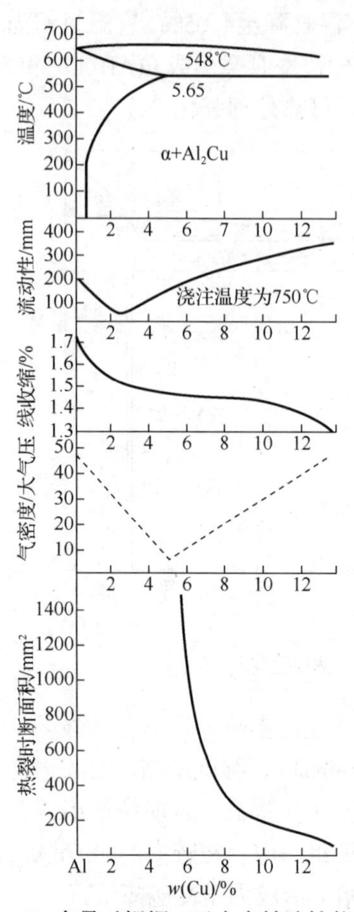

图 5-18　Cu 含量对铝铜二元合金铸造性能的影响

图 5-18 是 Cu 含量对铝铜二元合金铸造性能的影响。*w*(Cu)为 2.0%～3.0%时，合金的流动性最低，随铜含量的增加，流动性得到改善，线收缩率会有所降低。*w*(Cu)为 4.0%～6.0%时，合金的铸造性能较差，容易产生热裂，气密性较差，增加铜含量，铸造性能会有所改善。结合图 5-17 和图 5-18 可以看出，铸造铝铜合金室温机械性能和铸造性能存在较大的矛盾，生产中要加以注意。

（三）铸造铝铜合金的合金化

从铝铜二元相图可以看出，铝铜铸造合金的凝固温度范围宽，铸造过程容易产生铸造裂纹，收缩产生的气孔较多。为了提高铝铜二元合金的综合性能，可加入 Mg、Ti、Mn、Si 等合金元素。在铝铜合金中添加 1%左右的 Si，可使晶粒得到细化，减少铸造裂纹；加入 *w*(Mg)为 0.15%～0.3%，能使合金产生明显的析出硬化效应，使其强度获得显著提高，韧性和耐热性能较好，随着镁含量的增加，析出硬化作用提高，阳极氧化性能得到改善，但铸造性能有所下降；加入少量的 Mn，可显著提高合金的室温及高温强度，铸造性能也得到改善，这是由于过渡族元素 Mn 能形成耐热的 T 相($Cu_2Mn_3Al_{20}$)并溶入 α 固溶体，使原子间的结合力增加，阻碍原子的扩散；加入少量的 Ti，能细化铸态组织，改善力学性能。

图 5-19 是靠铝成分侧的 Al-Cu-Mn 三元相图。Al-Cu-Mn 合金中主要有 α(Al)、θ($CuAl_2$)、Al_6Mn、Al_4Mn 和 T_{Mn}($Al_{12}CuMn_2$)相。结合 Al-Cu-Mn 三元相图分析，图 5-19（a）中的 710℃发生 $L+Al_4Mn \longrightarrow Al_6Mn$ 二元包晶反应；658℃发生 $L \longrightarrow \alpha(Al)+Al_6Mn$ 二元共晶反应；625℃发生 $L+Al_4Mn \longrightarrow Al_6Mn+Al_{12}CuMn_2$ 三元包共晶反应；616℃发生 $L+Al_6Mn \longrightarrow \alpha(Al)+Al_{12}CuMn_2$ 三元包共晶反应；548℃发生 $L \longrightarrow \alpha(Al)+\theta(CuAl_2)$ 二元共晶反应；547.5℃发生 $L \longrightarrow \alpha(Al)+CuAl_2+Al_{12}CuMn_2$ 三元共晶反应。

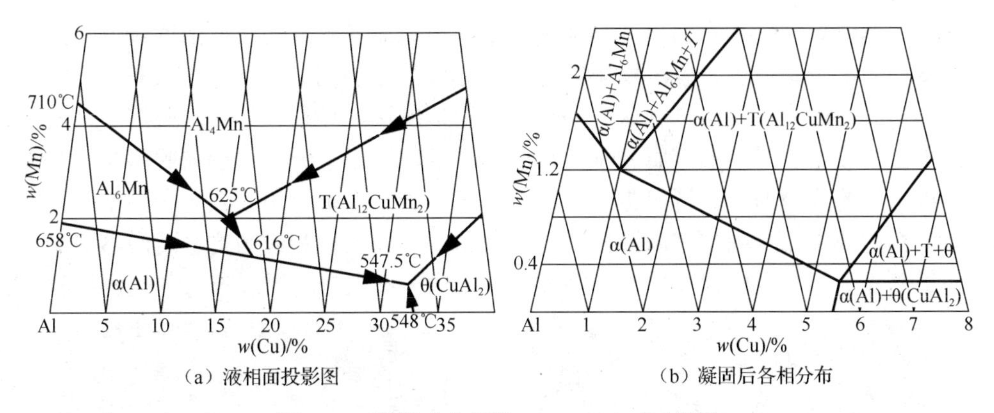

（a）液相面投影图　（b）凝固后各相分布

图 5-19　靠铝成分侧的 Al-Cu-Mn 三元相图

（四）典型铸造铝铜合金组织和性能

工业上铸造铝铜合金常用的合金代号主要有 ZL201、ZL201A、ZL203、ZL204A、ZL205A、ZL207 等。

1．ZL201/ ZL201A 合金

代号 ZL201 合金牌号为 ZAlCu5Mn，成分是 *w*(Cu)为 4.5%～5.3%，*w*(Mn)为 0.6%～1.0%，*w*(Ti)为 0.15%～0.35%，余量为 Al。由图 5-19（a）看出，ZL201 合金平衡结晶过程为先结晶出 α(Al)，然后进行 L ⟶ α(Al)+Al_6Mn 共晶反应，最后发生 L+Al_6Mn ⟶ α(Al)+$T(Al_{12}CuMn_2)$包晶反应，凝固组织为 α(Al)+$T(Al_{12}Mn_2Cu)$；不平衡结晶时，Cu 不能完全溶入 α(Al)中，在包晶反应以后，仍有液相存在，液相中 Cu 含量很高，发生 L ⟶ α(Al)+Al_2Cu+$T(Al_{12}CuMn_2)$三元共晶反应。图 5-20 是 ZL201 铸造合金的组织。砂型铸造铸态组织由 α(Al)固溶体、α(Al)+$θ(Al_2Cu)$+$T(Al_{12}Mn_2Cu)$共晶组织所组成，如图 5-20（a）所示。$θ(Al_2Cu)$呈白色花纹状，T 相呈黑色片状和枝杈状。砂型铸造 T4 处理后，铸态组织中的$θ(Al_2Cu)$相溶入 α(Al)，自然时效时 α(Al)中析出细小弥散分布的二次 T 相，初生的 T 相存在于枝晶间呈枝杈状或片状，如图 5-20（b）所示。金属型铸造铸态组织和砂型铸造铸态组织一致，如图 5-20（c）所示，金属型铸造 T5 处理后的组织为弥散分布在 α(Al)上的 T 相和晶间分布初析 T 相，如图 5-20（d）所示。组织中弥散分布的耐热二次 T 相质点强化了合金，使合金具有较高的室温和高温强度，位于晶界初析 T 相能阻止高温下晶界滑移，有利于改善高温性能。

从图 5-20（b）和（d）的金相组织可以看出，铸造铝铜合金固溶处理的组织中，晶界出现空白带，空白带内二次 T 相几乎没有析出，称为无脱溶带或无析出带。晶界无析出带的形成机制，主要有贫空位脱溶机制和贫溶质脱溶两种机制。贫空位脱溶机制认为合金在固溶后快速冷却获得的过饱和空位不稳定，在时效过程中，空位容易迁移到晶界及其他缺陷处，造成晶界附近的空位浓度降低，空位浓度低于某一阈值时，脱溶物不能形核，无脱溶相的沉淀，从而导致晶界无析出带的形成。贫溶质脱溶机制认为晶界处脱溶速度快，导致较早析出脱溶相，脱溶相析出时吸收了附近的溶质原子，使晶界区的溶质原子无法再形成脱溶相，从而在析出物的周围形成无析出带。因此，如果晶界上有析出相或未完全固溶相，便会在析出或未完全固溶相周围出现无析出带，主要的机制应为贫溶质脱溶机制；如果晶界上没有析出相或未完全固溶相，形成无析出带的原因应为贫空位机制。

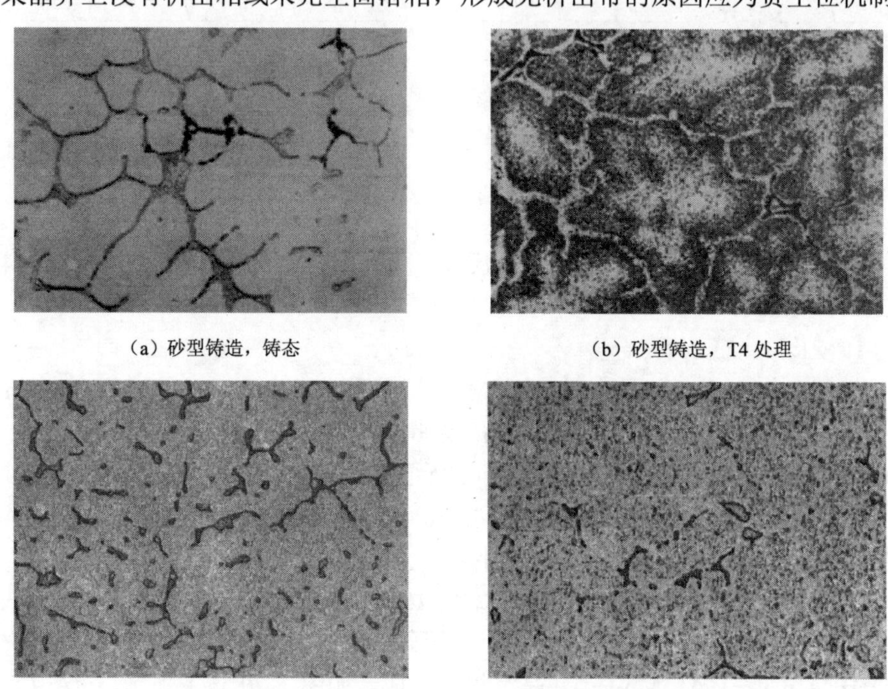

（a）砂型铸造，铸态　　（b）砂型铸造，T4 处理

（c）金属型铸造，铸态　　（d）金属型铸造，T5 处理

图 5-20　ZL201 铸造合金的组织，200×

ZL201 合金具有较好的室温和高温机械性能，焊接和切削加工性能一般，铸造性能较差，有热裂倾向，抗蚀性较差，适合铸造较高温度（200～300℃）下工作的结构件或常温下承受较大动载荷或静载荷的零件，以及在低温（−70℃左右）工作的零件。ZL201A 合金大大降低了杂质 Fe、Si 的含量，比 ZL201 合金有更高的室温和高温机械性能。其切削加工和焊接性能好，可用于 300℃下工作的零件或在常温下承受较大动载荷或静载荷的零件，如内燃机叶轮、支臂、横梁等。ZL201/ZL201A 合金多采用砂型铸造。

2．ZL203 合金

代号 ZL203 合金牌号为 ZAlCu4，成分是 w(Cu)为 4.0%～5.0%，余量为 Al。铸造过程是非平衡凝固，会出现共晶组织，因此 ZAlCu4 铸态未热处理的组织由 α(Al)固溶体及固溶体枝晶间分布的 α(Al)+θ(Al_2Cu)+N(Al_7Mn_2Fe)共晶组织组成，如图 5-21 所示。θ(Al_2Cu)呈白色花纹状，N 相呈针状。

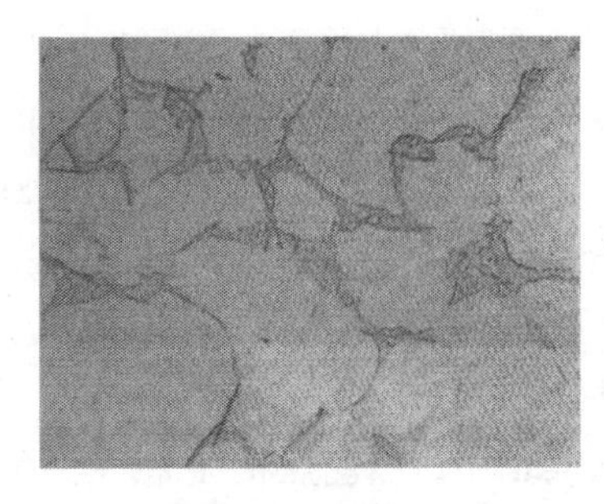

图 5-21　ZL203 合金砂型铸造未热处理组织

ZL203 合金流动性稍差，热裂倾向较大，抗蚀性也较差，但有较好的高温强度和焊接及切削加工性能。适合在 250℃以下承受载荷不大的零件以及常温下有较大载荷的零件，如仪表零件、曲轴箱体等。ZL203 合金多采用砂型铸造和低压铸造。

3．ZL204A 合金

代号 ZL204A 合金牌号为 ZAlCu5MnCdA，主要化学成分是 w(Cu)为 4.6%～5.3%，w(Mn)为 0.6%～0.9%，w(Ti)为 0.15%～0.35%，w(Cd)为 0.15%～0.25%，余量为 Al。ZL204A 合金是在 ZL201 基础上加 Cd 而成。图 5-22 是 ZL204A 合金砂型铸造组织。铸态组织由 α(Al)、θ(Al_2Cu)、黑色的 T 相($Al_{12}Mn_2Cu$)及基体上分布的白色条块状的 Al_3Ti 所组成，组织如图 5-22（a）所示。T5 处理后，θ(Al2Cu)相和 Cd 溶入 α(Al)，固溶体中析出弥散分布的二次 T 相，初生 T($Al_{12}Mn_2Cu$)变化不大，组织中存在无析出带。ZL204A 合金为高纯度、高强度铸造铝铜合金，有较好的塑性和焊接及切削加工性能，但铸造性能较差，适合铸造较大载荷的结构件，如支承座、支臂等零件。ZL204A 合金多采用砂型铸造和低压铸造。

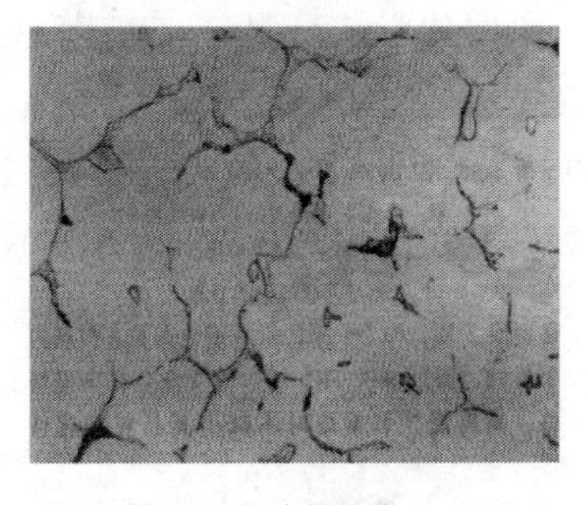

（a）未热处理

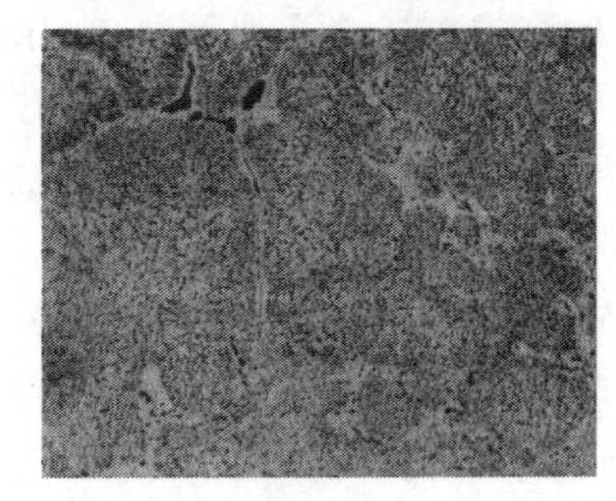

（b）T5 处理

图 5-22　ZL204A 合金砂型铸造组织，200×

4．ZL205A

代号 ZL205A 合金牌号为 ZAlCu5MnCdVA，主要化学成分是 w(Cu)为 4.6%～

5.3%，w(Mn)为 0.3%～0.5%，w(Ti)为 0.15%～0.35%，w(Cd)为 0.15%～0.25%，w(V)为 0.05%～0.30%，w(Zr)为 0.05%～0.20%，w(B)为 0.005%～0.06%，余量为 Al。图 5-23 是 ZL205A 合金铸造组织。砂型铸造未热处理的组织由 α(Al)、灰黑色的 α(Al)+θ(Al_2Cu)+Cd 三元共晶及黑色的 T 相（$Al_{12}Mn_2Cu$）、白色块状 Al_3Ti、灰色的块状 Al_3Zr 及少量的 Al_3V、TiB_2 组成，组织如图 5-23（a）所示。固溶处理后 θ(Al_2Cu)相和 Cd 溶入 α(Al)，有部分 T 相未固溶。T6 处理后析出大量细小的 θ(Al_2Cu)相、黑色点状 T 相及黑色葡萄状 TiB_2 相，如图 5-23（b）所示。这些化合物相起到弥散强化的作用，使 ZL205A 合金成为强度最高的铸造铝合金，有较好的塑性和抗蚀性，切削加工和焊接性能优良，但铸造性能较差。适合铸造承受大载荷的结构件及一些气密性要求不高的零件，如拉杆支臂等。ZL205A 合金主要采用砂型、低压铸造，也可用金属型铸造。ZL205A 合金 T6 处理后组织晶界出现较多的无析出区，如图 5-23（c）所示。

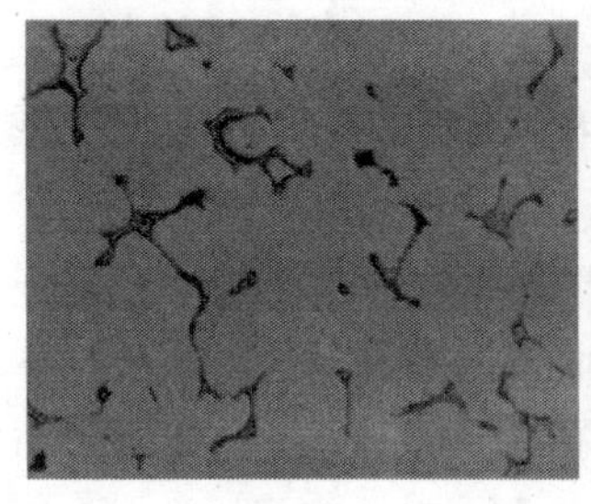

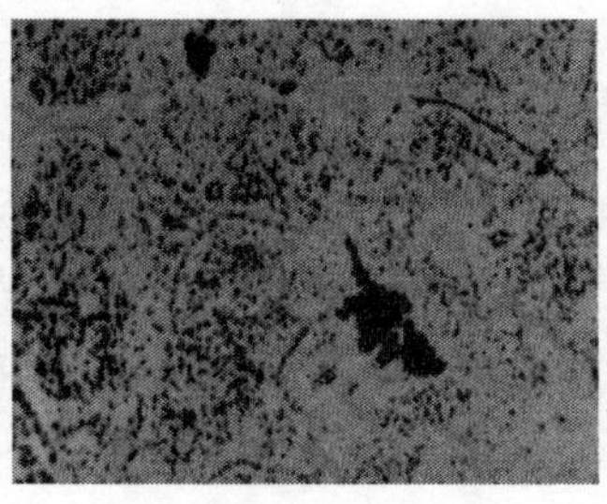

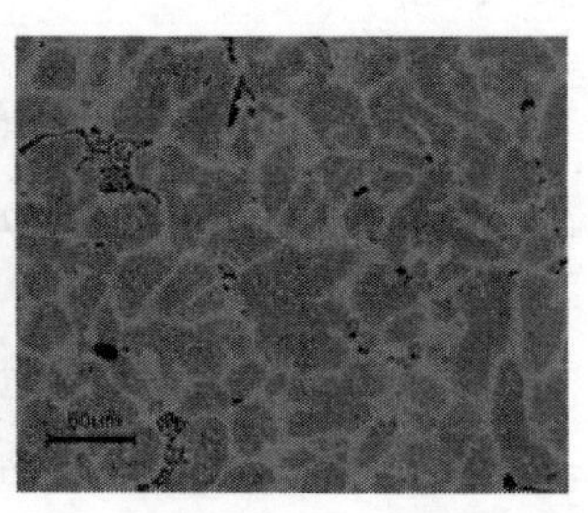

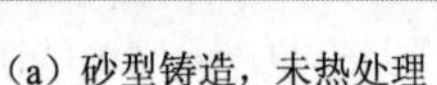

（a）砂型铸造，未热处理　　（b）砂型铸造，T6 处理　　（c）金属型铸造，T6 处理

图 5-23　ZL205A 合金铸造组织，200×

5．ZL207 合金

代号 ZL207 合金牌号为 ZAlRE5Cu3Si2，主要化学成分是 w(Cu)为 3.0%～3.4%，w(Si)为 1.6%～2.0%，w(Mn)为 0.9%～1.2%，w(Mg)为 0.15%～0.25%，w(Ni)为 0.2%～0.3%，w(Zr)为 0.15%～0.20%，w(RE)为 4.4%～5.0%，余量为 Al。ZL207 合金金属型铸造 T1 处理后的组织为 α(Al)+细针片状的含有 Ce、Cu、Si、Ni、Fe 的复杂化合物，组织如图 5-24（a）所示，有时可以看到骨骼状的 NiFeMnSi 相和黑色的六方状的 Al_4Ce 相，如图 5-24（b）所示。合金中稀土的主要作用是与其他元素形成复杂化合物，以网状分布在晶界上，提高合金的热强性。ZL207 合金有很高的高温强度，但铸造及焊接性能和切削加工性能一般，室温强度不高。适合制造在温度 400℃下工作的结构件，如飞机发动机上的活门壳体、炼油行业中的一些耐热构件等。ZL207 合金多采用砂型铸造和低压铸造。

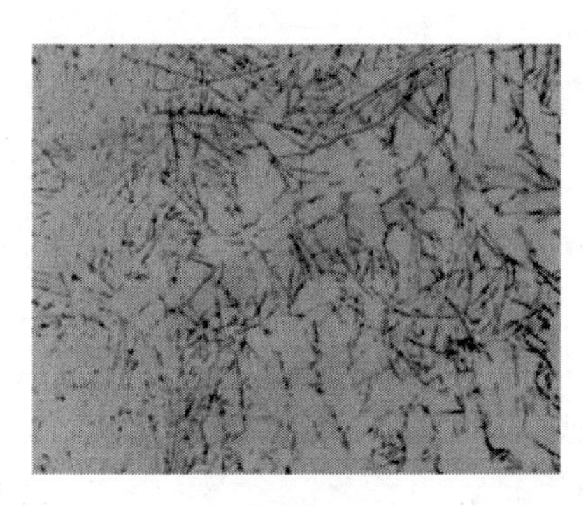
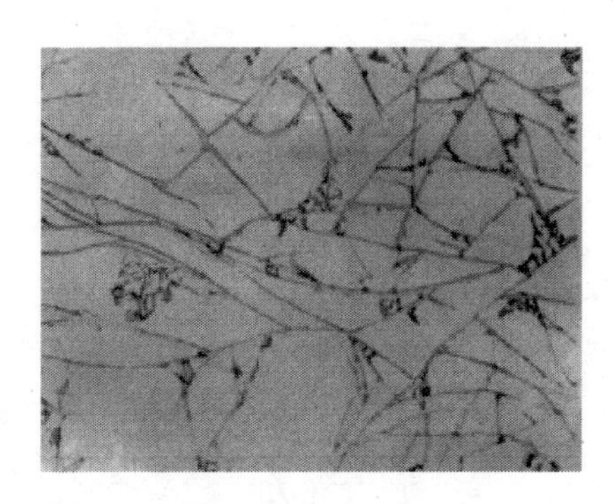

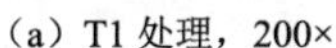
（a）T1 处理，200×　　（b）T1 处理，400×

图 5-24　ZL207 金属型铸造 T1 处理的组织

三、铸造铝镁合金

铸造铝镁合金有很好的室温机械性能和抗蚀性，密度小、切削性能良好，常用于耐蚀合金。铝-镁二元相图如图 5-25 所示。铝镁合金相图上有四个中间化合物相：面心立方结构的 β(Mg_3Al_2)相、体心立方结构的 γ($Mg_{17}Al_{12}$)相、菱面体的 ε($Mg_{30}Al_{23}$)相和 ζ($Mg_{52}Al_{48}$)相。镁在铝中有很大的固溶度，且随温度的下降，固溶度急剧减小，在共晶温度为 450℃时，固溶度达到最大值 15.9%，室温时固溶度为 1%。镁含量超过 15.9%时，合金组织中会出现 α(Al)+β(Mg_3Al_2)共晶，而在实际铸造过程中，由于发生不平衡凝固，镁含量大于 5%时，组织中会出现 α(Al)+β(Mg_3Al_2)共晶。因为镁在铝合金中固溶度大，且镁原子半径比铝大 12%，所以镁固溶在铝中会产生很强的固溶强化效果。

图 5-26 是镁含量对铸造铝镁合金力学性能的影响。随镁含量的提高，铝镁合金的力学性能提高，当镁含量大于 13%时，在实际生产的热处理条件下，合金组织中的 β(Mg_3Al_2)相不能完全溶解，使得力学性能下降。铝镁合金组织中出现的 β 相与 α(Al)固溶体电极电位相差较大，降低了铸造铝镁合金的耐蚀性，当 Mg_3Al_2 相沿 α(Al)晶界网状分布，会引起晶间腐蚀。因此，铝镁合金通常使用的状态组织为单向相组织，表面可形成一层抗蚀性的尖晶石（Al_2O_3·MgO）膜，在海水和弱碱性溶液中具有很高的抗蚀性。

表 5-5 是国家标准《铸造铝合金》（GB/T 1173—2013）规定的铸造铝镁合金的牌号及化学成分，表 5-6 是铸造铝镁合金的力学性能。

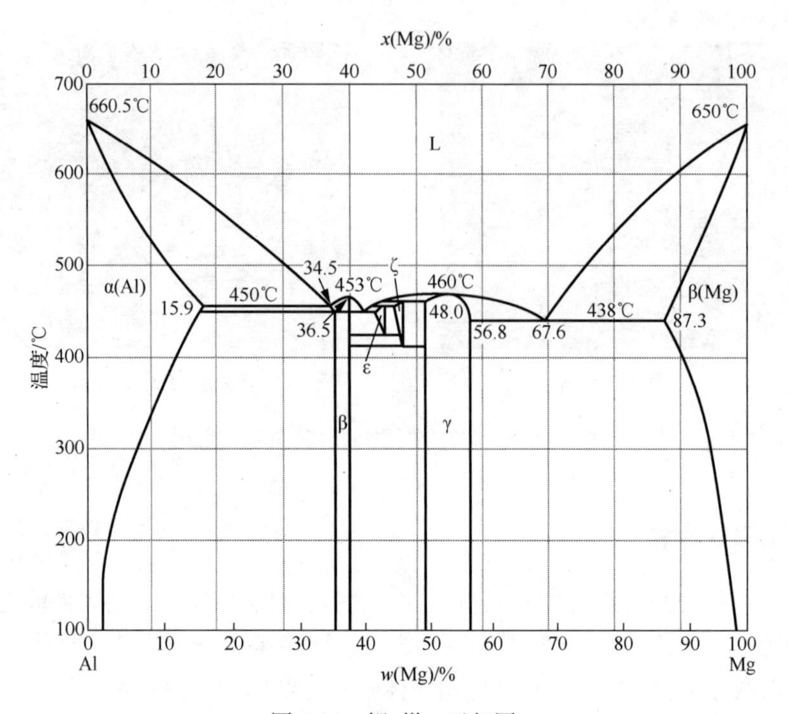

图 5-25　铝-镁二元相图

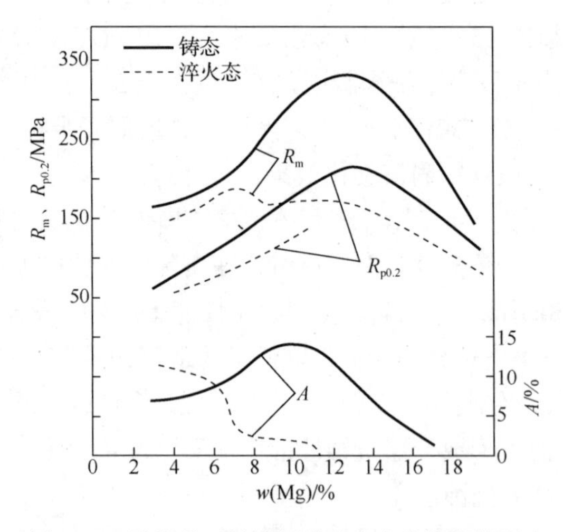

图 5-26　镁含量对铸造铝镁合金力学性能的影响

表 5-5　铸造铝镁合金的牌号及化学成分

合金牌号	合金代号	化学成分（质量分数）/%						
		w(Si)	w(Mg)	w(Zn)	w(Mn)	w(Ti)	其他	w(Al)
ZAlMg10	ZL301	≤0.3	9.5～11	≤0.15	≤0.15	≤0.15	—	余量
ZAlMg5Si1	ZL303	0.8～1.3	4.5～5.5	≤0.2	0.1～0.4	≤0.2	—	余量
ZAlMg8Zn1	ZL305	≤0.2	7.5～9.0	1.0～1.5	≤0.1	0.1～0.2	w(Be)为 0.03～0.10	余量

表 5-6　铸造铝镁合金的力学性能

合金牌号	合金代号	铸造方法	合金状态	R_m/MPa≥	A/%≥	HBW≥
ZAlMg10	ZL301	S、R、J	T4	280	9	60
ZAlMg5Si1	ZL303	S、R、J、K	F	143	1	55
ZAlMg8Zn1	ZL305	S	T4	290	8	90

代号 ZL301 合金牌号为 ZAlMg10，化学成分是 w(Mg)为 9.5%～11.0%，余量为 Al。铸态组织主要由 α(Al)+离异共晶 $\beta(Mg_8Al_5)$组成，晶界上存在少量的 Al_3Fe 和 Mg_2Si 化合物，如图 5-27（a）所示。金相组织图上晶界白色的不定型相是 $\beta(Mg_8Al_5)$，黑色块状或枝杈状的是 Mg_2Si，黑色点状的是 Al_3Fe，浅灰色片状的是 Al_3Ti。T4 处理后，$\beta(Mg_8Al_5)$固溶于 α(Al)，黑色骨骼状或枝杈状的是 Mg_2Si，Al_3Fe 为密集点状分布，如图 5-27（b）所示。

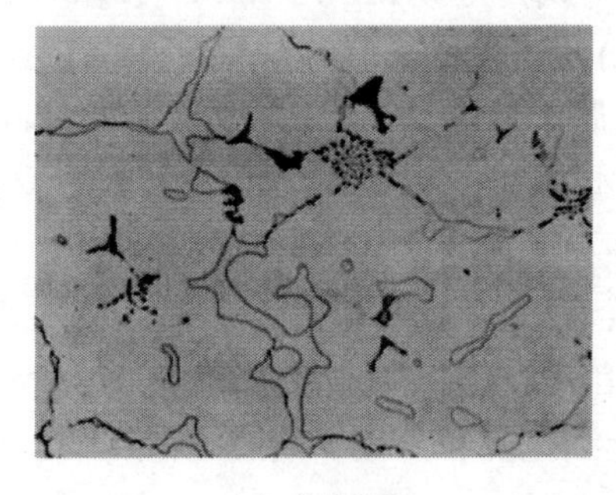
（a）未热处理

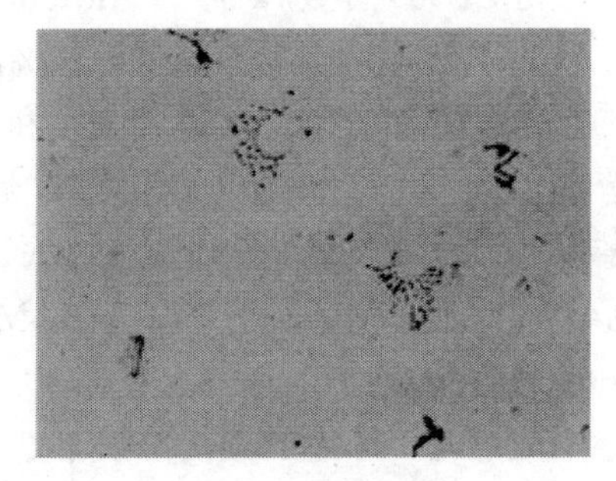
（b）T4 处理

图 5-27　ZL301 合金砂型铸造组织，400×

ZL301 合金是现有铝合金中抗腐蚀能力最强的一种铸造合金，切削加工性能和焊接性能较好、强度高、阳极氧化性能好，但铸件易产生缩松、热裂等缺陷。适合铸造工作温度在 150℃以下，并在大气或海水中工作的耐蚀性要求高的零件，如海洋舰船上的各种结构件、石化行业的泵壳体、叶轮、框架、支座、杆件等零件。ZL301 合金多采用砂型铸造。

代号 ZL303 合金牌号为 ZAlMg5Si1，化学成分是 w(Mg)为 4.5%～5.5%，w(Si)为 0.8%～1.3%，w(Mn)为 0.1%～0.4%，余量为 Al。图 5-28 是 ZL303 合金铸造组

织。砂型及金属型铸态组织主要由 α(Al)、离异共晶 β（Mg_2Al_3）、Mg_2Si、FeAlMnSi 化合物组成。黑色骨骼状的是 Mg_2Si，灰色骨骼状的是 FeAlMnSi 化合物。合金中 Mg 起到了固溶强化作用，Si、Mn 形成的 FeAlMnSi 化合物可降低 Fe 的有害作用。ZL303 合金抗蚀性能及焊接性能好，切削加工性能优越，铸造性能尚可，有形成缩孔的倾向，不能热处理强化。适合铸造在海水、化工、燃气等腐蚀介质下承受中等负荷的航空发动机、导弹、内燃机、化工泵、油泵、石化气泵壳、转子、叶片等零件。ZL303 合金主要采用压力铸造和砂型铸造。

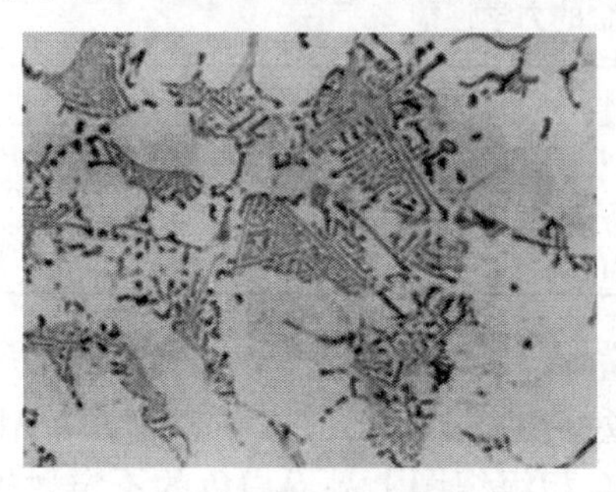

（a）金属型铸造，未热处理

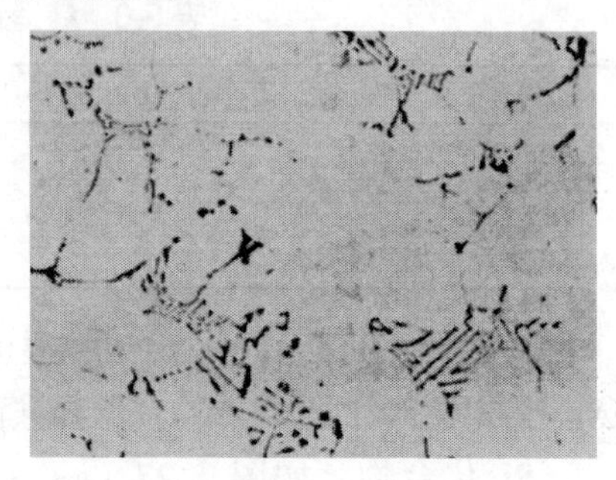

（b）砂型铸造，未热处理

图 5-28　ZL303 合金铸造组织，200×

代号 ZL305 合金牌号为 ZAlMg8Zn1，化学成分是 *w*(Mg)为 7.5%～9.0%，*w*(Zn)为 1.0%～1.5%，*w*(Ti)为 0.1%～0.2%，*w*(Be)为 0.03%～0.10%，余量为 Al。合金中加 Zn 能拟制自然时效，提高强度和抗应力腐蚀性能。砂型铸态组织主要由 α(Al)和分布于晶界处的 β(Al_8Mg_5)相组成，在晶界处还分布有黑色块状或骨骼状的 Mg_2Si 相，以及弥散分布着少量浅灰色块状 Al_3Ti 相和灰色片状 Al_3Fe 相，如图 5-29（a）所示。固溶处理后，化合物相 β(Al_8Mg_5)可全部溶解到 α(Al)相中，组织为过饱和的 α(Al)相和未溶的 Mg_2Si、Al_3Ti 和 Al_3Fe 相。合金中添加 Zn 能降低 Mg 含量，减小形成缩松、热裂的倾向；添加 Ti、Be 能细化晶粒，减少铝液氧化及 Mg 的烧损。ZL305 合金适合制造承受较大载荷，工作温

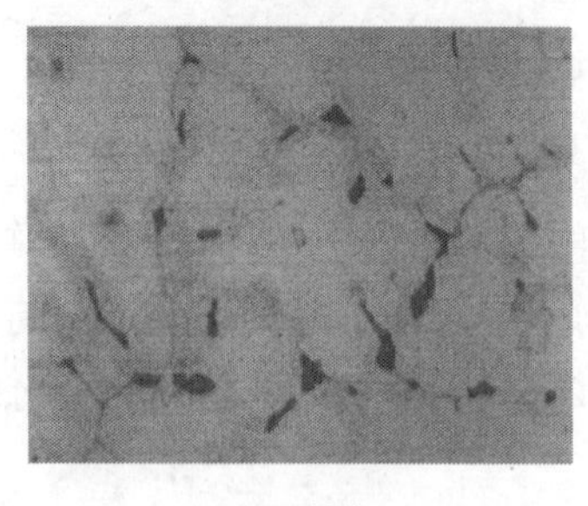

（a）铸态

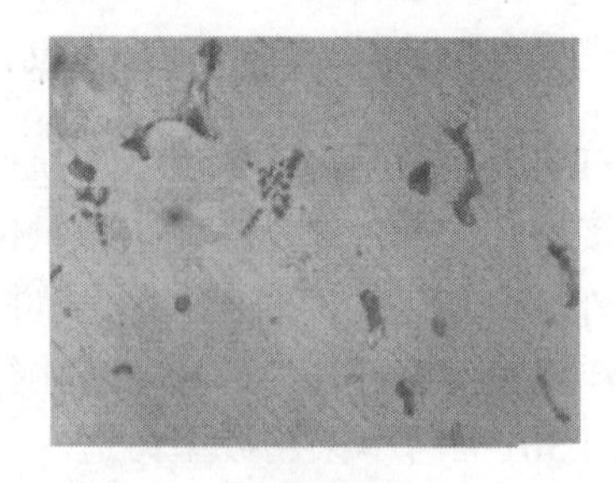

（b）固溶处理态

图 5-29　ZL305 合金砂型铸造组织，400×

度在 100℃以下，并在大气或海水、化工、燃气等腐蚀介质中工作的航空机、内燃机、化工泵、油泵、石化气泵泵壳、转子、叶片和鱼雷壳体等零件。ZL305 合金主要采用砂型铸造。

四、铸造铝锌合金

铝锌二元相图如图 2-25 所示，高温下锌在铝中有较大的固溶度，在 381℃时，锌的固溶度可达 83.1%，而随温度的降低，固溶度急剧减小，室温时固溶度降到 2%。铸造铝锌合金在室温下没有化合物相，因此在铸造冷却条件下，铝锌合金能自动固溶处理，合金中大部分锌会过饱和固溶在 α(Al)中，随后合金又能在室温下自然时效，使合金强化。这一特性使一些铝锌类铸件无须进行高温固溶处理，有时仅需要人工时效，可以缩短生产周期和节约能源，避免有些薄壁件的热处理变形和裂纹，特别适用于压铸件。铸造铝锌合金共晶温度低，温度较高时过饱和 α(Al)固溶体能迅速分解，故其高温性能差。铸造锌铝合金在实际生产中形成气孔的敏感性小，焊接性能良好。但铸造性能较差，热裂倾向较大，抗蚀性能差，有应力腐蚀倾向，密度大，强度不高，需进一步合金化。

图 5-30 是锌含量对铸造铝锌合金力学性能的影响。随锌含量的提高，铸造铝锌合金的强度提高，延伸率下降。铸造铝锌合金力学性能变化的原因与组织的变化有关，锌含量较低时，组织中 α(Al)比例较大，固溶强化效果差，强度较低，延伸率较高，当合金中的锌含量大于 5%时，固溶于 α(Al)中的锌含量增加，固溶强化，强度提高，延伸率下降。对于铸造铝锌类合金，无论强度、抗蚀性和铸造性能均无突出的优点，因此应用范围有限。

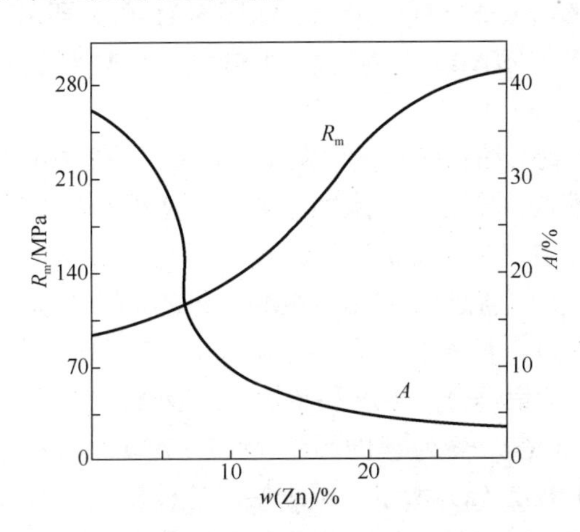

图 5-30　锌含量对铸造铝锌合金力学性能的影响

表 5-7 和表 5-8 分别是国家标准《铸造铝合金》（GB/T 1173—2013）规定的铸造铝锌合金的牌号及化学成分和力学性能。

表 5-7　铸造铝锌合金的牌号及化学成分

合金牌号	合金代号	元素质量分数（质量分数）/%						
		w(Si)	w(Mg)	w(Zn)	w(Mn)	w(Ti)	其他	w(Al)
ZAlZn11Si7	ZL401	6.0～8.0	0.1～0.3	9.0～13.0	≤0.5	—	—	余量
ZAlZn6Mg	ZL402	≤0.3	0.50～0.65	5.0～6.5	0.2～0.5	0.15～0.25	w(Cr)为 0.4～0.6	余量

表 5-8　铸造铝锌合金的力学性能

合金牌号	合金代号	铸造方法	合金状态	R_m/MPa≥	A/%≥	HBW≥
ZAlZn11Si7	ZL401	S、R、K	T1	195	2	80
		J	T1	245	1.5	90
ZAlZn6Mg	ZL402	J	T1	235	4	70
		S	T1	220	4	65

两种铝锌合金中，代号 ZL401 铝锌合金牌号为 ZAlZn11Si7，锌含量较高，铸造时锌过饱固溶在 α(Al)中，时效过程中锌以弥散质点析出，Si 能改善合金的铸造性能和耐腐蚀性能，加入 Mg 可形成 Mg_2Si，起强化作用。图 5-31 是 ZL401 合金的铸造组织。砂型铸造未热处理的组织为 α(Al)、灰色针状的是 Si 相、黑色枝杈状的是 Mg_2Si，当有 Fe 时，还会形成黑色的 $Al_9Fe_2Si_2$ 相，如图 5-31（a）所示。压力铸造未热处理的组织为 α(Al)和 α(Al)+Si 共晶组织，如图 5-31（b）所示，其组织细小。金属型铸造未热处理的组织，如图 5-31（c）所示，同砂型铸造相比，组织有所细化，组织为 α(Al)、灰色针状的 Si、黑色枝杈状的 Mg_2Si 和黑色针状 $Al_9Fe_2Si_2$ 相[图 5-31（d）]。

ZL401 合金铸造时，缩孔和热烈倾向小，有良好的焊接性能和切削加工性能，铸态强度高，但塑性低，密度大，耐蚀性能差。适用于工作温度小于 200℃，结构形状复杂的压力铸造汽车和飞机零件。

代号 ZL402 铝锌合金牌号为 ZAlZn6Mg，和 ZL401 合金的化学成分相比，锌含量降低，镁含量提高，加入 Mg 可形成 Mg_2Si，起强化作用，加入 Cr、Ti 能细化铸态组织，提高铸造铝锌合金强度和塑性，改善耐蚀性。图 5-32 是 ZL402 合金金属型铸造组织。铸态未热处理的组织为 α（Al）、Al_7Cr、Ti_3Al、Mg_2Si 和 $Al_{12}(CrFe)_3Si$，如图 5-32（a）所示，组织中黑色枝杈状的相为 Mg_2Si，浅灰色骨骼状的相为 $Al_{12}(CrFe)_3Si$。T4 处理后组织明显细化，如图 5-32（b）所示。

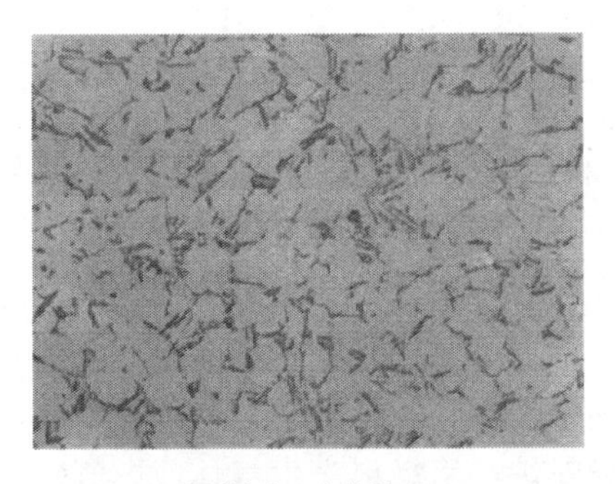

（a）砂型铸造，未热处理，200×

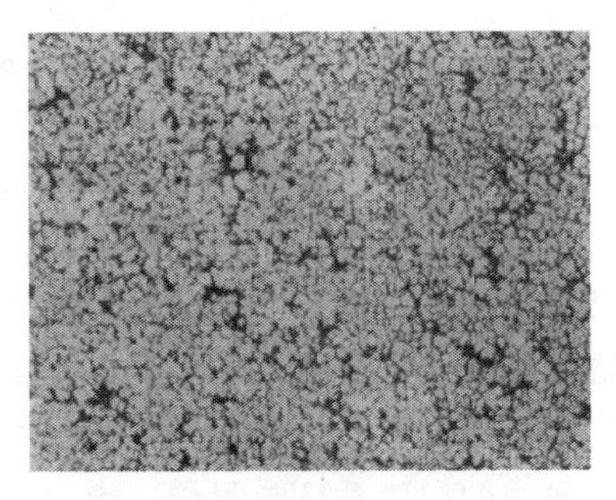

（b）压力铸造，未热处理，200×

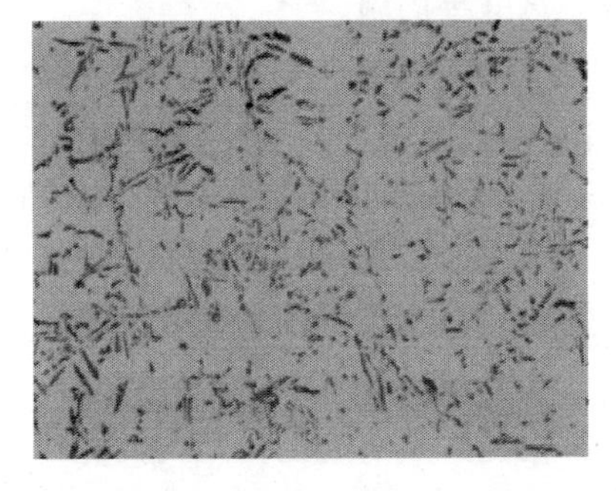

（c）金属型铸造，未热处理，200×

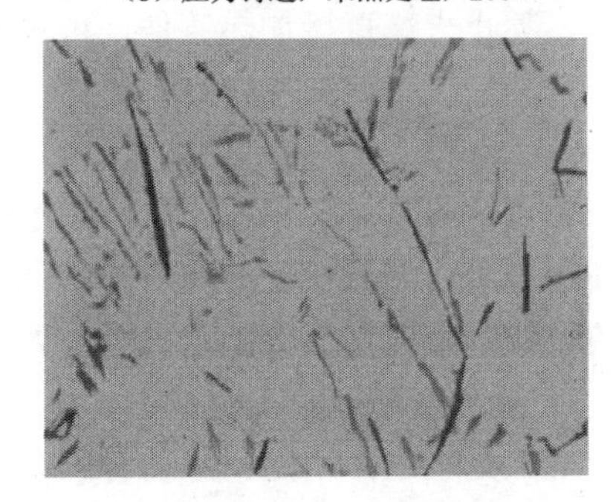

（d）金属型铸造，未热处理，500×

图 5-31　ZL401 合金的铸造组织

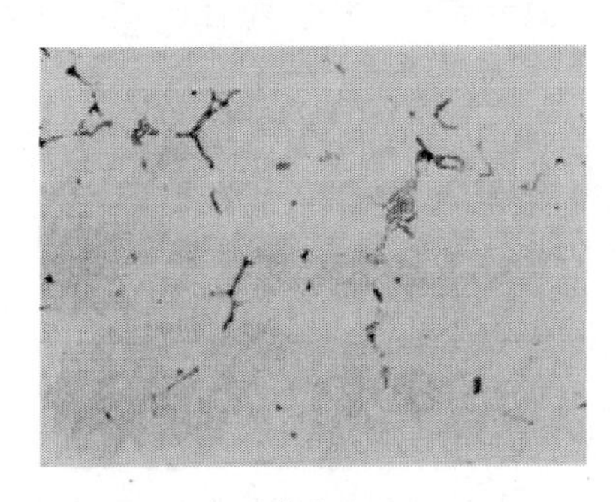

（a）未热处理，200×

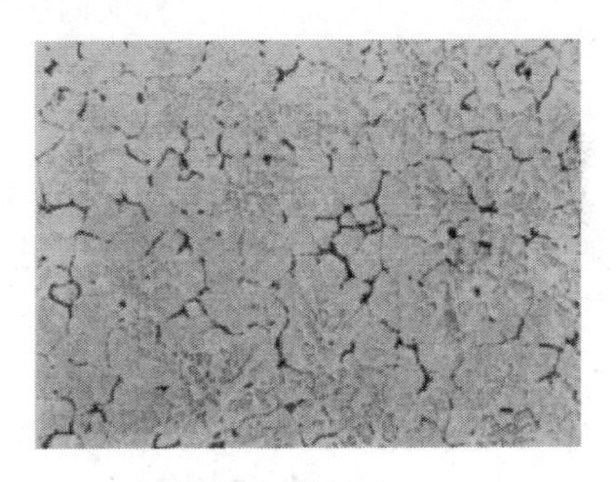

（b）T4 处理，100×

图 5-32　ZL402 合金金属型铸造组织

上述四类铝合金中，铸造铝硅合金铸造性能最好，强度和抗蚀性中等，是应用最广的铸造合金。铸造铝铜合金铸造性能和抗蚀性均较差，但其具有最高的室温强度和高温性能，适用于大负荷或耐热铸件。铸造铝镁合金有最好的抗蚀性和较高强度，但铸造性能和耐热性较差，适用于铸造抗蚀、耐冲击和表面装饰性能高的铸件。铸造铝锌合金从强度、抗蚀性和铸造性能均无突出的优点，应用范围较小。

五、铸造铝合金的热处理及表面处理

热处理是改善铸造合金组织和力学性能的有效途径之一。铸造铝合金热处理的目的有消除铸造过程形成的应力；改善铸造组织，提高合金的力学性能；稳定铸件的组织和尺寸；消除或减轻晶间及组织的成分偏析，使组织均匀化。实际铸件的使用中，根据铸件不同的工作条件对其性能的要求，同一种化学成分的铸件常常可采用不同的热处理，以满足不同的使用性能。铝合金铸件热处理一般应采用带风扇的空气循环电阻炉，也可以使用燃料炉，用燃料产生气体或燃气辐射管加热，禁止火焰直接加热铸件，可采取设置隔热屏等措施。

（一）铝合金热处理的方法及工艺

铝合金铸件中除了力学性能较低的ZL102合金及不便于进行热处理的ZL301、ZL401以外，多数铝合金铸件需要通过热处理来进一步提高力学性能。铸造铝合金主要的热处理有退火处理、固溶处理、时效处理、冷热循环处理等。

1．退火处理

退火处理的作用是消除铸件的铸造应力和机械加工引起的内应力，稳定加工件的形状和尺寸，并使组织球化，改善合金的塑性。退火工艺为加热铝合金铸件到280～300℃，保温2～3h，随后炉冷到室温，使固溶体慢慢发生分解，析出的第二质点聚集，从而消除铸件的内应力，达到稳定尺寸、提高塑性、减少变形的目的。热处理状态代号为T2。

2．固溶处理

固溶处理是将铝合金铸件加热到固相线温度附近，保温一定的时间，使合金内的强化相充分溶入α(Al)中。然后进行快速冷却，迅速淬入到冷却介质中，获得过饱和的α(Al)固溶体，这个过程称为固溶处理。

3．时效处理

时效处理是将经过固溶处理的铝合金铸件加热到某个温度，保温一定时间出炉空冷至室温，使过饱和的固溶体发生分解与析出，让铸造合金基体组织稳定的热处理工艺。合金在时效过程时，第二相脱溶符合固态相变阶次规则，即通常在平衡脱溶相出现之前会出现亚稳定结构的过渡相。时效的一般顺序是初期生成溶质原子偏聚区（称为G-P区），随温度的上升和时间的延长，形成过渡相(亚稳相)，最后形成平衡相。脱溶时不直接析出平衡相是由于平衡相一般会与基体形成非共格界面，而非共格界面的界面能大，亚稳定脱溶物往往与基体完全或部分共格，脱溶物界面的界面能小，形核功小，容易形成过渡结构，由过渡结构再演变成平衡稳定相。

固溶处理后的时效处理又分为自然时效和人工时效两大类。自然时效是指时效处理是在室温下进行。人工时效分为不完全人工时效、完全人工时效和过时效三种。不完全人工时效是将铸件加热到150～170℃，保温一定的时间以获得较高的抗拉强度、良好的塑性和韧性，但抗蚀性低的热处理工艺；完全人工时效是将铸件加热到175～185℃，保温一定的时间以获得足够高的抗拉强度，但延伸率降低的热处理工艺；过时效是将铸件加热到190～230℃，保温一定的时间，使铸件的强度有所下降，塑性有所提高，以获得较好的抗应力腐蚀能力的热处理工艺，也称稳定化回火。

4．冷热循环处理

将铝合金铸件冷却到零下某个温度（如-50℃、-70℃、-95℃）并保温一定时间，再将铸件加热到 350℃以下，使合金中的固溶体点阵反复收缩和膨胀，并使各相的晶粒发生少量位移，使固溶体结晶点阵内的原子偏聚区和金属间化合物的质点处于更加稳定的状态，以达到零件尺寸、体积更稳定的目的。这种反复加热冷却的热处理工艺称为循环处理。该处理适合使用时要求很精密、尺寸很稳定的零件，如检测仪器上的一些零件等。循环处理使铝合金铸件的组织更加稳定，同时会产生大量相互作用的位错和亚晶，提高铝合金的强度和塑性。

表 5-9 是国家标准《铸造铝合金热处理》（GB/T 25745—2010）规定的铸造铝合金热处理状态类别代号及特性。表 5-10 是标准规定的铸造铝合金的热处理工艺。铸造铝合金冷热循环处理工艺如表 5-11 所示。对有较高精度要求的铸件，在固溶处理或时效处理后可按照表 5-11 的工艺 1 号处理后再进行精加工。

表 5-9　铸造铝合金热处理状态类别代号及特性

热处理状态类别	热处理状态代号	特性
未经固溶处理的人工时效	T1	对湿砂型、金属型铸造，特别是压铸件，由于凝固冷却时间快，有部分固溶效果，人工时效可以提高强度、硬度、改善切削加工性能
退火	T2	消除铸件在铸造和加工过程产生的应力，提高铸件尺寸稳定性及合金的塑性
固溶处理加自然时效	T4	通过加热、保温和快速冷却实现固溶，再经过随后时效强化，以提高工件的力学性能，特别是塑性和常温抗腐蚀性能
固溶处理+不完全人工时效	T5	时效是在较低温度或较短时间进行，进一步提高合金强度和硬度
固溶处理+完全人工时效	T6	时效是在较高温度或较长时间进行，可获得最高强度，但塑性有所下降
固溶处理+稳定化处理	T7	提高铸件组织和尺寸稳定性及合金抗腐蚀性能，主要用于较高温度下的工作零件，稳定化处理的温度可接近铸件的工作温度
固溶处理+软化处理	T8	固溶处理后采用高于稳定化处理的温度进行处理，获得高塑性和尺寸稳定性好的铸件
冷热循环处理	T9	充分消除铸件内应力及稳定尺寸，用于高精度铸件

表 5-10　铸造铝合金的热处理工艺

合金牌号	合金代号	热处理状态	固溶处理				时效处理		
			温度/℃	保温时间/h	冷却介质及温度/℃	最长转移时间/s	温度/℃	保温时间/h	冷却介质
ZAlSi7Mg	ZL101	T2	—	—	—	—	290～310	2～4	空气或炉冷
		T4	530～540	2～6	60～100，水	25	室温	≥24	—
		T5	530～540	2～6	60～100，水	25	145～155	3～5	空气
		T6	530～540	2～6	60～100，水	25	195～205	3～5	空气
		T7	530～540	2～6	60～100，水	25	220～230	3～5	空气
		T8	530～540	2～6	60～100，水	25	245～255	3～5	空气
ZAlSi7MgA	ZL101A	T4	530～540	6～12	60～100，水	25	—	—	—
		T5	530～540	6～12	60～100，水	25	室温 再 150～160	≥8 2～12	空气
		T6	530～540	6～12	60～100，水	25	室温 再 175～185	≥8 3～8	空气
ZAlSi12	ZL102	T2	—	—	—	—	290～310	2～4	空气或炉冷
ZAlSi9Mg	ZL104	T1	—	—	—	—	170～180	3～17	空气
		T6	530～540	2～6	60～100，水	25	170～180	8～15	空气
ZAlSi5Cu1Mg	ZL105	T2	—	—	—	—	175～185	5～10	空气
		T5	520～530	3～5	60～100，水	25	170～180	3～10	空气
		T7	520～530	3～5	60～100，水	25	220～230	3～10	空气
ZAlSi5Cu1MgA	ZL105A	T5	520～530	4～12	60～100，水	25	155～165	3～5	空气
ZAlSi8Cu1Mg	ZL106	T1	—	—	—	—	175～185	3～5	空气
		T5	510～520	5～12	60～100，水	25	140～155	3～5	空气
		T6	510～520	5～12	60～100，水	25	170～180	3～10	空气
		T7	510～520	5～12	60～100，水	25	225～235	6～8	空气
ZAlSi7Cu4	ZL107	T6	510～520	8～10	60～100，水	25	160～170	6～10	空气
ZAlSi12Cu1Mg1	ZL108	T1	—	—	—	—	190～210	10～14	空气
		T6	510～520	3～8	60～100，水	25	175～185	10～16	空气
		T7	510～520	3～8	60～100，水	25	200～210	6～10	空气
ZAlSi12Cu1Mg1Ni1	ZL109	T1	—	—	—	—	200～210	6～10	空气
		T6	495～505	4～6	60～100，水	25	180～190	10～14	空气
ZAlSi5Cu6Mg	ZL110	T1	—	—	—	—	195～205	5～10	空气
ZAlSi9Cu2Mg	ZL111	T6	分段加热 500～510 再 530～540	 4～6 6～8	60～100，水	25	170～180	5～8	空气 空气 空气
ZAlSi7Mg1A	ZL114 A	T5	530～540	4～6	60～100，水	25	155～165	4～8	空气
		T8	530～540	6～10		25	160～170	5～10	空气
ZAlSi5Zn1Mg	ZL115	T4	535～545	10～12	60～100，水	25	室温	≥24	—
		T5	535～545	10～12			145～155	3～5	空气
ZAlSi8MgBe	ZL116	T4	530～540	8～12	60～100，水		室温	≥24	—
		T5	530～540	8～12		25	170～180	4～8	空气

续表

合金牌号	合金代号	热处理状态	固溶处理				时效处理		
			温度/℃	保温时间/h	冷却介质及温度/℃	最长转移时间/s	温度/℃	保温时间/h	冷却介质
ZAlCu5Mn	ZL201	T4	分段加热 525～535 再 535～545	5～9 5～9	60～100，水	25	室温	≥24	—
		T5	分段加热 525～535 再 535～545	5～9 5～9	60～100，水	25	170～180	3～5	空气
ZAlCu5MnA	ZL201A	T5	530～540 再 540～550	7～9	60～100，水	20	155～165	6～9	空气
ZAlCu4	ZL203	T4 T5	510～520 510～520	10～16 10～15	60～100，水	25 25	室温 145～155	≥24 2～4	— 空气
ZAlCu5MnCdA	ZL204A	T6	533～543	10～18	室温～60，水	20	170～180	3～5	空气
ZAlCu5MnCdVA	ZL205A	T5 T6 T7	533～543 533～543 533～543	10～18 10～18 10～18	室温～60，水 室温～60，水 室温～60，水	20 20 20	150～160 170～180 185～195	8～10 4～6 2～4	空气 空气 空气
ZAlRE5Cu3Si2	ZL207	T1	195～205	5～10	195～205	5～10	195～205	5～10	空气
ZAlMg10	ZL301	T4	425～435	12～20	沸水或 50～100，油	25	室温	≥24	—
ZAlMg5Si1	ZL303	T1 T4	— 420～430	— 15～20	— 沸水或 50～100，油	— 25	170～180 室温	4～6 ≥24	空气 —
ZAlMg8Zn1	ZL305	T4	分段加热 430～440 再 525～535	8～10 6～8	沸水或 50～100，油	25	室温	≥24	—
ZAlZn11Si7	ZL401	T1	—	—	—	—	195～205	5～10	空气
ZAlZn6Mg	ZL402	T1	—	—	—	—	175～185	8～10	空气

表 5-11　铸造铝合金冷热循环处理工艺

工艺	制度名称	温度/℃	时间/h	冷却方式
1	正温处理	135～145	4～6	空冷
	负温处理	≤-50	2～3	在空气中恢复到室温
	正温处理	135～145	4～6	随炉冷到≤60℃取出空冷
2	正温处理	115～125	6～8	空冷
	负温处理	≤-50	6～8	在空气中恢复到室温
	正温处理	115～125	6～8	随炉冷到室温

（二）热处理缺陷及其预防

1．力学性能不合格

铝合金铸件经过热处理后，力学性能指标中有时会出现强度过高而塑性不合格，或力学性能指标都不合格的情况。力学性能指标不合格的主要原因有热处理加热温度不合适或保温时间不足；固溶温度偏低或保温时间不够；强化相没有完全溶入α(Al)中；冷却速度太慢；淬火介质温度过高；时效温度偏高或保温时间偏长；合金的化学成分出现偏差等。力学性能不合格的补救方法有再次热处理，提高温度或延长保温时间；降低淬火介质温度；调整固溶后的时效温度和时间，适当缩短保温时间等。由上述原因造成的力学性能指标不合格的铸件允许重新进行热处理，但重复处理至多三次，否则会使 α(Al)晶粒长大，降低铸件的力学性能。

2．过烧

过烧表现为铸件表面有结瘤，合金的延伸率大大下降。产生这种缺陷的原因是合金中的低熔点杂质元素，如 Cd、Si、Sb 等的含量过高；加热不均匀或加热太快；炉内局部温度超过合金的过烧温度；测量和控制温度的仪表失灵，使炉内实际温度超过仪表指示温度值。过烧组织出现时，合金力学性能急剧下降，无法补救，只能报废，铸件轻微过烧时，对力学性能影响不明显，但抗蚀性能和疲劳强度大大降低。消除与预防过烧的办法是严格控制低熔点合金元素含量不超标；用空气循环式电炉，使炉膛内温度均匀，检查和控制炉内各区温度差不超过±5℃；定期检查和校准温度测控仪表，确保仪表测温及控温和温度显示准确无误；对壁厚不均匀、形状复杂或大型铸件应缓慢升温加热。

3．变形和裂纹

变形表现在热处理后，或在机械加工中反映出来的铸件尺寸和形状的变化。产生铸件变形的原因是加热速度或淬火冷却速度太快；固溶处理温度太高；铸件的结构设计不合理，如两壁连接处壁厚相差太大，铸件框形结构中加强筋太薄或太细；固溶处理装料方法不当或冷却时工件下水方向不当等。消除与预防这种缺陷的办法是降低铸件热处理升温速度，提高冷却介质温度，或使用冷却速度较缓的冷却介质以防止铸件内部产生过大的残余内应力；铸件固溶处理冷却时选择合理的入水方向或采用专用防变形的夹具；铸件变形量不大的部位，可在固溶处理后给予矫正。

裂纹表现为淬火后的铸件表面可用肉眼看到的明显裂纹或通过荧光检查肉眼看不见的微细裂纹。裂纹多曲折不直并成灰暗色。产生裂纹的原因是加热速度太快，冷却时强度太大；铸件结构设计不合理；装炉方法不当或铸件固溶处理冷却时入水方向不对；炉温不均匀，铸件温度不均匀等。消除与预防裂纹的办法有减缓升温速度或采取等温淬火工艺；提高淬火介质温度或采用冷却速度慢的淬火介质；在厚壁或薄壁部位涂敷涂料或在薄壁部位包覆石棉等隔热材料；采用专用防开裂的淬火夹具，并选择固溶处理冷却时正确的铸件入水方向。

4．表面腐蚀

表面腐蚀表现为铸件表面出现斑纹或块状等与铝合金铸件表面不同色泽的区域。产生这种缺陷的原因有硝盐液加热时，盐液中氯化物超标（>0.5%）或混有酸和碱，对铸件表面产生腐蚀；硝盐加热后铸件没有得到充分的清洗，硝盐粘在铸件表面产生腐蚀等。防止这类缺陷的措施有尽量缩短铸件从炉内移到淬火槽中的时间；检查硝盐中氯化物及酸碱的浓度是否超标，如超标则应降低其浓度；从硝盐槽加热后的铸件冷却后应立即用清水冲洗干净；淬火介质温度不得高于工艺参数的规定温度。

（三）铸造铝合金表面处理

为了提高铝合金铸件表面的抗腐蚀、气密性、耐磨性能和抗疲劳断裂能力，铸造铝合金表面处理的方法主要有阳极化处理、微弧氧化、表面镀层、浸润处理、喷丸处理等。

1．阳极化处理

阳极化处理是利用直流电、交直流电的电解原理，在铸件或制品的表面形成一层氧化膜，以增加铝合金制品的抗蚀性、耐磨性，并改善外观质量的表面处理技术。对于铝合金有铬酸阳极化、草酸阳极化、硫酸阳极化、硬质阳极化、瓷质阳极化、磷酸阳极化等。根据表面处理后的色泽区分，又可分为黑色阳极化和彩色阳极化。

2．微弧氧化

微弧氧化是利用弧光放电增强并激活在阳极上发生的等离子氧化反应，在铝、镁、钛及其合金表面原位生成以基体金属氧化物为主的陶瓷膜层。由于在微弧氧化过程中化学氧化、电化学氧化、等离子体氧化同时存在，微弧氧化工艺将工作区域引入到高压放电区域，极大地提高了膜层的综合性能。微弧氧化膜层与基体结合牢固，结构致密，韧性高，具有良好的耐磨、耐腐蚀、耐高温冲击和电绝缘等特性。该技术操作简单，易于实现膜层功能调节，而且工艺不复杂，不会造成环境污染，是一项全新的绿色环保型材料表面处理技术，在航空航天、机械、电子、装饰等领域具有广阔的应用前景。

3．表面镀层

铸造铝合金表面镀层的方法主要有离子镀、化学镀、电镀、喷镀等。

离子镀是在真空室中，气体放电或被蒸发物质部分离子化，在气体离子或被蒸发物质粒子轰击作用下，将蒸发物或反应物沉积在基片上。离子镀将辉光放电现象、等离子体技术和真空蒸发三者有机结合起来，不仅能明显改进镀膜的质量，而且还扩大了薄膜的应用范围。其优点是薄膜附着力强，绕射性好，可镀材料广泛，可在金属工件上镀非金属或金属镀层，也可在非金属工件上镀金属或非金属镀层等。

化学镀是利用合适的还原剂，使溶液中的金属离子有选择地在经催化剂活化的表面上还原析出金属镀层的一种化学处理方法。化学镀不需要电源，镀层致密且孔隙率少，被广泛应用在铸造铝合金的表面改性中。

电镀是将工件作为阴极，形成镀层的材料作为阳极，将两者都放在有电镀液的槽中，然后通电，使形成镀层的材料离子化，并从电镀液中向工件表面积聚，附于其表面形成一定厚度镀层的方法。从镀层作用或性质上区分，可分为提高工件耐磨性的镀铬、便于焊接的镀镍、提高导电性能的镀铜等电镀方法。工业品、日用品上用得最多的是镀铬，这是由于镀铬层的硬度高、耐磨、耐腐蚀、耐热，而且外观光亮。电镀镀层的种类有镀硬铬，硬度 HV 为 500～1000，适合要求耐磨的零件或制品；镀乳白铬，镀层特点是耐磨、耐热、致密、孔隙少；镀松孔铬，适合要求耐磨的活塞环、气缸套等零件及要吸收和保持润滑油的松孔镀层；镀黑铬，呈黑色但不反光，耐磨耐蚀性能好；镀装饰铬，有很好的反光作用，被用作家电、艺术品、装饰品的镀层。

喷镀的工艺过程是将要喷镀的产品或型材放入喷镀机的真空室内作为阴极，形成喷镀层的材料作为阳极，关闭真空室后抽真空到一定的真空度，用高功率的等离子枪将喷镀材料以离子状态溅射并沉积到作为阴极的产品或型材上，形成一层 2～10μm 的喷镀层，呈现出金黄、银白、褐黑等多种颜色。近年来，这种表面处理方法用在铝合金零件和制品及塑料制品上。

4. 浸润处理

浸润处理是在一定条件下将浸渗剂渗透到铝铸件表面的微孔隙中，经过固化后使渗入孔隙中的填料与铸件孔隙内壁连成一体，堵住微孔，使零件能满足加压、防渗和防漏等要求的工艺技术。浸润处理的目的是提高铝合金铸件的气密性能和抗蚀能力。浸渗剂的种类有硅酸盐、合成树脂、热水固化型树脂和厌氧自固型树脂等。浸润处理工艺是先用除油液清除铸件上的油污，用 25～30℃的热水冲洗干净，再装入电炉内预热到 60～80℃，并保温 1h 以上干燥，然后放入浸润器中加盖密封，抽真空，利用负压将浸润剂注入浸润器内，进行浸润处理，取出铸件后洗净浸润剂，送入烘干炉内烘干，最后进行固化处理。要提高铸件的致密性和抗蚀能力，浸润剂的渗透能力、耐热性以及在一定温度下的黏结强度和化学稳定性起着关键的作用。

5. 喷丸处理

铝合金铸件喷丸处理的目的是使铸件的表层（1～1.5mm）发生塑性变形，晶体点阵产生畸变，表面形成压应力，以改善合金的抗疲劳断裂和抗应力腐蚀断裂的能力，延长铸件的使用寿命。喷丸处理的过程是将铝合金铸件装入喷丸机的滚筒内，用高速运转的弹丸流喷射到铸件表面。由于铸件同时在不断的翻动，因而使其表面均受到了弹丸流的喷射并得到强化。

第二节　铸造铜合金

一、铸造铜合金的性能及种类

铜合金分为铸造铜合金和塑性变形铜合金两大类。铸造铜合金具有较高的力学性能、耐磨、耐热及较高的导热率和导电性，铜合金电极电位较高，在大气、海水、盐酸、磷酸溶液中具有良好的抗蚀性能，常用于船舰、化工机械、电工仪表中的重要零件，是现代工业广泛应用的铸造合金之一。

铸造铜合金可分为两大类：铸造青铜和铸造黄铜，不以锌为主加元素的称为青铜，按主加元素不同可分为锡青铜、铝青铜、铅青铜、铍青铜等。以锌为主加元素的称为黄铜，按加入第二种合金元素不同可分为锰黄铜、铝黄铜、硅黄铜、铅黄铜。

二、铸造锡青铜

（一）铸造锡青铜合金的牌号、化学成分及力学性能

铸造锡青铜是人类最早使用的铸造合金之一，它具有优良的耐磨性能，在海水、蒸气及碱溶液中有很高的耐蚀性能。目前，广泛应用的铸造锡青铜中，Sn 的质量分数为 2%～11%，为了改善铸造锡青铜的力学性能和铸造性能，在 Cu-Sn 二元合金的基础上，添加 Zn、Pb、Ni、P 等合金元素形成系列多元锡青铜。表 5-12 是国家标准《铸造铜及铜合金》（GB/T 1176—2013）规定的铸造锡青铜合金的牌号、名称及化学成分，表 5-13 是标准规定的铸造锡青铜合金铸态的力学性能。

表 5-12　铸造锡青铜合金的牌号、名称及化学成分

序号	合金牌号	合金名称	化学成分（质量分数）/%					
			w(Sn)	w(Zn)	w(Pb)	w(P)	w(Ni)	w(Cu)
1	ZCuSn3Zn8Pb6Ni1	3-8-6-1 锡青铜	2.0～4.0	6.0～9.0	4.0～7.0	—	0.5～1.5	余量
2	ZCuSn3Zn11Pb4	3-11-4 锡青铜	2.0～4.0	9.0～13.0	3.0～6.0	—	—	余量

续表

序号	合金牌号	合金名称	化学成分（质量分数）/%					
			w(Sn)	w(Zn)	w(Pb)	w(P)	w(Ni)	w(Cu)
3	ZCuSn5Pb5Zn5	5-5-5 锡青铜	4.0～6.0	4.0～6.0	4.0～6.0	—	—	余量
4	ZCuSn10Pb1	10-1 锡青铜	9.0～11.5	—	—	0.5～1.0	—	余量
5	ZCuSn10Pb5	10-5 锡青铜	9.0～11.0	—	4.0～6.0	—	—	余量
6	ZCuSn10Zn2	10-2 锡青铜	9.0～11.0	1.0～3.0	—	—	—	余量

表 5-13　铸造锡青铜合金铸态的力学性能

序号	合金牌号	铸造方法	力学性能			
			R_m/MPa≥	$R_{p0.2}$/MPa≥	A/%≥	HBW≥
1	ZCuSn3Zn8Pb6Ni1	S	175	—	8	60
		J	215	—	10	70
2	ZCuSn3Zn11Pb4	S	175	—	8	60
		J	215	—	10	60
3	ZCuSn5Pb5Zn5	S、J	200	90	13	60
		Li、La	250	100	13	65
4	ZCuSn10P1	S	220	130	3	80
		J	310	170	2	90
		Li	330	170	4	90
		La	360	170	6	90
5	ZCuSn10Pb5	S	195	—	10	70
		J	245	—	10	70
6	ZCuSn10Zn2	S	240	120	12	70
		J	245	140	6	80
		Li、La	270	140	7	80

注：铸造方法中，S-砂型铸造；J-金属型铸造；Li-离心铸造；La-连续铸造。

（二）Cu-Sn 二元合金的相图及组织

铸造锡青铜主要应用 Cu-Sn 二元相图上锡含量小于 20%的部分，图 2-22 是 Cu-Sn 二元相图，相图上存在 α、β、γ、δ 几个相，α 是锡固溶于铜中形成的置换固溶体，具有面心立方结构，塑性好；β 是以电子化合物 Cu_5Sn 为基的固溶体，具有体心立方晶格，高温时存在，降温时被分解；γ 是以 CuSn 为基的固溶体，性能和 β 相近；δ 是以电子化合物 $Cu_{31}Sn_8$ 为基的固溶体，具有复杂立方晶格，常温下存在，硬而脆。

由于实际凝固时会发生非平衡结晶，结晶过程如图 5-33 所示的 Cu-Sn 二元实用相图进行。以 w(Sn)为 10%青铜合金为例，w(Sn)为 10%青铜开始凝固时，从液相中析出 α 相，温度降至 799℃时，发生包晶转变 L+α ⟶ β，形成 β 相；随着温度降低，586℃发生共析反应 β ⟶ γ+α；520℃发生共析反应 γ ⟶ α+δ。图 2-22 中 350℃发生的共析反应 δ ⟶ α+ε 被抑制，这是由于锡原子半径比铜大，锡原子在铜中的扩散速度极慢，发生 520℃的共析反应后，α 溶解度不随温度变化，不发生低温共析反应。因此，w(Sn)为 10%的青铜合金凝固组织为 α 固溶体+（α+δ）共析体，实际含 w(Sn)为 5%～7%的铸造锡青铜铸态组织中会出现 α+δ 共析体，且相图上 α 固溶体中 Sn 的固溶度随温度不发生变化的这一特性使铸造锡青铜不能热处理强化。图 5-34 是 ZCuSn10 合金的铸态组织，平衡结晶时，组织应为单相 α 组织，但在非平衡结晶时，组织由 α 和 α+δ 组成，树枝晶 α 应为单相 α 组织，枝晶间出现了较多的 α+δ 共析组织，而且树枝晶 α 存在明显的晶内偏析，枝晶轴富铜，枝晶边缘富锡，枝晶轴呈白色，枝晶边缘发暗，枝晶间为共析组织。

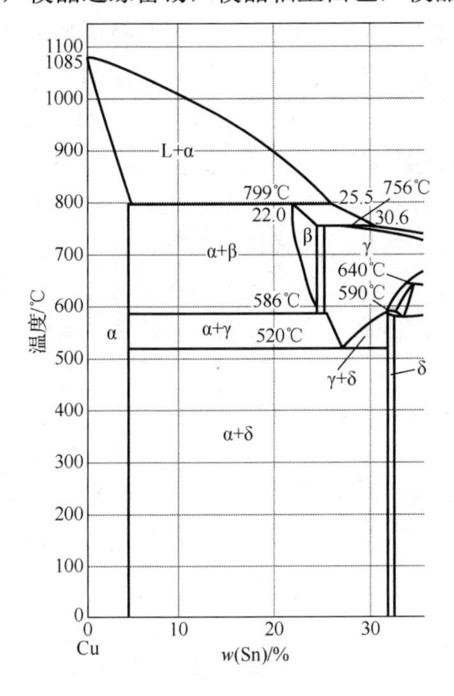

图 5-33　Cu-Sn 二元实用相图

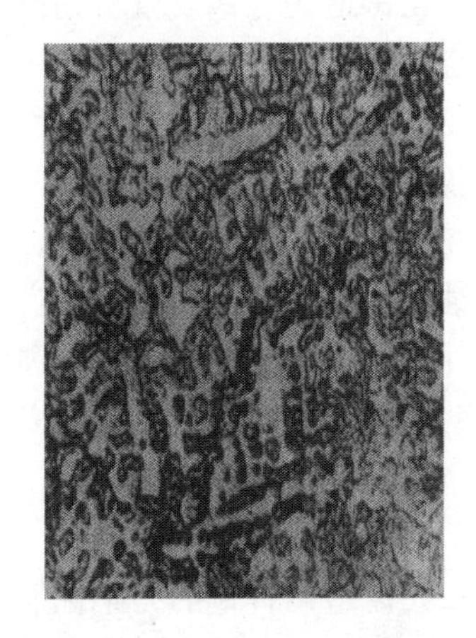

图 5-34　ZCuSn10 合金的铸态组织

（三）Cu-Sn 二元合金的性能

Cu-Sn 二元合金的力学性能取决于组织中 α+δ 共析体所占的比例，而共析体组织相对含量取决于 Sn 含量和冷却速度，Sn 含量对 Cu-Sn 二元合金力学性

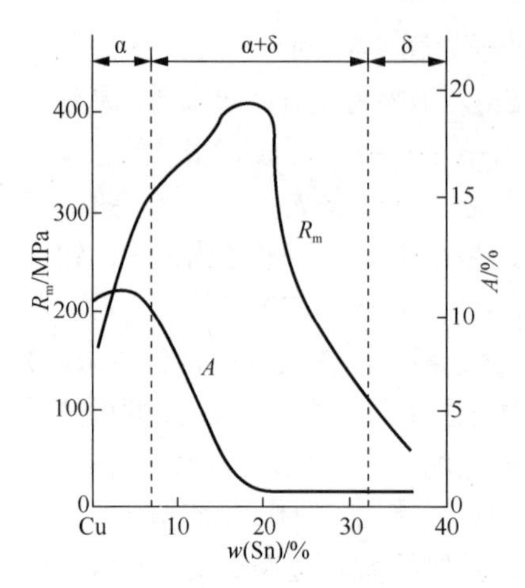

图 5-35　Sn 含量对 Cu-Sn 二元合金力学性能的影响

能的影响如图 5-35 所示。随锡含量的增加，Cu-Sn 二元合金强度上升，延伸率降低；Sn 的质量分数超过 20%，强度下降，延伸率下降到了很低的水平。

由于铸造锡青铜合金的结晶温度间隔较宽（图 5-33），凝固属于体积凝固方式，凝固组织枝晶发达，铸件凝固速度较慢时，容易产生缩松、偏析、热裂、气密性差等缺陷。反偏析是锡青铜铸件中常见的缺陷，其特征是在铸件表面渗出白色颗粒状富锡分泌物，称为“冒锡汗”，“锡汗”中富集 δ 相，铸件缩松严重，会造成铸件力学性能下降。出现反偏析的原因是锡青铜铸件凝固时，低熔点的富锡 δ 相会富集在 α 枝晶之间，当溶液中含气量较高，凝固时气体的溶解度下降会析出气体，铸型较湿时，合金中磷与水发生反应产生氢气，析出的气体和氢气会形成较大的压力。当浇注温度较高时，铸件冷却速度慢，铸件从内到外的枝晶之间存在着大量的低熔点富锡熔体，在铸件凝固收缩应力和气体压力作用下，迫使低熔点的富锡熔体从铸件内部沿枝晶间向铸件表面渗出，堆积在表面形成“锡汗”。

防止铸造锡青铜反偏析的措施主要有①熔炼时加强精炼除气，减小合金中气体含量，铸型采用干型浇注，避免产生氢气。②合金化，缩小铸造合金的凝固结晶温度范围，如加入 Zn 等。③提高铸件的冷却速度，局部放置冷铁，有利于实现层状凝固。

锡青铜铸件在大气、淡水、海水中抗蚀性很高，但在浓硫酸、浓盐酸和氨水中抗蚀性较低。它的切削性能良好，焊接性能差，钎焊性能良好。锡青铜作为耐磨铸件，一般不需要热处理，因为退火可消除晶内偏析，并使 α+δ 共析体减小，降低耐磨性，所以仅耐压铸件需进行退火热处理。

（四）铸造锡青铜的合金化

二元铸造锡青铜的力学性能较低，缩松严重，而且锡元素价格较高，铸件成本高，为改善铸件的铸造性能及取代部分 Sn，可加入 P、Zn、Pb、Ni 等元素合金化。

铸造 Cu-Sn 二元合金中加入 P，形成锡磷青铜，典型的牌号为 ZCuSn10P1 锡青铜，其化学成分是 w(Sn)为 9.0%～11.5%，w(P)为 0.5%～1.0%，余量为 Cu。磷在锡青铜中的作用主要有脱氧，提高合金的流动性，改善充型能力；生成 Cu_3P，提高硬度和耐磨性。Cu-Sn-P 的三元常温等温截面相图如图 5-36 所示，从相图可知，ZCuSn10P1 铸态组织由 α 相和三元共晶体 α+δ+Cu_3P 组成，如图 5-37 所示。

α 相存在明显的晶内偏析，硬度高，耐磨性比二元 Cu-Sn 合金好，有较好的铸造性能和切削加工性能，在大气和淡水中有良好的耐蚀性。砂型铸造试棒最低的抗拉强度 R_m=220MPa，屈服强度 $R_{p0.2}$=130MPa，延伸率 A=3%，金属型试棒的抗拉强度 R_m=310MPa，屈服强度 $R_{p0.2}$=170MPa，延伸率 A=2%。ZCuSn10P1 锡青铜可用于高负荷和高滑动速度下工作的耐磨零件，如连杆、衬套、轴瓦、齿轮、蜗轮等。

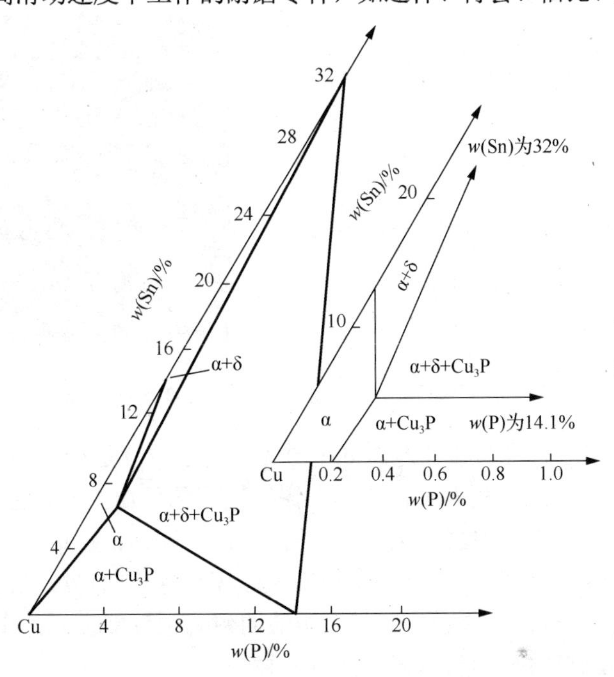

图 5-36　Cu-Sn-P 的三元常温等温截面相图

加入锌的铸造锡青铜牌号为 ZCuSn10Zn2，化学成分是 w(Sn)为 9.0%～11.0%，w(Zn)为 1.0%～3.0%，其余为 Cu。锌加入锡青铜的作用主要有缩小凝固结晶温度范围，提高合金的充型及补缩能力，减轻缩松；形成固溶体，强化合金。ZCuSn10Zn2 锡青铜铸造性能好，铸件致密性较高，气密性较好。根据 Cu-Sn-Zn 三元相图（图 5-38），ZCuSn10Zn2 的铸态组织由 α 相和二元共析体 α+δ 组成，如图 5-39 所示。组织中的 α 相为软基体，镶嵌共析体 α+δ 硬质点，耐磨性和切削加工性能好。ZCuSn10Zn2 常用在中等及较高负荷和小滑动速度下工作的管配件以及阀、旋塞、泵体、齿轮、叶轮和蜗轮等。

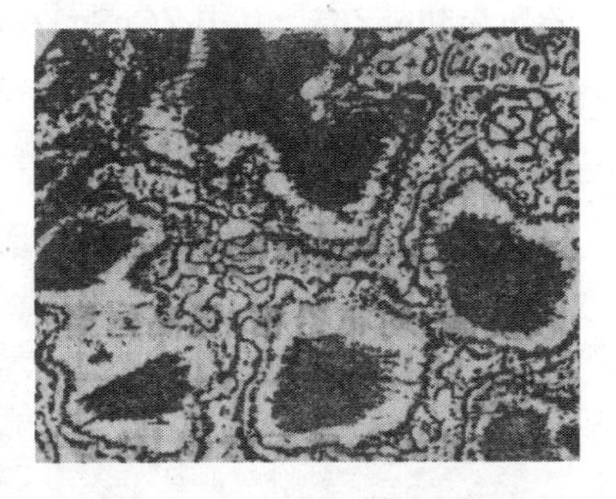

图 5-37　ZCuSn10P1 铸态组织，500×

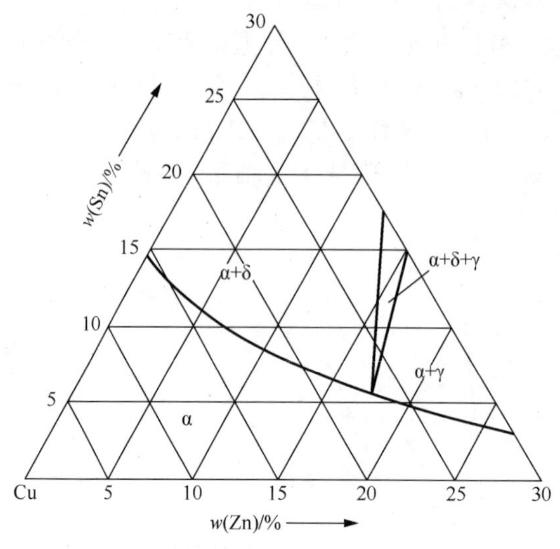

图 5-38　Cu-Sn-Zn 三元相图（常温等温截面）

图 5-39　ZCuSn10Zn2 铸态组织，100×

加入Pb的铸造锡青铜牌号为ZCuSn10Pb5，化学成分是w(Sn)为9.0%～11.0%，w(Pb)为 4.0%～6.0%，余量为 Cu。铅加入锡青铜中的作用主要有生成细小的颗粒，均匀分布在基体上，具有良好的润滑作用，提高耐磨性；在最后凝固部位填补枝晶间隙，有利于减轻缩松；孤立分散的铅粒破坏了基体的连续性，改善了切削性能。ZCuSn10Pb5 对稀硫酸、盐酸和脂肪酸的耐腐蚀性能良好，主要用于耐蚀、耐酸的配件以及破碎机衬套、轴瓦等结构材料。

同时加入 Zn、Pb 的铸造锡青铜牌号有 ZCuSn3Zn8Pb6Ni1、ZCuSn3Zn11Pb4、ZCuSn5Pb5Zn5，其中 ZCuSn3Zn8Pb6Ni1 还加入了 Ni，目的是细化晶粒，提高强度、韧性、耐热性和抗蚀性能，有利于铅相的均匀分布，提高耐磨性，减小缩松倾向。以典型锌铅合金化锡青铜合金 ZCuSn5Pb5Zn5 为例，其铸态组织为 α 枝晶和枝晶间分布的二元共析体 α+δ 和 Pb 颗粒，如图 5-40 所示。由于铸造锡青铜合金中 Pb 含量较高，则其力学性能不高，砂型铸造试棒最低抗拉强度 R_m=200MPa，屈服强度 $R_{p0.2}$=90MPa，延伸率 A=13%。此合金抗磨性和耐蚀性良好，易加工，铸造性能和气密性较好。适用于在中等负荷及滑动速度下工作的耐磨耐腐蚀零件，如轴瓦、衬套、缸套、活塞离合器及蜗轮等。

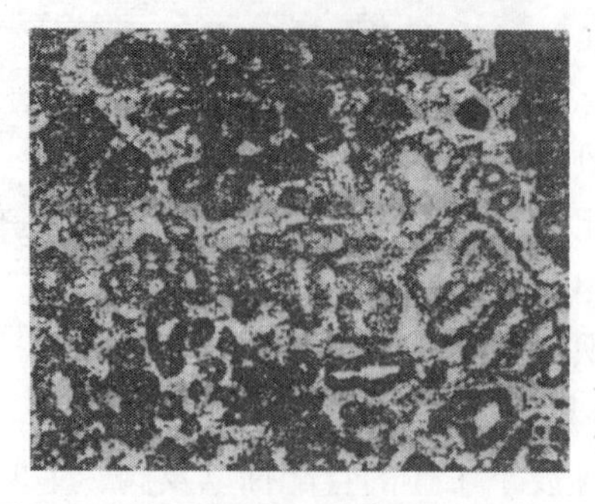

图 5-40　ZCuSn5Pb5Zn5 铸态组织，100×

三、铸造铝青铜

（一）铸造铝青铜合金的牌号、化学成分及力学性能

铸造锡青铜的锡含量较高，铸件价格高，总体强度不高，耐磨耐蚀零件不能承受更大的载荷，因此发展了无锡、强度性能更高的铝青铜。为了改善铸造铝青铜的力学性能和铸造性能，在Cu-Al二元合金的基础上，加入Fe、Mn、Ni等元素形成系列多元铝青铜。

表5-14是国家标准《铸造铜及铜合金》（GB/T 1176—2013）规定的铸造铝青铜合金的牌号、名称及化学成分，表5-15是标准规定的铸造铝青铜合金铸态的力学性能。和铸造锡青铜力学性能相比，铸造铝青铜的力学性能更高。

表5-14　铸造铝青铜合金的牌号、名称及化学成分

序号	合金牌号	合金名称	主要化学成分（质量分数）/%				
			w(Ni)	w(Al)	w(Fe)	w(Mn)	w(Cu)
1	ZCuAl8Mn13Fe3	8-13-3铝青铜	—	7.0～9.0	2.0～4.0	12.0～14.5	余量
2	ZCuAl8Mn13Fe3Ni2	8-13-3-2铝青铜	1.8～2.5	7.0～8.5	2.5～4.0	11.5～14.0	余量
3	ZCuAl8Mn14Fe3Ni2	8-14-3-2铝青铜	1.9～2.3	7.4～8.1	2.6～3.5	12.4～13.2	余量
4	ZCuAl9Mn2	9-2铝青铜	—	8.0～10.0	—	1.5～2.5	余量
5	ZCuAl8Be1Co1	8-1-1铝青铜	w(Co)为0.7～1.0	7.0～8.5	<0.4	w(Be)为0.7～1.0	余量
6	ZCuAl9Fe4Ni4Mn2	9-4-4-2铝青铜	4.0～5.0	8.5～10.0	4.0～5.0	0.8～2.5	余量
7	ZCuAl10Ni4Fe4	10-4-4铝青铜	3.5～5.5	9.5～11.0	3.5～5.5	—	余量
8	ZCuAl10Fe3	10-3铝青铜	—	8.5～11.0	2.0～4.0	—	余量
9	ZCuAl10Fe3Mn2	10-3-2铝青铜	—	9.0～11.0	2.0～4.0	1.0～2.0	余量

表5-15　铸造铝青铜合金铸态的力学性能

序号	合金牌号	铸造方法	力学性能			
			R_m/MPa≥	$R_{p0.2}$/MPa≥	A/%≥	HBW≥
1	ZCuAl8Mn13Fe3	S	600	270	15	160
		J	650	280	10	170
2	ZCuAl8Mn13Fe3Ni2	S	645	280	20	160
		J	670	310	18	170
3	ZCuAl8Mn14Fe3Ni2	S	735	280	15	170
4	ZCuAl9Mn2	S	390	150	20	85
		J	440	160	20	95
5	ZCuAl8Be1Co1	S	647	280	15	160
6	ZCuAl9Fe4Ni4Mn2	S	630	250	16	160

续表

序号	合金牌号	铸造方法	力学性能			
			R_m/MPa≥	$R_{p0.2}$/MPa≥	A/%≥	HBW≥
7	ZCuAl10Ni4Fe4	S	539	200	5	155
		J	588	235	5	165
8	ZCuAl10Fe3	S	490	180	13	100
		J	540	200	15	110
		Li、La	540	200	15	110
9	ZCuAl10Fe3Mn2	S、R	490	—	15	110
		J	540	—	20	120

注：铸造方法中，S-金属型铸造；J-金属型铸造；Li-离心铸造；La-连续铸造。

（二）Cu-Al 二元相图、组织与性能

图 5-41 是 Cu-Al 二元富铜侧相图，实际应用的铸造铝青铜，铝的质量分数不超过 12%。相图上存在 α、β、γ_2 相，α 相是铝固溶于铜中形成的置换固溶体，具有面心立方结构，塑性好，故 α 铝青铜可用于冷、热压力加工成型材。β 相是以电子化合物 Cu_3Al 为基的固溶体，具有体心立方晶格，高温时存在，降温过程发生共析反应。γ_2 相是以 $Cu_{32}Al_{19}$ 为基的固溶体，具有复杂立方结构，硬而脆，出现 γ_2 相后合金的塑性下降。

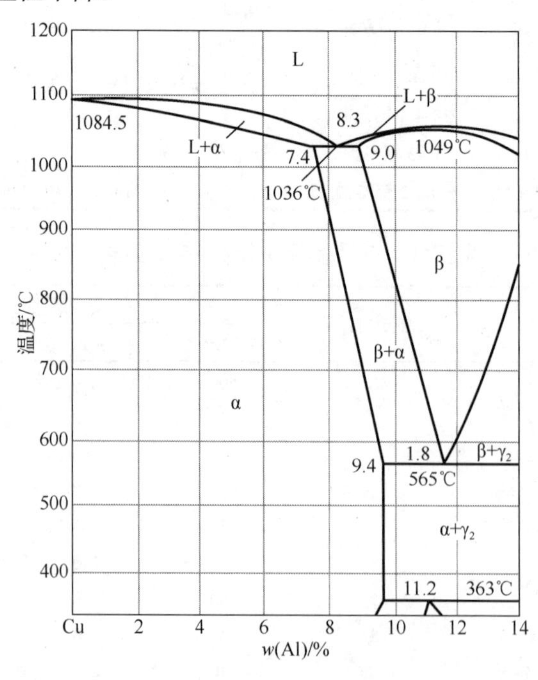

图 5-41　Cu-Al 二元富铜侧相图

从平衡相图可以看出，铝青铜的结晶温度范围较小，因此具有很高的流动性和充型能力。铸件晶内偏析及缩松倾向较小，气密性良好，但在铸造凝固过程中，体积收缩较大，容易形成集中缩孔，线收缩较大，有形成冷裂的倾向。相图上铝在铜中的溶解度可达到 9.4%，但在铸造条件下，发生非平衡凝固，α 相区缩小至 w(Al)的 7.5%以下。

实际铸造生产中，缓冷脆性是铝青铜铸件特有的缺陷。缓冷脆性的产生原因为砂型铸造浇注较大型铸件时，冷却速度较慢，由于 $\beta \longrightarrow \alpha+\gamma_2$ 共析转变进行得比较充分，组织中的共析产物 γ_2 会呈网状分布在 α 枝晶间，使合金显著变脆，产生缓冷脆性。减轻和消除缓冷脆性的主要措施有①提高铸件的冷却速度，抑制共析反应和 γ_2 相；②合金化加入铁、锰等元素，固溶于 β 相，增加其稳定性，抑制其发生共析反应；③加入镍扩大 α 相区，不出现 β 相。

二元铸造铝青铜的力学性能主要取决于铝含量，铝含量对铸造铝青铜力学性能的影响如图 5-42 所示。随铝含量的增加，铝的质量分数在 4%～6%时，延伸率出现峰值，铝的质量分数超过 6%时，铸件的延伸率下降。抗拉强度在铝的质量分数为 10%时达到最高值，铝的质量分数超过 10%时，铸件的抗拉强度下降。铸造铝青铜零件表面会形成一层致密的 Al_2O_3 保护膜，可提高其在海水、氯盐和酸性介质中的抗蚀性。但组织中出现 γ_2 相时，γ_2 相可成为阳极，首先被腐蚀，表面形成许多腐蚀小孔，孔壁呈现紫色，称为脱铝腐蚀，使合金失去强度，组织中消除 γ_2 相可防止脱铝腐蚀。

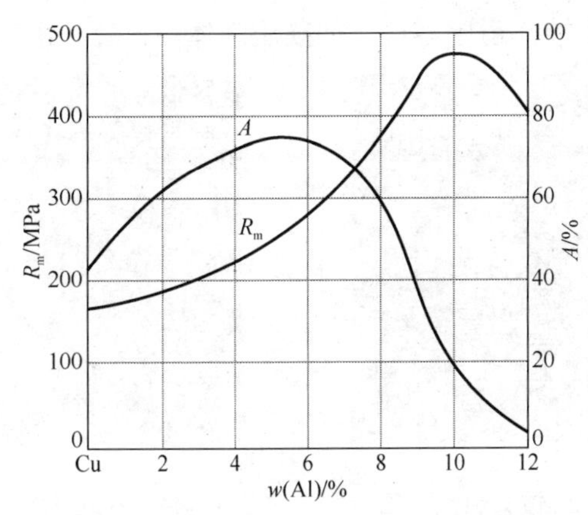

图 5-42　铝含量对铸造铝青铜力学性能的影响

（三）铸造铝青铜合金的合金化

铸造铝青铜虽然具有较高强度和耐磨性，但在实际使用过程中，铸件会出现缓冷脆性和脱铝腐蚀等问题，影响使用性能。因此，为提高铸造铝青铜的性能，常进行合金化，主要的合金化元素有 Fe、Mn、Ni 等，可形成多元铸造铝青铜。

铸造铝青铜中加入 Fe 的作用主要有形成异质晶核，细化 α 相，提高力学性能；阻滞共析转变，消除缓冷脆性。典型牌号为 ZCuAl10Fe3，化学成分是 w(Al)为 8.5%～11.0%，w(Fe)为 2.0%～4.0%，余量为 Cu。图 5-43 是 ZCuAl10Fe3 铸态组织，组织主要由 α 相+($\alpha+\gamma_2$)共析组织组成，灰色的共析组织 $\alpha+\gamma_2$ 分布在 α 相之间，部分 α 相上黑色的点状为 K 相（CuFeAl）。Fe 合金化可以明显提高合金的力学性能，但 Fe 含量超过 4%后，合金耐蚀性下降。ZCuAl10Fe3 可用于中等载荷和低转速工作零件，如轴套、蜗轮等，承受高载荷或发生干摩擦时，会出现“咬卡”现象。

为了改善 ZCuAl10Fe3 的力学性能，可进行热处理，常用的热处理方法有提高硬度和强度的淬火回火及提高塑性的高温回火热处理。淬火回火工艺为加热至 950℃以上保温 3～4h，淬火后获得针状 β′ 马氏体，之后进行 250～300℃回火；高温回火工艺为加热到 600～700℃保温 3～4h，空冷，以减小或消除 $\alpha+\gamma_2$ 共析体。

铸造铝青铜中加入 Mn 的作用主要有缩小 α 相相区，提高 β 相的稳定性，降低共析反应温度，使共析体细化，消除缓冷脆性，形成固溶体产生固溶强化。典型牌号为 ZCuAl9Mn2，化学成分是 w(Al)为 8.0%～10.0%，w(Mn)为 1.5%～2.5%，余量为 Cu。图 5-44 是 ZCuAl9Mn2 铸态组织，组织主要由 α 相+（$\alpha+\gamma_2$）共析体组成，黑色的共析组织 $\alpha+\gamma_2$ 分布在 α 相晶界上。砂型铸造试块最低抗拉强度 R_m=390MPa，延伸率 A=20%，力学性能与 ZCuAl10Fe3 相比，抗拉强度较低，塑性较高。ZCuAl9Mn2 铝青铜的抗海水腐蚀性能和耐磨性较好，成本比锡青铜低，可用于中等载荷的耐蚀、耐磨零件，如高压阀体、衬套、齿轮、蜗轮等。

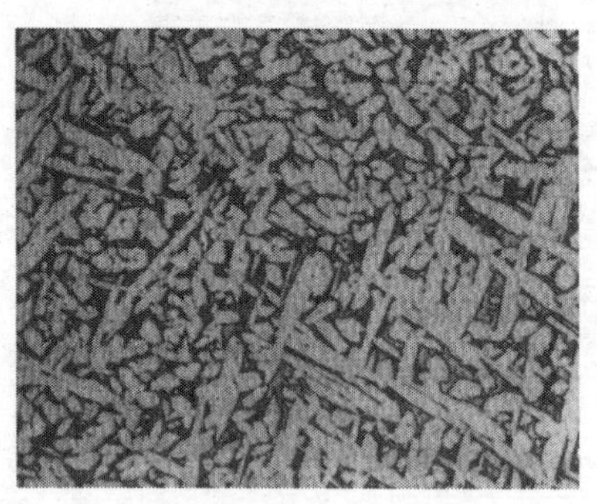

图 5-43　ZCuAl10Fe3 铸态组织，120×

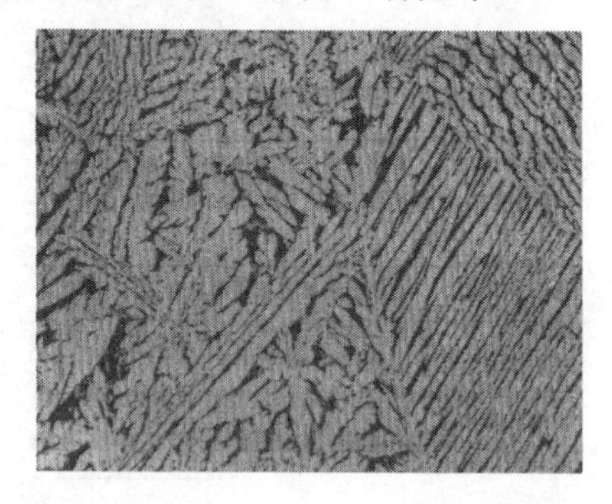

图 5-44　ZCuAl9Mn2 铸态组织，100×

同时加入较多合金元素的铸造铝青铜牌号有 ZCuAl8Mn13Fe3、ZCuAl8Mn13Fe3Ni2、ZCuAl9Fe4Ni4Mn2、ZCuAl10Fe3Mn2 等。在 Fe、Mn 合金化基础上再加入 Ni，能够扩大 α 相区，固溶强化和细化组织，提高力学性能及耐磨性能，还可以提高铝青铜的抗蚀性、耐热性能，但合金的充型能力有所降低，一般加入镍的质量分数小于 6%。

ZCuAl8Mn13Fe3Ni2 铸造铝青铜的化学成分是 w(Al)为 7%～8.5%，w(Mn)为 11.5%～14.0%，w(Fe)为 2.5%～4.0%，w(Ni)为 1.8%～2.5%，余量为 Cu。合金成分中锰含量比铝含量高，但对组织、性能的影响，w(Mn)为 1%仅相当于 w(Al)为 0.16%，因此仍属于铝青铜。图 5-45 是 ZCuAl8Mn13Fe3Ni2 铸态组织，组织由 $\alpha+\beta+Cu_3Mn_2Al+K$ 相组成。加入较多的锰，极大地稳定了 β 相，阻止了其分解，使组织存在较多的 β 相，可提高合金的强度，获得的力学性能抗拉强度 $R_m \geqslant$ 660MPa，延伸率 $A \geqslant$20%。ZCuAl8Mn13 Fe3Ni2 合金铸造性能良好，在海水中抗蚀性、抗空泡腐蚀性好，是制造大型船舰和高速快艇推进器的理想材料，其缺点是抵抗海水中生物附着能力差。

ZCuAl9Fe4Ni4Mn2 铸造铝青铜的化学成分是 w(Al)为 8.5%～10.0%，w(Fe)为 4.0%～5.0%，w(Ni)为 4.0%～5.0%，w(Mn)为 0.8%～2.5%，余量为 Cu。图 5-46 是其铸态组织，组织由 α+K 相组成。由于合金中镍高锰低，α 相区扩大，高温时组织为 β 相，随温度的降低，β 相析出 α 相，不会产生 γ_2 相，消除缓冷脆性，转变过程组织中析出球状分布的富镍和富铁 K 相。砂型铸造的力学性能为抗拉强度 $R_m \geqslant$630MPa，延伸率 $A \geqslant$16%。ZCuAl9Fe4Ni4Mn2 合金在海水中抗蚀性、抗空泡腐蚀性更好，抗海水中生物附着能力强，是制造大型船舰和高速快艇推进器的理想材料，缺点是密度大、成本高。

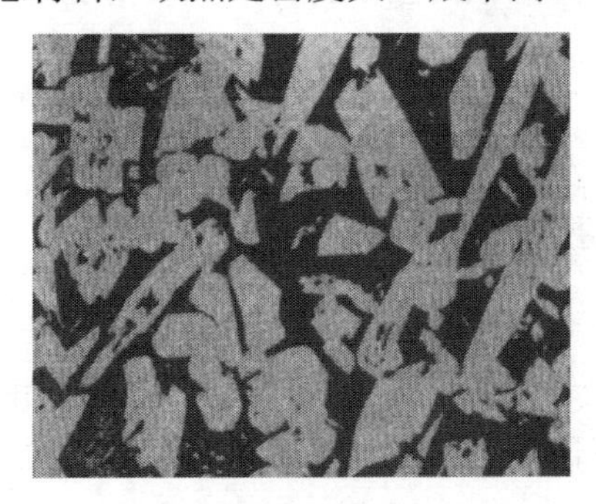

图 5-45　ZCuAl8Mn13Fe3Ni2 铸态组织，360×

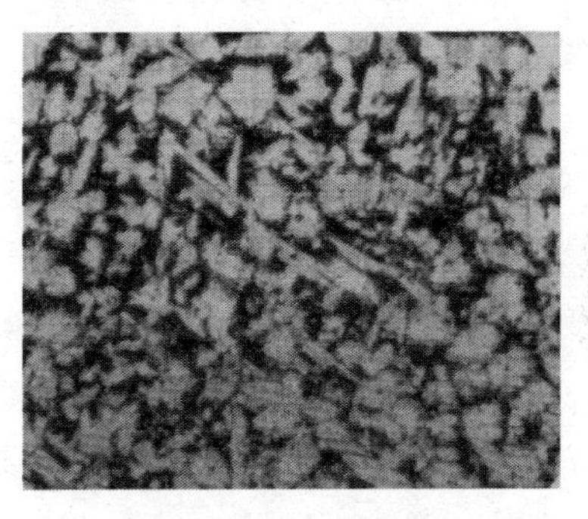

图 5-46　ZCuAl9Fe4Ni4Mn2 铸态组织，100×

在高强度铸造铝青铜合金中，铸造铍青铜越来越受到重视，这是由于铍青铜具有高的力学性能、高弹性、无磁性、不产生火花、耐磨损、耐腐蚀、优良的导电性、热传导性能，在工业中有特殊的用途。例如，飞机高度表用的铍青铜膜盒，易燃易爆场所用的防爆工具，是其他材料不可代替的。铍青铜焊接性能好，铸件可以通过钎焊、碳弧焊、金属弧焊、惰性气体保护弧焊和电阻焊进行连接和修理，铸造缺陷可以用焊接进行修复。铸造铍青铜是一种典型依靠弥散相进行强化的合金，经过热处理后具有极高的强度和硬度，远超其他铜合金，甚至可以和高强度钢相媲美。虽然铍具有一定的毒性，在加工和使用过程中可能对人体和自然环境造成损害，但由于铍青铜合金优秀的综合性能，目前仍无法被其他材料取代。近年来，随着电动汽车、电气电子工业及高速铁路网和高速列车建设等领域的飞速发展，作为该领域零件制造的重要原材料，铸造铍青铜在全世界范围的需求量越来越大。

铸造铍青铜的铍含量主要有两种，高强度高铍铸造铍青铜和高导电性低铍铸造青铜。高强度高铍铸造青铜中，*w*(Be)为 1.65%～2.85%；高导电性低铍铸造青铜中，*w*(Be)在 1.0%以下。目前，铍青铜铸造合金已列入国家标准《铸造铜及铜合金》（GB/T 1176—2013）中，合金牌号为 ZCuAl8Be1Co1。除了铍合金化外，还加入一定量的 Co，能够提高合金硬度、强度、韧性和耐高温性能，并阻止晶粒长大和粗化，抑制晶界反应，延缓固溶体分解。Co 与 Be 还可以形成钴铍化合物，随着温度的降低，钴铍化合物在固溶体中的溶解度随之降低，并产生析出强化效果。ZCuAl8Be1Co1 合金铸态组织为 α 相，基体上分布细小的 γ_2 相（CuBe）及少量的 CoBe 相。砂型铸造铸态力学性能抗拉强度 R_m≥647MPa，延伸率 A≥15%。铸造铍青铜合金是热处理强化合金，可以通过固溶和时效处理进一步提高铸造合金的力学性能。ZCuAl8Be1Co1 有很高的力学性能，在大气、淡水和海水中具有良好的耐蚀性，腐蚀疲劳强度高，耐空泡腐蚀性能优异，铸造性能好，合金组织致密，可以焊接，一般用于要求强度高，耐腐蚀、耐空蚀的重要铸件，如制作小型快艇的螺旋桨等。

四、铸造铅青铜

（一）铸造铅青铜合金的牌号、化学成分及力学性能

表 5-16 是国家标准《铸造铜及铜合金》（GB/T 1176—2013）规定的铸造铅青铜合金的牌号、名称及化学成分，表 5-17 是铸造铅青铜合金铸态力学性能。铸造铅青铜是一种低锡或无锡的青铜，具有良好的耐磨性能。铸造铅青铜的铅含量一般在 8%～33%。

表 5-16　铸造铅青铜合金的牌号、名称及化学成分

序号	合金牌号	合金名称	主要化学成分（质量分数）/%			
			w(Sn)	*w*(Zn)	*w*(Pb)	*w*(Cu)
1	ZCuPb9Sn5	9-5 铅青铜	4.0～6.0	—	8.0～10.0	余量
2	ZCuPb10Sn10	10-10 铅青铜	9.0～11.0	—	8.0～11.0	余量
3	ZCuPb15Sn8	15-8 铅青铜	7.0～9.0	—	13.0～17.0	余量
4	ZCuPb17Sn4Zn4	17-4-4 铅青铜	3.5～5.0	2.0～6.0	14.0～20.0	余量
5	ZCuPb20Sn5	20-5 铅青铜	4.0～6.0	—	18.0～23.0	余量
6	ZCuPb30	30 铅青铜	—	—	27.0～33.0	余量

表 5-17　铸造铅青铜合金铸态力学性能

序号	合金牌号	铸造方法	力学性能			
			R_m/MPa≥	$R_{p0.2}$/MPa≥	A/%≥	HBW≥
1	ZCuPb9Sn5	La	230	110	11	60
		S	180	80	7	65
2	ZCuPb10Sn10	J	220	140	5	70
		Li、La	220	110	6	70
		S	170	80	5	60
3	ZCuPb15Sn8	J	220	100	6	65
		Li、La	220	100	8	65
4	ZCuPb17Sn4Zn4	S	150	—	5	55
		J	175	—	7	60
		S	150	60	5	45
5	ZCuPb20Sn5	J	150	70	6	55
		La	180	80	7	55
6	ZCuPb30	J	—	—	—	25

（二）Cu-Pb 二元相图、组织与性能

图 5-47 是 Cu-Pb 二元相图。铅在铜中不固溶，铅的质量分数小于 36%时，凝固过程中先析出 α 相，然后在 955℃发生偏晶反应：$L_1 \longrightarrow \alpha+L_2$，析出固相铜含量和铅含量为 87%的液相，继续冷却，不断析出铜而使液相更加富铅。冷却到 326℃时，发生共晶反应生成 Cu+Pb，其铅含量高达 99.94%，从偏晶反应到共晶温度的温度差达到 629℃，加之两相的密度差别较大，凝固时会产生严重的密度偏析，引起组织中铅聚集和球化，恶化力学性能。因此，铸造时需要加速冷却和合金化，如采用水冷金属型，加入 Sn、Zn、Ni、Ag、Li 等来减轻偏析。

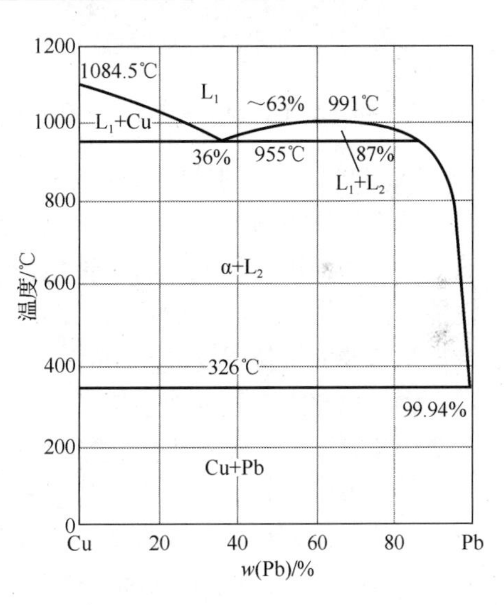

图 5-47　Cu-Pb 二元相图

（三）典型牌号 Cu-Pb 合金的组织和性能

合金牌号为 ZCuPb9Sn5，化学成分是 w(Pb)为 8%～10%，w(Sn)为 4.0%～6.0%，余量为 Cu。离心铸造合金的抗拉强度 R_m≥230MPa，离心铸造的铸态组织如图 5-48

所示，铸态组织为α（Cu）+Pb相，黑色的Pb相在α（Cu）中呈点状均匀分布。ZCuPb9Sn5合金的润滑性、耐磨性良好，易切削，软、硬钎焊性良好，一般用于轴瓦和轴套等。

合金牌号为ZCuPb30，化学成分是w(Pb)为27%～33%，余量为Cu。其铸态组织为α（Cu）+Pb相，黑色的Pb相分布在α（Cu）枝晶间之间（图5-49）。根据冷却速度不同，Pb相呈粒状、块状、片块状和网状分布，Pb相越细小、越均匀，分布越好。在Cu的基体上分布软的Pb相，因Pb有自润滑作用，合金的摩擦系数较小，耐磨性好。

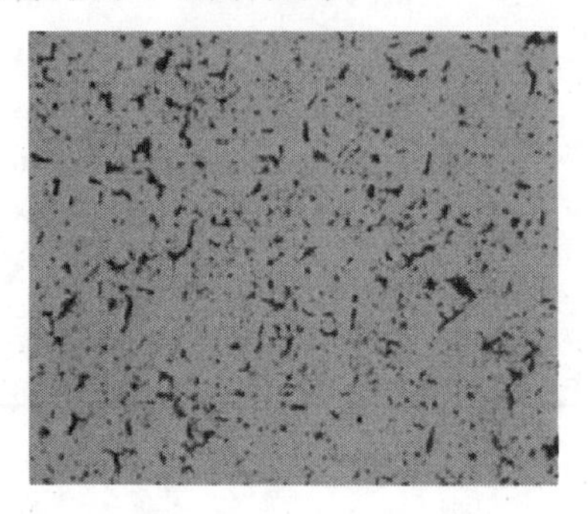

图5-48　ZCuPb9Sn5铸态组织，200×

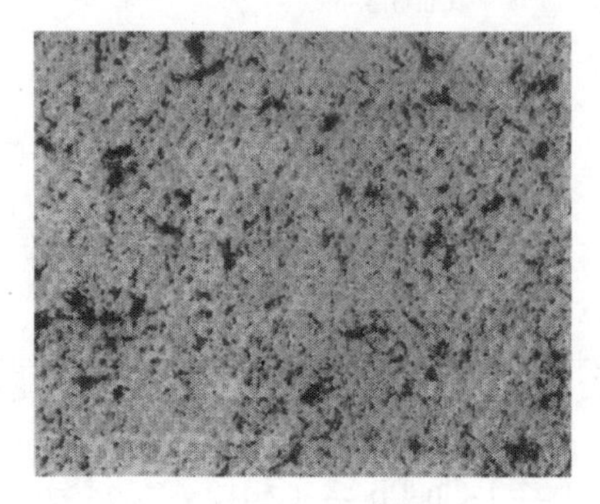

图5-49　ZCuPb30铸态组织，100×

ZCuPb30合金的性能特点是摩擦系数小，耐磨性好，抗疲劳性能较高，在冲击载荷作用下不易开裂，可用于承受高压、高转速并受冲击的重要轴套。它的导热性好，不易因摩擦发热而与轴颈粘连，允许工作温度达300℃，具有高自润滑性能，在润滑不良时仍能较好工作。ZCuPb30合金的主要缺点是力学性能较低，金属型试棒的抗拉强度R_m=60MPa，延伸率A=4%，因此不能做单体轴承，只能镶嵌在钢套内壁上，制成双金属轴承。该合金实际生产时容易出现密度偏析，浇注前要加强搅拌，必须采用水冷金属型强制冷却，控制浇注速度，减轻铅的偏析。

为了改善Cu-Pb二元合金的力学性能和铸造过程的密度偏析，常在Cu-Pb二元合金的基础上加入Sn、Zn等合金元素合金化，形成ZCuPb10Sn10、ZCuPb15Sn8、ZCuPb17Sn4Zn4、ZCuPb20Sn5牌号合金。合金元素Sn和Zn在铜中固溶度较大，因此合金中的Sn和Zn全部固溶在α（Cu）中，铸态组织与ZCuPb30合金相似，但合金的硬度和强度有显著提高，如表5-17所示。

五、铸造黄铜

（一）铸造黄铜锌合金的当量、牌号和力学性能

铸造黄铜中锌的沸点低，熔炼过程具有自发除气的作用，具有良好的铸造性

能，铸造黄铜的力学性能高于铸造锡青铜，因此应用广泛。Cu-Zn 二元黄铜合金虽然具有一定强度、硬度和良好铸造性能，但耐磨性、耐蚀性，尤其是对流动海水、蒸气和无机酸的耐蚀性较差。为了提高普通黄铜的力学性能和使用性能，可在 Cu-Zn 二元合金的基础上加入 Al、Mn、Si、Pb、Ni、Fe 等合金元素，组成的多元黄铜称为特殊黄铜，以满足不同使用性能要求。

铸造 Cu-Zn 二元合金中加入 Al、Mn、Si、Pb、Ni 等元素，会对其组织产生影响，如加入 Al、Mn、Si 减小 α 相相区，加入 Ni 则扩大 α 相相区。将合金元素对组织的影响折合成锌含量，称为锌当量。利用计算的锌当量再根据 Cu-Zn 二元相图可判断合金的组织及性能。锌当量的计算式如式（5-1）所示：

$$X_{\mathrm{Zn}}=\frac{A+\sum C\times\eta}{A+B+\sum C\times\eta}\times100\% \tag{5-1}$$

式中，A 为合金中含锌量；B 为合金中含铜量；C 为合金元素含量，%；η 为合金元素锌当量系数。表 5-18 是几种合金元素的锌当量系数。锌当量公式只适用于合金元素含量在 5%以下，铜含量范围为 55%～63%，含量过高时，计算不准确。

表 5-18　几种合金元素的锌当量系数

合金元素	Si	Al	Sn	Pb	Fe	Mn	Ni
η	+10	+6	+2	+1	+0.9	+0.5	−1.3

例如，ZCuZn40Mn3Fe1 合金成分是 w(Zn)为 40.5%，w(Mn)为 3.5%，w(Fe)为 1%，w(Cu)为 55%。计算合金的锌当量为

$$X_{\mathrm{Zn}}=\frac{A+\sum C\times\eta}{A+B+\sum C\times\eta}\times100\%=\frac{40.5+(0.5\times3.5+0.9\times1)}{40.5+55+(0.5\times3.5+0.9\times1)}\times100\%\approx44\%$$

对照 Cu-Zn 二元相图，锌含量为 44%时，组织为 α+β′。利用杠杆定律计算出 α 相占 30%，β′相占 70%。

表 5-19 是国家标准（GB/T 1176—2013）规定的铸造黄铜合金的牌号、名称及化学成分，表 5-20 是标准规定的铸造黄铜合金的力学性能。

表 5-19　铸造黄铜合金的牌号、名称及化学成分

序号	合金牌号	合金名称	主要化学成分（质量分数）/%						
			w(Pb)	w(Al)	w(Fe)	w(Mn)	w(Si)	w(Cu)	w(Zn)
1	ZCuZn38	38 黄铜	—	—	—	—	—	60.0～63.0	余量
2	ZCuZn21Al5Fe2Mn2	21-5-2-2 铝黄铜	—	4.5～6.0	2.0～3.0	2.0～3.0	—	67.0～70.0	余量
3	ZCuZn25Al6Fe3Mn3	25-6-3-3 铝黄铜	—	4.5～7.0	2.0～4.0	2.0～4.0	—	60.0～66.0	余量
4	ZCuZn26Al4Fe3Mn3	26-4-3-3 铝黄铜	—	2.5～5.0	2.0～4.0	2.0～4.0	—	60.0～68.0	余量
5	ZCuZn31Al2	31-2 铝黄铜	—	2.0～3.0	—	—	—	66.0～68.0	余量
6	ZCuZn35Al2Mn2Fe1	35-2-2-1 铝黄铜	—	0.5～2.5	0.5～2.0	0.1～3.0	—	57.0～65.0	余量

续表

序号	合金牌号	合金名称	主要化学成分（质量分数）/%						
			w(Pb)	w(Al)	w(Fe)	w(Mn)	w(Si)	w(Cu)	w(Zn)
7	ZCuZn38Mn2Pb2	38-2-2 锰黄铜	1.5～2.5	—	—	1.5～2.5	—	57.0～60.0	余量
8	ZCuZn40Mn2	40-2 锰黄铜	—	—	—	1.0～2.0	—	57.0～60.0	余量
9	ZCuZn40Mn3Fe1	40-3-1 锰黄铜	—	—	0.5～1.5	3.0～4.0	—	53.0～58.0	余量
10	ZCuZn33Pb2	33-2 铅黄铜	1.0～3.0	—	—	—	—	63.0～67.0	余量
11	ZCuZn40Pb2	40-2 铅黄铜	0.5～2.5	0.2～0.8	—	—	—	58.0～63.0	余量
12	ZCuZn16Si4	16-4 硅黄铜	—	—	—		2.5～4.5	79.0～81.0	余量

表 5-20　铸造黄铜合金的力学性能

序号	合金牌号	铸造方法	R_m/MPa≥	$R_{p0.2}$/MPa≥	A/%≥	HBW≥
1	ZCuZn38	S	295	95	30	60
		J	295	95	30	70
2	ZCuZn21Al5Fe2Mn2	S	608	275	16	160
3	ZCuZn25Al6Fe3Mn3	S	725	380	10	160
		J	740	400	7	170
		Li、La	740	400	7	170
4	ZCuZn26Al4Fe3Mn3	S	600	300	18	120
		J	600	300	18	130
		Li、La	600	300	18	130
5	ZCuZn31Al2	S、R	295	—	12	80
		J	390	—	15	90
6	ZCuZn35Al2Mn2Fe1	S	450	170	20	100
		J	475	200	18	110
		Li、La	475	200	18	110
7	ZCuZn38Mn2Pb2	S	245	—	10	70
		J	345		18	80
8	ZCuZn40Mn2	S	345	—	20	80
		J	390		25	90
9	ZCuZn40Mn3Fe1	S	440	—	18	100
		J	490		15	110
10	ZCuZn33Pb2	S	180	70	12	50
11	ZCuZn40Pb2	S、R	220	95	15	80
		J	280	120	20	90
12	ZCuZn16Si4	S、R	345	180	15	90
		J	390	—	20	100

（二）Cu-Zn 二元合金的相图及组织

Cu-Zn 二元合金的相图如图 2-26 所示，该相图较复杂，有五个包晶反应、一个共析反应和一个有序化转变，相图上的相由 α、β、γ、δ、ε、η 六个相组成。α 相是锌固溶于铜形成的固溶体，晶体结构为面心立方，塑性高，冷热加工性能好，铸态组织呈树枝状或针状。锌在铜中的固溶度与一般合金系不同，是随温度的降低而增加，当温度降低至 454℃时，锌在铜中的固溶度增至 39%，进一步降低温度，则随温度降低而减小；β 相是金属间化合物 CuZn 为基的固溶体，为体心立方晶格，高温的 β 相塑性较好，可进行压力加工，在 454～468℃发生有序转变，形成 β′相，合金的塑性降低，冷加工较困难；γ 相为金属间化合物 Cu_5Zn_8 为基的固溶体，复杂立方晶体结构，硬而脆，难以压力加工；δ 相为 $CuZn_3$，体心立方；ε 相为 $CuZn_5$，密排六方；η 相为铜固溶于锌形成固溶体，密排六方。黄铜中出现 γ 相后，塑性较低，因此铸造黄铜中，锌含量一般小于 46%。

在实际铸造条件下，因为非平衡凝固室温时，锌在 α 相中的最大固溶度会降到 30%左右，所以锌含量大于 30%的合金组织中会出现 α+β 两相。当冷却速度较快时，β ⟶ α（或 γ）转变来不及充分进行，β 相区扩大，组织中的 β 相增多，因此 37%～40%的 Cu-Zn 二元合金中，铸态组织由 α+β 两相组成。

（三）Cu-Zn 二元合金的力学性能

图 5-50 是 Zn 含量对 Cu-Zn 二元合金力学性能的影响。随 Zn 含量增加，Cu-Zn 二元合金的强度和塑性增加，Zn 含量达到 32%时，延伸率达到最大值，Zn 含量再增加，延伸率开始急剧降低。强度在 Zn 含量为 45%时出现最大值，Zn 含量超过 45%，强度急剧下降。力学性能出现这种变化与锌含量增加的合金组织变化有关，Zn 含量低于 30%时，组织为单一 α 相，由于 α 相的晶体结构为面心立方，塑性好，延伸率较高。当 Zn 含量高于 30%时，组织中出现 β 相，塑性降低，力学性能随组织中的 β 相增多提高。当全部为 β 相时，冷却过程发生 β 相有序化转变，形成组织脆而硬，缺口敏感性增加，显著地降低了合金的强度和塑性。

铸造黄铜的结晶温度范围小，具有良好的铸造性能。因为锌的沸点只有 907℃，容易蒸发而起到精炼作用，所以黄铜铸件不易产生气孔，熔铸工艺简单，适于压铸和离心铸造等。

铸造 Cu-Zn 二元合金在大气和淡水中具有良好的耐蚀性，但在流动海水、热水、蒸气、无机酸中耐蚀性较差，常常发生脱锌腐蚀，造成零件表面裂纹及剥落等缺陷而使其失效。

图 5-51 是铸造 Cu-Zn 二元合金海水脱锌腐蚀组织，脱锌腐蚀使零部件表面的锌在腐蚀环境中被腐蚀，表面 Zn 浓度降低，组织中富锌相（β 相）减少，白色的

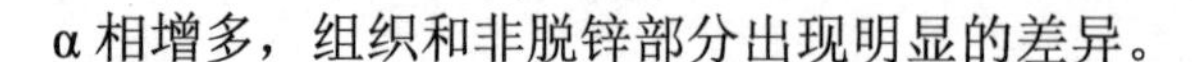
α相增多，组织和非脱锌部分出现明显的差异。

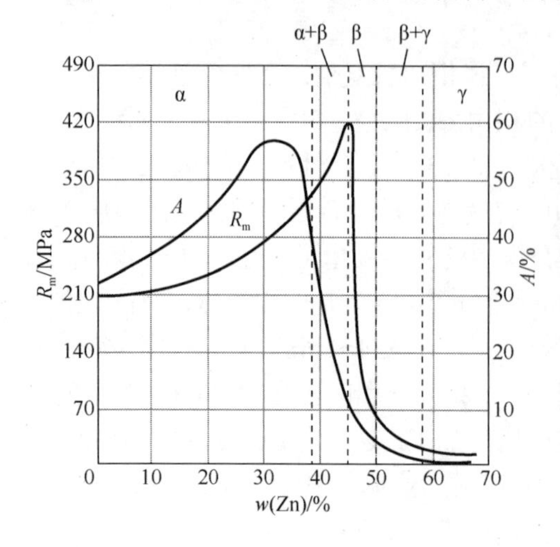

图5-50　Zn含量对Cu-Zn二元合金力学性能的影响

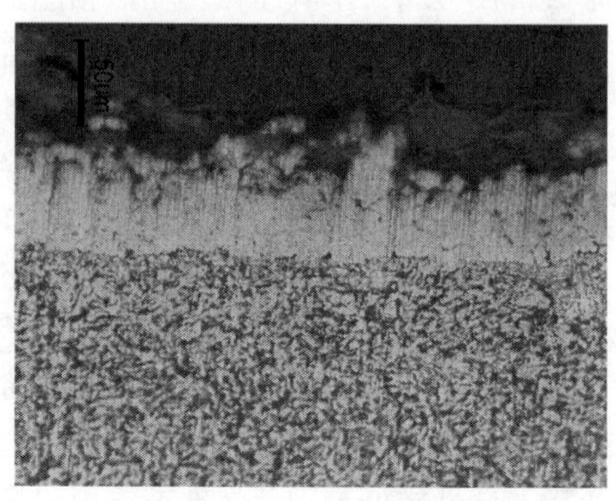

图5-51　铸造Cu-Zn二元合金海水脱锌腐蚀组织，100×

黄铜脱锌腐蚀的机制主要有优先溶解、溶解-再沉积机制、双空位机制和渗流机制等。锌的优先溶解机制认为在黄铜腐蚀过程中，合金表面的锌从黄铜中优先溶解，合金内部的锌通过空位扩散继续溶解，电位较正的铜被遗留下来，呈疏松多孔结构的富铜层。溶解-再沉积机制认为，铜、锌两组份都可溶解，并发生显著的铜再沉积现象。黄铜脱锌腐蚀包括两种可能：一种是铜和锌在阳极上同时溶解，当溶液中的铜离子达到一定的浓度后，铜离子又被还原成金属铜沉积在表面上，作为附加阴极加速合金中锌的溶解；另一种是开始的很短一段时间内，锌优先溶解进入溶液，随着锌扩散变得困难，铜锌将同时溶解，并伴随着铜的返沉积。双空位机制认为黄铜表面的锌首先在腐蚀过程中的阳极溶解产生双空位，然后由于浓度梯度的影响，双空位向合金内部扩散，锌原子向表面扩散，从而产生锌的优先溶解。渗流机制认为在铜锌二元合金或两相合金中，当溶质原子或某相所占的百分数超过某一渗流阈值后，会在合金内部出现由此溶质原子或某相近邻或次近邻组成的无限长连通的通道，黄铜的脱锌沿着由锌原子组成的通道发生优先溶解，从而出现坑道状的脱锌腐蚀特征。

（四）典型铸造黄铜的组织及力学性能

1．硅黄铜

硅添加到Cu-Zn二元合金中，会降低合金的液相线温度，增加合金的流动性，减少缩松，提高组织的致密性。硅的锌当量系数较大，缩小相图上的α相区，硅

溶于 α 相起到固溶强化作用，在铸件表面会形成一层黑色的致密保护层 SiO_2，提高耐蚀性。但硅溶入 γ 相会增加脆性，应减小 γ 相比例，适当减小锌含量。在添加有 Fe、Mn 的黄铜合金中会形成 Mn_5Si_3、Fe_3Si_2 化合物，可以提高黄铜的强度、硬度和耐蚀性，降低塑性。硅黄铜一般 w(Si)≤4%。

常用的铸造硅黄铜牌号为 ZCuZn16Si4，化学成分是 w(Cu)为 79%～81%，w(Si)为 2.5%～4.5%，余量为 Zn。铸态组织为 α 固溶体+少量 α+γ 共析体（图 5-52）。ZCuZn16Si4 合金具有较高力学性能和良好耐蚀性，铸造性能良好，组织致密、气密性好。该合金适合于压铸和精铸薄壁铸件，可应用于接触海水的管配件，如水泵、叶轮、阀体和工作压力小于 4.5MPa、250℃以下蒸汽中工作的铸件。硅黄铜锌含量低，铸造过程要注意防止吸气及精炼除气。

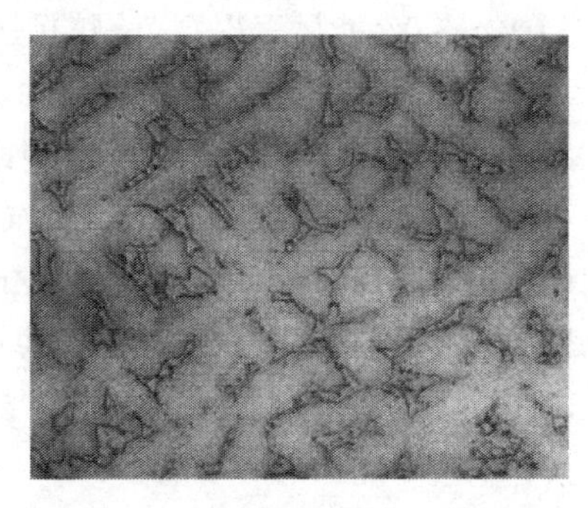
图 5-52 ZCuZn16Si4 铸态组织，100×

2．铅黄铜

铅在黄铜中不溶于 α 固溶体，以独立游离的单质铅相存在，游离的铅相既有润滑的作用，又可使切屑呈碎末状，高速切削后可获得光滑表面，提高黄铜的切削加工性能。

常用的铸造铅黄铜合金主要有 ZCuZn40Pb2 和 ZCuZn33Pb2。ZCuZn40Pb2 的化学成分是 w(Cu)为 58%～63%，w(Pb)为 0.5%～2.5%，w(Al)为 0.2%～0.8%，余量为 Zn。ZCuZn33Pb2 的化学成分是 w(Cu)为 63%～67%，w(Pb)为 1.0%～3.0%，余量为 Zn。ZCuZn40Pb2 和 ZCuZn33Pb2 合金铸态组织均为 α+β+Pb 相，两种合金组织的差别为 α 相和 β 相比例不同。同样的铸造条件下，ZCuZn40Pb2 组织中的 β 相比例大于 ZCuZn33Pb2，因此 ZCuZn40Pb2 具有较高的强度。

图 5-53 是 ZCuZn40Pb2 铸态组织，白色的为 α 相，黑色的为 β 相，分布在 α 相上和相界面黑色的质点为游离的单质 Pb 相。铸造铅黄铜结晶温度范围较窄，具有良好的铸造性能，但凝固过程容易形成树枝晶，组织粗大，铸件使用过程容易使承受压力的铸件产生渗漏，影响使用性能。因此，铸造生产中常加入硼、稀土、锆等进行变质处理，能细化铸态组织，提高致密性及力学性能。铸造铅黄铜合金有良好的铸造性能和耐磨性，可切削加工性能好，耐蚀性较好，但在海水中有应力腐蚀开裂倾向。ZCuZn40Pb2 主要用于一般用途的耐磨、耐蚀零件，如轴套、齿轮等。

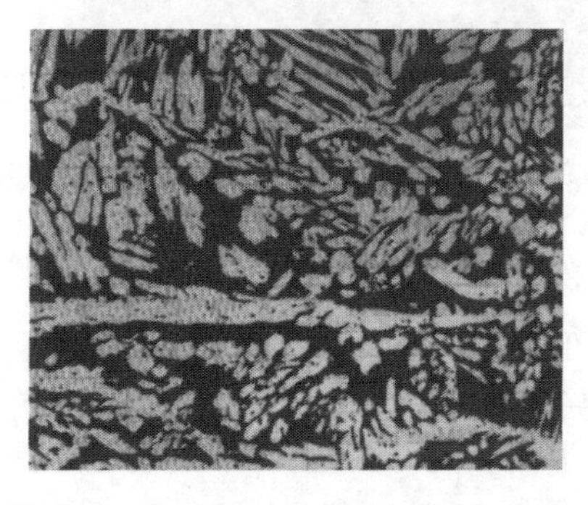
图 5-53 ZCuZn40Pb2 铸态组织，120×

ZCuZn33Pb2 主要用于煤气和给水设备的壳体、机器制造业、电子技术、精密仪器和光学仪器的部分构件。

3．锰黄铜

锰的锌当量系数不大，加入量不大时，对 α 相区影响不大，加入 w(Mn)为 1.0%～3.0%能显著提高黄铜的强度，而又不显著降低塑性。锰能显著提高黄铜在海水和蒸气中的耐蚀性和耐热性。当黄铜中 w(Zn)＞35%、w(Mn)>4%时，组织中将出现脆性相 ε 相，显著降低塑性和韧性，故锰黄铜中一般 w(Mn)≤4%。

常用的铸造锰黄铜牌号有 ZCuZn40Mn2，化学成分是 w(Cu)为 57%～60%，w(Mn)为 1.0%～2.0%，余量为 Zn。铸态组织为 α+β，如图 5-54 所示，图中白色的为 α 相，黑色的为 β 相，其强度、硬度、耐磨性均比二元黄铜有显著提高。ZCuZn40Mn2 用于铸造在空气、淡水、海水、蒸汽和各种液体燃料中工作的零件，如阀体、阀杆、泵、管接头等。

在 ZCuZn40Mn2 基础上提高锰含量并加入铁，形成含铁的铸造锰黄铜 ZCuZn40Mn3Fe1。在铸造锰黄铜中加入铁能显著细化晶粒，提高力学性能、耐蚀性和耐热性。铁在黄铜中的固溶度很小，铁含量过多时，组织中会出现硬而脆的 $FeZn_{10}$ 化合物，降低力学性能、耐蚀性和耐热性，因此铁的质量分数应控制在 1%左右。图 5-55 是 ZCuZn40Mn3Fe1 金相组织，组织由白色 α 相、深灰色 β 相和少量黑色粒状富铁 K 相组成。ZCuZn40Mn3Fe1 具有较高的力学性能，良好的铸造性能和切削加工性能，在空气、淡水和海水中耐蚀性较好，但有应力腐蚀开裂倾向，ZCuZn40Mn3Fe1 主要用于耐海水腐蚀的零件，以及 300℃以下工作的管配件，可制造船舶螺旋桨等大型铸件。

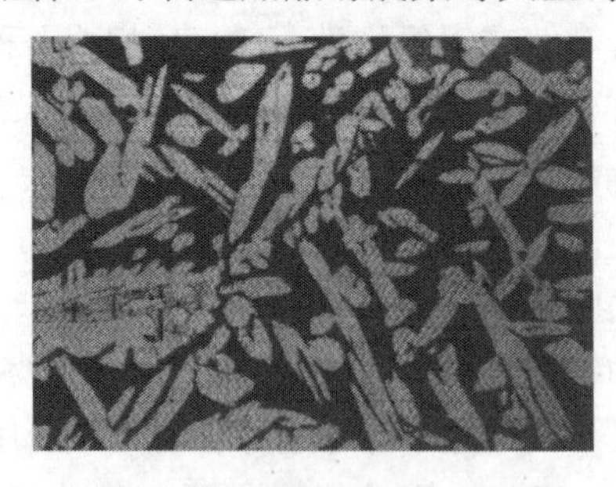

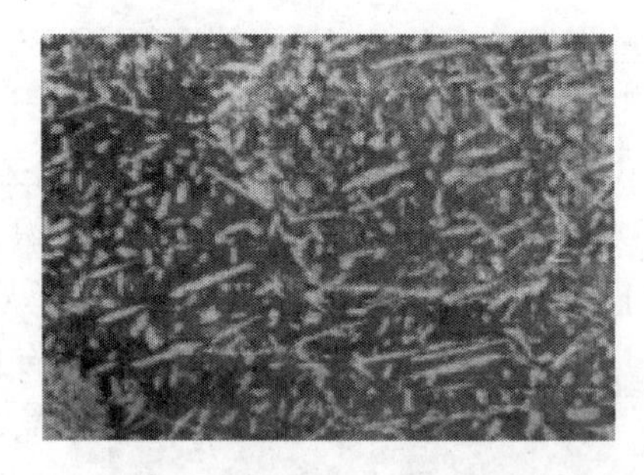

图 5-54　ZCuZn40Mn2 铸态组织，120×　　图 5-55　ZCuZn40Mn3Fe1 金相组织，100×

在 ZCuZn40Mn2 的基础上加入 w(Pb)为 1.5%～2.5%，形成含 Pb 的锰黄铜 ZCuZn38Mn2Pb2。加入铅可提高耐磨性、充型能力及其切削加工性能。ZCuZn38Mn2Pb2 的合金组织和 ZCuZn40Pb2 一样，组织由 α+β+Pb 相组成，ZCuZn40Mn3Fe1 主要用于船舶、仪表等使用外形简单的铸件，如套筒、衬套、轴瓦、滑块等。

4．铝黄铜

铸造黄铜合金中加入铝后会显著缩小 α 相区，并显著提高铸造黄铜的强度、硬度，降低塑性。加入铝后在黄铜表面会形成保护性氧化膜，能显著提高铸造黄铜在海水、大气和稀硫酸中的耐蚀性，但铸造铝黄铜在海水中抗蚀性要低于锡青铜和铸造铜镍合金，铸造铝黄铜中 $w(\mathrm{Al})\leqslant 6\%$。

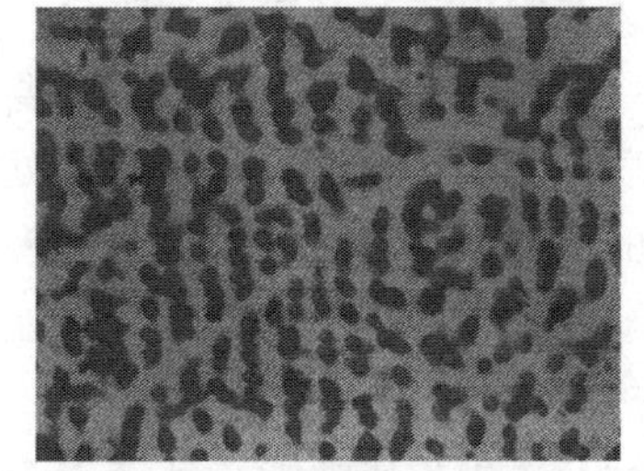

图 5-56　ZCuZn31Al2 铸态组织，70×

常用的铸造铝黄铜牌号为 ZCuZn31Al2，化学成分是 $w(\mathrm{Cu})$为 66%～68%，$w(\mathrm{Al})$为 2.0%～3.0%，余量为 Zn。铸态组织为白色的 α+黑色的 β，如图 5-56 所示。ZCuZn31Al2 铸造性能良好，在空气、淡水和海水中耐蚀性较好，易切削，可焊接，主要适用于压力铸造，可铸造一般耐蚀性铸件，如电机、仪表等压铸件以及造船和机械制造业的耐蚀零件。

多元合金化的铸造铝黄铜有 ZCuZn26Al4Fe3Mn3、ZCuZn25Al6Fe3Mn3。合金中的 Al、Mn 均能固溶于 α 相、β 相中，强化合金，Fe 能形成富铁相 K，细化晶粒。

ZCuZn26Al4Fe3Mn3 按元素含量的平均值计算的锌当量为 44.55%，合金的组织为 α+β 两相，β 相所占比例较大，金相组织如图 5-57 所示。ZCuZn26Al4Fe3Mn3 合金表面会形成一层致密氧化膜保护层，在空气、淡水和海水中耐蚀性较好，可焊接，力学性能较高，铸造性能良好，砂型铸造试块抗拉强度不小于 600MPa，延伸率不小于 18%。ZCuZn26Al4Fe3Mn3 常用于强度要求高、耐蚀性铸件，如船舰的推进器等，但当成分控制不当，组织中出现 γ 相时，合金变脆，作为船舰推进器容易发生断桨事故。为了提高推进器寿命，一般 α 相比例控制在 20%～25%较好。

ZCuZn25Al6Fe3Mn3 合金的组织由主要由 β 相组成，β 相中存在少量块状和星状 γ 相及细小铁相，如图 5-58 所示。铸造 β 相黄铜强度、硬度高，抗空泡腐蚀性能好，有应力腐蚀开裂倾向，可以焊接，但其塑性、腐蚀疲劳性能不如 α+β 黄铜。ZCuZn25Al6Fe3Mn3 适用高强、耐磨零件，如桥梁支撑板、螺母、螺杆、耐磨板、滑块和蜗轮等。

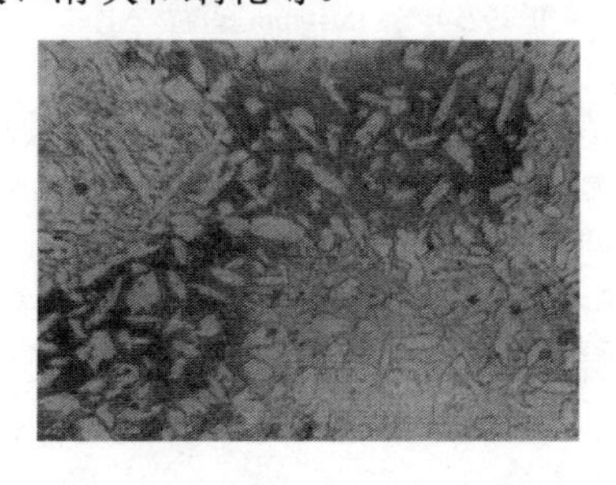

图 5-57　ZCuZn26Al4Fe3Mn3 金相组织，100×

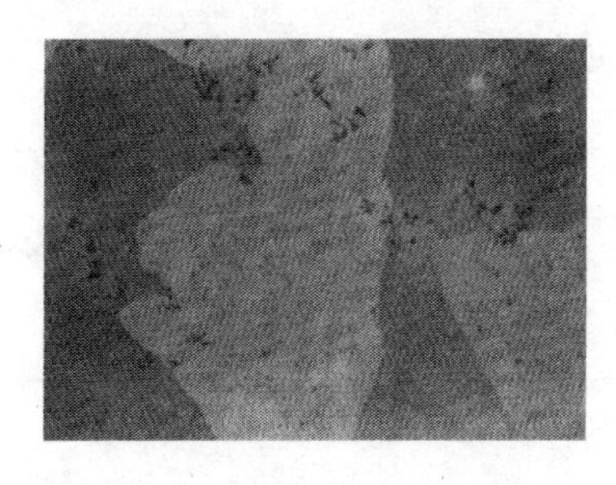

图 5-58　ZCuZn25Al6Fe3Mn3 金相组织，100×

（五）铸造铜合金的热处理

大多数铸造铜合金可以不进行热处理，直接铸态使用，但也有少数铸造铜合金需进行热处理使用，如铸造铍青铜、铸造铬青铜、铸造硅青铜、铝含量较高的铸造铝青铜等是热处理强化合金。通过热处理可以提高其力学性能和使用性能。

铸造铜合金的热处理主要有退火，固溶、时效热处理，消除铸造缺陷的热处理三大类。铸造铜合金退火处理的目的主要是消除铸造过程及其铸件补焊后产生的内应力。固溶、时效热处理的目的是提高铸件的力学性能和耐蚀性。消除铸造缺陷的热处理是指将锡青铜加热到一定温度（400～500℃）时，α 枝晶间的 δ 相扩散溶入 α 相中，引起合金的体积膨胀，从而堵塞锡青铜的显微缩松，提高致密性及改善耐压性能。铸造铜合金的热处理工艺如表 5-21 所示。

表 5-21　铸造铜合金的热处理工艺

合金牌号	热处理应用种类	热处理工艺
ZCuSi0.5Ni1Mg0.02	固溶、时效	固溶：（940～960）℃×1h/10mm 保温，水冷 时效：（480～520）℃×（1～2）h 保温，空冷
ZCuBe0.5Co2.5	固溶、时效	固溶：（900～925）℃×1h/10mm 保温，水冷 时效：（460～480）℃×（3～5）h 保温，空冷
ZCuBe0.5Ni1.5	固溶、时效	固溶：（910～930）℃×1h/10mm 保温，水冷 时效：（460～480）℃×（3～5）h 保温，空冷
ZCuBe2Co0.5Si0.25 ZCuBe2.4Co0.5	固溶、时效	固溶：（700～790）℃×1h/25mm 保温，水冷 时效：（310～330）℃×（2～4）h 保温，空冷
ZCuCr1	固溶、时效	固溶：（980～1000）℃×1h/25mm 保温，水冷 时效：（450～520）℃×（2～4）h 保温，空冷
ZCuA10Fe4Ni4	固溶、时效	淬火：（870～925）℃×1h/10mm 保温，水冷 回火：（565～645）℃×1h/25mm 保温，空冷
ZCuAl10Fe3	固溶、时效	淬火：（870～925）℃×1h/10mm 保温，水冷 回火：（700～740）℃×（2～4）h 保温，空冷
	消除缓冷脆性的正火	（850～870）℃×2h 保温，空冷
ZCuAl8Mn13Fe3Ni2	固溶、时效	淬火：（870～925）℃×1h/10mm 保温，水冷 回火：（535～540）℃×2h 保温，空冷
铝青铜	焊后消除内应力退火	炉内退火：以不大于 100℃/h 升温速率升至（450～550）℃×（4～8）h，然后以不大于 50℃/h 降温速率冷却至 200℃以下，打开炉门冷却 局部退火：将焊补区加热至速率 450～550℃，保温时间为每毫米铸件壁厚不少于 1min，然后用石棉布覆盖冷却

续表

合金牌号	热处理应用种类	热处理工艺
ZCuZn24Al5Mn5Fe2	焊后消除内应力退火	以不大于100℃/h升温速率升至（500～550）℃×（4～8）h，然后以不大于50℃/h降温速率冷却至200℃以下，打开炉门冷却
ZCuZn40Mn3Fe1	焊后消除内应力退火	以不大于100℃/h升温速度升至（300～400）℃×（4～8）h，然后以不大于50℃/h降温速率冷却至200℃以下，打开炉门冷却
ZCuSn10P1	焊后消除内应力退火	（500～550）℃×（2～3）h保温，空冷或随炉冷却
锡青铜	消除内应力的退火	650℃×3h保温，空冷或随炉冷却
特殊黄铜	消除内应力的退火	（250～350）℃×（2～3）h保温，空冷

对于铸造铝青铜和铸造黄铜，在相图上某一温度范围内，随热处理加热温度的升高，合金元素在固溶体中的溶解度会下降。淬火、回火热处理后会造成合金强度的降低，但塑性提高，因此热处理时要根据合金的力学性能要求，合理地选择热处理加热温度。

第三节　铸造镁合金

一、铸造镁合金的性能特点及应用

金属镁为银白色，具有密排六方晶格，熔点为648.9℃，沸点为1090℃，密度为1.74g/cm^3，为钢的1/4，铝的2/3，是最轻的工程用金属。纯镁的化学活性很强，在空气中容易氧化，形成多孔疏松的氧化膜，氧化膜保护性较差。纯镁的力学性能较差，不能用来做结构材料，但经过合金化及热处理后，力学性能大为提高。

镁合金可分为铸造镁合金和变形镁合金。铸造镁合金的性能特点主要如下。

（1）比强度较高。因为镁合金密度小，所以其比强度比铝合金和铸钢高，铸造镁合金可以替代部分铝合金铸件，以减轻设备的质量。

（2）减震性好。由于铸造镁合金弹性模量较小，当受到外力作用时，弹性变形功较大，会吸收较多的能量，能承受较大的冲击震动载荷，还具有良好的吸热性能，是制造飞机、汽车轮毂的理想材料。

（3）切削加工性好。铸造镁合金具有优良的切削加工性能，切削阻力小，在机械加工时，可以以较快的速度进行切削加工，也易于进行研磨和抛光加工。

（4）抗蚀性能。镁的标准电极电位较低，在表面形成的氧化膜不致密，抗蚀性差。镁在潮湿大气、海水、无机酸及其盐类、有机酸、甲醇等介质中会产生剧烈的腐蚀，因此使用镁铸件时表面要采取防护措施，如表面氧化处理及涂漆保护等。铸造镁合金铸件在装配时应避免与含铝、含铜、含镍钢等零件直接接触，否则会引起电化学腐蚀，可用塑料、橡胶、油漆、浸石蜡的硬化纸来隔离。镁在干燥大气、碳酸盐、氟化物、铬酸盐、氢氧化钠溶液、苯、四氯化碳、汽油、煤油和不含水的润滑油中很稳定。

（5）铸造性能。铸造镁合金结晶温度范围一般较宽，其组织中共晶体数量较少，体收缩和线收缩较大，铸造性能比铝合金差，铸件易产生热裂、缩松等缺陷。镁合金对铸造工艺适应性较好，几乎所有的铸造方法适用于镁合金，也可进行半固态铸造。镁合金熔炼时，镁液容易和铸型、工具、熔剂中的水分反应，增加镁液的氢含量，凝固时易产生气孔。镁液不仅易燃烧，遇水后会引起爆炸，铸件清理的镁粉尘会自行燃烧甚至爆炸，因此铸造镁合金的生产车间应有专门的防火措施。

（6）镁合金热处理保温时间长。铸造镁合金热处理固溶和时效处理时间较长的原因是镁合金中合金元素的扩散和合金相的分解过程极其缓慢。因此，铸造镁合金淬火时，不需要进行快速冷却，通常在空气或热水中冷却也能保持固溶体不分解。绝大多数铸造镁合金对自然时效不敏感。铸造镁合金氧化倾向比铝合金强烈，应准确控制加热温度，为防止氧化，热处理时炉内应通入保护气体（如 SO_2、CO_2 或 SF_6），或采用真空热处理。

由于铸造镁合金具有良好的使用性能和较高的比强度，被广泛应用于航空工业、军事工业、汽车工业、计算机和通信工业等方面。

二、铸造镁合金的成分及性能

表 5-22 是国家标准《铸造镁合金》（GB/T 1177—2018）规定铸造镁合金的化学成分。铸造镁合金的代号用“ZM”+数字表示。镁合金的主要合金元素有 Zn、Al、Zr、RE、Mn、Ag、Nd 等其他微量元素。它们在镁合金中能起到固溶强化、沉淀强化和细晶强化的作用。

表 5-22　铸造镁合金的化学成分

合金牌号	合金代号	化学成分（质量分数）/%										
		w(Zn)	w(Al)	w(Zr)	w(RE)	w(Mn)	w(Mg)	w(Si) ≤	w(Cu) ≤	w(Fe) ≤	w(Ni) ≤	w(杂质总含量)≤
ZMgZn5Zr	ZM1	3.5～5.5	≤0.02	0.5～1.0	—	—	余量	—	0.1	—	0.01	0.3
ZMgZn4RE1Zr	ZM2	3.5～5.0	—	0.4～1.0	0.75～1.75	≤0.15	余量	—	0.1	—	0.01	0.3
ZMgRE3ZnZr	ZM3	0.2～0.7	—	0.4～1.0	2.5～4.0	—	余量	—	0.1	—	0.01	0.3
ZMgRE3Zn3Zr	ZM4	2.0～3.1	—	0.5～1.0	2.5～4.0	—	余量	—	0.1	—	0.01	0.3

续表

合金牌号	合金代号	化学成分（质量分数）/%										
		w(Zn)	*w*(Al)	*w*(Zr)	*w*(RE)	*w*(Mn)	*w*(Mg)	*w*(Si) ≤	*w*(Cu) ≤	*w*(Fe) ≤	*w*(Ni) ≤	*w*(杂质总含量)≤
ZMgAl8Zn	ZM5	0.2～0.8	7.5～9.0	—	—	0.15～0.5	余量	0.3	0.1	0.05	0.01	0.5
ZMgAl8ZnA	ZM5A	0.2～0.8	7.5～9.0	—	—	0.15～0.5	余量	0.1	0.015	0.005	0.001	0.2
ZMgRE2ZnZr	ZM6	0.1～0.7	—	0.4～1.0	*w*(Nd)为2～2.8	—	余量	—	0.1	—	0.01	0.5
ZMgZn8AgZr	ZM7	7.5～9.0	—	0.5～1.0	—	*w*(Ag)为0.6～1.2	余量	—	0.1	—	0.01	0.3
ZMgAl10Zn	ZM10	0.6～1.2	9.0～10.7	—	—	0.1～0.5	余量	0.3	0.1	0.05	0.01	0.5
ZMgNd2ZnZr	ZM11	—	≤0.02	0.4～1.0	*w*(Nd)为2～3	—	余量	0.01	0.03	0.01	0.005	0.2

按合金化元素的不同，铸造镁合金主要分镁铝锌、镁锌锆和镁稀土锌锆镁合金。

Al 在 Mg 中的固溶度较大，从铝-镁二元相图（图 5-25）可以看出，在共晶温度为 438℃时，Al 在 Mg 中的固溶度最大约为 12.7%，可以产生固溶强化作用。温度降低，Al 在 Mg 中的固溶度变化较大，可以通过固溶快冷获得过饱和固溶体，时效时产生 $Al_{12}Mg_{17}$ 化合物相沉淀强化。Al 含量提高，可改善氧化膜的结构，增加镁合金的耐腐蚀性能。

Zn 在镁-锌二元相图上 341℃包晶转变温度时的固溶度最大约为 6.2%，起到固溶强化的作用，Zn 的固溶度随着温度的降低而显著降低，热处理固溶后，时效过程会析出锌镁化合物，起到沉淀强化作用。Zn 可以提高铸件的抗蠕变性能，有沉淀强化作用，还可以降低镁合金的熔点，增加熔体的流动性和结晶温度区间，有促进显微缩松的倾向。镁合金中的 Zn 常与 Al、Zr 或 RE 等元素一起使用。

Mn 在 Mg 中的固溶度较小，镁-锰二元相图上 653℃发生 $L+\alpha(Mn) \longrightarrow \alpha(Mg)$ 包晶反应，此时 Mn 在 Mg 中的最大固溶度约为 2.2%。Mn 与 Mg 不形成化合物，因此脱溶析出的 Mn 为纯 Mn 相，时效强化效果较小。Mn 加入镁合金中加热时可阻止组织的粗化。在铸造镁合金或变形镁合金中，加入少量的 Mn 与合金中的 Fe 形成化合物可作为熔渣被排除，消除 Fe 对镁合金耐蚀性的有害影响，提高镁合金的耐蚀性能。Mn 能提高镁合金的蠕变抗力。

Zr 在 Mg 中的固溶度很小，不与 Mg 形成化合物，固溶强化作用小。Zr 是镁合金中最有效的晶粒细化剂之一，液态镁合金结晶时，由于 Zr 固溶度小，熔点高，在镁液中先以 α-Zr 质点或其他化合物形式析出，作为异质晶核促进镁合金的形核，细化铸态组织，减少铸件热烈倾向和改善铸件质量，显著提高合金的力学性能及耐蚀性。因为 Zr 与 Al、Mn 等会形成稳定的化合物而沉淀，失去细化晶粒的作用，所以在 Mg-Al 和 Mg-Mn 系合金中不能添加 Zr，因此镁合金形成了含 Zr 镁合金系列和不含 Zr 镁合金系列。

RE 加入到镁合金中可以净化合金液，细化铸态组织，显著提高镁合金的力学性能和耐热性，减少缩松和热烈倾向，改善镁合金的铸造性能。Ag 在镁-银二元相图上 472℃共晶温度时的固溶度最大可达 15%，产生很强的固溶强化效果，随温度降低，Ag 在镁合金中的固溶度降低，析出镁银化合物相，热处理时具有很强的时效强化效果。Ag 与 RE 元素一起合金化时，可提高合金高温抗拉性能和蠕变性能，但对合金抗腐蚀性能不利。Si 在镁中的溶解度极低，加入到镁合金中的 Si 能与 Mg 形成 Mg_2Si，属于有效的强化相，可以提高镁合金的强度和耐磨性，改善压铸件的热稳定性和抗蠕变性能。

在镁合金中起细化铸件晶粒作用的元素有主要有 Zr、Mn、C、Ca、Sr、Si、RE 等。同时提高合金强度与塑性的元素按照提高塑性为主的顺序为 Th、Ga、Zn、Ag、Ce、Ca、Al、Ni、Cu；按照提高强度为主的顺序为 Al、Zn、Ca、Ag、Ce、Ga、Ni、Cu、Th。主要提高强度而降低塑性的元素有 Sn、Pb、Bi、Sb；主要提高塑性而对强度影响很小的元素有 Ca、Li、In。表 5-23 是《铸造镁合金》（GB/T 1177—2018）标准规定的铸造镁合金的力学性能，镁合金铸件本体成附铸试样的力学性能要求可查阅国家标准《镁合金铸件》（GB/T 13820—2018）的规定。

表 5-23　铸造镁合金的力学性能

合金牌号	合金代号	热处理状态	力学性能		
			R_m/MPa≥	$R_{p0.2}$/MPa≥	A/%≥
ZMgZn5Zr	ZM1	T1	235	140	5.0
ZMgZn4RE1Zr	ZM2	T1	200	135	2.0
ZMgRE3ZnZr	ZM3	F	120	85	1.5
		T2	120	85	1.5
ZMgRE3Zn2Zr	ZM4	T1	140	95	2.0
ZMgAl8Zn ZMgAl8ZnA	ZM5 ZM5A	F	145	75	2.0
		T1	155	80	2.0
		T4	230	75	6.0
		T6	230	100	2.0
ZMgRE2ZnZr	ZM6	T6	230	135	3.0
ZMgZn8AgZr	ZM7	T4	265	110	6.0
		T6	275	150	4.0

续表

合金牌号	合金代号	热处理状态	力学性能		
			R_m/MPa≥	$R_{p0.2}$/MPa≥	A/%≥
ZMgAl10Zn	ZM10	F	145	85	1.0
		T4	230	85	4.0
		T6	230	130	1.0
ZMgNd2ZnZr	ZM11	T6	225	135	3.0

三、铸造镁铝合金

镁-铝合金的优点为不含稀贵的 Zr 元素，力学性能高，铸造性能好，热烈倾向小，熔炼工艺简单，成本低，工业中应用最普遍；缺点是屈服强度较低，凝固过程缩松严重，力学性能的壁厚效应较大。为了改善铸造性能及力学性能，以镁-铝系合金为基础，发展了多元镁合金，如 Mg-Al-Zn、Mg-Al-Mn、Mg-Al-Si、Mg-Al-RE、Mg-Al-Ca、Mg-Al-Sr 等镁合金。

图 5-25 是镁-铝二元相图，富镁侧相图是共晶型的相图。温度在 438℃时发生 L⟶α(Mg)+γ($Mg_{17}Al_{12}$)的共晶反应。铸态下镁-铝合金组织由 α(Mg)+枝晶间的 γ($Mg_{17}Al_{12}$)相组成。

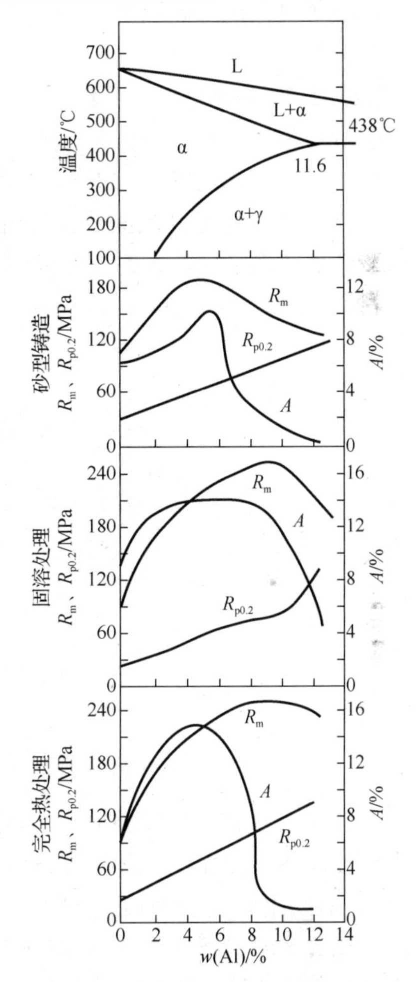

图 5-59　镁-铝合金铸态及热处理状态的力学性能随铝含量变化的曲线

图 5-59 是镁-铝合金铸态及热处理状态的力学性能随铝含量变化的曲线。随铝含量的增加，铸态及热处理状态镁合金的合金强度(R_m、$R_{p0.2}$)和塑性升高。这是由于铝在镁中的固溶度较大，随铝含量增加，固溶强化效应增加，强度提高，塑性增加。当铝含量再增加，固溶时未完全溶入 α(Mg)相固溶体中的 γ($Mg_{17}Al_{12}$)相会残留在基体晶界上，再加之在时效过程中 γ($Mg_{17}Al_{12}$)相从 α(Mg)相基体中析出，γ($Mg_{17}Al_{12}$)相粗化，使强度和塑性降低。镁-铝合金中的铝含量过高，形成的 γ($Mg_{17}Al_{12}$)相与 α(Mg)相基体的电极电位相差较大，易引起电化学腐蚀。因此，为兼顾合金的力学性能和铸造性能，合金中铝的最佳质量分数取 8%～10%。镁-铝合金有较大的结晶温度

间隔，铸件在实际铸造过程中容易产生成分偏析，导致铸件厚壁处凝固的合金液中铝含量过高，同时厚壁处冷却缓慢而晶粒粗大，显著降低了该部位的力学性能。为防止和减轻这种情况的出现，设计铸造镁铝合金厚壁铸件的化学成分时，常控制较低的铝含量。

为改善镁-铝合金力学性能和铸造性能，可在镁-铝合金基础上加入其他元素构成多元系合金，如加入 Zn 形成 Mg-Al-Zn 系镁合金。该合金不含稀贵元素，力学性能优良，热裂倾向小，熔炼铸造工艺相对简单，成本较低，已成为镁合金研究和应用领域最常用的合金系。

图 5-60 为 Al、Zn 含量对压铸 Mg-Al-Zn 合金可铸造性能的影响。图中指出了该合金铸造时的热裂区、脆性区和可铸造区成分范围。含有质量分数为 10%以内的 Al 和 2%以内的 Zn 的镁合金具有良好的铸造性能。当 Zn 的质量分数提高到 5%～12%时，铸造性能变差且易出现热裂，而当 Zn 的质量分数继续提高，会出现一个可铸造区，该区的成分范围受 Al 含量的影响。

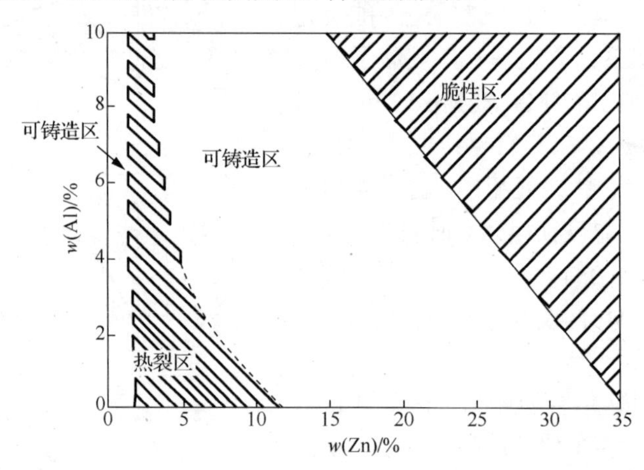

图 5-60　Al、Zn 含量对压铸 Mg-Al-Zn 合金可铸造性能的影响

在 Mg-Al-Zn 合金基础上加入锰形成 Mg-Al-Zn-Mn 合金。该合金具有良好的力学性能和耐蚀性能。合金铸态组织为 α(Mg)基体，晶界上分布呈不连续网状的 $\gamma(Mg_{17}Al_{12})$相，部分 $\gamma(Mg_{17}Al_{12})$相在枝晶间呈粒状和短条状。

在 Mg-Al 合金中加入 Si 形成 Mg-Al-Si 合金，主要用于压铸镁合金。Mg-Al-Si 合金中主要的第二相 Mg_2Si 具有高熔点（1085℃）、高硬度（HV 为 460）、低密度（$1.9g/cm^3$）和低热膨胀系数（$7.5\times10^{-6}K^{-1}$），在 150℃下具有良好的高温抗蠕变性能。Mg-Al-Si 合金一般通过压铸生产铸件，这是由于合金中强化相 Mg_2Si 只有在较快的冷却速度下才能细小弥散分布，在冷却速度较低的砂型铸造条件下，Mg_2Si 相会变成粗大的相，脆而硬严重降低了铸件的力学性能。普通商用 Mg-Al-Si 合金具有比 Mg-Al-Zn 合金更好的高温性能，可以扩大镁合金的应用范围。

在铸造 Mg-Al 合金中添加稀土(RE)形成 Mg-Al-RE 合金，RE 的加入可明显提高合金的抗蠕变性能，其抗蠕变性能超过了 Mg-Al-Si 合金。Mg-Al-RE 合金中主要的第二相有 Al_4RE 相和 $\gamma(Mg_{17}Al_{12})$相，其中 Al_4RE 相熔点达到了 1200℃，耐热性很高，是主要的强化相。

典型的铸造 Mg-Al-Zn 合金代号有 ZM5、ZM10，适用于砂型铸造和金属型铸造，也可以用压力铸造及其他特种铸造方法生产铸件。

ZM5 合金是应用最早、最广泛的合金，其化学成分范围如表 5-22 所示。图 5-61 是金属型铸造 ZM5 合金的金相组织，为 α(Mg)固溶体和晶界不连续网状分布的 $\gamma(Mg_{17}Al_{12})$化合物，部分 γ 相在枝晶间呈短片状或粒状。在 α(Mg)固溶体上分布有 MnAl 相小质点。金属型铸造 ZM5 合金 T4 处理后，γ 相溶入固溶体，其组织由 α(Mg)固溶体和晶界少量残留的未溶 γ 相组成，MnAl 相仍在基体中。当合金进行时效处理后，γ 相重新从过饱和的 α(Mg)固溶体析出。析出的 γ 相有两种形态，一种为从晶界向晶内以类似珠光体形式的层片状 γ 相质点析出，它是由过饱的 α(Mg)基体转变为接近平衡成分的片状 α(Mg)和新型片状 γ 相重叠分布的两相组织，及在晶界析出或在基体中弥散析出的细小 γ 相质点；另一种是 γ 相在基体上以细小的 γ 相质点析出。

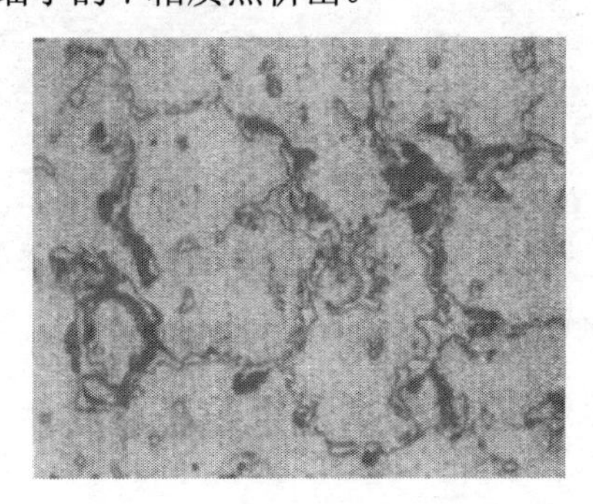

（a）铸态

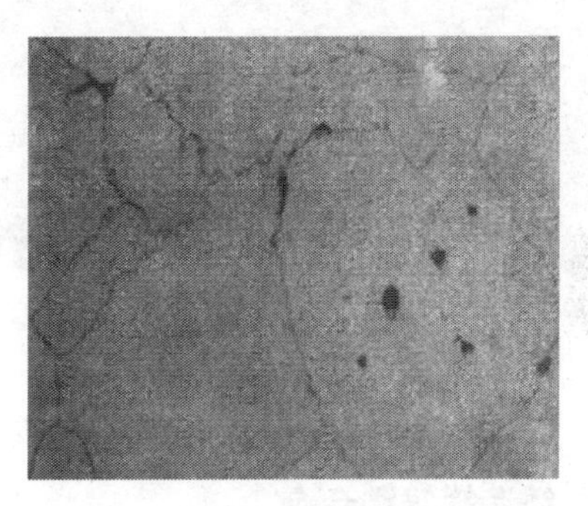

（b）T4 处理

图 5-61　金属型铸造 ZM5 合金的金相组织

ZM5 合金砂型铸造，变质处理及 T4 热处理（工艺：（370～380）℃×（2～4）h，再升温至（415±5）℃×（12～16）h，空冷），典型的力学性能 R_m=260MPa，$R_{p0.2}$=85MPa，A=9%；T6 热处理（工艺：（370～380）℃×（2～4）h，再升温至（415±5）℃×（12～16）h，空冷+175℃或 200℃进行 16～18h 时效处理），典型的力学性能 R_m=260MPa，$R_{p0.2}$=120MPa，A=6%。合金具有良好的抗蚀性和塑性。ZM5 合金 T4 处理后可用来制造承受较大冲击载荷的零件，如飞机轮毂；T6 处理后可用来制造承受较大动载载荷的零件。ZM5 合金结晶温度间隔较大，铸造性能较差，有热裂、缩松倾向，该合金在铸造生产中最突出的问题是容易形成缩松，其分布在整个铸件断面，厚壁处更严重，降低了 ZM5 合金的力学性能和气密性。ZM5 合金可广泛应用在飞机、导弹、汽车发动机的高负荷零件，如飞机、导弹的壳体，飞机的轮毂，汽车齿轮变速箱体等。

ZM10 合金是在 ZM5 合金的基础上，通过调整化学成分而形成。提高铝含量可减小缩松和热裂倾向，并细化组织，但过高时会增加 γ 相比例和脆性。加入锌虽有增加缩松倾向，但可以提高 T6 处理后合金屈服强度，还能加速热处理时 γ 相的溶解。ZM10 合金为避免缩松等缺陷，常用于壁厚均匀的薄壁件，避免局部粗厚，以减小缩松和粗大的 γ 相。

图 5-62 是 ZM10 合金砂型铸造的金相组织。合金铸态组织[图 5-62（a）]为 α(Mg)基体+基体晶界上白色分布的 Mg_4Al_3 相及黑色分布 MgAlZn 化合物；T4 处理的组织[图 5-62（b）]为 α(Mg)固溶体和在其晶界上未固溶的 Mg_4Al_3 相，黑色的小点为孔洞；T6 处理的组织[图 5-62（c）]为 α(Mg)固溶体和在其晶界上未固溶的白色相为 Mg_4Al_3 相，灰黑色的弥散相为经过时效后析出的 Mg_4Al_3 相和 MgAlZn 化合物。

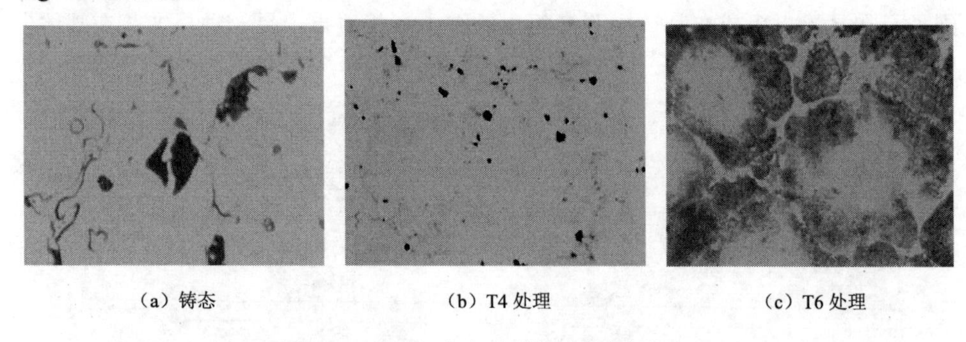

（a）铸态　　（b）T4 处理　　（c）T6 处理

图 5-62　ZM10 合金砂型铸造的金相组织

四、铸造镁锌锆合金

镁铝铸造合金的屈强比较低，影响承载能力，因此发展了高强度镁合金。这类合金大多为镁锌合金，但其凝固温度范围很宽，如图 5-63 所示，铸造性能较差，镁-锌二元合金晶粒粗大，需加入锆进行改善，成为镁锌锆合金。与不含锆的镁铝铸造合金相比，含锆铸造镁合金的共性是强度更高，特别是屈服强度较高，屈强比高，再加入稀土、银等其他合金元素，可以提高合金的耐热性能，成为具有优良抗蠕变性能和持久高温强度的耐热镁合金。

镁锌锆合金中，锌是主要的合金元素。由于镁锌相图较为复杂，其中某些转变至今还未确定，相图形式较多。从图 5-63 的 Mg-Zn 二元相图可以看出，348℃时发生 $L \longrightarrow \alpha(Mg)+MgZn$ 共晶转变。锌含量对镁锌合金力学性能的影响如

图 5-64 所示，锌的质量分数在 5%～6%时，镁合金具有较高的强度和延伸率。

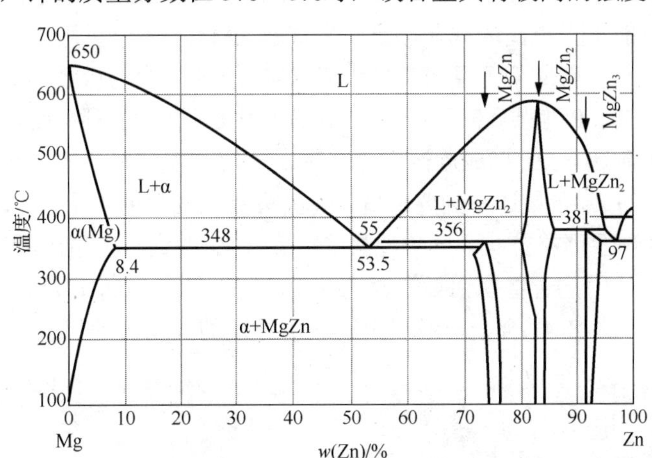

图 5-63　Mg-Zn 二元相图

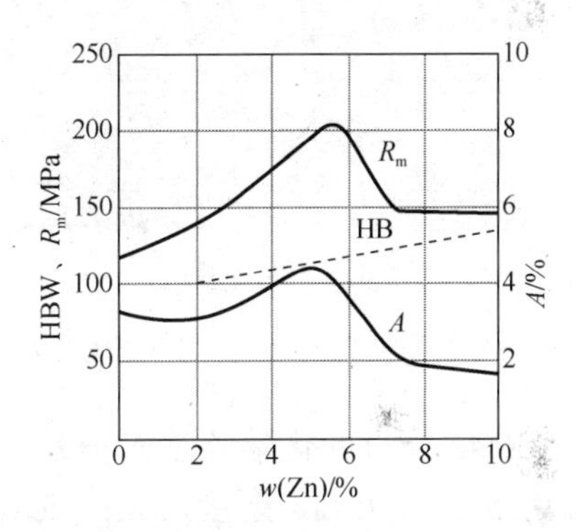

图 5-64　锌含量对镁锌合金力学性能的影响

镁-锌二元合金的结晶温度间隔比镁-铝二元合金大，因此铸造性能较差，出现缩松的倾向大。镁锌合金铸造组织枝晶发达，晶粒较粗，为了细化铸态组织，可加入少量的锆。锆细化铸态组织的机理为锆在液态镁中溶解度较小，和镁不形成化合物，凝固时锆首先析出 α-Zr 质点，α-Zr 质点和 α（Mg）固溶体均为六方晶型，晶格常数很接近（Mg：a=0.320nm，c=0.520nm；α-Zr：a=0.323nm，c=0.514nm），符合作为晶粒形核核心的“尺寸结构相匹配”的原则，因此 α-Zr 质点成了 α(Mg)的结晶核心，细化 α(Mg)晶粒。当加入的锆含量大于 0.6%时，锆在镁液中形成大量的 α-Zr 弥散质点，能显著细化组织及晶粒。同时，锆有固溶强化作用，随锆含量的增加，镁合金的强度增加。但锆的加入量不宜过多，过多时锆会沉积在坩埚底部。锆在镁液中还会和铁、硅等杂质形成固态化合物而下沉，有去除夹杂物的作用，锆能在镁合金表面形成致密的氧化膜，提高镁合金的耐蚀性。

镁-锌-锆系合金典型代表有 ZM1、ZM2、ZM7。ZM1 合金的化学成分是 w(Zn)为 3.5%～5.5%，w(Zr)为 0.5%～1.0%，其余量 Mg。图 5-65 是 ZM1 合金的组织。砂型铸造铸态组织为 α(Mg)+少量 MgZn 化合物分布在晶界[图 5-65（a）]，加锆的 ZM1 合金铸态组织 α(Mg)内有明显富锆的非均质形核的核心。T1 处理组织与铸态组织一致，但可以消除应力和时效强化。T1 处理态的力学性能 R_m 为 250～300MPa，

$R_{p0.2}$为 150～180MPa，A 为 5%～12%。ZM1 合金的屈服强度较高，力学性能的壁厚效应小，能承受更高的载荷，已用来代替 ZM5 合金，可用于制造飞机轮毂、轮缘、隔框、起落架支架等受力铸件。当 ZM1 合金中含有少量的 Al、Mn、Si、Ni、Co、Sn、Sb、P 等杂质时，均使 Zr 在镁液中的溶解度下降而析出沉淀于坩埚底部，有些杂质还与 Zr 形成难溶的化合物，溶解的氢和氧化物夹杂会使 Zr 发生沉淀，合金中的 Zr 含量达不到要求值，会失去晶粒细化的作用，故对杂质要严格限制，炉料管理要严格分类，严防混料，熔炼含 Zr 的镁合金坩埚不能和熔炼镁铝类合金的坩埚共用。若将镁铝类合金混入 ZM1 合金中，ZM1 合金的晶粒会十分粗大，合金变脆。ZM1 合金一般在未经固溶处理的人工时效状态（T1）下使用。

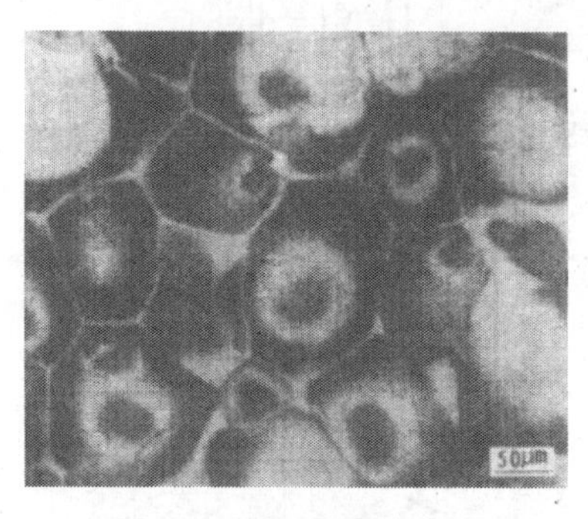

（a）砂型铸造铸态

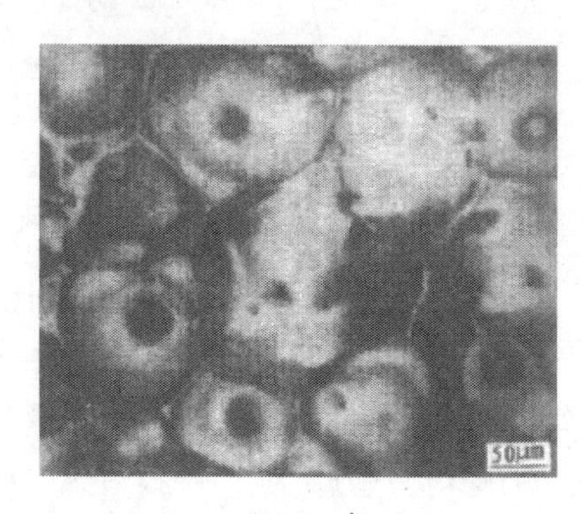

（b）T1 态

图 5-65　ZM1 合金的组织

ZM2 合金的化学成分是 w(Zn)为 3.5%～5.5%，w(Zr)为 0.4%～1.0%，w(RE)为 0.75%～1.75%，余量为 Mg。ZM2 合金是在 ZM1 合金的基础上添加稀土元素以改进铸造和焊接性能。ZM2 合金的铸态组织为 α(Mg)+沿晶界分布的 ZnRE 化合物的共晶组织，改善了铸造性能，加入稀土后会减小 Zn 在基体中的溶解度，降低 Zn 的热处理强化效果，沿晶界分布的网状共晶组织会增加合金的脆性，降低室温力学性能。ZM2 合金一般在无预先固溶处理的人工时效状态（T1）下使用。其砂型铸造试棒的典型力学性能 R_m=230MPa，$R_{p0.2}$=145MPa，A=3%。由于基体晶界上网状分布的稀土化合物是耐热相，高温力学性能明显高于 ZM1、ZM5 合金，可以用在 170～200℃下长期工作的零件。ZM2 合金已用于涡轮喷气式发动机的前支架壳体和盖、飞机电机壳体、液压泵壳体等零件。

ZM7 合金的化学成分是 w(Zn)为 7.5%～9.0%，w(Zr)为 0.5%～1.0%，w(Ag)为 0.60%～1.20%，余量为 Mg。该合金具有较高室温抗拉强度、屈服强度和良好的塑性，但因为含 Ag 且铸造时缩松倾向大及较难焊补，所以 ZM7 合金一般在 T4、T6 状态使用。

五、铸造镁稀土锌锆合金

镁稀土锌锆合金代表有 ZM3、ZM4、ZM6，由于合金中加入较多的稀土，提高了合金的高温性能，可以在 200～250℃下长期工作。稀土镁合金具有较好耐热性能的原因为其具有较高的共晶温度，比铸造镁铝合金和铸造镁锌合金共晶温度高；稀土元素在镁中的固溶度极小，且在 400℃以下几乎不变，与镁形成的金属间化合物具有较高的高温稳定性和热硬性；在 200～300℃温度下，镁合金原子扩散速度较低；镁中加入三价的稀土元素，提高了电子浓度，增加原子间的结合力。

铸造镁合金中稀土元素对合金机械性能的增强是按镧、铈、镨、钕的顺序排列，即随原子序数增加而增加。在室温下，镁-钕合金的力学性能最好，热处理强化效果较好，而镁镧、镁铈、镁镨等合金则强化效果很小。这是由于钕在镁合金中具有较大的固溶度，并随温度变化而有较大的固溶度变化。

稀土镁合金的结晶温度间隔较小，合金中共晶体具有良好的流动性，稀土镁合金具有很好的铸造性能，其缩松、热裂倾向比镁铝合金、镁锌合金小，铸件充型能力较好，可用于铸造形状复杂及要求气密性较高的铸件。

ZM3 合金的化学成分是 w(RE)为 2.5%～4.0%，w(Zr)为 0.4%～1.0%，w(Zn)为 0.2%～0.7%，余量为 Mg。ZM3 合金铸态组织为 α(Mg)+沿晶界网状分布的 Mg_9Ce 等化合物[图 5-66（a）]。T2 处理态组织为 α(Mg)相及其上分布的稀土化合物、晶界网状分布的 Mg_9Ce 等化合物，适用于 150～250℃内长期工作的零件。

ZM4 合金的组织与 ZM3 相似，经过 170～250℃时效处理后，晶内无可见的沉淀物，再提高温度至 340℃处理后，晶内出现化合物，但对合金力学性能无明显影响。ZM6 合金的铸态组织由 α(Mg)+晶界网状分布的 Mg_{12}（Ce，Zn）组成。固溶处理后大部分化合物溶入基体，仅有少量未溶的化合物残留在晶界，如图 5-66（b）所示，时效处理后，晶内析出点状的 Mg_{12}（Ce，Zn）、ZrH_2、α-Zr 等相。

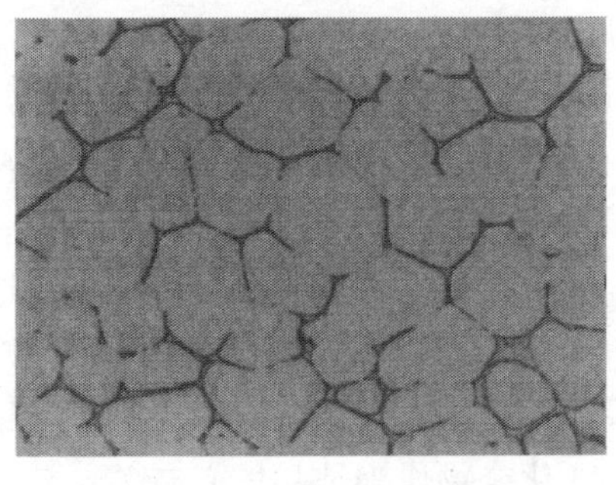
（a）ZM3 合金铸态

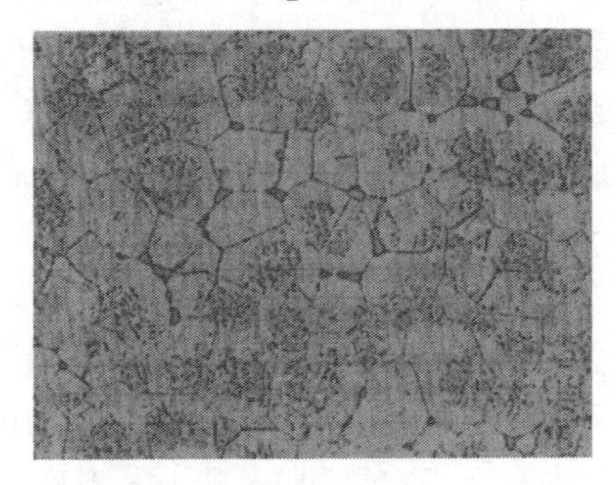
（b）ZM6 合金 T6 态

图 5-66　铸造稀土镁合金的组织，200×

六、铸造镁合金的细化处理

铸造镁合金分为两大类：含锆的铸造镁合金和不含锆的铸造镁合金。目前，铸造镁合金有多种晶粒细化方法，但和铸造铝合金相比，镁合金不存在通用的晶粒细化剂，各种不同晶粒细化方法的适用范围取决于合金的成分。

不含锆的铸造镁合金主要为 Mg-Al 铸造铝合金，主要合金有 Mg-Al-Zn、Mg-Al-Mn、Mg-Al-Si 和 Mg-Al-RE 等。这些合金铸态组织晶粒粗大，力学性能较低，需要对合金进行变质处理。目前，铝镁合金细化铸造组织的方法主要有变质处理法、过热法和合金化细化法。

（一）变质处理法

变质处理法是把镁合金熔化后将具有细化作用的变质剂加入到合金熔体中，通过变质剂和合金的反应获得细小的组织和晶粒的熔体处理方法。目前，用于镁铝合金的变质剂主要是碳变质剂和氯化铁。

碳变质处理是在熔体中加入含碳的化合物以细化铸态组织。碳变质处理因操作温度低、细化效果好、细化衰退小，已成为 Mg-Al 类镁合金最主要的晶粒细化技术。碳变质处理的机理是在镁液中添加 C_2Cl_6 或 $MgCO_3$ 等含碳化合物，这些化合物在高温下分解并发生反应生成大量弥散的 $A1_4C_3$ 质点。Al_4C_3 是高熔点高稳定性化合物，在镁液中以固态质点存在，$A1_4C_3$ 与 α-Mg 均为六方晶系，两者晶格常数相近，成为 Mg 原子良好的非均质形核核心，因而大量弥散的 $A1_4C_3$ 可使 α(Mg) 晶粒细化。在碳变质处理过程中进行搅拌将进一步增强其晶粒细化效果。含碳化合物的晶粒细化剂很多，如二氧化碳、乙炔、天然气、碳酸钙、碳酸镁、固体石蜡、粒状石墨、灯黑、六氯乙烷、六氯苯等。因氯化物（六氯乙烷、六氯苯）在晶粒细化的同时兼有除气的效果，在工业上获得了广泛的应用。碳变质处理只对镁铝系合金有效，要求铝的质量分数至少为 0.5%，铍、钛与稀土元素在此方法中会破坏细化效果，同时因为采用 C_2C1_6 会引起环境污染，所以该方法的应用具有一定的局限性。近年来研究表明，石蜡-氟石-碳的混合物或以氩气为载体脉冲喷入纯石墨粉，以及 Al_4C_3、AlN、SiC、TiC 颗粒均具有良好的晶粒细化效果。

氯化铁变质处理是在 750℃左右的合金液中加入无水氯化铁，以细化铸造镁合金组织及晶粒。该方法可获得与过热法相当的晶粒细化效果，其操作温度较低，并且熔体在浇注温度下至少可保持 1h 而不降低晶粒细化效果，其晶粒细化效果与镁液中含有一定量的 Fe 和 Mn 形成 Fe_2Mn_2Al 化合物作为结晶核心有关。锆、铍元素可降低该工艺的效果，导致晶粒粗化。

（二）过热法

过热法是将镁合金液过热到合适的温度范围并保温较短时间后，快速冷却至浇注温度进行浇注的工艺。合金液过热温度的范围取决于合金的成分，一般为高于液相线 150～260℃。在过热温度下搅拌可进一步提高过热处理的晶粒细化效果。过热法细化镁合金晶粒的影响因素众多，主要的影响因素有在 $w(Al)>8\%$的合金中，细化效果要比其他成分的合金明显；在 Fe、Mn 相对含量高的合金中，过热法的细化效果更为显著；少量的 Si 可使细化效果更好，如果合金中有 Be、Zr 或 Ti，会抑制细化作用，导致合金晶粒粗大。过热法的组织细化机制为过热处理后的结晶阶段，Al-Fe 或 Al-Fe-Mn 化合物首先从熔体中产生，并作为随后镁合金结晶时的异质核心，细化铸态组织；普通温度下熔体中的未溶颗粒较大，且数量上不能满足细化的要求，高温下这些颗粒会变小或溶入，在结晶时重新结晶并作为镁合金的形核核心，细化铸态组织；以 Al_4C_3 颗粒作为异质核心来细化晶粒；在过热处理时会形成氧化镁、氧化铝或其他的氧化物，这些氧化物熔点高，可以作为镁合金结晶时的形核核心，细化铸态组织。过热处理增大了镁合金液的氧化损失、吸气量和铁含量，降低了合金的抗蚀性能，并且增加了能量和坩埚的消耗，因而生产上已较少应用。

（三）合金化细化法

合金化细化法是在镁合金中加入 Sr、RE、Th、Si、Ca、B、Y、Sc、Sb、Ce、Al-Ti-C、A-Ti-C-RE 等元素来细化组织及晶粒。合金化细化元素可分为三类：促使异质形核细化晶粒类、通过钉扎作用细化晶粒类和抑制晶粒生长细化晶粒类。溶质元素通过异质形核来细化镁合金晶粒的有 Sb、Zr、Ce、Y、Nd、B、Ti、Ca 混合稀土和 $MgCO_3$，其细化机理与碳变质法类似；钉扎作用细化晶粒元素有 Si、Ce、Sc、RE 等。在镁合金液凝固过程中，α(Mg)固溶体发生结晶，将这些元素形成的热稳定相向晶外推移，最终使热稳定相在晶界处弥散分布或连续网状分布，阻止 α(Mg)固溶体晶粒继续长大，起到钉扎晶界的作用，细化了镁合金的组织；抑制晶粒生长细化晶粒元素有 Ca、Sr、Sb、Si、Ce 等，它们在 α-Mg 中的溶解度较小，在凝固期间被排挤到固液界面前沿，在 α 界面上形成一层富溶质元素的薄膜，阻碍了晶粒的长大，降低了晶体的生长的速度，从而细化了晶粒。

不含 Al 的铸造镁合金主要是利用 Zr 来细化晶粒，适用于 Mg-Zn、Mg-RE、Mg-Y、Mg-Ag 等合金。含 Zr 铸造镁合金具有 Mg-Al 铸造镁合金无法比拟的常温和高温性能，Zr 不仅减轻了合金的壁厚效应，大大缩小合金的结晶温度间隔并起到了净化合金液的作用。Zr 的加入方式主要有锆盐（如 $ZrCl_4$、K_2ZrCl_6、K_2ZrF_6）和 Mg-Zr 中间合金。Zr 在镁合金中与氢结合可降低合金氢含量，从而减轻缩松的作用，锆与铁化合生成 Zr_2Fe_3 和 $ZrFe_2$ 可提高合金的纯度，改善了耐蚀性，还具有显著的晶粒细化作用。Zr 与 Al、Si、Mn、Fe、Sb、Sn、Co、Ni、P 和某些稀土元素等可结合形成化合物（$ZrAl_3$、$SiZr_2$ 等）而沉淀到坩埚底部，使锆丧失晶粒细化作用，因此锆镁合金中一般不含这些元素。

加锆变质处理是目前不含铝铸造镁合金最为有效的晶粒细化方法，但细化机理还不清楚。一种细化机理认为是锆与镁具有相同的密排六方晶体结构，并且二者点阵错配度很小（0.9%），在 654℃时锆与镁发生包晶反应，熔体中形成大量难熔的 α-Zr 弥散质点，起异质晶核的作用；另一种细化机理认为晶粒显著细化的镁合金中，锆的最大质量分数为 0.32%，远小于包晶点成分[w(Zr)为 0.56%]，锆似乎不可能以异质核心的形式存在，更可能的是其抑制晶体生长的作用很大而导致晶粒细化。

七、铸造镁合金的热处理及氢化处理

（一）铸造镁合金的热处理

铸造镁合金的热处理是在不同程度上改善其力学性能，减小铸件的铸造内应力和在高温下工作时的生长倾向，达到稳定尺寸的目的。铸造镁合金除了孕育处理细化铸态合金的组织外，也可采用适当的热处理工艺来细化晶粒，提高合金的强韧性。通过适当的热处理能够改善铸造镁合金组织中的第二相的形态及其分布等，提高合金的综合性能。铸造镁合金能否由热处理来强化，取决于合金中各组元素在固溶体中的溶解度是否随温度变化。铸造镁合金热处理与铸造铝合金基本相同。常用的热处理工艺有铸态（F），常用于 ZM3、ZM5、ZM10 合金；退火态（T2 处理），常用于 ZM3 合金；固溶处理态（T4 处理），常用于 ZM5、ZM7、ZM10 合金；无固溶处理的人工时效（T1 处理），常用于 ZM1、ZM2、ZM4 合金；固溶+完全人工时效（T6 处理），常用于 ZM5、ZM6、ZM7、ZM10 合金。

表 5-24 是中华人民共和国航空航天工业部航空工业标准《镁合金铸件热处理》（HB 5462—1990）热处理工艺规范。铸造镁合金热处理的特点是镁合金中的合金元素扩散和合金相分解过程极其缓慢，热处理时，固溶处理和时效处理保温时间较长。因此，镁合金的淬火敏感性低，淬火时不需要快速冷却，一般在空气中或对流的气流中冷却即可，而且绝大多数镁合金对自然时效不敏感，淬火后形成的固溶状态能在室温下长期保持。

镁合金在高温下容易氧化甚至燃烧，因此固溶处理温度超过 400℃时，必须采用保护气氛，以阻止铸件表面氧化和燃烧，常用的镁合金保护气氛有 SO_2（SO_2 的来源有瓶装气体和硫铁矿）、CO_2、SF_6+CO 或惰性气体氩、氦等。因为惰性气体的价格较高，所以实际工厂中应用较多的为硫铁矿，一般每立方米炉膛加 0.5～

1.5kg 硫铁矿或硫化亚铁即可。

表 5-24　铸造镁合金热处理工艺规范

合金牌号	合金代号	热处理	固溶处理					时效处理			退火处理		
			加热第一阶段		加热第二阶段		淬火介质	加热温度/℃	保温时间/h	冷却介质	加热温度/℃	保温时间/h	冷却介质
			温度/℃	保温时间/h	温度/℃	保温时间/h							
ZMgZn5Zr	ZM1	T1	—	—	—	—		170～180 190～200	28～32 16		—	—	
ZMgZn4RE1Zr	ZM2	T1	—	—	—	—		320～330	5～8		—	—	
ZMgRE3ZnZr	ZM3	T2	—	—	—	—		—	—		320～330	3～8	
ZMgRE3Zn2Zr	ZM4	T1	—	—	—	—		195～205	8～12		—	—	
ZMgAl8Zn	ZM5	Ⅰ组 T4	370～380	2	410～420	14～24	空气	—	—	空气	—	—	空气
		Ⅰ组 T6	370～380	2	410～420	14～24		170～180 195～205	16 8		—	—	
		Ⅱ组 T4	370～380	2	410～420	6～12		—	—		—	—	
		Ⅱ组 T6	370～380	2	410～420	6～12		170～180 195～205	16 8		—	—	
ZMgRE2ZnZr	ZM6	T6	525～535	12～16	—	—		195～205	12～16		—	—	
ZMgZn8AgZr	ZM7	T4	360～370	1～2	410～420	8～16		—	—		—	—	
		T6	360～370	1～2	410～420	8～16		145～155	12		—	—	
ZMgAl10Zn	ZM10	T4	360～370	2～3	405～415	18～24		—	—		—	—	
		T6	360～370	2～3	405～415	18～24		185～195	4～8		—	—	

（二）铸造镁合金的氢化处理

铸造镁合金的热处理方法除了表 5-24 中的热处理工艺外，近年来还发展了一种镁合金的氢化处理方法，以提高 Mg-Zn-RE-Zr 合金的力学性能。

铸造 Mg-Zn-RE-Zr 合金铸态组织为网状结构（图 5-66），网状晶界含有 MgREZn 化合物，在晶界构成脆性网络，大大降低了合金的强度和塑性。这种脆性相非常稳定，通常的热处理方式不能使其完全溶解或破碎。如果将该合金放入氢气气氛中加热进行氢化处理，脆性的网状晶界块状化合物消失，代之以不连续的、细小的黑色颗粒状组织。这是由于在氢化处理时，氢溶入并扩散到镁合金基体中，并与晶界上的 Mg-RE-Zn 等化合物发生反应，稀土元素和氢的亲合力很高，在晶界会生成不连续的颗粒状稀土氢化物（REH_2），而化合物中的锌与氢不发生反应，被置换出来溶入镁基体中。经此处理既改善了合金的晶界结构，又提高了锌在镁中的固溶度，从而显著提高了合金的力学性能。

氢化处理的缺点是氢在镁合金中扩散速度较慢，厚壁件保温时间较长，渗氢层厚度（y）与时间（t）符合 $y^2=kt$（k 为常数）的抛物线关系，渗氢处理需要专门的渗氢设备。

第四节　铸造锌合金

一、铸造锌合金的特性及分类

锌具有六方晶型，密度为 7.14g/cm^3，熔点为 419.5℃，沸点为 911℃，为无同素异构体，纯锌的强度、塑性都较低。锌的电化学次序在铬、铁之前，标准电极电位为−0.763V，易和 Cl^-、O^{2-}等离子化合，故在空气、各种酸类和海水等介质中易被腐蚀，因而纯锌、Zn-Al-Cd 合金可用作钢质船舶或钢铁大型设备的牺牲阳极，以保护船舶或大型设备。其作构件时，应进行镀铬或磷化处理，以防腐蚀。

铸造锌合金的合金化元素主要有铝、铜、镁等。铸造锌合金有一定的强度，足够的硬度，熔点低，流动性好，广泛应用于压铸合金；压铸件的尺寸精度高，电镀性能好，在汽车、拖拉机制造和仪表制造中应用很广；铸造锌合金的耐磨性好，可用砂型铸造大中型轴承、轴套等耐磨件，与巴氏合金相比，具有价廉、质量较小、硬度高、容易成型和切削加工容易等优点。与铸造锡青铜相比，摩擦系数略低，力学性能高；与铸造铝青铜耐磨件相比，与润滑油的亲和力大，摩擦系数小，力学性能略低。用锌合金冲压模代替钢模，可节省大量工时，缩短模具制造周期，还可以将锌合金用凝壳制造法制造灯具和美术工艺品。锌合金的另一特点是具有减振性能，可制作汽车变速器、风机零件等，降低噪声。和铝合金相比，锌合金的缺点主要有密度大，热膨胀系数大，高温强度、室温塑性均较低，限制了其使用范围。

表 5-25 是国家标准《铸造锌合金》（GB/T 1175—2018）规定的铸造锌合金牌号、合金代号及化学成分。根据锌-铝二元相图，铸造锌合金根据铝含量分为三类：亚共晶型，铝的质量分数为 4%左右，强度低、铸造性能好，亚共晶型铸造锌合金多用于压铸；过共晶型，铝的质量分数为 10%左右，强度较高，用于一般的轴承等耐磨件，过共晶型铸造锌合金适用于砂型和金属型铸造；共析型，铝的质量分数为 27%左右，强度很高、耐磨性好，共析型铸造锌合金主要用于低中速高中载荷的轴承等耐磨件，适用于砂型和金属型铸造。

表 5-25　铸造锌合金牌号、合金代号及化学成分

合金牌号	合金代号	合金元素（质量分数）/%			杂质元素（质量分数）/%，≤					
		w(Al)	w(Cu)	w(Mg)	w(Zn)	w(Fe)	w(Pb)	w(Cd)	w(Sn)	其他
ZZnAl4Cu1Mg	ZA4-1	3.9～4.3	0.7～1.1	0.03～0.06	余量	0.02	0.003	0.003	0.0015	w(Ni)为0.001
ZZnAl4Cu3Mg	ZA4-3	3.9～4.3	2.7～3.3	0.03～0.06	余量	0.02	0.003	0.003	0.0015	w(Ni)为0.001
ZZnAl6Cu1	ZA6-1	5.6～6.0	1.2～1.6	—	余量	0.02	0.003	0.003	0.001	w(Mg)为0.005，w(Si)为 0.02
ZZnAl8Cu1Mg	ZA8-1	8.2～8.8	0.9～1.3	0.002～0.03	余量	0.035	0.005	0.005	0.002	w(Si)为0.02，w(Ni)为0.001
ZZnAl9Cu2Mg	ZA9-2	8.0～10.0	1.0～2.0	0.03～0.06	余量	0.05	0.005	0.005	0.002	w(Si)为 0.05
ZZnAl11Cu1Mg	ZA11-1	10.8～11.5	0.5～1.2	0.02～0.03	余量	0.05	0.005	0.005	0.002	—
ZZnAl11Cu5Mg	ZA11-5	10.0～12.0	4.0～5.5	0.03～0.06	余量	0.05	0.005	0.005	0.002	w(Si)为 0.05
ZZnAl27Cu2Mg	ZA27-2	25.5～28.0	2.0～2.5	0.012～0.02	余量	0.07	0.005	0.005	0.002	—

表 5-26 是《铸造锌合金》（GB/T 1175—2018）标准规定的铸造锌合金的力学性能。

表 5-26　铸造锌合金的力学性能

合金牌号	合金代号	铸造方法及状态	R_m/MPa≥	A/%≥	HBW≥
ZZnAl4Cu1Mg	ZA4-1	JF	175	0.5	80
ZZnAl4Cu3Mg	ZA4-3	SF	220	0.5	90
		JF	240	1.0	100
ZZnAl6Cu1	ZA6-1	SF	180	1.0	80
		JF	220	1.5	80
ZZnAl8Cu1Mg	ZA8-1	SF	250	1.0	80
		JF	225	1.0	85
ZZnAl9Cu2Mg	ZA9-2	SF	275	0.7	90
		JF	315	1.5	105
ZZnAl11Cu1Mg	ZA11-1	SF	280	1.0	90
		JF	310	1.0	90

续表

合金牌号	合金代号	铸造方法及状态	R_m/MPa≥	A/%≥	HBW≥
ZZnAl11Cu5Mg	ZA11-5	SF	275	0.5	80
		JF	295	1.0	100
ZZnAl27Cu2Mg	Za27-2	SF	400	3	110
		ST3	310	8	90
		JF	420	1	110

注：JF-金属型铸造铸态；SF-砂型铸造铸态；ST3-砂型铸造+320℃×3h 炉冷。

二、合金元素对铸造锌合金组织和性能的影响

铸造锌合金中的主要合金元素是铝、铜、镁等，这些元素在铸造锌合金中的作用如下。

（1）铝。铝是铸造锌合金最主要的合金化元素之一。铝在锌中的固溶度较小，室温时约为 0.05%，该固溶体用 β(Zn)表示，共晶成分铝的质量分数为 6.0%（图 2-25）。亚共晶成分凝固时，结晶组织为初生 β(Zn)固溶体和 α(A1)+β(Zn)共晶，冷至 275℃发生共析反应 α(A1) ⟶ $α(A1)_1$+β(Zn)，室温组织为初生 β(Zn)+共晶 β(Zn)+共析体［α(A1)1+β(Zn)］，在铸造条件下发生非平衡凝固组织，不发生共析反应，室温组织为 β(Zn)+［α(A1)+β(Zn)］共晶。过共晶成分铝的质量分数低于 16.9%时，先结晶出初生富锌 α(A1)相，其后进行共晶和共析反应，室温组织为共晶 β(Zn)+［α(A1)1+β(Zn)］共析体。共析点成分 w(Al)为 22.3%时，最先结晶出初生 α(A1)，冷至 275℃发生 α(A1) ⟶ $α(A1)_1$+β(Zn)反应，室温组织为 α(A1)1+β(Zn)共析体。在室温下的 α(A1)相实际上是含锌的过饱和固溶体，随着时间的迁移，将会逐渐分解为富铝 $α(A1)_1$ 相和富锌 $β(Zn)_1$ 相。分解过程伴随有体积的膨胀，铸件内会形成较大的内应力，降低强度和塑性，促进晶间腐蚀以致发脆，这种分解即为自然时效过程，称为铸造锌合金的“老化”现象。铝在锌中除影响上述组织变化外，还能强化基体和减轻氧化倾向，提高耐蚀性能，但有晶间腐蚀倾向。

（2）铜。铜在锌中的固溶度较小，可形成电子化合物 $ε(CuZn_3)$相，使合金强化。ε 相的结构为六方晶型，硬度较高，故提高了耐磨性。铜能形成低熔点 α+β+ε 三相共晶，故提高了流动性。铜能溶入 β 相并促进它的分解，增大老化倾向，有显著防止晶间腐蚀的作用。

（3）镁。在 Zn-Al-Cu 中加入少量的镁能固溶于合金中，降低共析温度，抑制 β 相的分解，可减弱合金老化，还能降低晶间腐蚀倾向。但镁含量过多会引起热裂倾向，一般 w(Mg)<0.15%。

锌合金中常见的杂质有铅、锡、镉、铁、硅等，它们在锌中的溶解度极低，甚至在液态锌中也难溶解，合金凝固时它们分布在晶界，降低机械性能，引起晶

间腐蚀。杂质主要来自低等级炉料，铁主要来自坩埚及熔炼工具，能与锌形成硬脆化合物 $FeZn_7$，降低机械性能和切削性能。

三、常用铸造锌合金及应用

铸造锌合金按照其铸造的方法可以分为压力铸造锌合金和重力铸造锌合金。常用的铸造锌合金主要牌号如下。

（1）ZA4-1 合金。ZA4-1 合金的成分范围是 w(Al)为 3.9%～4.3%，w(Cu)为 0.70%～1.1%，w(Mg)为 0.03%～0.06%，余量为 Zn。其为亚共晶锌铝合金，铸态组织如图 5-67（a）所示，组织由 β 固溶体、二元共晶（α+β）和少量的三元共晶 α+β+ε 组成。ZA4-1 合金铸造性能好，充型性好，主要用于压铸件，可压铸 0.8mm 厚复杂件，强度高，耐蚀性好。压铸试样典型力学性能 R_m≥280MPa，A≥2%。ZA4-1 合金主要用于压铸生产汽车等机电行业各种仪表的壳体。

（2）ZA11-5 合金。ZA11-5 合金的成分范围是 w(Al)为 10.0%～12.0%，w(Cu)为 4.0%～5.5%，w(Mg)为 0.03%～0.06%，余量为 Zn。其为过共晶锌铝合金，铸态组织如图 5-67（b）所示，由 α 固溶体+(α+β)共析体组成。砂型或金属型铸造，砂型铸造典型的力学性能 R_m≥275MPa，A≥0.5%。合金的铸造性能较好，耐磨性较好，可用作锡青铜及低锡巴氏合金的代替品，制造使用温度为 80℃以下的起重设备、机床、水泵、鼓风机用轴承等。

（3）ZA27-2 合金。ZA27-2 合金强度高、塑性较好、硬度高、耐磨性好，成分范围是 w(Al)为 25.5%～28.0%，w(Cu)为 2.0%～2.5%，w(Mg)为 0.012%～0.02%，余量为 Zn。合金特点是铝元素含量较高，铸态组织如图 5-67（c）所示，组织由初生的 α 固溶体和 α 固溶体之间极细的非平衡（α+β）共析体和少量富铜相组成。由于该合金结晶温度间隔较宽，α 相枝晶发达，有严重的晶内偏析，其铝含量由心部向表面递减，铸件容易产生缩松缺陷。减小缩松、提高致密性的主要措施有加速冷却、顺序凝固，可采用石墨、锆砂等高导热性的铸型材料，加快铸件凝固速度，合理设计浇、冒口及冷铁的布置；加大压铸的压力，采用挤压铸造时，适当加大压力可改善力学性能。ZA27-2 合金中软、硬相交错，是理想的耐磨材料组织，耐磨性超过 10-3 铝青铜合金和 5-5-5 锡青铜合金，与 20-5 铅青铜合金相当。ZA27-2 合金可用于机电设备中各种耐磨零件。

为了更好地提高锌铝合金的耐磨性能和高温性能，近年来出现了 ZA35 及 ZA50 等高铝铸造锌合金，ZA35 的化学成分是 w(Al)为 32%～38%，w(Cu)为 1.8%～2.8%，w(Mg)为 0.03%～0.08%，余量为 Zn，获得力学性能是 R_m 为 420～470MPa，A 为 7%～13%，HBW 为 115～165；ZA50 的化学成分是 w(Al)为 48%～52%，w(Cu)为 0.8%～1.2%，w(Mg)为 0.02%～0.06%，w(Mn)为 0.2%～0.4%，w(RE)为 0.06%～0.1%，余量为 Zn，获得力学性能是 R_m 为 452MPa，A 为 6.6%，HBW 为 156。

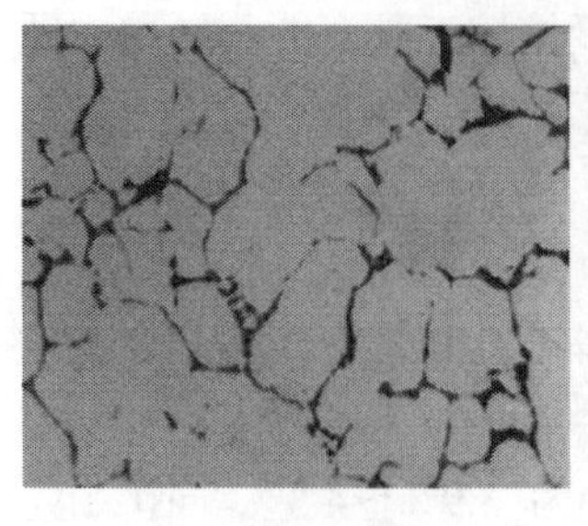

（a）ZA4-1 合金

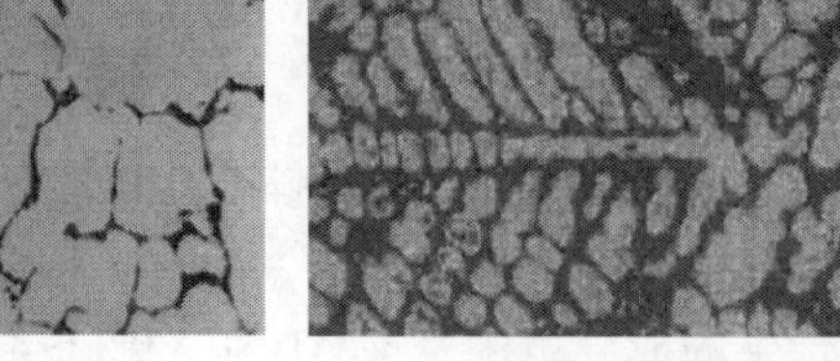

（b）ZA11-5 合金

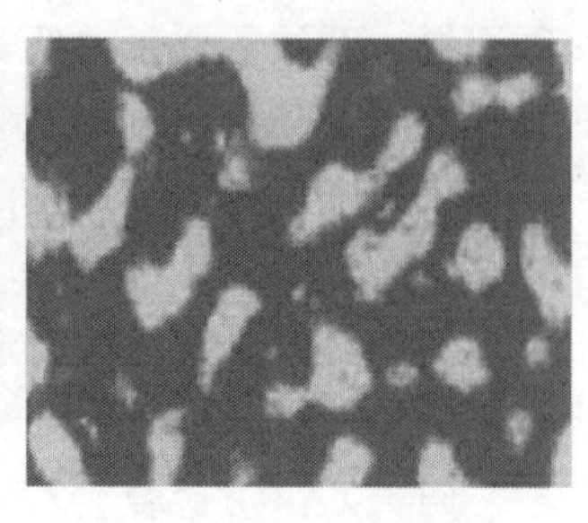

（c）ZA27-2 合金

图 5-67　铸造锌合金铸态组织，200×

第五节　铸造钛合金

一、铸造钛合金的特性及分类

钛被列为耐高温金属。在高温下，钛合金仍能保持良好的机械性能，其耐热性远高于铝合金。钛在地壳中的储存量极其丰富，在常用金属元素中仅次于铝、铁和镁，居第四位。钛的熔点为 1668℃，远高于铝、镁，与铁、镍相近，因此钛合金的热强性高于铝合金、镁合金。钛有同素异构转变，温度低于 822℃时，稳定态晶体 αTi 为密排六方晶格，在 822℃以上为体心立方晶格(βTi)。铸造钛及其合金性能的主要特点如下。

（1）铸造钛及其合金的密度小、力学性能高。其抗拉强度为 345～1160MPa，屈服强度为 275～1070MPa。钛的密度为 4.51g/cm^3，属于轻金属范畴，密度仅为钢的 60%左右，比强度高。

（2）铸造钛及其合金的导热系数小，为低碳钢的五分之一，铜的二十五分之一。钛合金的导电性能差，热膨胀系数小，摩擦系数较大，切削加工时容易粘刀具，切削加工性较差。

（3）钛合金无磁性和无毒性，在强磁场中不被磁化。钛合金铸件具有很好的生物相容性，且抗人体体液腐蚀性能良好，对人体组织无任何毒副作用，被认为是最好的生物兼容性金属材料。钛合金的抗阻尼性能强，钛及其合金受到机械振动后，与钢、铜相比，其自身振动衰减时间较长。

（4）钛合金的耐热性高。因熔点高，钛合金工作温度范围较宽，目前新型耐热钛合金的工作温度可达 550～600℃。

（5）钛合金耐低温。低温下保持良好的韧性和塑性，是低温容器的理想材料。

（6）钛合金铸造性能好。大部分变形钛合金可用于铸造，钛的化学性质非常活泼，高温下易与碳、氢、氮和氧发生反应，易吸气，钛液在高温下几乎可与所有坩埚材料和造型材料发生作用，因此铸造钛合金的熔铸工艺复杂、设备成本高。

（7）钛合金的耐蚀性好。钛合金在空气或含氧的介质中，在钛表面生成一层致密、附着力强、惰性大的氧化膜，保护钛基体不被腐蚀。钛合金在 550℃以下的空气中，表面会迅速形成薄而致密的氧化钛膜，因此在大气、海水、硝酸和硫酸等氧化性介质及强碱中的耐蚀性优于大多数耐蚀钢。但在能破坏氧化膜的氢氟酸、浓盐酸、浓硫酸、正磷酸和热浓有机酸中，有较大的腐蚀。钛合金铸件具有外形美观、打击音质悦耳、装饰性良好等特点。

利用钛具有同素异构转变的特点，铸造钛及其合金可分为以下三类：铸造 α 型钛合金、铸造（α+β）型钛合金、铸造 β 型钛合金。铸造 α 型钛合金的退火组织全为 α 组织，α 型钛合金的特点是高温性能好，组织稳定，是耐热钛合金的基础，但常温性能不高；铸造（α+β）型钛合金的退火组织为 α+β 组织，α+β 型钛合金可进行热处理强化，常温性能高，高温下组织稳定性不如铸造 α 型钛合金；铸造 β 型钛合金的退火组织全为 β 组织，经淬火时效后可获得很高的常温力学性能，是高强度钛合金的基础。

基于上述特点，目前铸造钛及其合金已广泛应用于航空、航天、航海、军械、石油化工、造纸、酸碱工业、体育器材及其医疗等各个领域。

二、铸造钛合金的合金化及力学性能

表 5-27 是国家标准《铸造钛及钛合金》（GB / T 15073—2014）规定的铸造钛及钛合金牌号和化学成分。铸造钛及其合金代号分别用 ZTA、ZTC、ZTB 和数字来表示，其中 ZT 表示铸造钛合金，A 表示 α 型钛合金，C 表示（α+β）型钛合金、B 表示 β 型钛合金。

表 5-27　铸造钛及钛合金牌号和化学成分

合金牌号	合金代号	合金元素（质量分数）/%						杂质元素（质量分数）/%							
		w(Ti)	w(Al)	w(Sn)	w(Mo)	w(V)	w(Nb)	w(Fe) ≤	w(Si) ≤	w(C) ≤	w(N) ≤	w(H) ≤	w(O) ≤	其他元素/% 单个	其他元素/% 总和
ZTi1	ZTA1	余量	—	—	—	—	—	0.25	0.10	0.1	0.03	0.015	0.25	0.1	0.4
ZTi2	ZTA2	余量	—	—	—	—	—	0.30	0.15	0.1	0.05	0.015	0.35	0.1	0.4
ZTi3	ZTA3	余量	—	—	—	—	—	0.40	0.15	0.1	0.05	0.015	0.40	0.1	0.4
ZTiAl4	ZTA5	余量	3.3～4.7	—	—	—	—	0.30	0.15	0.1	0.04	0.015	0.20	0.1	0.4
ZTiAl5Sn2.5	ZTA7	余量	4.0～6.0	2.0～3.0	—	—	—	0.50	0.15	0.1	0.05	0.015	0.20	0.1	0.4

续表

合金牌号	合金代号	合金元素（质量分数）/%						杂质元素（质量分数）/%							
		w(Ti)	w(Al)	w(Sn)	w(Mo)	w(V)	w(Nb)	w(Fe) ≤	w(Si) ≤	w(C) ≤	w(N) ≤	w(H) ≤	w(O) ≤	其他元素/% 单个	其他元素/% 总和
ZTiPd0.2	ZTA9	余量	—	—	—	w(Pd)为 0.12～0.25		0.25	0.1	0.1	0.05	0.015	0.40	0.1	0.4
ZTiMo0.3Ni0.8	ZTA10	余量		—	0.2～0.4	w(Ni)为 0.6～0.9		0.3	0.1	0.1	0.05	0.015	0.25	0.1	0.4
ZTiAl6Zr2Mo1V1	ZTA15	余量	5.5～7.0	—	0.2～0.5	0.8～2.5	w(Zr)为 0.5～2.5	0.3	0.1	0.1	0.05	0.015	0.20	0.1	0.4
ZTiAl4V2	ZTA17	余量	3.5～4.5	—	—	1.5～3.5	—	0.25	0.1	0.1	0.05	0.015	0.20	0.1	0.4
ZTiMo32	ZTB32	余量	—	—	30～34	—	—	0.30	0.15	0.1	0.05	0.015	0.15	0.1	0.4
ZTiAl6V4	ZTC4	余量	5.5～6.75	—	—	3.5～4.5	—	0.40	0.15	0.1	0.05	0.015	0.25	0.1	0.4
ZTiAl6Sn4.5Nb2Mo1.5	ZTC21	余量	5.5～6.5	4.0～5.0	1.0～2.0	—	1.5～2.0	0.30	0.15	0.1	0.05	0.015	0.20	0.1	0.4

为提高铸造钛的强度和其他使用性能，可在铸造工业纯钛的基础上进行合金化。铸造钛合金的合金元素主要有 Al、Sn、V、Nb、Mo 等。除了合金化元素外，还有 Fe、Si、O、C、N、H 等杂质元素。

钛元素具有同素异构转变，因此钛合金中的合金元素按照对钛同素异构转变温度的影响，分为 α 稳定元素、β 稳定元素和中性元素。合金元素中能提高 αTi ⟶ βTi 转变温度的元素，使 α 相区扩大，称为 α 稳定元素，主要有元素 Al、O、C、N；同理能降低 αTi ⟶ βTi 转变温度的元素，使 β 相区扩大，称为 β 稳定元素，属于 β 稳定化的元素主要是与 β 有相同晶体结构的元素 Mo、V、Nb、Ta 和与 β 有共析反应的元素 Cr、Mn、Fe、Cu、Si 及其间隙元素 H；中性元素既不扩大 α 相区，也不扩大 β 相区，如置换型元素 Sn、Zr、Hf。

图 5-68 是 Ti-Al 二元相图，Al 在钛合金中的固溶度较大，它和钛形成置换固溶体，能起到固溶强化作用，铝含量增加，能提高 αTi ⟶ βTi 转变点温度，扩大 α 相区。Al 是钛合金中最常用的强 α 稳定元素，能改善钛合金的抗氧化能力，增加热稳定性，减小合金对氢脆的敏感性，并减小合金的密度，是钛合金中常用的合金元素。钛合金中铝含量的增加能显著提高合金的强度、弹性模量和热强性，而不显著降低塑性。从 Ti-Al 二元相图可以看出，当铝含量超过 7%后，组织中出现 Ti_3Al，会降低塑性和韧性。

图 5-69 是 Ti-Sn 二元相图，Sn 在钛合金中的固溶度较大，起到固溶强化作用，但强化效果小于 Al。Sn 的质量分数小于 5%时，钛合金的塑性基本不下降。Sn 在钛中能强烈降低高温下的原子扩散，显著提高合金抗蠕变性能，在 Ti-Al 合金中

加入 Sn 能使合金的强度和抗氧化性能进一步提高。

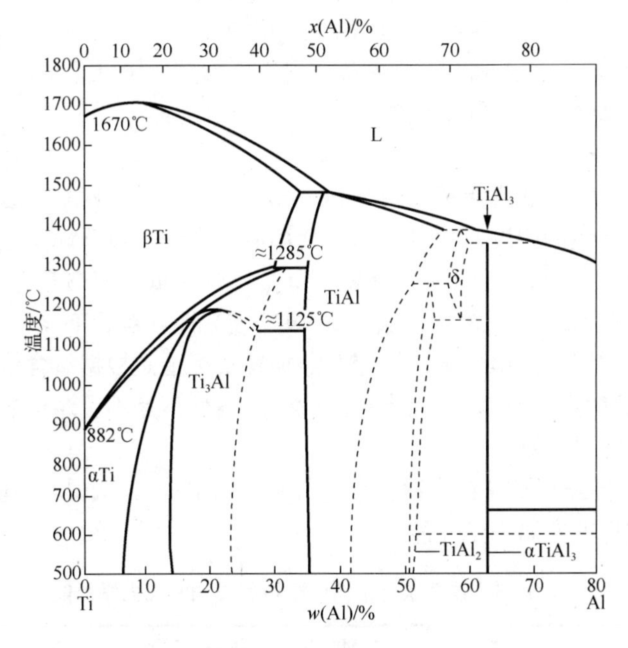

图 5-68　Ti-Al 二元相图

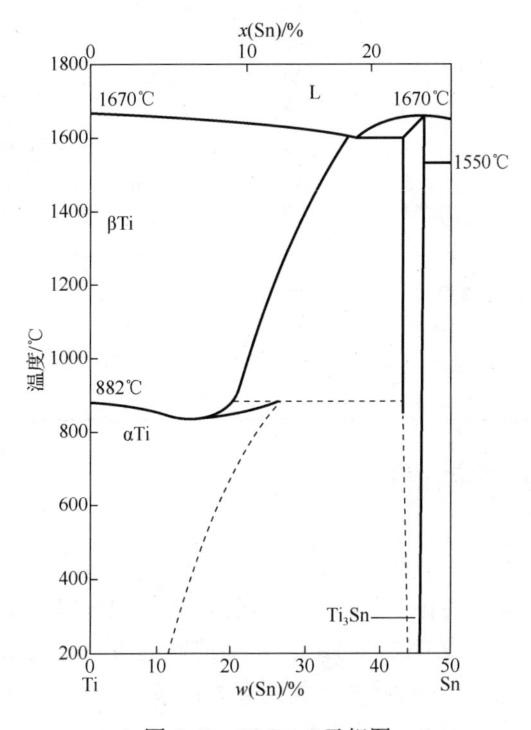

图 5-69　Ti-Sn 二元相图

V、Mo、Nb 在钛合金中主要起固溶强化和改善高温性能的作用。V 是 β 稳定元素，与 βTi 互相无限固溶，在 αTi 也有一定固溶度。V 可削弱铝的 α 稳定作用，阻碍 Ti_3Al 析出。随 V 量增加，强度显著升高，而塑性降低不多；Mo 除了固溶强化外，还能增强合金塑性和蠕变性能；元素 Nb 的加入有利于提升合金的高温抗氧化性能。

铸造钛合金中的杂质元素主要有 Fe、Si、O、C、N、H 等，这些杂质元素可以增加铸造钛合金的强度，含量过高时会形成化合物，显著地降低塑性和热稳定性。例如，氮含量超过 0.2%时，强度下降，塑性很低；氧含量超过 0.3%时，塑性急剧降低；碳含量超过 0.5%时，会形成 TiC，使塑性急剧下降；氢含量超过 0.015%时，合金会出现明显氢脆现象。铸造工业纯钛实际上是根据氧含量、氮含量不同而形成不同的牌号。上述杂质元素在工业生产条件下是不可避免的，但为保证合金性能，必须加以限制。

表 5-28 是国家标准《钛及钛合金铸件》（GB/T 6614—2014）规定的铸造钛合金铸件附铸试样的室温力学性能。

表 5-28　铸造钛合金铸件附铸试样的室温力学性能

合金牌号	合金代号	R_m/MPa≥	$R_{p0.2}$/MPa≥	A/%≥	HBW≤
ZTi1	ZTA1	345	275	20	210
ZTi2	ZTA2	440	370	13	235
ZTi3	ZTA3	540	470	12	245
ZTiAl4	ZTA5	590	490	10	270
ZTiAl5Sn2.5	ZTA7	795	725	8	335
ZTilPd0.2	ZTA9	450	380	12	235
ZTiMo0.3Ni0.8	ZTA10	483	345	8	235
ZTiAl6Zr2Mo1V1	ZTA15	885	785	5	—
ZTiAl4V2	ZTA17	740	660	5	—
ZTiMo32	ZTB32	795	—	2	260
ZTiAl6V4	ZTC4	835	765	5	365
ZTiAl6Sn4.5Nb2Mo1.5	ZTC21	980	850	5	350

三、铸造钛合金的组织和应用

（一）铸造 α 型钛合金

铸造 α 型钛合金主要有工业纯钛、Ti-Al 和 Ti-Al-Sn 等合金。铸造工业纯钛的合金代号主要有 ZTA1、ZTA2、ZTA3。工业纯钛的铸态组织如图 5-70（a）所示，组织主要为针状 α 组织，α 沿原 β 择优面多处形核长大。相变重结晶速度较快时，片状 α 组织可贯穿全部晶粒，形成魏氏组织，冷却速度较慢时，α 相晶内形核长大，形成所谓网篮状组织。α 片大小主要取决于铸件中合金元素的含量及冷却速度。铸造工业纯钛的室温力学性能如表 5-28 所示，具有中等强度，良好的塑性、铸造性能、焊接性能和抗蚀性能，可在 300℃下长期工作。在铸态或退火态使用，主要用于承受中低载荷结构件及耐腐蚀件，如泵体等。

铸造 α 型钛合金代号主要有 ZTA5、ZTA7。两种合金的成分范围如表 5-27 所示，铸态组织如图 5-70（b）、（c）所示，铸造状态下，金相组织由锯齿状 α、片状 α 和少量的 β 组成，退火态的组织全为 α 组织；铸态存在粗大的魏氏组织，退火后均为等轴状 α 组织，不能热处理强化，一般铸态或退火态使用。ZTA5 合金属于单相铸造钛合金，具有中等强度，良好的热稳定性和可焊性，目前主要用于船用雷达基座、壳体、螺旋桨、海水泵等铸件。ZTA7 合金有较高的强度，良好的热稳定性，铸造性能和焊接性能良好，高温下组织稳定，可在 500℃下长期工作，用于低温耐腐蚀压力容器材料、航空发动机机匣壳体、泵体、叶轮和阀门等铸件。

（a）工业纯钛，石墨型，铸态，30×

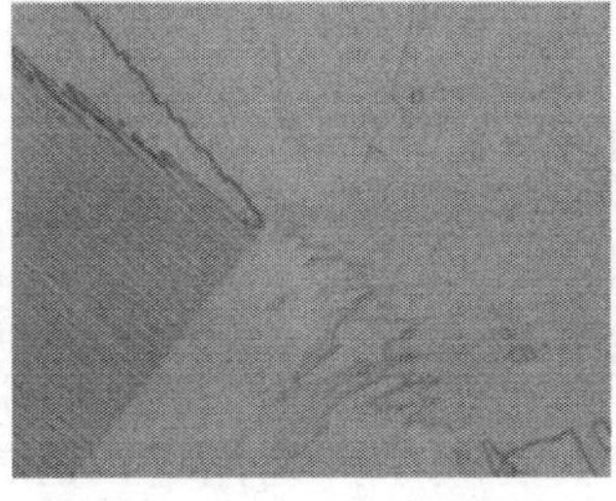
（b）ZTA5 铸态，12.5×

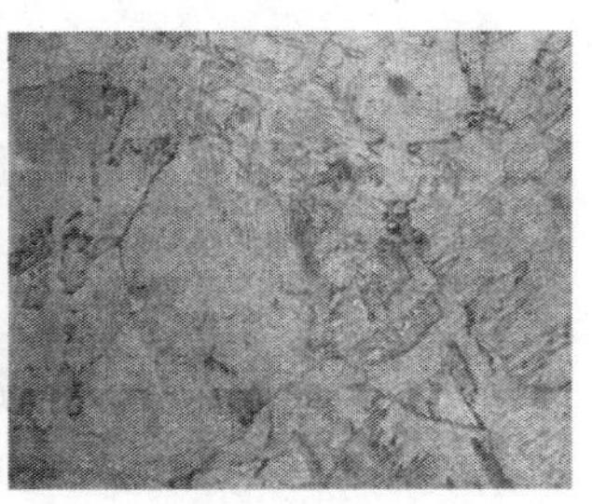
（c）ZTA7 铸态，12.5×

图 5-70 铸造 α 型钛合金铸态组织

（二）铸造（α+β）型钛合金

铸造（α+β）型钛合金是以 α 稳定元素为基础，再通过添加适量的 β 稳定元素，使组织中获得一定数量的 β 相。由 α、β 组成的钛合金保持了 α 钛合金的耐热稳定性较高、组织稳定、焊接性能良好的特点，铸造（α+β）型钛合金可以热处理强化，弥补了铸造 α 型钛合金不能热处理强化的不足。因此具有更高的强度，还可以通过调整化学成分和热处理工艺，在相当宽的范围内改变合金的性能，因而在变形钛合金和铸造钛合金中，铸造（α+β）型钛合金应用最多。

在铸造（α+β）型钛合金中主要有两个合金牌号，其代号分别为 ZTC4 和 ZTC21。图 5-71 是铸造 ZTC4 合金的铸态组织，为 α+β 双相组织，α 为集束状片状，呈魏氏体组织形貌，片间有 β 组织，部分晶界还存在 α 相。片状 α 由高温 β 相转变而来，原始的 β 晶界非常清晰，有些晶粒内含有不同形态和尺寸的片状 α 束，平衡状态组织中 β 相占 7%～10%。α 组织粗细与长短受铸件冷却速度的影响，铸件冷却速度较慢时，片状 α 变得又宽又短，在晶内形成粗大的网篮组织；冷却速度较快时，片状α变得又长又尖，甚至变为针状马氏体组织。

（三）铸造β型钛合金

当合金中的β稳定元素含量足够高时，会形成β钛合金组织，β型钛合金在室温下具有稳定的β相组织，退火后为全β相，具有良好的耐腐蚀性能、热强性、热稳定性、可焊性和冷成型性。铸造β型钛合金由于具有较高的时效强化效应、深淬透性和良好的强度韧性匹配，使之成为超高强钛合金的理想选择。β固溶处理后经炉冷、空冷或水淬将β相保留至室温。由于β稳定元素含量较高，在铸造β型钛合金中常出现显微偏析。铸造β型钛合金主要代号为ZTB32，化学成分及其力学性能如表5-27、表5-28所示。ZTB32合金的主要特点是耐腐蚀能力极高，可以用各种焊接方法进行焊接，由于β-Ti和钼具有相同晶格类型，钼在β-Ti中无限固溶，形成连续固溶体，不能热处理强化。ZTB32合金中钼含量较高，熔炼较为困难，主要用于制造耐强酸的泵和阀门这类铸件。

四、铸造钛及其合金的铸造性能及热处理

（一）铸造钛及其合金的铸造性能

钛的熔点和化学活泼性高，液态时几乎能与所有的坩埚材料发生反应，常用的耐火材料按其稳定性增大的顺序排列如下：$SiO_2<Al_2O_3<MgO<CaO<ZrO_2<ThO_2$，前三者较易被熔融钛还原。液体钛与CaO的反应较弱，但CaO的吸水性强，铸型在空气中易吸潮，阻碍它的应用；钛与ZrO_2仅起微弱反应，是重要的造型材料，锆的金属有机化合物或胶体氧化锆可作为精铸型壳的黏结剂。ThO_2虽在热力学上最稳定，但事实上仍起反应。ThO_2还具有放射性，不宜采用。石墨是一种对熔融钛较稳定的材料，在真空与惰性气体中耐火度好、强度高、线胀系数小、导热性高、价格较便宜，因此是良好的铸造钛及其合金的造型材料。天然石墨因杂质多，必须采用2000℃以上煅烧完全石墨化的人造石墨，其纯度高于99.5%，否则会使钛铸件过多渗碳。石墨与钛液在较低温度下并不反应，只发生少量的渗碳，在铸件表面上生成一层渗碳层，但如果铸型预热温度过高，或受大量熔融钛包围的铸型的型芯所受到的热量达到反应激活能的数值时，则发生强烈反应而生成碳化钛。石墨与钛液的润湿性很大，随温度的升高，润湿角趋向于零，加之石墨热导率高，浇注时钛液流经的表面会很快形成一层凝固的钛壳。难熔金属碳化物（TiC、WC、NbC）对钛液具有良好的热稳定性，但较昂贵，只宜作铸型的表面涂料。钛合金冶炼一般采用保护气氛或真空自耗凝壳炉进行熔炼，利用钛液本身在水冷铜坩埚壁上冷凝成一层薄壳，将钛液与铜坩埚隔开，可防止坩埚材料的污染。

铸造钛及其合金目前采用的铸型主要有加工石墨型、捣实石墨型、熔模石墨型、难熔金属粉面层熔模铸型、氧化物陶瓷熔模铸型、热解石墨复层的陶瓷铸型

等。金属型可用在形状简单的铸件上，铸型用铜、铸铁和钢等制成，铸型面覆以适当的涂料，并用水冷铸型。石墨型导热快，钛液过热温度不高，铸件易产生流纹、冷隔等缺陷，因此应将铸型预热到450℃。为提高铸件的致密度和消除冷隔，除重力浇注外，还可采用离心铸造。石墨铸型浇注铸件表面与氧和碳易形成硬脆的玷污层，该层在应力作用下易产生微裂纹而成为断裂源，一般需用喷砂和酸洗除去。为减轻或防止玷污层，铸型预热温度不能过高，且与采用的铸型性质有关，如预热 450℃的加工石墨型铸件，表面几乎没有玷污层，而捣实石墨型和熔模石墨型铸件表面会出现玷污层。

（二）铸态钛及其合金热处理工艺

1．退火热处理

钛合金铸件退火热处理的目的主要是消除铸造应力。钛合金铸件在空气中加热，当温度超过 600℃后，表面会产生明显的氧化，温度越高，氧化膜越厚。在高温下加热，不仅形成氧化膜，而且氧、氮、氢等元素还能穿过氧化膜，向合金中扩散，在氧化膜下面又形成一层富氧氮的气体饱和层，氧化膜和饱和层的存在明显降低塑性、韧性和疲劳强度。氢含量高会产生氢脆，为防止这种情况，对要求高的铸件，可在真空或保护气氛下进行热处理，为降低热处理成本，一般零件和毛坯热处理可在电炉或煤气、燃油炉中进行，炉内气氛应保持中性或弱氧化性。因还原性气氛易吸氢，而氢的危害比氧、氮更大，氧化膜和吸气层厚度有限，可用喷砂和酸洗去除，而氢则向内部更快扩散，氢在钛内的扩散可逆，可用真空退火除氢。当铸件中的氢含量超过允许值时，采用真空退火除氢是唯一有效的办法，其工艺参数是炉内真空度应高于 13.332MPa，温度为 700～750℃，保温 0.5～2h。炉冷至 300℃以下出炉，以便在铸件表面形成一层轻微的氧化膜。真空退火前应先除去零件表面的氧化膜和富氧层，这是由于在 600℃以上真空加热时，氧会从表面向金属内部扩散，从而降低合金的性能。铸件入炉前还要认真除油，清理干净。表 5-29 是常用铸造钛及其合金铸件消除应力的退火工艺。

表 5-29　铸造钛及其合金铸件消除应力的退火工艺

合金牌号	温度/℃	时间/min	冷却方式
ZTA1、ZTA2、ZTA3	500～600	30～60	炉冷或空冷
ZTA5	550～650	30～90	
ZTA7	550～650	30～120	
ZTA9、ZTA10	500～600	30～120	
ZTA15	550～750	30～240	
ZTA17	550～650	30～240	
ZTC4	550～650	30～240	

2．热等静压处理

热等静压（hot isostatic pressing，HIP）是20世纪70年代国外发展起来的通过高温、高压消除铸件内部孔洞类缺陷的一项新技术，热等静压处理可提高铸件的力学性能。目前，热等静压已经成为国内外钛合金铸件生产的一道重要处理工序。铸造钛及其合金铸件在生产过程中，由于液态金属的凝固特性，铸件内部易产生缩松、缩孔及气孔等缺陷，影响铸件的力学性能和使用性能。采用热等静压处理技术可以消除铸造钛及其合金的内部缺陷。

钛合金的热等静压处理过程为将铸件置入密闭耐压容器中，抽真空后充入惰性气体，升温加压。在高温高压下，铸件内部封闭的气孔、缩松、缩孔会被压实、闭合并扩散、结合为致密的组织，使铸件缺陷得到修复，性能得到改善。钛铸件的热等静压处理过程是一个蠕变、扩散的过程，处理温度一般为 $0.6\sim0.9T_S$（T_S为钛合金固相线温度）。所加惰性气体的压力应大于被处理的钛合金在高温下的屈服强度和蠕变强度，只有满足了温度和压力的要求，铸件才会产生塑性流动，使其内部孔洞被压合。热等静压处理时，铸件内部孔洞必须是封闭的，否则热等静压无法压合这些孔洞。不同的钛合金铸件的相组成不同，其铸件的热等静压具体工艺参数也不同。

目前最常用的ZTC4合金的铸件热等静压工艺为氩气压力为100～140MPa，加热温度为（910±10）℃，保温时间为2～2.5h，随炉冷却到300℃以下出炉。ZTC4合金热等静压处理后与铸态组织[图5-71（a）]相比，β晶界变宽，片状α变宽变短[图5-71（b）]，晶粒发生粗化，强度和屈服强度有所降低，但疲劳性能得到较大提高。ZTC4铸件配合热等静压处理技术和固溶时效、氢处理等强化热处理工艺，铸件的强度和疲劳性能获得了较大的改善和提高。ZTC4铸件在退火（550～650℃保温30～240min）或热等静压状态使用，可在350℃下长期工作，适合于制造各种静止的航空、航天、航海和化工等领域的结构件，如机匣、支架、壳体、框架等铸件。

（a）铸态组织

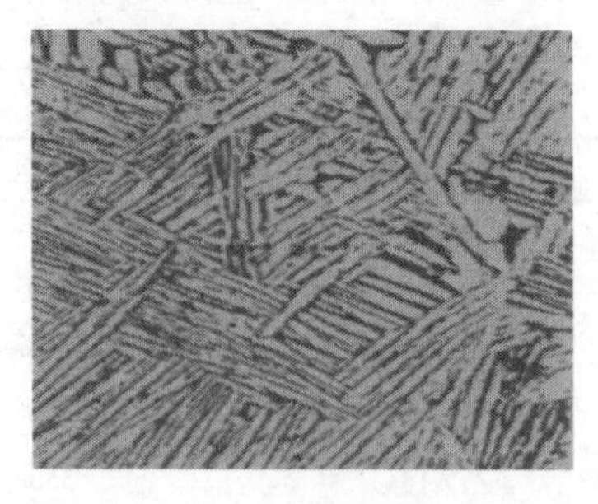

（b）热等静压处理

图5-71　铸造ZTC4合金的铸态组织，500×

3．热氢处理

钛合金铸造组织及力学性能改善的主要方法有固溶时效处理及热氢处理。热氢处理（thermo-hydrogen treatment，THT）是 20 世纪 80 年代初发展起来的一种热处理技术。热氢处理的目的是细化铸件组织，利用氢作为临时合金元素，以细化钛合金铸件的显微组织，提高铸件的拉伸及疲劳性能。热氢处理时需把铸件放入氢处理炉膛内，关闭炉门抽真空，当炉膛内的真空度达到所要求的值时，加热处理炉膛；当温度达到预定值时，开始向炉内输送氢气，采用平衡分压法渗氢，渗氢结束后，铸件进行固溶处理，含氢 β 相会发生共析转变，细化铸件组织，最后真空除氢。

热氢处理细化铸造钛合金组织的机理为铸造钛合金渗氢时，会在 α、β 相界面析出 $TiH_2(\gamma)$相，经 β 固溶处理后组织转变为 β 相，随后 β 相发生低温共析转变生成 $\alpha+TiH_2(\gamma)$共析组织。未发生转变的 β 和 $\alpha+TiH_2(\gamma)$组织在真空脱氢时，β 脱氢球化为很细小的无氢 β 相，共析组织脱氢时变为细小的等轴 α 相，使粗大的铸造组织变为很细小的等轴晶。ZTC4 合金热氢处理前后合金显微组织的变化如图 5-72 所示。热氢处理后铸造钛合金组织显著细化，全面改善和提高了钛合金铸件的力学性能，这种组织转变可使铸造钛合金的疲劳性能达到变形钛合金的水平。热氢处理 ZTC4 合金组织细化程度主要取决于渗氢量、固溶处理温度、冷却速度、共析转变温度和除氢温度等因素。

（a）铸造+热等静压

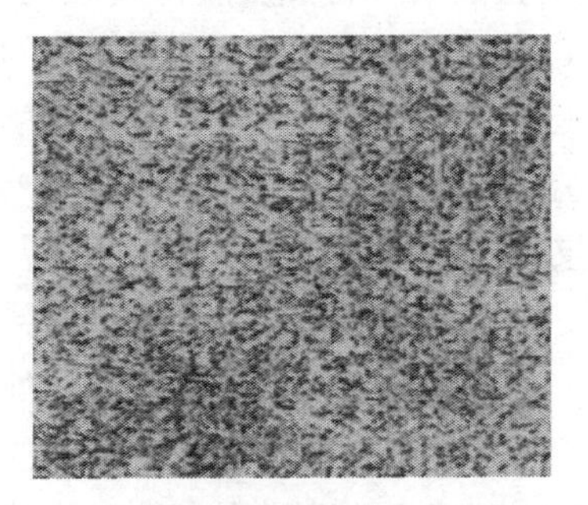

（b）铸造+热等静压+热氢处理

图 5-72　ZTC4 合金热氢处理前后合金显微组织的变化

热氢处理不仅可使铸造（α+β）型钛合金显微组织细化，而且可使铸造近 α 型钛合金组织细化，主要是由于氢是 β 稳定元素，对铸造近 α 型钛含量渗氢后，使它转变为铸造（α+β）型钛合金，其 β 相数量足以通过淬火与时效实现有效的热处理强化。热氢处理对铸件壁厚的敏感性比淬火小，可使厚壁铸件组织明显细化。与固溶时效相比，热氢处理对冷却速度要求不高，通常达到空冷的速度就可以获得良好的强化效果，适合于热处理易变形和大型复杂薄壁钛合金铸件。

国内外目前采用的典型热氢处理工艺主要有低温渗氢、β 固溶处理、真空除氢；β 固溶处理、低温渗氢、真空除氢；高温渗氢、真空除氢；高温渗氢、低温时效、真空除氢。

习 题

（1）试述铝硅合金分类及其特点。

（2）硅含量对铝硅合金铸造性能的影响。

（3）以 ZL101 合金为例说明变质处理后组织和性能的变化。

（4）试述铝合金热处理的方法及主要工艺名称的特点。

（5）ZL201 合金热处理组织中常出现空白带，称为无脱溶带或无析出带，试述形成该现象的主要原因是什么？

（6）ZL101 合金要求 $R_m \geqslant 250$MPa、$A \geqslant 2\%$，ZL205 合金要求 $R_m \geqslant 470$MPa、$A \geqslant 4\%$，试制定合金的热处理工艺。

（7）试述铝青铜的缓冷脆性及产生的原因和消除缓冷脆性的措施。

（8）铸造锡青铜铸件常在铸件表面渗出白色的颗粒状富锡分泌物，称为“冒锡汗”，其发生原因是什么？有什么预防措施？

（9）铸造黄铜在流动海水、热水、蒸气、无机酸中常常发生脱锌腐蚀，试述脱锌腐蚀的组织特点及脱锌腐蚀机理。

（10）试述铸造铜合金热处理的作用及种类。

（11）什么是黄铜合金的锌当量，计算锌当量有何作用？合金成分是 w(Zn)为 40.5%，w(Mn)为 3.5%，w(Fe)为 1%，w(Cu)为 55%的黄铜合金，利用计算的锌当量判断其组织和性能。

（12）试述铸造镁合金性能的特点及应用。

（13）试述铸造镁合金的细化处理方法。

（14）试述铸造镁合金热处理的方法及其特点。

（15）试述铸造镁合金的氢化处理的目的和过程。

（16）试述铸造锌合金的特性及分类。

（17）试述铸造钛合金的特性及分类。

（18）试述铸造钛合金的铸造性能特点。

（19）试述铸造钛合金的热等静压处理目的。以 ZTC4 合金为例，说明其热等静压处理过程及对组织和力学性能的影响。

（20）试述钛合金热氢处理细化铸态组织的机理。以 ZTC4 合金为例，说明其热氢处理过程及其组织的变化。

第六章　铸造合金的熔炼技术

第一节　铸造合金的熔炼设备

铸造合金的熔炼主要有冲天炉熔炼、电炉熔炼、冲天炉与电炉双联熔炼等。

冲天炉是一种以生铁或废钢为金属炉料，以焦炭为主要燃料的竖式圆筒形熔化炉，炉内金属与燃料直接接触，从风口鼓风助燃，能连续熔化的熔炼设备，主要用于铸铁的熔炼。冲天炉熔炼的优点是结构简单、设备投资少、电能消耗低、生产成本低、操作和维修方便、能连续生产；缺点主要是化学成分和温度波动较大，不能熔炼高合金铸铁和钢。普通灰铸铁、球墨铸铁、蠕墨铸铁、可锻铸铁采用冲天炉熔炼，能降低生产成本。

电炉熔炼是利用电能作为热源进行冶炼，常用的电炉主要有电弧炉和感应电炉两类。

图 6-1 是电弧炉工作原理图，电弧炉熔炼是利用电极和炉料间放电产生的电弧，使电能转变为热能来熔化炉渣和金属炉料。电弧炉根据电源特点可分为直流电弧炉和交流电弧炉；根据加热特点可分为直接加热电弧炉和间接加热电弧炉。直接加热电弧炉的电弧发生在电极和被加热的炉料之间，主要用于炼钢。间接加热电弧炉的电弧发生在熔池上方的两电极之间，由电弧产生的热辐射间接加热下方的金属炉料，主要用于铜合金熔炼。由于电弧炉采用电弧加热，而不采用燃料燃烧的方法加热，故容易控制炉气的性质，可按冶炼的要求使之成为还原性或氧化性气氛。电弧炉熔炼过程的高温是通过熔渣传给钢液，冶炼过程中，钢液是在熔渣覆盖下进行，炉渣的温度很高，具有高的化学活泼性，有利于熔炼过程冶金反应的进行。电弧炉按熔化每吨炉料所需最大功率（单位功率）的高低，分为普通功率电弧炉（功率为 109～399kVA·t^{-1}）、高功率电弧炉（功率为 400～699kVA·t^{-1}）、超高功率电弧炉（功率＞700kVA·t^{-1}）。电弧炉的容量从几百千克到几百吨不等。

图 6-2 是感应电炉工作原理图。感应电炉有两种类型：无芯感应电炉和有芯感应电炉，图 6-2（a）是无芯感应电炉，在有耐火材料烧结的坩埚外面绕有内部通冷却水的感应线圈，当感应线圈通交流电时，坩埚炉内的金属炉料或金属液会在交变磁场作用下产生感应电流，因炉料本身具有电阻而发热，从而使金属自身熔化和过热。感应加热时感应线圈内通过的电流越大，匝数越多，漏磁损失越小，金属料的电阻越大，则传递的功率越大，能提高熔炼速度。由于金属表面与中心

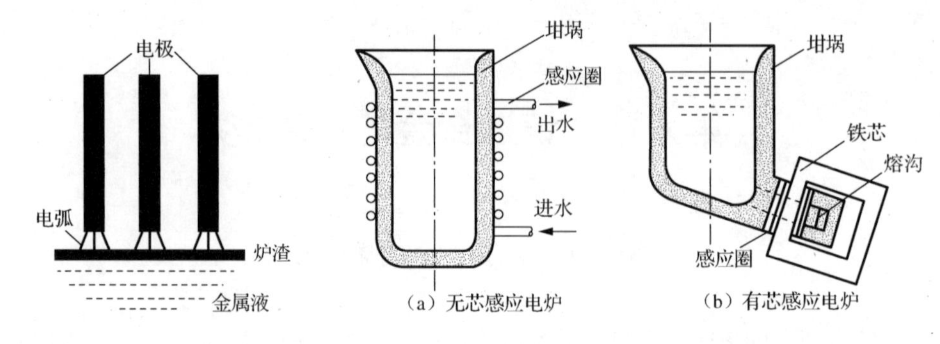

图 6-1　电弧炉工作原理图

图 6-2　感应电炉工作原理图

电流电抗的不均匀性，实际上 80%的电流集中在表面层，这种现象称为集肤效应。这一层厚度通常称为电流渗入深度 δ（cm），δ 计算式如下：

$$\delta=5030\sqrt{\frac{\rho}{\mu_r f}} \tag{6-1}$$

式中，ρ 为导电材料的电阻率（Ω·cm）；μ_r 为导电材料的相对磁导率；f 为电流频率（Hz）。

由式（6-1）看出，频率越低，δ 越大，当 f 为 50Hz 时，铁液和钢液的 δ 为 8.3～7.5cm。为保证电炉的工作效率，无芯感应电炉的坩埚直径一般不小于 10δ，因此电炉的容量都比较大，最小经济容量为 750kg。

图 6-2（b）是有芯感应电炉的工作原理图。有芯感应电炉的工作原理与变压器的原理相似。有芯感应电炉沟槽具有导磁体，在导磁体的铁芯上安置了多匝一次绕组的感应器，二次绕组是充满金属液的熔沟，它环绕感应器，感应器内通交流电，导磁体内建立一个交变的磁通，在熔沟内就相应产生一个交变的感应电势。由于熔沟自成回路，二次电流致使熔沟内金属液发热。有芯感应电炉只有当熔沟和熔池的金属构成回路时，即在闭合的情况下，电炉才能运行，因此一炉熔化完浇注时不能倒干净金属液，必须留有一部分金属液灌满熔沟，这部分金属液称为起溶体。有芯感应电炉和无芯感应电炉相比，更适合连续作业，不能随意停炉。有芯感应电炉的电效率、热效率和功率因素都比无芯感应电炉高，占地面积小，投资费用比无芯感应电炉低，但起熔时间长，对熔沟耐火材料的要求高，炉子维修比较麻烦，更换铁液成分比较困难。

感应电炉按频率分为工频感应电炉（电流频率为 50Hz 或 60Hz），电炉容量为 500～100000kg；中频感应电炉，使用最多的电流频率为 1000～2500Hz，电炉容量为 50～1000kg；高频感应电炉（电流频率为 200～300kHz），电炉容量一般在 10～60kg。工频感应电炉是应用较为普遍的熔炼设备，主要用于铸铁及其合金熔炼和保温。中频感应电炉适用于铸铁、铸钢和非铁合金的熔炼和保温。由于中频感应电炉配置功率密度大，为工频感应电炉的1.4～1.6倍，因此其熔化速度快，生产效率高；中频感应电炉冶炼时，每次出钢允许全部出净，更换冶炼钢号方便，工频感应电炉冶炼时，每次金属液不能出净，需要保留30%～50%，以便下炉启动用；中频感应电炉搅拌力小于工频感应电炉，去除金属液的气体及夹杂的效果优于工频感应电炉，中频感应电炉炉渣覆盖金属液，减小了金属的吸气，炉渣具有良好的流动性和覆盖性能，可以通过炉渣脱氧及脱硫磷等精炼过程。高频感应电炉熔炼功率及容量较小，一般用于试验室进行科学实验的熔炼。

电炉熔炼能准确控制铸造合金的成分，可获得较高温度金属及合金液。合金液质量好、熔炼劳动强度低、环境污染少，能适应和满足现代铸造合金生产的要求，是目前铸造合金熔炼的方向。

冲天炉与电炉双联熔炼能充分发挥各自的优点，取长补短，应用越来越广。熔炼过程是用冲天炉熔化铁液，用感应电炉过热铁液，这样的双联熔炼可以充分发挥冲天炉熔化快、克服过热慢的缺点，发挥感应电炉铁液过热快的长处，节约能源。冲天炉与电炉双联熔炼主要用于较大批量铸铁的熔炼。

铸造非铁合金的熔炼除了钛合金外，大多采用坩埚炉熔炼，坩埚炉的热源可用燃气、燃油、电阻或感应加热。坩埚的形状有圆桶形、方箱形或茶壶形，坩埚可以用普通中碳钢焊接或铸造成形，碳钢坩埚成本低，但外表面易氧化起皮，镁液与氧化铁接触，会发生激烈反应，甚至可能爆炸。铸造镁合金熔炼坩埚采用铁素体耐蚀钢或碳钢外包镍基合金的坩埚可以防止外表面氧化，且使用寿命比碳钢坩埚提高几倍。用燃气或燃油加热时，升温速度快，但燃烧产物中的水蒸气与镁液接触会发生爆炸，必须严格隔离。感应加热感应器需通水冷却，一旦漏水，会增加发生事故的危险性。电阻加热是用电阻发热来加热，比较安全、可靠，且设备成本低。

第二节　铸铁合金的熔炼技术

一、冲天炉熔炼的特点及要求

冲天炉是一种多以焦炭燃烧为热源的竖筒式热法熔炼设备，主要用于碳含量在2.2%以上铸铁材料的熔炼，如灰铸铁、球墨铸铁、可锻铸铁等；也可熔炼某些非铁合金，如铜合金等。冲天炉熔炼具有良好的熔化和冶炼性能，与其他热源熔化炉相比，冲天炉内焦炭燃烧、炉料熔化、过热是在金属、焦炭和炉气直接接触中进行，传热和熔化效率高，但铁液过热效率低，不易熔炼高温铁液。冲天炉熔炼能够连续工作，目前冲天炉熔化效率为1～120t/h，连续生产时间可从几小时到数月，碳的质量分数为2.2%～3.8%，对生产的适应性较强。冲天炉熔炼铸铁的基本要求为优质、高产、低耗、长寿与操作便利等，具体要求如下。

（一）铁液质量符合要求

铁液质量符合要求，主要包括三个方面。

1．出铁温度

根据铸造工艺要求，溶化并过热铁液到达所需的温度，一般出铁温度为1450～1500℃。铁液出炉温度不仅应满足浇注铸件的需要，保证得到无冷隔缺陷、轮廓清晰的铸件，还应满足高牌号铸铁炉前处理的需要。在同样化学成分的灰铸铁中，提高铁液过热温度，可使灰铸铁的抗拉强度、硬度等质量指标有不同程度的提高。

2．化学成分

铁液的化学成分须满足所生产铸铁的成分要求，波动范围尽量小，碳当量值波动应控制在±0.1%以下。

3．铁液纯净

铁液中的磷、硫及其他干扰铸铁组织的微量元素必须控制在限量以下。尽可能熔炼出低硫、低磷和低气体含量的铁液。例如，铁液中氮含量质量分数超过0.01%时，易使铸件产生针孔和气孔缺陷。球墨铸铁处理后，铁液应控制 $w(S) \leqslant 0.01\%$，$w(P) \leqslant 0.06\%$，$w(O)+w(N)+w(H) \leqslant 0.05\%$。

（二）熔化速度快

在确保铁液质量的前提下，充分发挥熔炼设备生产能力的关键在于提高熔化速度。对于一定尺寸的冲天炉，其最好的状态是使炉子的熔化强度及小时生产率达到预定的目标。

（三）熔炼能源消耗及材料耗费少

为保证铸铁熔炼的经济性，应尽量降低与熔炼有关的包括燃料在内的各种材料的消耗，力求减少熔炼过程中铁和合金元素的烧损，以降低生产成本。

（四）炉衬寿命长

延长炉衬寿命不仅有利于节约耐火材料，减少修炉工时及生产费用，而且是稳定炉子工作过程，保证熔炼时间，提高熔炼设备利用率，便于实现熔炼机械化与自动化的重要条件。

（五）熔炼操作方便

冲天炉熔炼设备要求结构合理，操作方便，尽量减轻操作者的劳动强度，并尽可能提高自动化和机械化程度。

二、冲天炉的基本结构

图6-3是冲天炉的结构简图。冲天炉主要由支撑部分、炉体部分、炉顶部分三大部分组成。各部分主要的组成如下。

1．炉底与炉基

炉底由炉底板组成，炉基由支柱组成，炉底与炉基是冲天炉的支撑部分，对整座炉子和炉料柱起支撑作用。

2．炉体部分与前炉

炉体部分是冲天炉的基本组成部分，包括有效高度和炉缸两部分。炉体部分内壁砌耐火材料，加料口处的炉壁由型钢或铸铁砖构筑，以承受加料时炉料的冲击。加料口至第一排风口的中心线之间称为炉身，其内部称为炉膛。炉身的高度称为有效高度，是冲天炉的工作区。

前炉由前炉体和可分离的炉盖构成。前炉的作用是储存铁液，使铁液的成分和温度均匀，减少铁液在炉缸停留的时间，从而降低铁液在炉缸中的增碳与增硫作用，分离渣铁，净化铁液。

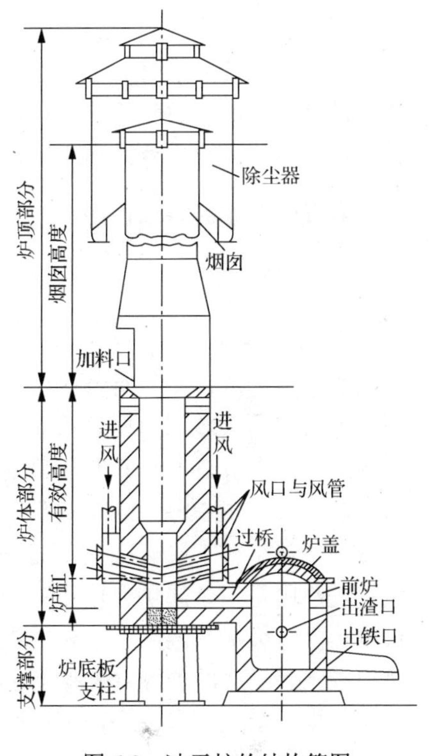

图6-3　冲天炉的结构简图

3．烟囱与除尘器

烟囱在加料口上面，其外壳与炉身连成一体，内壁砌耐火砖或青砖。烟囱的作用是引导炉气向上流动并排出炉外。烟囱顶部火花捕集器能收集烟气中较大灰尘和扑灭火星。

除尘器的作用是消除或减少炉气中的烟灰及有害气体成分，减少对周围环境的污染排放。熔炼过程中噪声应控制在70dB以下，污染物的排放要满足二氧化碳和氮氧化物排放浓度不超过200mg/m^3，颗粒物排放浓度不应超过40mg/m^3。

4．送风系统

冲天炉的送风系统是指自鼓风机出口至风口处的整个系统，包括供风总管、风箱、风口和鼓风机输出管道。供风总管布置应尽量缩短长度，减少曲折，避免管道截面突变。供风总管内流速应控制在10～18m/s，矩形截面风箱流速应控制在2.5～4m/s。

5．热风装置

热风装置的作用是预热底焦燃烧用的空气，强化底焦的燃烧，常用的热风装置有内热式和外热式两种。

6．风机

冲天炉正常的熔炼必须使焦炭稳定的燃烧，不能产生较大的波动，因此要求冲天炉鼓风风机的风量稳定、风压足够、工作噪声小、结构简单、维修方便。冲天炉所使用的风机主要是高压风机，选择依据主要是所需风机的风量和风压。

三、冲天炉熔炼的基本原理

（一）冲天炉熔炼过程

图 6-4 是冲天炉各区、炉气与温度的分布图。冲天炉熔炼工作时，炉内主要由四个区域组成，主要有预热区、熔化区、过热区、炉缸区。预热区是从底焦顶面到加料口的区域，金属炉料和焦炭、石灰石遇到高温炉气进行预热及蒸发炉料中的水分及灰分，并使石灰石呈熔融状态，为造渣做准备，一般预热区金属炉料从室温上升至 1150～1200℃，预热区炉料的停留时间为 30～40min；熔化区是指预热的金属炉料下降至底焦顶面，温度达到熔化温度，开始熔化至熔化完毕的区域；过热区是指金属炉料熔化完毕至第一排风口平面之间的区域，熔化的铁液通过过热区时会提高温度，过热区液态金属被加热到 1500℃以上；炉缸区是指底排风口以下到炉底的区域，铁液通过炉缸区一般会降温。冲天炉熔炼由底焦的燃烧、热量交换、冶金反应三个基本过程组成。

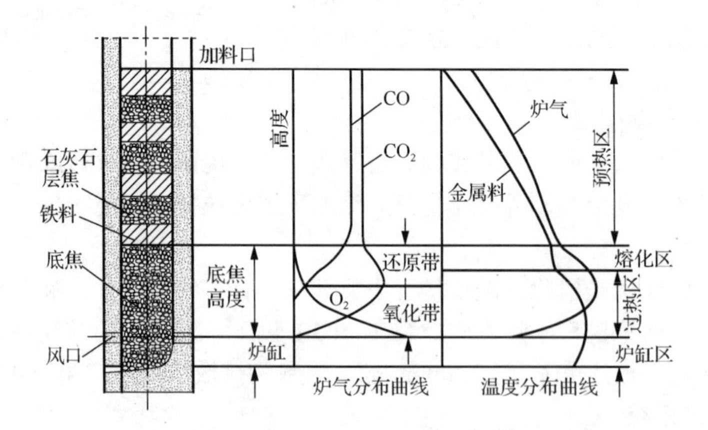

图 6-4　冲天炉各区、炉气与温度的分布曲线图

1．底焦的燃烧

焦炭的燃烧主要是焦炭中的固定碳与空气中的氧发生化学反应，用产生的热

量来加热和熔化炉料。冲天炉内的化学反应根据不同条件将以不同的方式进行，主要的化学反应有

$$C + O_2 \longrightarrow CO_2 + 408841\text{J/mol}$$

$$2C + O_2 \longrightarrow 2CO + 123218\text{J/mol}$$

$$2CO + O_2 \longrightarrow 2CO_2 + 285623\text{J/mol}$$

$$CO_2 + C \longrightarrow 2CO - 162406\text{J/mol}$$

从上述反应可以看出，前三个反应是放热反应，并且在底焦的一定高度范围内进行，构成焦炭燃烧的氧化带。最后一个反应是还原反应，构成焦炭燃烧的还原带，而且是吸热反应。反应结果使炉气中 CO 含量提高，温度下降。为了充分利用焦炭的燃烧热量，提高炉温，应拟制还原反应。

2．热量交换

冲天炉内的热量交换方式主要有对流传热形式和接触传热形式。预热区的热交换，炉气对炉料热交换以对流传热形式为主，其特点是传递热量大及预热区高度变化大；熔化区的热交换，炉气给热以对流传热形式为主，其特点是炉气与温度分布不均匀，造成熔化区域呈凹形分布，区域高度波动大；过热区的热交换，铁液的受热是以与焦炭接触的热传导形式为主，其特点是热量传递强度大，铁液的温度由炉气最高温度与过热区高度决定；炉缸区虽有焦炭，但缺氧，焦炭不燃烧，温度较低，对高温铁液来说是个冷却区，一般降温 50～100℃，炉缸越深，冷却作用越大，如果操作过程间歇性打开出渣口，或在前炉顶上开设气口，则因有部分空气进入炉缸，使部分焦炭燃烧，可减少炉缸内的冷却作用，有利于提高铁液温度。

3．冶金反应

冲天炉熔炼过程中主要的冶金反应有碳、硅、锰、硫、磷等合金元素的变化。碳在冲天炉内同时发生增碳和脱碳两个反应，铁液和焦炭接触会发生增碳，是铁液主要的增碳来源。铁液的碳又会被炉气中的 O_2、CO_2 及其 FeO 氧化。一般情况下，铁液中的碳含量总是趋于共晶成分，当铁液中平均碳含量低于共晶碳含量时，铁液容易增碳，反之则脱碳。由于铁液的共晶碳含量随硅、硫、磷等元素含量的提高而降低，这些元素的变化会影响铁液中碳含量的变化。

冲天炉内影响硅、锰烧损的因素主要有冲天炉的炉温、炉气的氧化性、炉渣的性质、金属炉料的量和块度等。其中，温度是决定硅、锰烧损的主要因素之一。由于硅、锰的氧化反应是放热反应，温度越高，烧损越小。由冶金原理可知，当温度超过金属元素和碳的自由能与温度变化线的交点时，金属氧化物有可能被碳还原，减少硅、锰等元素的烧损，特别是硅，甚至会发生炉渣和炉衬中的 SiO_2 被还原，出现铁液增硅的现象。

炉气的氧化性是决定硅、锰氧化程度的另一个重要因素。从减少元素烧损角

度来看，要求炉气氧化性尽量低，若炉气是强氧化性，元素容易氧化，熔化区炉气性质更为重要。

炉渣的性质对锰、硅等元素烧损的影响主要与炉渣的酸碱性有关，实际生产中，大多数冲天炉是酸性的。因此，铁液中硅元素烧损较小，锰元素烧损较大，碱性冲天炉的情况则相反。

硅、锰等元素在炉料中的含量对硅、锰等元素烧损影响很大，含量越高，其与氧接触的机会越大，烧损越大。虽然冲天炉内的硅、锰对氧的亲和力比铁大，但首先是铁的氧化。当硅、锰等元素在炉料中的平均含量相同时，炉料中铁合金配入量越大，烧损就越严重。因此，在冲天炉中作为炉料的硅铁、锰铁中的硅含量、锰含量不宜过高。

金属炉料的块度影响硅、锰等元素的烧损，块度过大，熔化区下移，铁液温度下降导致元素的烧损增加；块度过小，氧化面积增加，在预热区会严重氧化。因此金属炉料的块度要合适，同时炉料要洁净，以免带入铁锈等氧化剂而加大硅、锰等元素的烧损。在正常熔炼条件下，酸性冲天炉内硅元素的烧损率为10%～15%，锰元素的烧损率为15%～20%；碱性冲天炉内硅元素的烧损率为20%～25%，锰元素的烧损率为10%～15%。

冲天炉冶炼时，铁液中硫的来源主要有炉料中固有的硫和铁液从焦炭中吸收的硫。酸性炉衬的冲天炉不具备脱硫能力，铸铁经熔炼后硫含量增加；碱性炉衬的冲天炉，特别是预热送风的碱性冲天炉能有效脱硫，常用脱硫剂为石灰(CaO)、电石(CaC_2)、白云石[$CaMg(CO_3)_2$]等。冲天炉熔炼中，磷的变化不大，既不脱磷，又不增磷。在冲天炉熔炼条件下，不能满足低温、强氧化性和高碱度的脱磷条件，因此冲天炉无脱磷能力。

总之，冲天炉熔炼在酸性冲天炉内元素的变化规律是碳、硫增加，硅、锰烧损，磷含量不变。这些元素的变化量，取决于炉料、焦炭、炉气、炉渣的状况及其相互作用，其中铁液温度对铸铁的成分变化起决定性作用，高温是控制碳含量、减少硫含量、降低烧损的基本条件。

（二）冲天炉内炉气及炉温的分布

1. 冲天炉内炉气分布

冲天炉内的炉气有自动趋于沿炉壁流动的倾向，这种现象称为炉壁效应。炉壁效应的形成原因与炉内气流的阻力分布不均匀有关，炉料和炉壁形成的通道空隙大、行程短、曲折少，因此对气流流动阻力小；而炉料之间的气流通道，由于炉料互相堆叠，其截面小、曲折多、流程长时，气流流动阻力大。炉壁效应的结果使炉气的平均流线向炉壁方向偏移，如图 6-5（a）所示。在冲天炉截面上，由于风口区前沿空气流速高、流量大，形成了强烈燃烧区，而在两个风口之间的区域，由于空气少而形成了“死区”A。由于炉壁效应，在炉膛中心区域出现“死区”B，如图 6-5（b）所示。因此，在冲天炉风口区域炉膛截面上，纵向和横向炉气分布都不均匀。

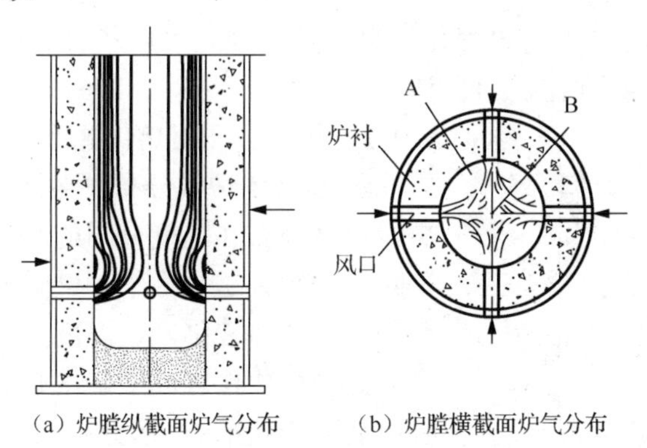

（a）炉膛纵截面炉气分布　　（b）炉膛横截面炉气分布

图 6-5　冲天炉内炉气分布示意图

2．冲天炉内炉温分布

图 6-6 是冲天炉内炉气中 CO_2 浓度及炉气、炉温的分布曲线。冲天炉熔炼时，底焦燃烧生成 CO_2 的化学反应热是炉内热量的主要来源。因此，底焦中 CO_2 的分布反映了热量的分布，也反映了冲天炉内温度的分布。图 6-6（a）是实验条件下测得的底焦中 CO_2 等浓度分布曲线，从风口往上，随焦炭的燃烧，炉气中 CO_2 浓度不断增加，炉气温度也在不断上升。当氧被耗尽时，炉气中的 CO_2 含量达到最高值，该处炉气温度也达到最高点，在此区域之上，由于 CO_2 还原成 CO 的反应

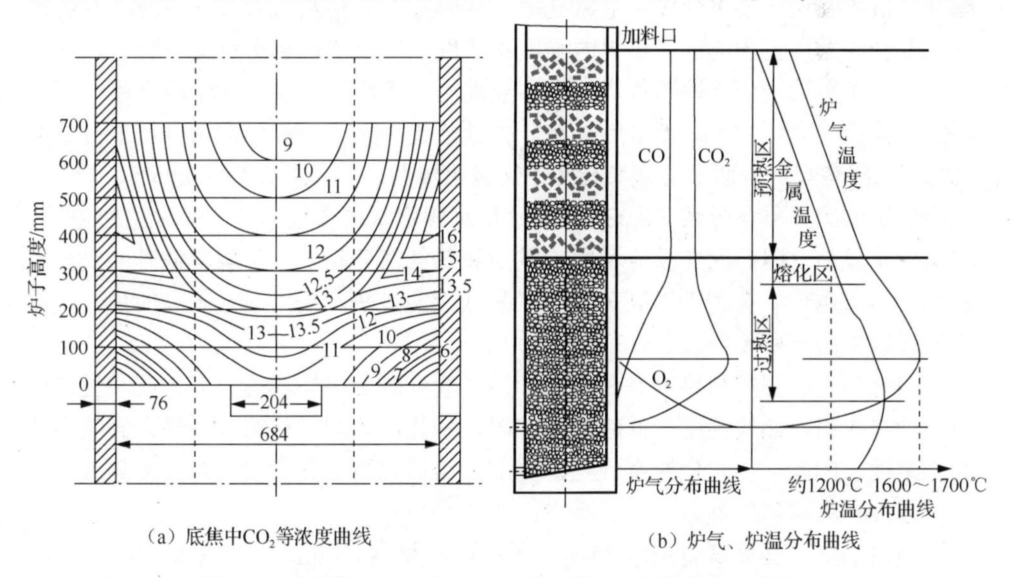

（a）底焦中CO_2等浓度曲线　　（b）炉气、炉温分布曲线

图 6-6　冲天炉内炉气中 CO_2 浓度及炉气、炉温的分布曲线

为吸热反应，炉气中 CO_2 含量减小，炉气温度也随 CO_2 含量减小而降低，如图 6-6（b）所示。CO_2 浓度集中在炉壁附近距风口 400～500mm 的区域内，而炉子中心区域的 CO_2 浓度低，等浓度曲线呈凹形，与炉壁效应结果一致。炉气温度的变化与炉气 CO_2 含量变化趋势一致，因此可以从底焦炉气成分中 CO_2 含量的分布近似推测炉内温度的变化。

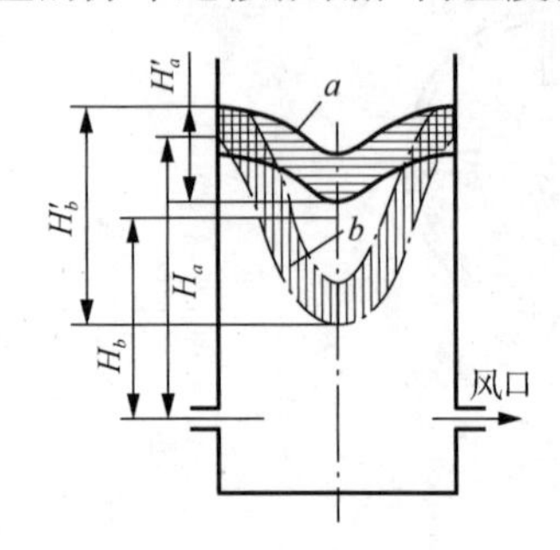

图 6-7　炉气分布对熔化区形状和位置的影响

3．炉气分布对熔化区形状和位置的影响

图 6-7 是炉气分布对熔化区形状和位置的影响。炉气分布和温度分布的不均匀会造成熔化区呈凹形分布。这是由于炉壁附近气流速度大、热流量大、传热较强烈、温度高、熔化快，使炉壁附近处的熔化位置高于炉中心部位，熔化区向中心逐渐降低，出现凹形分布。图 6-7 中 *b*（竖线区）比 *a*（横线区）凹陷严重，熔化区 H'_b 高度大于熔化区 H'_a 高度，平均熔化区高度 H_b 比 H_a 低，导致熔化区域波动较大。

（三）影响冲天炉铁液温度的因素

1．焦炭对冲天炉铁液温度的影响

国家标准《铸造焦炭》（GB/T 8729—2017）中将铸造焦炭分为优级、一级、二级三个质量等级。铸造焦炭的技术指标有焦炭的粒度、水分、灰分、挥发物、硫分、抗碎强度、落下强度、显气孔率、碎焦率等。焦炭对冲天炉铁液温度的影响主要表现为焦炭的成分、焦炭的强度和块度、焦炭的燃烧比及反应能力。

（1）焦炭的成分。铸造焦炭标准中要求不同等级的焦炭水分质量分数≤5%，挥发物质量分数≤1.5%。优级焦炭灰分质量分数≤8%、一级焦炭灰分质量分数≤10%、二级焦炭灰分质量分数≤12%。优级焦炭的硫分质量分数≤0.06%、一级、二级焦炭的硫分质量分数≤0.08%，因此焦炭固定碳的质量分数≥80%。焦炭的固定碳含量越高，阻碍燃烧反应和影响铁液吸热的灰分越少。焦炭燃烧时的发热量越大，渣量越少，有利于提高炉气温度和铁液的过热。采用固定碳高的焦炭是提高铁液温度的重要途径之一。

（2）焦炭的强度和块度。焦炭入炉后，会受到上层炉料的压力，同时受到炉料的冲击作用。焦炭强度较低时容易破碎，恶化冲天炉料柱的透气性，影响溶化的稳定性。因此，要求焦炭有一定的强度。铸造焦炭的强度主要有落下强度、抗破碎强度和耐磨强度等。

焦炭的落下强度试验是取 25kg 焦炭，粒度大于 60mm，装入 460mm×700mm×380mm 铁箱中，提至 1830mm 高度，打开料箱底门，自由落体与地面 13mm 厚铁板相冲击，反复四次，检查粒度大于 60mm 焦炭的质量并以百分数表示。入箱粒度大于 60mm 焦炭，要求落下后粒度大于 60mm 焦炭的质量分数须大于 60%。

焦炭的抗破碎强度是用转鼓测量。取 50kg 焦炭，粒度大于 60mm，装入 ϕ1000mm×1000mm 的转鼓中，在转鼓内壁沿转轴方向焊接 4 根高×宽×厚为 100mm×50mm×10mm 的角钢作为提料板，角钢将鼓内分成四个相等的面积。转鼓以 25r/min 速度转动，4min 后，用ϕ40mm 筛进行筛分，以 M_{40} 表示ϕ40mm 筛上焦炭占焦炭总质量的百分数，通常以 M_{40} 代表焦炭的抗破碎强度。铸造焦炭优级抗破碎强度 $M_{40}\geqslant$87%、一级抗破碎强度 $M_{40}\geqslant$83%、二级抗破碎强度 $M_{40}\geqslant$80%。

焦炭的耐磨强度是指焦炭能抵抗外来摩擦力而不形成碎屑或粉末的能力，用 M_{10} 表示焦炭的磨损强度。M_{10} 是用焦炭出鼓后粒度小于 10mm 焦炭的质量与入鼓焦炭的质量之比来表示。出鼓后焦炭粒度小于 10mm 的焦炭质量越少，M_{10} 越小，耐磨强度越高。

焦炭块度影响焦炭的燃烧，当焦炭块度过小时，焦炭反应面积增加，燃烧反应加剧，氧化带缩短，还原带增大，造成高温区域变小，炉气最高温度较低。块度小的焦炭，可增加送风阻力，但炉壁效应加剧，对铁液过热不利。块度过大，燃烧速度慢，氧化带扩大，燃烧区域不集中，炉气最高温度较低，不利于铁液过热。因此，焦炭的块度要适当，一般推荐冲天炉内径和焦炭平均直径之比为 10∶1。

（3）焦炭的燃烧比及反应能力。表征焦炭燃烧完全程度的指标称为燃烧比，用 η_V 表示，计算式如式（6-2）所示：

$$\eta_V=\frac{V(CO_2)}{V(CO_2)+V(CO)}\times 100\% \tag{6-2}$$

式中，$V(CO_2)$为 CO_2 的体积分数，%；$V(CO)$为 CO 的体积分数，%。

η_V 越高，CO_2 的体积分数越大，焦炭燃烧得越完全，放出的热量越多，有利于提高铁液温度。因此，从提高焦炭利用率和理论燃烧温度的角度来看，希望 η_V 越高越好。但 η_V 越高，炉气中 CO_2 的体积分数过高，氧化性增强，从减少金属元素的烧损角度来看，不能采用过高的 η_V 值。实际熔炼中，应根据炉料和焦炭的特点、产品的要求、炉型和送风制度等适度地控制 η_V 值。通常，冲天炉的 $\eta_V=40\%\sim80\%$。

焦炭的反应能力是指焦炭还原 CO_2 的能力，通常以 R 表示，计算式如式（6-3）所示：

$$R=\frac{V(CO)}{V(CO_2)+V(CO)}\times 100\% \tag{6-3}$$

式中，$V(CO_2)$为 CO_2 的体积分数，%；$V(CO)$为 CO 的体积分数，%。

焦炭的反应能力大，会促使发生 $CO_2+C\longrightarrow 2CO$ 的吸热反应，降低炉气的温度，不利于铁液的过热。因此，冲天炉熔炼时要求焦炭有较低的反应能力，铸造焦炭 R 控制在 15%～30%。反应能力与气孔率密切相关，气孔率越大，反应能力越强，铸造焦炭的气孔率较低，其反应能力较小。

2．送风对冲天炉铁液温度的影响

送风对冲天炉铁液温度的影响主要表现在风量、风速、风温及风中氧浓度。

（1）风量的影响。提高冲天炉的进风量时，增加了参与焦炭燃烧的空气量，因而会强化焦炭的燃烧，扩大氧化带和高温区的温度，提高炉气的最高温度，有利于铁液的过热。但过大的风量会提高燃烧速度，加快炉料下移速度，造成炉料预热不足，熔化区下移，过热高度缩短，不利于铁液过热。因此，冲天炉需有一个合适的风量，称为最惠送风量，最惠送风量的大小与底焦消耗率有关。图 6-8 是铁液温度与焦耗和风量的关系图，图中虚线为最惠送风强度值。

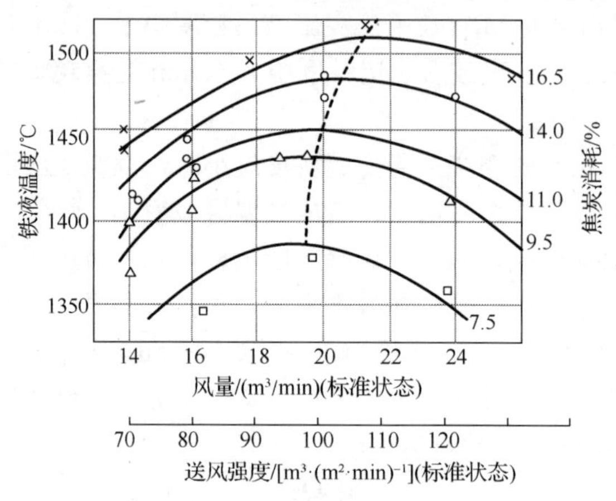

图 6-8　铁液温度与焦耗和风量的关系

（2）风速的影响。冲天炉风口空气的平均流速称为送风速度。提高送风速度，可以清除焦炭表面阻碍燃烧反应的灰分和燃烧产物，使空气中的氧更快向焦炭表面扩散，强化焦炭的燃烧，提高炉气温度。高速空气容易进入冲天炉中心，使炉内气流与温度分布更均匀，提高换热效果，有利于提高铁液的温度。但过大的风速会降低风口处炉温，对焦炭有吹冷作用，削弱焦炭的燃烧反应，加大合金元素的烧损，增加送风的动力消耗。因此，冲天炉要有一个合适的送风速度，主要取决于焦炭的灰含量、块度及送风量等。焦炭灰含量高，块度小时，可适当加大送风速度。

图 6-9 是铁液温度随送风速度的变化曲线，对于不同的送风量都存在一个铁液温度最高的送风速度。

（3）风温的影响。提高冲天炉空气的温度，能够增加氧化带的热量来源，可强化焦炭反应，提高燃烧速度和氧化区炉气的最高温度，提高风温，燃烧反应加快，使氧化带缩短，加剧 CO_2 的还原反应，炉气燃烧比下降，沿底焦高度的化学热量损失加快。

图 6-10 是风温对底焦层中炉气温度的影响。风温越高，炉气最高温度越高，最高温度越靠近风口，在风量和风速偏高的情况下，会降低对风口的吹冷作用，减少风口结渣，稳定焦炭燃烧。实际生产中，通过预热送风提高炉气温度是加强炉内热交换，提高铁液温度及炉子的熔化率，降低元素烧损的有效途径。

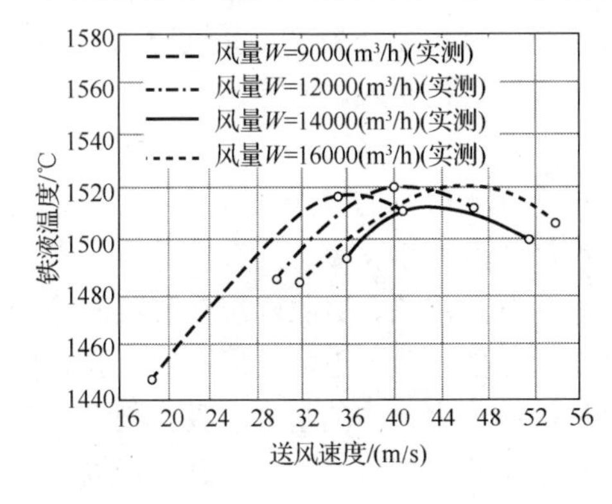

图 6-9　铁液温度与送风速度的关系

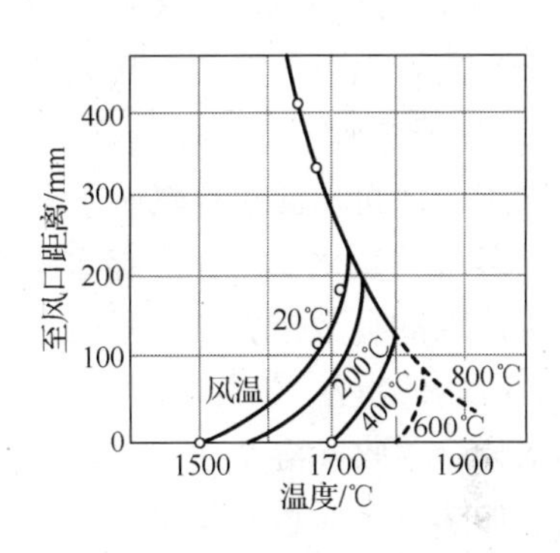

图 6-10　风温对底焦层中炉气温度的影响

（4）风中氧浓度的影响。提高送风中氧含量，即富氧送风，可加速底焦的燃烧并增加 CO_2 的浓度，缩短氧化带，扩大还原带，与热风具有相同的效果。例如，风中氧含量增至 24%，就能达到相当于 400℃热风的熔炼效果。

3．金属炉料对冲天炉铁液温度的影响

金属炉料块度越大，所需预热和熔化时间越长，易造成熔化区位置下降，过热区高度缩短，因而不利于铁液的过热。而且当料块过大时，易造成卡料，使炉料不能均匀下移，会进一步恶化热交换条件。因此，减小冲天炉内金属炉料的块度，是提高铁液温度与炉子热效率的有力措施。当然，金属料块度也不能太小，以免阻塞气流通道，或造成炉料氧化严重。一般最大料块尺寸应小于冲天炉内径的 1/3。附着于金属料块表面的泥沙和铁锈，会阻碍炉料受热，还会熔融成渣，消耗热量，因此，采用不洁净的金属炉料，对铁液温度和铁液质量都是不利的，应尽量避免。

（四）强化冲天炉熔炼的主要措施

1．预热送风

采用热风可使炉温上升，减少硅、锰等元素的烧损，并提高增碳率、降低增硫率。热风温度提高 200℃左右，铁液温度可提高 10～20℃。预热送风中最主要的部分为热交换器，分为内热式和外热式。利用废气余热的热交换器为内热式，装在冲天炉内，国内应用较多的是密筋炉胆内热式交换器；利用冲天炉炉气中的

CO 再燃烧的热风冲天炉的换热器一般装在冲天炉炉外，称为外热式。外热式热交换器常用的有管状换热器、辐射换热器和辐射-对流综合换热器。

2．富氧送风

提高炉气中的氧浓度，能加剧焦炭的燃烧反应和反应速度，可提高冲天炉熔化率及铁液温度，减少铁液含气量和提高合金元素的回收率，改善增碳效果，降低焦炭消耗，减少热风需求量，降低风机容量，减少热损失等。富氧送风方法主要有向送风管中引入氧气、从风口吹氧、将氧气直接吹入炉内等。

3．除湿送风

除湿送风可以减少空气中水蒸气和焦炭生成水煤气的吸热反应，以及合金元素和水蒸气的氧化反应。除湿送风是提高铁液温度和熔化率、提高铸件质量和减小焦炭消耗的有效措施。除湿的方法主要有吸附除湿法、吸收除湿法和冷冻除湿法等。吸附除湿法采用硅胶吸附水分，降低空气的湿度，然后再通过加热脱去硅胶的水分；吸收除湿法采用强吸收剂氯化锂等吸收空气中的水分，吸收剂吸水后可通过加热脱水而重复使用；冷冻除湿法是采用冷冻机将空气冷却到露点以下，使空气中的水蒸气凝结为水，再将其分离排出，达到脱湿的目的。

（五）熔炼操作参数对冲天炉铁液温度的影响

1．底焦高度

底焦高度（H）是指第一排风口中心线至底焦顶面之间的高度。底焦高度是影响铁液温度和化学成分的一个重要操作参数。理论上，底焦顶面高度应略高于炉料熔化温度所在的位置。图 6-11 是底焦高度对熔化区位置的影响。如果底焦高度 $H_1 > H$，则在送风开始时，底焦顶面的温度没有达到炉料的熔化温度，金属炉料必须待底焦燃烧下降至 H 时才熔化。此时炉料预热充分，熔化区间窄，而且平均位置高，有利于铁液的过热及提高铁液温度，但此时熔化效率低，焦炭消耗量提高。如果底焦高度 $H_2 < H$，则熔化带下移。情况严重时，金属料可能进入风口区，此时不仅铁液温度低，而且氧化严重，甚至使炉子不能正常运行。由此可见，合适的底焦高度是确保冲天炉内进行热交换的基础，也是决定炉内各区域位置的基本因素。因此，在冲天炉熔炼操作中，必须严格控制底焦高度。

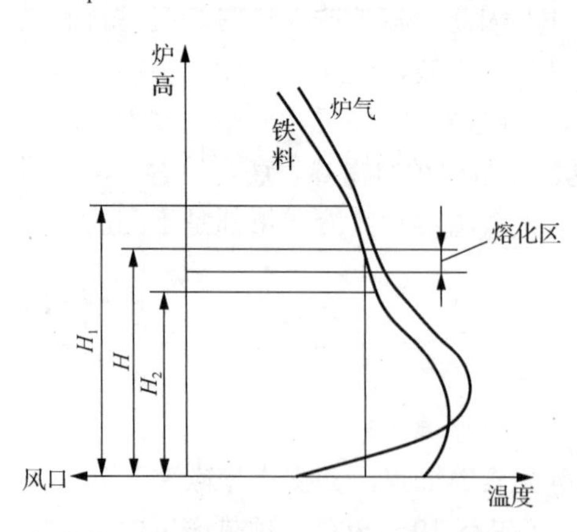

图 6-11　底焦高度对熔化区位置的影响

冲天炉运行的底焦高度可以通过料层铁焦比、接力焦、送风量等来进行调整，在保持铁焦比一定的情况下，减少送风量，可以提高冲天炉运行的底焦高度，反之降低运行的底焦高度。如果炉膛侵蚀扩大，底焦高度降低，通过接力焦可以补偿因炉膛侵蚀扩大而引起的底焦高度降低。如果冲天炉风口排距大，风口斜度越大，风口排数越多，底焦高度应相应增高；焦炭块度越小，反应性越高，底焦高度相应降低，层焦焦炭焦耗越高，底焦高度越高。

2．焦炭消耗量

层焦的作用是使底焦的顶面维持在冲天炉正常波动范围内。焦炭消耗量在原则上应满足下列关系：①每批层焦量等于熔化每批金属料的底焦消耗量；②每批层焦的底焦烧失时间等于每批金属料的熔化时间。

3．批料量

图 6-12 是批料层的薄厚对熔化区平均位置的影响。图 6-12（a）表示薄批料量，图 6-12（b）表示厚批料量。当底焦高度和铁焦比一定时，薄批料量的熔化带及熔化时间短，造成薄批料量的熔化带平均高度比厚批料量高，因而薄批料量的铁液有更长的过热路程，可以得到充分的过热，有利于提高铁液温度。但批料量过少，每批料层会过薄，容易造成铁焦严重混杂和串料，使底焦顶面炉料分布不均匀，导致底焦顶面凹凸不平，铁液温度与成分产生波动。

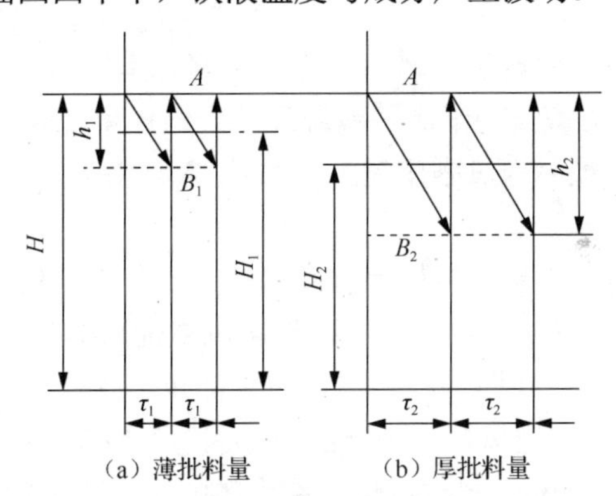

图 6-12　批料层的薄厚对熔化区平均位置的影响

H-底焦高度；h_1、h_2-熔化区高度；A-熔化开始位置；B_1、B_2-熔化结束位置；H_1、H_2-熔化区平均位置；τ_1、τ_2 -批料熔化时间

4．冲天炉网形图

冲天炉熔炼过程中，熔化率和铁液温度是两个重要的性能指标，它们与炉子结构、焦耗、送风量、炉料等因素有关，其中作为熔炼过程重要能源来源的焦耗和送风量是很重要的因素。因此，寻求冲天炉熔化强度、铁液温度与焦耗和送风量的变化关系，以及冲天炉性能随工艺参数变化的规律，就能在最小的消耗下取得最佳的熔炼效果。

图 6-13 是冲天炉的网形图，描绘了冲天炉送风量、焦耗、燃烧比（η_V）、铁液温度与炉子熔化率、熔化强度之间的关系。由图 6-13 可得出如下规律。

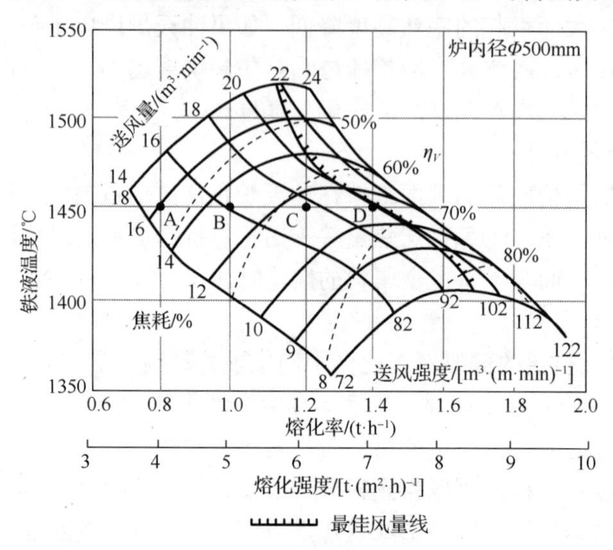

图 6-13　冲天炉的网形图

（1）焦耗一定时，随送风量增加，冲天炉熔化率提高，铁液温度先提高后降低。对于每一焦耗，对应一个最高铁液温度的合适风量（送风强度），称为最惠送风强度，焦耗越大，最惠送风强度越大，铁液温度越高，但炉子熔化率下降，烧损越低。

（2）送风量一定，焦炭消耗量和温度提高，熔化率降低。

（3）铁液温度一定，有不同的焦耗和送风量配合方案。例如，铁液温度为 1450℃，可有 A、B、C、D 四种不同方案的焦耗和送风量，得到了不同的熔化率。A 方案：焦耗为 16.0%，送风量为 $14.5m^3·min^{-1}$，熔化率为 $0.8t·h^{-1}$；B 方案：焦耗为 13.3%，送风量为 $16.0m^3·min^{-1}$，熔化率为 $1.0t·h^{-1}$；C 方案：焦耗为 11.3%，送风量为 $17.8m^3·min^{-1}$，熔化率为 $1.2t·h^{-1}$；D 方案：焦耗为 10.6%，送风量为 $20.0m^3·min^{-1}$，熔化率为 $1.4t·h^{-1}$。可以看出，方案 D 最优，采用此方案配置，焦耗低而熔化率高，既可保证铁液温度达到工艺要求，还可达到降低焦炭消耗和提高熔化率的效果。冲天炉的网形图反映了冲天炉熔炼中的普遍规律，但由于影响网形图的因素很多，不同的炉型和生产条件得到的网形图线形和数值会有所差别，因此不能随意用一个网形图确定具体冲天炉的熔炼参数。

5．冲天炉结构参数对铁液温度的影响

（1）炉型的影响。炉型影响炉气沿炉膛截面的分布，对炉内的热交换产生了一定的影响。当冲天炉采用缩小风口区炉膛面积的炉型时，鼓风容易进入炉膛中心，使底焦沿炉膛截面燃烧比较均匀，有利于改善炉内的热交换和提高铁液的温度。与直筒型炉型相比，曲线炉型的熔化区比较平直，熔化区的平均位置较高。实践证明，从炉膛最大截面（即熔化区）开始，向加料口方向逐渐收缩，将改善下料的均匀性，并削弱预热区内的炉壁效应，因而有利于改善炉内热交换条件以及铁液的过热。

图 6-14 是我国冲天炉的 4 种典型炉型。图 6-14（a）和（b）两种炉型基本相似，风口区炉径缩小，有利于鼓风进入炉膛中心，同时加料口至熔化区有一定斜度，炉料均匀下降，可减小炉壁效应，防止卡料事故；图 6-14（c）为中央送风冲天炉，对炉径较大的冲天炉较好，燃烧区集中在炉膛中心，可削弱炉壁效应；图 6-14（d）为卡腰式冲天炉，采用小间距大斜度风口（30°～44°）为炉膛中心形成集中燃烧的高温创造条件。从冲天炉发展趋势来看，随着焦炭质量的改进，两排大间距风口冲天炉[图 6-14（b）]将有更佳的经济效果，应用会更加广泛。

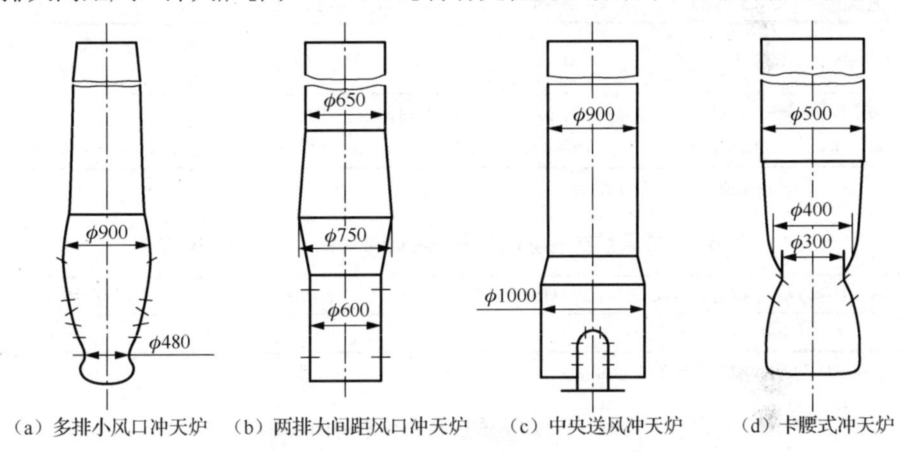

图 6-14　我国冲天炉的 4 种典型炉型（尺寸单位：mm）

（2）风口布置的影响。冲天炉风口布置在炉壁的送风方式称为侧向送风，将风口设在炉子底部的送风方式称为中央送风。一般中小炉子去炉壁处侧向送风，结构简单，炉壁效应较大。然而采用侧面插入式风口（即用水冷风管突入炉内焦炭层中的风口）送风和中央送风，炉气分布比较均匀。对于直径较大的炉子，为改善炉内热交换条件，可推荐采用中央送风和侧面插入式送风方式。

送风风口分为单排风口和多排风口，多排风口炉气分布比较均匀，有利于铁液过热。图 6-14 所示的几种炉型中，图 6.14（a）为我国目前尚有应用的多排小风口冲天炉，这类炉子为适应焦炭质量较差的特点，在适当提高进风速度的同时，采用了排距短而排数多的风口布置形式；图 6.14（b）为目前迅速发展的两排大间距的风口布置形式，这种方式可使来自第一排风口区域含有 CO 较多的炉气在第二排风口区域再燃烧，形成第二个燃烧带，能有效地改善炉气热交换。

（六）冲天炉的配料计算

冲天炉的配料计算方法很多，主要有试算法、表格法、图解法、电子计算机法等，可参见有关手册。下面仅介绍试算法。

试算法计算时，要求的原始资料主要有①铸件的目标成分；②各种炉料的化学成分；③熔炼过程各种元素的增减率（可参考表 6-1 及表 6-2）；④炉前添加合金元素的回收率（可参考表 6-3）。

表 6-1　常见元素在冲天炉熔炼过程中的增减率　（单位：%）

增减情况	C		S	Mn	Si	P
	炉料 w(C)＜3.2%	炉料 w(C)＞3.6%				
极限范围	+（0～60）	−（0～10）	+（25～100）	−（0～50）	−（0～40）	0
一般范围	+（5～40）	−（3～8）	+（50～75）	−（15～20）	−（10～15）	0
增减情况	Cr	Mo	Cu	Ni	V（钒钛生铁加入）	Ti（钒钛生铁加入）
极限范围	−（0～20）	−（0～10）	−（0～3）	−（0～3）	—	—
一般范围	−（8～12）	−（3～4）	−（1～2）	−（1～2）	−（30～40）	−（40～50）

注：“+”表示增加；“−”表示烧损。

表 6-2　冲天炉在熔炼过程中各种牌号铸铁碳含量的增减率　（单位：%）

配料 w(C)＜3.6%或硅含量较高	HT200 以下	HT200 以上	可锻铸铁
−（3～8）	+（5～10）	+（15～35）	+（40～50）

注：“+”表示增加；“−”表示烧损。

表 6-3　炉前添加合金元素的回收率

元素	添加合金	回收率/%	元素	添加合金	回收率/%
Al	铝	30～40	Mo	钼铁	＞85
B	硼铁	40～50	Ni	镍	100
Ti	钛铁	60～70	Cu	紫铜	100
Si	硅铁	80～90	Bi	铋	30～50
V	钒铁	≈85	Sb	锑	75
Mn	锰铁	85～95	Sn	锡	90
Cr	铬铁	＞85	—	—	—

试算法的计算步骤如下。

第一步，计算炉料中各元素的含量，计算式如式（6-4）：

$$X_{炉料}=\frac{X_{铁液}}{1\pm\eta} \tag{6-4}$$

式中，$X_{炉料}$为炉料中元素的质量分数，%；$X_{铁液}$为铁液中元素的质量分数，%；η

为熔炼过程元素增减率，“+”号表示元素增加，“-”表示元素减少。碳的质量分数 $w(C)_{铁液}$可按式（6-5）计算：

$$w(C)_{碳}=\frac{w(C)_{铁液}-(1.7\%\sim1.9\%)}{40\%\sim60\%} \tag{6-5}$$

式中，$w(C)_{铁液}$为铁液中碳的质量分数，%；40%～60%为熔炼过程碳的回收率；1.7%～1.9%为熔炼过程的增碳系数，若取平均值，则式（6-5）简化为式（6-6）：

$$w(C)_{碳}=\frac{w(C)_{铁液}-1.8\%}{50\%} \tag{6-6}$$

第二步，初步确定炉料配比并进行计算。

首先，确定回炉料配比。回炉料一般指浇冒口、废铸件和铁液浇铸成的锭块等可以回炉的铸铁。回炉料的比例不能太高，灰铸铁一般最高不超过 30%，蠕墨铸铁、球墨铸铁和可锻铸铁的回炉料比例要低。

其次，确定新生铁及废钢的配比，设新生铁的配比为 x，回炉料为 y，则废钢为 $100\%-x-y$。炉料的碳含量为 w，生铁、废钢、回炉料的碳含量分别为 a、b、c，则可按式（6-7）计算新生铁的配比：

$$ax+b(100-x-y)+cy=w\times100 \tag{6-7}$$

第三步，铁合金补加量计算。铁合金补加量可按下式计算：

$$铁合金补加量=\frac{炉料中应加合金元素的含量}{铁合金中合金元素的含量\times(1-元素的烧损率)}$$

式中，炉料中应加合金元素的含量=铁液中要求合金元素的含量-炉前加入合金元素的含量，炉前加入合金元素的含量=炉前加入炉料的含量×炉料中含有合金元素的含量×回收率。

第四步，根据上式计算结果，最后确定配料比，写出配料单。

下面以 HT200 为例，说明配料方法。

已知 HT200 的目标成分范围是 w(C)为 3.2%～3.6%，w(Si)为 1.5%～2.0%，w(Mn)为 0.5%～0.8%，w(S)<0.12%，w(P)<0.15%。用于 HT200 配料的金属料平均成分如下。

Z15 生铁：w(C)为 4.19%，w(Si)为 1.56%，w(Mn)为 0.76%，w(S)为 0.036%，w(P)为 0.04%

回炉料：w(C)为 3.28%，w(Si)为 1.88%，w(Mn)为 0.66%，w(S)为 0.098%，w(P)为 0.07%

废钢：w(C)为 0.15%，w(Si)为 0.35%，w(Mn)为 0.50%，w(S)为 0.05%，w(P)为 0.05%

考虑到冲天炉熔炼过程 C、S 含量增加，Mn、Si 元素烧损，选碳含量为中限值 3.4%，硅含量为中限值 1.75%，烧损率为 15%，锰含量为中限值 0.65%，烧损率为 20%，硫增加率按 65%计算。根据选定的成分及烧损率，计算所需要配置的炉料平均成分是 w(C)为 3.2%，w(Si)为 2.06%，w(Mn)为 0.81%，w(S)＜0.08%，w(P)＜0.15%。并根据生产条件确定回炉料的比例为 20%。

根据式（6-7）计算新生铁配比：

$$4.19x + 0.15(100 - 20 - x) + 3.28 \times 20 = 100 \times 3.2$$

计算得出 x=60%。因此铁料配比为生铁质量分数为 60%，废钢质量分数为 20%，回炉料质量分数为 20%。由此定出 HT200 初步配料成分如表 6-4 所示。

表 6-4　HT200 初步配料成分

炉料名称	配比/%	w(C)		w(Si)		w(Mn)		w(S)		w(P)	
		成分/%	数量/kg	成分/%	数量/kg	成分/%	数量/kg	成分/%	数量/kg	成分/%	数量/kg
Z15 生铁	60	4.19	2.51	1.56	0.94	0.76	0.46	0.036	0.022	0.04	0.024
回炉料	20	3.28	0.66	1.88	0.38	0.66	0.13	0.098	0.020	0.07	0.014
废钢	20	0.15	0.03	0.35	0.07	0.50	0.10	0.050	0.010	0.05	0.010
合计	100	—	3.20	—	1.39	—	0.69	—	0.052	—	0.048
要求成分	—	—	3.20	—	2.06	—	0.81	—	＜0.08	—	＜0.15
差额	—	—	0	—	0.67	—	0.12	—	合格	—	合格

由表 6-4 得出配比成分，再根据合金差额计算出在炉料中或炉前应加入的铁合金（锰铁、硅铁）含量，即可达到所需材质的化学成分要求。

四、冲天炉熔炼作业操作要点

冲天炉熔炼作业操作要点包括炉料准备、修炉与烘炉、点火与加底焦、装料与开风、熔炼与控制、停风与打炉。

（一）炉料准备

准备冲天炉所用的各种炉料。冲天炉金属炉料主要有新生铁、废钢、回炉铁和铁合金等；燃料主要有焦炭；熔剂材料主要有石灰石($CaCO_3$)和萤石(CaF_2)；修炉材料主要有耐火砖、耐火土、红硅石粉等。金属炉料按牌号或成分分别存放，块度符合要求；焦炭块度均匀、干净，水分应符合相应等级要求，炉料要干净。

（二）修炉与烘炉

修炉前检查炉壳是否有变形，是否出现渗漏。清炉前要在加料口设置安全防护罩才可进入炉膛，将炉壁上的残渣、残铁和干灰等清除干净，清炉操作时，只允许顺着炉壁方向铲凿，不允许沿垂直炉壁方向敲打，以免震裂炉衬。在需要修补部位刷上泥浆水（耐火泥+适量水），覆上打炉材料（耐火泥质量分数为 40%～

50%+石英砂质量分数为 50%～60%+水的质量分数为 9%～10%），用木榔头打结实，确保修补紧实、平整光滑、尺寸正确、表面光滑、无裂纹。

炉底修筑时先放置一层混合造型砂，约 250mm，打紧，再放一层铸造造型用的旧砂，厚度约为 200mm，最后铺一层造型用面砂，打结实。这样循环操作直到炉底与过桥口相齐，并做出 3.5° 的斜度，在炉底与炉壁相交处做成 40～50mm 圆角。

清理完前炉后，刷上一层泥浆水然后用打炉料进行修补，修补好后铺上一层煤粉，等稍干再刷上一层焦炭粉混合涂料，防止铁液或熔渣黏结。

冲天炉炉衬大修或修补层较厚时，需要专门烘烤，在有煤气或天然气的工厂，开炉前 1～2 天，关闭冲天炉炉底，打结炉底，进行烘烤。没有燃气时，将修炉完毕后的冲天炉衬自然风干 1～2 天，在打结好的炉底放入木刨花、木柴、适量焦炭，从工作门点火烘烤，由进料口加入其余木料，烘烤时间 4～8h，烘烤必须烘透。在点火的同时用木材或炭火烘烤前炉、出铁槽、出渣槽，前炉在开炉前内壁应呈赤红色。

（三）点火与加底焦

烘烤完毕后清理炉膛和前炉，再加入木柴，点火，敞开风口，烧旺后由加料口加入 40%左右的底焦，待底焦燃烧后，再加入 50%左右的底焦，小风量吹风几分钟，吹掉灰渣。用钢钎从每个风口捅捣，使焦炭落实防止架空，加剩余底焦，测定底焦高度，并加到工艺要求的高度。

（四）装料与开风

加完底焦后，高度合适，便可以加料。加入两倍于炉料的石灰石，封闭工作门，关小风口鼓小风，再敞开风口，加层料。加入层料的顺序是废钢、生铁、铁合金、回炉料，再加入焦炭与占焦炭质量 30%的石灰石；或者在料筒中按照如下加料次序：废钢→生铁→回炉料→铁合金→焦炭→熔剂，这样可以避免焦炭的破损。如果是翻斗式加料机加料，则加料顺序按上面相反的顺序，焦炭是加在两批金属料之间，隔开各批金属料，避免混料而影响铁液成分。第一次加料前，底焦上面应加入约批焦量 2 倍的石灰石和萤石，以去除焦炭硫分和造渣，萤石的作用是稀释熔渣，其加入量为石灰石的 25%。一般正常结构的冲天炉，8～10 批次装料可以装满。装料完毕后，焖炉 30min 左右预热炉料，焖炉时间过长会消耗过多底焦，开风熔炼初期会造成铁液温度偏低，引发熔炼故障甚至出现事故。焖炉期间要打开风口观察窗，防止一氧化碳进入风箱、风管而发生爆炸，生产实践证实是否焖炉及时间长短与铁液温度关系不大，装满炉后不一定焖炉，焖炉不是冲天炉必须的工艺过程。有些铸造厂装满炉后直接开风熔炼，不仅提高了熔炼效率，还减少过桥阻塞的可能性。冲天炉熔炼时要安排好当天铸铁牌号的熔炼顺序，一般先熔炼低牌号铸铁，后熔炼高牌号铸铁。

（五）熔炼与控制

冲天炉的熔炼初期，炉膛直径几乎不会发生变化，应保持风量稳定，熔炼时间延长时，炉膛因侵蚀直径变大，会降低底焦高度，应及时补充底焦，同时逐步加大风量。熔炼过程要随时观察风口、出铁口、出渣口、加料口、送风量、风压及冷却水流量与温度，分析判断炉况，并及时调整送风量、焦炭加入量、冷却水流量，排除故障，保障熔炼正常进行。在观察风口时，一般送风 6～8min 在主风口能看见铁液下滴，下滴铁液呈亮白色，绿豆大小，下降很快，说明底焦高度合适；若风口发暗，下降铁液如黄豆大小，下降慢，说明底焦高度偏低，应补加底焦；若风口情况良好，下降铁液如芝麻粒大小，熔化速度很慢，说明底焦高度偏高，在以后加料过程中应减少层焦量。当估计铁液达到前炉出渣口时，应打开出渣口出渣，炉渣是由焦炭中的灰分、铁料泥砂、金属氧化物和侵蚀下来的炉衬等与加入熔剂形成的低熔点熔融物。根据熔渣可以判断炉子的熔炼是否正常，用铁棒蘸取炉渣拉长成丝，如果是均匀透明的浅绿色玻璃状，说明熔炼正常；如果有白色杂质混在里面，说明石灰石加入过多；如果炉渣为深咖啡色，说明炉渣硫含量过多；如果炉渣呈紫色，说明炉渣中氧化锰过高；如果炉渣颜色为黑色，则铁液氧化严重，说明底焦过低或送风量过大。出现这些情况应及时采取补救措施，并尽量排除炉渣。

（六）停风与打炉

熔炼即将结束时，应根据炉内现存炉料，考虑浇注所需要铁液量后，决定是否停止加料，逐步降低风量。停风前炉内应有 1～2 批剩余铁料，停风时先打开部分风口再停风，若停风过早，铁液量不足；若停风过晚，会增加底焦与炉衬烧蚀，停风后放净铁液，即可打炉。

五、铸铁的感应电炉熔炼

在铸造领域，工频感应电炉是铸铁及合金熔炼的主要设备之一，工频感应电炉冶炼能准确控制铸铁的成分，获得高温铁液，具有铁液质量好、劳动强度低、环境污染少等特点，能适应和满足现代铸铁生产的要求。

（一）工频感应电炉熔炼炉

图 6-15 是工频感应电炉的炉体结构。图 6-15（a）为无芯感应电炉的炉体结构，由坩埚、感应圈、磁性轭铁和其他结构组成。图 6-15（b）为有芯感应电炉的

炉体结构，由熔沟和感应圈等结构组成。感应电炉根据炉衬材料的不同分为碱性（炉衬材料为 MgO 砂）坩埚和酸性（炉衬材料为 SiO_2 砂）坩埚。

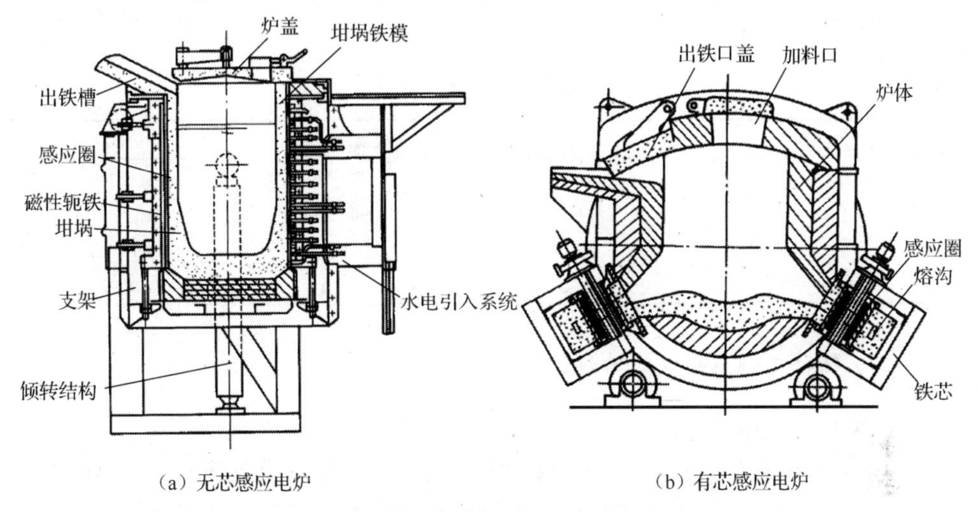

（a）无芯感应电炉　　（b）有芯感应电炉

图 6-15　工频感应电炉的炉体结构

酸性电炉炉衬由硅砂和硼酸经磁选去除磁性杂质，按一定配比混制均匀后打结而成。硅砂中 $w(SiO_2)\geqslant 90\%$，$w(FeO)\leqslant 0.05\%$，硼酸应符合以下要求：$w(B_2O_3)\geqslant 98\%$，粒度≤0.5mm，含水量≤0.5%。表 6-5 列出工频感应炉用酸性炉衬材料的配比。

表 6-5　工频感应炉用酸性炉衬材料的配比

序号	炉衬材料配比/%					用途
	硅砂粒度/mm				硼酸	
	4～9	1.5～3	0.8～1.5	0.125（120 目）		
1	—	40	30	30	1.7～2.0	大修
2	15	35	15	35	1.1～1.3	中修
3	35	15	15	35	1.0～1.3	热补

碱性坩埚由镁砂经磁选去除杂质，按一定配比混制均匀后打结而成。具体配比是镁砂为 55%（10 目～30 目 80%，40 目～70 目 20%），镁砂粉为 45%（100 目～140 目 60%，200 目以上 40%），卤水为 5%，密度为 1.3～1.4g/cm^3。

修筑坩埚时，先在感应圈内放置玻璃丝和石棉纸板等绝热材料，然后放炉底板和感应器捣炉底，并在捣成的炉底上放置由钢板焊成的坩埚模，找正位置固定，再逐层捣实坩埚壁。用干捣法打结成的坩埚炉衬，需经过烘炉和烧结后才能用于熔化。烘炉一般采用电烘，即在空载情况下供电，使坩埚逐渐升温，使炉衬的水分逐渐均匀蒸发。

坩埚的尺寸、厚度和大小可根据炉子大小选择，坩埚厚度过薄，使用寿命短，过厚的坩埚，会降低电炉的电效率及感应器的输入功率，使电炉熔化效率低。表 6-6 为坩埚尺寸。

表 6-6　坩埚尺寸

炉子容量/t	坩埚内径/mm	坩埚厚度/mm	感应圈 h/d
0.5	400	70～80	1.2
1.5	600	90～110	1.1～1.2
3.0	730	120	1.1～1.2
10.0	1130	150	1.0～1.1

（二）铸铁工频感应电炉冶炼过程及铁液质量

1. 装料与供电

炉子装料前首先要烘炉，无芯感应电炉可借助铁坩埚模或其他外界热源加热烘烤。有芯感应电炉则需要煤气或其他燃料加热烘炉。烘炉必须缓慢加热，彻底烘干、烘透而不开裂。

炉子加料时，无芯感应电炉应先加与坩埚内径相近的大块金属料，然后加入熔点较低和烧损较少的炉料，最后加入铁合金材料。有芯感应电炉最好直接加入铁液或块度较小而熔点较低的炉料。热炉最好留 1/4～1/3 炉的铁液以便于起溶。

供电熔化时，先低压供电，预热炉料，然后提高供电功率，至铁液温度、化学成分符合要求后，停电、扒渣出炉或降低供电电压保温。

2. 铁液化学的成分变化

铸铁合金元素主要有 C、Si、Mn 及杂质元素 S、P 等。工频感应电炉大多采用酸性炉衬，当铁液温度超过 C-Si-O 的平衡临界温度时，炉衬中的 SiO_2 将被铁液中的碳还原，使铁液脱碳、增加硅含量，从而使碳含量减少，炉衬侵蚀加剧。实践表明，当铁液温度在 1400℃以上保温时，就可能出现上述现象，温度越高，保温时间越长，铁水的脱碳、增硅就越强烈。锰在酸性炉熔炼过程一般需要烧损，但烧损量不大，约 5%。磷、硫一般没有变化，但通过炉内加入碳化钙脱硫，将铁液硫的质量分数降低至 0.01%以下。此外，炉内补加的合金元素一般烧损较小。因此，工频炉熔炼铸铁时，化学成分能够比较精确地达到设计要求，但由于炉渣温度较低，工频炉炉渣冶金性能较差。

3. 铁液质量

工频感应电炉熔化金属后，由一次磁力线产生的二次磁场与铁液中的感应电流相互作用，产生由坩埚中心向上并分向两壁的电磁力，起到搅拌溶液的作用，图 6-16 为工频感应电炉冶炼中金属液的搅拌示意图。搅拌有利于溶液的温度和成分比较均匀。工频感应电炉的电磁搅拌力比高频炉与中频炉大。铁液的搅拌虽可使铁液的成分与温度均匀，但其中的杂质往往不易上浮去除，为减小杂质，工频感应电炉的炉料应尽量洁净。

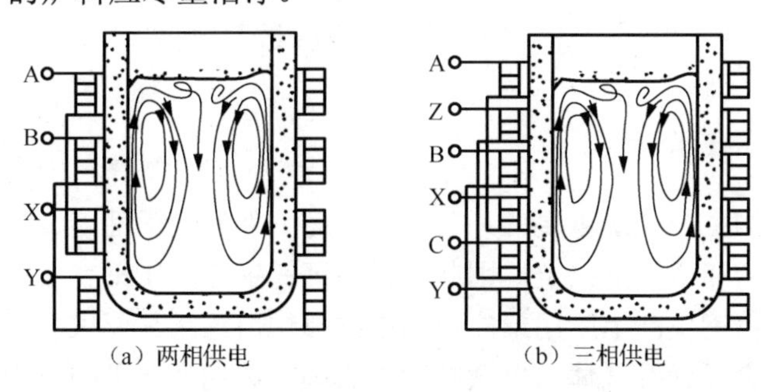

（a）两相供电　（b）三相供电

图 6-16　工频感应电炉冶炼中金属液的搅拌示意图

与冲天炉铁液相比，工频感应电炉熔炼的铁液白口倾向大，易于产生过冷石墨，所得铸铁的强度与硬度较高。在碳当量相同时，工频炉铸铁石墨化碳含量比冲天炉铸铁的低。产生这种现象的原因一般认为是由于工频熔炼铁液保温过程中铁液的氮含量增加，而氮是稳定珠光体和促进渗碳体的元素，增加了白口化倾向。同时，工频熔炼该保温过程中铁液的氧含量降低，氧化物数量减小，石墨晶核减小，或由于搅拌作用使铁液成分均匀，铁液中石墨均质形核所需要的碳、硅浓度起伏减弱，因此铁液白口倾向增加。

总之，用工频感应电炉熔炼铸铁时，可以精确地控制和调节铁液的温度与成分，获得纯度较高的低硫铁液，熔炼烧损少，噪声和污染小，而且可以充分利用各种废切屑和废料，大块炉料可整块入炉重熔，因此有很大的优越性。近年来，工频感应电炉的发展十分迅速，随着电力工业的发展，工频感应电炉在铸铁熔炼中的应用将更为广泛。

六、铸铁的冲天炉与电炉双联熔炼

为了充分利用冲天炉的熔化效率高和感应电炉对铁液过热能力强、容易控制化学成分的优点，可采用冲天炉与感应电炉双联熔炼。双联熔炼可用于熔炼一般灰铸铁、高牌号灰口铸铁、合金铸铁、球墨铸铁和可锻铸铁等。

冲天炉与电炉双联熔炼的主要优点有可获得成分均匀的高温、低硫铁液；由于铁液可不在冲天炉中过热，因而提高了冲天炉炉衬的使用寿命，减少焦炭的消耗，增硫、增碳减少，提高铁液的质量，缓解冲天炉熔炼与生产需要量之间的矛盾；可在电炉内调整铁液的成分，减少合金元素烧损；降低铁液生产成本，提高经济效益。

双联熔炼作业时，炉子之间铁液的输送可以借助浇包运送或铁液流槽输送。

前者适用于冲天炉和第二熔炼设备（感应电炉）单独设立或距离较远的情况；后者适用于现代化车间两种熔炼设备距离较近的情况。

第三节　铸钢的熔炼技术

一、电弧炉炼钢技术

炼钢是铸钢生产中最重要的环节之一。铸钢件的力学性能、使用性能主要由钢液的化学成分和质量来决定。因此，要保证铸钢件的质量就必须熔炼出合格和优质的钢液。铸钢生产上应用最广泛的是电弧炉熔炼，其要求主要表现为钢液中合金元素、有害元素及气体、夹杂物含量必须在铸钢件要求的范围之内，钢液有一定的过热温度，以保证铸钢件浇注的温度需要。

（一）三相电弧炉构造和工作原理

三相电弧炉的结构如图 6-17 所示。电弧炉主要由炉体、炉盖、装料机构、电极升降机构、倾炉机构、转动炉盖机构、电器机构和水冷装置等构成。

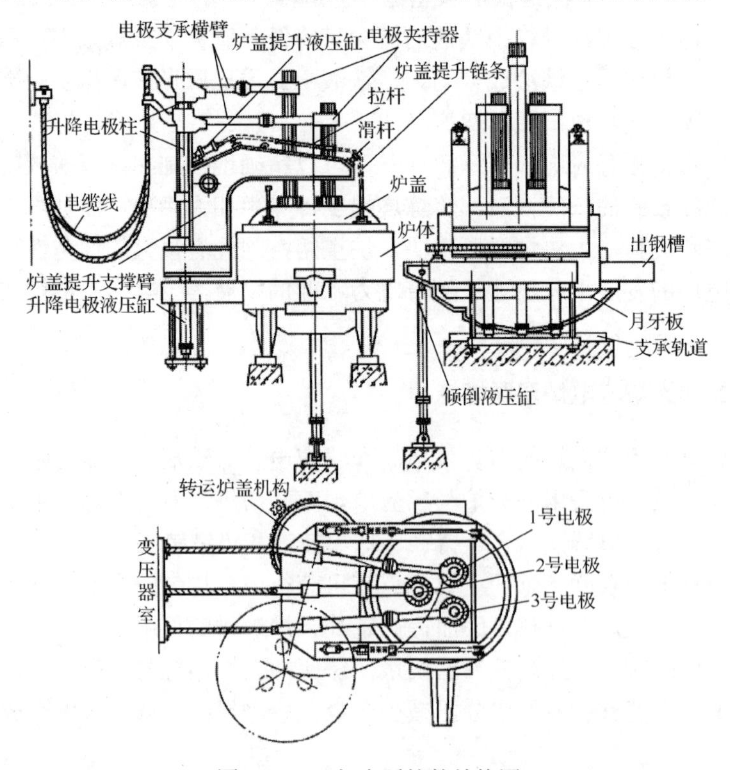

图 6-17　三相电弧炉的结构图

1．炉体和炉盖

炉体主要由炉壳、炉衬、出钢槽、炉门等组成。炉壳用钢板焊接而成，有些炉体上部做成双层，中间通冷却水。出钢槽连在炉壳上，内砌耐火材料。炉门下部有个开口，用来观察炉内情况，如扒渣、加料等，炉门一般用水冷，小型电炉炉门用人工启闭，大型炉用电器或液压启闭。

炉衬是电弧炉的重要部分，由绝热层、保护层、工作层三部分组成。绝热层在最底部，起到减少炉底热量损失的作用，在炉低钢板上平铺一层厚度为 10～15mm 石棉板，再砌耐火材料保护层，可在保护层上面打结耐火材料工作层。按炉衬材料的化学性质不同，炼钢电弧炉分为酸性电弧炉、碱性电弧炉和中性电弧炉。酸性电弧炉的炉体炉衬是用硅砖砌筑或硅砂打结，因此炼钢过程不造碱性渣，不能进行脱硫和磷，对炉料要求比较高，但炼钢成本低、冶炼时间短，由于 SiO_2 热稳定性好，则炉衬寿命长。碱性电弧炉的炉衬是用镁炭砖、镁砖砌筑或镁砂、白云石、焦油卤水等打结成整体，主要冶炼优质钢，炼钢过程可以造碱性渣，能去除钢液中的有害杂质硫、磷。

我国电弧炉炼钢大多数采用碱性电弧炉。砌好的碱性电弧炉炉衬剖面如图 6-18 所示。虽然 MgO 的耐火度高，但其高温线膨胀系数大，在反复加热和冷却时容易

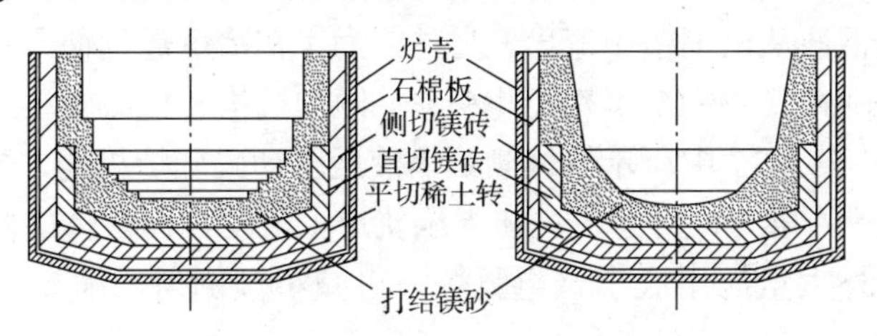

图 6-18　碱性电弧炉炉衬剖面图

产生裂纹，会降低使用寿命，因此使用耐火度高，膨胀系数小的炉衬材料可以提高炉衬的使用寿命。中性炉衬一般用炭砖砌筑，炭砖呈中性，不受碱性炉渣和酸性炉渣侵蚀。电弧炉冶炼过程中，炉衬需承受电弧的高温辐射、固体炉料的冲击、液体金属和炉渣的冲刷，容易损坏，国内电弧炉半水冷炉衬的使用寿命一般在 150～300 炉次。

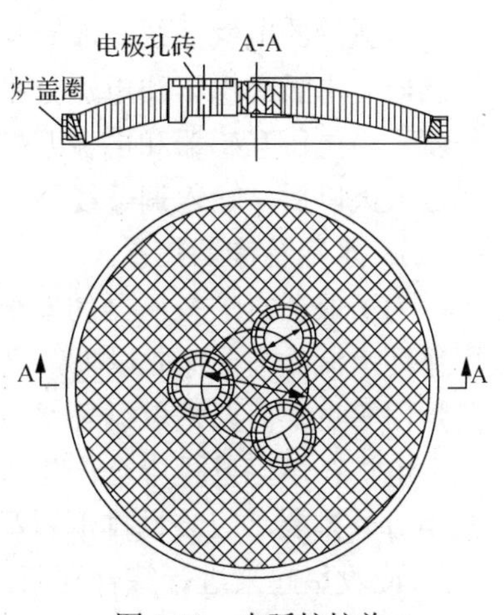

图 6-19　电弧炉炉盖

电弧炉的炉盖是用钢板焊接制成圆环形水冷的炉盖圈，圈内砌耐火砖。酸性炉一般用硅砖砌筑炉盖，碱性炉一般用高铝砖砌筑炉盖，图 6-19 是用高铝砖砌成的炉盖。炉盖材料也是

耐火材料寿命的一项重要技术指标，国内炉盖寿命在1000炉次左右，国外一些全水冷炉盖的使用寿命可达5000炉次。

2．炉盖提升及旋转机构

大多数电弧炉从炉顶装料，先将炉盖连同电极提升起来并移开，使炉膛完全暴露出来，把配好的全部炉料装入开底式的加料罐内，用吊车将加料罐吊到炉体上方，打开料罐底，将炉料卸在炉中。按照装料时炉体和炉盖位置的不同，装料方式分为炉体推出式、炉盖移开式、炉盖旋转式三种。其中，炉盖旋转式具有结构紧凑、占地面积小、动作迅速等优点，应用最多。

3．电极夹持和升降机构

电弧炉在炼钢过程中需经常补偿电极的消耗和调整电弧的长度。为了使电极能灵敏、频繁地上下运动，以便随时调节通过电极的电流，达到稳定电弧的目的。需用夹持器夹持电极，并对电极的升降实现自动控制，电极的升降装置是由自动控制电器系统操纵液压阀来驱动电极升降的液压缸，从而使电极作向上或向下运动。

4．炉体倾炉及旋转机构

在电弧炉出钢过程中，为了除渣及出钢，需要倾动电炉，往出钢槽一侧倾倒40°～50°，使钢液从出钢槽中流出。另外，为了在冶炼过程便于扒渣，需要将炉体向炉门一侧倾倒10°～15°。对于电弧炉，倾炉机构有机械驱动式和液压驱动式两种驱动方式。图6-17中所示炉体倾炉为液压驱动式倾炉机构，炉体的下面装有月牙板以支撑炉体重力，月牙板可在支承轨道上滚动，而炉体的倾倒是由液压缸驱动。现在国外大量应用底出钢电弧炉，可减小倾倒角，缩短出钢时间和留渣出钢。

5．自动调节装置

电弧炉的电气系统一般有功率自动调节装置，该装置包括电流互感器和电压互感器。电弧的电压和电流分别在这两个互感器中产生相应的感应电流，调节信号就是由电压互感器和电流互感器两处的电流经过整流和比较而产生。调节信号经过放大以后，输入调节线路中，对电弧进行自动控制。

6．水冷及排烟装置

为了保证电炉变压器的安全工作，需要有冷却装置。大部分的电炉变压器采用循环水流冷却。除此以外，电炉上的电极夹持器（电极卡子）、炉盖圈、炉门框和炉门等也都需要采取循环水流冷却。

电炉在熔炼过程中会产生大量的炉气和烟尘，为了改善炼钢车间劳动环境和减小对外排放，应装设排烟罩和排烟筒，将炉气和烟尘吸走。炉气中含有大量的CO，应收集起来进行综合利用，如用来烘烤钢包、预热钢铁炉料和合金料。炉气应从炉盖上的孔引出，通过缩放管系统，加入水，然后进入旋风分离器，使灰尘聚集起来，经净化的炉气可由风机排出室外。

电弧炉炼钢工艺有两种基本方法，即氧化法炼钢和不氧化法炼钢。两者的主要区别在于氧化法炼钢过程有氧化期。

（二）碱性电弧炉氧化法炼钢工艺

1．炼钢工艺过程

氧化法炼钢的工艺过程主要有补炉→配料和装料→熔化期→氧化期→还原期→终脱氧及出钢。

（1）补炉。电炉在完成上一炉钢冶炼之后，在熔炼下一炉钢之前，一般要根据炉衬的情况进行补炉。补炉的目的是修补炼钢过程炉底和炉壁被炉渣和钢液侵蚀或被碰坏的部位。碱性电弧炉的补炉材料为镁砂，用卤水或沥青作为黏结剂，如碳钢可采用粒度为4～8mm的镁砂，质量分数为70%且粒度为4～8mm的白云石，质量分数为30%和掺加质量分数为9%～10%的沥青；合金钢采用粒度为4～8mm100%的镁砂，掺加 9%～10%的沥青。补炉的顺序为出钢后快速扒净钢液和残渣；在高温条件下快速补炉，先补炉门和出钢口两侧易冷却部位，其次补炉底和其他部位，补层要薄，厚度一般为 20～30mm，以利于补炉材料烧结。人工补炉用大铁铲贴补和铁锹投补，机械补炉用压缩空气喷补或机械投补。补炉的原则为快补、热补、薄补。

（2）配料和装料。补炉完毕后，往炉中装料之前先在炉底铺一层石灰，其质量为炉料质量的 1%～2%，作用是在炉料熔化过程中造渣脱磷，此外在加料时能减小炉料对炉底的冲击作用，保护炉底。装料的要求是大块和难溶的炉料应装在电极下面的高温区，剩余小料填补在大块料之间，使炉料密实，能提高导电性和稳定电弧。为减少合金元素烧损，贵重元素的合金料，如镍、铬、钼等合金料不宜装在电极正下方。作为增碳剂的焦炭或石墨电极块，应破碎成尺寸为 50～100mm的块，装在炉料下层，以提高回收率。总的装料原则是上致密、下疏松、中间高、四周低、炉门口无大料，能使电极穿井快，不搭桥。

电弧炉炼钢炉料配料的基本要求是要使炉料有适宜的平均碳含量，此碳含量应是所炼钢种的目标碳含量再加上在氧化期钢液所需要的氧化脱碳量。一般钢种工艺要求氧化脱碳量的质量分数大于0.3%～0.4%，当炉料比较洁净时，氧化脱碳含量可取下限；而当炉料锈蚀比较严重，或含有较多的薄钢皮和钢屑，以及生铁所占比例较大时，氧化脱碳含量可取上限，如熔炼 45 钢应将碳的质量分数配到0.68%～0.75%比较合适。

（3）熔化期。熔化期是从装料完毕，开始送电，到炉料全部熔清的这段时间，具体过程如图 6-20 所示，主要阶段包括开始起弧、电极进入炉料形成“穿井”、出现熔池电极回升、大部分溶化、全部熔化等。熔化期所占时间为总冶炼时间的

50%～70%，电能消耗占总耗电的三分之二。熔化期的长短直接影响电炉熔化生产效率及电耗。熔化期的任务是用最短的时间熔化全部炉料，造好熔化渣，熔化期造渣的作用主要是稳定电弧、减少钢液的吸气及合金元素的烧损，并进行脱磷。炉料熔化后可形成钢液熔池。

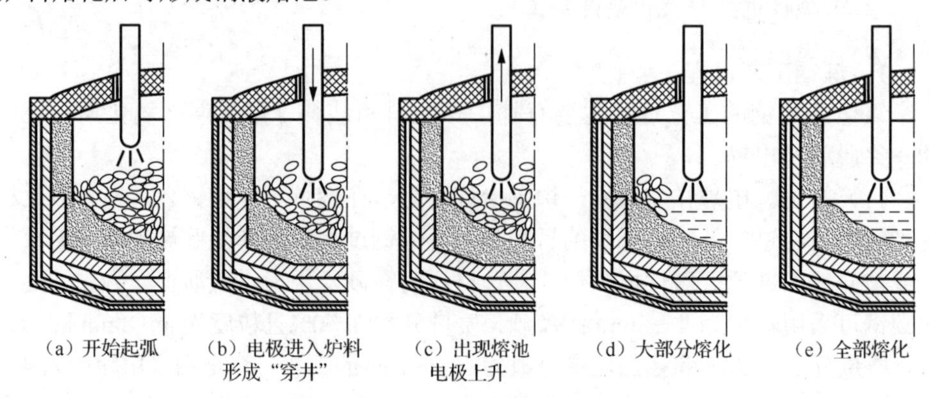

图 6-20　电弧炉炉料熔化过程示意图

在炉料熔化过程中，溶液中的铁、硅、锰和磷等元素被炉气中的氧所氧化，发生下列氧化反应：

$$2[Fe]+O_2 \longrightarrow 2(FeO)$$

$$[Si]+O_2 \longrightarrow (SiO_2)$$

$$[Si]+2(FeO) \longrightarrow (SiO_2)+2[Fe]$$

$$(SiO_2)+2(FeO) \longrightarrow (SiO_2 \cdot 2FeO)$$

$$2[Mn]+O_2 \longrightarrow 2(MnO)$$

$$[Mn]+(FeO) \longrightarrow (MnO)+[Fe]$$

$$(MnO)+(SiO_2) \longrightarrow (MnO \cdot SiO_2)$$

$$4[P]+5O_2 \longrightarrow 2(P_2O_5)$$

$$2[P]+8(FeO) \longrightarrow (FeO)_3 \cdot (P_2O_5)+5[Fe]$$

氧化生成的 FeO、SiO_2、MnO 和 P_2O_5 等氧化物与加入的石灰（CaO）化合而形成炉渣，覆盖在钢液表面。为了脱磷，在熔化末期分批加入小块矿石，其总量根据炉料磷含量的多少而定，为装料量的 1%～2%。炉料熔清后，熔化期结束。这时的炉渣中含有大量的磷，应放掉大部分炉渣，然后加入石灰、氟石等造渣材料，另造新渣。

（4）氧化期。扒去熔化渣，另造氧化渣，进入炼钢的氧化期。氧化期是炼钢过程温度和成分控制的重要阶段。氧化期的任务是①脱碳，通过碳氧化产生的气体沸腾，能去除钢中的气体（H_2、N_2）及氧化夹杂物（SiO_2、Al_2O_3、MnO 等）；②脱磷，利用氧化气氛除去有害元素，使钢水的磷含量在进入还原期前控制在规定范围之内；③提高钢液的温度和控制残余成分，氧化期钢液温度提高至出钢温度 10～20℃以上，残余元素控制在标准要求的下限。

在氧化期的前一阶段，钢液温度较低，主要是造渣脱磷，有利于脱磷的热力学条件是及时补加石灰，形成高碱度熔渣；及时加入矿石（根据炉料磷含量，加入量为装炉量的 1%～2%），提高熔渣中 FeO 含量，增加熔渣的氧化性，根据脱磷是吸热反应的特点，注意要防止钢液高温回磷，应降低熔渣中 $CaO·P_2O_5$ 浓度。

氧化期的中期，待钢液温度提高（要求热电偶温度在 1560℃以上）后，进入后一阶段，即氧化脱碳。脱碳可以使钢液中的碳含量降到所需要的范围，更重要的是碳氧反应产物 CO 在钢液排出时，会导致熔池钢液的沸腾，通过激烈的沸腾搅拌金属熔池与熔渣，强化熔池的热传导和反应物的扩散传递，有利于温度和化学成分的均匀化。钢液中的气体和夹杂物可通过向 CO 扩散和吸附，上浮去除，如图 6-21 所示。

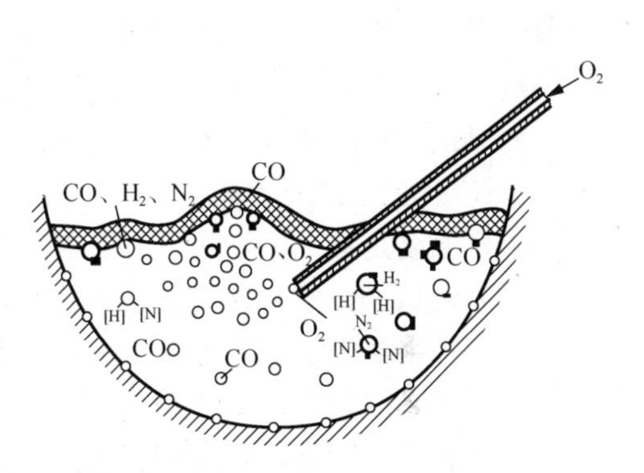

图 6-21　CO 气泡净化钢液示意图

氧化脱碳主要有矿石脱碳法、吹氧脱碳法和吹氧-矿石脱碳法。

采用矿石脱碳法时，应将铁矿石分批加入，这是由于矿石在钢液中溶解时会吸收热量，使钢液降温，从而影响钢液的沸腾。因此，一般将矿石分三批加入，钢液沸腾减弱后，再添加下一批矿石，两批矿石加入一般间隔 10～15min。每批矿石加入前应搅拌钢液并取样分析钢液的 w(C)、w(Mn)、w(P)，根据分析结果，掌握加矿石量。一般每吨钢液脱碳 0.1%，加入矿石（主要成分为 Fe_2O_3）10～12kg。矿石脱碳的特点是过程比较平缓，易于控制，但脱碳速度慢，为（0.01%～0.015%）w(C)/min，脱碳过程较长，耗电较多。

采用吹氧脱碳法时，可用吹氧管将氧气吹入钢液中，如图 6-22 所示。吹氧前

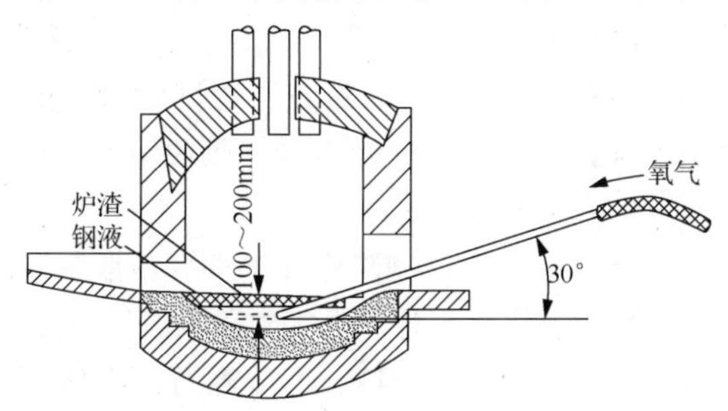

图 6-22　吹氧脱碳法示意图

钢液温度应达到 1550℃以上，吹氧压力一般为 0.6～0.8MPa。为了使钢液脱碳 0.3%左右，每吨钢液的平均耗氧量为 4～6m^3，吹氧结束，有 5min 左右的纯沸腾时间。因为吹氧脱碳是放热反应，所以熔池沸腾活跃，去气、去夹杂物效果好，熔池升温快及氧化脱碳时间短、速度快，一般脱碳速度为（0.03%～0.04%）w(C)/min。但耗氧量较大。

目前，电弧炉炼钢多采用吹氧-矿石相结合的脱碳法。在吹氧-矿石脱碳法中，一般分 2～3 批加矿石，在两批矿石之间吹氧，以提高钢液温度，促进钢液脱碳反应的进行。采用吹氧-矿石脱碳法时，所用矿石和氧气的量应比单独使用矿石或单独使用氧气时相应减少。此时钢液中的 FeO 较多，最后一批矿石加入后，经过大约 3min，钢液沸腾开始减弱，然后进行 10～15min 的脱碳过程。钢液中碳含量满足要求，温度足够高时，可进行扒渣进入还原期。

（5）还原期。氧化末期扒净氧化渣到出钢，这段炼钢的时间称为还原期。还原期的任务主要是脱氧、脱硫、调整化学成分和出钢温度，保证正常出钢和浇注。其中，关键是脱氧，脱氧操作得好，脱硫就快，合金成分会更稳定，合金回收率高，夹杂物少，因此，还原期应重点抓好脱氧工作。

脱氧的方法主要有沉淀脱氧、扩散脱氧、沉淀脱氧-扩散脱氧等。沉淀脱氧是将与氧结合能力比铁强的块状脱氧剂（硅、锰、铝、钙、钛等）直接投入钢液中，溶解后与钢液中的氧发生反应，降低钢液中的氧。沉淀脱氧的脱氧剂直接与钢液中的氧发生反应，因此反应进行很快，脱氧反应形成的氧化物几乎不溶于钢液，能够借助自身的浮力上浮到钢渣而排出，但部分反应产物会残留在钢液中，严重时会危害钢的性能。常用的沉淀脱氧剂有锰铁、硅铁、铝和硅钙合金等。

扩散脱氧是将粉状脱氧剂均匀有序地抛撒在钢渣表面，利用氧化铁含量很低的熔渣与钢液接触，使钢液中的氧通过扩散进入熔渣中，降低钢液含氧量。扩散脱氧产物留在炉渣中，反应产物不污染钢液，钢液质量较高，但扩散脱氧速度慢，所需脱氧时间长，有限的炼钢时间内不可能做到使钢液完全彻底的脱氧。高炉温、还原性气氛、较小的炉渣黏度有利于脱氧。

沉淀脱氧-扩散脱氧是结合两者脱氧特点，可同时进行的一种脱氧方法，先扒掉氧化渣，立即加入锰铁、硅铁或硅锰铝进行预脱氧，然后加入还原渣，进行扩散脱氧。

先进行预脱氧后，还原过程中，钢液进行了彻底的脱氧和脱硫，是通过造还原渣完成。炼钢用的还原渣主要有两种，即白渣和电石渣。白渣的造渣方法如下：先加入造渣材料石灰石（加入量为 8～12kg/t）、氟石（CaF_2 调整渣的黏稠度，加入量为 1～2kg/t）和炭粉（加入量为 1.5～2kg/t），关上炉门还原 10～15min，渣中炉进行脱氧和脱硫反应分别为

$$C + (FeO) \longrightarrow CO\uparrow + [Fe]$$
$$(CaO) + (FeS) \longrightarrow (CaS) + (FeO)$$

炉渣随时间的延长，逐渐失去脱氧和脱硫能力，需要补加造渣材料，调整炉渣。8～10min 后加入一批（石灰石加入量为 4～6kg/t、硅铁粉加入量为 2～3kg/t），硅铁粉中硅在炉渣中起到了脱氧作用：

$$Si + 2(FeO) \longrightarrow (SiO_2) + 2[Fe]$$

调整炉渣的过程要一直进行到形成良好的白渣为止，为充分脱氧和脱硫，钢液在良好的白渣下还原时间一般不少于 25min。

电石渣的造渣方法如下。先加入造渣材料石灰（加入量为 8～12kg/t）、萤石（加入量为 1～2kg/t）和碳粉（加入量为 4～5kg/t），关上炉门，加大电流还原 15～20min。在高温和还原性气氛作用下，炉渣中一部分石灰被碳还原形成电石（CaC_2），发生的反应为

$$(CaO) + 3C \longrightarrow (CaC_2) + CO$$

在电石渣中，碳起到了脱氧作用，石灰起到了脱硫作用，电石起到了脱氧、脱硫作用，化学反应为

$$C + (FeO) \longrightarrow CO\uparrow + [Fe]$$
$$(CaO) + (FeS) \longrightarrow (CaS) + (FeO)$$
$$(CaC_2) + 3(FeO) \longrightarrow (CaO) + 3[Fe] + 2CO\uparrow$$
$$(CaC_2)+3(FeS)+2(CaO) \longrightarrow 3(CaS) + 3[Fe]+2CO\uparrow$$

炉渣随熔炼时间的延长，逐渐失去脱氧和脱硫能力，需要补加造渣材料，8～10min 后加入一批（石灰石加入量为 4～6kg/t、碳粉加入量为 1～2kg/t）。调整炉渣的过程要一直进行到形成良好的电石渣为止。为充分地脱氧和脱硫，钢液在良好的电石渣下还原时间一般不少于 25min。

从上述脱氧、脱硫反应可以看出，电石渣的脱氧、脱硫能力要强于白渣，但电石渣在脱氧和脱硫反应生成的碳与钢液接触会起到增碳的作用，故电石渣仅适合于熔炼碳含量较高［$w(C)>0.35\%$］的钢种。另外，电石渣黏度较大，出钢时不利于和钢液分离，故在电石渣还原时，出钢前应打开炉门，使空气中的氧与电石渣中的电石氧化形成石灰和白渣，以利于出钢。

（6）终脱氧及出钢。当钢液成分调好后，进行终脱氧，终脱氧采用强脱氧剂，通常是用铝进行终脱氧。工具钢脱氧剂加入量一般为 0.2～0.4kg/t，结构钢脱氧剂加入量为 0.6～1.0kg/t。铝脱氧的加入方法有两种，插铝法和冲铝法。插铝法在电炉停电时，用钢钎将铝块插入钢液内部进行脱氧；冲铝法是在出钢时，将铝块放在出钢槽或钢包中，利用钢液将铝冲熔进行脱氧。两种方法中，插铝法效果较好，冲铝法比较方便，但要避免铝块被炉渣裹住，不能起到脱氧作用的情况。脱氧后

升起电极倾炉出钢，出钢温度可根据钢种、浇注条件及铸件大小而定。钢液在钢包中静止一定时间后开始浇注。

实际铸钢熔炼中，脱氧质量和效果的检验可用圆杯试样来判断。根据浇注的圆杯试样在凝固过程产生的收缩情况来确定钢液脱氧程度。圆杯试样一般用金属型或砂型制成。图 6-23 是浇注的圆杯试样凝固后的剖面示意图。图 6-23（a）为脱氧效果良好的状态，图 6-23（b）和（c）为脱氧效果不良和脱氧效果很差的状态，圆杯试样内部有气孔存在，气孔是圆杯试样冷却过程中碳与氧化铁反应所形成，如果出现这种情况，需要再进行脱氧，直到出现图 6-23（a）的情况。

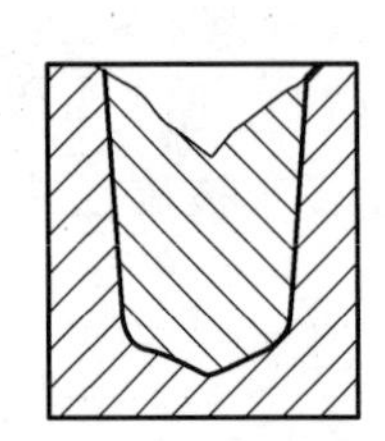

（a）收缩显著，脱氧效果良好

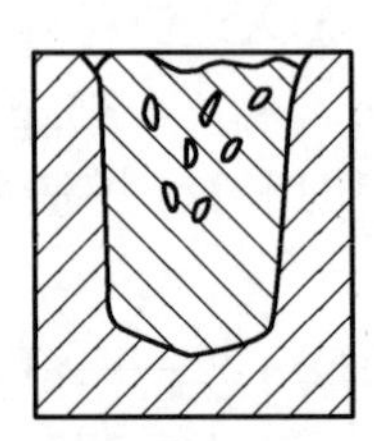

（b）收缩不显著，脱氧效果不良

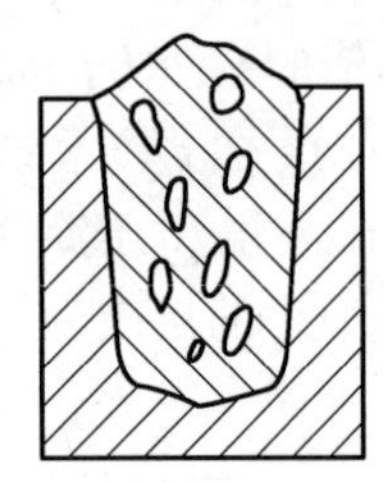

（c）凸起，脱氧效果很差

图 6-23　浇注的圆杯试样凝固后的剖面示意图

2. 合金钢冶炼的注意事项

合金钢冶炼和碳钢冶炼过程基本相同。在冶炼合金钢时，需要往钢中加入合金元素，为了冶炼出符合要求的合金钢，加入的合金元素需注意以下几点：

（1）合金元素加入时间要适宜。不易氧化的元素（镍、钼铁等）可随炉料一起加入。氧化较轻的元素（如铜、钨铁、钼铁等）可在熔化末期或氧化初期加入。这样通过氧化期沸腾可以清除合金元素加入带来的气体和金属夹杂物。容易氧化的元素应在还原期加入，还原期加入时钢液脱氧良好，可以减小合金元素的氧化和烧损。

（2）合金元素的配入量。合金钢冶炼时，对于碱性电弧炉，氧化轻微，实际损失小的元素可按要求成分的中限、下限配入，如镍、铜、钼、锰、铬；易氧化元素可按要求成分的上限配入，如硅、铝、钛、钒、硼等。加入的炉料铁合金的尺寸以 30～80mm 为宜，镍板和铜板块要小。加入电炉的合金料需进行充分的烘烤。

（3）加入合金后的操作。密度较大而难熔的合金，加入后要注意搅拌，以防沉在炉底，密度较小的合金加入时用工具压入钢液中，防止出现进入炉渣被炉渣包裹而不能进入钢液的现象。

（4）掌握各种元素的吸收率。冶炼过程为了准确控制化学成分，应该了解和掌握各种元素的吸收率，表 6-7 是碱性电弧炉氧化法炼钢合金元素的加入时间及吸收率。

表 6-7　碱性电弧炉氧化法炼钢合金元素的加入时间及吸收率

合金	用途	加入时间及条件	吸收率/%
硅铁	脱氧	造还原渣时加入硅铁粉	30～40
	调整含硅量或加入合金元素	出钢前 7～10min，在良好的白渣条件下加入	93～95
锰铁	预脱氧	扒除氧化渣后加入	85～90
	调整含锰量或加入合金元素	还原期，在良好的白渣条件下加入	93～95
铬铁	加入合金元素	还原期，在良好的白渣还原 15min 后加入	95
钼铁	加入合金元素	随炉料加入或熔化期末加入，还原期调整	95～98
钨铁	加入合金元素	氧化期末或还原初期加入，还原期调整，补加钨后需 15min 以上才能出钢	95～98
钛铁	加入合金元素	出钢前 5～10min 加入炉中或出钢前加入钢包中，$w(Ti)<0.15\%$	30～60
		$w(Ti)>0.15\%$	40～70
钒铁	加入合金元素	出钢前 5～10min 加入，钢中 $w(V)<0.3\%$时	80～90
		出钢前 5～10min 加入，钢中 $w(V)>1.0\%$时	95～98
硼铁	加入合金元素	出钢前加入钢包中	30～50
镍	加入合金元素	随炉料加入	98
铜	加入合金元素	熔化期末或氧化期前期加入	95～98
铝	加入合金元素	在良好的脱氧条件下，于出钢前 8～15min 加入，停电扒渣后插铝	60～80
稀土	加入合金元素	出钢前 2～4min 加入，一般以加入量计算	30

3．碱性电弧炉氧化法炼钢工艺举例

以 ZG20CrMo 为例，表 6-8 说明了碱性电弧炉氧化法冶炼 ZG20CrMo 的工艺要点。

表 6-8　碱性电弧炉氧化法冶炼 ZG20CrMo 的工艺要点

时期	序号	工序	工艺要点
熔化期	1	装料与通电熔化	往炉中装料之前先在炉底上铺一层 1%～2%石灰，大块和难溶的炉料应装在电极下面的高温区，小料填补在大块料之间，炉料要密实，随炉装的合金料避开电弧，以减少烧损。然后开始送电，用允许的最大功率供电，熔化炉料
	2	助熔、加钼铁	推料助熔，熔化后期，加入适量渣料和矿石。炉料熔化 60%～80%时，吹氧助熔。熔化末期，加入钼铁，并改用较低的电压供电
	3	取样、扒渣	炉料熔清后，进行充分搅拌，取 1 号钢样，分析 C、P、Mo，要求 $w(C)\geqslant0.4\%$，$w(P)\leqslant0.02\%$。符合要求时，带电放出炉渣，加入渣料造渣，保持渣料在 3%左右
氧化期	4	吹氧脱碳	钢液温度在 1560℃以上时，即可吹氧脱碳，吹氧压力为 0.6～0.8MPa。当火焰大量从炉口冒出，停止供电，继续吹氧。氧消耗量为 6～9m^3/t
	5	取样分析成分	碳量降至 0.15%左右，停止吹氧，充分搅拌，取 2 号钢样，分析 C、P，要求 $w(P)\leqslant0.015\%$

续表

时期	序号	工序	工艺要点
还原期	6	预脱氧	扒掉大部分炉渣，加入锰铁预脱氧，并加入渣料造稀薄渣
	7	加铬铁	稀薄渣造成后，加入预热过的铬铁
	8	还原	加入渣料，恢复供电，造白渣还原
	9	取样	炉渣变白后，充分搅拌，取3号钢样，进行全分析，并取渣样分析，要求 w(FeO)≤0.8%
	10	调整成分	根据取样分析结果，调整钢液的化学成分，硅量在出钢前10min调整
	11	测温	测定钢液的温度，要求出炉温度为1610～1630℃，浇圆杯试样，检查钢液脱氧情况
出钢	12	出钢	钢液温度满足要求，圆杯试样收缩良好，停止供电，升高电极，插铝0.8kg/t终脱氧、出钢

（三）碱性电弧炉不氧化法炼钢工艺

碱性电弧炉不氧化法炼钢的工艺过程主要工序有补炉→装料→熔化期→还原期→出钢。

不氧化法炼钢由于没有氧化期，能尽量保留钢液中的合金元素，节约熔炼时间和能源，但不能有效地完成脱磷、去气和去除夹杂物的任务，也不能降低钢液的碳含量，因此要求炉料低磷、干净。碱性电弧炉熔化期可加入烘干的石灰石造渣，进行脱磷，加入量为炉料质量的2%～4%。石灰石分解形成的CO_2会引起钢液沸腾，有精炼的作用，去除钢液中的气体和夹杂物。炉料熔化后直接进入还原期，还原期的脱硫、脱氧及合金化操作和氧化法炼钢一致。不氧化法炼钢不适于低碳合金钢的冶炼。以ZGMn13为例说明碱性电炉不氧化法炼钢工艺。

（1）熔化期。炉料装好后通电，用允许最大功率供电，熔炼过程进行推料助熔，熔化后期加入适量的渣料，并调整炉渣使其具有良好的流动性。熔化末期，改用较低电压供电。炉料熔化完后，充分搅拌钢液后取样，分析碳、锰、磷含量，当钢液温度到达1500℃以上时，扒掉大部分炉渣，加入炉料质量1%的萤石，造稀薄渣，稀薄渣造好后，分批加入炉料质量2%的石灰石，进行石灰石沸腾。必要时可进行低压吹氧沸腾，吹氧压力≤4MPa，氧消耗量约为$6m^3/t$。

（2）还原期。进入还原期，先加碳粉造电石渣还原，造渣材料为石灰（加入量为5～10kg/t）、萤石（加入量为2～5kg/t）和碳粉（加入量为4～5kg/t）。钢液在电石渣下还原15min，变白渣。取渣样分析，要求w(FeO)≤0.5%，取钢液浇注弯曲试样，进行检验，如不合格，继续还原一段时间，直至合格为止。搅拌钢液，取钢样，分析碳、硅、锰、磷、硫含量，根据成分化验结果，调整钢液的化学成分，硅含量一般在出钢前10min调整。测量钢液的温度，要求出钢温度在1470～1490℃，并浇注圆杯试样，检查脱氧情况。

（3）出钢。钢液温度符合出钢温度要求，圆杯试样脱氧良好时，停电、升高电极、插铝 0.5kg/t 出钢，要求大口出钢，钢渣同流。钢液在钢包中静置 5min 以上浇注，开始浇注温度为 1370～1390℃，浇注过程从钢包中取样分析。

（四）酸性电弧炉氧化法炼钢工艺

酸性炉衬电弧炉不能采用碱性渣，因而在炼钢过程不能去除磷和硫，所用的炉料由废钢和回炉废铸钢件组成，由于不需要脱磷、脱硫，所造渣量较少，能量消耗较低，冶炼时间短，炉衬寿命长，钢液中的气体和夹杂物较少。发达国家由于废钢供应充足，价格低廉，故广泛采用酸性电弧炉炼钢，我国废钢供应不充足，为适应使用生铁和废旧铸铁件，普遍采用碱性电弧炉炼钢。酸性电弧炉一般用来冶炼碳钢、低合金钢和某些高合金钢，不宜冶炼高锰钢。酸性电弧炉氧化法炼钢的工艺要点如下。

（1）配料。由于在炼钢过程不能去除磷和硫，对炉料中的硫、磷含量要严加控制。生铁和回炉废铁含硫、磷较高，配料时，其使用量不超过 10%。配料应保证足够的氧化脱碳的质量分数，用矿石脱碳时，氧化脱碳量大于 0.1%；吹氧脱碳时，氧化脱碳量大于 0.25%。装炉料前炉底不铺任何材料。

（2）补炉。补炉材料为硅砂，用 2%～6%水玻璃作为黏结剂。

（3）熔化期。熔化炉料用最大功率供电，应采用推料助熔和吹氧助熔，促进炉料熔化。熔化期加入酸性造渣材料，如硅砂、适量的石灰和碎耐火砖块，造渣材料加入量约占钢液质量的 2%。熔化期过程应及时推料，防止电极下面金属液局部过热而导致炉衬 SiO_2 被碳还原、损坏及侵蚀炉底。熔化末期炉渣的成分是 $w(SiO_2)$为 40%～45%、$w(FeO)$为 22%～30%、$w(MnO)$为 20%～25%、$w(CaO)$为 6%～8%。

（4）氧化期。氧化期任务是借助氧化脱碳造成的钢液沸腾来清除钢液中的气体和夹杂物。用吹氧法或矿石法氧化脱碳。吹氧压力一般为 0.5～1.0MPa，脱碳量在 0.25%～0.35%时，氧消耗量为 9～12m^3/t。氧化终了时，搅拌钢液，取样分析。氧化期末期，炉渣的成分是 $w(SiO_2)$为 45%～55%、$w(FeO)$为 15%～20%、$w(MnO)$为 15%～20%、$w(CaO)$为 7%～8%，冷却后呈褐黑色。氧化期结束，应扒掉全部或大部分炉渣，另造新渣。

（5）还原期。还原期的任务是脱氧和调整成分。脱氧方法分为沉淀脱氧、扩散脱氧或两者结合脱氧。还原期工艺过程为首先造渣覆盖钢液表面，造渣材料配比为硅砂∶石灰=3∶2，渣量为钢液的 3%左右，然后加入 4～5kg/t 的锰铁预脱氧，最后加入混合脱氧材料进行还原，还原材料为炭粉 10kg/t、碎电极块 10kg/t、硅铁粉 10kg/t，应分批加入，间隔时间为 3～5min，还原时间为 15～30min，还原渣成分是 $w(SiO_2)$为 50%～60%、$w(FeO)$为 5%～10%、$w(Fe_2O_3)\leqslant$0.2%、$w(MnO)$为

5%～10%、$w(Al_2O_3)$为 5%～10%、$w(CaO)$为 10%～15%，冷却后呈浅绿色或青灰色。用圆杯试样检查钢液脱氧情况，当钢液脱氧良好，钢液温度达到出钢要求时，进行化学成分调整。调整好化学成分后，出钢前用铝进行终脱氧，铝加入量为 1.0～1.5kg/t，干铸型取下限，湿铸型取上限。

（6）出钢。插铝后即可停电，升电极，倾炉出钢。钢包静置一定时间后开始浇注。

二、感应电炉炼钢技术

（一）感应电炉炼钢的特点

与电弧炉相比，感应电炉炼钢的工艺特点如下。

（1）加热速度快，炉子热效率高。电弧炉电弧产生的热量通过空气和炉渣传给炉料和钢液。感应电炉的热量是在炉料和钢液内部产生，直接加热，加热速度快、效率高。

（2）有自动搅拌作用，氧化烧损较轻，吸气较少。感应电炉具有电磁搅拌作用，金属液成分均匀，并有利于夹杂上浮，由于没有电弧的超高温作用，元素烧损较少，没有电弧的电离作用，钢液气体含量少。

（3）炉渣的化学活泼性较弱。感应电炉冶炼炉渣温度较低，化学性质较不活泼，不能充分发挥熔渣在冶炼过程中的有益作用。

（4）工艺简单，生产灵活。感应电炉炼钢的方法分为氧化法炼钢和不氧化法炼钢。酸性感应电炉一般采用不氧化法炼钢，碱性感应电炉可以采用氧化法炼钢和不氧化法炼钢，生产上一般采用不氧化法炼钢。

（二）感应电炉炼钢工艺

感应电炉不氧化法炼钢的过程主要包括：炉衬材料准备与筑炉、装料、熔化期、还原期和出钢。

1. 炉衬材料准备与筑炉

感应电炉的耐火材料分为两种：酸性炉衬材料和碱性炉衬材料。

酸性炉衬材料为硅砂，黏结剂为硼酸和水玻璃。硅砂的成分要求：$w(SiO_2)$为 90%～99.5%，主要的杂质含量：$w(Fe_2O_3)\leqslant 0.5\%$、$w(CaO)\leqslant 0.25\%$、$w(Al_2O_3)\leqslant 0.2\%$、水分≤0.5%；硼酸应符合以下要求：$w(B_2O_3)\geqslant 98\%$、水分≤0.5%；粒度小于 0.5mm。坩埚打结时所使用的材料分为两种，一种是打结坩埚与钢液接触部分下部；另一种是打结坩埚的上部，炉口和炉领的部分，这两种材料的配方如下。

炉衬材料：粒度 5～6mm 硅砂 25%、2～3mm 硅砂 20%、0.5～1.0mm 硅砂 30%、硅石粉 25%、外加硼酸 1.5%～2%。

炉领材料：粒度 1～2mm 硅砂 30%、0.2～0.5mm 硅砂 50%、硅石粉 20%、外加水玻璃 10%。

碱性炉衬材料为镁砂，要求镁砂的成分：$w(MgO)\geqslant 87\%$，主要杂质含量：$w(SiO_2)\leqslant 4\%$、$w(CaO)\leqslant 5\%$，FeO 含量要尽量低。坩埚材料分为两种，炉衬材料：粒度 2～4mm 镁砂 15%、0.8～1mm 镁砂 55%、小于 0.5mm 镁砂 30%、加硼酸 1.5%～1.8%。炉领材料：粒度 1～2mm 镁砂 40%、小于 1mm 硅砂 40%、耐火黏土 20%、水玻璃适量 5%。炉衬材料中，炉衬耐火材料的粒度较大，耐火度较高，炉领材料粒度较小，烧结强度较高。

炉衬打结的操作方法：在打结炉衬前，先在炉底板上和感应器内铺一层玻璃丝布或石棉板起隔热和绝缘作用，再打坩埚底，坩埚底打好后，放坩埚模，找正位置并固定，然后用工具分几层进行坩埚壁的打结，一直打到感应圈以上的高度，换用炉领材料继续打结。打完结后，取出或不取坩埚模，均可通电烘烤。不取坩埚模时，烘烤过程坩埚模起到感应加热的作用，坩埚模充足时，可不用取出，使之在熔炼第一炉时一起熔化。

2．装料

酸性炉衬不能进行脱硫、脱磷，必须控制炉料中硫、磷含量，因此要用低硫、磷的炉料。碱性炉衬通过造碱性炉渣可以起到一定脱硫、脱磷的作用，对炉料的适应性较强。由于感应电炉坩埚壁处的温度较高，为了加速熔化，装料时大块的炉料应装在坩埚壁附近，大块料中间可用小块料充填，炉料装得紧密，熔化速度快，耗电量也小。

3．熔化期

炉料装好后开始通电熔化，通电 10min 以内用 40%～60%小功率通电，防止电流波动过大，电流趋于稳定后使用大功率通电，直至炉料熔化为止。熔化过程注意防止“搭桥”。大部分炉料熔化完后，可加入造渣材料覆盖钢液表面。酸性感应电炉的造渣材料为铸造用新砂质量分数为 65%、碎石灰质量分数为 15%、氟石粉质量分数为 20%，也可以用碎玻璃造渣，造渣材料的加入量为钢液质量的 1.5%左右。碱性电炉覆盖钢液的造渣材料比例为石灰粉∶氟石粉=2∶1，加入量为钢液质量的 1.0%～1.5%。碱性电炉熔炼，如果炉料硫、磷含量较高时，熔清后可反复造渣，减小硫、磷含量。酸性电炉熔炼，如果炉料较差，必须在炼钢过程中脱硫、脱磷，可以在短时间内造碱性脱硫、脱磷炉渣进行脱硫。脱硫时可加入 3.0%～3.5%的造渣材料（石灰粉∶氟石粉=3∶1），加入氧化铁的质量分数为 1.0%～1.4%；脱磷时可加入质量分数为 2.5%～3.0%的造渣材料（石灰粉∶氟石粉=3∶1），加入碳粉和硅铁粉的质量分数为 1%。

4．还原期和出钢

不氧化炼钢时，炉料熔清后可进行脱氧，酸性电炉一般采用沉淀脱氧的方法，直接往钢液中加入锰铁和硅铁脱氧剂，脱氧时一般先加入锰铁（加入质量分数约为 0.2%），再加入硅铁（加入质量分数为 0.1%～0.2%）。碱性感应炉可以造碱性渣进行扩散脱氧，一般加入脱氧剂（石灰粉∶铝粉=1∶2）进行脱氧。脱氧后根据化学成分分析结果进行成分调整。测定温度，当温度满足铸件的浇注温度要求后，浇注圆杯试样检查脱氧情况，脱氧良好后钢液插入硅钙（2kg/t）或铝（0.8～1kg/t）进行终脱氧。终脱氧后停电，倾炉出钢。

（三）合金钢的冶炼工艺特点

感应电炉不氧化法炼钢适用于合金钢的冶炼。酸性炉衬不适用于冶炼高锰钢，碱性炉衬可冶炼各种合金钢。表 6-9 是感应电炉不氧化法炼钢时合金元素的加入时间及吸收率。从表中可以看出，不同的炉衬材料，合金元素的吸收率有一定的差别，配料时要引起注意，对于炼钢过程不烧损的元素，可按中下限配料。

表 6-9　感应电炉不氧化法炼钢时合金元素的加入时间及吸收率

合金名称	适宜加入时间	吸收率/%	
		酸性	碱性
硅铁	出钢前 7～10min 加入	100	90
锰铁	装料时	85～90	90
金属锰	出钢前 10min 加入	90	94～97
铬铁	装料时	95	97～98
钼铁	装料时	98	100
钨铁	装料时	98	100
钛铁	出钢前用铝脱氧后加入	—	85～92
钒铁	出钢前 5～7min 加入	92～95	95～98
硼铁	出钢前加入炉内或出钢时在钢包中冲熔	—	50
铌铁	装料时	—	100
金属镍	装料时	100	100
金属铜	装料时	100	100
金属铝	出钢前 3～5min 加入	—	93～95

三、真空感应电炉炼钢技术

真空感应电炉冶炼是在一定的真空度中进行，炉料溶清后，钢液温度达到要求，在真空中进行倾炉出钢，浇注在炉内的铸型中。炉内的熔炼情况可通过炉盖上的观察窗看到。真空感应电炉炉体结构图如图 6-24 所示。

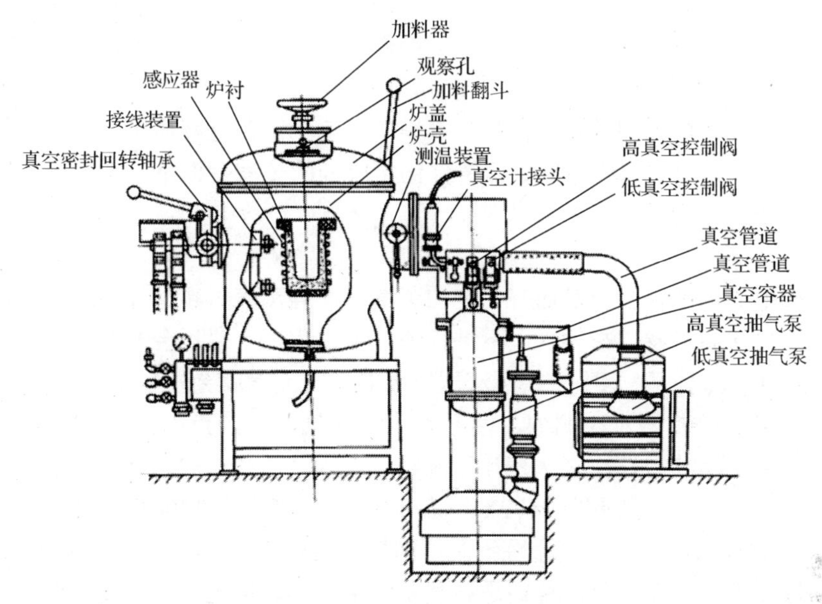

图 6-24　真空感应电炉炉体结构图

真空感应电炉冶炼与大气环境下炼钢相比，具有如下的特点。

（一）能够彻底清除钢液中的气体

根据气体在钢液的溶解定律，双原子气体的溶解量与溶液上方炉气中该种气体分压的平方根成正比。例如，钢液中氢和氮的溶解量可按式（6-8）计算：

$$[H]=k_1\sqrt{P_{H_2}}$$
$$[N]=k_2\sqrt{P_{N_2}} \quad (6\text{-}8)$$

式中，[H]、[N]分别为氢和氮在钢液中的溶解量；P_{H_2} 和 P_{N_2} 分别为炉气中氢气和氮气的分压；k_1、k_2 为平衡常数。

当降低炉气中氢气和氮气的分压时，钢液中氢和氮的溶解量会减少，当真空度很高时（P_{H_2} 和 P_{N_2} 趋于零），钢液中的含气量会降低到一个很低的程度。例如，真空度为 1.33Pa 时，钢液中的氢含量可降低至 0.0001%以下。在真空状态下，碳与氧的反应产物 CO 被抽走而排出，碳具有很高的脱氧能力，真空下反应进行得很彻底，钢液中的氧含量很低，因此真空电炉熔化时甚至无需加入脱氧剂。

（二）钢中元素烧损少

真空下炼钢，由于炉气中的氧含量很低，钢液吸氧很少，钢中合金元素的氧化程度很轻微，很少发生氧化反应而形成氧化夹杂物。因此，只要炉料清洁，熔炼的钢液会很干净。

（三）炼钢工艺简单

真空感应电炉炼钢没有氧化和脱氧操作，炼钢工艺过程简单，实际上是炉料的重熔过程，只要炉料配料准确，铸件化学成分的偏差会很小。

（四）元素的蒸发

钢液中的每个合金元素均有一定的蒸汽压，当蒸汽压超过外界压力时，钢液的合金元素便会蒸发。在大气压下进行的炼钢过程，一般不会发生合金元素的蒸发现象，但在真空下，钢中一些蒸汽压较高的合金元素就会发生显著的蒸发现象，造成化学成分控制困难。例如，锰元素，在大气压下沸点为1962℃，在1.33Pa下沸点为981℃；铜元素，在大气压下沸点为2567℃，在1.33Pa下沸点为1247℃；铬元素，在大气压下沸点为2672℃，在1.33Pa下沸点为1206℃，而铁在1.33Pa下沸点为1448℃。因此，真空炼钢时，熔炼温度在1600℃左右，会出现锰、铬、铜、铁等元素的蒸发现象，特别是锰蒸发较多，铜、铬也容易蒸发，铁元素蒸发相对较少。

（五）钢液的污染

真空条件下，钢液会被炉衬材料污染，如炉衬中的 SiO_2 会被碳还原，产物 CO 被抽走，导致钢液的碳含量降低，硅含量增加，使钢的化学成分发生变化，这种现象称为钢液的污染。

四、铸钢的炉外精炼技术

（一）炉外精炼的作用

炉外精炼是将炼钢炉（电炉或转炉）中初炼的钢水移到另一个专用的容器中进行冶炼，以达到提高冶金质量的一种冶炼方法。传统铸钢生产过程为炉料→电炉熔化及其成分调整→浇注铸件。现代铸钢生产过程为炉料→电炉熔化→精炼炉精炼及调整成分→浇注铸件。炉外精炼的目的是在真空、惰性气体或可控气氛的条件下，对钢液进行深脱碳、去气、脱氧、脱硫、去除夹杂物、调整成分及钢液温度等。铸钢炉外精炼的主要作用如下。

（1）提高钢液的纯净度。炉外精炼工艺克服了电弧炉炼钢的缺点，在真空或惰性气体的作用下使钢液净化，免除了用脱氧剂进行脱氧的工艺，革新了炼钢工艺，使钢液纯净度大幅度提高，而铸钢件的内在质量和钢液的纯净度有很大的关系，提高钢液的纯净度，减少气体及夹杂物的含量，能够很大程度地改善铸件的韧性，提高铸件的使用寿命。

（2）减少合金元素烧损。采用炉外精炼工艺，合金化用的中间合金或纯金属一般在精炼过程加入，并在真空或在惰性气体保护下加入，便于减少合金元素的烧损及精确控制铸钢的化学成分。

（3）提高钢液的成分和温度的均匀性，保证铸件质量的稳定性。炉外精炼过程中，对钢液进行真空和通入惰性气体，利用气泡上浮对钢液进行搅拌，在吸附钢液中的气体及夹杂物的同时，提高了钢液成分及温度的均匀性，以及铸件成分的均匀性，有利于保证铸件的质量和稳定性。

（4）生产超低碳铸钢。由于钢液中存在碳-氧平衡关系，一般炼钢工艺只有在钢中氧含量很高的情况下才能获得碳含量很低的钢液，而氧含量过高会加重还原期脱氧的任务，增加脱氧剂使用量，有时难以保证钢液的质量。采用炉外精炼，依靠真空和惰性气体的除气作用，可以做到既降碳，又不增氧。因而可以冶炼低碳钢[$w(C)\leqslant 0.06\%$]和超低碳钢[$w(C)\leqslant 0.03\%$]铸钢，为生产铸造低碳和超低碳合金铸钢开辟了新途径。

国内外在生产高强度和超高强度铸钢方面，一直强调铸钢的纯净化和控制铸钢中气体和夹杂物含量，并制定了相应的研究计划。例如，日本 1997 年出台的“超级钢研究计划”项目，1998 年国际钢铁协会主持的“超轻车身”项目，韩国启动“21 世纪高性能结构钢发展”的十年项目，我国在 1997 年启动了国家攀登项目“新一代微合金高强度高韧性钢的基础研究”，1998 年 10 月我国“973”项目中批准的“新一代钢铁材料的重大基础研究”项目。这些项目的指南中指出，通过钢的炉外精炼，提高钢的纯净度是提高金属材料力学性能的主要途径。

（二）铸钢炉外精炼技术

目前，国内外在铸钢生产中应用较多的精炼方法主要有吹氩精炼法、喂丝精炼法、氩氧脱碳（argon-oxygen decarburization，AOD）精炼法、真空吹氧脱碳（vacuum-oxygen decarburization，VOD）精炼法、真空氩氧脱碳转炉（vacuum oxygen-argon decarburization converter，VODC）精炼法、钢包炉（ladle furnace，LF）法、真空除气（vacuum degassing，VD）精炼法等。

1．吹氩精炼法

（1）吹氩精炼法的原理。氩气为惰性气体，不与钢液发生反应，也不溶于钢液，不会形成化合物或夹杂物。吹氩时，上浮的氩气泡内气体分压为零，因此可以吸附钢液中的氢、氮及脱氧产物 CO，并和夹杂物等随气泡一起上浮，起到清除气体和夹杂物的目的。图 6-25 为吹氩精炼法原理图。

（2）吹氩精炼工艺及其精炼效果。通过设在钢包底部的陶瓷透气砖向钢液中吹入氩气，吹氩的压力根据钢液的深度而定，一般为 0.4～0.6MPa，吹氩时间为 8～10min。钢包吹氩净化能使合金元素和脱氧产物分布均匀，除气去夹杂效果好，温度均匀，可减少钢包结底现象的产生。在 10t 电弧炉熔炼碳钢和低合金钢时，采用吹氩精炼法可使钢液中氧的质量分数从 0.012%～0.014%下降至 0.003%～0.005%。由于钢液净化和温度均匀，10t 钢液可浇注 20～30 箱铸件，时间持续 40min，且钢包无结底现象。

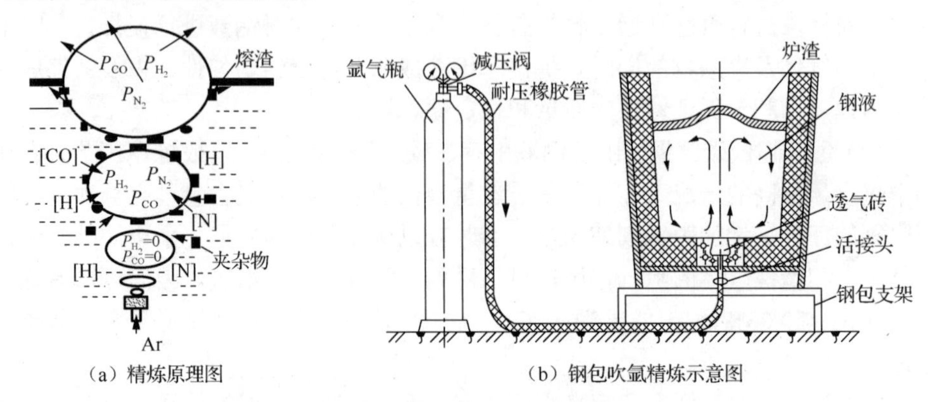

（a）精炼原理图　　（b）钢包吹氩精炼示意图

图 6-25　吹氩精炼法原理图

2．喂丝精炼法

（1）喂丝设备和丝线。法国在 20 世纪 80 年代初出现了喂丝精炼法，目前国内外仍有许多喂丝精炼设备应用在冶金工业。喂丝机分为单流喂丝机和双流及以上喂丝机，主要由放线和喂丝两部分组成。使用时，将丝线置于放线装置的转盘上，经喂丝装置将丝线拉出校直，再经喂线导管垂直进入钢液中，喂丝精炼法装置示意图如图 6-26 所示。喂丝机上有显示喂入长度的计算器和速度控制器。当丝线以一定的速度喂入预定长度后，喂丝机会自动停止喂丝。丝线采用特殊加工方法制成，将所需的钙、硅钙、铝钙、稀土、硼铁、钛铁等合金制成的芯线或粉剂作为芯部材料，外部用 0.3mm 左右厚的钢带包覆起来，制成各种规格的包芯丝线。

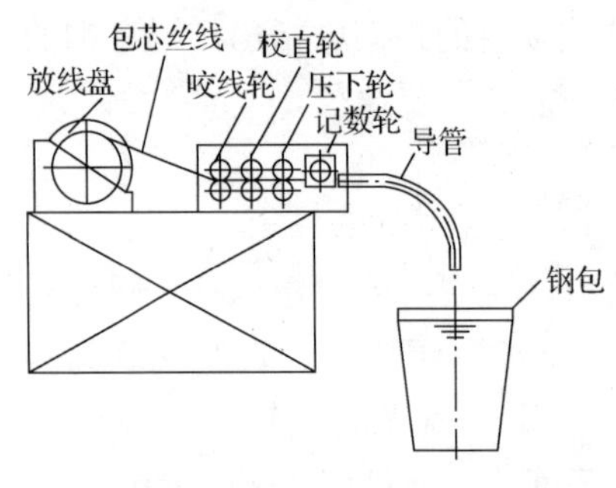

图 6-26　喂丝精炼法装置示意图

（2）喂丝方法及喂线工艺。喂丝的方法主要有钢包喂丝和中间包喂丝，铸造生产一般采用钢包喂丝方法。喂丝线中的钙、硅-钙、铝-钙等合金射入钢液中，会降低钢中氧、硫含量，改善夹杂物的组成和形状并降低其含量，提高了钢液的纯净度，因而可改善铸钢件的塑韧性，同时兼有微量合金化的功效。该方法可准确控制钢中铝等合金的含量，提高合金收得率，一般钙的收得率在 10%～20%，铝的收得率在 50%～80%。

喂丝精炼时，一般丝线射入速度为 30～60m/min，如果钙线喂丝工艺与钢包吹氩净化工艺配合使用，可使钢中铝分布均匀，净化效更佳。8t钢液中进行钙喂丝的试验表明，先射入铝线后射入硅-钙线，控制钢中残留铝的质量分数为0.025%时，与常规加铝操作比较，终脱氧的铝用量减少50%以上，夹杂物数量减少，韧塑性得到提高。喂丝净化技术处理时间短，钢液降温少，不污染环境，不用载入气体，不会带来钢液喷溅，同时显著提高了钙、铝、钛、硼、稀土等合金元素的收得率。

喂丝精炼法的冶金效果主要表现在可提高合金的收得率；控制钢中夹杂物；具有一定的脱氧和脱硫作用；可改善和提高钢的清洁度及机械性能。

3．氩氧脱碳精炼法

（1）吹氩装置。氩氧脱碳（AOD）精炼法是在大气压力下向钢液吹氧的同时，吹入惰性气体，通过降低CO的分压，以实现脱碳精炼的目的。1968年由美国的乔斯林不锈钢公司成功研制了第一台AOD精炼炉。AOD精炼法装置示意图如图6-27所示，精炼装置的外壳是由钢板焊接而成，内表面砌有耐火砖，整个容器可以围绕转轴旋转，容器一侧装有吹入氧气和氩气的风口。

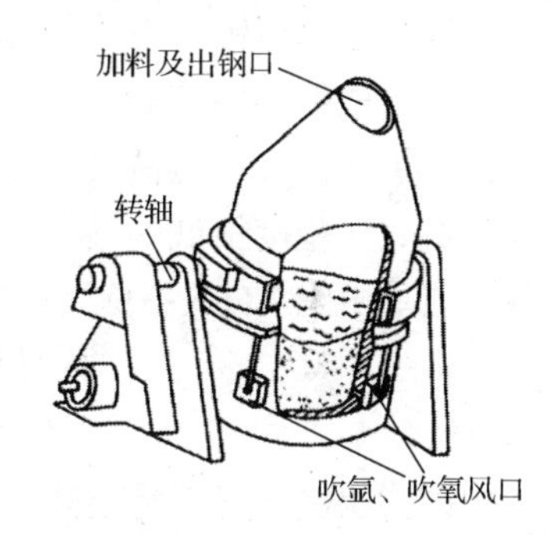

图6-27　AOD精炼法装置示意图

（2）精炼过程。电弧炉熔化的钢液温度不小于1560℃时，钢液装入如图6-28（a）所示的容器中，然后开始如下三个阶段的精炼：

① 吹氧-氩阶段。精炼初期，由于钢液中碳含量较高，以超低碳不锈钢铸钢为例，初始碳含量在0.6%～1.0%，温度在1600℃左右，吹氧有利于快速脱碳。第一阶段吹氧-氩的比例为3∶1，进行脱碳，钢液中碳的氧化有碳的直接氧化 $[C]+O_2 \longrightarrow 2CO\uparrow$ 和碳的间接氧化 $[FeO]+[C] \longrightarrow [Fe]+CO\uparrow$。经过第一阶段吹氧，碳的质量分数可脱至0.2%左右，温度在1700℃左右。

② 吹氩-氧阶段。随脱碳的进行，增加吹气中氩含量，第二阶段氩-氧的比例为1∶1～2∶1，由于钢液中的氩气泡可以降低钢液中CO的分压，促使碳的间接氧化反应向右进行，进一步脱碳，不锈钢钢液中碳的质量分数可降至0.12%以下。

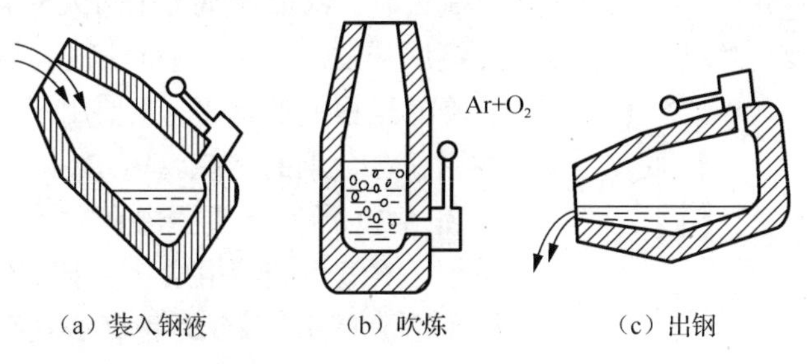

图6-28　AOD精炼过程示意图

③ 吹氩阶段。随脱碳的进行，第三阶段用纯氩或氩-氧比例为 3∶1～2∶1 吹氩，吹氩会进一步促进碳的间接氧化，降低钢液的碳含量。不锈钢钢液中碳的质量分数可降低至 0.02%左右。

通过 AOD 精炼可使钢液中气体和非金属夹杂物降低至很低的水平，如氢含量可降低至 0.0002%以下，防止铸件在使用过程发生延迟破坏（氢脆），氮含量可降至 0.008%以下。然而一般电弧炉炼钢的氢含量在 0.0005%以上，铸件会有氢脆的可能，氮含量在 0.015%以上。AOD 精炼后，在保持氧含量很低的条件下，很容易将碳含量降低至 0.03%以下，因此 AOD 精炼法可用于超低碳铸钢合金的冶炼，如超低碳耐蚀钢等。一般 AOD 精炼处理周期在 70～100min。

一般电弧炉冶炼耐蚀铸钢时，由于耐蚀钢的铬含量很高，要降低碳含量，随脱碳的进行，大量铬被氧化，碳含量越低，铬氧化越严重。由于 AOD 精炼法在保持铬氧化程度很低的条件下，可将碳含量降低到很低的水平，能够实现脱碳保铬。这是由于 AOD 精炼过程中，钢液同时发生铬和碳的氧化反应：

$$2[\mathrm{Cr}]+3[\mathrm{FeO}]\longrightarrow(\mathrm{Cr_2O_3})+3[\mathrm{Fe}]$$

$$[\mathrm{FeO}]+[\mathrm{C}]\longrightarrow\mathrm{CO}\uparrow+[\mathrm{Fe}]$$

钢液吹氩，氩气泡上浮过程会吸收气体，降低 CO 的分压，有利于碳的氧化反应，使钢液中的[FeO]减少，[Fe]量增加，有利于铬的氧化反应向左进行，保护铬不受氧化，实现脱碳保铬。利用 AOD 吹氧精炼过程的脱碳作用，可以处理高碳的钢液，炼钢原材料可使用价格低廉的高碳铬铁，能降低铸钢的成本，具有重要的经济意义。

（3）精炼效果。经 AOD 精炼法处理后，钢液的精炼效果：$w(\mathrm{H})<0.0004\%$、$w(\mathrm{O})=0.004\%\sim0.006\%$、$w(\mathrm{N})<0.02\%$、$w(\mathrm{S})<0.004\%$。

4．真空吹氧脱碳精炼法

（1）精炼设备。真空吹氧脱碳（VOD）精炼法是真空（vacuum）、氧（oxygen）、脱碳（decarburization）的组合，代表在真空条件下的吹氧去碳。VOD 精炼法在 1965 年由德国维滕特殊钢厂开发。VOD 精炼法很容易将钢中的碳和氧降低至很低的水平，主要用于超纯、超低碳耐蚀钢和合金钢的精炼。VOD 精炼法设备示意图如图 6-29 所示，主要由真空系统、钢包、加料系统、吹气系统等组成。由于没有热源，一般不用于造渣精炼。VOD 精炼法具有吹氧脱碳、升温、氩气搅拌、真空脱气、造渣合金化等冶金手

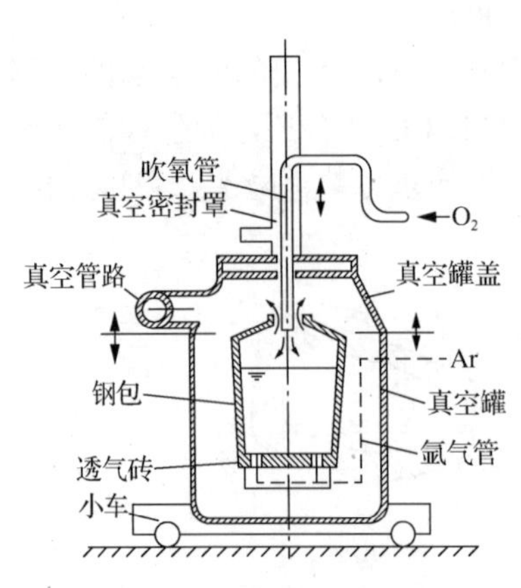

图 6-29　VOD 精炼法设备示意图

段，适用于不锈钢、工业纯铁、精密合金、高温合金和合金结构钢的冶炼，尤其是超低碳不锈钢和合金的冶炼。

（2）精炼过程。电弧炉熔化钢液，温度达到1560℃以上时，钢液浇入钢包中，将钢包装入真空罐内，盖好罐盖抽真空，从上面吹氧气脱碳，从底部吹氩气进行搅拌。通过加料和取料系统加入合金材料及提取化学成分试样，调整化学成分。一般VOD精炼法处理周期在60～80min。

由于VOD精炼法采用了真空和吹氧相结合的工艺，具有很强的清除气体和非金属夹杂物的能力。与AOD精炼法相比，具有的特点有脱碳能力强；清除钢液中气体能力强；节省氩气；设备系统复杂，投资较大。

（3）精炼效果。VOD精炼法处理后钢液的精炼效果：w(H)＜0.0002%，脱氢率为70%；w(O)在0.003%～0.008%，脱氧率为40%；w(N)在0.005%～0.008%，w(S)＜0.004%。

5．真空氩氧脱碳转炉精炼法

（1）精炼设备。真空氩氧脱碳转炉（VODC）精炼法实际上是VOD精炼法和AOD精炼法相结合的一种精炼方法。VODC精炼炉设备示意图如图6-30所示。主要由真空系统、转包系统、加料系统、吹气系统等组成。转炉顶部设有吹氧管，底部设有吹氩管及透气砖。

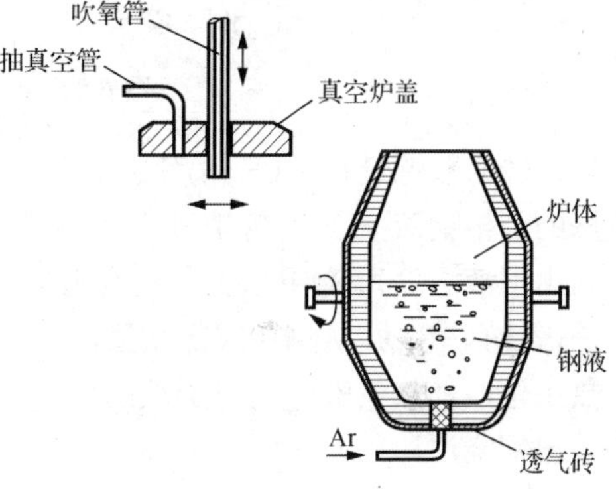

图6-30　VODC精炼炉设备示意图

（2）精炼过程。VODC精炼过程分为两个阶段，第一阶段是不加真空进行氩氧脱碳精炼，精炼过程同AOD精炼，待钢液碳含量接近于钢要求的碳含量时，盖上真空炉盖，然后进行第二阶段精炼。第二阶段进行真空吹氩精炼，进一步脱碳和清除钢液中的气体和非金属夹杂物，并添加合金进行化学成分调整，之后去除真空和移走真空盖，倾炉出钢。VODC精炼法特别适合冶炼低合金钢。

VODC精炼法由于采用了吹氧、吹氩和真空相结合的工艺，具有很强的清除气体和非金属夹杂物的能力。与氩氧脱碳法相比，具有脱碳能力强；清除钢液中气体能力强；节省氩气的特点，但设备系统复杂，投资较大。

（3）精炼效果。低合金铸钢经VODC精炼法处理钢液的精炼效果：脱氢率可达70%、w(H)＜0.00002%、w(O)≤0.006%、w(N)≤0.007%、w(S)≤0.002%。

6．钢包炉法

具有电弧加热和真空装置的钢包炉（LF）精炼法是在1971年由日本大同特殊钢公司开发并实际应用。LF精炼法具有对钢液加热、清除气体和非金属夹杂物、脱硫等功能，能够冶炼出高纯净度的钢液。因此，LF 精炼法是近年来应用较多的一种精炼方法，广泛应用于各钢铁企业。

（1）精炼设备。图 6-31 是 LF 精炼炉示意图。LF 精炼装备主要由钢包、加热炉炉盖、加热电极、真空系统、调整化学成分的合金加料口、钢包移动装置和除尘系统等构成。

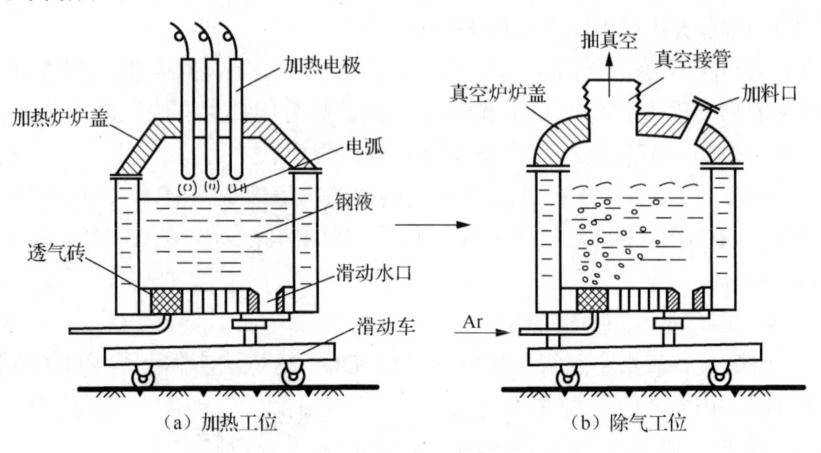

图 6-31　LF 精炼炉示意图

（2）精炼过程。LF 精炼过程的要点为不加炉盖往 LF 精炼炉中加入电弧炉熔炼的合格钢液；LF 精炼炉进入加热工位，降下加热炉炉盖及电极并加热，加热提高出钢液温度为 30℃以上；温度满足要求时，将钢包移至精炼工位，降下除气炉炉盖抽真空，并从钢包底部吹氩，进行 15～25min 的吹氩精炼；之后重新移至加热工位，加热钢液，调整钢液的化学成分和温度；精炼完成后，钢包插铝脱氧，并出钢浇注。

（3）精炼效果。LF 精炼法处理的钢液达到的精炼效果：$w(\mathrm{O}) \leqslant 0.003\%$，$w(\mathrm{N}) \leqslant 0.005\%$，$w(\mathrm{H}) \leqslant 0.00025\%$，$w(\mathrm{S}) \leqslant 0.005\%$。

7. 真空除气精炼法

真空除气（VD）精炼法又称为罐内钢桶去气法。由联邦德国和苏联在 1952 年开发，VD 精炼法具有脱氧、脱气、脱硫和合金化的功能，一般不单独使用，而是与 LF 精炼法相结合，进行 LF+VD 精炼。

（1）精炼设备。VD 真空处理装置主要包括真空罐、真空罐盖、罐盖车及提升系统、真空料斗系统、抽真空系统、铁合金添加系统、喂丝装置、液压站等。

（2）精炼过程。进 VD 炉的钢液条件为温度控制在液相线温度以上 150℃，碳控制在规格下限的 0.02%左右，其余成分在规格中下限。钢包在真空罐内就位后，打开氩气阀门，将流量调至渣面轻微蠕动时停止，进行真空处理。VD 精炼法的处理时间一般不小于 20min，易氧化元素可在 VD 精炼法处理结束后调整。

（3）精炼效果。钢水经过 VD 精炼处理后钢液达到的精炼效果：$w(O) \leqslant 0.003\%$，$w(N) \leqslant 0.004\%$，$w(H) \leqslant 0.0002\%$，夹杂物含量等级降至 2 级以下。

第四节　铸造非铁合金的熔炼技术

一、铸造铝合金熔炼的特点及精炼原理

（一）铸造铝合金熔炼的特点

铝合金熔炼的目的是熔炼出化学成分、气体及其夹杂物含量满足要求的铝液。铸造铝合金熔炼的特点主要如下：

（1）熔化温度低，熔炼时间长。铝合金熔点低，可在较低温度下熔炼，一般熔化温度在 700～800℃。由于铝的比热容和熔化潜热大，熔化过程需要吸收的热量多，熔化时间较长。

（2）容易产生成分偏析。由于铝合金各元素密度差较大，在熔化过程容易产生成分偏析。

（3）铝合金容易产生 Al_2O_3 夹杂，产生的 Al_2O_3 密度与铝液相差不大，熔体中分散分布的 Al_2O_3 容易形成夹杂。

（4）吸气性强，特别是在高温下，铝合金熔体容易与大气中的水分等发生反应，增加铝液的含气量。

（5）铸态组织粗大，需要变质处理或热处理改善铸态组织，以提高铸件的力学性能。

（二）铸造铝合金精炼的原理

铸造铝合金精炼的目的是清除铝液中的气体和各种有害的夹杂物，净化铝液，获得高纯净度的铝合金熔体，防止铸件在凝固时形成气孔和夹渣缺陷。

铸造铝合金通常是在大气下熔炼，当铝液和炉气中的 N_2、O_2、H_2O、CO_2、CO、H_2 和 C_mH_n 等接触时，会产生吸附、离解、扩散、溶解、化合等过程，造成铝液中的气体含量增加，影响铸件力学性能。在这些气体中，只有 H_2 能大量地溶解于铝液。铝液中 H_2 的来源途径主要有铝锭、铝液和大气中水蒸气的化学反应及铝液与各种油物（C_mH_n）的化学反应，这些反应的产物都有 H_2。H_2 在铝液中的溶解度[H]与液面上的氢气分压 P_{H_2} 存在如下关系：

$$[H] = K_{H_2}\sqrt{P_{H_2}} \tag{6-9}$$

式中，K_{H_2} 为氢气的溶解度系数，与温度有关。氢在 660～850℃纯铝液中的溶解度如式（6-10）所示：

$$\lg[\mathrm{H}] = -\frac{2760}{T} + 2.296 + \lg P_{\mathrm{H_2}} \tag{6-10}$$

氢在固态铝中的溶解度如式（6-11）所示：

$$\lg[\mathrm{H}] = -\frac{2080}{T} + 0.288 + \lg P_{\mathrm{H_2}} \tag{6-11}$$

式中，T 为铝液温度，K；$P_{\mathrm{H_2}}$ 为氢气的分压，Pa，与温度有关；[H]为氢在铝中的溶解度，ml/100g。

图 6-32 是常用金属中氢的溶解度变化曲线，从图中可以看出，氢的溶解度曲线在相态转变温度时会出现剧烈的变化。氢在铝液中有两种存在形式：溶解氢和吸附在夹杂物缝隙中的氢，如 Al_2O_3 夹杂物在 600～700℃时吸附水汽和氢的能力最强，因此铝液中卷入 Al_2O_3 夹杂物，会增加氢含量，在铸件中形成气孔。铝液中的合金元素也会影响氢的溶解度，一般随镁含量的增加而增大，随硅、铜含量的增加而减小。熔炼时间影响铝液的吸氢量，在大气中熔炼铝合金，铝液不断地被氧化，熔炼时间越长，生成夹杂物越多，吸氢越严重。因此，铝合金熔炼应遵循“快速熔炼”原则，尽量避免铝液在炉内长期停留，以避免过多吸气。

图 6-33 是铝液中氢去除示意图。和钢的精炼原理一样，往铝合金中通入惰性气体或加入精炼剂，在铝液中产生的气体上浮过程吸附氢气，达到去除氢气的目的。

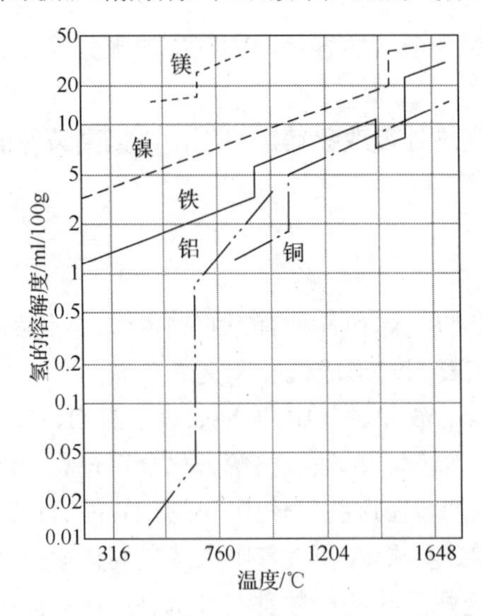

图 6-32　常用金属中氢的溶解度变化曲线

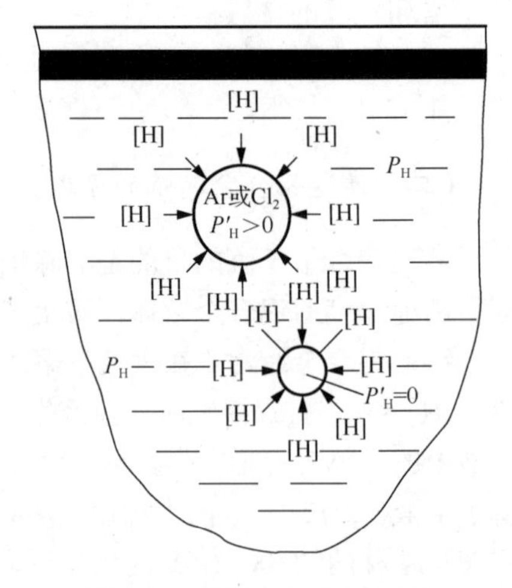

图 6-33　铝液中氢去除示意图

（三）铸造铝合金的精炼技术

按精炼作用机理，铝液的精炼方法可分为吸附精炼和非吸附精炼；按精炼过程是否有化学反应，可分为物理精炼方法和物理化学精炼方法。不管采用何种精炼方法，其原理是向溶液中通入气体或加入精炼剂，在溶液中发生化学反应生成气体，通过不溶于溶液的气体上浮去除铝液中的氢气和夹杂物。铝合金常用的精炼剂有氯气（Cl_2）、脱水氯化锰（$MnCl_2$）、氯化锌（$ZnCl_2$）、六氯乙烷（C_2Cl_6）、光卤石（$KCl\cdot MgCl_2$）、40%CaF_2-60%光卤石、四氯化碳（C_2Cl_4）、氯-氮气混合精炼剂等。

1．吸附精炼

吸附精炼是指依靠精炼剂在溶液中吸附夹杂物和氢气，通过上浮去除液体中的氢气和夹杂物，达到净化溶液的一种精炼方法。吸附精炼又可分为浮游精炼法、熔剂精炼法和过滤精炼法等。

1）浮游精炼法

浮游精炼法主要有通氮精炼法、通氩精炼法、通氯精炼法、氯盐精炼法、三气混合精炼法、喷粉精炼法等，通入惰性气体或熔剂在铝液中形成上浮的气泡吸附铝液的氢气和夹杂物以净化铝液。

（1）通氮精炼法。通氮精炼法去除氧化物示意图如图 6-34 所示。通入氮气后，铝液中的夹杂物会吸附在氮气泡上，随气泡上升被带出液面，如不断地向铝液中通入氮气形成气泡流，即可不断地从铝液中带走 Al_2O_3 等夹杂物。由于氮气泡中氢气的分压 $P'_{H_2}=0$，如图 6-35（a）所示。氢气会在氢气压力差的作用下随铝液扩散进入氮气泡中，直到氮气泡中氢气的分压和铝液中氢气的分压相平衡，上浮的气泡吸附夹杂物上浮的同时，氢气也被带出，去除了铝液中的氢气和夹杂物，净化了铝液。

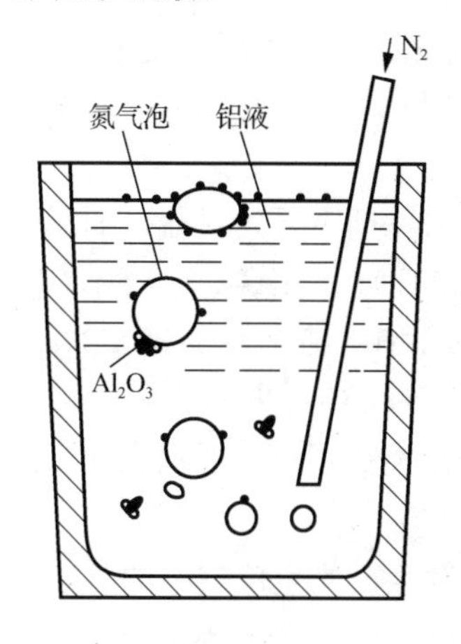

图 6-34　通氮精炼法去除氧化物示意图

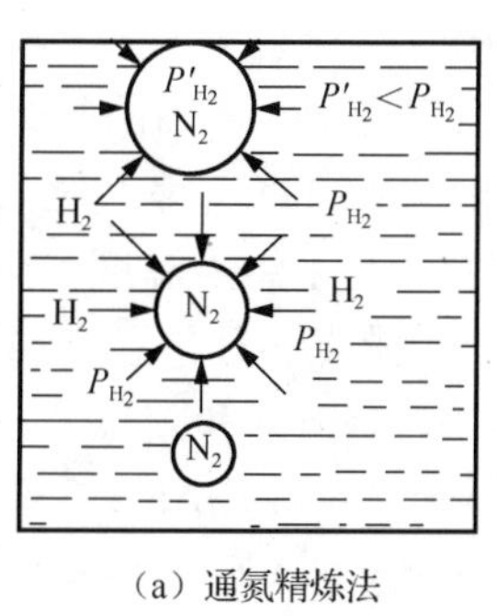

（a）通氮精炼法

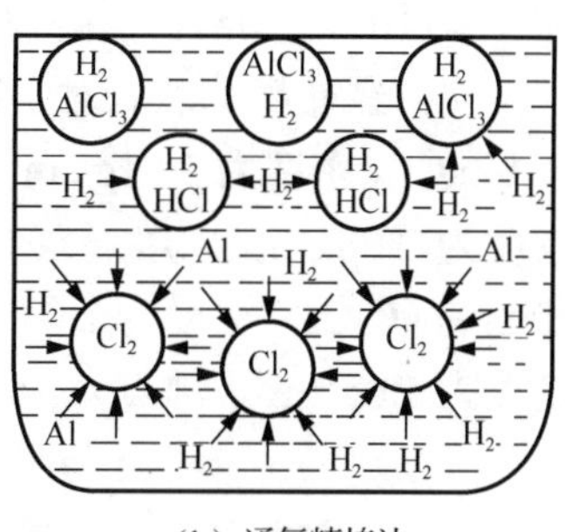

（b）通氯精炼法

图 6-35　通氮、通氯去除氢气示意图

铝液通氮精炼时，需要注意所通氮气的纯度和通氮时铝液的温度。如果氮气中含有氧和水分，会生成 Al_2O_3 增加含氧量，降低精炼效果。清除氮气中的水分可用 $CaCl_2$、硅胶、分子筛、浓硫酸等干燥剂干燥，除去氮气中的水分后再通入铝液。一般精炼用氮气，要求氮气瓶中的氧含量应低于 0.03%，水分低于 0.3g/m^3。通氮精炼时铝液温度过低，铝液中氢的扩散慢，会影响除气效果；温度过高，会形成 AlN 夹杂物，含镁的铝合金容易生成 Mg_3N_2 夹杂物。因此，通氮气时铝液温度一般控制在 710～720℃，铝镁合金不宜用通氮精炼法。

（2）通氩精炼法。惰性气体氩的密度为 1.78kg/m^3，高于氧的密度（1.25kg/m^3）。通氩精炼时，密度较大的氩气会富集在铝液溶池的表面，能防止铝液和炉气中的氧发生反应，具有良好的净化效果，精炼效果和 C_2Cl_6 相近。而且，氩气与铝液不发生反应，精炼温度可以提高至 760℃。对于 Al-Si 合金，当用锶变质处理时，如用氯盐精炼会形成 $SrCl_2$，导致变质失效，此时必须通氩精炼，精炼时变质和精炼可同时进行，氩气的搅拌作用可以加速变质元素的扩散，缩短锶变质处理潜伏期，提高生产效率。

（3）通氯精炼法。氯气通入到铝液中，会和铝液中的铝发生反应生成 $AlCl_3$，和溶入铝液中的氢气发生反应生成 HCl，如图 6-35（b）所示。生成的 $AlCl_3$ 的沸点为 178℃、HCl 的沸点为−85℃，二者均呈气态且不溶于铝液，因此会和未反应的氯气一同起到精炼作用，精炼效果好于通氮和通氩的精炼效果。

通氯精炼时，要注意氯气是有毒气体，对人体有害，对设备有腐蚀作用。因此，通氯气的装置要安装在密封的空间，以防泄漏，铸造铝合金熔炼时，熔化炉上方应安装通风设施，净化操作环境。精炼的氯气含水量要小于 0.08%，氯气精炼后，铝合金的晶粒粗大，影响力学性能。单独氯气精炼在生产中应用越来越少，可采用复合精炼或混合气体精炼的方法，即先通氯气再通氮气进行精炼或采用 $90\%N_2+10\%Cl_2$ 混合气体进行精炼。

（4）氯盐精炼法。对于铸造铝合金，常用的盐类精炼剂主要为氯盐，如氯化锌（$ZnCl_2$，密度为 2.91g/cm^3，熔点为 290℃，沸点为 732℃）、氯化锰（无水 $MnCl_2$，密度为 2.98g/cm^3，熔点为 650℃，高于熔点温度下会升华，沸点为 1190℃）、六氯乙烷（C_2Cl_6，密度为 2.09kg/m^3，沸点和升华温度均为 186℃）、四氯化碳（CCl_4，密度为 1.6g/cm^3，沸点为 76.8℃）、硝酸盐和碳粉等。盐类在铝液中的反应通式为

$$n\text{Al} + 3\text{MeCl}_n \longrightarrow n\text{AlCl}_3\uparrow + 3\text{Me}$$

因此，氯盐精炼的原理是将氯盐加入铝液后与铝发生反应生成气态的 $AlCl_3$，上浮过程吸附氢气和氧化夹杂物，并将它们带到液面排除，起到精炼作用。

采用 $ZnCl_2$ 精炼时，加入质量分数为 0.15%～0.20%经重熔脱水的 $ZnCl_2$，在铝液中发生下列反应：

$$2Al + 3ZnCl_2 \longrightarrow 2AlCl_3\uparrow + 3Zn$$
$$ZnCl_2 + H_2 \longrightarrow 2HCl\uparrow + Zn$$

反应生成的 $AlCl_3$、HCl 呈气态，上浮过程吸附氢体和夹杂物起到净化作用。加入 $ZnCl_2$ 时，用钟罩法分 2～3 批加入到温度为 700～720℃铝合金液中，插入离坩埚底距离 100～150mm 处，并在炉内缓慢移动或绕圈，直至不再冒泡为止。取出钟罩后，铝液静置 3～5min 后扒渣浇注。由于 $ZnCl_2$ 强烈吸潮，沸点低，精炼时 $ZnCl_2$ 要重熔脱水，铝液处理温度不要高于 730℃，否则 $ZnCl_2$ 会很快气化，形成气泡并长大，很快上浮，导致精炼效果变差。

采用 $MnCl_2$ 精炼时，加入质量分数为 0.15%～0.20%已脱水的 $MnCl_2$，在铝液中发生下列化学反应：

$$2Al + 3MnCl_2 \longrightarrow 2AlCl_3\uparrow + 3Mn$$
$$MnCl_2 + H_2 \longrightarrow 2HCl\uparrow + Mn$$

同样，反应产物 $AlCl_3$、HCl 呈气态，都起到精炼的作用。$MnCl_2$ 精炼剂没有 $ZnCl_2$ 的吸潮性强，故脱水和保存很方便。压入合金液后，气泡生成速度较慢，直径较小，精炼效果好于 $ZnCl_2$。

采用盐类精炼处理时，一部分盐类化合物中的金属会被还原后进入铝液，造成铝合金成分发生变化，应引起重视。

采用 C_2Cl_6 精炼时，在高温下 C_2Cl_6 会发生下列反应：

$$C_2Cl_6 \longrightarrow C_2Cl_4 + Cl_2\uparrow$$
$$2Al + 3Cl_2 \longrightarrow 2AlCl_3\uparrow$$
$$3C_2Cl_6 + 2Al \longrightarrow 3C_2Cl_4 + 2AlCl_3\uparrow$$

生成的 Cl_2 和铝反应生成气态 $AlCl_3$，反应产物 C_2Cl_4 的沸点为 121℃，不溶于铝液，和 $AlCl_3$ 一起参与精炼，净化效果好于 $ZnCl_2$。C_2Cl_6 精炼剂加入质量分数一般在 0.2%～0.7%，分 2～3 批用钟罩法压入溶液中心距坩埚底部 100～150mm 处，每批精炼时间 3～5min，总精炼时间 8～15min。C_2Cl_6 的分解产物 Cl_2 和铝液中的镁起反应，生成熔点为 715℃的 $MgCl_2$，因此精炼温度要在 730～740℃，为弥补生成 $MgCl_2$ 对镁和氯的消耗，配料时镁和 $MgCl_2$ 都要适当增加。采用 C_2Cl_6 精炼的缺点是会造成大气污染，升华的 C_2Cl_6 与大气中的氧起反应，会生成 Cl_2。

采用碳粉和硝酸盐精炼处理时，将碳粉和硝酸盐压成块，压入铝液，二者在铝液中发生反应生成 Na_2NO_3、N_2 和 CO_2，生成的 N_2 有精炼作用，CO_2 与 Al 会生成 Al_2O_3，但数量很少，也容易上浮，故氧化轻微。碳粉和硝酸盐精炼处理反应产物无味、无毒，但精炼效果不理想，适用于中、小铸件的精炼处理。为改善精炼效果，可适量加入 C_2Cl_6，提高精炼效果。

（5）三气混合精炼法。三气混合精炼时采用配比为 15∶11∶74 的 Cl_2、CO、

N_2 混合气体。加入铝液后，CO 与氧反应生成 CO_2，CO_2 与铝液反应生成 Al_2O_3 和 C，Cl_2 与 Al_2O_3 反应生成 $AlCl_3$，$AlCl_3$ 和 N_2 能起到精炼的作用。三气混合精炼铝液中生成的微量碳还具有细化晶粒的作用。因此，使用三气混合精炼效果与使用 C_2Cl_6 精炼效果相当，而精炼时间可以缩短近一半，污染程度减轻。

（6）喷粉精炼法。当精炼用的氩气中氧的质量分数高于 1.2%时，没有精炼效果，这是由于氮、氩精炼后期，容器中会逐渐积聚水和氧，带入铝液中将生成 Al_2O_3，吸附在气泡表面，阻止氢扩散进入气泡中。为了消除这一层氧化膜，可将粉状熔剂和惰性气体一起吹入铝液内，熔化包围在气泡表面的 Al_2O_3，使氧化膜破碎，有利于惰性气体的精炼作用，提高其精炼效果。

2）熔剂精炼法

熔剂精炼法的原理是通过吸附、溶解铝合金中氧化夹杂物及吸附其上的氢，上浮至液面进入熔渣中，达到除渣、去气的目的。熔剂在铝液中的作用主要有改变铝熔体对氧化铝的润湿性，使铝熔体易于与氧化铝分离，吸附铝熔体中的氧化物，净化熔体；熔剂能改变熔体表面氧化膜的状态，使熔体表面上那层坚固致密的氧化膜破碎成为细小颗粒，因而有利于熔体中的氢气从氧化膜层的颗粒空隙中透过逸出；熔剂层在铝液表面能防止铝液吸气和氧化烧损。Al-Mg 类合金或炉料中重熔、碎料较多时，经常使用熔剂精炼法净化，精炼效果好。

熔剂精炼法对熔剂的要求有不与铝液发生化学反应，在铝液中能吸附、溶解、破碎 Al_2O_3 夹杂；熔剂的熔点低于精炼温度，高于浇注温度；精炼过程中熔剂的流动性好，加入后在铝液表面能形成连续的覆盖层，保护铝液，浇注时有利于扒渣；熔剂来源丰富，价格低廉等。

常用的熔剂主要有 NaCl（密度为 $2.17g/cm^3$，熔点为 801℃，沸点为 1413℃）、NaF（密度为 $2.78g/cm^3$，熔点为 993℃，沸点为 1695℃）、KCl（密度为 $1.99g/cm^3$，熔点为 770℃，沸点为 1500℃）、冰晶石 Na_3AlF_6（密度为 $2.95g/cm^3$，熔点为 1009℃）、Na_2SiF_6（密度为 $2.68g/cm^3$，300℃以上分解为 NaF 和 SiF_4 气体）、CaF_2（密度为 $3.2g/cm^3$，熔点为 1360℃，沸点为 2450℃）等。不同组分可按不同的配比制成熔剂，具有不同熔点、表面性能和工艺性能，以满足不同的精炼工艺要求。

二元熔剂 KCl 和 NaCl 的熔点较低，在 KCl-NaCl 相图上，NaCl 的摩尔分数为 0.506 时，二元熔体的熔点为 657℃，其表面张力小，价格低廉，是常用的覆盖剂，可加入一定比例的 NaF 为常用铝硅合金变质剂。NaF 能使 Al_2O_3-Al 界面上的氧化膜脱落进入熔剂，因此变质剂本身具有较好的精炼能力。

Na_3AlF_6 能溶解 Al_2O_3，熔剂在铝液中容易与铝液分离，精炼能力强。在三元变质剂 KCl-NaCl-NaF 中加入一定比例的 Na_3AlF_6，同时具有覆盖、精炼、变质作用，常称为万能变质剂。

Na_2SiF_6 进入铝液会发生分解反应，产物为 NaF 和 SiF_4，SiF_4 熔点为−90.2℃，

沸点为-65℃，成上浮的气泡，具有精炼作用，NaF 是常用的铝合金变质剂、精炼剂组分。Na_2SiF_6 进入铝液还会和 Al_2O_3 发生反应生成 Na_3AlF_6、SiO_2、AlF_3。因此，Na_2SiF_6 是常用的精炼剂组分，加入 C_2Cl_6 中可提高其净化效果。

3）过滤精炼法

过滤精炼法是将铝液通过由玻璃纤维或金属丝制成的网状过滤器，或通过充填床过滤法来清除铝液中氧化夹杂物的处理方法。其中，网状过滤法具有结构简单、制造方便的优点，可安装在坩埚、浇包底部、浇注系统中或连续铸造的保温炉中；缺点是比过滤网小的氧化夹杂物难以去除，过滤器容易坏，使用寿命短。充填床过滤法由固体过滤介质或液态熔剂组成，过滤介质和铝液接触面积大，除了具有挡渣外，过滤介质与夹杂之间还具有溶解、吸附的作用，净化效果好；缺点是整个装置占地面积大，介质颗粒太小，减小铝液流量，降低生产率，过滤过程需要加热保温，消耗能源，增加成本。

2. 非吸附精炼

非吸附精炼是指依靠物理作用的方法，去除氢气和夹杂物的一种精炼方法。非吸附精炼分为真空精炼法、超声波精炼法等。

铸造铝合金的真空精炼法和钢的真空精炼法类似，是将铝液放入一定真空度的容器内进行保温，排出铝液中的氢气和夹杂物，达到精炼铝液的目的。真空精炼法可以明显改善铸件的针孔等级，提高铸件的致密度及力学性能，可在变质的同时进行精炼，不破坏钠、锶对铝液合金的变质作用，提高生产效率；真空精炼法可降低铝液温度，铝熔池过深会影响精炼效果，特别是铸件小时，会对铝液温度的调整带来麻烦，故不易采用真空精炼法，真空精炼法适用于生产批量较大、同一牌号的重要铸件。

超声波是指频率高于 20000Hz 的一种人无法听见的声波。超声波精炼法的原理是向铝液施加弹性波，在铝液内部形成空穴现象，破坏铝液的连续性，形成无数的空穴，氢原子会扩散渗入这些空穴中，形核长大成气泡上浮，并带走氧化物，达到净化的目的。铝合金在凝固过程进行超声波精炼法，会使枝晶振碎，促进枝晶增殖，有细化组织和晶粒的作用。

3. 精炼效果的检验

1）炉前检验

炉前检验的内容主要有溶液含气量及氧化夹杂的测定。含气量检测的具体方法主要有常压凝固试样和减压凝固试样。常压凝固试样是直径为 40～50mm、高为 20～30mm 的圆杯试样，浇注前将铸型预热到 200℃以上，浇入待测的铝液，含气量高时，会有小泡冒出，凝固后中心收缩小，说明净化效果差，需要重新精炼。常压凝固试样主要适用于 Al-Si 合金铸件。对于 Al-Cu、Al-Mg 合金铸件，由于结晶潜热小，凝固速度快，气泡来不及冒出，不易判断，另外常压凝固试样灵敏度较低，影响检验结果，不适合于检验 Al-Cu、Al-Mg 合金精炼的效果。

减压凝固试样是将 100g 左右的铝液倒入小坩埚内，在压力为 0.65～6.5kPa 下凝固，如不冒泡，凝固试样表面不凸起而凹陷，说明铝液中含气量较低，精炼效果好；若试样表面凸起，则含气量较多，冒泡，说明精炼效果差，需要重新精炼处理。减压凝固试样只是定性地进行检测精炼效果，精炼检验效果受真空度、试样冷却速度的影响较大。

氧化夹杂物的测定主要有定量金相法和熔剂洗涤法。定量金相法是将试样制成金相试片，在显微镜下观察及分析，并按线分析法进行定量测定氧化物百分数，采用定量金相法测定时需注意，在磨制金相试片时要防止氧化物夹杂的剥落。熔剂洗涤法是将试样置于熔剂（一定比例的 NaCl、KCl、NaF、Na_3AlF_6）中熔化，温度保持在 750～760℃，充分搅拌进行洗涤，氧化物夹杂会被溶解，洗涤完毕后，将坩埚在炉内冷却至室温。洗涤后试样将与熔剂自然分离，检测试样洗涤前后的质量，可以求出夹杂物含量。

2）成品铸件的检验

成品铸件检验的方法主要有低倍组织检验和 X 光照射检验。

低倍组织检验时，在铸件不同部位切取试样，经表面抛光后，用质量分数为 10%～15%的 NaOH 水溶液在室温下腐蚀 3～5min，显示针孔，根据针孔的大小、数量按照国家标准《铸造铝合金针孔》（GB/T 10851—1989）进行评级。该方法具有灵敏度高、判断容易，能直接观察到气孔大小的优点；缺点是要破坏铸件，不能检验整批铸件，通常在铸造工艺定型前的试制阶段采用。

用 X 光照射金属铸件，可以将铸件内部的缺陷记录到 X 光底片上，对底片进行分析、判断，该方法不破坏铸件，可以逐个检查大批量的铸件内部缺陷。但该方法不能看到直观的铸造缺陷，选取的 X 射线能量应与照射物体的材料和厚度相适应，不同材料的最高允许透照电压与透照厚度有一定的关系。铸件厚度过大或结构比较复杂，底片安装有困难的部位不宜采用，底片质量较差时容易误判，要求检查人员有足够的技术水平和丰富的检测经验。

（四）铸造铝合金的典型熔炼工艺

1. 铸造铝合金的熔炼设备及熔炼工艺流程

铸造铝合金的熔炼设备主要有电炉熔炼、燃料炉熔炼两大类。电炉熔炼炉是以电阻热为热源，加热铝合金，主要有电阻式坩埚炉、电阻式反射炉、中频感应炉、工频无芯感应炉、浸渍式电加热保温炉等。燃料炉是以各种燃料燃烧热作为熔化能量，主要有燃料式坩埚炉、燃料反射炉、塔式反射炉、反射式保温炉、焦炭鼓风炉等，由于燃料炉不用电，熔炼成本相对较低。

铸造铝合金的熔炼工艺流程为配料计算→炉料的准备→选择熔炼设备及工具→

坩埚的预热→装炉熔化→精炼剂准备与精炼处理→炉前分析及成分调整→脱氧及扒渣→变质剂准备及变质处理→温度调整→浇注。

配料计算的任务是按照目标合金的牌号，计算每一炉次炉料组成及各熔剂的用量。铝合金炉料的组成比例一般由质量分数为30%～70%新金属料（新铝锭、合金锭、纯金属等）、30%～70%回炉料（重熔废料、报废铸件、浇冒口等）、中间合金等组成。铝合金熔炼时加入中间合金元素的烧损率可参考表6-10。当元素以纯金属加入时，烧损率会增加，如加入纯Mg时，烧损率达到15%～30%，加入纯Zn时，烧损率达到10%～15%。为减少合金的烧损，提高吸收率，一般合金元素是以中间合金的形式加入。

表6-10　铝合金熔炼时加入中间合金元素的烧损率

合金元素	铝	铜	锌	硅	镁	锰	锡	镍	铅	铍	钛	锆
电炉烧损率/%	1.0～1.5	0.5～1.0	1.0～3.0	0.5～1.0	2.0～3.0	0.5～1.0	0.5～1.0	0.5～1.0	0.8～1.2	0.5～1.0	1.0～2.0	1.5～2.0
燃料炉烧损率/%	1.0～2.0	1.0～2.0	2.0～4.0	1.0～1.5	3.0～5.0	1.0～2.0	1.0～1.5	0.5～1.0	0.8～1.2	0.5～1.0	—	1.5～2.0

配料计算时首先根据熔化所需要的合金质量，计算各元素的实际需求量，一般合金元素多按平均含量来计算，对烧损较大的可取成分上限进行配料；然后计算回炉料中各元素的含量，除了计算扣除回炉料中已有合金元素的含量之外，还需计算补加合金元素的含量、需要加入的各种中间合金及纯金属的质量及实际炉料的总质量；再核算杂质元素含量，核查是否超标，以便提出降低夹杂物的措施；最后填写配料表，组织生产。生产过程可根据炉前检验结果对铝合金液成分进行调整，使其达到目标要求的成分范围。

2．铝合金典型熔炼工艺

1）ZL101合金熔炼工艺

（1）熔炼前的准备。选用电阻炉或中频感应炉熔炼，进行熔炼炉的清炉和洗炉。坩埚和熔炼工具的预热，新坩埚要按相关加热工艺进行焙烧，去除水分，稳定组织，防止裂纹产生；旧坩埚要清除坩埚内表面的氧化渣残留物及杂物。冷坩埚和熔炼工具一般需预热到200～300℃，然后刷涂料，涂料可采用质量分数为20%～30%滑石粉或黏土加6%水玻璃的水溶液；清理、预热炉料，准备熔剂和变质剂，熔剂采用w(KCl)为50%+w(NaCl)为50%（或其他熔剂），精炼剂采用六氯乙烷（或其他精炼剂），变质剂采用三元变质剂[成分：w(NaCl)为62%+w(KCl)为13%+w(NaF)为25%或其他类型的变质剂]。

（2）配料及装料。由于铝合金熔炼中Si和Mg的烧损较大，可按标准成分的上限进行配料计算。装料可按回炉料、铝硅中间合金或 ZLD101、铝锭依次装料。

（3）熔化及精炼。装完炉料后，通电熔化炉料，等炉料全部熔化后，扒干净熔渣，加入 $w(KCl)$为 50%+$w(NaCl)$为 50%的熔剂。当温度达到 680℃时，用钟罩将预热到 200～300℃的金属镁（或 Al-Mg 中间合金）压入熔池中心距离坩埚底部150mm 处，并缓慢回转和移动，时间为 3～5min。然后升温到 730～750℃，将0.70%～0.75%的六氯乙烷分 2～3 次用钟罩压入合金液内进行精炼，总时间为 10～15min，缓慢在炉内绕圈。当精炼剂反应结束后，静置 1～2min，取试样作炉前分析，调整成分以满足需求。

（4）变质处理。当合金液的温度达到 730～750℃时，作变质处理，加入质量分数为 1.5%～2.5%的三元变质剂进行变质处理，总时间为 15～18min。

（5）浇注。温度达到 760℃时，扒渣出炉，进行浇注，同时浇注检测化学成分和力学性能的试样。

2）ZL102 合金熔炼工艺

（1）熔炼前的准备。清炉和洗炉，预热熔炉坩埚和工具，一般预热温度为 200～300℃；坩埚、工具表面喷涂（刷）涂料，清理及预热炉料，准备熔剂和变质剂，熔剂采用 $w(KCl)$为 50%+$w(NaCl)$为 50%（或其他熔剂），精炼剂采用六氯乙烷（或其他精炼剂），变质剂采用三元变质剂[成分：$w(NaCl)$为 40%+$w(KCl)$为 15%+$w(NaF)$为 45%或其他类型的变质剂]。

（2）配料及装料。由于硅含量较高，易烧损，可按标准成分的上限进行配料计算。装料可按回炉料、铝硅中间合金、ZLD102 或铝锭依次装料。

（3）熔化及精炼。装完炉料后，通电熔化炉料，等炉料全熔化后，扒干净熔渣，升温到 700～720℃，将炉料总质量 0.3%～0.5%的六氯乙烷（或其他精炼剂）分 3 次用钟罩压入距离坩埚底部 100～150mm 处，并缓慢作回转运动，对合金液进行精炼，时间为 10～15min，精炼完成后，静置 1～2min，取试样作炉前分析，调整成分以满足要求。

（4）变质处理。当合金液的温度达到 730～750℃时，加入质量分数为 1.5%～2.5%的三元变质剂进行变质处理，总时间为 15～18min。

（5）浇注。温度达到 760℃时，扒渣出炉，进行浇注，同时浇注检测化学成分和力学性能的试样。

3）ZL105 合金熔炼工艺

（1）熔炼前的准备。清炉和洗炉，预热熔炉坩埚和工具到 200～300℃；坩埚、工具表面喷涂（刷）涂料。清理及预热炉料，准备熔剂，熔剂采用 $w(KCl)$为 50%+$w(NaCl)$为 50%（或其他熔剂），精炼剂采用六氯乙烷（或其他精炼剂）。

（2）配料及装料。由于铝合金熔炼中 Si 和 Mg 的烧损较大，可按标准成分的上限进行配料计算。配料完毕后，装料可按回炉料、铝硅中间合金、铝锭顺序依次装料。

（3）熔化及精炼。炉料装好后，通电升温熔化炉料，当炉料全部熔化后，扒干净熔渣，加入熔剂。温度达到680℃时，用钟罩将预热200～300℃的Al-Mg中间合金（或金属镁）压入熔池中心距离坩埚底部150mm处，并缓慢回转和移动，时间为3～5min；然后升温到730～750℃，将炉料总质量的0.70%～0.75%的六氯乙烷（或其他精炼剂）分3次用钟罩压入熔池中心距离坩埚底部150～100mm处，对合金液进行精炼，精炼时间为10～15min，并缓慢在炉内绕圈。当精炼反应结束后，静置1～2min，取试样作炉前分析并调整成分，以满足目标成分的要求。因ZL105合金中Si的质量分数在6%以下，一般不进行变质处理。

（4）浇注。溶液温度达到750℃时，扒渣出炉，浇注铸件，同时浇注检测化学成分和力学性能的试样。

4）ZL203合金熔炼工艺

（1）熔炼前的准备。清炉和洗炉，预热熔炉坩埚和工具到200～300℃；坩埚、工具表面喷涂（刷）涂料；清理及预热炉料，准备熔剂、精炼剂、变质剂。熔剂采用$w(KCl)$为50%+$w(NaCl)$为50%（或其他熔剂），精炼剂采用六氯乙烷（或其他精炼剂），变质剂采用三元变质剂[成分：$w(NaCl)$为62%+$w(KCl)$为13%+$w(NaF)$为25%或其他类型的变质剂]。

（2）配料及装料。配料完毕后，装料可按回炉料、铝锭、铝-铜中间合金依次装料。

（3）熔化及精炼。炉料装好后，升温熔化炉料，当炉料全部熔化后，去除净熔渣，加入新的熔剂，升温到690～720℃。可用六氯乙烷（或氯气、氯化锰、氯化锌等）精炼剂精炼合金液，精炼完后，静置1～2min，取样作炉前分析并调整合金化学成分，满足目标成分要求。

（4）变质处理。当合金液的温度达到710～730℃时，加入质量分数为1.5%～2.5%的变质剂进行变质处理，变质总时间为15～18min。

（5）浇注。铝液温度达到700～760℃时，扒渣出炉，浇注铸型，同时浇注检测化学成分和力学性能的试样。

5）ZL301合金熔炼工艺

（1）熔炼前的准备。对感应电炉进行清炉和洗炉，预热熔炉坩埚和工具，一般预热温度为150～200℃；喷涂（刷）涂料，涂料可用质量分数为47.8%的耐火水泥、16.7%的硅砂、27.8%的苏打粉、27.7%的水混合而成。清理及预热炉料，准备熔剂及变质剂，熔剂采用$w(KCl)$为32%～40%+$w(CaF_2)$为3%～5%+$w(BaCl_2)$为5%～8%+$w(MgCl_2)$为38%～46%[或20%的CaF_2+80%的光卤石（$MgCl_2·KCl$）或其他熔剂]，变质剂采用K_2ZrF_6。

（2）配料及装料。由于ZL301合金的镁含量高，易在熔炼中烧损，故配料计算时的成分含量和烧损量取上限。ZL301 合金中 Mg 的质量分数高达 11%，镁和氧的亲和力比铝大，熔炼过程要在覆盖剂保护下熔炼。因此，配料完毕后，先在暗红色的坩埚内装入质量分数为 3%～5%的熔剂保护熔炼，然后加入预热的回炉料和铝锭。

（3）熔化及精炼。炉料装好后，升温熔化炉料，等炉料全部熔化后，温度在 670～690℃时，用钟罩将金属镁压入熔池中心距离坩埚底部 150mm 左右处，并同时缓慢回转或移动，静置 5～8min，插入铝液表面结壳的熔剂进入溶液，用精炼勺垂直搅拌合金液进行精炼，直到合金液表面呈镜面光泽且熔剂与合金液完全分开。精炼合格后，撒入粉状的 CaF_2 或 Na_2SiF_6，起辅助精炼和调节熔渣黏度的作用，取样作炉前分析并调整成分，以达到满足要求的化学成分。

（4）变质处理。为提高合金的力学性能，当温度达到 780～800℃时，加入 $w(K_2ZrF_6)$为 1.0%进行变质处理，在溶液中发生如下反应：

$$K_2ZrF_6 + 2Mg \longrightarrow 2MgF_2 + 2KF + Zr$$

$$3K_2ZrF_6 + 4Al \longrightarrow 4AlF_3 + 6KF + 3Zr$$

$$Zr + 3Al \longrightarrow ZrAl_3$$

反应产物中，$ZrAl_3$ 是 α-Al 的非自发形核核心，能细化晶粒。同时 Zr 还能与 H_2 反应生成 ZrH，降低氢含量。

（5）浇注。当温度在 680～720℃时，扒渣出炉，浇注铸件，同时浇注检测化学成分和力学性能的试样。

6）ZL401 合金熔炼工艺

（1）熔炼前的准备。对电炉进行清炉和洗炉，预热熔炉坩埚和工具，一般预热温度为 200～300℃；坩埚、工具表面喷涂（刷）涂料。清理及预热炉料，准备熔剂和变质剂，熔剂采用 $w(NaCl)$为 31%+$w(CaF_2)$为 11%+$w(MgCl_2)$为 14%+$w(CaCl_2)$为 44%［或 $w(CaF_2)$为 20%+$w(MgCl_2·KCl)$为 80%或其他熔剂］，精炼剂采用六氯乙烷（或其他精炼剂），变质剂采用三元变质剂［$w(NaCl)$为 62%+$w(KCl)$为 13%+$w(NaF)$为 25%或其他类型的变质剂］。

（2）配料及装料。ZL401 合金含有 Mg 元素，易在熔炼中烧损，成分含量变化大，故配料计算时取上限。配料完毕后，装料可按回炉料、铝硅中间合金或 ZL102 合金、铝锭依次装料。锌锭在熔化后加入。

（3）熔化及精炼。炉料装好后，开始熔化炉料，当炉料全部熔化后，扒去熔渣，轻轻搅拌合金液，当温度达到 660℃时，用钟罩压入已预热 150～250℃的锌块，待锌全部熔化后 1～3min，加入熔剂，用钟罩将金属镁（或 Al-Mg 中间合金）压入熔池中心距离坩埚底部 150～200mm 处，同时缓慢回转或移动，时间为 3～5min，然后升温到 710～730℃，加入质量分数为 0.3%～0.5%的六氯乙烷（或 0.1%～0.15%的氯化锰或其他精炼剂）对合金液精炼 10～15min，精炼完成后，静置 1～3min，取样作炉前分析并调整成分，以达到要求。

（4）变质处理。当温度达到 730～750℃时，加入质量分数为 1.5%～2.5%的三元变质剂对合金液进行变质处理，变质处理总时间为 15～18min。

（5）浇注。温度达到 750℃时，扒渣出炉，进行浇注，同时浇注检测化学成分和力学性能的试样。

铝合金熔炼过程需进行变质处理，变质效果检验可用断口检验法和热分析法。断口检验时可在耐火砖制成的型腔中浇注直径为 50～60mm，长度为 10～15mm 工艺试样，敲断观察断口，当断口呈银白色丝绒状、晶粒细小、无硅相闪亮点，说明变质良好；当断口呈暗灰色、晶粒粗大、有明显硅相闪亮点，说明变质不足，可重新变质。过共晶铝硅合金初晶硅变质良好时，组织致密、颜色较浅、硅相小亮点均匀分布；变质效果不好时，断口呈蓝色，可以看见粗大的初晶硅亮片。热分析法检验时，变质处理后共晶反应的平台温度比未变质低 8～10℃，说明共晶硅变质效果良好，对于过共晶铝硅合金，初生硅变质后热分析曲线上的初生硅析出温度高于未变质初生硅析出温度 30～40℃，说明初生硅变质效果好。

二、铸造铜合金的熔炼技术

铸造铜及其合金熔炼一般可用燃料坩埚炉、火焰反射炉、感应电炉、电渣炉和真空感应电炉等熔炼。铸造铜合金铸件熔化炉常选用燃料坩埚炉，对含有易氧化烧损和产生有害物质的某些合金，如铍青铜、铬青铜、锆青铜等，可选用真空感应电炉熔炼。

（一）铸铜合金熔炼工艺原理

1. 铜及其合金的氧化

铜在高温时能被炉气中的氧氧化，在液面上进行下列反应：

$$4Cu + O_2 \longrightarrow 2Cu_2O$$

氧溶解于铜形成氧化亚铜（Cu_2O），温度低于熔点（1235℃）时，呈固态，覆盖在铜液表面，氧化膜比较致密，具有保护铜液的作用；温度高于熔点时，呈液态，失去对铜液的保护作用。

Cu_2O 溶解于铜液，温度下降时，会与 α 相形成 $\alpha+Cu_2O$ 共晶体，分布在晶界。Cu_2O 在显微镜下呈淡青色，在偏光下呈红玉色，而 Cu_2S 和 Cu_3P 均呈淡青色，无红色反应，用此现象可区分 Cu_2O。

Cu_2O 遇见 H_2 发生下列反应：

$$Cu_2O + H_2 \longrightarrow 2Cu + H_2O$$

反应产物水蒸气容易使铸件产生气孔和晶界显微裂纹。Cu_2O 有很高的分解压力。熔炼时，加入合金元素之前必须先脱氧，否则，加入 Al、Si 等合金元素后会与

Cu_2O 反应生成弥散状的氧化物 Al_2O_3、SiO_2 等悬浮夹杂，很难清除，恶化铸件的力学性能。

2．铜合金的脱氧

（1）脱氧的原理。由于 Cu_2O 能溶于铜液中，不能用机械的方法去除。可以用其他与氧亲和力大的元素夺取 Cu_2O 中的氧，生成新的氧化物不溶于铜液，能自动上浮至铜液面而除去，完成脱氧过程，加入的元素称为脱氧剂。

（2）脱氧方法。对铜合金脱氧剂的要求为脱氧剂和氧的亲和力要显著大于铜与氧的亲和力，反应比较完全；脱氧产物不溶于铜液，且易于从铜液中去除；当脱氧产物剩余时，应不损害合金的性能；脱氧剂价格低廉、无毒。

铜合金常用的脱氧方法主要有扩散脱氧和沉淀脱氧。

扩散脱氧的脱氧剂不溶于铜液，覆盖在铜液表面，脱氧在铜液表面的脱氧剂中进行，借助于 Cu_2O 不断向液面扩散而进行脱氧，常用的脱氧剂有木炭(C)、炭化钙(CaC_2)、硼化镁(Mg_3B_2)、硼渣($Na_2B_4O_6 \cdot MgO$)等，其脱氧反应为

$$Cu_2O + C \longrightarrow CO + 2Cu$$

$$5Cu_2O + CaC_2 \longrightarrow CaO + 2CO_2 + 10Cu$$

$$6Cu_2O + Mg_3B_2 \longrightarrow 3MgO + B_2O_3 + 12Cu$$

$$Cu_2O + Na_2B_4O_6 \cdot MgO \longrightarrow Na_2B_4O_7 \cdot MgO + 2Cu$$

反应产物 CaO、MgO、$Na_2B_4O_7 \cdot MgO$ 等在液面成渣，容易除去。

沉淀脱氧的脱氧反应在整个熔池进行，脱氧速度快且彻底，但有些脱氧剂（如镁、硅）的脱氧产物不易清除，会形成夹杂物。常用的主要脱氧剂有磷（紫铜、锡青铜、黄铜、磷青铜）、锌（铝青铜）、锰（铝青铜）、铍（导电用紫铜和所有铜合金）、镁（导电用紫铜和除铝青铜外所有铜合金）、食盐（铝青铜和特殊黄铜）、硼砂（黄铜和特殊黄铜）、硼渣（紫铜、硅青铜）等。磷脱氧时，脱氧剂一般以磷-铜合金的形式加入，脱氧反应为

$$5Cu_2O + 2P \longrightarrow P_2O_5 + 10Cu$$

$$3Cu_2O + P \longrightarrow CuPO_3 + 5Cu$$

反应产物 P_2O_5 和亚磷酸铜 $CuPO_3$ 不溶于铜液中，P_2O_5 的沸点为 600℃，以气泡形式逸出，还可以起到精炼作用，$CuPO_3$ 呈液态，密度小于铜液，易浮出除去。

3．铸造铜合金中的氢及其除氢方法

铸造铜合金冶炼过程，氢的来源主要有燃料，如煤气、重油，炉料和水蒸气反应等。氢在铜合金中的溶解度与温度的关系如图 6-32 所示。氢在铜液中的溶解度较大并随温度升高而急剧增大，冷却时溶解度下降，氢会以气泡形式逸出，凝固后在铸件中形成气孔。因此，工艺上需防止氢进入铜液，炉料上不应沾有油污，炉料和使用工具应预热干燥除去水分。当无法控制炉气气氛时，应在坩埚上加盖或在铜液表面用熔剂覆盖，电解铜和镍表面吸附的氢，可在 400～450℃预热 4h

以上除去。

铸造铜合金中常用的除氢方法有氧化法除氢、沸腾法除氢、惰性气体除氢、氯盐除氢、真空除氢等。后三种工艺和铝液除氢的工艺原理相似，不再赘述。

氧化法除氢的原理是利用氢氧平衡原理：$[H]\cdot[O]=m$，增加铜液中的氧含量，彻底去除氢，然后进行脱氧，主要用于纯铜、锡青铜、铅青铜等。增氧的方法主要有两种，一种是控制炉气为氧化性气氛，提高炉气中氧的分压，增加铜液中氧的浓度，实际生产中增加铜液氧浓度可采用加强通风、增强供氧的办法来实现；另一种方法是加入氧化性熔剂，如 MnO_2、$KMnO_4$、CuO 等，熔剂装在坩埚底部，加入量占炉料的 1.0%～2.0%，与炉料同时加热时，高温下熔剂分解，析出氧熔入铜液，本身被还原成低价氧化物（如 $MnO_2 \longrightarrow MnO$、$KMnO_4 \longrightarrow MnO+K_2O$、$CuO \longrightarrow Cu_2O$），不溶于铜液的 MnO 和 K_2O 进入炉渣被除去，Cu_2O 脱氧后被除去。脱氧时，在弱氧化性炉气中熔炼，加入磷的质量分数为 0.04%～0.06%，使用氧化性熔剂时，脱氧要加大磷-铜合金的加入量，其中磷的质量分数为 0.15%～0.20%。

沸腾法除氢的原理是加入熔剂或纯金属，在铜液中形成气泡，沸腾上浮除氢。例如，用钟罩法压入 $w(ZnCl_2)$为 0.2%～0.4%，形成 $ZnCl_2$ 气泡沸腾除氢，加入 $w(MnCl_2)$为 0.2%～0.4%，与铜液中的铝反应生成 $AlCl_3$ 沸腾上浮，如加入纯金属锌，沸点为 907℃，大量锌蒸气逸出，带出氢气和夹杂物。

4．铸造铜合金熔炼用熔剂及变质剂

1）覆盖熔剂

一般熔铸铜及其合金时，采用覆盖熔剂，用以阻隔铜液与炉气接触，以减轻铜液氧化，常用的覆盖剂主要如下：

（1）木炭。碳在铜液中的溶解度极小，木炭在高温下生成的 CO 能阻止炉气中的氧进入铜液，同时 CO 气氛对铜液也起辅助脱氧的作用。木炭常作纯铜、铅青铜等熔炼的覆盖剂，为减轻易氧化元素的烧损，常与硼砂、碎玻璃一起联合使用。木炭层厚度一般为 20～30mm，粒度为 10～30mm。

（2）碎玻璃。主要的成分为 $Na_2O\cdot CaO\cdot 6SiO_2$，熔化温度在 900～1200℃，具有隔绝空气的作用，但熔点高、黏度较大，通常和碳酸钠（Na_2CO_3，熔点为 851℃）或无水硼砂（$Na_2B_4O_7$，熔点为 742.5℃）一起使用，以降低熔点。50%碎玻璃+50%碳酸钠常作锡青铜、黄铜、铝青铜等熔炼的覆盖剂。有时为提高除去 Al_2O_3 的精炼能力，还可加入质量分数为 5%～10%的 CaF_2 等。37%碎玻璃+63%硼砂常用作硅青铜、硅黄铜等合金熔炼的覆盖剂，Cu-Ni 合金可采用质量分数为 90%～95%碎玻璃+5%～10%石灰石作为覆盖剂。

（3）食盐。熔点为 800℃，高温下黏度较小，对铜液有良好的覆盖及精炼作用，一般加入质量分数为 0.4%～0.5%。其价格低、来源充足，可单独使用，也可与硼砂等配合使用，常用作黄铜和锡青铜的覆盖剂。

（4）硼渣（$Na_2B_4O_6 \cdot MgO$）。由质量分数为95%的硼砂和5%的镁屑在1000～1100℃熔合而成，可作为含Zr、Ti、Cr等易氧化元素的铜合金的覆盖剂。硼渣是很强的脱氧剂，呈中性，适应于各种炉衬。

2）精炼熔剂

铜液中的氧化物可分为酸性（SiO_2、SnO_2、Sb_2O_3、B_2O_3）、中性（Al_2O_3）、碱性（ZnO、FeO、MnO、PbO）三类。酸性氧化物的去除方法为加入碱性氧化物，形成熔点较低的复合化合物，去除碱性氧化物应加入酸性熔剂，去除中性氧化物应加入酸性或碱性熔剂，如加入碳酸钠和石灰的反应如下：

$$SiO_2+2Na_2CO_3 \longrightarrow Na_4SiO_4+2CO_2$$

$$SnO_2+Na_2CO_3 \longrightarrow Na_2SnO_3+CO_2$$

$$SnO_2+CaO \longrightarrow CaSnO_3$$

$$Al_2O_3+Na_2CO_3 \longrightarrow Na_2Al_2O_4+CO_2$$

形成Na_2SnO_3和$CaSnO_3$的熔点分别为996℃和1100℃，熔点偏高，因此除去SnO_2时，要在精炼剂中加入50%的无水硼酸，形成熔点较低的复合盐。注意除去SnO_2精炼剂中不能含有SiO_2，否则会形成熔点很高的硅酸锡（熔点为1600℃）。

除去SiO_2和Al_2O_3时，单独使用Na_2CO_3即可。除去Al_2O_3时，还可采用$w(Na_2CO_3)$为55%+$w(SiO_2)$为45%的精炼剂，生成熔点较低的$Na_2O \cdot Al_2O_3 \cdot 3SiO_2$，更利于其从铜液中排除。除去$Al_2O_3$时，还可采用氟盐精炼剂，如加入$w(Na_2CO_3)$为45%+ $w(CaF_2)$为55%和$w(NaCl)$为60%+$w(Na_3AlF_6)$为40%等。精炼剂的加入量为铜液质量的1.0%～3.0%。精炼熔剂均为碱性，不易采用酸性炉衬。

3）变质剂

为了改善铜合金的铸态组织、细化晶粒，提高铸件的力学性能，可对铸造铜合金进行变质处理，铸造铜合金常用的变质剂有稀土元素变质剂、钒、钛、硼、锆等微量元素变质剂等。

稀土元素变质剂是较有效的变质剂之一，加入稀土元素变质剂能提高铜合金的强度、塑性，改善铸锭和热加工性能，有利于提高导电性和高温强度。稀土元素变质剂加入的质量分数一般为0.02%～0.15%，加入稀土后，铜合金液中会形成Ce_2Pb、CePb、Bi_2Ce、$BiCe_3$等难熔化合物，不仅消除Bi、Pb等引起的热脆性，而且有脱氧、除气的作用，提高塑性。

钒、钛、硼、锆等微量元素变质剂一般以其中间合金或含有这些元素的盐加入铜合金液中。锡青铜中加入$w(Zr)$为0.01%～0.03%和$w(B)$为0.03%～0.06%，对细化锡青铜最为有效。钛对细化晶粒作用较弱，只有钛含量大于0.2%时，才有细化作用，同时加入$w(Ti)$为0.1%～0.3%和$w(B)$为0.03%或同时加入$w(Fe)$为0.2%和$w(B)$为0.03%，比单独元素添加细化效果更显著。对于铝青铜，铁是有效变质剂，当铁含量不低于1%时，铜与铁形成包晶，其固相线移向铜端，包晶反应形成富铁相，可作为非自发形核的核心，细化铸态组织；当铁含量为0.3%，锰含量大于2%时，细化效果随之提高。对于铝青铜，以硼或硼和钒复合变质的效果最好。对于黄铜，当合金中含有铝、铁、锰时，硼是较好的变质剂，硼变质处理能细化晶粒，提高强度、塑性和致密性，一般$w(B)$的加入量为0.001%～0.003%。

（二）铸造铜合金熔炼工艺

铸造铜及其合金熔炼时应遵循如下原则：炉料干净，装料有利于快速熔化，防止氧化吸气，熔炼过程遵循快速熔炼、及时浇注的原则。

1．铸造纯铜的熔炼工艺

纯铜铸件要求高的导热性、导电性，对夹杂含量的控制严格，尤其是P，不能用磷-铜终脱氧。由于纯铜熔点高，容易氧化和吸氢，氧化物与氢发生反应生成水汽气泡，形成大量针孔。纯铜的凝固收缩率较大，高温强度低，铸造过程容易形成缩孔和裂纹等铸造缺陷。因此，熔炼、铸造难度较大。铸造纯铜熔炼的要点如下。

（1）预热熔炉坩埚和工具。一般预热温度为150～200℃。熔炼时不能使用铁质工具，以免渗铁，污染铜液。

（2）加覆盖剂和电解铜。覆盖剂采用木炭，木炭须经800～850℃以上焙烧2～4h，一边焙烧一边使用，覆盖厚度为50～100mm（真空熔炼可以不加木炭），以防氧化。覆盖剂应和纯铜一起加入炉内，纯铜开始熔化时就被覆盖。

（3）升温熔化。升温并过热到1180～1220℃，用磷-铜预脱氧，磷-铜的加入量视铜液中的氧含量而定，一般加入质量分数为0.2%～0.4%。熔炼过程需及时添加覆盖剂，保持覆盖剂厚度。出炉前用锂终脱氧，用石墨钟罩将其压入铜液深处，加入锂的质量分数在0.03%左右。

（4）炉前检验，出炉浇注。

2．铸造锡青铜的熔炼工艺

铸造锡青铜中，合金元素Sn、Al、Zn等熔点较低，脱氧以磷-铜中间合金形式加入，其余都以纯金属形式直接加入炉内进行熔炼。因此，铸造锡青铜的熔炼工艺可以先熔化纯铜，然后加入回炉料及Sn、Pb、Zn等金属进行熔炼，也可以先熔化Zn或回炉料再加入Sn、Pb、Zn等进行熔炼。锡青铜熔炼可采用坩埚炉、感应电炉或电弧炉。铸造锡青铜合金熔炼的工艺要点如下。

（1）预热熔炉坩埚和工具。一般预热温度为150～200℃。

（2）先熔化铜时，加入木炭或其他覆盖剂、铜屑、电解铜、电解镍（或铜-镍合金）升温熔化，在弱氧化气氛，熔化并过热到1200～1250℃；先熔化回炉料时，加入木炭或其他覆盖剂、回炉料、铜屑、电解铜、电解镍（或铜-镍合金）升温熔化，在弱氧化气氛，熔化并过热到1120～1160℃；先熔化锌时，加入覆盖剂、锌、电解铜、电解镍（或铜-镍合金）升温熔化，在弱氧化气氛，熔化并过热到1100～1150℃。

（3）脱氧，加磷-铜合金的质量分数为0.3%～0.4%。

（4）先熔化铜时，加回炉料、锌、铅、锡并进行搅拌；先熔化回炉料时，加锌、铅、锡并进行搅拌；先熔化锌时，加回炉料、铅、锡并进行搅拌。

（5）调整温度，补加磷-铜合金的质量分数为0.1%～0.2%。

（6）除气，用质量分数为0.2%～0.3%的六氯乙烷或吹干燥的氮气。

（7）炉前检验，使成分满足要求。

（8）出炉浇注。

3．铸造铝青铜的熔炼工艺

铸造铝青铜含有铝、铁、锰等合金元素，熔化后铜液表面有一层 Al_2O_3 保护膜，故可不用覆盖剂，但需防止吸氢。

铝青铜熔炼工艺要点为坩埚预热至暗红色，加入熔剂（20%冰晶石+60%氟化钠+20%氟化钙或其他含氟盐类）、回炉料和纯铜，溶化后搅拌，升温至1150～1180℃，加入质量分数为0.3%的Cu-P脱氧并补加熔剂，依次加入Cu-Fe、Cu-Ni、Cu-Mn、Cu-Al中间合金，含Al中间合金较轻，应压入熔池深部，之后加入 $w(ZnCl_2)$ 为0.1%除气，炉前检验合格后，加冰晶石(Na_3AlF_6)清渣后可浇注。铁、锰等元素也可直接以纯金属的形式加入，即可在坩埚底部先加铁、锰等元素，再加入回炉料和纯铜，随着铜液熔化，铁会上浮到表面。为加速铁的熔化，可加入铝，利用铝热反应放热可熔化高熔点的铁，然后加回炉料或纯铜降温，炉前检验合格后加冰晶石清渣，即可浇注。

4．铸造黄铜的熔炼工艺

铸造黄铜合金中含有较高的锌，由于锌的熔点低，熔炼时会沸腾，产生除气效果。此外锌还有脱氧的作用，故锌含量高的黄铜不需加入Cu-P脱氧和精炼。但在用新金属料熔化含有铝、锰、硅等元素的特殊黄铜时，锌一般在最后加入，在铜液中加入Cu-Si、Cu-Mn、Cu-Al中间合金前应先用Cu-P脱氧。熔炼铝黄铜和硅黄铜时，熔液表面有一层致密氧化膜，可显著减小锌的蒸发，可以不用覆盖剂，其他黄铜一般采用食盐等熔剂覆盖。

黄铜熔炼的工艺要点为坩埚预热至暗红色，加阴极铜和覆盖剂（63%硼砂+37%碎玻璃或加木炭），升温溶化至1150～1180℃，加入质量分数为0.3%～0.4%的Cu-P脱氧，依次加入锌、铅并进行搅拌，升温沸腾2min，炉前检验，调整温度，出炉浇注。采用较多的回炉料熔炼黄铜时，应适当补加易烧损元素，如熔炼低锌黄铜时应补加 $w(Zn)$ 为0.2%，熔炼高锌黄铜时应补加 $w(Zn)$ 为2%。

利用圆杯试样可以直观地检验铸造黄铜变质处理的好坏及其铸锭截面的冶金

质量。用圆杯试样检验铸件变质处理效果时，可通过圆杯试样倾出法来验证，具体方法为先浇注满圆杯试样，当圆杯试样中的金属液凝固结壳时，迅速倒掉其心部未凝固的金属液，就得到了液-固的结晶面，形成一个铸造黄铜的壳杯，通过观察壳杯内表面的宏观形貌，判断变质效果的好坏。如果结晶面光滑，有金属光泽，说明变质处理效果良好，否则变质处理效果不良。同样的方法，通过圆杯试样倾出法形成的壳杯可以观察变质处理前后黄铜合金固-液结晶面组织的形貌和凝固方式。

图 6-36 为铸造黄铜硼变质剂加入前后壳杯试样形貌及其固-液凝固前沿结晶组织形貌。未变质处理的壳杯试样内表面粗糙，不光滑，存在许多微小的凸起，如图 6-36（a）所示。图 6-36（b）是未加硼凝固界面组织，组织为粗大的枝晶。变质处理后壳杯试样的内表面光滑且具有金属光泽，内表面结晶面没有粗糙的凸起物，如图 6-36（c）所示，说明变质处理效果良好。观察壳杯加硼凝固界面组织为细小和均匀分布的等轴晶，如图 6-36（d）所示。因此，铸造黄铜的实际生产中可以通过浇注壳杯试样，观察圆杯试样倾出法获得的壳杯试样内表面是否光滑，从而简单直观地判断变质处理效果的好坏。从铸造黄铜硼变质处理前后的组织变化可以看出，变质处理不仅可以细化组织和晶粒及提高力学性能，还可以改变铸造黄铜的凝固方式，使未变质处理的逐层凝固方式，变为体积凝固方式。

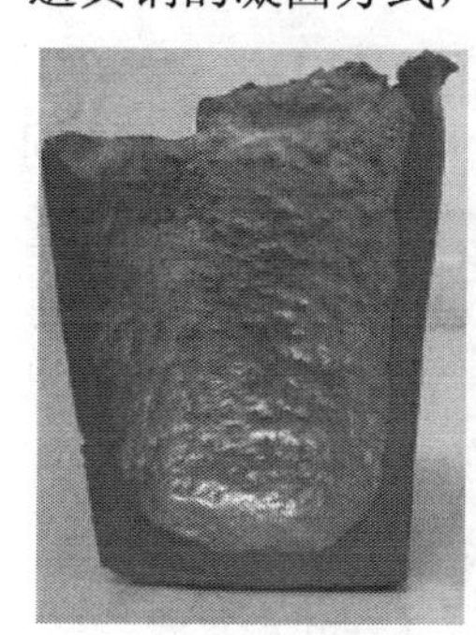
（a）未加硼

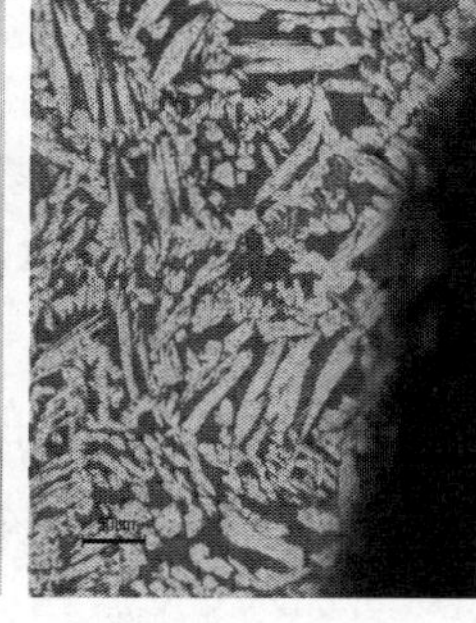
（b）未加硼凝固界面组织

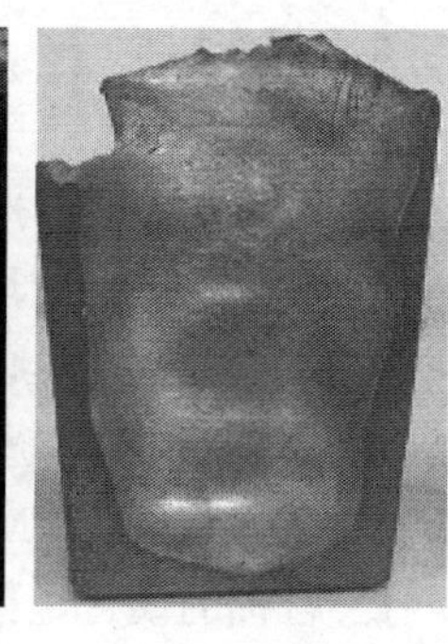
（c）加硼

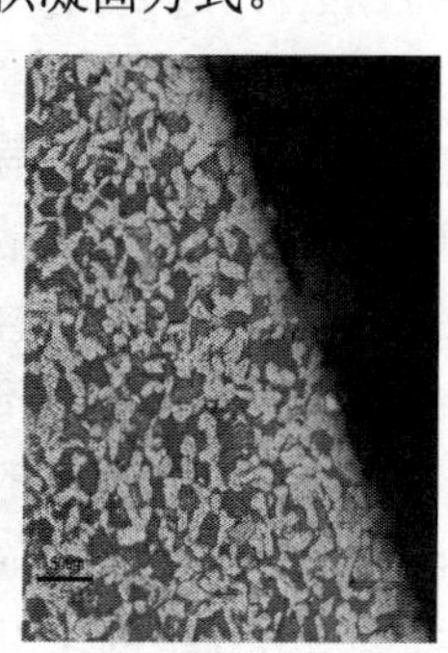
（d）加硼凝固界面组织

图 6-36　铸造黄铜硼变质剂加入前后壳杯试样形貌及其固-液凝固前沿结晶组织形貌

三、铸造镁合金的熔炼技术

（一）铸造镁合金熔炼原理

1．铸造镁熔炼过程的化学反应

镁的化学活性较高，固态的镁在空气中会和氧反应，生成白色的 MgO。生成的氧化物不致密，不能保护镁不再氧化。熔炼时，镁液遇见氧会剧烈氧化甚至燃烧，发出耀眼白光，最高温度可达 2875℃。因此，熔炼时为防止氧化，需加铍以改变氧化膜的特性，生成的 BeO-MgO 复合膜对镁液具有良好的保护作用。

镁和水蒸气的反应比镁的氧化更为剧烈，分别生成氧化镁和氢氧化镁及氢气，并放出大量的热，室温时反应缓慢，高温时反应剧烈。氢气和氧反应生成水，液态的水迅速汽化，导致猛烈的爆炸，并引起镁液的飞溅，危害极大。因此，熔炼镁合金时，所有加入材料应干燥，以防镁和水蒸气发生反应。

镁在冶炼过程中还会与其他气体反应，如和氮气反应生成 Mg_3N_2，该膜疏松多孔，不能阻止反应继续进行，搅拌时还会混入镁液形成非金属夹杂物。镁还可与 CO、CO_2 反应生成 Mg_2C 和 MgO，高温时反应会加快，但反应速度远低于镁氧反应和镁水反应。

镁能与保护剂 S、H_3BO_3、NH_4F、HF、NH_4BF_4 等反应。与 S 相遇时，受热的硫会蒸发，部分硫在镁液表面会形成 MgS 保护膜，大部分硫和氧反应生成 SO_2，SO_2 遇镁生成 MgO 和 MgS，二者的复合膜很致密，可以阻碍镁的氧化反应，温度大于 750℃时，该膜会失去保护作用，硫化物形成夹杂。H_3BO_3 受热后生成 B_2O_3，遇 Mg 和 MgO 分别反应生成 MgO 和致密的 $MgO{\cdot}B_2O_3$ 釉质保护膜，分解出来的 B 与 Mg 形成致密的 Mg_3B_2 膜，这两种膜具有保护作用。NH_4F、HF、NH_4BF_4 与镁液相遇即分解，在镁液周围形成 NH_3 和 HF 保护气体，并在镁液表面形成致密的 MgF_2，起到保护作用。

2. 铸造镁合金的精炼与变质

铸造镁合金熔炼时，镁液会与炉气中的水、氮反应生成 MgO 和 Mg_3N_2，同时镁液会吸氢，在熔剂保护下的熔化过程中也会产生 $MgCl_2$、MgF_2 等夹杂，因此镁合金和铝合金一样，需要进行精炼处理除去夹杂物和气体。镁合金的除气精炼处理一般采用吹入惰性气体，如氩气，通氩精炼温度为 740～750℃，吹氩强度以镁液不发生飞溅为限，通气时间不宜超过 30min。镁合金的精炼处理一般采用 C_6Cl_6、$MgCO_3$ 和 $CaCO_3$ 等作为精炼剂。$MgCO_3$ 和 $CaCO_3$ 容易分解产生 CO_2 气体，起除气和排渣的作用。对于含铝的镁合金精炼可加入 C_2Cl_6，精炼原理和铝合金一样。

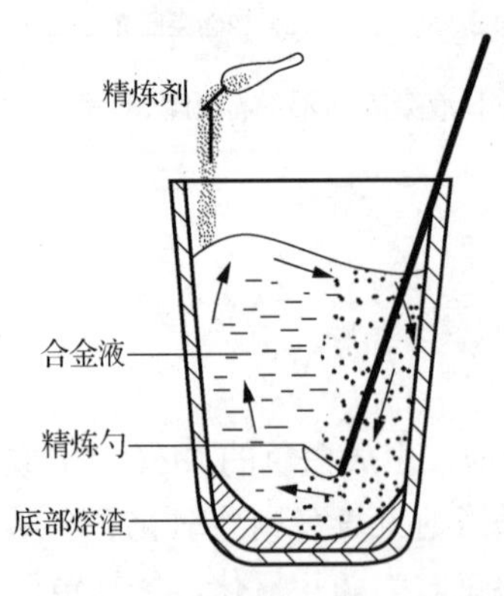

图 6-37　镁合金精炼操作示意图

图 6-37 是镁合金精炼操作示意图。镁合金去除夹杂物的精炼可采取“下部熔剂法”，即用专门的精炼勺将镁液上下循环流动，把经充分脱水烘烤的由氯盐、氟盐组成的精炼剂撒在液面上，使其上下翻动和镁液充分接触，多次循环将悬浮在镁液中的夹杂物俘获、沉淀到坩埚底部，静置 10～15min，镁液呈“镜面”状，这样合金中的气体、氧化夹杂和熔剂夹杂将大大减少。

未经变质处理的铸造镁合金，晶粒粗大，在厚壁处更为明显。晶粒粗大会使合金的力学性能下降。因此，需对镁合金液进行变质处理，以细化基体组织，提高铸件的力学性能。含铝的镁合金变质处理方法有过热变质法和加碳变质法，不含铝的镁合金一般采用加锆变质处理，如 ZM1、ZM2、ZM3、ZM4 和 ZM6 合金采用锆进行晶粒细化，锆是铸造镁合金常用的细化剂。

过热变质是指将含铝的镁合金精炼后的镁液升温到 850～900℃，保温 10～15min，然后迅速冷却到浇注温度，尽快进行浇注，使晶粒细化。过热变质的机理尚不清楚，由于只有在镁铝合金中含铁时才发生过热变质现象，铁主要是由坩埚和熔化工具带入。因此，其变质机理可能是随着温度上升，铁在镁中的溶解量增加，迅速降温时，这些铁就以大量细小的不溶于镁液的 MgAlFe 或 MgA1FeMn 化合物析出，形成了镁合金凝固时的结晶核心，使晶粒细化。过热变质的效果与合金处理后浇入型腔前的滞留时间有关，合金液停留时间过长（超过 1h），则过热变质效果失效，即出现变质衰退，这是由于随时间的延长，析出的细小的化合物质点又集聚长大或沉淀，失去非自发晶核的作用。过热变质处理的缺点是温度过高会增加镁液的氧化，延长熔炼时间，降低生产率，过热变质会增加镁液的铁含量，影响抗蚀性。

加碳变质法是往镁-铝合金液中加入含碳物质，如 $MgCO_3$、C_2C1_6 等，它们在镁液中会发生如下反应：

$$MgCO_3 \longrightarrow MgO+CO_2$$

$$2Mg+CO_2 \longrightarrow 2MgO+C$$

$$C_2Cl_6 \longrightarrow C_2Cl_4+Cl_2$$

$$C_2Cl_4 \longrightarrow 2Cl_2+2C$$

$$3C+4Al \longrightarrow Al_4C_3$$

生成的 Al_4C_3 具有密排六方晶格，其晶格常数与镁晶格常数十分接近，大量弥散分布的 $A1_4C_3$ 质点是镁液结晶时的晶核，使合金晶粒显著细化。

加 $MgCO_3$ 变质处理的工艺过程为 $MgCO_3$ 的加入质量分数为 0.3%～0.4%，分 2～3 批加入。每一批加入时 $MgCO_3$ 用铝箔包裹，用钟罩压入 720～730℃镁液深度的一半处，并缓慢水平移动，直至镁液液面不再冒泡时取出钟罩，再加下一批 $MgCO_3$，变质时间为 10min 左右。变质处理后应在 45min 内浇注完毕，以免细化衰退。如果变质处理后不进行二次精炼，静置 10～15min 方可浇注，以免在变质时搅起坩埚底部的熔渣，使之充分的沉淀而避免浇入铸型。

加 C_2C1_6 变质处理时，C_2C1_6 的分解产物碳与铝反应生成的 Al_4C_3 除具有变质作用外，其余的分解产物还具有精炼的作用，可同时达到除气和细化晶粒的双重效果。例如，分解产物 Cl_2 很快与 Mg 生成 $MgCl_2$，它能吸附夹杂，而未发生反应的 C_2Cl_4、Cl_2 气泡则有除氢的作用，再辅以吹氩，提高了精炼效果。镁铝合金 C_2C1_6 变质处理工艺为 C_2C1_6 的加入质量分数为 0.3%～0.5%，镁液温度在 740～760℃时分批加入，变质处理时间为 5～8min，在 800℃吹氩 2～3min，镇静 10～15min 后浇注。C_2Cl_6 变质处理的特点是细化晶粒，提高铸件力学性能，除气效果好，可以缩短熔炼时间，但加入 C_2Cl_6 后反应激烈，操作不安全，镁液烧损大，反应后有气味及熔渣黏稠，部分熔渣悬浮在镁液中，易形成夹杂。

在不含铝的铸造镁锌合金中加入锆能显著细化晶粒，锆细化镁锌合金的机理为根据镁-锆二元相图，w(Zr)为 0.6%左右时，发生包晶反应，促进晶粒细化。同时，凝固过程中锆的溶解度随温度下降而降低，使得大量难熔的锆质点从合金液中弥散析出，锆具有与镁类似的六方晶体结构，可作为镁的成核基底，细化铸态组织。锆细化晶粒的效果受合金中其他元素的影响，其可与合金液中的 Al、Si、Mn、Be、Ni、Cu 等元素形成化合物而下沉，降低锆在镁液中的溶解度，影响锆的细化作用。加锆的方法主要有加锆盐（如 $ZrCl_4$、K_2ZrCl_6、K_2ZrF_6）法和 Mg-Zr 中间合金法。加锆盐变质时要求合金液的温度较高（850℃以上），部分反应物会残留在熔体中，降低镁合金的耐蚀性，但中间 Mg-Zr 合金加锆时容易产生密度偏析。

3．铸造镁合金阻燃的方法

镁是一种高反应性和热力学不稳定的元素。熔融的镁在周围空气中易剧烈氧化，同时发生燃烧。因此，铸造镁合金最大的缺点是在熔化和成型过程中易氧化燃烧。国内外防止镁合金熔炼过程氧化和阻燃的方法主要有熔剂保护法、合金元素阻燃法和气体保护法等。

1）熔剂保护法

在镁合金熔炼过程中，熔剂起重要作用，镁液表面熔剂层覆盖的好坏、精炼效果的优劣、浇注过程能否避免熔剂混入铸型等，在很大程度上与所采用熔剂的性能有关。熔剂的性能主要包括熔化温度、密度、黏度、夹杂物含量、化学稳定性等。

熔炼镁合金时，熔剂的熔化温度应低于所熔炼镁合金的熔点，使熔剂在整个熔炼过程中能保持为液态，因此覆盖剂能在金属熔化前形成完整、致密的覆盖层。

熔剂和熔炼金属液有比较大的密度差，覆盖剂的密度应小于金属液的密度，以便能使熔剂浮在金属液表面，起到保护金属液的作用。但对于镁液，由于密度小（700℃约为 $1.55g/cm^3$），而比镁液密度小的熔剂很少，可选用与镁液有适当密度差的熔剂，利用表面张力来使其停留在镁液表面。

在熔炼过程中，熔剂的黏度应较小，有利于良好覆盖，但在浇注过程中，特别是用坩埚浇注时，希望熔剂尽可能黏稠，以便浇注过程容易遮挡，避免浇入铸型。

熔剂中不应带有对金属液有害的杂质和夹杂物。熔剂的吸湿性小，为避免将水分带入金属液，熔剂在使用前应经过充分的烘干。熔剂的化学稳定性要高，在高温熔炼温度下不与合金液、炉衬和炉气发生反应，熔剂本身不挥发、不分解、不自燃，对人体无毒，来源广泛。

镁合金熔剂的种类主要有无水光卤石［成分：$w(MgCl_2)$为 44%～52%，w(KCl)

为 36%～46%]，主要用于洗涤熔炼及浇注工具；溶剂 RJ-1[成分：$w(MgCl_2)$为40%～46%，$w(KCl)$为 34%～40%，$w(BaCl_2)$为 5.5%～8.5%]，主要用于洗涤熔炼、浇注工具及镁屑用熔剂；熔剂 RJ-2[成分：$w(MgCl_2)$为 38%～46%，$w(KCl)$为 32%～40%，$w(BaCl_2)$为 5%～8%，$w(CaF_2)$为 3%～5%]，用于熔炼 ZM5、ZM10 合金覆盖剂和精炼剂；熔剂 RJ-3[成分：$w(MgCl_2)$为 34%～40%，$w(KCl)$为 25%～36%，$w(CaF_2)$为 15%～20%，$w(MgO)$为 7%～10%]，用于熔炼 ZM5、ZM10 合金覆盖剂；熔剂 RJ-4[成分：$w(MgCl_2)$为 32%～38%，$w(KCl)$为 32%～36%，$w(BaCl_2)$为 12%～16%、$w(CaF_2)$为 8%～10%]，用于熔炼 ZM1 覆盖剂和精炼剂；熔剂 RJ-5[成分：$w(MgCl_2)$为 24%～30%，$w(KCl)$为 20%～26%，$w(BaCl_2)$为 28%～31%、$w(CaF_2)$为 13%～15%]，用于熔炼 ZM1、ZM2、ZM3、ZM4、ZM6 合金覆盖剂和精炼剂；熔剂 RJ-6[成分：$w(KCl)$为 54%～56%，$w(BaCl_2)$为 11%～16%，$w(CaF_2)$为 1.5%～2.5%，$w(CaCl_2)$为 27%～29%]，用于熔炼 ZM3、ZM4、ZM6 合金精炼剂。

无水光卤石是由天然光卤石（$MgCl_2·KCl·6H_2O$）脱水而成。在我国能大量供应，成本低廉，它的熔化温度为 400～480℃，黏度较小，易在镁液表面铺开，有很好的覆盖性能。在高温下，$MgCl_2$ 能部分分解，与大气中的 O_2、H_2O 等反应，在镁液表面生成 HCl、H_2 保护气体，阻碍镁液的氧化。液态 $MgCl_2$（熔点为 718℃）对镁液中的 MgO、Mg_3N_2 等夹杂物具有良好的吸附作用，并能与 MgO 形成 $MgCl_2·MgO$ 复合化合物，可以除去熔体中的氧化夹杂，因此无水光卤石具有一定的精炼性能。无水光卤石中的 KCl（熔点为 772℃）能显著地降低光卤石熔化温度。由于 KCl 的表面张力、黏度均较小，能降低熔剂的表面张力，改善熔剂的铺开性能，使熔剂能均匀覆盖在镁合金熔体表面。无水光卤石的缺点是密度（700℃为 $1.58g/cm^3$）与镁液的密度（700℃纯镁为 $1.54g/cm^3$、ZMgAl8Zn 为 $1.61g/cm^3$）差较小，黏度也较小，不易和镁液分离而使铸件产生熔剂夹杂，精炼性能也不理想，故一般用于洗涤坩埚或用作配制其他镁合金熔剂的原料。

熔剂中加入 CaF_2，可提高熔剂的黏度、精炼性能和溶剂的密度（CaF_2 密度为 $3.18g/cm^3$）。镁液中加入 CaF_2，能与 $MgCl_2$ 反应生成 MgF_2，而 MgF_2 具有与 MgO 化合造渣的能力，可提高 MgO 在溶剂中的溶解度。CaF_2 具有良好的聚集熔渣作用，能提高熔渣与镁合金液的分离性能。熔剂中加入 $CaCl_2$ 能提高熔剂的密度，以及镁合金精炼效果。熔剂中加入 MgO，MgO 既不溶于氯盐，也不与氯盐发生反应，仅为机械地混入氯盐中而使其黏稠化，因此该熔剂较易产生分层现象。熔剂中含有较多的 CaF_2、MgO（如 RJ-3）时，镁液过热到 850℃以上，保持一段时间后，镁液表面的熔剂覆盖层会自行变稠、结壳，很容易从表面将其扒掉去除，故广泛用于可提出式坩埚熔炼的熔剂。

熔剂保护阻燃虽然简单易行，但也存在缺点：熔剂保护时会产生大量有刺激性气味的气体（如 Cl_2、HCl、HF 等）而污染环境；在浇铸过程中，熔剂的加入会增加铸件的夹杂，损害合金的机械性能和耐腐蚀性能，某些熔剂与稀土元素发生反应，会降低镁基稀土合金中稀土元素的含量，增加合金元素的损失。

2）合金元素阻燃法

合金元素阻燃法是指在熔炼镁合金时，添加适量的与氧的亲和力大于镁的元素，改变合金液表面的氧化膜结构，将原来疏松的氧化镁膜转变为一种致密的复合氧化膜，阻止氧与镁的结合并提高镁及其合金的燃烧点，起到阻止氧化和阻燃的作用。例如，加入钙后形成的氧化膜上层是富钙区，由氧化钙组成，下层是氧化镁-氧化钙的混合膜，氧化镁-氧化钙层随时间延长而增厚，含钙的氧化膜能阻止氧向镁液的侵入及镁的挥发，提高了镁合金的燃点；加入比镁密度小的铍，镁合金熔体表面会形成氧化铍，其覆盖系数大于 1，有很高的热力学稳定性，而且其导热性很好，很容易将氧化产生的热量通过保护膜传到熔体外部，避免熔体温度恶性升高，起到防镁液的氧化和抑制熔体燃烧的作用，但过量的铍会促使晶粒粗大，塑性和韧性下降及产生热裂的倾向，一般加入的质量分数为 0.015%左右，铍具有一定的毒性，不但对人体有害，而且废弃的炉渣也危害环境；如加入稀土元素后，与氧化镁接触的稀土（如铈等）开始与氧、氧化镁发生反应，生成与氧化镁的复合膜，增加了表面膜的致密度，起到阻燃的作用，加入稀土元素还可起到细化晶粒，提高力学性能的作用。

3）气体保护法

镁合金熔化时为减轻镁的氧化和防止镁液的燃烧，多采用覆盖剂保护熔炼，但使用覆盖剂会带来一些问题。例如，使铸件内形成熔剂夹杂；熔剂蒸发产生的氟化氢对人体有害并腐蚀厂房和设备；使用覆盖剂对熔化前的固态镁覆盖作用较差，因此对镁的氧化问题未能彻底解决。为了克服镁合金氧化及夹杂的问题，并提高镁合金铸件质量，可采用二氧化碳、二氧化硫、三氟化硼、氩气、氮气、六氟化硫等气体或它们的混合气体作为防护剂，对镁合金的熔炼具有不同程度的保护作用。

二氧化碳与镁合金液中的镁发生反应生成氧化镁和无定形碳，带正电的无定形碳存在于氧化镁间隙中，提高了熔体表面致密度，使其覆盖系数大于 1，同时无定形碳能强烈抑制镁离子透过表面氧化膜的扩散速度，降低镁的蒸发，起到防止镁的氧化和阻燃的作用。但当镁熔体的温度超过 700℃时，随温度的增加，表面膜会变厚、变硬，致密度降低，最后发生开裂，失去对熔体的保护作用。

二氧化硫与镁合金液中的镁发生反应生成 MgS-MgO 复合表面膜，这种膜很薄，但较致密，能阻止镁的氧化。当温度高于 750℃或气氛中 SO_2 耗尽时，该表面膜将破裂而失去保护功能。

三氟化硼能在镁液表面产生薄而致密的带金属色泽的表面膜，保护效果较好。如果三氟化硼从气氛中流失，其表面膜仍能维持几分钟的保护性。但使用三氟化硼的缺点是有毒，而且化学活性强。

氩气与镁不会发生反应，但能抑制镁在大气中的挥发，要注意的是炉子的密封性要好，以免氩气消耗量过大。

氮气与镁缓慢反应，产生粉末状膜，可阻止镁的燃烧，但防护温度应在650℃以下，如果超过此温度，镁的蒸发将加剧，从而失去保护作用。

六氟化硫是一种无毒、无味、化学惰性较强的气体，密度比空气大，同空气一起作用于镁合金液表面时，会形成一种致密的氧化镁薄膜。六氟化硫是目前镁合金液中最好的阻燃保护气体。其能与镁或氧化镁反应生成氟化镁，氟化镁的致密度系数为1.32，还能与氧化镁结合形成致密的复合表面膜，从而达到阻燃保护的目的。六氟化硫对镁熔体的阻燃作用与其浓度有关，空气中六氟化硫的浓度过低（体积分数小于0.01%）或过高（体积分数大于1%）都会使其失去保护作用。原因是当六氟化硫体积分数过小时，形成的氟化镁量少，表面膜不致密；当六氟化硫的体积分数过大时，形成的氟化镁量过多，保护膜变厚发脆，易产生裂纹。一般选择六氟化硫的体积分数为0.2%～0.4%。

（二）铸造镁合金熔铸工艺特点

镁与氧的化学亲和力较大，且生成的氧化镁膜疏松，温度高时氧化剧烈，容易燃烧，发出大量的热，生成的MgO层绝热性能较好，散热困难。因而，提高反应界面的温度，会加剧镁的氧化和燃烧，甚至引发爆炸。因此，镁合金熔铸主要有以下特点。

1．镁合金的熔炼和铸造均需采用专门的防护措施

熔炼通常在熔剂覆盖下进行，但易引起铸件中产生氧化夹杂和熔剂夹杂。国内外已成功研究用气体保护熔炼，可避免夹杂缺陷。砂型和金属型涂料中也要加入防氧化剂，防止铸件凝固前后发生严重氧化或燃烧。热处理加热也应在保护性气氛中进行。

2．铸造镁合金的铸造性能比铸铝差

铸造镁合金的结晶温度间隔一般较大，组织中的共晶体量也较少，体收缩和线收缩均较大，单位体积的比热容和凝固潜热都比铝小，密度也小，仅为铝的64%，故镁液压头小。因此，铸镁合金的铸造性能比铸铝差，其流动性低，热裂、缩松倾向也较一般的铸铝大，气密性低。

3．镁液具有吸氢倾向

镁液容易与大气、铸型、工具、熔剂中的水分发生反应，生成的氢可溶于镁中，因为氢在镁中的溶解度在凝固时有较大的下降，所以铸件也会形成气孔。但氢溶解度的变化比在铸造铝中的变化小，因此形成气孔的倾向比铸铝弱，用快速冷却的办法可将氢过饱和固溶于镁中。

4．镁液易燃烧

镁液漏入炉膛会激烈燃烧甚至爆炸。清理及打磨铸件时，镁的粉尘控制不当也会自行燃烧甚至爆炸，因此镁合金铸造车间要有严格的技术安全措施。铸造过程中如果发生镁液着火，严禁用水扑火，小火源可用干砂或铸镁用型砂来扑灭，当火源较大时，用干燥熔剂来扑灭，或用镁合金专用 7150 泡沫灭火剂。镁合金熔炼过程会产生一定的有毒气体，如 HF、HCl、SO_2、熔剂粉尘和盐雾等，对人体有害，故生产时车间应加强通风。

（三）镁合金熔炼工艺

镁合金熔炼可采用坩埚炉、无芯工频感应电炉等熔炼。坩埚炉熔炼可用燃料或电加热，电加热炉温度便于控制，常用于镁液保温炉。无芯工频感应电炉具有热效率高、熔化生产率高、熔化过程无烟尘和噪声的优点，电磁搅拌有利于合金液成分均匀，并有精炼作用。

1．不含锆元素的镁合金熔炼工艺

不含锆元素铸造镁合金的典型代表为 ZMgAl8Zn(ZM5)，ZM5 合金的化学成分是 w(Al)为 7.9%～9.0%，w(Zn)为 0.2%～0.8%，w(Mn)为 0.15%～0.5%。ZM5 合金在电阻式坩埚炉中的熔炼工艺如下。

（1）坩埚准备。熔炼的坩埚一般不采用石英坩埚，因为 SiO_2 与镁反应，会使镁液增硅，铸铁坩埚容易产生裂纹和烧穿，引发镁液泄漏，寿命较低，所以很少采用。坩埚常采用钢板（如 20 号钢）焊接的坩埚。新坩埚在经煤油渗透及 X 光透视焊缝质量合格后，应先用熔剂试熔 8h 以上，如果不漏，方可用来熔化镁合金。坩埚在熔炼完毕后倒出剩余镁液，自然冷却至 100℃以下，盛入热水，浸几小时后，剩余的熔渣很容易清除干净。坩埚经清理后要检查坩埚表面情况，发现烧穿、裂纹或局部严重下凹，坩埚即行报废。

（2）炉料准备。炉料中回炉料比例不超过炉料质量的 80%，新金属料占 20%以上。新金属料以纯镁、纯锌、纯铝的形式加入，锰以铝锰中间合金或盐类（如 $MnCl_2$）形式加入。镁合金的炉料易受潮而腐蚀，因此应放在干燥处。存放较久的炉料使用前应经表面氧化处理，长期存放的纯镁锭应进行油封，配料时镁锭除油后吹砂，并预热到 150℃以上。回炉料要除去表面黏附的杂物，以免污染镁液。

（3）坩埚、炉料预热及装料。将坩埚加热至暗红色，温度为 400～500℃，在坩埚内壁和底部均匀地撒上一层粉状无水光卤石、RJ-2 熔剂，或无水光卤石、RJ-1 熔剂，然后按回炉料、纯镁和纯铝次序装入预热至 150～200℃的炉料，如坩埚中无镁液时，首批炉料可不必预热，需在炉料上撒一层 RJ-2 熔剂。装料时，熔剂加入量占炉料质量的 1%～2%。

（4）熔剂准备。在另一坩埚炉中熔化 RJ-1 熔剂或光卤石，并保持在 750～

800℃。浇包及熔化工具在进入镁液前应先在此熔剂坩埚中进行洗涤，使浇包及工具充分预热，彻底去除其上所吸附的水分及黏附的氧化渣。

（5）熔化。熔化炉料，当炉料全部熔化后，温度达到 700～730℃时加入预热的 Al-*w*(Mn)为 10%中间合金[或 Al-*w*(Mg)为 20%-*w*(Mn)为 10%中间合金，熔化温度为 550～600℃]和 Al-*w*(Be)为 4%～6%中间合金（熔化温度为 850～900℃）。当中间合金熔化后，加入纯锌，在装料及熔化过程中，如发现镁液露出时，应补撒 RJ-2 熔剂。

（6）精炼。所有的炉料全部熔化后，除去液面上的熔剂，换上新熔剂，然后在 720～740℃进行精炼。精炼勺浸入镁液的三分之二深处，距坩埚底 100～150mm，进行搅动使镁液产生垂直方向循环对流，同时不断往镁液表面撒 RJ-2 熔剂。精炼时间 5～8min，直到镁液表面不再有白色氧化物从熔池下部翻上来，液面呈现光亮的镜面时为止。精炼时熔剂的消耗量占溶液质量的 1.0%～1.5%。精炼完毕后，扒出液面上的熔剂和浮渣，换上新熔剂静置不少于 5min，浇注化学成分分析试样，进行炉前成分分析并调整化学成分。铍氟酸钠[*w*(Be)≥6.5%，分解温度为 730～750℃]与 RJ-2 熔剂以 1∶1 混合，在精炼时撒入镁液，此时应将精炼温度提高至 720～750℃。铍的加入量应不超过规定成分之上限[*w*(Be)为 0.002%]，以免引起晶粒粗大。计算时要考虑铍氟酸钠中铍的吸收率为 10%～15%。

（7）变质处理。镁液温度在 710～740℃时可进行变质处理，分批加入质量分数为 0.3%～0.4%的 $MgCO_3$，用钟罩压入镁液，粉状 $MgCO_3$ 应用铝箔包裹，用钟罩压入镁液深度约一半处，并缓慢的水平移动，直至镁液中不再冒泡时即可取出。

（8）二次精炼。镁液温度在 710～740℃时进行第二次精炼，时间为 2～3min，直至镁液表面呈光亮镜面为止，去掉由于变质处理带入的夹杂物，然后浇注断口试样，检查晶粒大小及有无氧化夹杂，以确定精炼及变质进行的好坏。如精炼效果差，可以重新变质和精炼，如变质三次后合金的断口仍不合格，则镁液报废，浇入锭模。

（9）浇注。第二次精炼后，镁液升温至 760～780℃，静置 10～20min 进行浇注。静置期间可先将镁液升温至 800～840℃过热处理，再较快地冷却到浇注温度，使晶粒细化。

为了浇注大型铸件，需将坩埚取出直接进行浇注，为此，采用 RJ-3 熔剂进行精炼，第二次精炼后升温至 850℃以上，并保持一段时间。升温的目的是使镁液表面的熔剂层变稠而结壳，以保证浇注时液面上的熔剂不落入铸型。在出炉及运输过程中应避免剧烈震动，以免液面上的熔剂壳层局部裂开而产生燃烧现象。若发生裂开、燃烧，如果此时温度仍高于 850℃，则应在燃烧处撒入 RJ-3 熔剂；如果温度已低于 850℃，则应在燃烧处撒以 $S+H_3BO_3$(1∶1)的混合物，不得补撒 RJ-3 熔剂，这是由于新撒的 RJ-3 熔剂在低于 850℃时不能很快地变黏稠，有落入铸型的危险。全部采用新熔剂时，每炉 RJ-3 熔剂的用量占溶液质量的 3%～4%。

镁合金浇注操作中稍有不当将导致氧化夹杂和熔剂夹杂的产生。为防止氧化夹杂，镁液浇注过程中在保证充填铸型的条件下，尽可能采用较低的浇注温度，以降低镁液的氧化速度，浇注温度根据铸件大小和壁厚而定，一般为 720～780℃；浇注过程尽可能减少镁液与大气接触，可在浇注时向镁液中撒入硫华，以便在周围建立保护气氛；浇注过程尽可能平稳，减少涡流和飞溅；浇注工具在每次浇注之前应在熔剂中充分洗涤。

2．含锆镁合金的熔炼工艺

由于锆元素的熔点高、密度大（熔点为 1852℃、密度为 6.5g/cm^3）、化学性能活泼，在镁液中溶解度小（液态固溶量为 0.6%），能与许多元素形成化合物沉淀而不溶于镁液。因此，在含锆镁合金熔炼中，加锆工艺是生产中影响质量的关键问题。

1）加锆工艺

一般用含锆化合物或含锆的中间合金加锆。

（1）用含锆的化合物加锆。以含锆的化合物加锆主要是氟锆酸钾、氯化锆等。加入氟锆酸钾后发生下列反应，使锆进入镁液中。

$$K_2ZrF_6+2Mg \longrightarrow Zr+2(KF\cdot MgF_2)$$

K_2ZrF_6 一般是其他卤盐的化合物，如含有 $KZrF_5$，反应后会形成下列中间产物：

$$6KZrF_5+12Mg \rightleftharpoons 3K_2ZrF_6+6MgF_2+3Zr+6Mg \rightleftharpoons 2K_3ZrF_7+8MgF_2+4Zr+4Mg \rightleftharpoons 6KF+12MgF_2+6Zr$$

反应过程中生成的 K_3ZrF_7(熔点为 930℃)、$KF\cdot MgF_2$(熔点为 1054℃)、MgF_2(熔点为 1270℃)等的熔点均很高。在镁合金的熔炼温度（700～800℃）下加入，这些反应产物常以固态的形式停留在反应界面上，阻碍反应的顺利进行，反应将很不完全。K_2ZrF_6 中只有 15%～16.5%的锆能进入合金，将温度提高到 920℃，也仅有 20%～30%的锆能进入合金，如再提高温度，虽能促进反应，但却显著增加了镁液的蒸发（镁的沸点为 1107℃）、氧化及锆盐的升华。因此，可以不加入纯的 K_2ZrF_6，而加入混合盐的形式，如加入 $w(CaF_2)$为 8%、$w(LiCl)$为 26%的混合盐。加入混合盐的目的是降低混合物的熔化温度和黏度，使反应界面保持液态，有利于扩散和对流及排出反应物，Zr 的吸收率可达 30%～50%。

混合盐的制备过程为先熔化 LiCl，当其不沸腾，在 750℃时加入 CaF_2，在 700℃时分批加入 K_2ZrF_6，待所有的盐熔化后，浇注锭模，所得的块状混合盐再经过粉碎后即可使用。加入混合盐的熔炼操作过程为镁液用 RJ-2 熔剂精炼后，升温至 800℃，除去液面上熔剂，在液面上分批均匀地撒上混合盐，并强烈搅拌至再不冒泡时为止，待镁液温度降到所需要的温度再进行浇注。混合盐加入量为镁液质量的 7.5%～8.0%，镁液中的锆含量为 0.5%～0.8%。

加入 $ZrCl_4$，因其熔点为437℃，故加入温度较低，镁液温度一般为760～780℃，$ZrCl_4$ 加入液面后适当搅拌，加入 $ZrCl_4$ 后在接触界面发生下列反应：

$$ZrCl_4+2Mg \longrightarrow Zr+2MgCl_2$$

反应后的锆进入合金液中。该反应进行的比较充分，Zr 的回收率较高，可达 30%左右。由于用 $ZrCl_4$ 制得的含锆铸造镁合金常含有腐蚀性的非金属夹杂物，如 $MgCl_2$，降低了合金的抗蚀性能，再加之 $ZrCl_4$ 容易吸潮，会形成 $ZrOCl_2$ 和 HCl，而且 $ZrOCl_2$ 本身以及和 $MgCl_2$ 形成的复合化合物，经过静置、精炼后仍不好清除干净，使加 $ZrCl_4$ 方法受到了限制。如何减少合金中具有腐蚀性的非金属夹杂物是用 $ZrCl_4$ 加锆的主要问题。采用混合盐 $ZrCl_4$ 和 KCl(1∶1)或 $ZrCl_4$+KCl+NaCl(2∶1∶1)熔制的复合盐加锆，加入温度控制在 750～780℃，搅拌时间为 5～15min，由于合成盐使反应物熔点降低，流动性增强，较易和镁液分离，可改善镁合金的腐蚀性能及减少夹杂物。

（2）用含锆的中间合金加锆。以 Mg-Zr 中间合金加锆的优点有使用方便、非金属夹杂物少、合金化效果好。由于锆在镁液中的溶解度很小，制得锆含量高且成分均匀的中间合金较难，只有通过适当的搅拌，将锆机械均匀地混入镁液中。目前，中间合金已经商品化，Mg-Zr 中间合金可用 K_2ZrF_6 来制造。

2）熔炼工艺

以 ZMl[化学成分是 w(Zn)为 3.5%～5.5%，w(Zr)为 0.5%～1.0%，余量为 Mg]合金为例，熔炼工艺如下。

（1）炉料准备。炉料的组成可用质量分数为 10%～20%的新料和 80%～90%的回炉料、Mg～Zr 中间合金、RJ-4 熔剂覆盖。

（2）熔化。将预热过的回炉料、镁锭加入坩埚内熔化，采用 RJ-4 熔剂覆盖。升温至 720～740℃加入锌，在 780～810℃时分批加入 Mg-Zr 中间合金，全熔后彻底搅拌 2～5min，以加速锆的溶解，使成分均匀。检验合金的锆含量是以浇注工艺试样的断口晶粒粗细来判断，其标准断口是根据晶粒度随锆含量变化的规律来制定。因此，可在 760～780℃浇注断口试样，断口合格后进行精炼。Mg-Zn-Zr 合金较普通镁合金易氧化，浇注温度高，加铍可以增加合金液的合金抗氧化性，铍可以以氟铍酸钠（Na_2BeF_4，熔点为 350℃，密度为 2.47g/cm^3）的形式在 720～740℃与锌同时加入合金液，其加入质量分数为 0.12%。但要注意铍不可过量，否则合金晶粒会粗大。

（3）精炼。断口试样合格后，进行精炼，精炼温度为 750～760℃，精炼时间约 10min，用 RJ-4 熔剂质量分数为 1.5%～2.5%，精炼后停放时间不得超过 2h。若断口不合格，允许酌情补加质量分数为 1%～2%的 Mg-Zr 中间合金，再进行重复精炼。

（4）浇注。精炼后升温至 780～820℃，静置 10min，进行浇注。为了避免锆的析出、沉淀，应尽量缩短合金在 760℃以下的停留时间。温度高于 820℃会使大量铁溶入合金液，同样会使锆的烧损增加。

3）含锆镁合金的非金属夹渣和重力偏析

含锆的镁合金和普通的镁合金相比，熔炼过程易产生非金属夹渣，最常见的夹渣是熔剂夹渣和熔渣，它们都有较大的密度，在 X 光底片上都呈现白色，生产中这两种夹渣统称为大密度夹渣。克服大密度夹渣是 ZM1 合金熔炼的重要环节。

（1）熔剂夹渣。熔剂夹渣产生的原因：Mg-Zr 中间合金不纯净，常含有氯化钾。用它来配制合金时带进了氯化钾，降低了熔剂的黏度和密度，流动性提高，因而浇注时金属和熔剂不易分离，易产生熔剂夹渣。防止熔剂夹渣的方法：增加熔剂（如氟化钙）和加重剂（如氯化钡）的含量，使金属与熔剂容易分离并使熔剂容易下沉。

（2）熔渣。熔渣产生的原因：中间合金带入的熔渣。它是在配制中间合金反应过程中产生的高熔点副产物 KF-MgF_2 等与氯化钾的熔渣。防止熔渣的方法：机械过滤，如在浇注系统中加钢丝棉进行过滤；加强浇注系统挡渣作用；提高静置温度至 800～820℃；适当延长静置时间不少于 20min；控制中间合金加入量。

（3）重力偏析。由于锆的密度（6.49g/cm^3）比镁的密度大，在镁合金液中溶解度小，凝固过程中随温度的降低，锆的溶解度下降而析出，同时锆易和许多元素形成密度大的化合物，且难溶于镁液中。因此熔铸温度过低，浇注不当时，容易在铸件中产生重力偏析。这种偏析在 X 光底片上呈现出成群分布的白亮区。宏观检查时，偏析区组织较基体组织粗大，可以发现微小的金属亮点。在显微镜下，呈局部密集轮廓清晰的灰色块状凸起，它主要为 Zn_2Zr_3 化合物。此种偏析降低了合金中的有效锆含量，局部又形成较大的金属夹杂，夹杂物较多时，会降低镁合金的力学性能，应进行控制。

3．含稀土镁合金的熔炼工艺

混合稀土（RE）的熔点约为 640℃，因此一般可直接加入镁液。稀土元素很容易氧化而烧损，且在熔炼温度下易与熔剂中的 $MgCl_2$ 发生反应而产生损耗。因此在熔炼含 RE 的镁合金时，应采用不含 $MgCl_2$ 或 $MgCl_2$ 含量低的熔剂，如常用含 $MgCl_2$ 较低的 RJ-5 熔剂或不含 $MgCl_2$ 的 RJ-6 熔剂，它们可用于覆盖和精炼，在熔炼末期可在覆盖层上加 CaF_2 使其黏稠化。为了减少 RE 的损耗，应采取较低的加入温度，一般为 750℃以下，尽量缩短熔炼持续时间，采用漏勺将 RE 迅速沉入熔池深处。合金中如同时含有 Zn、RE 和 Zr 时，则炉料加入次序应为首先在 700～720℃加锌，730～740℃加 RE，然后在 780℃分批加入 Mg-Zr 中间合金并搅拌，再在 750℃精炼并静置 10～15min，最后加 CaF_2 以黏稠化液面上的熔剂，进行合金的浇注。

在熔炼此类合金时，工艺上主要考虑提高锆的回收率，防止产生含锆的熔剂夹渣，同时应尽量减少稀土的烧损。有试验结果表明，在780～810℃高温下保持2h，会使稀土损失，而在740～760℃温度下保持2h，稀土和锆损失不明显。因此，在熔炼中应准确地控制温度，尽量缩短熔炼时间和熔化后的停放时间，有利于减少锆和稀土的损耗。

ZM2合金[化学成分是*w*(Zn)为3.5%～5.0%，*w*(Zr)为0.4%～1.0%，*w*(RE)为0.75%～1.75%，余量为Mg]的熔炼工艺为回炉料及镁锭熔化，升温至720～740℃加入锌（如必要，可同时加铍氟酸钠），搅拌3～5min，升温至780～810℃，分批加入经预热的Mg-Zr中间合金和稀土，待其熔化后捞底搅拌2～5min，静置3～5min，在760～780℃浇注断口试样，若断口不合格，可在760～800℃酌情补加Mg-Zr中间合金，断口合格后，在760～780℃下精炼6～10min，采用RJ-5熔剂，用量为炉料质量的1.5%～2.5%，精炼后扒去表面熔渣，撒一层新熔剂覆盖，升温到780～820℃，静置15min，必要时再次检查断口，直至总静置时间为30～35min，即可出炉浇注。

四、铸造钛合金的熔炼技术

（一）铸造钛合金的物理和化学性能

纯钛的熔点为1668℃，熔点较高，而且是非常活泼的金属，很容易和氧、氮、氢、碳等反应。特别是在高温下具有很高的化学活性，反应更为剧烈。钛在几百度下就开始吸收氢、氧、氮等元素，这些元素在钛表面会形成钛的化合物，并通过扩散到金属内部与钛形成间隙固溶体，虽可起强化作用，但也显著降低塑性和韧性。

1．钛及其合金的氧化

致密的金属钛及其合金在常温下很稳定。受热时与氧反应，在低于100℃的空气中，钛的氧化反应很缓慢，氧进入钛的表面晶格中形成一层致密的氧化膜，这层氧化膜可阻止氧向内部扩散，具有保护作用。温度超过500℃时，生成的氧化膜开始在钛中溶解，氧向钛晶格中扩散，氧化增加；温度超过700℃时，氧的扩散加速，温度再提高，氧化膜完全失去保护作用；温度为1200～1230℃时，钛会与氧发生剧烈的反应生成氧化钛，氧化钛的化学式为TiO_2、Ti_2O_3、TiO，也可能为Ti_3O_2、Ti_3O_5。温度较低发生钛氧化形成的氧化膜致密并牢固附在金属表面，能起到保护作用；温度较高形成较厚、多孔、容易破碎的灰色氧化膜，起不到保护作用；温度进一步升高，可形成容易剥落的淡黄色多孔鳞片状钛氧化膜。

2．钛与氮的反应

钛在常温下与氮不发生化学反应，当温度升高至500℃时，开始与氮反应，形成致密的薄膜，可紧密地与金属表面结合，随氮化钛膜厚度的增加，其会出现破裂。600℃时，钛吸收氮的速度明显加快；温度高于 800℃后，钛是能在氮中燃烧的少数金属之一。熔融状态的钛与氮反应很剧烈。

钛与氮反应除了形成 Ti_3N 和 TiN 化合物外，还可与钛形成固溶体。尽管 TiN 是金属中最稳定的一种化合物，但当以薄膜的形式存在钛表面时，却不能保护金属不受氧化，这是由于固体的 TiN 在 1200℃下与氧反应，会将氮释放出来。

3．钛与氢的反应

钛在 250～300℃开始明显吸氢，但过程较慢；温度高于 300℃，不带氧化膜的钛吸氢速度明显加快；温度高于 500℃，吸氢达到最大值，钛-氢平衡在数秒内即可达到，其后随温度升高，吸氢量减少。

钛与氢可形成 TiH、TiH_2 等氢化物，氢可溶于钛形成固溶体，因此，钛可用作储氢材料。氢在钛中主要溶于 β 钛，而在 α 钛中溶解度极低。氢对铸造钛合金的危害性很大，极微量的氢含量就会造成钛合金的脆性。主要原因为氢在 β 钛中的固溶度可达 2%，而室温时氢在 α 钛中的固溶度仅为 0.002%，因此高温下 β 钛中溶解的氢，室温下以 TiH 形式在晶界以片状或针状析出，TiH 很脆，受力时会断裂，使材料强度和韧性降低。但钛和氢的反应，与氧、氮不同，它是一个可逆过程，可用真空退火消除氢脆，在 700～800℃真空退火，可使氢的质量分数降到 0.002%。

4．钛与水蒸气的反应

高温下钛与水蒸气反应，在钛表面形成氧化膜，氢气被吸收固溶，其反应为

$$3Ti+2H_2O \longrightarrow TiO_2+2TiH+H_2$$

钛与水蒸气反应可生成多孔性的氧化膜，这是由于氢气的溶解引起钛的体积增加，氧化膜不断遭到破坏而形成多孔。这种氧化膜不致密，水蒸气会加速钛的氧化，900℃以上时更加明显，这是由于钛与水蒸气反应产物氢气的扩散速度快，使钛中溶有大量氢气的缘故。

液态钛和钛合金不仅与大气中的氧、氮、氢、一氧化碳、二氧化碳、水汽、氨等气体反应，还几乎与所有坩埚材料及一般的耐火材料，如镁砂（MgO）、刚玉砂（Al_2O_3）、锆砂（ZrO_2）、石英砂（SiO_2）反应。因此，钢、铁、非铁合金铸造常用的造型材料都不能用于钛的铸造。高温下钛与碳反应形成碳化钛，在包析温度以下，碳在钛中的溶解度下降，碳以 TiC 的形式析出，因此严重降低了合金的塑性。在钛的熔化温度附近，能较长时间承受钛液浸渍的只有氧化锆与石墨，因此氧化锆与石墨可用作铸型材料，但在较高的过热温度下也能与熔融钛反应，使金属液玷污。目前，尚未找到适于熔炼钛合金的坩埚材料。由于氧、氮、氢、水蒸气会污染钛合金，为避开此危害，钛合金必须在较高真空度或惰性气体保护下进行熔炼。

（二）钛合金的熔炼工艺

钛是非常活泼的金属，在液态下和氧、氮、氢和碳等起反应，因此钛合金熔炼特点为金属活性强，熔炼温度高，必须用高真空炉或惰性气体保护下进行熔炼和精炼、脱氧及去除夹杂物。目前，常用的钛合金熔炼方法有真空自耗电极电弧炉熔炼法、非自耗电极电弧炉熔炼法、电子束熔炼法、真空感应熔炼法和等离子熔炼法等。下面简要介绍钛合金真空自耗电极电弧炉和非自耗电极电弧炉的熔炼原理及工艺。

1．真空自耗电极电弧炉的熔炼原理及工艺

1）熔炼原理及设备

目前钛及钛合金铸锭最广泛应用的是真空自耗电极电弧炉熔炼法，图6-38是真空自耗电极电弧炉示意图。真空自耗电极电弧炉的基本结构包括炉体、结晶器、电极杆、电极驱动机构、真空系统、炉体升降液压系统、电气控制系统、支架和其他附属设备等。结晶器由坩埚及其冷却水套、底座、稳弧线圈四部分组成。它的工作原理是用钛合金制成自耗电极，夹在电极杆上（直流电源的负极），使之与水冷铜坩埚（直流电源的正极）间产生电弧，将电极熔化成液滴进入坩埚，形成熔池。熔池表面被电弧加热，始终呈液态，坩埚底部和周围进行通水强制冷却，产生自下而上的结晶，使熔池金属冷却成铸锭。在真空自耗电极熔化并逐渐消耗的过程中，不间断地以适当的速度下降电极，保持电弧熔炼正常进行。

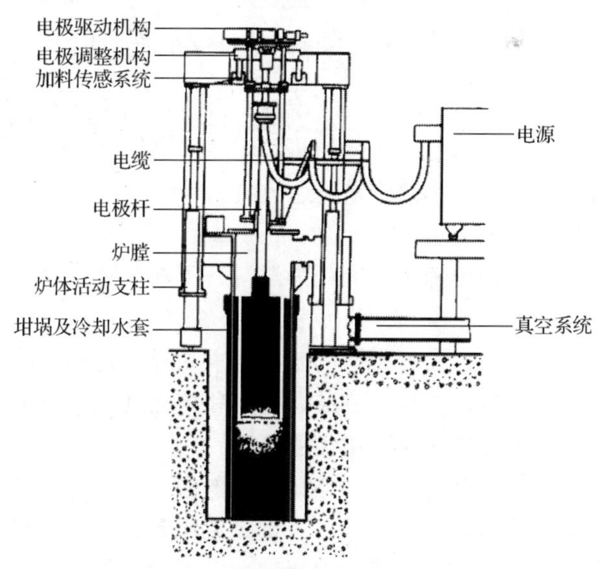

图6-38　真空自耗电极电弧炉示意图

图6-39是真空自耗电极电弧凝壳炉示意图。该熔炉是在真空自耗电极电弧炉

的基础上发展起来的，是一种将熔炼与离心浇注联成一体的铸造异形件的炉型。真空自耗电极电弧凝壳炉除了形成铸锭外，还可以浇注铸件。其最大的特点是在水冷铜坩埚与金属熔体之间存在一层钛合金固体薄壳，即所谓凝壳。这层薄壳可作为铜坩埚的内衬，用于形成熔池、储存钛液，避免了坩埚对钛合金液的污染，同时具有隔热作用，当熔池达到需要的钛液时，便翻转坩埚，将钛液浇注铸型，获得所需要的铸件。浇注后留在坩埚内的一层凝壳，可作为坩埚内衬继续使用。

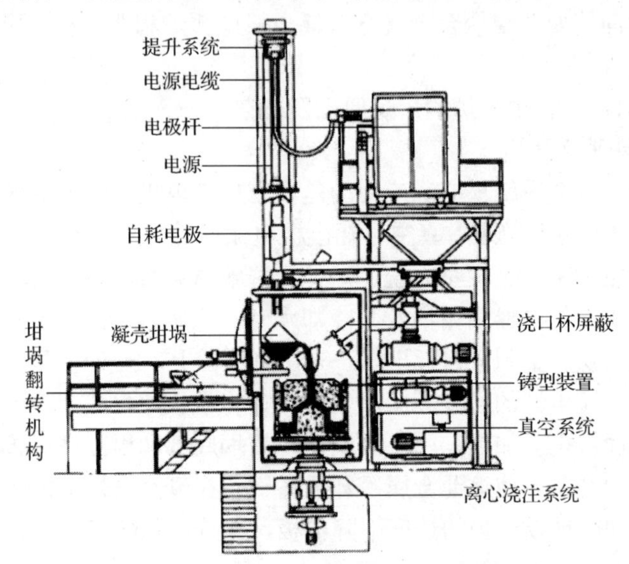

图 6-39　真空自耗电极电弧凝壳炉示意图

真空自耗电极电弧炉是在高真空下熔炼，可防止钛合金的氧化，同时有去除钛合金液内气体和杂质的作用，电弧加热温度高，熔化速度快，强制冷却和顺序凝固，可得到致密的铸锭，铸锭质量可达数吨。

2）熔炼工艺

真空自耗电极电弧炉熔炼工艺流程为混料→压制电极→电极和残料焊接成自耗电极→熔炼→铸锭处理→检验。

（1）自耗电极的制备。自耗电极的制备要求为合金元素尽量在电极中均匀分布；电极具有一定的强度，防止在安装、搬运和熔化过程中折断；自耗电极的紧密度尽可能大，有利于导电和提高熔化速度等。

自耗电极的制备方法有两种，即熔铸自耗电极法和用颗粒料压制电极法。熔铸自耗电极法是将海绵钛、中间合金、合金元素压制成电极，利用真空自耗电极电弧炉熔铸成铸锭，作为二次熔炼的电极，一般用于重要的铸锭或铸件；用颗粒料压制电极法是将颗粒料（5～10mm）按质量百分比配制后，混合均匀，粉状原料可用铝壳包裹放入压膜内，在高吨位的油压机或水压机上压制或挤压成自耗电极。自耗电极的断面可以是圆形，也可以是方形或矩形，压制时一般希望压缩到金属理论密度的 80%～85%，如用 1800t 压力机可压制尺寸为 150mm×150mm×400mm 的电极。压制尺寸较大的电极较为困难，生产中可采用焊接的方法，将几根小电极焊在一起作为自耗电极。钛合金熔炼时，对于重要铸件，为了保证合金成分的均匀性，常常采用二次重熔熔炼。

利用钛合金废品铸件和浇冒口等回炉料是降低钛合金铸件成本的有效途径。用处理干净的回炉料制备母合金电极主要有两种方法，一种方法是将切成小块的回炉料经喷砂酸洗后，装填入石墨锭模中，浇入凝壳炉熔炼的部分钛液（锭料质量的 30%），镶铸成满足电极尺寸要求的棒料，虽然密度只有致密金属的 70%～80%，但已有足够的强度和导电率，能够满足自耗电极的要求；另一种方法是将回炉料一块一块焊接成一根棒料，这样的自耗电极表面不规则，熔炼过程要注意应尽量控制较短的电弧，保持较低的熔炼电压，防止因侧弧引发击穿坩埚的事故。除此之外，可在凝壳炉内放入一部分干净的回炉料，铜坩埚放置浇注质量的 5%，石墨坩埚放置浇注质量的 10%。

（2）坩埚和电极直径比率的选择。坩埚和电极直径比率是真空自耗电极电弧炉熔炼的重要工艺参数，它对电弧操作、产品质量和熔化速度有很大的影响。应根据铸锭的大小选择坩埚尺寸，坩埚尺寸确定后，便可选择坩埚和电极直径的比率。选择电极直径时，一般希望电极直径尽可能大一些，此时电极与坩埚间的空隙小，熔池被电极均匀加热，熔池宽而深，因而合金成分易于均匀，金属流动好，并减少了熔池的喷溅，使铸锭表面光滑。同时，电极直径大，单位表面的热损失较小，热效率高。但电极直径不能过大，否则会增加排气阻力，影响合金的除气，并且易在电极与坩埚壁间发生侧边电弧，有灼伤或击穿坩埚的危险，因此应使坩极距大于电弧长度，即如式（6-12）：

$$\frac{D-d}{2}>l \tag{6-12}$$

式中，D 为坩埚直径，mm；d 为电极直径，mm；l 为电弧长度，mm。

对熔炼钛合金推荐坩极距为 30～50mm。坩极距太小，电极较细，熔炼时电极长度长，增加炉子结构的制造难度。细电极熔炼时，电流密度大，进料速度快，难以控制，降低电流，生产率低，得到的铸锭表面质量不好。只有当坩埚尺寸很小时，才允许用更小的坩极距。

（3）供电制度与熔化速度。供电制度是指熔炼时采用电弧电压和电弧电流的大小。真空电弧炉几乎都采用直流电源，熔炼时都用低电压大电流供电。生产中，通常起弧电压为 60～70V，熔炼过程中的维弧电压为 30～40V。电弧电流的选择很重要，熔炼电流过大，会引起金属喷溅，熔化速度过快，使去除气体和非金属夹杂的作用相对减弱，并使铸锭表面不光滑；电流过小时，则熔化速度慢，输入熔池内的热量小，导致熔池浅，熔池温度低，金属黏度大，去除气体和非金属夹杂的效果差，同时易出现冷隔和皮下气孔等缺陷，降低了铸锭的质量。熔炼钛合金时，应调节熔炼电流，使熔池深度一般保持在铸锭直径的 0.8～1 倍。

熔炼时电流的最佳值与许多因素有关，如电极直径、坩埚和电极直径的比率、真空度及稳弧线圈的匝数等。因此，很难找出一个通用的公式，可参考经验数据，选择适当的电流，根据铸锭情况进行调整。一般随铸锭尺寸增加，熔炼电流增加，如铸锭直径为 160mm 时，熔炼电流为 3000～4000A；铸锭直径为 200mm 时，熔炼电流为 5600～5800A；铸锭直径为 380mm 时，熔炼电流为 8000～8200A。

熔化速度主要依赖于电弧炉熔炼功率，熔炼功率越高，熔化速度越快。电极直径及其密度也会影响熔化速度，电极直径增加，使电流密度降低、熔化速度降低、电极密度增加、电阻减小、熔化速度增加。一般钛合金熔炼时的熔化率为 0.8～1kg/(kW·h)。

（4）真空度和电弧长度。合适的真空度是保证熔炼正常进行和获得高质量铸锭的关键之一。熔炼钛合金，一次熔炼时真空度保持在 6.5×10^{-2}～6.5Pa，二次熔炼时真空度保持在 1.33×10^{-2}～1.33Pa。一次熔炼时由于自耗电极的海绵钛中含有较多气体，会在熔炼过程析出大量的气体，降低真空度，二次熔炼时的高真空度有利于金属液的净化。

在炉内气氛保持一定时，需控制好电弧的长度，电弧太短，有时会由于电极熔化的钛液连续流下，使电极与熔池间发生短路，对熔炼不利；电弧过长，会引起扩散电弧，容易烧坏坩埚，铸锭表面质量也不好，一般认为电弧长度在 15～25mm 为宜。

2．真空非自耗电极电弧炉的熔炼原理及工艺

图 6-40 是真空非自耗电极电弧炉熔炼示意图。真空非自耗电极电弧炉熔炼通常在惰性气体保护或真空下进行。采用紫铜的水冷坩埚，水冷电极为阴极，金属炉料和铜坩埚为阳极，通电后起弧熔化钛合金。水冷电极的电极头要求用高熔点、高电子发射系数、导热性和导电性好，以及机械强度合适的材料制成，要便于加工或能用焊接方法连接在电极上，两种适宜做电极头的材料是钨钍合金（熔点为 3400℃）和石墨（熔点为 3652℃）。钛合金熔化时，不允许熔化室内存在的氧和氢，以防止高温下它们与钛合金发生反应。小型炉子多采用密封装置，在低压（8～27kPa）的惰性气体氩或氦气中进行熔化。大型炉子一般采用炉内压力略高于大气压的惰性气体，以防止空气向炉内扩散，但惰性气体必须很纯。目前，多在真空下进行钛合金的冶炼，真空环境可以除去钛中大部分氢，但需要留有些氢以产生电弧。电弧炉可以采用直流或交流电，根据电弧炉容量不同，电弧电压为 20～45V，电流从几千安到几万安。

图 6-41 是连续铸造非自耗电极电弧炉熔炼示意图。其非自耗电极在熔化时能

旋转，并有电极升降装置可以进行调节。熔化时应使熔池液面保持一定，金属炉料不断加入，进行熔化，并从坩埚底部不断将已凝固的钛锭拉出。铸造大的钛锭，金属料装进熔池时，必须不让空气渗进炉内，并且不断弧，应将炉料装于炉子上的密闭且充满惰性气体的加料斗内，采用振动式加料机构加料。

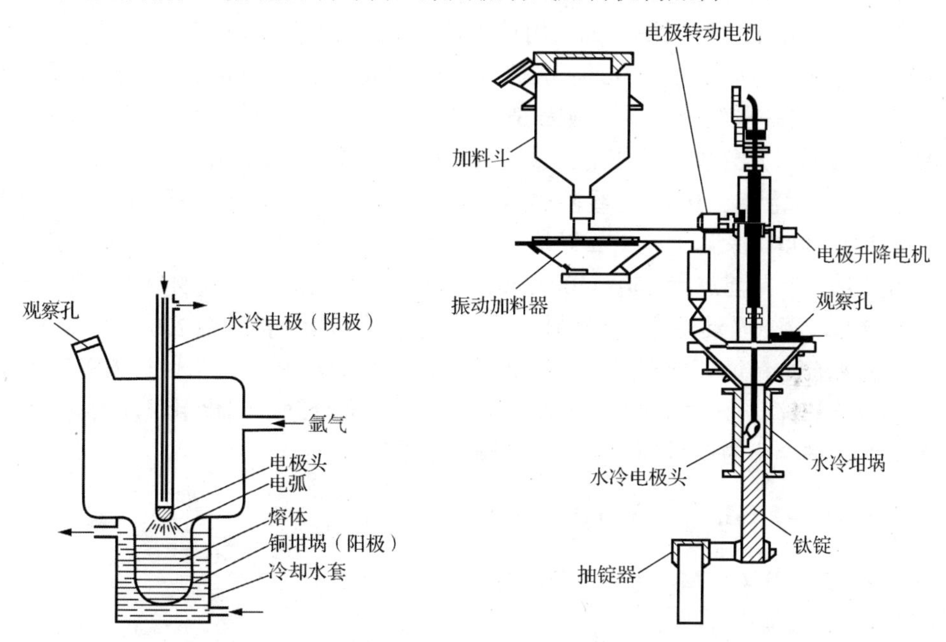

图6-40　真空非自耗电极电弧炉熔炼示意图　图6-41　连续铸造非自耗电极电弧炉熔炼示意图

目前，有两种生产型的非自耗电极电弧熔炼炉，一种是旋转电弧非自耗电极熔炼炉；另一种是自身旋转非自耗铜电极熔炼炉。旋转电弧非自耗电极熔炼炉在高压水冷铜电极端部的内腔中装有电磁线圈，产生磁场，使电弧沿铜电极端部表面旋转，以防止电极局部过热和烧蚀，并减小熔融金属的污染。自身旋转非自耗铜电极也是一种水冷铜电极，它是通过电极自身的旋转，不让电弧停留在电极的局部位置，电弧周期性地在电极四周移动，避免局部过热，电极与坩埚轴线保持一定的斜度，以保证电极旋转时局部能与电弧接触。

非自耗电极电弧炉能利用全部残料，但电能利用的效率低，约有30%的电弧功率损耗在水冷电极上，非自耗电极电弧炉熔炼也可用于浇注成形铸件，但主要用于回收废料，为自耗电极电弧炉熔炼准备电极。

五、铸造锌合金的熔炼技术

（一）铸造锌合金熔炼工艺特点

纯锌的熔点低（熔点为419.5℃），使得锌合金的熔炼设备及工艺较为简便，消耗能量少，炉衬和坩埚所受到的侵蚀较轻，使用寿命长。熔炼锌合金用的熔炉包括焦炭炉、煤气炉、电阻炉、感应炉等。铅、锡对锌合金的耐蚀性有不良的影响，因此锌合金与熔炼铜合金的坩埚应严格分开。此外锌合金在熔炼温度下会与铁反应，富铁相在组织中呈针片状分布，影响韧性，为避免铁对合金的污染，熔炼锌合金不宜采用铁坩埚，如采用铁坩埚和钢铁工具，必须喷刷涂料[涂料可用 $ZnCl_2$ 质量分数为 25%～30%+水玻璃质量分数为 3%～5%或滑石粉质量分数为 20%～30%+水玻璃质量分数为 6%或石墨粉质量分数为 20%～30%+水玻璃质量分数为 5%]充分烘干后使用。采用石墨坩埚，新的石墨坩埚在使用前应缓慢加热至 200℃保温 8～10h，再缓慢加热至 400℃保温 3～5h，升温至 600℃保温，最后加热到 800℃保温 10～25h 炉冷。旧的坩埚应保存完好，并清除坩埚壁上的炉渣和金属，装料前进行 250～300℃预热，所用工具应涂刷适当的耐火涂料。锌合金也会和水蒸气及油污等反应而被玷污，故炉料应清除干净并经 200～300℃预热。

锌铝合金精炼处理常用的精炼剂有 $ZnCl_2$、C_2Cl_6、稀土及惰性气体氩和氮等。含铝较高的锌合金（如 ZZnAl27Cu2Mg）需要变质处理，细化组织以改善力学性能。常用锌合金的变质剂主要有钛、硼和稀土等。

（二）典型铸造锌合金的熔炼工艺

以 ZZnAl11Cu5Mg 合金为例，熔炼工艺要点如下。

1．坩埚预热

将石墨坩埚预热至暗红色（500～600℃），在坩埚底部铺一层烘干过的小木炭块（电炉熔化可不加）。

2．加炉料加热熔化

加入约 90%的回炉料和锌锭，铝-铜中间合金覆盖在最上层，当加热锌锭熔化后，可将中间合金压下熔化。

3．精炼处理

升温至 650℃以上，用钟罩压入纯镁，熔化后加入炉料质量 0.10%～0.15%的 $ZnCl_2$ 或 0.2%～0.3%的 C_2Cl_6 进行精炼。待反应停止后扒渣并静置 5～10min。

4．检验和浇注

加入预留的锌及回炉料，熔化后搅拌扒渣，取样进行炉前检验，合格时即可浇注。锌合金浇注温度一般高于液相线温度 40～80℃。对于 ZZnAl11Cu5Mg 合金，浇注温度一般在 415～470℃，具体浇注温度需根据铸件的壁厚来确定，薄壁件的浇注温度取高限，以保证铸造性能。对铝、铜含量更低的压铸锌合金，浇注温度更低，如 ZZnAl4Cu1Mg 一般为 400～430℃，而铝、铜含量更高的 ZZnAl27Cu2Mg 合金，浇注温度高至 510～590℃。

习　　题

（1）试述铸造合金熔炼设备的种类及其特点。

（2）试述冲天炉熔炼的特点及要求。

（3）试述冲天炉的基本结构和作用。

（4）试述冲天炉内炉气及其炉温的分布特点。

（5）试述影响冲天炉铁液温度的因素。

（6）试述送风方式对冲天炉铁液温度的影响。

（7）试述强化冲天炉熔炼的措施。

（8）图6-13是一种冲天炉的网形图，如果将铁液温度控制在1450℃，有A、B、C、D四种工艺参数，分析哪种工艺方案具有最佳的熔炼效果？

（9）试述电弧炉炼钢的工艺原理及三相电弧炉的基本结构。

（10）试述碱性电弧炉氧化法炼钢工艺及其特点。

（11）以ZG20CrMo为例，说明碱性电弧炉氧化法冶炼的工艺要点。

（12）试述酸性电弧炉氧化法炼钢的工艺要点，其与碱性电弧炉氧化法炼钢的主要区别是什么？

（13）试述感应电炉炼钢的特点及工艺。

（14）试述铸钢的炉外精炼的作用及吹氩精炼法的原理。

（15）试述AOD、VOD、LF+VD精炼法过程及精炼的效果。

（16）试述铝合金精炼的原理及精炼方法分类。

（17）试述铸造铝合金熔炼的一般工艺流程及ZL101合金熔炼工艺。

（18）试述铸造镁合金熔炼工艺特点及ZMgAl8Zn（ZM5）合金的熔炼工艺。

（19）试述铜合金熔炼工艺特点及锡青铜合金熔炼工艺要点。

（20）试述利用圆杯试样检验铸造黄铜精炼或变质效果的原理及其方法。

（21）试述钛合金的熔炼工艺特点及目前常用的钛合金熔炼方法。

（22）试述铸造锌合金的熔炼工艺特点及ZZnAl11Cu5Mg合金熔炼工艺。

参考文献

[1] 李庆春. 铸件形成理论基础[M]. 北京：机械工业出版社，1982.

[2] 中国机械工程学会铸造分会. 铸造手册：第1卷铸铁[M]. 2版. 北京：机械工业出版社，2003.

[3] 范金辉，华勤. 铸造工程基础[M]. 北京：北京大学出版社，2009.

[4] 王寿彭. 铸件形成理论及工艺基础[M]. 西安：西北工业大学出版社，1994.

[5] 陆文华，李隆盛，黄良余. 铸造合金及其熔炼[M]. 北京：机械工业出版社，1997.

[6] 中国铸造协会. 2018年中国铸件产量数据发布[J]. 铸造技术，2019，40（4）：427-428.

[7] 周继扬. 铸铁彩色金相学[M]. 北京：机械工业出版社，2002.

[8] 李炯辉，林德成. 金属材料金相图谱（上册）[M]. 北京：机械工业出版社，2006.

[9] 何奖爱，王玉伟. 材料磨损与耐磨材料[M]. 沈阳：东北大学出版社，2001.

[10] 王丽红，周继杨，王怀林. 奥氏体等温淬火灰口铸铁[J]. 铸造，1999，9：4-7.

[11] 程巨强. 熔模铸造贝氏体铸钢组织的细化[J]. 特种铸造及有色合金，2005，25（12）：735-737.

[12] 王运炎. 金相图谱[M]. 北京：高等教育出版社，1994.

[13] 黄积荣. 铸造合金相图谱[M]. 北京：机械工业出版社，1980.

[14] 唐仁政，田荣璋. 二元合金相图及中间相晶体结构[M]. 长沙：中南大学出版社，2009.

[15] 蔡启舟. 铸造合金原理及熔炼[M]. 北京：化学工业出版社，2010.

[16] 郑来苏. 铸造合金及其熔炼[M]. 西安：西北工业大学出版社，1994.

[17] 陆树荪，顾开道，郑来苏. 有色铸造合金及其熔炼[M]. 北京：国防工业出版社，1983.

[18] 程巨强，李少春. 影响薄壁球墨铸铁白口倾向和球墨数量的因素分析[J]. 铸造技术，2007，28（3）：323-325.

[19] 卫东海，李克锐，张怀香,等.高精度保持性 QT600-3 横梁的铸造技术[J]. 现代铸铁，2018，3：1-7.

[20] 任海成，赵进科，李善余. 超重型机床球墨铸铁横梁件的生产[J]. 现代铸铁，2010，4：24-29.

[21] 丁建中，马敬仲，曾艺成，等. 低温铁素体球墨铸铁的特性及质量稳定性研究[J]. 铸造，2015，64（3）：193-201.

[22] 程巨强，高兴明，王先武. KmTBCr28 铸铁组织和性能的研究[J]. 铸造，2006，55（1）：82-85.

[23] 程巨强，高兴明，康春龙. 微合金化多元合金高铬铸铁破碎机板锤的研制与应用[J]. 铸造技术，2004，25（10）：738-740.

[24] 刘志学，罗玉龙，程巨强. 高铬铸铁不同软化热处理后的组织和性能[J]. 中国铸造装备与技术，2015，1：43-44.

[25] 中国机械工程学会铸造分会. 铸造手册：第2卷铸钢[M]. 2版. 北京：机械工业出版社，2002.

[26] 程巨强. 正火及回火温度对 ZG310-570 铸钢组织和性能的影响[J]. 铸造, 2007，56（10）：1086-1088.

[27] 程巨强，弥国华，李梦，等. 固-液复合铸造锤头的组织与性能[J].中国铸造装备与技术，2014，2：50-52.

[28] 程巨强，贾劭冲，李梦. 液-液复合铸造锤头组织和性能的研究[J]. 特种铸造及有色合金，2014，34（6）：640-643.

[29] 程巨强，刘志学. 铸造无碳化物贝氏体耐磨钢的研究与应用[J]. 铸造，2011，60（4）：382-385.

[30] 程巨强，高兴明，王先武. 无碳化物贝氏体耐磨钢回火组织与性能的研究[J]. 矿山机械，2003，2：45-47.

[31] 干勇，田志凌，董瀚，等. 中国材料工程大典：第2卷钢铁材料工程（上）[M]. 北京：化学工业出版社，2006.

[32] 周彤，卫心宏. ZG06Cr13Ni4Mo 马氏体不锈钢叶片热处理工艺研究[J]. 铸造设备与工艺，2017，3（6）：32-34.

[33] 程巨强，李杰，弥国华，等. 2507 超级双相不锈钢的组织、性能及其焊接工艺[J]. 焊接技术，2014，43（3）：24-28.

[34] 中国机械工程学会铸造分会. 铸造手册：第3卷铸造非铁合金[M]. 2版. 北京：机械工业出版社，2001.

[35] 高强. 最新有色金属金相图谱大全[M]. 北京：冶金工业出版社，2005.

[36] 田荣璋. 铸造铝合金[M]. 长沙：中南大学出版社，2006.

[37] 龚磊清，金长庚，刘发信，等. 铸造铝合金相图谱[M]. 长沙：中南工业大学出版社，1987.

[38] 刘男杰，程巨强，刘志学，等. K2TiF6 细化处理对高强度铸造铝铜合金组织和性能的影响[J]. 热加工工艺，2012，41（1）：53-55.
[39] 程巨强. 变质和热处理对高强度铸造 Al-Cu-Si-Mn 合金组织和性能的影响[J]. 材料科学与工艺，2011，19（1）：135-138.
[40] 程巨强，刘志学.变质处理对铅黄铜铸态组织及凝固方式的影响[J]. 特种铸造及有色合金，2008，28（11）：826-828.
[41] 程巨强，刘志学，倪自飞，等. 稀土和硼细化处理对铸造铅黄铜组织和脱锌腐蚀性能的影响[J]. 铸造，2008，57（4）：378-380 .
[42] 王吉会，姜晓霞，李诗卓. 黄铜脱锌腐蚀研究进展[J]. 材料研究学报，1999，13(1)：1-8.
[43] 程巨强. 微量硼对 ZCuZn40Pb2 组织和脱锌腐蚀性能的影响[J]. 有色金属工程，2015，5（1）：14-16.
[44] 黎文献. 镁合金及应用[M]. 长沙：中南大学出版社，2005.
[45] 陈振华，严红革，陈吉华，等. 镁合金[M]. 北京：化学工业出版社，2004.
[46] 张津，章宗和. 镁合金及应用[M]. 北京：化学工业出版社，2004.
[47] 黄伯云，李成功. 中国材料工程大典：第 4 卷有色金属材料工程（上）[M]. 北京：化学工业出版社，2005.
[48] 谢成木. 钛及钛合金铸造[M]. 北京：机械工业出版社，2005.
[49] 程巨强，史超. 钛合金的组织、性能及加工技术研究进展[J]. 热加工工艺，2016，45（2）：5-8.
[50] 周彦邦. 钛合金铸造概论[M]. 北京：航空工业出版社，2000.
[51] 娄贯涛. 后处理对 ZTA5 铸造钛合金材料组织及性能的影响[J]. 材料开发与应用，2011，26（3）：1-3.
[52] 娄贯涛. 后处理对 ZTA7 铸造钛合金材料组织及性能的影响[J]. 材料开发与应用，2010，25（1）：16-18.
[53] 程巨强. 金属型铸造 ZA50 合金的力学性能和组织[J]. 特种铸造及有色合金，2006，26（7）：452-454.
[54] 程巨强，刘志学. 硼变质处理对 Zn-50%Al 合金铸态组织和力学性能的影响[J]. 铸造，2010，59（8）：838-840.
[55] 程巨强，刘志学. Al-Ti-B 变质处理对 Zn-50%Al 合金铸态组织和性能的影响[J]. 中国铸造装备与技术，2014，（4）：75-77.
[56] 徐立军. 电弧炉炼钢炉实用工程技术[M]. 北京：冶金工业出版社，2013.
[57] 韩桂新. 铸造合金熔炼技术[M]. 沈阳：辽宁大学出版社，2013.
[58] 罗启全. 铝合金熔炼与铸造[M]. 广州：广东科技出版社，2002.
[59] 司乃超，傅明喜. 有色金属材料及其制备[M]. 北京：化学工业出版社，2006.